DER INDUSTRIEOFEN

IN EINZELDARSTELLUNGEN

HERAUSGEBER:

OB.-ING. L. LITINSKY

LEIPZIG

BAND V:

REGENERATOREN
REKUPERATOREN, WINDERHITZER

DIE WÄRMERÜCKGEWINNUNG IN INDUSTRIELLEN OFENANLAGEN

VON

DR.-ING. WERNER HEILIGENSTAEDT

SPRINGER-VERLAG BERLIN HEIDELBERG GMBH
1931

REGENERATOREN REKUPERATOREN, WINDERHITZER

DIE WÄRMERÜCKGEWINNUNG IN INDUSTRIELLEN OFENANLAGEN

VON

DR.-ING. WERNER HEILIGENSTAEDT

MIT 163 FIGUREN IM TEXT

SPRINGER-VERLAG BERLIN HEIDELBERG GMBH
1931

ISBN 978-3-662-33471-3 ISBN 978-3-662-33869-8 (eBook)
DOI 10.1007/978-3-662-33869-8

Ursprünglich erschienen bei Otto Spamer, Leipzig 1931.
Softcover reprint of the hardcover 1st edition 1931

Vorwort des Herausgebers.

Über Zweck und Ziel der Bücherreihe „Der Industrieofen in Einzeldarstellungen" unterrichtet ausführlich mein Vorwort, welches in den bis jetzt erschienenen Bänden dieser Sammlung wiederholt aufgenommen wurde. Danach ist geplant, über einzelne industrielle Öfen, je nach ihren Verwendungsgebieten sowie über die mit industriellen Ofenanlagen verbundenen Teilgebiete einzelne Monographien zu veröffentlichen. Trotz der Schwere der Zeit ist es dem Verlag gelungen, bis jetzt die folgenden Einzelbände der begonnenen Sammlung herauszubringen:

1. *H. von Jüptner.* Wärmetechnische Grundlagen der Industrieöfen.
2. *E. Cotel.* Der Siemens-Martin-Ofen.
3. *M. Pavloff.* Abmessungen von Hoch- und Martinöfen.
4. *B. Larsen* und Mitarbeiter. Feuerfeste Baustoffe in Siemens-Martin-Öfen.

Als 5. Band, dem weitere Bände folgen werden, erscheint das vorliegende groß angelegte Werk von Dr.-Ing. *W. Heiligenstaedt* über „Regeneratoren, Rekuperatoren und Winderhitzer".

Ich hoffe durch die Herausgabe der Sammlung „Der Industrieofen in Einzeldarstellungen" einem wirklichen Bedürfnis entsprochen zu haben und bitte die Herren Fachgenossen mich durch Verbesserungswünsche und weitere Anregung zu unterstützen.

L. Litinsky.

Vorwort.

Der vorliegende Band der Bücherfolge „Der Industrieofen" behandelt die Wärmerückgewinnung in industriellen Feuerungen, d. h. die Verwertung der Abhitze des Arbeitsraumes der Öfen für die Zwecke des Ofens selbst, nicht aber diejenige Verwertung, die man als Abhitzeverwertung bezeichnet, und die durch Abhitzekessel und ähnliche Einrichtungen bewirkt wird. Der Verfasser hat sich dabei bemüht, die Untersuchung und Lösung der durch das Thema gestellten Fragen auf den physikalischen Grundlagen aufzubauen. Nur auf diesem Wege erscheint es ihm möglich, die Vielheit der Erfahrungswerte sowohl zusammenzufassen als auch zu verallgemeinern. Die Bezugnahme auf die physikalischen Grundgesetze der Vorgänge ist im Ofenbau bisher nicht in so weitem Umfange wie auf vielen anderen Gebieten der Technik üblich gewesen. Deshalb mag vielleicht zunächst die ausschließliche

Anwendung dieser Betrachtungsweise die Bedenken erregen, die in dem so oft zitierten Gegensatz von Theorie und Praxis ihren Ausdruck finden. Dieser Gegensatz wird sich freilich immer dann, aber auch nur dann einstellen, wenn folgerichtig aufgestellte Theorien irrtümlich, unvollständig oder zu weitgehend angewendet werden. Auch zur richtigen Anwendung der Theorie gehört die praktische Erfahrung, die den Komplex der Vorgänge überblicken und entwirren kann. Gerade in der Hand des praktisch Erfahrenen wird aber die theoretische Betrachtungsweise zu einem für die Weiterentwicklung ungemein wertvollen Hilfsmittel. Da in der vorliegenden Schrift ein Sondergebiet des Ofenbaues und gleichzeitig ein einzelner Ofenteil für sich behandelt wird, war es an sich schon notwendig, diese Betrachtungsweise zu wählen. Es hätte sich sonst die Notwendigkeit ergeben, die verschiedenartigen Ofensysteme und Ofenkonstruktionen einzeln zu untersuchen und zu beschreiben, ein Vorhaben, das naturgemäß nur unvollständig und unvollkommen hätte ausgeführt werden können.

Es erschien notwendig, die Ableitungen der Gedankengänge möglichst vollständig wiederzugeben, um irrtümliche Anwendungen zu verhindern. Ihre Anwendung ist aber dadurch erleichtert worden, daß die Endergebnisse durchweg in Zahlentafeln oder Diagrammen ausgewertet sind, so daß die Rechenarbeit auf ein Mindestmaß zurückgeführt ist. Den Beispielen ist möglichst viel Raum gegeben worden, wobei nicht nur bezweckt wurde, Rechenbeispiele zu geben. Vielmehr ist eine Reihe prinzipieller Fragen in der Form von Ausführungsbeispielen behandelt worden, um ihre Beantwortung lebendiger und sinnfälliger gestalten zu können.

Die Bearbeitung des Buches erstreckte sich über eine Reihe von Jahren. Trotzdem hat der Verfasser dank dem Entgegenkommen des Verlages diejenigen wichtigen Forschungsarbeiten des Gebietes bis zum Erscheinen noch berücksichtigen können, die zur Vervollkommnung der Betrachtungen dienen konnten.

Der Verfasser.

Inhaltsverzeichnis.

I. Der Einfluß der Wärmerückgewinnung auf Ofenbetrieb und Ofenkonstruktion.

Beste Leistung in qualitativer und quantitativer Hinsicht mit geringstem Aufwand zu erzielen, ist der Sinn technisch-wirtschaftlichen Schaffens. Überprüft man die Anlagen, die hier zu besprechen sind, die Ofenanlagen, so kann man sich des Eindruckes nicht erwehren, daß sie nicht immer unter diesem Leitspruch erschaffen worden sind. Dies ist aber verständlich, wenn man sich vergegenwärtigt, daß der Ofenbau lange Zeit Empirie war, auch noch zu einer Zeit, als der Maschinenbau auf dem Boden wissenschaftlichen Unterbaues voranschreiten konnte; es ist um so eher verständlich, wenn man beachtet, daß immer noch die Hauptprobleme des Ofenbaues, die Dynamik des Verbrennungsvorganges und die Wärmeübertragung, der exakten Lösung widerstehen, wenn sich auch die Ansätze zu ihrer Lösung bilden, wenn man ferner die Schwierigkeiten bedenkt, die die Unbeständigkeit des Baustoffes in vielen Fällen bereitet.

Besonders dann, wenn die Ofenanlage nur ein Hilfsmittel des Betriebes ist, ist sie oft nicht mit der gleichen Sorgfalt wie die Hauptanlage entworfen worden. Dabei wurde übersehen, daß ein schwaches Glied in der Kette der Betriebsvorgänge die ganze Kette schwächt, daß die sorgfältigste Einrichtung des Hauptbetriebes nicht zu wirtschaftlicher Arbeit verhilft, wenn der Ofen nicht der Leistung der Gesamtanlage entspricht, wenn der Ofen durch übermäßigen Brennstoffverbrauch den Betrieb mit hohen Kosten belastet, oder wenn durch die Ofenbauart dem Betriebe eine unzweckmäßige, d. h. teuere Brennstoffart aufgezwungen wird.

Die Betriebskosten eines Ofens lassen sich in der Regel folgendermaßen unterteilen:

1. Verzinsung und Abschreibung des Anlagewertes.
2. Brennstoffkosten.
3. Bedienungskosten.
4. Transportkosten von Brennstoff, Asche und Wärmgut.
5. Reparaturkosten.
6. Wertverminderung des Wärmgutes.

Bei dieser Aufstellung kommt die Grundforderung, nämlich die nach genügender Leistung, nicht zum Ausdruck, jedoch nur scheinbar nicht, da der wirtschaftliche Erfolg immer auf die Einheit der Erzeugung umgelegt wird, also eine zu kleine Leistung sich in einem Mehrbetrag sämtlicher Kostenstellen ausdrücken wird. Umgekehrt ist in fast allen den Fällen, in denen eine

Leistungssteigerung des Ofenbetriebes eine Leistungssteigerung der Gesamtanlage nach sich zieht, ihr Einfluß auf das Gesamtergebnis überragend.

Die Leistungsfähigkeit des Ofens darf aber nicht durch eine Überdimensionierung erkauft werden. Diese hat erhöhten Wärmeverbrauch wegen der steigenden Strahlungsverluste der Wände und der Ofentüren und erhöhte Reparaturkosten zur Folge, letztere, weil gewisse Teile des Ofens einen Verschleiß haben, der mehr eine Funktion der Betriebszeit als der Leistung ist. Selbstverständlich steigert ein zu großer Ofen auch die Kosten des Kapitaldienstes.

Ist der Forderung nach befriedigender Leistung Genüge getan, so wird es im allgemeinen Aufgabe des Entwurfes sein, für niedrige Brennstoffkosten zu sorgen. Das wird sich bereits in der Wahl der Brennstoffart bemerkbar machen. Die Wahl eines hochwertigen Brennstoffes, wie z. B. Leucht- oder Kokereigas, verbilligt den Bau. Es sind nur kleine Brenner, kleine Gasleitungen notwendig. Mit dem hochwertigen Brennstoff können größere Leistungen je Ofen- bzw. Raumeinheit erzielt werden. In manchen Fällen kann man auf Vorwärmung der Verbrennungsluft verzichten, wodurch der Unterofen in Wegfall kommt. Die Anlagekosten verbilligen sich also auf Kosten des Brennstoffkontos. Der Ofen ist einfach gebaut und übersichtlich im Betriebe. Bedienungs- und Reparaturkosten werden infolgedessen verhältnismäßig niedrig sein. Die Regelung der Brennstoffzufuhr und der Verbrennungsluft ist einfacher als z. B. bei einer Kohlenfeuerung. Verluste durch Unverbranntes sind leichter zu vermeiden. Diese Vorteile des hochwertigen Brennstoffes wirken sich im günstigeren Wärmeverbrauch aus. Die bessere Verbrennungsführung kann ferner die Wertverminderung des Einsatzes, sei es durch geringeren Abbrand oder durch gleichmäßigere Erwärmung des Wärmgutes, in günstigem Sinne beeinflussen. Die geringeren Abmessungen des Ofens werden auch oft gestatten, ihn transporttechnisch günstiger in den Betrieb einzugliedern.

Man erkennt aus diesem Beispiel, daß schon die Auswahl des Brennstoffes sämtliche Kostenstellen, nicht nur die Brennstoffkosten, beeinflußt.

Liegt aber die Brennstoffart fest, so wird zu entscheiden sein, ob mit der Wiederverwendung der Abhitze durch Vorwärmung von Gas und Verbrennungsluft ein so hoher wirtschaftlicher Vorteil erreicht wird, daß sich die Eingliederung eines Vorwärmers, also eines Rekuperators oder Regenerators, lohnt.

Um die Wirtschaftlichkeit der Wärmerückgewinnung untersuchen zu können, ist die Beantwortung folgender Fragen erforderlich:

1. Ist die Vorwärmung notwendig, um eine genügende Ofentemperatur zu erzielen?

2. Welche Brennstoffersparnis bringt die Vorwärmung?

3. In welchem Maße steigert sich die Ofenleistung durch die Vorwärmung?

4. Wie groß sind Besitz- und Unterhaltungskosten des Vorwärmers?

In Fig. 1 ist eine Untersuchung wiedergegeben, die sich mit dem Vergleich der Brennstoffersparnis und der Kosten des Austauschers befaßt. Es handelt sich dabei um einen Schmiedeofen mit Halbgasfeuerung. Zunächst ist mit den später behandelten Rechnungsverfahren die Größe des Rekuperators und die Brennstoffersparnis ausgerechnet, die man bei verschiedener Rückgewinnung von Abgaswärme erhält. Die Größe des Wärmeaustauschers wächst bei zunehmender Rückgewinnung zunächst langsam und dann immer stärker. Im Gegensatz hierzu steigt die Brennstoffersparnis zuerst stark und dann immer schwächer an. Entsprechend verhalten sich die Kurven der Besitz- und Unterhaltungskosten und des Gewinnes durch Brennstoffersparnis. Diese beiden Kurven sind nun zu einer Gewinn-Verlustkurve zusammengefaßt. Sie beginnt im Verlustgebiet, steigt dann ins Gewinngebiet, um bei etwa 26 Proz. Rückgewinn wieder ins Verlustgebiet, und zwar nun sehr stark fallend, einzubiegen.

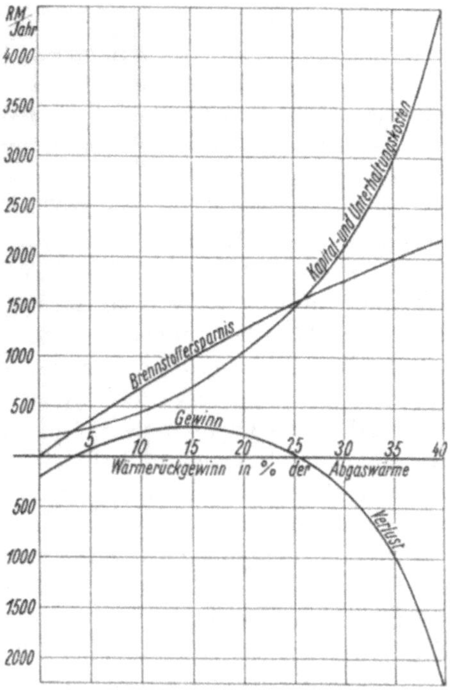

Fig. 1. Untersuchung der Wirtschaftlichkeit eines Wärmeaustauschers.

Im vorliegenden Falle handelt es sich um eine Feuerung, mit der die notwendige Ofentemperatur ohne Schwierigkeit mit kalter Luft zu erreichen ist. Den Ausschlag bei der Größenbestimmung des Rekuperators gibt also lediglich das Verlangen, ein Maximum des Gewinnes durch die Wärmerückgewinnung, d. h. durch Verbesserung des Feuerungswirkungsgrades, zu erreichen.

Die Kurve zeigt deutlich, daß es falsch wäre, nun auf eine recht hohe Vorwärmung hinzuzielen, man hat sich vielmehr mit einem Rückgewinn von etwa 15 Proz., dem Maximum der Gewinn-Verlustkurve, zu bescheiden. Es hat auch keinen Sinn, nur einen kleinen Vorwärmer einzubauen, wie es oft geschieht, um äußerlich ein Bestreben nach Wärmeersparnis zu dokumentieren. Man gerät dann leicht in das Verlustgebiet.

Es kann der Fall eintreten, daß man 10 Proz. der Abwärme durch Luftvorwärmung zurückgewinnen muß, um die notwendige Ofentemperatur zu erhalten. Würden auch in diesem Falle die Kurven der Fig. 1 Geltung haben, so würde man doch zweckmäßigerweise den Wärmeaustausch bis auf 15 Proz. der Abwärme treiben, um gleichzeitig den wirtschaftlichen Bestwert zu erhalten. Umgekehrt, erfordert die Ofentemperatur 20 Proz. Rückgewinn, so wäre es falsch, den Vorwärmer über die gerade erforderliche Größe hinaus zu vergrößern.

Sind noch andere Brennstoffe in Betracht zu ziehen, z. B. Ferngas neben Generatorgas, so wird es sich empfehlen, auch für sie die gleiche Untersuchung anzustellen. Ergibt sich ungefähre Gleichheit der Kosten, so wird man demjenigen Betriebsstoff den Vorzug geben, der am wenigsten Anlagekapital bindet.

Ein wenig heizkräftiger Brennstoff zwingt zur Wärmerückgewinnung, wenn das erforderliche Temperaturniveau des Herdes mit kalter Verbrennungsluft nicht herzustellen ist. Die gleiche Notwendigkeit ergibt sich auch für hochwertige Brennstoffe, wenn die Arbeitstemperatur des Herdes sehr hoch liegt. Die Untersuchung der ersten der oben gestellten Fragen gibt dann Aufschluß über die Notwendigkeit der Wärmerückgewinnung.

Die leistungssteigernde Wirkung der Vorwärmung soll jetzt ebenfalls nur kurz erwähnt werden. Es ist mit Hilfe der Vorwärmung möglich, das ganze Temperaturniveau des Oberofens zu heben, ohne durch die hiermit verbundene höhere Abzugstemperatur der Herdabgase den Wirkungsgrad der Feuerung zu verschlechtern, da ja die größere Herdabwärme durch den Austauscher wieder auf den Herd zurückgeführt wird. Das höhere Temperaturniveau auf dem Herd bewirkt bessere Wärmeübertragung, kürzere Wärmzeiten. Man kann also entweder mehr durchsetzen oder den Ofen kleiner bauen. Dem Kreislauf „höheres Temperaturniveau — höhere Abgastemperatur vom Herd — stärkere Wärmerückgewinnung — höhere Verbrennungstemperatur — höheres Temperaturniveau" wird natürlich teils durch die Rücksicht auf die Haltbarkeit des Ofens, teils durch die Rücksicht auf die gleichmäßige Durchwärmung des Wärmgutes bald eine Grenze gesetzt. In vielen Fällen wird aber die Möglichkeit der Leistungssteigerung ein wichtiger Faktor bei den Erwägungen über die Anwendung von Wärmeaustauschern sein.

Diese einleitenden Worte mögen darauf hinweisen, daß die Wärmerückgewinnung von entscheidendem Einfluß auf die Konstruktion des Ofens ist. Darüber hinaus wirkt sie auf das Betriebsergebnis der Ofenanlage nicht nur durch Verminderung der Brennstoffkosten, sondern auch durch Beeinflussung der anderen Kostenanteile. Dem betriebsfremden Konstrukteur wird der Überblick über alle Einflüsse nicht immer leicht sein, so daß es Aufgabe der Betriebsführung bleibt, über die Wahl des richtigen Ofensystems zu wachen.

Die Wärmeaustauscher sind nach dem ihnen zugrunde gelegten Prinzip der Wärmeübertragung in zwei Gruppen (Rekuperatoren und Regeneratoren) zu teilen. Die erste umfaßt diejenigen Vorrichtungen, in denen das heizende Gas und das zu erwärmende Gas durch eine Wand getrennt sind, deren eine Oberfläche die vom heizenden Gas abgegebene Wärme aufnimmt, während ihre andere Oberfläche die Wärme an das zu heizende Gas abgibt. Den Wärmefluß durch die beiden Oberflächen vermittelt der Kern der Wand, der die Wärme von der einen an die andere Oberfläche transportiert. Diese Vorrichtungen werden Rekuperatoren genannt. Ihr Merkmal ist also die Trennwand zwischen den wärmeaustauschenden Gasen und der kontinuierliche Wärmefluß durch die Trennwand.

Die zweite Gruppe trennt die wärmeaustauschenden Gase nicht räumlich, sondern zeitlich. Die im Austauscher liegenden, wärmeaufnehmenden Wände, in ihrer Gesamtheit das Gitter genannt, werden gleichzeitig allseits von nur einem der beiden Gase umspült. Sie werden durch das heizende Gas erhitzt. Ist das Gitter genügend durchwärmt, so wird das heizende Gas abgestellt und das zu erwärmende Gas durch den Wärmeaustauscher, den „Regenerator", die „Kammer", den „Wärmespeicher", hindurchgeschickt. Es nimmt bei der Erwärmung die dem Gitter vorher mitgeteilte Wärme wieder ab. Ist das Gitter entladen, „entspeichert", so wird wiederum aufgeheizt. Die einzelnen Zeiten, Aufheizzeit und Entheizzeit, werden Umstellzeiten, die Summe beider Einzelzeiten Periode genannt. Um den Vorgang kontinuierlich zu machen, braucht man zwei Kammern, so daß dauernd eine Kammer aufgeheizt wird, während die andere entheizt wird. Das Merkmal der regenerativen Erwärmung ist also die zeitliche Unterteilung des Austauschvorganges in eine Heiz- und eine Entheizzeit. Zur Durchführung dieser zeitlichen Unterteilung ist dafür zu sorgen, daß genügend Material zur Aufspeicherung der übertragenen Wärme in den Regenerator eingebaut wird. Bei Kontinuität der Wärmeübertragung ist kennzeichnend, daß zwei räumlich vollkommen getrennte Wärmeaustauscher vorhanden sein müssen.

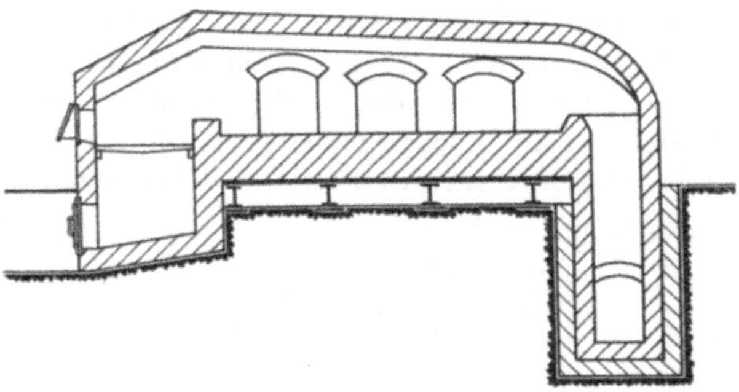

Fig. 2. Herdofen mit Rostfeuerung.

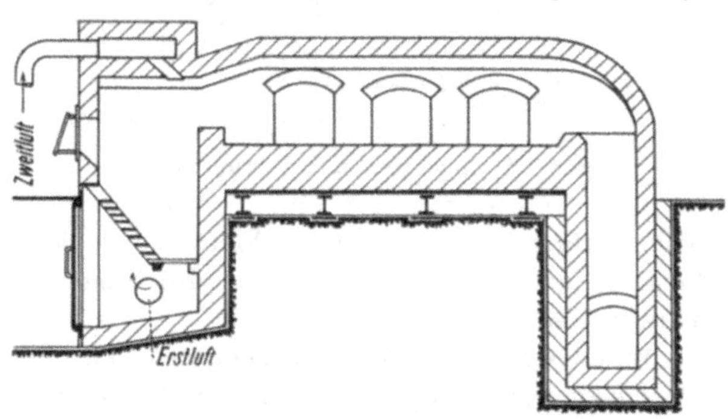

Fig. 3. Herdofen mit Halbgasfeuerung.

Der Einbau von Wärmeaustauschern kann auf die mannigfachste Art und Weise geschehen. Die grundsätzliche Verwendung läßt sich aber an ein paar einfachen Beispielen zeigen, die zur Einführung in das Anwendungsgebiet dienen mögen.

Den schematischen Aufbau eines Herdofens, wie er etwa zum Wärmen von Schmiedestücken verwendet wird, zeigt Fig. 2. Der Ofen ist mit einfacher Planrostfeuerung ausgerüstet. Die Verbrennungsluft wird unter dem Rost eingeblasen. Die entstandenen Rauchgase treten aus dem Brennerraum über die Feuerbrücke in den Herdraum ein, geben einen Teil ihrer fühlbaren Wärme an die Ofenwände und das Werkstück ab und verlassen den Ofen durch die Abzüge. Durch diese gelangen sie in den Fuchs, der sie zum Schornstein weiterleitet.

Eine Abänderung dieses Ofens zeigt Fig. 3. Der Rost ist etwas tiefer gelegt, um ein höheres Brennstoffbett unterbringen zu können. Die von unten eintretende Verbrennungsluft setzt sich nun mit dem Brennstoff nicht mehr vollkommen zu Kohlensäure um, es wird ein Generatorgas erzeugt, das durch die oberhalb des Rostes zugeführte Luft verbrannt wird. Diese Bauart, die Halbgasfeuerung, hat vor der ersten mehrere Vorteile. Der ausschlaggebende ist die Einfachheit der Bedienung. Das Feuer braucht nicht mehr so intensiv gepflegt zu werden. Es kann Kohle in beträchtlicher und auch veränderlicher Höhe aufgegeben werden. Löcher auf dem Rost sind ja gerade bei dem Ofenbetrieb, der die Innehaltung einer konstanten Feuerraumtemperatur erfordert, noch viel schädlicher als z. B. beim Kesselbetrieb. Sie können nunmehr durch ein höheres Brennstoffbett leicht vermieden werden. Wie gesagt, entsteht nun aber kein Rauchgas, sondern ein Generatorgas oder wenigstens ein generatorgasähnliches Gas, das durch die über dem Brennstoffbett zugeführte Luft verbrannt wird. Diese eigentliche Verbrennungsluft wird Zweit-(Sekundär-)luft genannt. Durch Verstellung der beiden Luftzuführungen läßt sich die Feuerung viel leichter regeln. Außerdem kann man mit ihr eine Verbrennung mit langer Flamme erzielen, die eine gleichmäßigere Beheizung des Herdes als die bei Rostfeuerung entstehende kurze scharfe Flamme bewirkt.

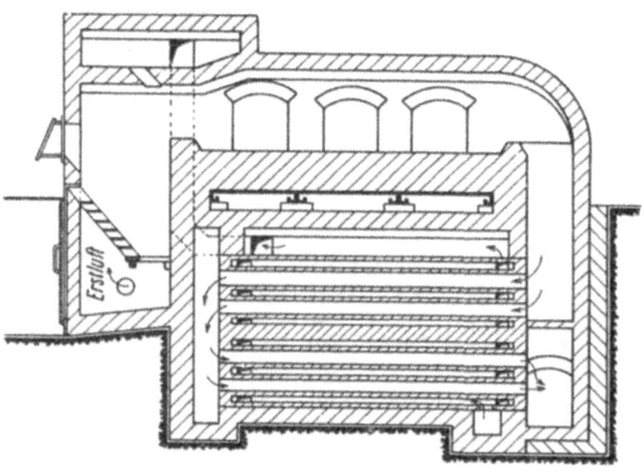

Fig. 4. Halbgasofen mit Rekuperator.

Einen weiteren, aber hier gerade bedeutungsvollen Vorteil verschafft die Halbgasfeuerung dadurch, daß sie die Vorwärmung eines Teiles der Verbrennungsluft, nämlich der Zweitluft, gestattet, während sich bei der Rostfeuerung eine höhere Lufttemperatur mit Rücksicht auf die Verschlackungsgefahr verbietet. Die Fig. 4 zeigt den Ofen der Fig. 3 mit einem Rekuperator ausgerüstet. Die Abgase durchziehen vom Herd die Abgaszüge des Rekuperators und erwärmen die Zweitluft, welche die zwischen den Abgaszügen liegenden Luftzüge durchfließt. Die Rauchgase geben also ihre Wärme zunächst an die Oberfläche der Wand, die Abgas- und Luftzüge trennt, ab. Das wenn auch ziemlich geringe Wärmeleitvermögen der feuerfesten Trennwand transportiert diese Wärme an die gegenüberliegende, von der Luft berührte Oberfläche, von der sie von der Luft abgenommen wird.

Wird der Ofen mit Gas gefeuert, so bietet sich Gelegenheit, auch durch Gasvorwärmung Abwärme zurückzugewinnen. Mit Rekuperatoren aus Stein läßt sich allerdings die Vorwärmung des Gases nicht durchführen. Ein Steinrekuperator kann nicht dicht gebaut werden, die Fugen zwischen den einzelnen Kanalsteinen sind immer stark gasdurchlässig. Abgesehen von dem beträchtlichen Gasverlust würden die hierdurch hervorgerufenen Explosionen den Betrieb undurchführbar machen.

Man muß deshalb eiserne Rohre und ähnliches verwenden, die das zu erwärmende Gas durchfließt, während die Abgase um die Rohre herumströmen. Bis vor kurzer Zeit war man dabei gezwungen, sich mit niedrigen Vorwärmungstemperaturen zu begnügen. Gewöhnliches Flußeisen verzundert ziemlich schnell bei höheren Temperaturen, noch dazu in einer kohlenoxydhaltigen Atmosphäre. Man konnte deshalb wohl kaum mehr als 250 bis höchstens 300° C erreichen. Das Anwendungsgebiet waren dann wohl auch ausschließlich Kleinöfen. Eine Ausführung, die sich bewährt hat, beschreibt *Pontani* in einer Abhandlung „Die Gasschmiede der Eisenbahnwerkstätte in Arnsberg“*), sie ist in Fig. 5 wiedergegeben. Gas und Luft werden in je einer Rohrschlange vorgewärmt, die in einem vom Abgas durchströmten Raume unter dem Herd liegen.

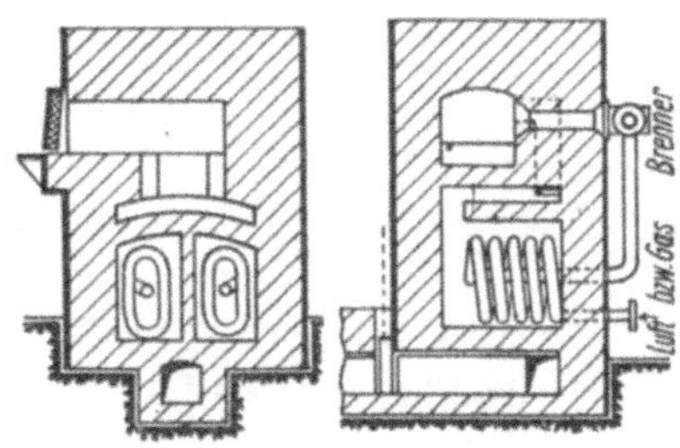

Fig. 5. Eiserner Vorwärmer für Luft und Gas an einem Kleinschmiedeofen.

Bei größeren Öfen sind die Gas- und Luftmengen aber so groß, daß eine mehrfache Unterteilung in eine Anzahl Rohrschlangen notwendig wird. Schwierigkeiten macht dann die Zusammenführung der einzelnen Rohre, da die Verbindungsstellen trotz der hohen Temperaturen dicht sein müssen. Auch die Revision der vielen Rohrelemente wird schwieriger. Insbesondere aber ermutigte der geringe erzielbare Effekt nicht zu so großen Ausgaben, wie sie die notwendige sorgfältige Ausführung großer eiserner Rekuperatoren erfordert. Erst seitdem die hochhitzebeständigen Stähle es gestatten, höhere Vorwärmungstemperaturen zu erreichen, hat man sich mit der Konstruktion der eisernen Vorwärmer intensiver beschäftigt und eine ganze Anzahl brauchbarer Bauarten geschaffen.

Vorerst aber griff man zur regenerativen Vorwärmung, wenn man Gas erhitzen wollte. Auch zur Erzielung höherer Lufttemperaturen ist der Regenerator geeigneter als der Rekuperator. Das Prinzip der regenerativen Vorwärmung mag am Beispiel eines Siemens-Martin-Ofens nach Fig. 6 erklärt werden. Die Abgase werden vom Herd in zwei Kammern, die Luft- und die Gaskammer, abgezogen. In diesen Kammern befindet sich ein Gitter aus feuerfesten Steinen, das in später zu beschreibender Anordnung aufgebaut ist. Die Abgase des Herdes erwärmen nun dieses Gitter, dessen Temperatur sich durch die Speicherung der Wärme fortlaufend erhöht. Nach einer bestimmten Zeit, meist 20 bis 30 min, werden die Kammern umgestellt, d. h. das Abgas wird durch das auf der anderen Ofenseite befindliche Kammerpaar abgesaugt und die vorzuwärmende Luft durch die eben aufgeheizte Luft-

*) Arch. f. Wärmewirtschaft 1925, S. 105.

kammer, das Gas durch die Gaskammer geschickt. Gas und Luft entnehmen dem Gitter die vorher aufgespeicherte Wärme und erwärmen sich. Wieder nach 20 bis 30 min wird umgestellt.

Der Regenerator vermeidet offensichtlich die Nachteile des Rekuperators. Der dichte Abschluß zwischen Abgas und Luft bzw. Gas ist dadurch gewährleistet, daß die Gase nicht gleichzeitig durch ineinandergebaute Räume strömen. Das Gitter braucht keine anderen mechanischen Aufgaben zu erfüllen, als sich selbst zu tragen, es kann also recht hohen Temperaturen ausgesetzt werden. Dadurch ist es möglich, auch hohe Vorwärmungstemperaturen zu

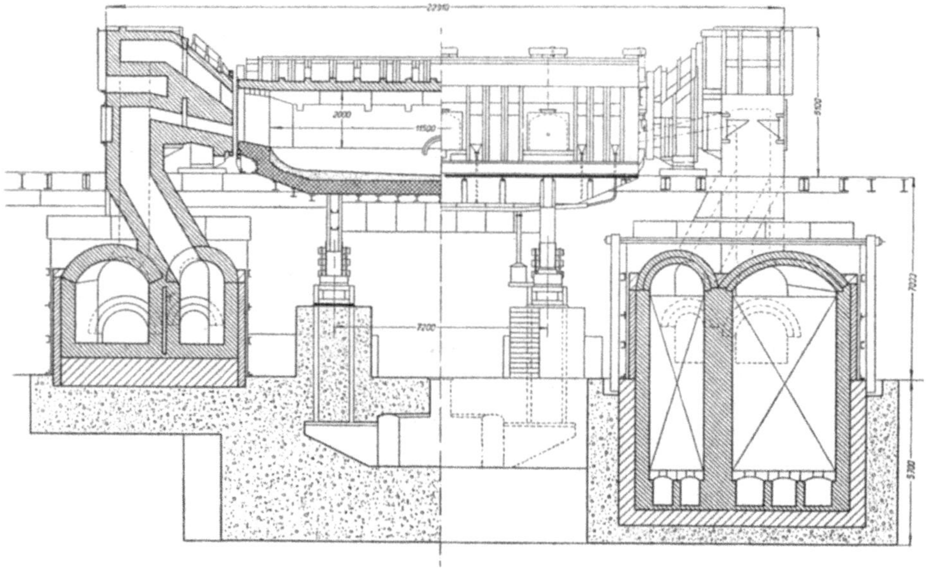

Fig. 6. Siemens-Martin-Ofen.
(Aus: *Kerl, Drischer* und *Bertram* „Das Werk Höntrop des Bochumer Vereins". Stahl u. Eisen 1926.)

erzielen, weit höhere, als selbst die besten hitzebeständigen Stähle zulassen.

Natürlich kann man auch Bauarten wählen, bei denen nur die Luft regenerativ vorgewärmt wird.

Man findet auch Kombinationen zwischen rekuperativer und regenerativer Vorwärmung derart, daß das Gas durch einen Regenerator, die Luft durch einen Rekuperator vorgewärmt wird.

Will man die Verbrennungsluft für Hochöfen vorwärmen, so ist eine so enge Verbindung zwischen eigentlichem Ofen und Wärmeaustauscher wie beim Herdofen nicht durchführbar. Die Vorwärmer werden neben den Ofen gesetzt. Die rekuperative Vorwärmung wird jetzt kaum noch angewandt; die hohen Windtemperaturen, die der Hochofen verlangt — bis 900° C —, sind mit eisernen Vorwärmern nicht zu erzielen, besonders da der Wind bis zu 1 at, stellenweise noch höheren Überdruck hat. Der Wind wird deshalb fast ausschließlich in den von *Cowper* eingeführten, nach dem Regeneratorprinzip arbeitenden Winderhitzern vorgewärmt. Diese werden zunächst mit Gichtgas aufgeheizt. Nach genügender Erwärmung wird die Beheizung eingestellt und der Wind durch den Apparat geblasen*).

In den letzten Jahren ist auch die Lufterhitzung in immer weitergehendem Maße im Dampfkesselbetrieb eingeführt worden. Die Ursache ist die Speisewasseraufbereitung durch Anzapfdampf, wodurch die Ausnutzung der Kesselabhitze durch Speisewasservorwärmer illusorisch wird, die Dampfspeicherung durch Gleichdruckspeicher, die nur dann voll wirksam werden können, wenn kein Economiser vorhanden ist, die bessere Verbrennung auch minderwertiger Brennstoffe mit warmer Luft und schließlich die Forderung nach höheren Verdampfungsleistungen der Heizflächeneinheit (siehe auch Abschnitt V, 11). Die niedrigen Temperaturen, mit denen man in diesem Fall zu rechnen hat, erlauben ohne Schwierigkeit die Anwendung eiserner Austauscher.

Bei ölgefeuerten Kleinöfen wird die Verbrennungsluft in eisernen Rekuperatoren nur in geringem Maße vorgewärmt. Ölgefeuerte Schmelzöfen dagegen haben meist regenerative Luftvorwärmung.

Dieser Abschnitt sollte nur in kurzen Zügen das Anwendungsgebiet der Wärmeaustauscher, welche die Abwärme der Öfen wieder für die Zwecke des Ofens zurückgewinnen, umschreiben. Es wird in den Abschnitten XIV und XV Gelegenheit sein, die Bauarten und die Konstruktionseinzelheiten eingehend zu behandeln.

Es sind demnach folgende Anwendungsmöglichkeiten vorhanden:

A. Kohle- oder Koksfeuerung.
   1. Halbgasfeuerung mit Vorwärmung der Zweitluft.
   2. Kesselbeheizung mit rekuperativer oder regenerativer Vorwärmung der gesamten Verbrennungsluft.
   3. Schachtofen mit regenerativer (auch rekuperativer) Luftvorwärmung.

B. Gasfeuerung.
   4. Rekuperator oder Regenerator für Vorwärmung der Luft (auch bei Ölfeuerung).
   5. Rekuperatoren oder Regeneratoren für Vorwärmung von Gas und Luft.
   6. Rekuperator für Luft-, Regenerator für Gasvorwärmung.

II. Die Wirkung der Wärmerückgewinnung auf den Brennstoffverbrauch.

Die Wirtschaftlichkeit der Wärmerückgewinnung soll sich rechtfertigen durch Brennstoffersparnis und die Erzielung einer genügenden Ofentemperatur. Über die erreichbare Brennstoffersparnis gibt die Wärmebilanz Auskunft.

Von der Wärme Q, die im Arbeitsraum des Ofens durch Auslösung der chemisch gebundenen Wärme des Brennstoffes frei wird, verbleibt ein Teil V

*) Erst in letzter Zeit erscheint die Möglichkeit einer rekuperativen Vorwärmung durch die Verwendung hitzebeständigen Stahles wieder gegeben.

als verwendbare Wärme im Arbeitsraum, während der übrige Teil A in der Abgaswärme vom Herd abzieht.

Die Wärmemenge Q braucht dabei nicht die gesamte Heizwertenergie des verfeuerten Brennstoffes zu sein, z. B. kann durch Rostverlust oder durch Luftmangel ein Teil der möglichen Heizwertenergie dem Verbrennungsvorgang entzogen worden sein.

Die im Arbeitsraum verbrauchte Wärmemenge V wird zur Erwärmung des Wärmgutes und zur Bestreitung der Wandverluste verwendet. Die auf das Wärmgut übertragene Wärmemenge ist die Nutzwärme N, die Wandverluste sind die durch Leitung und Strahlung an die Umgebung des Ofens abgegebenen Wärmemengen S. Der gegebenenfalls vorhandene Substanzverlust an Rauchgas durch Türspalten und sonstige Ofenöffnungen wird nicht unter die Wandverluste eingerechnet und bei der folgenden Betrachtung nicht berücksichtigt.

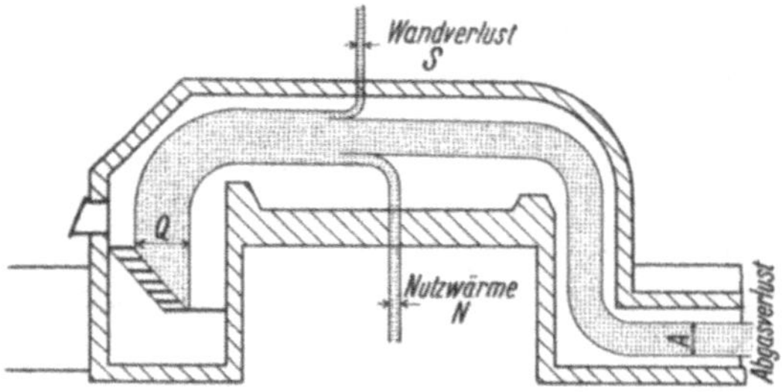

Fig. 7. Wärmestrombild eines Herdofens ohne Wärmerückgewinnung.

Es besteht dann die Gleichung

$$Q = N + S + A = V + A.$$

Fig. 7 gibt diese Gleichung als Wärmestrombild eines Herdofens wieder.

Die nutzbare Wirkung des Brennstoffes ist die Abgabe der Wärmemenge V. Welcher Teil von V nun tatsächlich als Nutzwärme N gewonnen wird, braucht bei der vorliegenden Betrachtung der Wirkung der Wärmerückgewinnung nicht untersucht zu werden. Hat der Arbeitsraum keinerlei Verluste, so ist $N = V$.

V ist die Differenz zwischen zugeführter Wärme Q und der Abgaswärme A. Sie kann also durch Vergrößerung von Q oder Verringerung von A vermehrt werden. Der Abgasverlust A ist aber durch die Temperatur des Arbeitsraumes auf ein nicht unterschreitbares Maß begrenzt. Es ist nicht möglich, daß im Beharrungszustand des Ofenbetriebes die aus dem Ofen abziehenden Rauchgase eine niedrigere Temperatur haben als der Ofen selbst, vielmehr sind sie stets um einen Betrag wärmer, der von verschiedenen Faktoren abhängt (Wärmeübergangsbedingungen, Belastung).

Durch die Wärmerückgewinnung wird nun ein Teil der Wärme des vom Herd abziehenden Rauchgases, also ein Teil von A, in einem Wärmeaustauscher auf die am Verbrennungsvorgang teilnehmenden Gase, nämlich auf die Verbrennungsluft oder das Frischgas oder beide Gase, übertragen. Dem Rauchgase soll hierdurch der r-te Teil der gesamten Abwärme entzogen werden. Dann ist der Kaminverlust nur noch $(1 - r)\,A$. Von dieser Wärmemenge $r\,A$ geht ein Teil durch die Wände des Wärmeaustauschers nach außen als Wandverlust ab, der übrige Teil $\eta\,r\,A$ wird an Verbrennungsluft oder

Frischgas übertragen und sodann auf dem Herd wieder erneut eingesetzt. Es ist dann:

$$Q_r + \eta\, r\, A_r = V_r + A_r = (N + S)_r + A_r\,.$$

Diese Wärmebilanz veranschaulicht Fig. 8. Der Index r dient vorläufig zur Angabe, daß diese Gleichung bei Anwendung der Rückgewinnung gilt.

Die Wärmemenge $\eta\, r \cdot A_r$ wird in den meisten Fällen den Gasen durch Temperaturerhöhung mitgeteilt, bei der Wärmerückgewinnung durch Vorwärmung nur der Verbrennungsluft sogar ausschließlich. Bei der Vorwärmung des Gases aber können Gasumsetzungen eintreten, die eine Rückgewinnung auch durch wärmebindende chemische Prozesse gestatten.

Die beiden Wärmebilanzgleichungen

$$Q = V + A\,,$$

$$Q_r + \eta\, r \cdot A_r = V_r + A_r$$

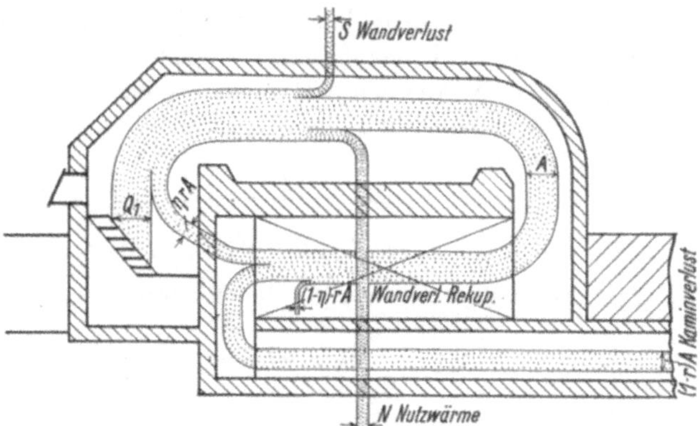

Fig. 8. Wärmestrombild eines Herdofens mit Wärmerückgewinnung.

können nun zur Bestimmung der Wärmeersparnis durch die Wärmerückgewinnung herangezogen werden. Die Wärmemengen waren bisher als absolute Wärmemengen, lediglich in kcal, angeschrieben. Sie besagten nur, daß von der während eines beliebigen Zeitraumes eingeführten Wärmemenge Q ein Teil V auf dem Herde verbraucht wird und ein Teil A vom Herd abzieht. Die Verbindung zwischen den Gleichungen soll nun einmal dadurch zustande kommen, daß in beiden Fällen die nutzbaren Wärmen $V = V_r$ sein sollen. Dann aber sollen die Wärmemengen auf die Einheit der Rauchgasmenge, und zwar auf 1 cbm von Normalzustand, d. h. auf 1 cbm bei 0° C Temperatur und 760 mm Q.-S.-Barometerstand (1 ncbm), bezogen werden. 1 cbm Rauchgas hat nach Vollendung der Verbrennung einen Wärmeinhalt von q kcal, wenn während des Verbrennungsvorganges keinerlei Wärme abgegeben wird. Verbrennt 1 kg Kohle unter Auslösung einer Wärme von H kcal und entstehen hierbei g ncbm Rauchgas, so ist $q = \frac{H}{g}$.

Die Abgaswärme a eines cbm Rauchgases ist die fühlbare Wärme, die durch Multiplikation der Abzugstemperatur mit der mittleren spezifischen Wärme für diese Temperatur errechnet ist, also

$$a = \vartheta_a \cdot c_{pa}\,.$$

Wenn nun Q kcal zugeführt werden sollen, um die erste Gleichung erfüllen zu können, so sind G ncbm Rauchgas mit einem Wärmeinhalt q kcal/cbm in den Herd zu bringen. Die gleiche Rauchgasmenge G verläßt ihn mit einem Wärmeinhalt von a kcal/cbm. Es ist

$$G \cdot q = V + G \cdot a\,,$$
$$G\,(q - a) = V,$$
$$Q = G \cdot q = \frac{V}{1 - \frac{a}{q}}\,.$$

Wenn von der Abwärme des Herdes ein Teil wieder zurückgeführt wird, so genügt eine kleinere Rauchgasmenge mit dem Wärmeinhalt q kcal/cbm, um im Verein mit der zurückgewonnenen Wärme die gleiche nutzbare Wärmemenge V auf dem Herde abzugeben. Arbeitet nun auch der Ofen, wenn der Vergleich Sinn haben soll, mit der gleichen Abgastemperatur des Herdes, also auch mit dem gleichen Abwärmeinhalt a, so erniedrigt sich doch der Gesamtwert A_r, weil die Rauchgasmenge kleiner geworden ist.

Es wird nun

$$G_r \cdot q + \eta\, r a\, G_r = V + a\, G_r\,,$$
$$G_r [q - a\,(1 - \eta\, r)] = V\,.$$

Die notwendige Wärmezufuhr bei Wärmerückgewinnung ist mithin

$$Q_r = G_r q = \frac{V}{1 - \frac{a}{q}(1 - \eta\, r)}\,.$$

Verwendet man keine Rückgewinnung, so ist $r = 0$ zu setzen. Man erhält die vorhin angegebene Beziehung ohne Rückgewinn

$$Q = \frac{V}{1 - \frac{a}{q}}\,.$$

Aus den beiden Beziehungen geht mit großer Deutlichkeit hervor, daß für den Wärmeverbrauch der Wert $\frac{a}{q}$, d. i. das Verhältnis von Abzugswärme zu Anfangswärmeinhalt, von entscheidender Bedeutung ist. In beiden Formeln ist die Abzugswärme diejenige Wärme, die das Rauchgas beim Verlassen des Herdes oder des Arbeitsraumes hat, nicht diejenige, die das Abgas im Fuchs noch enthält.

Setzt man $a = c_{pa} \cdot \vartheta_a$, $q = \frac{H}{g}$ ein, so wird

$$\frac{a}{q} = \frac{c_{pa} \cdot \vartheta_a}{H} \cdot g\,.$$

Ist H_0 der Heizwert des Brennstoffes, so soll $H = h \cdot H_0$ die durch die Verbrennung wirklich ausgelöste Heizwertenergie bedeuten. Bei der vollkommenen Verbrennung des Brennstoffes ohne Luftmangel oder Überschuß entstehen

g_0 cbm Rauchgas. Bei der wirklichen Verbrennung entsteht aber eine Rauchgasmenge, die je nach den Verhältnissen kleiner oder größer als g_0 ist, $g = \xi \cdot g_0$.

Damit wird

$$\frac{a}{q} = c_{pa} \cdot \vartheta_a \cdot \frac{g_0}{H_0} \cdot \frac{\xi}{h} \,.$$

Es löst sich $\frac{a}{q}$ in 3 Faktoren auf. ϑ_a, die Abzugstemperatur vom Herd, ist von

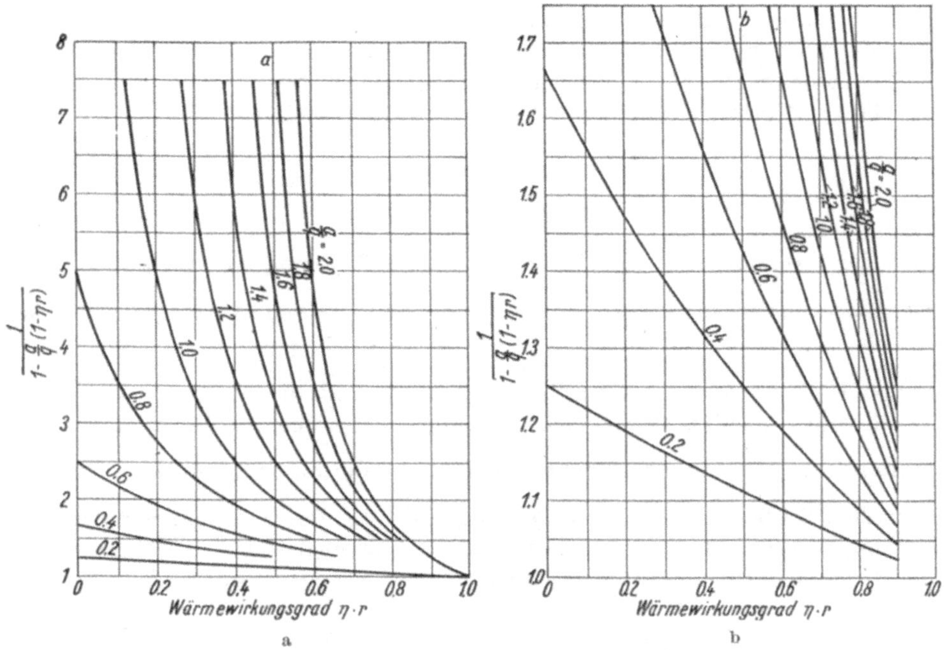

Fig. 9. Wärmeverbrauch $Q = \dfrac{1}{1 - \frac{a}{q}(1 - \eta r)}$ in Abhängigkeit von Rückgewinnungsgrad ηr.

dem Verwendungszweck des Ofens abhängig und wird von der Werkstücktemperatur und auch der Ofenkonstruktion bedingt.

$\frac{g_0}{H_0}$ ist eine für jeden Brennstoff feststehende Konstante. Sie ist im Schrifttum der letzten Jahre in der umgekehrten Form $\frac{H_0}{g_0} = q_0$ vielfach zur Kennzeichnung der Brennstoffgüte herangezogen worden. q_0 ist der Wärmeinhalt eines cbm Rauchgases bei punktförmiger Verbrennung ohne Wärmeabgabe*). *Aufhäuser* benennt diesen Wert Heizkraftzahl. Im folgenden wird q_0 mit An-

*) *Bansen,* Berechnung der Arbeitstemperaturen in metallurgischen Öfen. Stahl u. Eisen 1922.

fangswärmeinhalt bezeichnet. Sie ist ohne Zweifel für wärmetechnische Betrachtungen eine sehr aufschlußreiche Eigenschaftszahl und hierzu geeigneter als der Heizwert. Freilich darf aber nicht übersehen werden, daß auch die Wärmeabgabefähigkeit der Rauchgase, ihr Vermögen, die in ihnen enthaltene Wärme möglichst schnell abzugeben, für die Eignung des Brennstoffes von Bedeutung ist, eine Bewertung, die zahlenmäßig nicht durchführbar ist. Der Wert q_0 ist also allein auch kein vollkommener Maßstab.

Das Verhältnis $\frac{\xi}{h}$ ist ein Kennzeichen für die Güte der Ofenführung. Es gibt einerseits die Abweichung von der theoretischen Abgasmenge z. B. infolge der Verbrennung mit Luftüberschuß an, andererseits auch den Verlust an Heizwertenergie durch unvollständige Verbrennung.

Die Fig. 9 gibt die graphische Auswertung der Gleichung

$$Q = \frac{1}{1 - \frac{a}{q}(1 - \eta r)} \cdot V.$$

Auf der Grundlinie ist der Wärmerückgewinnungsgrad ηr angegeben, die Ordinaten geben den Wert $\frac{1}{1 - \frac{a}{q}(1 - \eta r)}$ an. Diesen Wert braucht man nur mit der Wärme zu multiplizieren, die dem Herd für Nutzwärme und Wandverlust geliefert werden muß, um die notwendige Wärmezufuhr zu bestimmen. Ist z. B. in einem Schmiedeofen $\frac{a}{q} = 0{,}6$ und verbraucht der Herd stündlich 200000 kcal, so entnimmt man aus Fig. 9a, daß man ohne Rückgewinn, also $\eta r = 0$, die 2,5fache Wärme, d. s. 500000 kcal/St. zuführen muß. Wird durch die Rückgewinnung 40 Proz. der Abzugswärme wieder nutzbar gemacht, so ist für $\eta r = 0{,}4$ aus Fig. 9b $\frac{1}{1 - \frac{a}{q}(1 - \eta r)} = 1{,}56$ abzulesen. Die notwendige Wärmezufuhr ist $1{,}56 \cdot 200000 = 312000$ kcal. Die Ersparnis beträgt 188000 kcal = 37,6 Proz. der Wärme ohne Rückgewinnung.

Aus den oben angegebenen Gleichungen für die notwendige Wärmezufuhr mit und ohne Wärmerückgewinnung läßt sich die mit der Wärmerückgewinnung erreichte Wärmeersparnis bestimmen. Sie ist in Prozent des Wärmeverbrauches ohne Rückgewinnung

$$z = \frac{Q - Q_r}{Q} \cdot 100 \text{ Proz.}$$

$$= \eta r \frac{\frac{a}{q}}{1 - \frac{a}{q}(1 - \eta r)} \cdot 100 \text{ Proz.}$$

Die Werte z sind in Fig. 10 wiedergegeben.

Beispiele.

a) Schmiedeofen.

Ein Schmiedeofen wird mit kaltem gereinigten Generatorgas geheizt. Das Gas habe einen Heizwert von 1450 kcal und kostet 0,7 Pfg./ncbm (rund 25.— Mk./t vergaste Kohle). In dem Ofen werden stündlich 500 kg Eisen erwärmt, die Nutzwärme ist mithin 100000 kcal/St. Der Wandverlust betrage nach der Berechnung 300000 kcal/St., mithin die nutzbare Wärme 400000 kcal/St.

Es ist vorgesehen, gegebenenfalls einen so großen Wärmeaustauscher einzubauen, daß 30 Proz. der Abwärme vom Herd diesem wieder durch Erwärmung der Verbrennungsluft zugeführt werden. Für beide Fälle ist der Gasverbrauch festzustellen und die für die Amortisation des Austauschers verfügbare Brennstoffkostenersparnis festzustellen.

Für das Generatorgas ist bei guter Verbrennung

$$q = 688 \text{ kcal/cbm, siehe Abschnitt III.4.}$$

$$a = 465 \text{ kcal/cbm},$$

also $\frac{a}{q} = 0,675$,

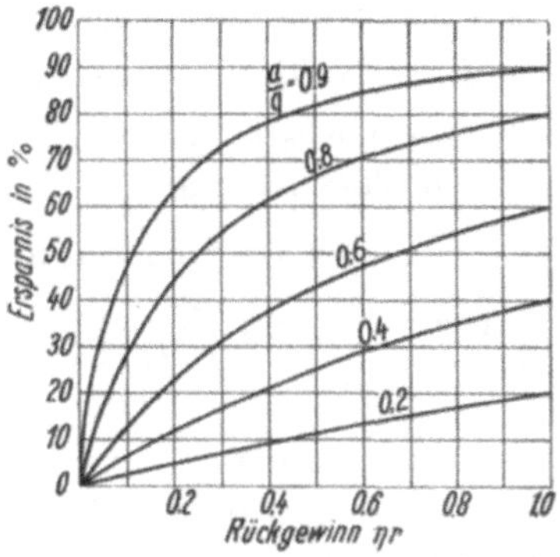

Fig. 10. Ersparnis durch Wärmerückgewinnung

$$z = \eta \cdot r \frac{\frac{a}{q}}{1 - \frac{a}{q}(1 - \eta r)}.$$

$$Q = \frac{V}{1 - \frac{a}{q}(1 - \eta r)}.$$

Fig. 9 ergibt für $\eta r = 0 \quad \frac{1}{1 - \frac{a}{q}(1 - \eta r)} = 3,1$.

Fig. 10 ergibt für $\eta r = 0,3 \quad z = 0,39$.

Ohne Vorwärmung: $Q = 3,1 \cdot 400000 = 1240000$ kcal/St.

$$\text{Frischgasmenge } \frac{1240000}{1450} = 855 \text{ ncbm/St.}$$

Mit Vorwärmung: Gasersparnis 39 Proz. = 334 ncbm/St.

(Gasverbrauch 521 ncbm/St.)

Also Ersparnis an Brennstoffkosten

$$\frac{334 \cdot 0,7}{100} = 2,33 \text{ Mk./St.},$$

jährlich $4000 \cdot 2,33 = 9300$ Mk.

Sind für Amortisation und Instandhaltung jährlich 3500 Mk. einzusetzen, so ergibt sich ein Gewinn von 5800 Mk./Jahr.

Es soll weiter geprüft werden, ob vielleicht eine Halbgasfeuerung ohne Luftvorwärmung in Frage kommt. Mit Rücksicht auf die Kosten für Stocharbeit, werksinneren Kohlentransport und Ascheabfuhr, Dampfverbrauch u. ä. Nebenkosten und Rostverlust werde die Tonne Kohle mit 28.— Mk. berechnet gegenüber einem Grundpreis von 20.— Mk./t. Für Halbgas ist bei guter Verbrennung

$$q = 875\,, \qquad a = 490\,, \qquad \frac{a}{q} = 0{,}560\,.$$

Der Wärmeverbrauch ist hierfür $Q = 2{,}2 \cdot 400000 = 880\,000$ kcal/St.

Hat die Kohle 7000 kcal/kg, so ist der stündliche Kohlenverbrauch 126 kg, die Brennstoffkosten also 3,52 Mk./St.

Dieselben Kosten bei Gasfeuerung ohne Vorwärmung betrugen 5,98 Mk./St., mit Vorwärmung ($\eta r = 0{,}3$) $5{,}98\,(1 - 0{,}39) = 3{,}65$ Mk./St.

Da zu der Gasfeuerung mit Vorwärmung noch die Amortisationskosten des Vorwärmers von $\frac{3500 \text{ Mk.}}{4000 \text{ St.}} = 0{,}87$ Mk./St. hinzukommen, ergibt sich folgende Staffelung:

		jährlicher Mehraufwand
Halbgasfeuerung	3,52 Mk/St.	— Mk.
Generatorgas kalt ohne Rückgewinn	5,98Mk./St.	9850 Mk.
Generatorgas kalt mit Rückgewinn (= 0,30)	4,52 Mk./St.	4000 Mk.

Es müssen also noch sonstige schwerwiegende Vorteile für Verwendung von Generatorgas sprechen, wenn die Halbgasfeuerung abgelehnt wird. Der größere Platzbedarf des Halbgasofens, seine höheren Baukosten infolge der angebauten Feuerung, Leistungsausfall durch die Pausen für die Entaschung bei durchgehendem Betrieb, andererseits der Kostenanteil der Generatorenanlage, der auf den Ofen entfällt, ist von Fall zu Fall zu prüfen und kann den Ausschlag geben.

Eine Verringerung des Kostenunterschiedes ist aber auch durch weitergehende Wärmerückgewinnung möglich.

Man könnte untersuchen, bei welchem Rückgewinnungsgrad Kostengleichheit eintritt. Die Amortisation belastete 1 cbm Generatorgas mit

$$\frac{0{,}88 \text{ Mk./St.}}{521 \text{ cbm/St.}} = 0{,}167 \text{ Pfg./cbm.}$$

Dieser Wert soll beibehalten werden, um die Rechnung nicht zu weitschweifig zu machen.

Dann dürfen also nur

$$\frac{3{,}52 \text{ Mk./St.}}{(0{,}700 + 0{,}167) \text{ Pfg./cbm}} = 405 \text{ cbm/St.} = 587000 \text{ kcal/St.}$$

verbraucht werden. Es ist also

$$\frac{1}{1 - \frac{a}{q}(1 - \eta r)} = \frac{587000}{400000} = 1{,}47\,.$$

Geht man in Fig. 9 von der Ordinate 1,47 waagerecht bis zum Schnitt mit $\frac{a}{q} = 0{,}675$, so erhält man als Abscisse $\eta r = 0{,}52$. Dieser Rückgewinn dürfte bei der Verwendung des vorliegenden Generatorgases auch für Luftvorwärmung allein noch zu verwirklichen sein.

b) Siemens-Martinofen.

Ein S.-M.-Ofen mit 5 t/St. Schmelzleistung verbrauche auf dem Herd $V = 600000$ kcal/t oder 3000000 kcal/St. Zur Heizung dient Koksgas mit 4000 kcal/ncbm ($q = 820$). Welcher Wärmerückgewinn ist notwendig, um einen Verbrauch von 1200000 kcal/t, also $6 \cdot 10^6$ kcal/St. zu erzielen? Die Abgastemperatur ist 1750° ($a = 740$). $\frac{a}{q} = 0{,}903$. Aus Fig. 9 ist für

$$\frac{1}{1 - \frac{a}{q}(1 - \eta r)} = \frac{1200000 \text{ kcal/t}}{600000} = 2{,}0$$

zu entnehmen $\eta r = 0{,}45$. (Ordinate 2,0, waagerecht bis Schnittpunkt mit $\frac{a}{q} = 0{,}903$.) Es sind 45 Proz. der mit 1750° C abziehenden Wärme auf dem Herd durch Luftvorwärmung wieder einzubringen.

III. Brennstoffart und Wärmerückgewinnung.

1. Die Grundlagen der Berechnung des Verbrennungsvorganges.

Die Besprechung des Wärmeverbrauches zeigte, daß er sich aus zwei Brennstoffzahlen bestimmen läßt, dem Anfangswärmeinhalt q und dem Wärmeinhalt des vom Herd abziehenden Rauchgases a, oder, genauer gesagt, aus ihrem Quotienten $\frac{a}{q}$.

Eine Ergänzung ist aber noch nötig. Bei Anwendung der Wärmerückgewinnung ist der Wärmeverbrauch auch von der Größe des Wertes ηr abhängig. Diesem Werte ist aber — wenn man von den vereinzelt auftretenden wärmebindenden chemischen Reaktionen zwischen den Bestandteilen des Frischgases absieht — eine Grenze durch die Menge und die Wärmeaufnahmefähigkeit des Gases und der zugeführten Verbrennungsluft gezogen. Es ist klar, daß man im äußersten, praktisch nicht erreichbaren Fall, diese Gase höchstens auf die Abzugstemperatur des Rauchgases vom Herd erwärmen kann, und daß der durch diese Temperatur angegebene Wärmeinhalt den größten Wert $\eta r a$ darstellt.

Behält man als Bezugsgrundlage nicht die Einheit der Brennstoffmenge, also kg Kohle oder cbm Frischgas, sondern 1 cbm Rauchgas bei, so sind alle Werte hierauf zu beziehen. Deshalb finden sich in den folgenden Zahlentafeln neben dem Heizwert des Frischgases, der für 1 ncbm (bzw. 1 kg) Brennstoff notwendigen Luftmenge und der aus 1 ncbm (1 kg) Brennstoff entstehenden Rauchgasmenge auch der Anfangswärmeinhalt $q =$ kcal/ncbm Rauchgas, die notwendige Verbrennungsluftmenge $l =$ ncbm Luft/ncbm Rauchgas und die Frischgasmenge $g =$ ncbm Frischgas/ncbm Rauchgas. Weiter ist die spezifische Wärme des Rauchgases und sein Wärmeinhalt $a = c_{pa} \cdot \vartheta_a$ zur einfachen Bestimmung von $\frac{a}{q}$ und die spezifische Wärme und der Wärmeinhalt der Luft und des Frischgases, d. i. i_l und i_g, angegeben. Hiermit ist dann für bestimmte Vorwärmungstemperaturen $\eta ra = i_l \cdot l$ bei Luftvorwärmung und $\eta ra = i_l \cdot l + i_g \cdot g$ bei Gas- und Luftvorwärmung. Alle Angaben beziehen sich auf bestmögliche Verbrennung ($\xi = 1$, $h = 1$). Bei Luftüberschuß oder Luftmangel sind dann die Ausführungen Abschnitt III 8 und 9 zu berücksichtigen.

Die technischen Brennstoffe sind Mischungen verschiedener Grundbrennstoffe. Für die Verbrennung dieser Grundbrennstoffe sind folgende Gleichungen benutzt worden:

1. Kohlenstoff: Heizwert 8080 kcal/kg,
   Verbrennungsgleichung: 0,536 kg C + 4,76 cbm Luft = 1 cbm CO_2 + 3,76 cbm N_2 = 4,76 cbm Abgas,
   Anfangswärmeinhalt: $q = 910$ kcal /cbm Rauchgas.
2. Kohlenoxyd: Heizwert 3050 kcal/ncbm,
   Verbrennungsgleichung: 1 cbm CO + 2,38 cbm Luft = 1 cbm CO_2 + 1,88 cbm N_2 = 2,88 cbm Abgas,
   Anfangswärmeinhalt: $q = 1058$ kcal/cbm Rauchgas.
3. Wasserstoff: Heizwert (unterer) 2560 kcal/ncbm,
   Verbrennungsgleichung: 1 cbm H_2 + 2,38 cbm Luft = 1 cbm H_2O + 1,88 cbm N_2 = 2,88 cbm Abgas,
   Anfangswärmeinhalt: $q = 888$ kcal/ncbm.
4. Methan: Heizwert (unterer) 8580 kcal/ncbm,
   Verbrennungsgleichung: 1 cbm CH_4 + 9,52 cbm Luft = 1 cbm CO_2 + 2 cbm H_2O + 7,52 cbm N_2 = 10,52 cbm Abgas,
   Anfangswärmeinhalt: $q = 815$ kcal/ncbm.
5. Schwere Kohlenwasserstoffe: Heizwert (unterer) 17000 kcal/ncbm,
   Verbrennungsgleichung: 1 cbm S.K.W. + 17,5 cbm Luft = 2,45 cbm CO_2 + 2,45 cbm H_2O + 13,8 cbm N_2 = 18,7 cbm Abgas,
   Anfangswärmeinhalt: $q = 910$ kcal/ncbm.

Bezüglich der schweren Kohlenwasserstoffe ist zu bemerken, daß deren Zusammensetzung nicht feststeht, da sie ja bereits eine Mischung der verschiedensten Kohlenwasserstoffe sind. Die angenommene Mischung entspricht jedenfalls der gebräuchlichen Heizwertangabe von 17000 kcal/cbm. Da die S.K.W. in technischen Gasen nur in Ausnahmefällen stärker vertreten sind, können die Angaben ohne Gefahr eines größeren Fehlers benutzt werden.

2. Die festen Brennstoffe (Koks, Steinkohle, Braunkohle).

Die zur Verbrennung notwendige Luftmenge wird von *Rosin* wie *König* fast übereinstimmend unter Bezug auf den unteren Heizwert angegeben

$$G_l = \frac{1{,}01 \cdot H_u}{1000} + 0{,}5 \text{ cbm/kg}.$$

Für die bei vollständiger Verbrennung entstehende Rauchgasmenge geben *Rosin* und *König* etwas verschiedene Beziehungen an. Die Rosinschen Formeln geben etwas größere Rauchgasmengen. Der Unterschied wächst mit abnehmendem Heizwert und beträgt bei 8000 kcal 1,5 Proz., bei 2000 kcal 5,7 Proz. Bei nochmaligem Vergleich der Formeln mit einer größeren Zahl Brennstoffanalysen scheint die vermittelnde Gleichung

$$G_a = \frac{0{,}92 \cdot H_u}{1000} + 1{,}5 \text{ n cbm/kg}$$

den meisten Brennstoffzusammensetzungen zu genügen. Der Anfangswärmeinhalt q der festen Brennstoffe ist also

$$q = \frac{H_u}{G_a} = \frac{1}{0{,}92 + \frac{1500}{H_u}}.$$

Die notwendige Verbrennungsluftmenge je cbm Rauchgas ist

$$l = \frac{G_l}{G_a} = \frac{1{,}01\, H_u + 500}{0{,}92\, H_u + 1500}.$$

Zahlentafel 1.
Anfangswärmeinhalt und Luftmenge je cbm Rauchgas fester Brennstoffe.

Heizwert (u.) kcal/kg:	2000	3000	4000	5000	6000	7000	8000
q kcal/ncbm	598	705	772	820	855	880	902
G_a ncbm/kg	3,34	4,26	5,18	6,10	7,02	7,94	8,86
$l = \frac{G_l}{G_a}$	0,755	0,830	0,875	0,910	0,935	0,955	0,970

Die Zusammensetzung des Abgases der festen Brennstoffe beeinflußt die spezifische Wärme. Ihre Kenntnis vermittelt die nächste Zahlentafel.

Zahlentafel 2. Abgaszusammensetzung der festen Brennstoffe.

Brennstoffart	CO_2	H_2O	N_2
Braunkohle, 50 Proz. Wasser	15,3	21,5	63,2
Braunkohle, 25 Proz. Wasser	17,0	13,1	69,9
Braunkohlebrikett	17,5	10,6	71,9
Steinkohle, 6 Proz. Wasser	17,5	7,2	75,3
Koks, 6 Proz. Wasser	20,7	1,7	77,6

Durch diese verschiedenartige Zusammensetzung ergeben sich freilich Verschiedenheiten in der spezifischen Wärme. Diese sind aber nicht so groß, daß es notwendig wäre, sie zu berücksichtigen. Rohbraunkohle mit 50 Proz. H_2O hat bei 1000° C um $\sim$ 1 Proz., bei 2000° C um 3 Proz., bei 3000° C um 6 Proz. höhere Werte der spezifischen Wärme als Steinkohle. Die Abweichungen der anderen Brennstoffe sind geringer und betragen zwischen Brikett, Steinkohle und Koks bei 3000° C erst 1,5 Proz. In der folgenden Zahlentafel sind deshalb für sämtliche Abgase gleiche spezifische Wärmen verwendet, und zwar die spezifische Wärme des Braunkohlenbriketts. Hierbei sind dann die Abweichungen ganz gering und vernachlässigbar.

Zahlentafel 3.
Spezifische Wärmen und Wärmeinhalt je ncbm Rauchgas und ncbm Luft.

Temp. °C	Rauchgas		Luft		Temp. °C	Rauchgas		Luft	
	c_p	a	c_p'	i_l		c_{pa}	a	c_p'	i_l
0	0,333	0	0,312	0	1600	0,387	620	0,344	550
200	0,341	68	0,316	63	1800	0,393	707	0,348	626
400	0,350	140	0,320	128	2000	0,399	799	0,352	705
600	0,357	214	0,324	194	2200	0,405	893	0,356	785
800	0,364	291	0,328	262	2400	0,411	990	0,360	864
1000	0,370	370	0,332	332	2600	0,417	1086	0,364	948
1200	0,376	450	0,336	404	2800	0,423	1184	0,368	1030
1400	0,381	534	0,340	476	3000	0,430	1290	0,372	1150

Der Wert $\frac{a}{q}$ ist nun durch Entnahme von a aus Zahlentafel 3 und q aus Zahlentafel 1 zu bestimmen. Für Steinkohle von 7000 kcal/kg ist nach Zahlentafel 1 $q = 880$. Für 1200° C Abzugstemperatur (Schmiedeofen) ist $a = 450$ (Zahlentafel 3), mithin $\frac{a}{q} = \frac{450}{880} = 0{,}512$. Will man die gesamte Verbrennungsluft auf 400° C vorwärmen (z. B. bei Staubkohlenfeuerung), so ist

$$\eta\, ra = \frac{G_l}{G_a} \cdot i_l = 0{,}955 \cdot 128 = 122.$$

$$\eta\, r \text{ ist } = \frac{\eta\, ra}{a} = \frac{122}{450} = 0{,}271\,.$$

Der Wärmeverbrauch ist

$$Q = \frac{1}{1 - \frac{a}{q}(1 - \eta\, r)} \cdot V = \frac{1}{1 - 0{,}512(1 - 0{,}271)} \cdot V = \frac{1}{1 - 0{,}373} \cdot V = 1{,}60 \cdot V.$$

3. Die Halbgasfeuerung.

Diese Feuerungsart bildet die Brücke zwischen der Rost- und der Gasfeuerung. Ihre Vorteile gegenüber der Rostfeuerung wurden schon hervorgehoben. Ihr geringerer Kapital- und Platzbedarf bietet aber auch Vorteile gegenüber dem Generatorgasbetrieb. Entschließt man sich, die Halbgasfeuerung gleichmäßiger und damit wirtschaftlicher durch selbsttätige Kohlenzufuhr und Ascheabfuhr zu gestalten, so wird sie der Feuerung mit heißem Generatorgas nicht nur ebenbürtig, sondern sogar häufig überlegen sein.

Der Vergasungs- und Verbrennungsvorgang in einer Halbgasfeuerung wurde an einem Schmiedeofen von 10 qm Herdfläche untersucht, dessen Rost von 3 qm Fläche stündlich mit 100 bis 120 kg Steinkohle einer Körnung von 0 bis 12 mm belastet wurde. Der Ofen wurde verhältnismäßig nachlässig betrieben, was schon daraus hervorgeht, daß nur in Zwischenräumen von 3/4 bis 1 Stunde Kohle aufgegeben und gestocht wurde. Die Zusammensetzung des Halbgases und des Rauchgases am Herdende zeigt Fig. 11, im unteren Teil die des Halbgases, im oberen die des Rauchgases.

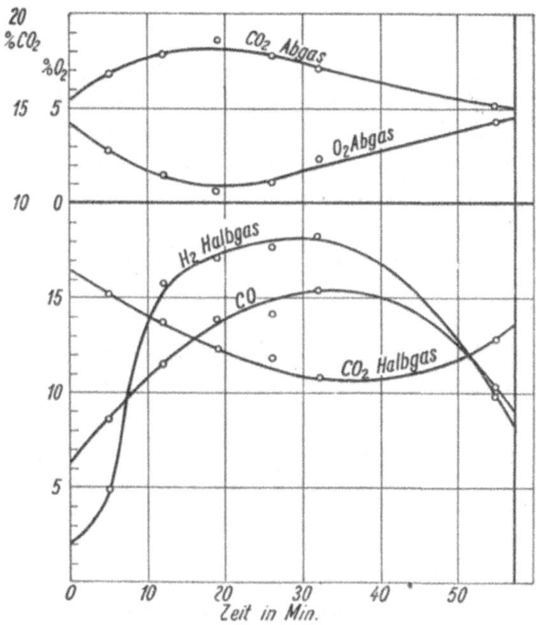

Fig. 11. Veränderung des Halbgases und Abgases in einem Halbgas-Schmiedeofen.

Das Halbgas zeigt während der Untersuchung sehr starke Veränderung, insbesondere des Wasserstoff- und Kohlenoxydgehaltes, der zwischen 2 und 18 bzw. 5 und 15 Proz. sich bewegt. Vor der Aufgabe des Brennstoffes war das Brennstoffbett stark durchgebrannt, erkennbar an dem hohen CO_2-Gehalt und dem niedrigen Gehalt an brennbaren Gasen. Nachdem der neu aufgeschüttete Brennstoff die Löcher zugedeckt hat, entwickelt sich ein verhältnismäßig hochwertiges Halbgas, das etwa die Hälfte der ganzen Zeit seine Qualität beibehält. Gegen Ende der Periode vermindert sich dann wieder der Gehalt an Brennbarem.

Im Gegensatz zu den starken Veränderungen des Halbgases zeigt das Abgas eine bemerkenswerte Gleichmäßigkeit. Der Kohlensäuregehalt liegt zwischen 15 und 18 Proz., der Sauerstoffgehalt zwischen 1 und 4 Proz.

Die mittlere Zusammensetzung des Halbgases ist:

CO_2	12,5	Proz.
C_nH_m	0,3	,,
O_2	0,3	,,
CO	12,5	,,
H_2	13,7	,,
CH_4	1,0	,,
N_2	59,7	,,

Hieraus errechnen sich folgende, für die weitere Betrachtung wichtigen Werte:

Heizwert	869 kcal/cbm
Luftbedarf zur völligen Verbrennung . . .	0,756 cbm/cbm
Rauchgasmenge bei völliger Verbrennung .	1,626 ,,

mit folgender Zusammensetzung:

CO_2	0,267 cbm	= 16,4 Proz.
H_2O	0,165 ,,	= 10,3 ,,
N_2.	1,194 ,,	= 73,3 ,,

Kohlenstoffgehalt des Halbgases 143 g/cbm.

Für die Betrachtung der Wärmerückgewinnung ist von Wichtigkeit

1. das Verhältnis von Erstluft zu Zweitluft, da die Menge der Zweitluft, die in den meisten Fällen nur vorgewärmt wird, die Wärmerückgewinnung durch ihre Wärmeaufnahmefähigkeit bestimmt.

2. Temperatur des erzeugten Halbgases, da aus ihr erkannt werden kann, ob die Vorwärmung der Erstluft anwendbar ist bzw. wie hoch die Vorwärmung etwa sein darf.

Die Berechnung der Gasmenge einschließlich des teilweise unzersetzt durchgehenden Dampfzusatzes auf Grund der Kohlenstoff-, Stickstoff- und Wasserstoffbilanz ergab, daß 48 Proz. der theoretisch notwendigen Verbrennungsluft als Erstluft zugeführt war, daß also mindestens 52 Proz. der gesamten Verbrennungs- und Vergasungsluft vorgewärmt werden können.

Die Wärme- und Wasserdampfbilanz ergab, daß auf 1 cbm Halbgas 405 kcal fühlbare Wärme entfallen, die einer Gastemperatur von 1120° C entsprechen. Ohne den reichlichen Wasserdampfzusatz, der 0,8 kg/kg Kohle betrug, und von dem nur rund 25 Proz. zersetzt wurden, wäre die Gastemperatur 1360° C geworden, eine Temperatur, die bei der Geschlossenheit der Feuerung dem Mauerwerk schon gefährlich werden kann. Eine Vorwärmung der Erstluft würde deshalb bei dieser Art der Bedienung kaum angebracht sein, da sie die Temperatur oder als Gegenmaßnahme den Dampfzusatz noch höher getrieben hätte.

Ein häufigeres Bearbeiten des Brennstoffbettes würde die Verhältnisse günstiger machen. Nimmt man an, daß man dann die Zusammensetzung des Gases von 15 bis 45 min (Fig. 11) als Mittelwert erzielen würde, so hätte man folgendes Gas:

CO_2	11,4 Proz.
C_nH_m	0,3 ,,
O_2.	0,2 ,,
CO	14,5 ,,
CH_4	1,1 ,,
H_2.	17,2 ,,
N_2.	55,3 ,,
Heizwert	1027 kcal
Kohlenstoffmenge	149 g/cbm
Luftmenge	0,850 cbm/cbm
Abgasmenge	1,698 ,,

Die Abgaszusammensetzung ist:

CO_2	0,272 cbm	= 16,0 Proz.
H_2O	0,202 „	= 11,9 „
N_2	1,224 „	= 72,1 „

Die in gleicher Weise wie oben durchgeführte Rechnung ergibt

Halbgasmenge trocken	4,21	cbm/kg Kohle	
Erstluftmenge	2,95	„	= 42,5 Proz.
Unzersetzter Wasserdampf . .	0,70	„	
Gesamte Halbgasmenge also .	4,91	„ Kohle.	

Die auf das Halbgas übertragene fühlbare Wärmemenge ist 1625 kcal, so daß auf 1 cbm Halbgas 331 kcal kommen, die 940° C entsprechen. Ohne Wasserdampfüberschuß würde die Temperatur 1090° C sein.

Bei dieser Temperatur würde eine nicht zu weitgehende Luftvorwärmung bereits möglich sein. Man muß außerdem bei Betrachtung dieses Beispiels noch bedenken, daß die Feuerführung durch den sehr feinkörnigen Brennstoff erschwert wurde. Mit gröberem Korn und vermehrter Stocharbeit kann man immerhin erwarten, daß die Halbgastemperatur auch ohne Kühlung durch allzureichliche Dampfzugabe unter 1000° C bleibt, wobei denn eine Vorwärmung der Erstluft auf die im Kesselbetrieb gebräuchliche Temperatur von etwa 200° C durchaus möglich ist.

Für die allgemeine Berechnung der Bedingungen, unter denen die Wärmerückgewinnung an Halbgasfeuerungen stattfindet, bezieht man sich auf die für feste Brennstoffe angegebenen Werte und berücksichtigt den Wasserdampfzusatz als Abgasvolumenvergrößerung bei Berechnung von q. Für die Wärmerückgewinnung stehen, da zumeist nur die Zweitluft vorgewärmt wird, etwa 55 Proz. der theoretisch notwendigen Verbrennungsluft zur Verfügung. Wird Kohle von 7000 kcal/kg mit 50 Proz. Wasserdampfzusatz verfeuert, so ist die Abgasmenge bei einem spezifischen Gewicht des Wasserdampfes von 0,8

$$G_a = 7{,}94 + \frac{0{,}5}{0{,}8} = 8{,}57 \text{ n cbm/kg}.$$

Mithin

$$q = \frac{7000}{8{,}57} = 817 \text{ kcal/n cbm}.$$

Die Zweitluft je kg Kohle ist $G_{l_2} = 0{,}55 \cdot 0{,}955 \cdot 7{,}94 = 4{,}17$ n cbm/kg oder auf 1 n cbm Rauchgas bezogen $l = \frac{4{,}17}{8{,}57} = 0{,}488$.

Bei 600° C Vorwärmung ist $\eta\, ra = 0{,}488 \cdot 194 = 95$ kcal/cbm Rauchgas.

Ist die Herdabzugstemperatur 1200° C, also $a = 450$ kcal, so ist

$$\eta r = \frac{95}{450} = 0{,}210 \qquad \text{und} \qquad \frac{a}{q} = \frac{450}{817} = 0{,}550\,.$$

$$Q = \frac{V}{1 - \frac{a}{q}(1 - \eta r)} = \frac{V}{1 - 0{,}550(1 - 0{,}210)} = 1{,}77 \cdot V\,.$$

4. Die gasförmigen Brennstoffe.

Für die Heizgase ist die Betrachtung die gleiche wie bei der Verbrennung der festen Brennstoffe. Ein Unterschied besteht nur insofern, als bei ihnen auch der Brennstoff selbst vorgewärmt werden kann. Die ganze rückgewonnene Wärme setzt sich also dann aus dem Wärmeinhalt der vorgewärmten Luft und des vorgewärmten Gases zusammen.

a) Kaltes gereinigtes Generatorgas.

Aus einer großen Anzahl von Generatorgasanalysen aus Literatur und eigenen Untersuchungen ergeben sich für Anfangswärmeinhalt, Rauchgas- und Luftmenge die Werte folgender Zahlentafel.

Zahlentafel 4.
Anfangswärmeinhalt, Rauchgas- und Luftmenge von Generatorgas.

Heizwert (unt.) kcal/n cbm	1000	1100	1200	1300	1400	1500
q_0	565	598	631	660	689	715
G_l ncbm/ncbm .	0,89	0,97	1,05	1,13	1,21	1,29
G_a ,, .	1,77	1,84	1,90	1,97	2,03	2,10
$l = \frac{G}{G_a}$,, .	0,503	0,527	0,553	0,574	0,595	0,615
$g = \frac{1}{G_a}$,, .	0,565	0,544	0,526	0,508	0,493	0,476

Die spezifischen Wärmen von Rauchgas und Frischgas weichen für verschiedene Gase nur unmerklich voneinander ab, so daß mit den Werten eines mittleren Gases gerechnet werden kann.

Als mittlere Abgaszusammensetzung ist anzusehen:

CO_2 . . . . 17,6 Proz.
H_2O . . . . 7,8 ,,
N_2. . . . . 74,6 ,,

Zahlentafel 5. Spezifische Wärme und Wärmeinhalt von Generatorgas und dessen Rauchgas*).

Temp. °C	Rauchgas		Frischgas		Temp. °C	Rauchgas	
	c_p	a	c_p'	i_g		c_p	a
0	0,331	0	0,316	0	1600	0,384	615
200	0,339	68	0,323	65	1800	0,390	703
400	0,348	139	0,330	132	2000	0,396	792
600	0,355	213	0,336	198	2200	0,401	883
800	0,362	290	0,343	274	2400	0,406	975
1000	0,368	368	0,349	349	2600	0,412	1070
1200	0,373	448	0,355	426	2800	0,417	1169
1400	0,379	530	0,361	505	3000	0,422	1265

*) Spez. Wärme und Wärmeinhalt der Luft s. Zahlentafel 3.

Bei gleicher Abzugstemperatur — insbesondere bei höheren Temperaturen — verschlechtert sich die Wärmewirkung mit abnehmender Gasqualität infolge der Abnahme von q erheblich. Das wird schon bei einer Abzugstemperatur von 1000° C — etwa bei einem Blechglühofen — fühlbar.

Ohne Rückgewinnung, also mit $r = 0$, ist

$$Q = \frac{1}{1 - \frac{a}{q}} \cdot V.$$

Für die verschiedenen Heizwerte gibt die Zahlentafel 6 die Wärmezufuhr Q als das Vielfache der nutzbaren Wärme V und in der letzten Spalte den Mehrverbrauch in Prozent gegenüber dem bei einem Heizwert von 1500 kcal notwendigen Verbrauch an.

Zahlentafel 6. Erhöhung des Wärmeverbrauches bei Verschlechterung der Güte des Generatorgases für einen Ofen mit 1000° Abzugstemperatur.

Heizwert	$1 - \frac{a}{q}$	Notwendige Wärmezufuhr Q	Mehrverbrauch in Proz.
1000	0,349	2,87	39,3
1100	0,384	2,61	26,7
1200	0,417	2,40	16,5
1300	0,442	2,26	9,7
1400	0,465	2,15	4,4
1500	0,485	2,06	0

Dieser Mehrbedarf mit sinkender Gasgüte tritt im Betriebe derartiger Öfen häufig recht fühlbar in Erscheinung, wenn durch schroffen Kohlensortenwechsel, nachlässige Stocharbeit oder sonstige Störungen die Qualität des Gases unvermutet sinkt. Sinkt der Heizwert z. B. von 1400 auf 1100° C, so steigt der Wärmebedarf wohl auch schon um 21,5 Proz. Die Gasmenge aber, die bei gegebener Stellung des Ventiles und gleichem Gasdruck die gleiche bleibt, müßte infolge der Heizwertverringerung um noch viel mehr steigen, nämlich um $1{,}215 \cdot \frac{1400}{1100} = 55$ Proz. Umgekehrt ausgedrückt beträgt die Wärmezufuhr in diesem Falle nur noch 65 Proz. der notwendigen Wärmemenge. Der Ofen läßt schnell nach. Diese Störung des normalen Betriebes ist um so unangenehmer, als man zumeist erst am Ofengang die Verschlechterung des Gases bemerkt und die Einregelung längere Zeit verbraucht.

Die Wärmerückgewinnung vermag diese großen Unterschiede weitgehend auszugleichen. Bei 40 Proz. Rückgewinn ($\eta\, r = 0{,}4$) erhält man mit

$$Q = \frac{1}{1 - \frac{a}{q}(1 - \eta\, r)} \cdot V$$

die nachstehenden Werte:

Zahlentafel 7. Wärmeverbrauch bei 40 Proz. Rückgewinn.

Heizwert	$1 - 0{,}6 \frac{a}{q}$	Verbrauch Q	Mehrverbrauch in Proz.
1000	0,608	1,645	13,3
1100	0,630	1,590	9,8
1200	0,650	1,546	6,3
1300	0,666	1,500	3,6
1400	0,679	1,472	1,7
1500	0,641	1,448	0

Der Vergleich der Zahlentafeln läßt erkennen, daß Schwankungen des Gasheizwertes nicht mehr so störend wirken können, wenn ein Teil der Abwärme wieder dem Herde zugeführt wird. Es ist dies außer den beiden bereits erwähnten Vorteilen, welche die Rückgewinnung ergibt, nämlich der Senkung des Wärmeverbrauches und der Erhöhung der Flammentemperatur, ein weiterer Vorteil, der für Betriebe, die mit schwankendem Gasheizwert rechnen müssen, nicht zu unterschätzen ist, da er produktionssteigernd wirkt, sich also nicht nur auf den Wärmeverbrauch des Ofenbetriebes, sondern auch auf den Gesamtbetrieb günstig auswirkt.

b) Heißes Generatorgas.

Die Verwendung kalten gereinigten Generatorgases ist zumeist auf Betriebe beschränkt, die eine größere Anzahl kleiner und mittlerer Öfen betreiben müssen, wie z. B. Schmieden, Kleineisenzeugfabriken, Emaillierwerkstätten u. ä. Überwiegend, vielleicht nicht in der Zahl der Öfen, aber im Brennstoffdurchsatz, wird das Gas in dem Zustande verbraucht, in dem es den Generator verläßt, von dem gröberen Flugstaub gereinigt durch Staubsäcke. Es unterscheidet sich dann von dem kalten, gereinigten Gas

1. durch die höhere Temperatur,
2. durch den in merklicher Menge vorhandenen Wasserdampf,
3. durch den Gehalt an Teer.

Zur Berücksichtigung der Veränderungen, die diese beiden Gasbestandteile hervorrufen, sollen zunächst die Verbrennungsbedingungen für den Teer festgelegt werden.

1 kg Teer enthält 91 Proz. C, 6 Proz. H_2, 2 Proz. O_2, 1 Proz. $N_2 + S$ und hat einen unteren Heizwert von 9000 kcal/kg. Er verbraucht 9,66 cbm Luft und gibt 10,00 cbm Rauchgas mit $q_0 = 900$ kcal/cbm. Das Rauchgas setzt sich folgendermaßen zusammen:

CO_2	17,0 Proz.
H_2O	6,7 ,,
N_2	76,3 ,,

hat also praktisch dieselbe Zusammensetzung wie das Generatorrauchgas.

Die Unterschiede, die die Generatorgase durch die Verschiedenheiten in Temperatur, Wasserdampf- und Teergehalt infolge der Verschiedenartigkeit der Betriebsbedingungen aufweisen, verhindern es, gleiche empirische Gesetzmäßigkeiten wie zwischen Heizwert einerseits und Luft- und Rauchgasmengen andererseits auch zwischen Heizwert und Temperatur oder Wasserdampf- und Teergehalt aufzustellen. Es sind zu viele Faktoren vorhanden, welche diesen Zusammenhang beeinflussen. Es bleibt nichts anderes übrig, als durch Sonderuntersuchungen oder ungefähre Schätzung sich diese Unterlagen zu beschaffen.

An Hand einer Einzeluntersuchung seien jedoch die Beziehungen zwischen Verwendung warmen Generatorgases und der Rückgewinnung besprochen.

Die Generatoren wurden mit Steinkohle gleicher Herkunft, aber verschiedener Körnung betrieben.

Das Gas 1 wurde hergestellt aus Kohle von im Mittel 20 mm Korn, das Gas 2 wurde aus einer Mischung von 50 Proz. 20 mm Korn und 50 Proz. Feinkohle (0—10 mm), das Gas 3 aus 30 Proz. 20 mm Korn und 70 Proz. Feinkohle erblasen.

Die Untersuchung des Generatorgases ergab folgende Werte:

Zahlentafel 8. Heizwert, Temperatur, Wasserdampf- und Teergehalt von Generatorgas verschiedener Qualität.

	Gas 1	Gas 2	Gas 3
Heizwert (unterer) kcal/ncbm	1440	1285	1090
Gastemperatur °C	530	710	860
Wasserdampf g/ncbm	43	45	77
Wasserdampf cbm/cbm	0,053	0,056	0,095
Teergehalt g/cbm	17,3	12,0	5,2

Für diese 3 Gase ist zunächst der Wert q festzustellen. Gegenüber dem Werte q für kaltes Generatorgas erhöht sich q im gleichen Verhältnis, in dem die je cbm Rauchgas freiwerdende Wärme durch fühlbare Wärme des Gases und durch den Teerheizwert größer wird, und verringert sich q im gleichen Verhältnis, in dem sich die Rauchgasmenge durch den Wasserdampf und die Teerverbrennung vergrößert, da ja $q =$ „ausgelöste Wärme durch Rauchgasmenge" ist.

Nach Zahlentafel 4 erhält man für den Heizwert 1440 $q = 699$ und 0,486 cbm Frischgas/cbm Rauchgas. Der Wärmeinhalt des Frischgases bei 530° C ist nach Zahlentafel 5 175 kcal/ncbm.

Wärmemenge.

q für kaltes Generatorgas	699 kcal
Teerheizwert 0,0173 kg/cbm · 9000 kcal/kg · 0,486 cbm Frischgas/cbm Rauchgas	76 „
Fühlbare Wärme Frischgas (trocken) 175 · 0,486 cbm Frischgas/cbm Rauchgas	85 „
Fühlbare Wärme Dampf 0,053 · 0,486 · 530 · 0,382	5 „
zusammen	865 kcal

Rauchgasmenge.

Rauchgasmenge für kaltes Generatorgas	1,000 cbm
Rauchgasmenge für Teer 0,0173 · 10,0 · 0,486	0,084 „
Rauchgasmenge für Dampf 0,053 · 0,486	0,026 „
zusammen	1,110 cbm

also q für heißes Gas $\frac{865}{1,110} = 780$ kcal/cbm Rauchgas.

Desgleichen erhält man für

$$\text{Heizwert } 1285 \text{ kcal/cbm } q = \frac{841}{1,095} = 767 \text{ kcal/cbm Rauchgas.}$$

$$\text{Heizwert } 1090 \text{ kcal/cbm } q = \frac{800}{1080} = 740 \text{ kcal/cbm Rauchgas.}$$

Greift man zur Erläuterung wieder auf den für kaltes Generatorgas behandelten Blechglühofen mit einer Abzugstemperatur von 1000° C zurück, so wird

für Gas 1	$\frac{a}{q} = \frac{368}{780} = 0,472$	$1 - \frac{a}{q} = 0,528$
für Gas 2	$\frac{a}{q} = \frac{368}{767} = 0,480$	$1 - \frac{a}{q} = 0,520$
für Gas 3	$\frac{a}{q} = \frac{368}{740} = 0,498$	$1 - \frac{a}{q} = 0,502.$

Der Wärmeverbrauch ist entsprechend 1,89, 1,92, 1,99 gegenüber dem Verbrauch bei kaltem Gase 2,115, 2,29, 2,66.

Man sieht, daß man durch die Reinigung des Gases und seine Abkühlung ganz beträchtlich an Nutzeffekt einbüßt. Auch die Güteschwankungen des Gases machen sich bei warmem Gase bei weitem nicht in gleichem Maße bemerkbar wie bei kaltem. Durch die Verschlechterung des Gases von 1440 auf 1090 kcal/cbm wird bei kaltem Gase ein Mehrverbrauch von 26 Proz. verursacht, bei heißem Gase nur noch von 5 Proz.

In der angegebenen Untersuchung wurde die Gastemperatur am Generatorstutzen bestimmt. Verbindet Ofen und Generator ein längerer Kanal, so treten allerdings Temperaturverluste auf, die die Unterschiede des Wärmeverbrauches vergrößern.

Immerhin ist zu erkennen, daß schon anderweitige große Vorteile durch die Reinigung des Gases eintreten müssen, wenn man den höheren Wärmeverbrauch in Kauf nimmt. Diese sind vorhanden, wenn stark verzweigte, leicht verschmutzende und sich verstopfende Leitungen zu einer großen Anzahl Öfen führen, wenn bei kleinen Öfen die Brenneranordnung infolge der geringen Gasmengen Schwierigkeiten macht und ähnliches. Ferner kann unter gewissen Bedingungen auch der Teergewinn Anreiz zur Reinigung geben, freilich nur dann, wenn der Brennstoffpreis niedrig, der Teerpreis hoch ist. Die wärmetechnischen Nachteile der Teerabscheidung und der Vernichtung der fühlbaren Wärme durch die Reinigung können durch die Vorwärmung von Gas und Luft weitgehend ausgeglichen werden.

c) Koksofengas.

Das Koksofengas ist in letzter Zeit durch die von den Kohlenrevieren ausgehenden Fernleitungen zu einem nicht nur an der Gewinnungsstätte bedeutungsvollen Brennstoff geworden. Wenn auch das Leuchtgas, in den Gaswerken hergestellt, als Destillationsgas der Steinkohle fast gleiche Zusammensetzung, also auch gleiche Verwendbarkeit besitzt, so hat bisher doch der Preis des Gases weitgehende technische Verwendung ausgeschlossen. Die von den Kokereien ausgehenden Ferngasleitungen ermöglichen, das Gas für technische Feuerungen preiswert anzubieten. Als hochwertiger Brennstoff ist es auf den mit Kokereien versehenen Hüttenwerken seit Jahrzehnten erkannt und dementsprechend besonders bei den Öfen mit hohen Arbeitstemperaturen, vielfach jedoch auch mit Gichtgas vermischt, verwendet worden. Es dient hier zunächst zur Beheizung der Koksöfen selbst. Jedoch geht man immer mehr von der reinen Koksofengasbeheizung ab, um möglichst viel Kokereigas für andere Zwecke frei zu machen, und verwendet Gichtgas oder Mischgas aus Kokerei- und Gichtgas. In den Fällen, in denen Gichtgas nicht zur Verfügung steht, wird Generatorgas, aus Kleinkoks erblasen, benutzt. Dann aber wird das Koksgas allein oder vermischt, in allen Ofenarten vom Siemens-Martin-Ofen bis zum Glühofen verfeuert. Die bessere Verteilungsmöglichkeit gegenüber heißem Generatorgas, die geringeren Abmessungen von Leitungen und Brennern bewirken, daß die Öfen äußerst zweck-

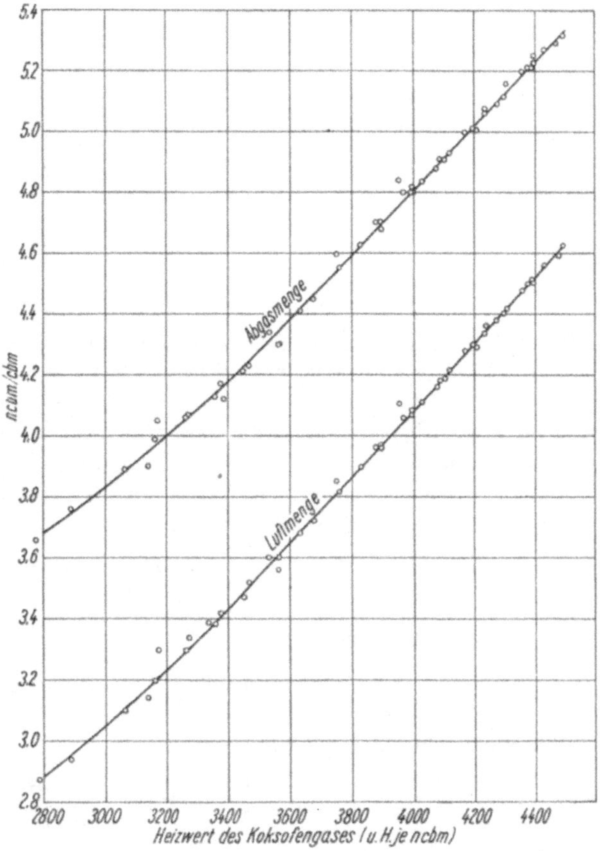

Fig. 12. Abgas- und Luftmenge für 1 ncbm Koksofengas.

mäßig und billig gebaut werden können. Das Gas ist besonders in den verfeinernden Industrien wegen dieser Vorzüge und der damit verbundenen guten Regelungsmöglichkeit des Wärmeprozesses geeignet.

Die Zusammensetzung des Gases ist je nach der Herkunft der Kohle und dem Verlauf der Verkokung verschieden. Trotzdem lassen sich die Verbrennungswerte der verschiedenen Gase in Abhängigkeit vom unteren Heizwert einheitlich darstellen. Die für die Fig. 12 und 13 verwendeten Analysen stammen aus verschiedenen Kokereien von Ruhr, Saar und Oberschlesien. Dennoch lassen sich, wie Fig. 12 zeigt, Rauchgas- und Verbrennungsluftmenge, sowie nach Fig. 13 der Anfangswärmeinhalt q ohne besondere Rücksicht auf die Herkunft allein aus dem unteren Heizwert bestimmen.

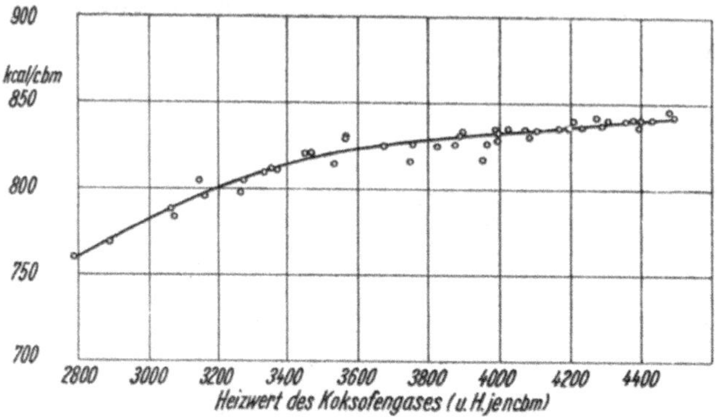

Fig. 13. Anfangswärmeinhalt q des Koksofengases in Abhängigkeit vom unteren Heizwert je ncbm.

Für Heizwerte über 3500 kcal/cbm, die allein für die praktische Verwendung in Betracht zu ziehen sind, gilt:

$$V_a = 1{,}062 \frac{H_u}{1000} + 0{,}560 \text{ cbm/cbm},$$

die Verbrennungsluftmenge

$$V_e = 1{,}088 \frac{H_u}{1000} - 0{,}270 \text{ cbm/cbm}.$$

Man kann nun auch q ausrechnen durch

$$q = \frac{H_u}{V_a} = 1000 \frac{H_u}{1{,}062\, H_u + 560}.$$

Für den bei der Verwendung in Betracht zu ziehenden Heizwert von 3800 bis 4400 kcal/cbm sind in der folgenden Zahlentafel wieder die Hauptwerte zusammengestellt.

Zahlentafel 9.
Anfangswärmeinhalt, Rauchgas- und Luftmenge von Koksofengas.

Heizwert (unt.) kcal/cbm	3800	4000	4200	4400
q_0 kcal/cbm Rauchgas	827	832	836	840
G cbm Luft/cbm Frischgas	3,87	4,09	4,31	4,53
G_a cbm Rauchgas/cbm Frischgas	4,60	4,81	5,02	5,24
$l =$ cbm Luft/cbm Rauchgas	0,841	0,850	0,858	0,865
$g =$ cbm Frischgas/cbm Rauchgas	0,217	0,208	0,199	0,191

Für die Bestimmung der spezifischen Wärme des Abgases ist eine Zusammensetzung von 9 Proz. CO_2, 21 Proz. H_2O, 70 Proz. N_2 angenommen worden. Als äußerste Werte der Zusammensetzung fanden sich für CO_2: 8,3 und 9,8 Proz., für H_2O: 19,6 und 22 Proz.

Zahlentafel 10.
Spezifische Wärme und Wärmeinhalt von Koksofengas und dessen Rauchgas.

Temp. °C	Rauchgas		Frischgas		Temp. °C	Rauchgas	
	c_p	a	c'_{pg}	i_g		c_{pg}	a
0	0,332	0	0,322	0	1600	0,380	607
200	0,338	68	0,334	67	1800	0,387	695
400	0,344	138	0,366	147	2000	0,394	788
600	0,350	210	0,388	233	2200	0,401	885
800	0,356	285	0,410	329	2400	0,409	982
1000	0,361	362	0,432	432	2600	0,417	1084
1200	0,367	441	0,453	544	2800	0,425	1188
1400	0,373	522	0,474	663	3000	0,433	1300

Die Bestimmung von $\frac{a}{q}$ zeigt, daß bei gleicher Verbrennungsgüte die Unterschiede im Heizwert sich nur in ganz geringem Maße auf den Feuerungswert auswirken. Um bei einer Abzugstemperatur von 1200° C $1 \cdot 10^6$ kcal auf dem Herd abgeben zu können, sind zuzuführen

$$\text{bei Heizwert } 3800 \; \frac{1 \cdot 10^6}{0{,}466} = 2{,}145 \cdot 10^6 \text{ kcal} = 100 \text{ Proz.},$$

$$\text{bei Heizwert } 4000 \; \frac{1 \cdot 10^6}{0{,}469} = 2{,}135 \cdot 10^6 \text{ kcal} = 99{,}5 \text{ Proz.},$$

$$\text{bei Heizwert } 4200 \; \frac{1 \cdot 10^6}{0{,}472} = 2{,}122 \cdot 10^6 \text{ kcal} = 99{,}0 \text{ Proz.},$$

$$\text{bei Heizwert } 4400 \; \frac{1 \cdot 10^6}{0{,}474} = 2{,}110 \cdot 10^6 \text{ kcal} = 98{,}5 \text{ Proz.}$$

Die Steigerung des Heizwertes um 10 Proz. verbessert den Wirkungsgrad nur um 1,5 Proz.

d) Gicht-(Hochofen-)Gas.

Wenn auch das Gichtgas nur eine größere Bedeutung für die Eisenhüttenwerke besitzt, so fordern doch die großen Erzeugungsmengen dieses Gases und die Tatsache, daß die Brennstoffbasis aller Hüttenwerke das Gichtgas ist, ein näheres Eingehen auf die Verbrennungsverhältnisse dieses Gases. Man kann für das deutsche Reich mit einer jährlichen Erzeugung von rund 50 Milliarden cbm Gichtgas rechnen, deren Wärmewert einer Kohlenmenge von 7 bis 8 Mill. t Steinkohle entspricht.

Die Zusammensetzung wie der Heizwert des Gases weist je nach der Art des Hochofenbetriebes beträchtliche Unterschiede auf.

Die graphische Auswertung einer großen Anzahl Gichtgasanalysen gibt Fig. 14 wieder. Während die Verbrennungsluftmenge auch in diesem Falle geradlinige Abhängigkeit vom Heizwert zeigt, besteht für die Abgasmenge eine kurvenförmige. Es ist die Verbrennungsluftmenge

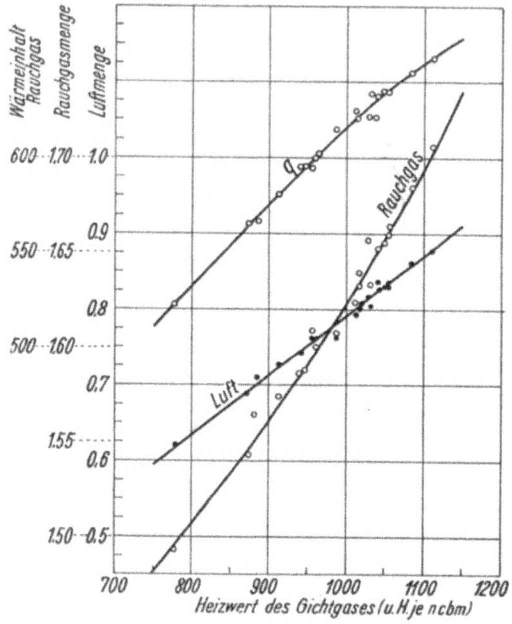

Fig. 14. Luft- und Rauchgasmenge für Gichtgas und Wärmeinhalt des Rauchgases.

$$V_l = 0{,}004 + 0{,}788 \frac{H_u}{1000} \text{ cbm/cbm},$$

die Rauchgasmenge

$$V_a = 1{,}381 - 0{,}180 \frac{H_u}{1000} + 0{,}422 \left(\frac{H_u}{1000}\right)^2.$$

Zumeist dürften die Heizwerte des Gichtgases zwischen 900 und 1050 kcal/cbm liegen. Für diesen Bereich kann auch die Kurve der Rauchgasmenge durch eine Gerade ersetzt werden, deren Gleichung folgende ist:

Rauchgasmenge (zwischen Heizwert 900 und 1050 kcal)

$$V_a = 0{,}977 + 0{,}647 \cdot \frac{H_u}{1000} \text{ cbm/cbm}.$$

Die Verbrennungswerte für verschiedene Heizwerte des Gichtgases sind in der folgenden Zahlentafel zusammengestellt.

Zahlentafel 11.

Anfangswärmeinhalt, Rauchgas- und Luftmenge von Gichtgas.

Heizwert kcal/cbm	800	900	1000	1100
q_0 kcal/cbm Rauchgas	531	576	616	650
G cbm Luft/cbm Frischgas	0,637	0,714	0,792	0,871
G_a cbm Rauchgas/cbm Frischgas	1,510	1,56	1,62	1,69
l cbm Luft/cbm Rauchgas	0,423	0,457	0,489	0,515
g cbm Frischgas/cbm Rauchgas	0,664	0,640	0,615	0,590

Die Zusammensetzung des Abgases ist im Mittelwert etwa 24,0 Proz CO_2, 1,8 Proz. H_2O, 74,2 Proz. N_2. Die Abweichungen sind so gering, daß unbedenklich mit dieser Zusammensetzung der Wärmeinhalt des Rauchgases errechnet werden kann. Das Frischgas kann infolge der gleichen spezifischen Wärme von CO, H_2 und N_2 merkbare Unterschiede nur durch den CO_2-Gehalt erfahren. Bei der Berechnung des Wärmeinhaltes sind 9 Proz. CO_2 angenommen worden.

Zahlentafel 12. Spezifische Wärme und Wärmeinhalt von Gichtgas und dessen Rauchgas.

Temp. °C	Rauchgas c_p	Rauchgas a	Frischgas c_p'	Frischgas i_g	Temp. °C	Rauchgas c_p	Rauchgas a
0	0,333	0	0,319	0	1600	0,392	628
200	0,344	69	0,326	65	1800	0,398	715
400	0,353	141	0,332	133	2000	0,403	806
600	0,361	217	0,338	203	2200	0,407	895
800	0,369	295	0,343	275	2400	0,412	990
1000	0,376	376	0,348	349	2600	0,417	1083
1200	0,381	458	0,353	424	2800	0,421	1180
1400	0,386	541	0,357	500	3000	0,426	1279

Die Unterschiede, die durch verschiedene Heizwerte verursacht werden, machen sich im Wirkungsgrad der Feuerung recht bemerkbar und treten schon bei niedriger Abzugstemperatur deutlich in Erscheinung.

Bei einer Abzugstemperatur von nur 200° C, wie man sie an Kesseln und Winderhitzern antrifft, ist für ein Gas von 900 kcal $\frac{a}{q} = 0{,}120$, für ein Gas von 1050 kcal 0,109. Infolgedessen ist für das Gas von 900 kcal der Wärmeverbrauch bei dieser Temperatur um $\frac{0{,}120 - 0{,}109}{(1 - 0{,}109)} \cdot 100 = 1{,}2$ Proz. höher. Bei 800° C Herdabzugstemperatur ist die nutzbare Wärme bei 900 kcal/cbm Heizwert $0{,}488 \cdot Q$ gegen $0{,}534 \cdot Q$ bei 1050 kcal cbm, d. h. der Wirkungsgrad ist um 8,5 Proz. schlechter infolge der Natur des Gases. Es ist also bei dem Entwurf von Feuerungen mit Hochofengas der Auswirkung der schlechteren Wirksamkeit des Gases mit niedrigem Heizwert durch die Bemessung der Wärmerückgewinnungsanlage Rechnung zu tragen. Andererseits gleicht die Wärmerückgewinnung die Unterschiede in der Wertigkeit des Gases wie beim kalten Generatorgas aus. Das Hochofengas verhält sich in diesem Sinne ganz anders als das Kokereigas, das bei Unterschieden innerhalb der üblichen Grenzen nur geringe Unterschiede des Verhältniswertes $\frac{a}{q}$ zeigte.

e) Das Wassergas.

Das Wassergas hat ausgedehntere Bedeutung durch das seit der Kriegszeit eingeführte Verfahren der Leuchtgasindustrie, dem Destillationsgas der Gaswerke Wassergas beizumischen, erlangt. Die Beimischung geht sehr weit. In „Gas- und Wasserfach" 1929, S. 169 gibt *Geipert* als Beispiel für ein nach den diesbezüglichen Krummhübler Beschlüssen sich richtendes modernes Gaswerk an, daß das Leuchtgas mit 40 Proz. Wassergaszusatz hergestellt wird. Außerdem wird das Gas zu Schweißzwecken verwendet. Im allgemeinen dürfte hierdurch sein Anwendungsgebiet umschrieben sein. Die Untersuchung seiner Verbrennungswerte hat deshalb nur für die an Stadtgasnetze angeschlossenen Öfen Bedeutung.

Die Zusammensetzung des Gases ist etwa

CO_2	4,9 Proz.	Heizwert 2685 kcal/cbm
CO	40,6 Proz.	
CH_4	1,8 Proz.	
H_2.	50,7 Proz.	
N_2.	2,0 Proz.	

1 cbm Wassergas verbraucht zur Verbrennung 2,35 cbm Luft und gibt 2,90 cbm Rauchgas. Hiermit wird $q_0 = 928$ kcal/cbm. Das Gas hat also einen sehr hohen feuerungstechnischen Wert, der noch um 10 Proz. höher ist als bei bestem Kokereigas. Die Zusammensetzung des Rauchgases ist

CO_2	16,4 Proz.
H_2O	18,8 Proz.
N_2.	64,8 Proz.

Heizwert	2685 kcal/n cbm
q_0	928 ,,
G_l	2,35 n cbm/n cbm Frischgas
G_a	2,90 ,, ,,
l	0,810 n cbm/n cbm Rauchgas
g	0,345 ,, ,,

Zahlentafel 13.
Spezifische Wärme und Wärmeinhalt von Wassergas und dessen Rauchgas.

Temp. °C	Rauchgas		Frischgas		Temp. °C	Rauchgas	
	c_p	a	c_p'	i_g		c_p	a
0	0,337	0	0,317	0	1600	0,392	628
200	0,345	69	0,323	64,6	1800	0,399	719
400	0,353	141	0,329	132	2000	0,406	813
600	0,360	216	0,335	201	2200	0,414	910
800	0,367	294	0,341	273	2400	0,421	1010
1000	0,373	374	0,347	348	2600	0,429	1114
1200	0,380	455	0,353	424	2800	0,436	1221
1400	0,385	540	0,358	502	3000	0,444	1332

Die niedrigen $\frac{a}{q}$-Werte zeigen die hohe Wertigkeit des Wassergases als Brennstoff, die für manche Zwecke noch durch die große Brenngeschwindigkeit ergänzt wird.

5. Flüssige Brennstoffe.

Zur Beheizung von Öfen kommen von den flüssigen Brennstoffen nur Teer- oder Gasöl in Frage, die anderen schließen sich wegen ihres hohen Preises aus. Ihre Zusammensetzungen und Heizwerte sind:

Zahlentafel 14.

	C	H_2	O_2	N + S	Heizwert
Steinkohlenteeröl	89,0	7,0	3,5	0,5	9100
Braunkohlenteeröl	84,0	11,0	4,3	0,7	9600
Gasöl	85,0	13,0	1,7	0,3	10250

Die Verbrennungswerte sind:

Zahlentafel 15. Öle: Abgas- und Luftmenge je kg Öl, Wärmeinhalt q_0 und Luftmenge je cbm Rauchgas.

	Abgasmenge je kg Öl	Luftmenge je kg Öl	q_0	Luft je cbm Rauchgas
Steinkohlenteeröl	10,07	9,65	905	9,60
Braunkohlenteeröl	10,89	10,23	882	9,40
Gasöl	11,68	10,95	878	9,40

Die Abgaszusammensetzung ist:

Zahlentafel 16. Abgaszusammensetzung der Öle.

	Teeröl		Gasöl
	Steinkohlen	Braunkohlen	
CO_2	16,5	14,4	13,6
H_2O	7,8	11,3	12,4
N_2	75,7	75,3	74,0

Zahlentafel 17.
Spezifische Wärme und Wärmeinhalt des Rauchgases von Ölen.

Temp. °C	Rauchgas		Temp. °C	Rauchgas	
	c_p	a		c_p	a
0	0,330	0	1600	0,383	613
200	0,338	68	1800	0,389	700
400	0,347	139	2000	0,395	792
600	0,353	212	2200	0,400	880
800	0,360	289	2400	0,405	976
1000	0,367	367	2600	0,411	1070
1200	0,372	446	2800	0,416	1168
1400	0,377	529	3000	0,422	1272

6. Mischgase.

Häufig werden zwei Gase miteinander gemischt, bevor sie zur Verwendung kommen. Die Mischung von Destillationsgas mit Wassergas ist, wie schon gesagt wurde, bei allen neuzeitlichen Gaswerken gebräuchlich, und zwar oft in recht beträchtlichem Umfange. Auf den Hüttenwerken wird Mischung von Kokerei- und Gichtgas zur Streckung des Koksgases weitgehend angewendet.

Die Untersuchung derartiger Mischgase mit Hilfe der Zahlentafeln für die reinen Gase gestaltet sich folgendermaßen:

Es ist G_a die Rauchgasmenge je cbm Frischgas,
G_l die Verbrennungsluftmenge,
a der Wärmeinhalt je cbm des abziehenden Rauchgases,
q der Anfangswärmeinhalt,
x der Mengenanteil des Gases 1 am Mischgas.

Für die reinen Gase gilt der Index 1 und 2, die Bezeichnungen des Mischgases haben keinen zusätzlichen Index.

Es ist
$$G_l = x \cdot G_{l_1} + (1 - x) \cdot G_{l_2},$$
$$G_a = x \cdot G_{a_1} + (1 - x) \cdot G_{a_2},$$
$$q = \frac{x \cdot q_1 G_{a_1} + (1 - x) \cdot q_2 \cdot G_{a_2}}{x \cdot G_{a_1} + (1 - x) \cdot G_{a_2}} \quad \text{oder} \quad = \frac{\text{Heizwert}}{G_a}.$$

Die Zahlenrechnung läßt sich durch eine Umformung bequemer gestalten:
$$q = q_1 \frac{1 + \frac{1-x}{x} \cdot \frac{G_{a_2}}{G_{a_1}} \cdot \frac{q_2}{q_1}}{1 + \frac{1-x}{x} \cdot \frac{G_{a_2}}{G_{a_1}}},$$
ebenso
$$a = a_1 \frac{1 + \frac{1-x}{x} \cdot \frac{G_{a_2}}{G_{a_1}} \cdot \frac{a_2}{a_1}}{1 + \frac{1-x}{x} \cdot \frac{G_{a_2}}{G_{a_1}}}.$$
$$\frac{a}{q} = \frac{a_1}{q_1} \cdot \frac{1 + \frac{1-x}{x} \cdot \frac{G_{a_2}}{G_{a_1}} \cdot \frac{a_2}{a_1}}{1 + \frac{1-x}{x} \cdot \frac{G_{a_2}}{G_{a_1}} \cdot \frac{q_2}{q_1}}.$$

Rechnet man eine bestimmte Mischung für verschiedene Werte $\frac{a}{q}$ durch, so kann man den streng genommen von der Temperatur abhängigen Wert $\frac{a_2}{a_1}$ ohne Bedenken als konstant ansehen.

7. Übersicht der Hauptbrennstoffe.

Bei der Vielfältigkeit der behandelten Brennstoffe und der Zahl der notwendigen Rechnungswerte ist zur besseren Übersicht ein nochmaliger Rückblick auf die behandelten Brennstoffe am Platze. Maßgebend für die Verwendung des Brennstoffes in der Feuerung ist mit gewissen Einschränkungen der Wert q, genauer der Wert $\frac{a}{q}$. $1 - \frac{a}{q}$ war nach den Betrachtungen des Abschnittes 2 die im Ofen nutzbar abgegebene Wärme. In Fig. 15 ist in Bändern der Wert q für die gebräuchlichen Brennstoffe und die hauptsächlichen Grundbrennstoffe C, H_2 usw. eingetragen. Auf der ersten Stufe sind die Grundbrennstoffe, auf der zweiten die Rohbrennstoffe, auf der dritten Generatorgas, Gichtgas und Kokereigas eingezeichnet. Man könnte den einzelnen Brennstoffen Farben zuordnen und würde dann bei der Darstellung in einer Stufe ein spektrumartiges Bild erhalten. Die Reihe der Brennstoffe vom minderwertigsten Gichtgas bis zum Wassergas erstreckt sich von $q = 575$ bis 930 kcal/cbm, der sich in weitem Abstand noch das Kohlenoxyd anschließt.

Aufschlußreicher für die Rangeinteilung ist aber zweifellos die Fig. 16, welche die $\frac{a}{q}$-Werte bis zur Herdabzugstemperatur von 1800° C, der Abzugstemperatur der Siemens-Martin-Öfen, angibt. In ihr sind die Grenzwerte der Brennstoffe, z. B. Gichtgas mit den Heizwerten 900 und 1100 kcal/cbm, kaltes Generatorgas mit 1100 und 1500 kcal/cbm, oder mittlere Brennstoffgüten, z. B. heißes Generatorgas mit 1400 kcal/cbm usw. angeführt.

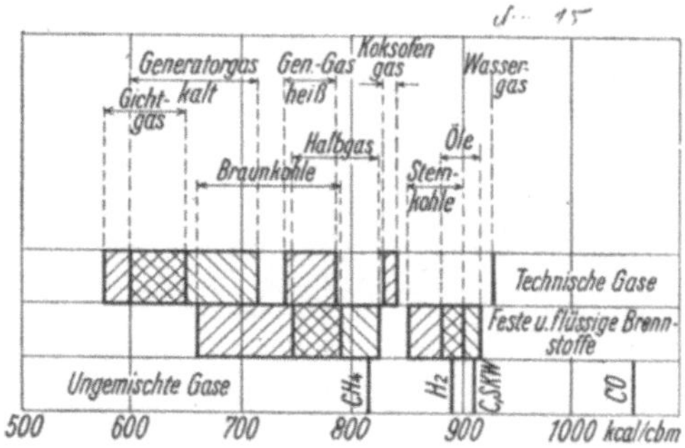

Fig. 15. Wärmeinhalt q des Rauchgases.

Nach dieser Art der Bewertung ist das Wassergas das heizkräftigste Gas. Diese hohe Heizkraft wird durch die Abwesenheit des Stickstoffballastes und den hohen CO-Gehalt im Gase erzielt, häufig allerdings erkauft mit einem niedrigen wärmetechnischen Wirkungsgrad der Erzeugung. Nicht viel schlechteren Wirkungsgrad hat die auf dem Rost verbrannte Steinkohle. Freilich fehlen hier meist die Voraussetzungen für die Berechnung der vorliegenden Bewertung, nämlich die Verbrennung mit der theoretischen Luftmenge. Die Bewertung würde zutreffen, wenn die Steinkohle als Halbgasfeuerung ohne Dampfzusatz verfeuert wird. Der Dampfzusatz, der an schlecht überwachten Feuerungen bis zu 100 Proz. des Kohlegewichtes gefunden wird, verschlechtert den Wert bis zu den Werten der Rohbraunkohle. Man kann hieran den Wert guter betrieblicher Überwachung ermessen. Auch durch die Vergasung in Generatoren (Wandverluste, Dampfzusatz) verringert sich die Heizkraft des Ausgangsbrennstoffes. Man sieht, daß noch verhältnismäßig befriedigendes Generatorgas (Heizwert 1250), falls es gereinigt und gekühlt wird, bis zum Wert besseren Gichtgases herabsinkt.

Das Schaubild kann natürlich auch zur Berechnung des Gewinnes durch die Wärmerückgewinnung dienen, insbesondere bei dem Vergleich verschiedener Brennstoffe. Andererseits ist leicht abzulesen, wie weit, überschlägig gerechnet, die Wärmerückgewinnung getrieben werden muß, um einen bestimmten Wärmeverbrauch zu erzielen, indem man dann statt der Herdabzugstemperatur die Abgastemperatur hinter dem Wärmeaustauscher einsetzt.

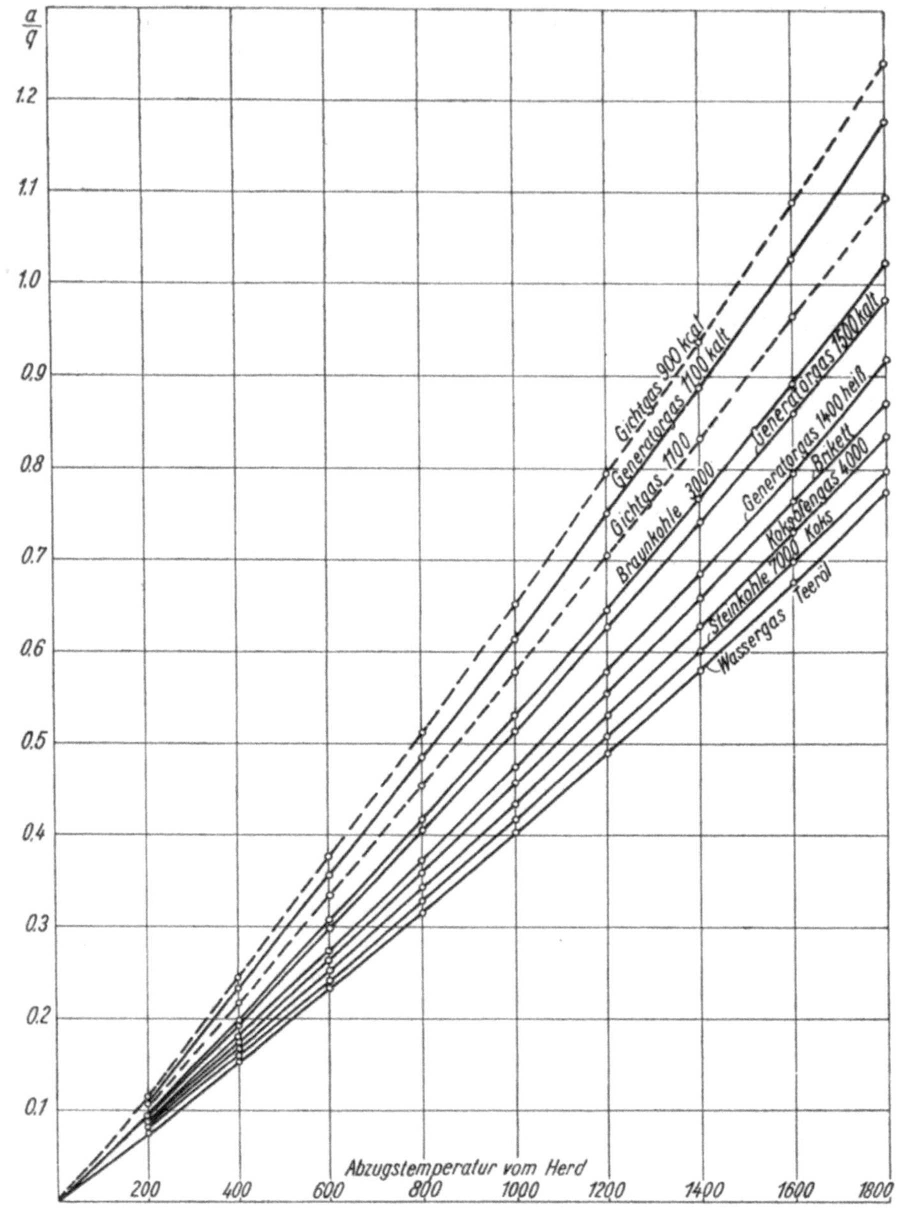

Fig. 16. $\frac{a}{q}$-Werte der Hauptbrennstoffe.

8. Die Berücksichtigung des Luftüberschusses.

Die für die Brennstoffe angegebenen q- und a-Werte sind für die Verbrennung ohne Luftüberschuß oder Luftmangel errechnet. Diese günstigste Verbrennung wird mit praktischer Genauigkeit nur in wenigen, besonders vorteilhaft liegenden Fällen erreicht, wenn zwangläufige automatische Regelung und gleichbleibender Gas- und Luftdruck zur Verfügung stehen. Zumeist ist mit einer Abweichung der wirklichen Luftmenge von der theoretischen zu rechnen.

Der Luftüberschuß wird zumeist als diejenige Menge angegeben, um die die wirkliche Luftmenge den theoretischen Luftbedarf übersteigt. Braucht man z. B. zur Verbrennung von 1 cbm Kokereigas von 4000 kcal/cbm 4,09 cbm Luft, führt man aber 4,9 cbm zu, so ist die Luftüberschußzahl $n = \frac{4,90 - 4,09}{4,09} = 0,198$. Man sagt zumeist, die Feuerung arbeite mit 19,8 Proz. Luftüberschuß.

Dieser Luftüberschuß zeigt sich am sinnfälligsten im Gehalt des Rauchgases an Sauerstoff. Freilich wird die Beziehung zwischen Luftüberschuß und Sauerstoffgehalt dadurch etwas kompliziert, daß durch die Analysenverfahren der wichtige Wasserdampfgehalt nicht angegeben wird, vielmehr die Zusammensetzung so angegeben wird, als ob kein Wasserdampf vorhanden wäre.

Zunächst ist für die angegebene Rauchgasanalyse der Luftüberschuß n festzustellen. Wenn der Wasserdampfgehalt der Analyse bei theoretischer Verbrennung W_0 (in Proz./100) ist, so ist der H_2O-Gehalt des Rauchgases bei dem Luftüberschuß n

$$W = \frac{W_0}{1 + n \cdot \frac{G_l}{G_a}}.$$

Der Sauerstoffgehalt der vollständigen Analyse, d. h. mit H_2O-Gehalt, ist bei gegebenem Analysenwert O_2'

$$O_2 = O_2'(1 - W) = O_2'\left(1 - \frac{W_0}{1 + n\frac{G_l}{G_a}}\right).$$

Diese Beziehung zeigt, daß man bereits zur Feststellung des tatsächlichen Sauerstoffgehaltes die Luftüberschußzahl n benötigt.

Die Beziehung zwischen dem Sauerstoff der Vollanalyse und der Luftüberschußzahl wird auf folgende Weise geknüpft.

Die Rauchgasmenge ist $G_a + n \cdot G_l$.

Der Sauerstoffgehalt der gesamten Rauchgasmenge ist, da 1 cbm Luft 0,21 cbm O_2 enthält,

$$0,21 \cdot n \cdot G_l.$$

In 1 cbm Rauchgas befinden sich dann

$$\frac{0,21 \cdot n \cdot G_l}{G_a + n G_a}\ \text{cbm}.$$

Ist O_2 der Sauerstoffgehalt in Prozent der vollen Analyse (mit H_2O), so ist nun also

$$O_2 = \frac{21\, n\, G_l}{G_a + n\, G_a}, \qquad n = \frac{G_a}{G_l} \cdot \frac{\frac{O_2}{21}}{1 - \frac{O_2}{21}}.$$

In diese Gleichung ist nun der aus O_2' gebildete Ausdruck für O_2 einzusetzen. Mit verschiedenen Umformungen erhält man schließlich die quadratische Gleichung für n:

$$n^2 \cdot \frac{G_l}{G_a}\left(1 - \frac{O_2'}{21}\right) + n\left(1 - 2\frac{O_2'}{21} + W_0\frac{O_2'}{21}\right) = \frac{G_a}{G_l}\cdot\frac{O_2'}{21}(1 - W_0)\,.$$

Sie bleibt besser in dieser Form als in der nach n aufgelösten stehen, da die Ausrechnung mit Zahlenwerten einfacher ist.

Beispiel: Bei einer Koksofengasfeuerung wird folgende Rauchgasanalyse gefunden:

CO_2'	7,95 Proz.
O_2'	6,33 Proz.
N_2'	85,72 Proz.

Das Kokereigas hat nach S. 30 einen H_2O-Gehalt von 21 Proz., d. i. $W_0 = 0{,}210$

$$\frac{G_l}{G_a} = 0{,}850 \text{ (s. Zahlentafel 9).}\quad \frac{O_2'}{21} = \frac{6{,}33}{21} = 0{,}301\,,$$

$$n^2 \cdot 0{,}850 \cdot 0{,}699 + n(1 - 0{,}602 + 0{,}210 \cdot 0{,}301) = \frac{0{,}301}{0{,}850} \cdot 0{,}790\,,$$

$$0{,}595\,n^2 + 0{,}462\,n = 0{,}279\,,$$

$$n^2 + 0{,}777\,n = 0{,}470\,,$$

$$n = -0{,}388 \pm \sqrt{0{,}151 + 0{,}470} = -0{,}388 + 0{,}788\,,$$

$$n = 0{,}400\,.$$

Bei kleinen Luftüberschußzahlen, etwa bis 0,10, kann die Berechnung von n durch Vernachlässigung des quadratischen Gliedes vereinfacht werden. Mit $O_2' = 2{,}05$ Proz. erhält man bei dieser Rechnung $n = 0{,}11$ gegen $n = 0{,}10$ bei exakter Rechnung.

Es ist ferner leicht einzusehen, daß man bei Rauchgasen mit sehr geringem H_2O-Gehalt im theoretischen Abgase, also z. B. bei Gichtgas mit der Formel

$$n = \frac{G_a}{G_l} \cdot \frac{\dfrac{O_2'}{21}}{1 - \dfrac{O_2'}{21}}$$

auskommt.

Mit Kenntnis von n sind die für die Wärmerückgewinnung bedeutsamen Werte q, a und $\frac{a}{q}$ leicht zu errechnen.

Bei Luftüberschuß geht der Wert q in den Wert q_u über nach

$$q_u = q \cdot \frac{G_a}{G_a + nG_l} = q \cdot \frac{1}{1 + n \cdot l} \text{ kcal/n cbm Rauchgas } \left(l = \frac{G_l}{G_a}\right).$$

Ferner ist

$$a_u = \frac{a + n \cdot l \cdot i_l}{1 + n \cdot l}\,, \qquad \text{also} \qquad \left(\frac{a}{q}\right)_u = \frac{a + n \cdot l \cdot i_l}{q}\,.$$

Der Wärmerückgewinn steigt bei gleicher Vorwärmungstemperatur mit dem Luftüberschuß.

Es ist

$$\eta\, r a = \left(\frac{G_l}{G_a}\right)_u \cdot i_l\,.$$

Da $G_{l\,u} = G_l\,(1 + n)$ und $G_{a\,u} = G_a + n\,G_l$ ist, erhält man

$$\eta\, r a = \frac{G_l\,(1+n)}{G_a\left(1 + n\,\dfrac{G_l}{G_a}\right)}\, i_l = i_l \cdot l\left(\frac{1+n}{1 + n \cdot l}\right) \text{kcal/n cbm Rauchgas.}$$

Beispiel: Ein Schmiedeofen wird mit Koksgas von 4000 kcal/cbm beheizt. Wie ändert sich $\frac{a}{q}$ und der Wärmeverbrauch mit zunehmendem Luftüberschuß? Abzugstemperatur 1300° C.

$$q = 832\,; \quad a = 481\,; \quad \frac{G_l}{G_a} = l = 0{,}850\,; \quad i_l \cdot l = 374\,.$$

1. $n = 0\,, \quad \dfrac{a}{q} = 0{,}580\,, \quad Q = \dfrac{V}{0{,}420} = 2{,}38 \cdot V \quad = 100$ Proz.;

2. $n = 0{,}1\,, \quad \left(\dfrac{a}{q}\right)_u = \dfrac{481 + 0{,}1 \cdot 0{,}850 \cdot 440}{832} = 0{,}623\,,$

$$Q = \frac{V}{0{,}377} = 2{,}66 \cdot V = 112 \text{ Proz.;}$$

3. $n = 0{,}2\,, \quad \left(\dfrac{a}{q}\right)_u = \dfrac{481 + 0{,}2 \cdot 0{,}850 \cdot 440}{832} = 0{,}670\,,$

$$Q = \frac{V}{0{,}330} = 3{,}03 \cdot V = 127 \text{ Proz.}$$

Das starke Ansteigen des Wärmeverbrauches infolge schlechter Verbrennungseinstellung bei Öfen mit hoher Abhitze ist zu erkennen, wobei 20 Proz. Luftüberschuß noch nicht einmal als übermäßig viel anzusehen ist.

Wie ändert sich der Wärmeverbrauch, wenn in allen Fällen die gesamte Verbrennungsluft auf 300° C vorgewärmt wird?

1. $n = 0\,, \qquad \eta\, r a = i_l \cdot l = 81\,, \quad \eta\, r = \dfrac{81}{481} = 0{,}168\,,$

$$Q = \frac{V}{1 - \dfrac{a}{q}(1 - \eta\, r)} = \frac{V}{1 - 0{,}580 \cdot 0{,}832} = \frac{V}{0{,}518} = 1{,}93 \cdot V = 100 \text{ Proz.;}$$

2. $n = 0{,}1\,, \quad \eta\, r a = \dfrac{(1 + 0{,}1) \cdot 81}{1 + 0{,}1 \cdot 0{,}850} = 82\,, \quad \eta\, r = 0{,}172\,,$

$$Q = \frac{V}{1 - 0{,}623 \cdot 0{,}828} = \frac{V}{0{,}484} = 2{,}06 \cdot V \quad = 107 \text{ Proz.;}$$

3. $n = 0{,}2\,,\quad \eta\, r a = \frac{(1 + 0{,}2) \cdot 81}{1 + 0{,}2 \cdot 0{,}850} = 83\,,\quad \eta\, r = 0{,}174\,,$

$$Q = \frac{V}{1 - 0{,}670 \cdot 0{,}826} = \frac{V}{0{,}446} = 2{,}24 \cdot V \qquad = 116 \text{ Proz.}$$

Die ausgleichende Wirkung der Wärmerückgewinnung bei schlechter Verbrennungseinstellung hebt dieses Beispiel hervor.

9. Berücksichtigung des Luftmangels.

Der Luftmangel beeinträchtigt den Wirkungsgrad der Feuerung stärker als der Luftüberschuß, da hierdurch ein Teil des Brennstoffes ungenützt durch die Feuerung geht und ebenso wie der Stickstoff als Ballastgas wirkt. In der Analyse des Rauchgases tritt der Luftmangel durch das Vorhandensein von Kohlenoxyd und Wasserstoff auf. Man findet im allgemeinen, ohne daß dies als physikalisch begründete Regel gelten soll, bei geringem Luftmangel zumeist CO allein. Bei stärkerem Luftmangel, etwa von 3 Proz. CO an, tritt auch Wasserstoff auf, zunächst etwa in ungefähr der halben Menge. Bei größerem Luftmangel und stark wasserstoffhaltigen Brennstoffen erreicht dann der H_2-Gehalt des Abgases oft die gleiche Höhe wie der CO-Gehalt. Jedenfalls sollte man das Rauchgas beim Auftreten höherer CO-Gehalte stets auch auf H_2 untersuchen, selbst wenn dies durch die umständlichere Analysenarbeit erkauft wird.

Bei der Feststellung der Werte q_m und a_m ist wieder wegen der Vernachlässigung des Wasserdampfgehaltes die Umrechnung der CO- und H_2-Werte des trockenen Rauchgases, wie sie die Analyse angibt, auf die CO- und H_2-Werte des wirklichen Rauchgases einschließlich H_2O notwendig.

Es bezeichnet CO′ und H_2' die Werte der Analyse in cbm/cbm, CO und H_2 die wirklichen Gehalte, W_0 den Wasserdampfgehalt des Abgases bei Verbrennung mit der theoretischen Luftmenge, G_{am} die wirkliche Abgasmenge bei der Verbrennung mit Luftmangel, G_{lm} die Verbrennungsluftmenge.

Die H_2- und CO-Gehalte sind durch die folgenden beiden Beziehungen gegeben, deren Ableitung übergangen wird.

$$\mathrm{H_2} = \mathrm{H_2'} \frac{1 - W_0}{(1 - \mathrm{H_2'}) + 1{,}88\, W_0 (\mathrm{H_2'} + \mathrm{CO'})}\,,$$

$$\mathrm{CO} = \mathrm{CO'} \frac{1 - W_0}{(1 - \mathrm{H_2'}) + 1{,}88\, W_0 (\mathrm{H_2'} + \mathrm{CO'})}\,.$$

Die Rauchgasmenge ist gleich der Rauchgasmenge bei theoretischer Verbrennung, vermindert um die Stickstoffmenge, die der Sauerstoff für die Verbrennung des unverbrannten CO und H_2 mitgebracht hätte.

$$G_{am} = G_a - 0{,}5 \cdot 3{,}76\,(\mathrm{CO} + \mathrm{H_2}) \cdot G_{am}\,,$$

$$G_{am} = \frac{G_a}{1 + 1{,}88\,(\mathrm{CO} + \mathrm{H_2})}\,.$$

Die Luftmenge ist gleich der Luftmenge bei theoretischer Verbrennung, vermindert um die zur Verbrennung der unverbrannten Gase notwendige Luftmenge.

$$G_{lm} = G_l - 0{,}5 \cdot 4{,}76\,(CO + H_2) \cdot G_{am}\,.$$

Mit Einsatz des obenerrechneten Wertes für G_{am} ist

$$G_{lm} = G_l - G_a \frac{2{,}38\,(CO + H_2)}{1 + 1{,}88\,(CO + H_2)}\,.$$

Die analog der Luftüberschußzahl gebildete Luftmangelzahl n ist

$$n = 1 - \frac{G_{lm}}{G_l} = \frac{G_a}{G_l} \frac{2{,}38\,(CO + H_2)}{1 + 1{,}88\,(CO + H_2)}\,.$$

100 n ist die fehlende Luftmenge in Prozent der notwendigen.

Von der je cbm Frischgas eingeführten Wärmemenge H (Heizwert, nicht zu verwechseln mit Wasserstoff H_2) wird nun nur ausgelöst

$$H' = H - (3050 \cdot CO + 2560 \cdot H_2) \cdot G_{am} \text{ kcal/cbm Frischgas.}$$

Es ist dann

$$q_m = \frac{H}{G_{am}} - (3050 \cdot CO + 2560 \cdot H_2)\,.$$

Mit Einsatz von G_a an Stelle G_{am} ist

$$q_m = \frac{H}{G_a}[1 + 1{,}88(CO + H_2)] - (3050\,CO + 2560 \cdot H_2)\,,$$

$$q_m = q\,[1 + 1{,}88(CO + H_2)] - (3050\,CO + 2560\,H_2)\,.$$

Die vom Herd abziehende fühlbare Wärme je cbm Rauchgas wird mit Vernachlässigung der geringen Änderung der spezifischen Wärme des Rauchgases bei Luftmangel gegenüber theoretischer Verbrennung gleich a gesetzt:

$$a_m = a\,.$$

Infolgedessen ist

$$\left(\frac{a}{q}\right)_m = \frac{a}{q\,[1 + 1{,}88\,(CO + H_2)] - (3050\,CO + 2560\,H_2)}\,.$$

Die auf dem üblichen Wege errechnete notwendige Wärmezufuhr

$$Q = \frac{V}{1 - \left(\frac{a}{q}\right)_m}$$

gibt die Wärmemenge an, die tatsächlich im Heizwert zugeführt wird, also die gesamte eingeführte Wärme einschließlich des durch den Luftmangel verursachten Wärmeverlustes.

Der Verlust durch Unverbranntes ist

$$\frac{3050\,CO + 2560\,H_2}{q}\,.$$

Beispiel: An einem Schmiedeofen mit 1300° C Abzugstemperatur, der mit Koksofengas von 4000 kcal beheizt wird, ist folgende Abgaszusammensetzung gefunden:

CO_2'	8,9 Proz.
CO'	3,4 „
H_2'	1,6 „
N_2'	86,1 „

$$W_0 = 0{,}210\,(H_2O\ 21\ \text{Proz.})$$

Wie hoch ist der Luftmangel, wieviel höher ist der Wärmeverbrauch bei dieser Verbrennung als bei theoretischer Verbrennung?

$$H_2 = 0{,}016 \cdot \frac{0{,}790}{0{,}984 + 1{,}88 \cdot 0{,}210 \cdot 0{,}050} = 0{,}016 \cdot \frac{0{,}790}{1{,}004} = 0{,}0125\,,$$

$$H_2 = 1{,}25\ \text{Proz.}\,,$$

$$CO = 0{,}034 \cdot \frac{0{,}790}{1{,}004} = 0{,}0267\,, \quad CO = 2{,}67\ \text{Proz.}$$

$$\text{Luftmangel}\quad n = \frac{1}{0{,}850} \cdot \frac{2{,}38 \cdot 0{,}0392}{1 + 1{,}88 \cdot 0{,}0392} = 0{,}102\,, \quad \text{Luftmangel } 10{,}2\ \text{Proz.}$$

$$q_m = 832\,(1 + 1{,}88 \cdot 0{,}0392) - (3050 \cdot 0{,}0267 + 2560 \cdot 0{,}0125)$$
$$= 894 - 114 = 780\ \text{kcal/cbm}\,,$$

$$a_m = a = 481\ \text{kcal/cbm}\,,$$

$$\left(\frac{a}{q}\right)_m = 0{,}617\,,$$

$$Q = \frac{V}{1 - 0{,}617} = 2{,}61 \cdot V\,,$$

$$Q = 2{,}61 \cdot V\left(1 + \frac{114}{780}\right) = 2{,}61 \cdot V \cdot 1{,}126 = 2{,}99 \cdot V\,.$$

Der Verbrauch ist 26 Proz. höher als bei theoretischer Verbrennung ($Q = 2{,}38 \cdot V$ Beispiel für Luftüberschuß).

Beim Vergleich mit Luftüberschuß von 10 Proz. sieht man, daß die Temperaturverhältnisse durch den Luftüberschuß nachteiliger beeinflußt werden als durch Luftmangel (Luftüberschuß $q_u = 767$, Luftmangel $q_m = 780$), daß dagegen der Wirkungsgrad bei Luftüberschuß wesentlich besser bleibt (107 Proz. gegen 126 Proz. Mehrverbrauch).

Bei Öfen mit Wärmerückgewinnung ist der Luftmangel wesentlich nachteiliger als der Luftüberschuß, da die allein austauschbare fühlbare Wärmemenge des Rauchgases geringer ist, ebenso wie auf der anderen Seite die Aufnahmefähigkeit der Verbrennungsluft wegen ihrer geringen Menge. Meist findet allerdings eine Nachverbrennung zwischen Herdabzug und Wärmeaustauscher statt, wodurch die Bedingungen für die Wärmerückgewinnung wieder etwas verbessert werden.

IV. Der Einfluß der Vorwärmung auf die Verbrennungstemperatur.

1. Allgemeine Betrachtungen.

Bisher wurde die Wärmerückgewinnung als ein Mittel betrachtet, unverwertete Wärme unterhalb des Temperaturniveaus des Arbeitsraumes des Ofens, d. h. eine für den Ofen unverwertbare Wärme, für den Wärmevorgang wieder nutzbar zu machen. Diese Auswirkung des Wärmeaustausches Abgas — Verbrennungsluft und Brennstoff kommt in einer Brennstoffersparnis zum Ausdruck. Die zuzuführende Wärme ist nur noch

$$Q = \frac{V}{1 - \frac{a}{q}(1 - \eta r)},$$

worin ηr der Teil der Abgaswärme a des Herdes ist, der durch die Wärmeaustauschvorrichtung wieder in den Arbeitsraum eingebracht wird. Das sinnfällige Merkmal dieses Vorganges ist die Senkung der Abgastemperatur des gesamten Ofensystemes. Ist die Abgastemperatur ohne Wärmerückgewinnung

$$\vartheta_a = \frac{a}{c_{pa}} \ {}^\circ\mathrm{C},$$

so sinkt sie nach Einschaltung des Wärmeaustauschers auf

$$\vartheta_a = \frac{a(1 - r)}{c_{pa}} \ {}^\circ\mathrm{C}.$$

Auf der anderen Seite aber erhöht sich auch die Anfangstemperatur der Rauchgase bei der Verbrennung. Die zurückgewonnene Wärme verteilt sich ja nicht auf eine größere Abgasmenge, die Verbrennungsluft und der Brennstoff entwickeln die gleiche Rauchgasmenge mit oder ohne Vorwärmung. Eine Raumeinheit Rauchgas (auf ° C, 760 bezogen) enthält also eine größere Wärmemenge und erhält eine höhere Verbrennungstemperatur. Der Wärmeinhalt des Rauchgases, der ohne Vorwärmung q kcal/cbm ist, erhöht sich durch den Wärmerückgewinn auf $q + \eta r a$.

Die Untersuchung der Veränderung der Temperaturverhältnisse gestaltet sich weit schwieriger als diejenige des Wärmeverbrauches. Infolge verschiedener Einflüsse erreicht man in technischen Feuerungen nie die durch den anfänglichen Wärmeinhalt und die spezifische Wärme gekennzeichnete calorimetrische Temperatur

$$\vartheta_k = \frac{q}{c_p}.$$

Die calorimetrische Temperatur wird ja nur dann erreicht, wenn bei vollständiger Verbrennung keine Wärme vom Rauchgas abgegeben wird.

Die Einflüsse, die die Entstehung dieser Temperatur verhindern, sind folgende:

1. Die Dissoziation verhindert bei den in Frage kommenden hohen calorimetrischen Temperaturen, daß der gesamte Brennstoff verbrennt.

2. Die Verbrennung vollzieht sich so langsam, daß bereits während der Verbrennung Wärme an die Ofenwände und das Wärmgut abgegeben wird, die dem Zwecke der Temperaturerhöhung des Rauchgases entzogen wird.

a) Die Verbrennungsgeschwindigkeit ist eine Eigenart des Brennstoffes,
b) sie wird durch die Ausgestaltung des Brenners beeinflußt,
c) sie wird durch die Temperatur der miteinander reagierenden Gase beeinflußt.

Die Anführung dieser Einflüsse zeigt bereits die Schwierigkeit der Untersuchung der Temperaturverhältnisse, die dadurch verstärkt wird, daß einige Einflüsse bisher überhaupt noch nicht untersucht worden sind.

Der Einfluß der Wärmerückgewinnung auf die Anfangstemperatur des Verbrennungsgases ist aber von außerordentlicher Bedeutung. Sie wirkt bis zu einer gewissen Höhe günstig, weil höhere Temperatur bessere Wärmeübertragung, höhere Leistung zur Folge hat. Einige Prozesse, wie der Siemens-Martin-Prozeß, sind überhaupt nur mit vorgewärmter Luft bzw. Gas wegen ihrer hohen Arbeitstemperatur durchführbar. Andererseits können zu hohe Temperaturen Schädigungen nicht nur des Ofens, sondern auch des Wärmgutes durch übermäßige oder ungleichmäßige Erwärmung verursachen.

Es ist daher notwendig, sich trotz der schwachen Grundlagen mit dem Einfluß der Vorwärmung auf die Rauchgastemperatur auseinanderzusetzen. Wenn hierbei auch eine quantitativ einwandfreie Bestimmung nicht zu erwarten ist, so sind doch wenigstens prinzipielle Hinweise zu erwarten.

2. Berechnung der calorimetrischen Temperatur.

Die Bestimmung dieser Temperatur bereitet keinerlei Schwierigkeit. Sie ist mit Benutzung der Tabellen, die die Brennstoffeigenschaften behandelten, festzustellen. Die calorimetrische Temperatur wird gekennzeichnet durch q und berechnet durch Teilung dieses Wertes durch die spezifische Wärme.

Sie ist für die behandelten Brennstoffe in der Zahlentafel 18 für luftüberschußfreie Verbrennung zusammengestellt.

Die technischen Brennstoffe überdecken also einen sehr weiten Temperaturbereich, dessen untere Grenzen Gichtgas und kaltes Generatorgas und dessen obere Grenzen Steinkohle, Wassergas, Koksofengas bestimmen.

Die Verbrennungsgüte, welche Luftüberschuß und Luftmangel kennzeichnen, kann natürlich die Grenzen der Brennstoffe unter sich weitgehend verwischen. Mit den üblichen Bezeichnungen (G_a Rauchgasvolumen, G_l Verbrennungsluftmenge, n Luftüberschußzahl) ist die calorimetrische Temperatur bei Luftüberschuß zu berechnen aus:

$$H = G_a \cdot c_{pa} \cdot \vartheta_k + n\,G_l \cdot c_{pl}\,\vartheta_k\,.$$

Zahlentafel 18. Calorimetrische Verbrennungstemperatur der Brennstoffe.

Brennstoff	Heizwert	q	ϑ_k
Kohlenstoff	8080	910	2280
Kohlenoxyd	3050	1058	2440
Wasserstoff	2560	888	2220
Methan	8580	815	2065
Schwere Kohlenwasserstoffe	17000	910	2265
Rohbraunkohle	3000	704	1765
Braunkohlebrikett	4500	812	2027
Steinkohle	6500	870	2170
Halbgas-Steinkohle (50 Proz. Dampfzusatz)	6500	803	1990
Generatorgas, kalt	1100	598	1560
„ „	1300	660	1705
„ „	1500	715	1825
Generatorgas, heiß	1100	751	1905
„ „	1300	769	1950
„ „	1500	785	1985
Koksofengas	3800	827	2080
„	4000	832	2090
„	4200	836	2100
Gichtgas	900	576	1480
„	1000	616	1570
„	1100	650	1650
Wassergas	2685	928	2235
Steinkohlenteeröl	9100	905	2250
Gasöl	10250	878	2200

Durch Division mit G_a ist

$$q = c_{pa} \cdot \vartheta_k + n \frac{G_l}{G_a} \cdot c_{pl} \cdot \vartheta_k ,$$

$$\vartheta_k = \frac{q}{c_{pa}\left(1 + n l \frac{c_{pl}}{c_{pa}}\right)} .$$

Für Kokereigas von 3800 kcal/cbm ist aus den entsprechenden Zahlentafeln zu entnehmen:

$$q = 827 \text{ kcal/cbm},$$

$$l = \frac{G_l}{G_a} = 0{,}841 ,$$

$$\frac{c_{pl}}{c_{pa}} = 0{,}90 \text{ (für } \vartheta_k = 1600 \text{ bis } 2000).$$

Luftüberschuß 10 Proz.

$$\vartheta_k = \frac{827}{c_{pa}(1 + 0{,}1 \cdot 0{,}841 \cdot 0{,}90)} = \frac{827}{c_{pa} \cdot 1{,}076} = \frac{769}{c_{pa}}, \quad \vartheta_k = 1960^\circ \text{ C} .$$

Luftüberschuß 20 Proz.

$$\vartheta_k = \frac{827}{c_{pa}(1 + 0{,}151)} = \frac{827}{c_{pa} \cdot 1{,}151} = \frac{718}{c_{pa}}, \qquad \vartheta_i = 1850^\circ\,\mathrm{C}\,.$$

Es kann auch die Frage gestellt werden: Wie groß ist der Luftüberschuß für eine bestimmte cal. Temperatur?

$$q = \vartheta_k c_{pa} + n \frac{G_l}{G_a} \cdot c_{pi} \cdot \vartheta_i\,,$$

$$n = \frac{q - a_{\vartheta_k}}{l \cdot i_{l\,\vartheta_k}}\,.$$

Aus den Zahlentafeln kann man für die calorimetrische Temperatur a, $l = \frac{G_l}{G_a}$ und i_l entnehmen.

Für das Koksgas von 3800 kcal/cbm soll der Luftüberschuß bestimmt werden, durch den die cal. Temperatur auf 1700° C herabgedrückt wird.

$$a \text{ für } 1700^\circ\,\mathrm{C} = 651\,, \qquad l \cdot i_l \text{ für } 1700^\circ\,\mathrm{C} = 494\,,$$

$$n = \frac{827 - 651}{494} = \frac{176}{494} = 0{,}357\,.$$

Durch die zurückgewonnene Wärme kann natürlich die Rangfolge der Brennstoffe, die man aus den in Zahlentafel 18 angegebenen Temperaturen sich bilden kann, aufgehoben werden. Theoretisch kann mit jedem Brennstoff jede beliebig hohe calorimetrische Temperatur erzeugt werden. Es ist die calorimetrische Temperatur bei Vorwärmung ϑ_k'

$$\vartheta_i = \frac{q_0 - \eta\, r\, a}{c_p} = \frac{q_0}{c_p} + \eta\, r \cdot \frac{a}{c_p} = \frac{q}{c_{pa}'} + \eta\, r\, \vartheta_a \cdot \frac{c_{pa}}{c_p}\,.$$

Da $\frac{c_{pa}}{c_p}$ sich nicht sehr weit von 1 entfernt, jedenfalls nicht $= 0$ wird, ist die calorimetrische Temperatur immer größer als die Abzugstemperatur vom Herd. Wenn man von den Baustoffschwierigkeiten absieht, läßt sie sich immer höher als die Abzugstemperatur treiben. Die theoretische Grenze für diese Temperaturerhöhung setzt die Dissoziation, die von einer bestimmten Temperatur an eine weitere Temperaturerhöhung durch Verbrennung verhindert, die praktische die Haltbarkeit des Wärmeaustauschers und des Ofens, deren Baustoff nur begrenzt temperaturfest ist.

3. Die Verbrennungstemperatur mit Berücksichtigung der Dissoziation (theoretische Verbrennungstemperatur ϑ_{th}).

Auf das Wesen der Dissoziation soll nur so weit eingegangen werden, als die Berechnung der theoretischen Verbrennungstemperatur auf den gegebenen Grundlagen es erfordert. Sie tritt in merkbarem Maße erst bei höheren Temperaturen ($> 1700^\circ$ C) auf.

Der Verlauf der Reaktionen

$$CO + {}^1/_2\, O_2 \rightleftarrows CO_2$$

und

$$H_2 + {}^1/_2\, O_2 \rightleftarrows H_2O$$

wird durch die Temperatur der Gase und den Druck, unter dem sie stehen, bestimmt. Bei höheren Temperaturen hat sowohl CO_2 wie H_2O die Neigung, sich im rückläufigen Prozeß in CO und $^1/_2\, O_2$ bzw. H_2 und $^1/_2\, O_2$ zu spalten, zu dissoziieren. Die Verbrennung des CO und H_2 kann nicht vollständig durchgeführt werden. Infolgedessen besteht das verbrennende Gasgemisch auch bei Gegenwart einer genügenden Sauerstoffmenge nicht aus reinem CO_2 (H_2O), sondern es enthält je nach der Temperaturhöhe mehr oder weniger bedeutende Mengen von CO (H_2) und O_2. Das Mengenverhältnis zwischen CO_2, CO und O_2 bzw. H_2O, H_2 und O_2 wird durch die Gleichgewichtskonstanten gekennzeichnet, die durch Versuche festgelegt sind.

Es mag hierbei von den Komplikationen, welche die technischen Gase durch die gleichzeitige Anwesenheit von H_2O und CO_2 bedingen, nach dem Vorgange von *Schack**) abgesehen werden und vorausgesetzt werden, daß sich die Vorgänge der Dissoziation von CO_2 und H_2O so abspielen, als ob jedes Gas für sich allein vorhanden sei.

Wenn bei der Temperatur ϑ_{th} α_w Teile des Wasserdampfes zerfallen, so werden, wenn w der Gehalt des Rauchgases an Wasserdampf ist, $\alpha_w \cdot w \cdot 2560$ kcal/cbm Rauchgas gebunden. Ebenso tritt bei einem Zerfall von α_k Teilen des Kohlensäuregehaltes k des Rauchgases eine Verminderung der fühlbaren Wärme um $\alpha_k \cdot k \cdot 3050$ kcal/cbm Rauchgas ein. Zieht man diese beiden Wärmebeträge von dem Wärmeinhalt des Rauchgases q ab, so erhält man die tatsächlich freigewordene Wärme

$$q_d = q - 2560\,\alpha_w \cdot w - 3050 \cdot \alpha_k \cdot k\,.$$

Gleichzeitig vermehrt sich aber die Rauchgasmenge, da durch den Zerfall von 1 cbm CO_2 1 cbm CO und $^1/_2$ cbm O_2 entstehen. Das gleiche tritt durch den Zerfall des Wasserdampfes ein. Beachtet man nun, daß die spezifischen Wärmen von CO, H_2, O_2 gleich sind, so ist der Wärmeinhalt des Rauchgases

Kohlensäure	$k(1 - \alpha_k) \cdot c_{pk}$,
Wasserdampf	$w(1 - \alpha_w) \cdot c_{pw}$,
Kohlenoxyd	$\alpha_k \cdot k \cdot c_{pn}$,
Wasserstoff	$\alpha_w \cdot w \cdot c_{pn}$,
Sauerstoff .	$(0{,}5\,\alpha_k \cdot k + 0{,}5\,\alpha_w \cdot w) \cdot c_{pn}$,
Stickstoff	$n \cdot c_{pn}$.

Hierin sind k, w und n die Raumteile von CO_2, H_2O und N_2 in 1 ncbm Rauchgas bei vollständiger Verbrennung.

Zieht man die Mengen zusammen, so erhält man

$$[k \cdot c_{pk} + w \cdot c_{pw} + n \cdot c_{pn}] + \alpha_w \cdot w(1{,}5 \cdot c_{pn} - c_{pw}) + \alpha_k \cdot k(1{,}5\, c_{pn} - c_{pk})\,.$$

*) Mittlg. der Wärmestelle des Ver. d. Eis. Nr. 79.

Teilt man nun die Wärmemenge q_d durch diesen Wert Rauchgasmenge mal spezifische Wärme, so erhält man die theoretische Verbrennungstemperatur. Hierbei lassen sich aber noch verschiedene Vereinfachungen treffen.

Zunächst stellt der erste Klammerausdruck nichts anderes dar, als die in den Verbrennungstabellen Abschnitt III angegebenen spezifischen Wärmen.

Die Ausdrücke $1{,}5\,c_{pn} - c_{pw}$ bzw. $1{,}5\,c_{pn} - c_{pk}$ sind in Zahlentafel 19 ausgerechnet.

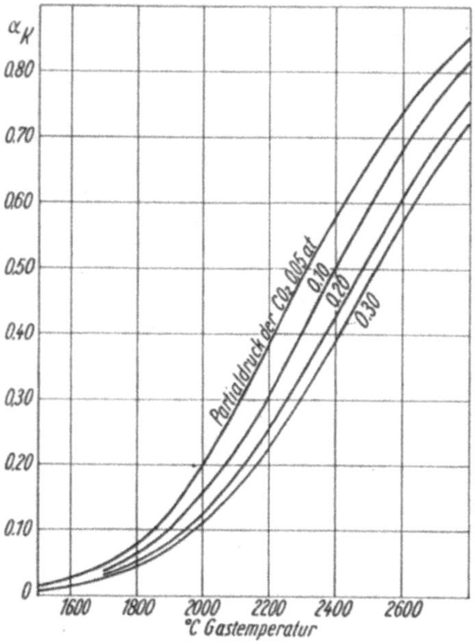

Fig. 17.
Dissoziationswert der Kohlensäure α_k.

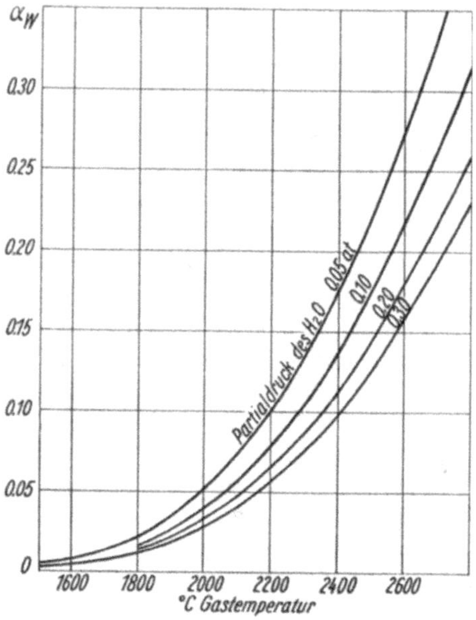

Fig. 18.
Dissoziationswert des Wasserdampfes α_w.

Zahlentafel 19. $(1{,}5\,c_{pn} - c_{pw})$ und $(1{,}5\,c_{pn} - c_{pk})$ zur Berechnung der theoretischen Rauchgastemperatur.

Temperatur	$(1{,}5\,c_{pn} - c_{pw})$	$(1{,}5\,c_{pn} - c_{pk})$	Temperatur	$(1{,}5\,c_{pn} - c_{pw})$	$(1{,}5\,c_{pn} - c_{pk})$
1600	0,086	—0,025	2400	0,035	—0,028
1800	0,076	—0,028	2600	0,019	—0,027
2000	0,063	—0,028	2800	0,003	—0,025
2200	0,049	—0,028	3000	—0,015	—0,024

Für die Kohlensäure kann man hiernach, da es sich zumeist um Temperaturen zwischen 1800° C und 2600 °C handelt, einen konstanten Wert — 0,028 einführen. Für $(1{,}5\,c_{pn} - c_{pw})$ wird man die Werte der Zahlentafel 19 nach ungefährer Schätzung einsetzen. Bestimmend bleibt nach wie vor die spezifische Wärme des rechnerischen Rauchgases. Bei den meisten Rauchgasen sind die Wasserdampfgehalte recht klein, so daß das ganze Glied $\alpha_w \cdot w\,(1{,}5\,c_{pn} - c_{pw})$ sehr klein wird und oft bei den Rechnungen mit genügender Genauigkeit mit einem mittleren c_p-Wert gerechnet werden kann. Interessant ist übrigens die Tatsache, daß durch die Dissoziation der Kohlensäure und der damit verbundenen Volumenvergrößerung des Rauchgases der Wasserwert des Rauchgases nicht vergrößert, sondern durch die niedrigen spezifischen Wärmen von CO und O_2 verringert wird. Auch bei der Wasserdampfdissoziation tritt bei den Temperaturen $> 2800°$ C dieselbe Erscheinung auf.

Die Gleichung für die theoretische Verbrennungstemperatur ist nun

$$\vartheta_{th} = \frac{q - 2560 \cdot \alpha_w \cdot w - 3050\, \alpha_k \cdot k}{c_p + \alpha_w \cdot w(1{,}5\, c_{pn} - c_{pw}) - 0{,}028 \cdot \alpha_k \cdot k}.$$

Hierdurch ist die Berechnung dieser Temperatur auf eine recht einfache Formel zurückgeführt. Die Werte α_w und α_k sind in den Fig. 17 und 18 wiedergegeben.

Wird die Wärmezufuhr durch Vorwärmung vergrößert, so erhöht sich die theoretische Verbrennungstemperatur auf

$$\vartheta_{th} = \frac{q + \eta\, r a - 2560\, \alpha_w \cdot w - 3050\, \alpha_k \cdot k}{c_p + \alpha_w \cdot w(1{,}5\, c_{pn} - c_{pw}) - 0{,}028\, \alpha_k \cdot k}.$$

Der Einfluß der Dissoziation auf die Verbrennungstemperatur soll im folgenden für einige wichtige Gase, die bei hohen Temperaturen verwendet werden, nachgeprüft werden.

1. Koksofengas von 3800 kcal/cbm Heizwert.

Abgaszusammensetzung: $CO_2 = 9$ Proz. $k = 0{,}09$,
$H_2O = 21$ Proz. $w = 0{,}21$,
$N_2 = 70$ Proz.

a) $\eta\, r a = 0$

$$\vartheta_{th} = \frac{827 - 2560 \cdot 0{,}21 \cdot \alpha_w - 3050 \cdot 0{,}09 \cdot \alpha_k}{c_p + 0{,}21 \cdot \alpha_w (1{,}5\, c_{pn} - c_{pw}) - 0{,}028 \cdot 0{,}09 \cdot \alpha_k} =$$

$$= \frac{827 - 538 \cdot \alpha_w - 274 \cdot \alpha_k}{c_p + 0{,}012 \cdot \alpha_w - 0{,}006 \cdot \alpha_k}.$$

Die Temperatur ist zunächst auf 2000° C geschätzt, so daß $1{,}5\, c_{pn} - c_{pw} = 0{,}06$ eingesetzt werden kann. Für 2000° C: $\alpha_w = 0{,}033$ $\alpha_k = 0{,}16$ $c_p = 0{,}394$

$$\vartheta_{th} = \frac{827 - 17{,}7 - 44}{0{,}393 + 0{,}0004 - 0{,}001} = \frac{765}{0{,}393} = 1950° \text{C}.$$

Für den Mittelwert der Annahme und des Ergebnisses — $\vartheta_{th} = 1975°$ C — ist $\alpha_w = 0{,}030$, $\alpha_k = 0{,}148$, $c_p = 0{,}393$.

$$\vartheta_{th} = \frac{827 - 16 - 41}{0{,}393 - 0{,}001} = \frac{770}{0{,}392} = 1960° \text{C}.$$

b) Luftvorwärmung $\eta\, r a = 100$ kcal/cbm Abgas entsprechend 370° C. Für 2000° C s. oben.

$$\vartheta_{th} = \frac{827 + 100 - 17{,}7 - 44}{0{,}394 - 0{,}001} = \frac{865}{0{,}393} = 2200° \text{C}.$$

Für 2100° $\alpha_w = 0{,}046$ $\alpha_k = 0{,}23$ $c_p = 0{,}398$

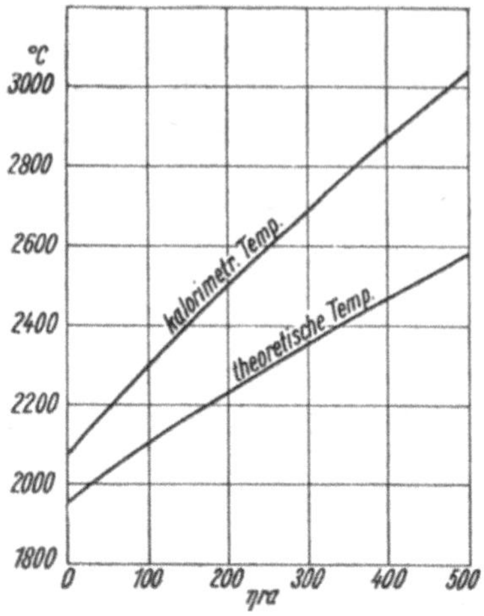

Fig. 19. Theoretische und calorimetrische Verbrennungstemperatur von Koksofengas.

$$\vartheta_{th} = \frac{927 - 25 - 63}{0{,}398 + 0{,}0005 - 0{,}0014} = \frac{839}{0{,}397} = 2115^\circ \text{C}.$$

$$\vartheta_{th} = 2110.$$

In Fig. 19 sind die so berechneten Werte der theoretischen Temperatur eingezeichnet und der calorimetrischen Temperatur gegenübergestellt worden.

Auch für andere Koksofengasheizwerte müssen sich fast die gleichen Werte ergeben, da q nur geringe Unterschiede aufweist. Die errechneten Werte können daher für Koksofengas ganz allgemein gelten.

Den Zusammenhang zwischen $\eta\, ra$ und der Vorwärmungstemperatur gibt folgende Zusammenstellung:

Zahlentafel 20.
Zusammenhang zwischen $\eta\, ra$ und der Vorwärmungstemperatur.

$\eta\, ra$ kcal/n cbm	0	100	200	300	400	500
Luftvorwärmung °C .	0	370	725	1075	1050	1290
Gasvorwärmung °C .	0	0	0	0	1050	1290

Eine höhere Wärmerückgewinnung als 500 kcal/cbm Rauchgas durch Vorwärmung kommt für technische Feuerungen nicht in Betracht. Innerhalb dieses Bereiches steigt, wie Fig. 19 zeigt, die theoretische Verbrennungstemperatur noch fast geradlinig mit steigender Vorwärmungstemperatur an, eine Begrenzung der Temperatur durch Verstärkung der Dissoziation tritt mithin bei diesem Grad der Vorwärmung noch nicht ein.

2. Generatorgas heiß, Heizwert 1300 kcal/cbm (0°, 760 trocken).

650° C Gastemperatur, 769 kcal/cbm Rauchgas unter Berücksichtigung des Teergehaltes (14 g/cbm) und des Wassergehaltes des Frischgases.

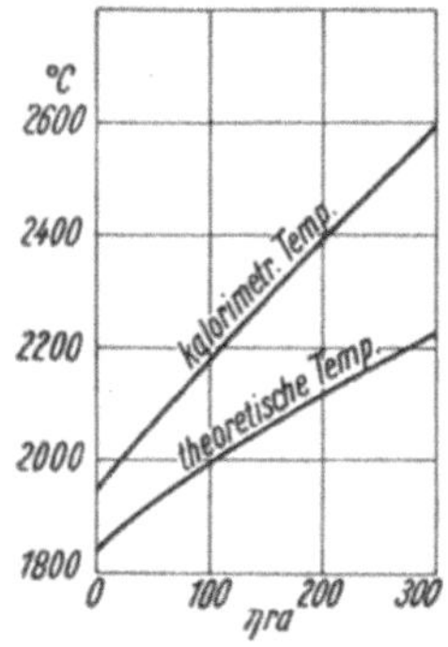

Fig. 20. Theoretische und calorimetrische Verbrennungstemperatur von heißem Generatorgas.

Abgaszusammensetzung: $CO_2 = 17{,}1$ Proz. $k = 0{,}177$,
$H_2O = 9{,}9$ Proz. $w = 0{,}099$,
$N_2 = 73{,}0$ Proz.

$$\vartheta_{th} = \frac{769 - 0{,}099 \cdot 2560\, \alpha_w - 0{,}171 \cdot 3050 \cdot \alpha_k}{c_{pa} + 0{,}099\, \alpha_w (1{,}5\, c_{pn} - c_{pw}) - 0{,}028 \cdot 0{,}171}$$

$$= \frac{769 + \eta\, ra - 254 \cdot \alpha_w - 521 \cdot \alpha_k}{c_{pa} + 0{,}099\, \alpha_w (1{,}5\, c_{pn} - c_{pw}) - 0{,}005 \cdot \alpha_k}.$$

In Fig. 20 ist wieder die calorimetrische und die theoretische Verbrennungstemperatur des Generatorgases zusammengestellt. Der Kurvenverlauf ist ähnlich dem der Koksofengastemperaturen, liegt jedoch um etwa 100° C niedriger.

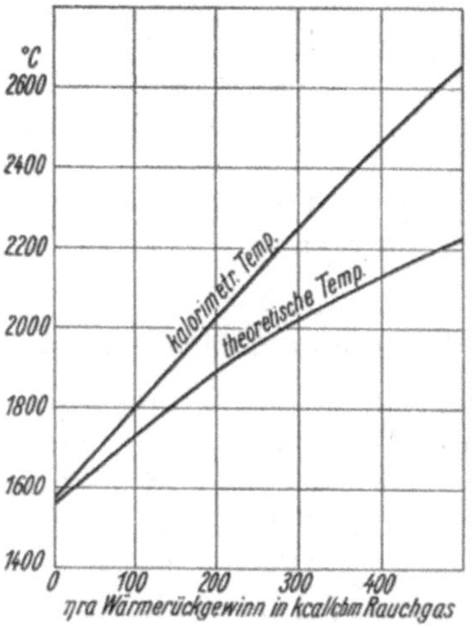

Fig. 21. Theoretische und calorimetrische Verbrennungstemperatur von Gichtgas 1000 kcal/cbm.

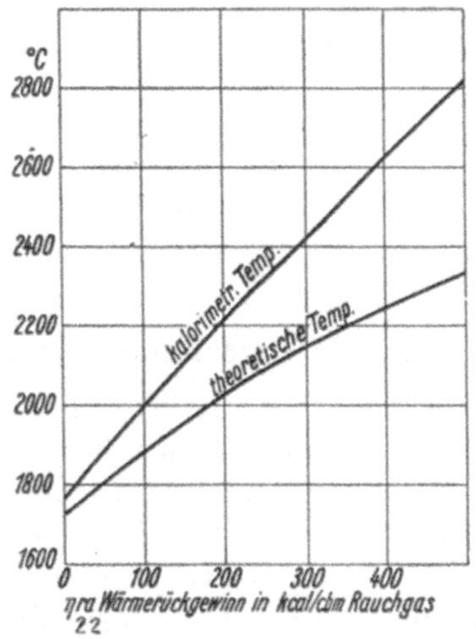

Fig. 22. Theoretische und calorimetrische Verbrennungstemperatur von Generatorgas kalt 1400 kcal/cbm.

Zahlentafel 21.

$\eta\, r\, a$	0	100	200	300
Luftvorwärmung . . . . ° C	0	545	1045	1110
Gasvorwärmung . . . . ° C	650	650	650	1110

Falls kein allzu hoher Temperaturverlust des Gases zwischen Generator und Ofen eintritt, können diese Temperaturkurven auch mit genügender Annäherung für Generatorgas anderen Heizwertes gelten. Die Untersuchung des heißen Generatorgases auf Seite 32 zeigte ja, daß der Wärmeinhalt q keinen großen Veränderungen unterliegt.

Zur Bestimmung der Vorwärmungstemperatur dient Zahlentafel 21.

3. Gichtgas von 1000 kcal/cbm Heizwert. $q_0 = 616$ kcal/cbm Rauchgas;

Abgas: $CO_2 = 24{,}0$ Proz. $k = 0{,}240$,
$H_2O = 1{,}8$ Proz. $w = 0{,}018$,
$N_2 = 74{,}2$ Proz.

$$\vartheta_{th} = \frac{616 - 46 \cdot \alpha_w - 732 \cdot \alpha_k}{c_p - 0{,}007 \cdot \alpha_k}.$$

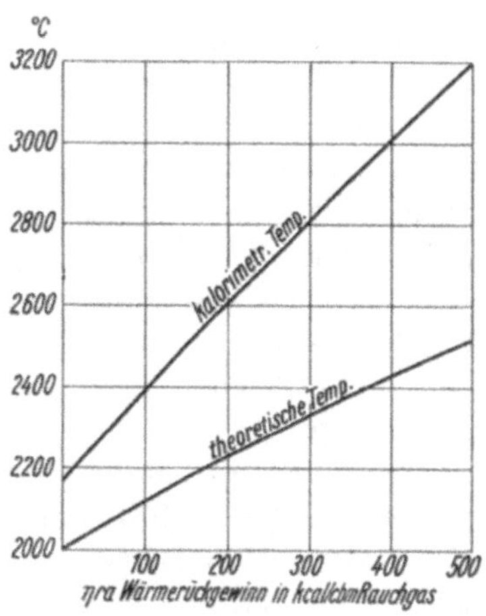

Fig. 23. Theoretische und calorimetrische Verbrennungstemperatur von Steinkohle.

Das Glied $\alpha_w \cdot w\ (1{,}5\, c_{pn} - c_{pw})$ wird vernachlässigbar klein.
Die Rechnung ergibt die in Fig. 21 gezeigten Werte.

Zahlentafel 22.

$\eta\, r\, a$ kcal/n cbm	0	100	200	300	400	500
Luftvorwärmung . ° C	0	630	500	800	1050	1290
Gasvorwärmung . ° C	0	0	500	800	1050	1290

4. Die theoretischen Temperaturen von kaltem Generatorgas von 1400 kcal Heizwert zeigt Fig. 22, diejenigen der Steinkohle Fig. 23.

4. Die Berechnung der wirklichen Verbrennungstemperatur.

Betrachtet man die Ergebnisse der Berechnung der theoretischen Gastemperatur mit den wirklich beobachteten, so kann auch diese Berechnung der Temperatur nicht befriedigen. Bei einem Siemens-Martin-Ofen beispielsweise, der mit kaltem Koksgas betrieben wird, wird die Luft allgemein auf Temperaturen zwischen 1000 und 1200° C erwärmt. Es ergibt sich somit für den Martin-Ofen mit dieser Beheizungsart eine calorimetrische Temperatur von etwa 2700° C und eine theoretische Rauchgastemperatur unter Berücksichtigung der Dissoziation von 2350°. Diese Temperaturen stehen in starkem Widerspruch mit der Wirklichkeit. Die Messung der Flammentemperatur, die, wie *Schack* zeigte, verhältnismäßig nahe an der wirklichen Temperatur liegen muß, falls die Flamme stark leuchtet, ergibt nur etwa 1800 bis 1900°. Der Unterschied zwischen der wirklichen Temperatur und der theoretischen Temperatur ist noch beträchtlicher als der zwischen der cal. Temperatur und der theoretischen.

Dieser Unterschied wird hauptsächlich durch zwei Ursachen hervorgerufen. Zunächst findet bei der Verbrennung im Herdofen schon eine Wärmeabgabe während der Verbrennung statt, welche die Temperatur herabsetzt. Dann aber ist der Verbrennungsvorgang ein Vorgang, der je nach der Konstruktion des Brenners einer gewissen Zeit bedarf. Auch der Berechnung der theoretischen Temperatur lag die Annahme zugrunde, daß die Verbrennung augenblicklich vollendet wird, eine Annahme, die der Erfahrung widerspricht. Sehr häufig findet man in Abgasanalysen, selbst in Proben von sehr kurzer Entnahmedauer, am Ende des Herdes neben Sauerstoff auch noch unverbrannte Gase, ein Zeichen dafür, daß der Verbrennungsvorgang noch nicht vollendet war.

Bei der Verbrennung treten zwei Stoffe miteinander in Reaktion, der gasförmige Brennstoff und der Sauerstoff der Verbrennungsluft. Je weiter die Reaktion zwischen den im Rauchgas enthaltenen Bestandteilen fortgeschritten ist, um so geringer sind die Anteile der noch reaktionsfähigen Gasbestandteile, um so seltener findet ein Zusammenprall zwischen Sauerstoff- und Brennstoffmolekülen statt, um so langsamer vollzieht sich die Weiterverbrennung. Den mathematischen Ausdruck für diesen Vorgang gibt das Massenwirkungsgesetz, das wir für den vorliegenden Fall anschreiben können mit

$$\frac{d q_1}{d z} = k(q - q_1) .$$

Hierin bedeutet

dq_1 die in der kleinen Zeit dz durch die Verbrennung ausgelöste Wärmemenge je cbm Rauchgas;

q der Anfangswärmeinhalt je cbm Rauchgas mit der gleichen Bedeutung wie vorhergehend benutzt;

q_1 diejenige Wärmemenge, die bis zum Zeitpunkt z bereits ausgelöst ist;

k eine Konstante, den Geschwindigkeitskoeffizienten des Vorganges.

Es kann bedenklich erscheinen, dieses Massenwirkungsgesetz auf den komplexen Brennstoff, wie er in technischen Feuerungen verwendet wird, anzuwenden, insbesondere ihn anzuwenden auf die Wärmemengen statt auf die miteinander reagierenden Gase. Immerhin dürfte die Anwendung damit zu rechtfertigen sein, daß das Gesetz, welches für die Reaktion der einzelnen Gase mit Sauerstoff gilt, auch für den zusammengesetzten Brennstoff gelten muß. Nur kann von vornherein kein Zahlenwert von k angegeben werden, wie er für einzelne Gase angebbar wäre. Man muß aber ferner bedenken, daß die Verbrennungsvorgänge in einem Industrieofen im allgemeinen weniger von den Gasarten abhängig sind als von der Ausbildung des Brenners. Zum Unterschied von sonstigen thermo-physikalischen Betrachtungen sei deshalb hervorgehoben, daß der Geschwindigkeitskoeffizient der vorliegenden Betrachtung von den Gasarten, von der Ofenkonstruktion und der Brennerkonstruktion abhängig zu denken ist. Auf den Einfluß der Gasarten auf k wird weiter unten noch einzugehen sein.

Während der Verbrennung wird nun bereits Wärme an das Wärmgut und die Ofenwände abgegeben. Zur Berechnung der Einwirkung dieser Wärmeabgabe auf den Wärmeinhalt und somit auf die Rauchgastemperatur wird angenommen, daß das Rauchgas mit einer auf 0° 760 mm Q.S. bezogenen Geschwindigkeit w_0 durch den Ofenraum ströme und auf dem Wege je m Weg c kcal/cbm Rauchgas abgebe. (Dimension von c kcal/m · cbm.)

Auf der kleinen Wegstrecke dx ist mithin der Wärmeverlust, den 1 cbm Rauchgas durch Wärmeabgabe an die Umgebung erleidet,

$$d q_2 = c \cdot d x .$$

Es ist der Weg des Rauchgases $dx = w \cdot dz$, worin w die wirkliche Geschwindigkeit ist. Man erhält

$$d q_2 = c \cdot w \cdot d z .$$

Die während der Zeit dz durch die Verbrennung ausgelöste Wärmemenge war

$$d q_1 = k(q + \eta\, r a - q_1) d z ,$$

worin q den durch die vollständige Verbrennung ausgelösten Wärmeinhalt je cbm Rauchgas wiedergibt und $\eta\, ra$ die durch Vorwärmung von Luft oder

Gas wieder zurückgewonnene Wärmemenge je cbm Rauchgas darstellt. Die Lösung der Differentialgleichung ergibt:

$$\frac{dq_1}{q + \eta\, r a - q_1} = k \cdot dz\,,$$

$$q + \eta\, r a - q_1 = C \cdot e^{-kz}\,,$$

$$q_1 = q + \eta\, r a - C \cdot e^{-kz}\,.$$

Für $z = 0$, am Anfang der Verbrennung, ist der gesamte Wärmeinhalt $q_1 = \eta\, r a$. Also ist

$$\eta\, r a = q + \eta\, r a - C\,,$$

$$C = q\,.$$

Mithin ist die durch Verbrennung bis zur Zeit z ausgelöste Wärmemenge

$$q_1 = \eta\, r a + q(1 - e^{-kz})\,.$$

Die wahre Rauchgastemperatur findet sich nun dadurch, daß von dieser Wärmemenge die bis zur Zeit z vom Rauchgas an die Umgebung abgegebene Wärmemenge

$$q_2 = \int_0^z c \cdot w \cdot dz$$

abgezogen wird. Hierdurch erhält man zunächst den wirklichen Wärmeinhalt des Rauchgases, aus dem mit Hilfe der spezifischen Wärme die Temperatur hervorgeht.

Der Wärmeinhalt des Rauchgases zur Zeit z ist, da q_1 die entwickelte Wärme, q_2 die abgegebene Wärme bis zur Zeit z ist,

$$q_z = q_1 - q_2\,.$$

Die Gleichung für die abgegebene Wärme

$$dq_2 = c \cdot w \cdot dz$$

enthält implicite bereits die wirkliche Temperatur, da

$$w = w_0 \cdot \frac{\vartheta + 273}{273}\,,$$

$$w = w_0 + w_0 \cdot \frac{\vartheta}{273} \quad \text{ist.}$$

Mit $\vartheta = \frac{q_z}{c_p}$ wird

$$w = w_0 + \frac{w_0}{273 \cdot c_p} \cdot q_z\,.$$

Mit $q_z = q_1 - q_2$ ist

$$w = w_0 + \frac{w_0}{273 \cdot c_p}(q_1 - q_2)\,,$$

$$dq_2 = \left[c \cdot w_0 + \frac{c \cdot w_0}{273 \cdot c_p}\,(q_1 - q_2)\right] dz\,.$$

Setzt man für q_1 den eben errechneten Wert ein, so wird

$$\frac{dq_2}{dz} = c \cdot w_0 + \frac{c \cdot w_0}{273 \cdot c_p}(q + \eta\, r a - q e^{-k \cdot z} - q_2).$$

Zur Abkürzung wird $\frac{c \cdot w_0}{273 \cdot c_p} = m$ genannt. Man erhält

$$\frac{dq_2}{dz} + m \cdot q_2 - m\left(\frac{c \cdot w_0}{m} + q + \eta\, r a - q e^{-kz}\right) = 0.$$

Die Lösung dieser linearen Differentialgleichung erster Ordnung ergibt

$$q_2 = \left(\frac{c \cdot w_0}{m} + \eta\, r a + q\right)(1 - e^{-mz}) - \frac{m}{k - m} q (e^{-mz} - e^{-kz}).$$

Nunmehr folgt mit

$$q_z = q_1 - q_2$$

$$q_z = \eta\, r a + q - q e^{-kz} - \left(\frac{c \cdot w_0}{m} + \eta\, r a + q\right)(1 - e^{-mz}) +$$
$$+ \frac{m}{k - m} q (e^{-mz} - e^{-kz}).$$

Hieraus wird

$$q_z = \frac{k}{k - m} q (e^{-mz} - e^{-kz}) + \eta\, r a\, e^{-mz} - \frac{c \cdot w_0}{m}(1 - e^{-mz}).$$

Da $m = \frac{c \cdot w_0}{273 \cdot c_p}$ war, ist $\frac{c \cdot w_0}{m} = 273 \cdot c_p$.

$$q_z = \frac{k}{k - m} \cdot q (e^{-mz} - e^{-kz}) + \eta\, r a\, e^{-mz} - 273 \cdot c_p (1 - e^{-mz}).$$

Die wirkliche Temperatur des Rauchgases zur Zeit z ist

$$\vartheta = \frac{q_z}{c_p}.$$

5. Die höchste Rauchgastemperatur.

Bevor in die Besprechung des Temperaturverlaufes an Hand der eben eingeleiteten Gleichung eingetreten wird, soll zunächst die Veränderung der wichtigsten Temperatur, der höchsten Rauchgastemperatur, untersucht werden.

Man erhält diese aus der Gleichung für q_z, indem man nach den Regeln der Berechnung der Maxima und Minima q_z nach z differenziert, die Ableitung $\frac{dq_z}{dz} = 0$ setzt, hieraus z für $q_{\max} = z_m$ errechnet und in die Gleichung für q_z einsetzt.

$$\frac{dq_z}{dz} = -\frac{k}{k - m} q (m e^{-mz} - k \cdot e^{-kz}) - \eta\, r a\, m \cdot e^{-mz} - c \cdot w_0 e^{-mz} = 0,$$

$$z_m = \frac{1}{k - m} \ln \frac{k}{m}\left[1 + \frac{k - m}{k}\left(\frac{\eta\, r a}{q} + \frac{273 \cdot c_p}{q}\right)\right]^{-1}.$$

Zur Vereinfachung der Schreibweise wird gesetzt

$$\frac{k}{m} = \mu \qquad \text{und}$$

$$\ln \frac{k}{m}\left[1 + \frac{k-m}{k}\left(\frac{\eta\, r a}{q} + \frac{273 \cdot c_p}{q}\right)\right]^{-1} =$$

$$= \ln \mu \left[1 + \frac{\mu - 1}{\mu}\left(\frac{\eta\, r a}{q} + \frac{273 \cdot c_p}{q}\right)\right]^{-1} = \ln K\,.$$

Mit z_m und der Verwendung der Ausdrücke μ und $\ln K$ erhält man

$$\frac{q_{\max}}{q} = \frac{\mu}{\mu - 1}\left[e^{-\frac{1}{\mu-1}\ln K} - e^{-\frac{\mu}{\mu-1}\ln K}\right] + \frac{\eta\, r a}{q}\, e^{-\frac{1}{\mu-1}\ln K} -$$

$$- \frac{273\, c_{pa}}{q}\left(1 - e^{-\frac{1}{\mu-1}\ln K}\right).$$

Die Höchsttemperatur ist hier auf die calorimetrische Temperatur des Brennstoffes ohne Wärmerückgewinnung bezogen. Falls Wärmerückgewinnung angewendet wird, ist es natürlich folgerichtiger, die wirkliche Höchsttemperatur auf die dem gesamten Anfangswärmeinhalt entsprechende calorimetrische Temperatur zu beziehen. Erhält man für den Wärmerückgewinn $\eta\, ra$

$$\frac{q_{\max}}{q} = p_0\,,$$

so ist

$$p = \frac{q_{\max}}{q + \eta\, r a} = p_0 \cdot \frac{1}{1 + \frac{\eta\, r a}{q}}\,.$$

Der Ausdruck $\frac{q_{\max}}{q + \eta\, r a}$ entspricht in vieler Hinsicht dem von *Bansen* bereits 1919 eingeführten pyrometrischen Wirkungsgrad, allerdings mit zwei Abänderungen. *Bansen* versteht unter dem pyrometrischen Wirkungsgrad das Verhältnis der höchsten Ofentemperatur — nicht der höchsten Rauchgastemperatur — zur cal. Temperatur. Ferner werden hier die Wärmeinhalte miteinander verglichen, nicht die Temperaturen. Später befürwortete *Bansen* unter dem Einfluß der durch die Entwicklung der Gastemperaturmessung erweiterten Erkenntnisse der wahren Temperaturverhältnisse die Zerlegung dieses pyrometrischen Wirkungsgrades in zwei Teile, in das Verhältnis der wahren Höchsttemperatur des Rauchgases ϑ_{rm} zur calorimetrischen Temperatur ϑ_k und das Verhältnis der höchsten Ofentemperatur ϑ_{om} zu ϑ_{rm}, so daß also

$$p' = \frac{\vartheta_{rm}}{\vartheta_k} \cdot \frac{\vartheta_{om}}{\vartheta_{rm}} \quad \text{ist.}$$

Diese beiden Teilwerte hängen ohne Zweifel eng miteinander zusammen. Die oben abgeleitete Gleichung für $p = \frac{\vartheta_{rm}}{\vartheta_k} = \frac{q_{\max}}{q + \eta\, r a}$ ist infolge des Einflusses vom $m = \frac{c \cdot w_0}{273 \cdot c_p}$ nicht nur eine Funktion der Verbrennungsgeschwindigkeit des Brennstoffes, sondern auch der Wärmeabgabe an den Ofen. Aber auch das Verhältnis $\frac{\vartheta_{0m}}{\vartheta_{rm}}$ hängt von dieser Wärmeabgabe ab. Trotzdem ist eine getrennte Behandlung beider Werte bei der generellen Betrachtung der Temperaturverhältnisse von Vorteil.

Als pyrometrische Wirkungsgrade gibt *Bansen* folgende Werte an:

Tunnelöfen mit langsam entgegenstreichender Beschickung und geschlossener Bauart	$p' = 0{,}77-0{,}82$
Winderhitzer	0,75—0,80
Stangenwärmöfen	0,75—0,80
Durchstoßöfen	0,72—0,76
Stoßöfen	0,70—0,75
Öfen mit satzweiser Beschickung	0,65—0,70

Diese Werte entsprechen den üblichen Bauarten und Betriebsweisen. Es ist aber durchaus möglich, durch Abweichung von der Norm andere Verhältnisse zu erzielen.

Die Feststellung der Werte $p = \frac{q_{\max}}{q + \eta ra}$ kann natürlich nur empirisch erfolgen. Kennt man bei einer bestimmten Ofenbauart die Werte $q + \eta ra$, $c \cdot w_0$ und aus Messungen das Verhältnis $\frac{q_m}{q + \eta ra}$, so ist hieraus der unbekannte Wert der Geschwindigkeitskonstante k zu ermitteln. Kennt man diesen, so kann man aus der Formel bei Änderungen von m und ηra die voraussichtliche Temperaturverschiebung bestimmen.

Diese Betrachtung ist für die mit der Wärmerückgewinnung verbundene Frage der Steigerung der Rauchgastemperatur von großer Bedeutung. Der immer günstige Einfluß der Wärmerückgewinnung auf den Wärmeverbrauch des Ofens wird von einer bestimmten Vorwärmungshöhe durch die übermäßig steigende Rauchgastemperatur aufgehoben, oft sogar ins Gegenteil verkehrt, da dann durch absichtlich unvollkommene Verbrennung, also durch Kühlung mit Frischgas, der Wärmeaufwand vergrößert wird. Kann man etwa die entstehenden Temperaturen im voraus bestimmen, so kann man durch angemessene Brennerkonstruktion der schädlichen Erhöhung der Temperaturen entgegenarbeiten.

Die Höchsttemperatur ist, wie die Gleichung zeigt, vornehmlich von den Werten $c = \frac{k}{m}$ und $\frac{\eta ra}{q}$ abhängig. Eine Abhängigkeit geringeren Ausmaßes liegt auch vom Anfangswärmeinhalt q vor, insofern, als das letzte Glied der Gleichung den Wert $\frac{273 \cdot c_p}{q}$ enthält.

Die angegebene Gleichung ist freilich etwas umständlich auszurechnen. Um die Anwendung dieser Betrachtungen zu erleichtern, ist deshalb in der folgenden Zahlentafel das Ergebnis der Rechnung für den praktisch vorliegenden Bereich angegeben.

Zahlentafel 23.

Pyrometrischer Wirkungsgrad $p = \frac{q_{max}}{q + \eta\, r a}$ für $q = 800$, 600 und 900 kcal/n cbm.

$q = 800$

$\frac{k}{m}$	$\frac{\eta r a}{q}$ = 0	0,2	0,4	0,6	0,8	1,0
$\frac{k}{m} = 2$	0,437	0,460	0,482	0,504	0,525	0,547
5	0,626	0,636	0,648	0,662	0,675	0,682
10	0,746	0,754	0,762	0,768	0,774	0,779
20	0,836	0,840	0,845	0,849	0,852	0,854
40	0,898	0,903	0,905	0,907	0,908	0,910
80	0,938	0,940	0,941	0,942	0,943	0,944
			$q = 600$			
$\frac{k}{m} = 2$	0,416	—	0,472	—	0,518	—
10	0,736	—	0,755	—	0,769	—
40	0,892	—	0,902	—	0,905	—
			$q = 900$			
$\frac{k}{m} = 2$	0,441	—	0,487	—	0,527	—
10	0,750	—	0,765	—	0,775	—
40	0,899	—	0,903	—	0,907	—

Beispiel: Die Verbrennungstemperatur im Siemens-Martin-Ofen. Die höchsten calorimetrischen Temperaturen werden im Siemens-Martin-Ofen angewendet. Trotzdem ergeben die Messungen der Flammentemperatur nur verhältnismäßig niedrige Werte. Man mißt mit dem optischen Pyrometer bei Öfen der gewöhnlichen Bauart des Kopfes und Generatorgasbeheizung mittlere Temperaturen von $\sim 1850°$. Hierzu kann man etwa 50° hinzuzählen, wenn man berücksichtigt, daß die Flamme kein absolut schwarzer Körper ist. Man kommt also auf rund 1900° Flammentemperatur. Bei vollständiger Verbrennung, die im Siemens-Martin-Ofen zumeist recht genau eingehalten wird, beträgt mithin

$$q_{max} = 750 \text{ kcal}.$$

Bei einem Heizwert von 1400 kcal/cbm Frischgas ist $q = 690$ kcal/cbm Rauchgas. Bei einer Vorwärmung des Gases und der Luft auf 1050° ist die durch Vorwärmung dem Herd zugeführte Wärme $\eta\, r a = 390$ kcal/cbm Rauchgas. Es ist also

$$p = \frac{q_{max}}{q + \eta\, r a} = \frac{750}{1080} = 0{,}695\,.$$

Da $\frac{\eta\, r a}{q} = \frac{390}{690} = 0{,}57$, $q =$ rund 700 ist, entspricht dem Werte $p = 0{,}695$ der Wert $\frac{k}{m} = 6{,}4$, wie aus der Zahlentafel zu entnehmen ist.

Durch Bestimmung von m ist der Geschwindigkeitskoeffizient k zu ermitteln.

Es ist $m = \frac{w_0 \cdot c}{273 \cdot c_p}$.

Für einen Ofen von z. B. 6 t/St. gibt die *Bansen*sche Zusammenstellung der Abmessungen von Siemens-Martin-Öfen*):

Herdbreite = 3,5 m;

Höhe zwischen Schaffplatte und Gewölbe 1,7 m.

Mit Berücksichtigung des Gewölbestiches ist der freie Ofenquerschnitt = 5,1 qm. Die Wärmezufuhr beträgt rund $8 \cdot 10^6$ kcal/St. (auf kaltes Generatorgas bezogen). Die Rauchgasmenge ist 11500 cbm/St.

Hiermit ist die Rauchgasgeschwindigkeit

$$w_0 = \frac{11500}{5{,}1 \cdot 3600} = 0{,}63 \text{ m/sec}.$$

Die Leistung der Öfen beträgt 200 kg/qm Badoberfläche. Da 1 m Herdlänge 3,5 qm Badfläche besitzt, ist die Leistung je m Ofenlänge

$$200 \cdot 3{,}5 = 700 \text{ kg Stahl/St.}$$

Die Nutzwärme für diese Stahlmenge ist $700 \cdot 350 = 245000$ kcal/St. Die Wandverluste sind etwa gleich der Nutzwärme**), so daß insgesamt je m Herdlänge 490000 kcal/St. abzugeben sind. Auf 1 cbm Rauchgas entfällt also

$$c = \frac{490000}{11500} = 42{,}5 \text{ kcal/m}.$$

Es ist also $m = \frac{w_0 \cdot c}{273 \cdot c_p} = \frac{0{,}63 \cdot 42{,}5}{273 \cdot 0{,}393} = 0{,}250$.

Mit $k = m \cdot \left(\frac{k}{m}\right)$ wird $k = 6{,}4 \cdot 0{,}250 = 1{,}6$.

Man erkennt aus diesem niedrigen Geschwindigkeitskoeffizienten, daß im Siemens-Martin-Ofen eine stark verschleppte Verbrennung angestrebt wird. Diese Verschleppung ist notwendig, um bei der hohen Arbeitstemperatur das Mauerwerk zu schonen. Ein hoher Wärmeinhalt des Rauchgases $(q + \eta\, ra)$ ist notwendig, um einen befriedigenden thermischen Wirkungsgrad zu erzielen, die Bauart des Brenners muß aber örtliche Überhitzungen des Ofens vermeiden, was eben nur durch einen niedrigen k-Wert zu erzielen ist. Dieser niedrige k-Wert wird dadurch erreicht, daß Gas und Luft in den Herd getrennt eingeführt werden, und zwar so stark getrennt, daß eine vollständige Durchdringung der beiden Strahlen erst ziemlich spät erfolgen kann. Eine besonders hohe Gasgeschwindigkeit hält den Gasstrahl zusammen, so daß die Durchmischung weiterhin erschwert wird.

---

*) Stahl u. Eisen Bd. 45, S. 504. 1925.

**) Siehe *Schwarz*, „Die Wandverluste des Siemens-Martinofens", Bericht des Stahlwerksausschusses des Ver. d. Eis. Nr. 104.

Deutlich wird die Langsamkeit der Verbrennung, wenn man den Verbrennungsverlauf zeitlich und örtlich errechnet. Die freigewordene Wärme ist

$$q_1 = \eta\, r a + q_0 (1 - e^{-kz})\,.$$

Der Verbrennungsverlauf wird durch das Glied $q\ (1 - e^{-kz})$ angegeben. Mit dem errechneten $k = 1{,}6$ wird

$$q_1 - \eta\, r a = 690 (1 - e^{-1{,}6z})\,, \quad \text{also}$$

nach	0,5 sec	$q_1 - \eta\, r a$	$= 0{,}553 \cdot 690 = 381$
,,	1,0 ,,		$= 0{,}793 \cdot 690 = 550$
,,	1,5 ,,		$= 0{,}910 \cdot 690 = 628$
,,	2,0 ,,		$= 0{,}959 \cdot 690 = 661$

Mit der errechneten Rauchgasgeschwindigkeit $w_0 = 0{,}63$ m/sec (0° 760) und bei einer durchschnittlichen Rauchgastemperatur von 1850° hat der Rauchgasstrom folgenden Weg zurückgelegt:

nach	0,5 sec	2,48 m
,,	1,0 ,,	4,95 ,,
,,	1,5 ,,	7,45 ,,
,,	2,0 ,,	9,9 ,,

Berechnet man nun ferner mit den Angaben über den Verbrennungsverlauf und mit der Wärmeabgabe von 42,5 kcal/cbm m für die Zeiten von 0,5 zu 0,5 sec die Gastemperatur, so erhält man:

bei	2,48 m	1720°
,,	4,95 ,,	1860°
,,	7,45 ,,	1800°
,,	9,90 ,,	1640°

Bei der angenommenen Ofengröße von 6 t/St. Leistung ist nach der erwähnten *Bansen*schen Zusammenstellung die Herdlänge etwa 8,5 m, die Länge zwischen den Köpfen, also der ganze Rauchgasweg im Arbeitsraum des Ofens, etwa 9 bis 10 m. Aus dem Vergleich dieser Abmessungen mit dem errechneten Verbrennungsverlauf sieht man, daß die Untersuchung in verhältnismäßig guter Übereinstimmung mit der Praxis eine langsame, bis zum Abzug verschleppte Verbrennung ergibt.

Man darf freilich nicht übersehen, daß der Berechnung der Rauchgasgeschwindigkeit die Annahme zugrunde liegt, daß der Rauchgasstrom den ganzen Ofenquerschnitt ausfüllt. Dies entspricht natürlich nicht der Wirklichkeit. Insbesondere in der Nähe des Brenners ist die Geschwindigkeit wesentlich größer, der Rauchgasstrom füllt nicht den Querschnitt. Andererseits spielen aber, wie schon erwähnt, auch andere Faktoren, wie hauptsächlich die Durchdringung von Gas- und Luftstrahl, die rechnerisch nicht erfaßbar sind, eine so bedeutende Rolle, daß es ratsam ist, die Berechnung zunächst mit Vereinfachungen durchzuführen, bis ausgedehntere Vergleiche mit praktischen Beobachtungen zum weiteren Ausbau der Berechnungen gesicherte Erfahrungsgrundlagen schaffen. Dies kann um so eher geschehen, als das

Rechnungsverfahren hier vornehmlich dazu dienen soll, in ungefährer Annäherung an die wirklich beobachteten Temperaturen die Veränderung der Gastemperaturen bei Veränderung der Wärmerückgewinnung zu bestimmen.

Dem Fehler, der durch Einsetzen der Querschnittsgeschwindigkeit entsteht, wird schließlich auch dadurch entgegengewirkt, daß die Wärmeabgabe je m Rauchgasweg ebenfalls auf Grund dieser Querschnittsgeschwindigkeit eingesetzt wird.

Von Interesse ist hier im besonderen die Nachprüfung, welchen Einfluß veränderte Vorwärmung auf die Rauchgastemperatur hat.

Es soll zu diesem Zwecke untersucht werden, wie hoch die Rauchgastemperatur wird, wenn die Vorwärmung von Gas und Luft einmal 950°, dann aber 1150° ist.

$$\text{Für } 950^\circ \text{ ist } \eta\, ra = 350 \text{ kcal}, \quad \frac{\eta\, ra}{q} = 0{,}507\,.$$

$$\text{Für } 1150^\circ \text{ ist } \eta\, ra = 430 \text{ kcal}, \quad \frac{\eta\, ra}{q} = 0{,}623\,.$$

Für $\frac{k}{m} = 6{,}4$ findet man bei $q = 800$ und $\frac{\eta\, ra}{q} = 0{,}4$ bzw. 0,6 $p = 0{,}690$ bzw. 0,702. Die Interpolierung ergibt dann für

$$\frac{\eta\, ra}{q} = 0{,}507\ (950^\circ)\ p = 0{,}697 \text{ und für}$$

$$\frac{\eta\, ra}{q} = 0{,}623\ (1150^\circ)\ p = 0{,}703\,.$$

Diese Werte gelten bei $q = 800$. Bei $q = \sim 700$ erniedrigen sie sich, wie man aus dem Vergleich der Zahlentafeln von $q = 800$ und 600 ersieht, um 0,005. Es wird also bei 950° Vorwärmung und $p = 0{,}692$, $q_{\max} = 0{,}692 \cdot (350 + 690) = 720$ kcal/cbm Rauchgas. Die Rauchgastemperatur $\vartheta_{\max}$ also $= 1845°$. Desgleichen wird bei 1150° Vorwärmung und $p = 0{,}698$

$$q_{\max} = 0{,}698 \cdot (430 + 690) = 781\,,$$
$$\vartheta_{\max} = 1975^\circ\,.$$

Infolge dieser Temperaturverschiebung ändert sich jedoch die Größe der Wärmeübertragung, die im Werte m ja enthalten ist. Nimmt man als Maß der Veränderung der Wärmeübertragung die Veränderung der Gasstrahlung, so ergibt sich folgende Veränderung:

Gasstrahlung bei	1845°	83000	kcal
„ „	1900°	88500	„
„ „	1975°	96000	„

Nimmt man als mittlere Badoberflächentemperatur 1500°, so ist die Gegenstrahlung von 52000 kcal von diesen Werten abzuziehen. Man erhält dann

für	1845°	31000 kcal	=	85	Proz.
„	1900°	36500 „	=	100	„
„	1975°	44000 „	=	120,5	„

Da jedoch mit abnehmender Wärmeabgabe die Rauchgastemperatur wieder steigt, bei zunehmender Abgabe sinkt, kommt die je cbm errechnete Änderung sowohl der Wärmeabgabe wie auch der Rauchgastemperaturen nicht zur Auswirkung, beide Änderungen werden stark abgeschwächt.

Man muß deshalb unter Veränderung der Wärmeabgabe denjenigen c-Wert aufsuchen, der die Temperatur ergibt, für welche die Veränderung der Abgabe durch Gasstrahlung richtig ist.

Nimmt man bei 950° Vorwärmung statt der zunächst errechneten Verminderung der Abgabe von 15 Proz. (85 Proz. der Abgabe bei 1900°) nur eine solche von 7 Proz. an, so wird $\frac{k}{m} = 6{,}4 \cdot 1{,}07 = 6{,}85$. Hierfür wird aus den Zahlentafeln $p = 0{,}703$ entnommen. Also $q_{\max} = 0{,}703\ (350 + 640) = 731$, $\vartheta_m = 1865°$.

Die Gasstrahlung von 1865 auf 1500° ist 33000 kcal = 90,5 Proz. derjenigen von 1900°. Die Verminderung der Abgabe ist also größer als angenommen. Mit 8,5 Proz. Abnahme wird $\frac{k}{m} = 6{,}4 \cdot 1{,}085 = 6{,}95$, $p = 0{,}705$, $\vartheta_{\max} = 1870°$. Die Gasstrahlung ist 33500 kcal, ihre Abnahme gegenüber 1900° also 8,3 Proz. Die Übereinstimmung zwischen Annahme und Ergebnis ist jetzt befriedigend, so daß man als maximale Rauchgastemperatur bei 950° Gas- und Luftvorwärmung 1870° anzunehmen hat.

Bei 1150° Vorwärmung wird $\frac{k}{m}$ bei einer Steigerung der Wärmeabgabe um 10 Proz. kleiner gegenüber der bei 1900° = 5,82. Hiermit wird $p = 5{,}82$ und $\vartheta_{\max} = 1945°$. Dabei tritt eine Steigerung der Gasstrahlung um 12,2 Proz. ein. Bei 11 Proz. Steigerung mit $\frac{k}{m} = 5{,}76$ und $\vartheta_{\max} = 1940°$ stimmen Annahme und Ergebnis überein.

Man erhält also:

Vorwärmung	950°: $\vartheta_{\max} = 1870°$	Wärmeabgabe	91,6	Proz.
,,	1050°: $\vartheta_{\max} = 1900°$	,,	100,0	,,
,,	1150°: $\vartheta_{\max} = 1940°$	,,	111	,,

Die Temperatur des Rauchgases, d. h. die maximale Temperatur, steigt also bei einer Erhöhung der Vorwärmung um 200° nur um 70° = 35 Proz.

Man erkennt hieraus, daß man bei sorgfältigem Entwurf des Brenners hohe Vorwärmungen anwenden kann, ohne Überhitzung des Ofens zu bewirken, daß man durch verschleppte Verbrennung es in der Hand hat, eine passende Temperatur innezuhalten. Das Beispiel zeigt aber auch, wie wirksam durch gute Wärmeabgabefähigkeit des Gases gefährliche Rauchgastemperaturen gedrückt werden können, da eine Steigerung der Abgabe um 11 Proz. die Flammentemperatur von 1975 auf 1940° senkte.

Die Steigerung der Vorwärmung auf 200° hat nach der vorliegenden Rechnung eine Erhöhung der Wärmeabgabe, also auch der Leistung, um 19,4 Proz. ergeben. Dieses Ergebnis liegt nicht weit ab von dem Ergebnis einer Ofenuntersuchung, die *Bansen* im Bericht 92 des Stahlwerksausschusses des V.d.E. mitteilte. Hiernach betrug bei einer Temperatur des oberen Gitterwerkes der Regeneratoren von 1000° die Ofenleistung 7,1 t/St., bei 1200° 8,6 t/St., die Leistungssteigerung also 21 Proz.

6. Der örtliche Temperaturverlauf und der Ort der höchsten Rauchgastemperatur.

Für die Betrachtung des Erwärmungsvorganges ist der Verlauf der Rauchgastemperatur im Ofen von wesentlicher Bedeutung. Bestimmt er doch die Stärke der durchschnittlichen Wärmeübertragung, damit die Geschwindigkeit der Erwärmung und die Ofenleistung. Darüber hinaus ist diejenige Stelle im Ofen, an der die höchste Rauchgastemperatur entsteht, insofern ein ausgezeichneter Punkt, als man hier auch die höchste Werkstofftemperatur erzielen wird. Bei einem Ofen mit kontinuierlich fortschreitender Beschickung, z. B. einem Walzwerksstoßofen, wird diese Stelle zweckmäßigerweise den Endpunkt des Erwärmungsvorganges bilden. Sie erlangt infolgedessen eine hervorragende konstruktive Bedeutung. Eine Verlagerung dieses Punktes durch andere Betriebsweise oder konstruktive Veränderungen wird nachteilig auf den Ofengang einwirken, sofern diese Verlagerung ein gewisses Maß überschreitet. Es soll deshalb untersucht werden, wie die Verbrennungsgeschwindigkeit k, der Wert m und die Vorwärmung die Lage der höchsten Rauchgastemperatur beeinflußt.

Von der Beziehung $dx = w \cdot dz$ ausgehend, gelangt man über

$$x = \int \left(w_0 + w_0 \frac{\vartheta}{273} \right) \cdot dz$$

zu

$$x = w_0 \cdot z + \frac{w_0}{273 \cdot c_p} \int q\, dz\,.$$

x war der vom Rauchgas bis zur Zeit z zurückgelegte Weg. Aus der Gleichung S. 57 erhält man

$$\int q_z \cdot dz = \frac{k}{k-m} q \left(-\frac{1}{m} e^{-mz} + \frac{1}{k} e^{-kz} \right) - \frac{\eta ra}{m} e^{-mz} - 273 c_p \cdot z - \frac{273 c_p}{m} e^{-mz} + C\,.$$

Für $z = 0$ und $x = 0$ ergibt sich

$$C = \frac{k}{k-m} q \left(\frac{1}{m} - \frac{1}{k} \right) + \frac{\eta ra}{m} + \frac{273 c_p}{m}\,.$$

Setzt man C in die Gleichung $\int q\, dz$ und dann diesen Wert in die Gleichung für x ein, so wird

$$x = \frac{w_0}{273 \cdot c_p} \left[\frac{k}{k-m} q \left(\frac{1-e^{-mz}}{m} - \frac{1-e^{-kz}}{k} \right) + (\eta ra + 273 \cdot c_p) \frac{1-e^{-mz}}{m} \right].$$

Diese Gleichung im Verein mit der Gleichung

$$q_z = \frac{k}{k-m} \cdot q (e^{-mz} - e^{-kz}) + (\eta ra + 273 c_p) e^{-mz} - 273 c_p$$

gibt zunächst die Unterlagen für den Temperaturverlauf im Ofen, wobei als gemeinsame unabhängige Veränderliche die Zeit z fungiert. Man hat also für gleiche Zeiten z q_z, hieraus ϑ, und x, die Entfernung vom Brenner, zu errechnen.

Um den Ort der höchsten Temperatur zu erhalten, muß man in die Gleichung von x für die Zeit z den auf S. 57 errechneten Wert

$$z_m = \frac{1}{k-m} \ln \frac{k}{m}\left[1 + \frac{k-m}{k}\left(\frac{\eta r a}{q} + \frac{273 c_p}{q}\right)\right]^{-1}$$

einsetzen.

Die bequeme Darstellungsweise dieses Ergebnisses in Abhängigkeit von $\frac{k}{m}$, die für die Berechnung der maximalen Rauchgastemperatur gegeben werden konnte, ist für die Berechnung des Ortes nicht möglich, weil die Werte $\frac{1-e^{-mz}}{m}$ und $\frac{1-e^{-kz}}{k}$ sich nicht mit $\frac{k}{m}$ ausdrücken lassen.

Immerhin läßt sich wenigstens die Rechnung dadurch vereinfachen, daß man die unbequem zu errechnenden Ausdrücke $1 - e^{-m z_{\max}}$ und $1 - e^{-k z_{\max}}$ für $\frac{k}{m}$ angeben kann.

Zahlentafel 24.

Hilfswerte zur Berechnung des Ortes der höchsten Rauchgastemperatur.

$1 - e^{-m z_{\max}}$ (Spalte 1) und $1 - e^{-k z_{\max}}$ (Spalte 2).

a) $q = 800$.

$\frac{\eta r a}{q} =$	0		0,2		0,4		0,6		0,8		1,0	
	1	2	1	2	1	2	1	2	1	2	1	2
$\frac{k}{m} =$ 2	0,468	0,713	0,414	0,658	0,367	0,602	0,317	0,536	0,267	0,464	0,218	0,389
5	0,314	0,848	0,291	0,820	0,270	0,791	0,250	0,765	0,231	0,734	0,215	0,700
10	0,217	0,913	0,203	0,898	0,192	0,884	0,181	0,866	0,170	0,847	0,162	0,830
20	0,140	0,951	0,132	0,942	0,126	0,934	0,121	0,925	0,115	0,915	0,113	0,907
40	0,087	0,973	0,082	0,969	0,078	0,964	0,075	0,960	0,074	0,956	0,071	0,951
80	0,054	0,987	0,052	0,985	0,050	0,982	0,049	0,980	0,047	0,976	0,045	0,974

b) $q = 600$.

$\frac{\eta r a}{q} =$	0		0,4		0,8	
	1	2	1	2	1	2
$\frac{k}{m} =$ 2	0,458	0,706	0,356	0,589	0,257	0,448
10	0,214	0,916	0,190	0,881	0,169	0,844
40	0,087	0,973	0,079	0,963	0,075	0,955

c) $q = 900$.

$\frac{k}{m} =$ 2	0,473	0,721	0,370	0,606	0,271	0,470
10	0,218	0,914	0,193	0,885	0,170	0,848
40	0,087	0,973	0,079	0,964	0,076	0,956

Beispiel: Temperaturverlauf im Walzwerksstoßofen.

Die Verfolgung des Temperaturverlaufes ist von besonderem Interesse an Öfen, die im Arbeitsraum eine große Temperaturspanne zwischen Herdanfang und Herdende aufweisen. Ein Beispiel für diesen Ofentyp ist der Walzwerksstoßofen, der einen langgestreckten Ofenraum besitzt, in dem Rauchgase und Wärmgut sich gegenläufig bewegen, so daß in der Nähe des Brenners das Walzgut erwärmt gezogen wird, am Abzug der Rauchgase kalt eingesetzt wird. Die Temperatur, auf die das Walzgut erwärmt wird, muß je nach der Art des Gutes — wenn man von geringen Ausnahmen absieht — etwa 1250 bis 1350° in gleichmäßiger Durchwärmung betragen. Vergegenwärtigt man sich, daß bei guter Wärmerückgewinnung sehr hohe Rauchgastemperaturen entstehen können, welche bewirken können, daß das Wärmgut im letzten Teil des Weges, auf dem Ziehherd, sehr hohe Oberflächentemperaturen erhält, während der Kern zurückbleibt, so wird klar, daß man bei hoher Vorwärmung durch besonders vorsichtige Brennerkonstruktion die Entwicklung zu hoher Rauchgastemperaturen zu vermeiden hat.

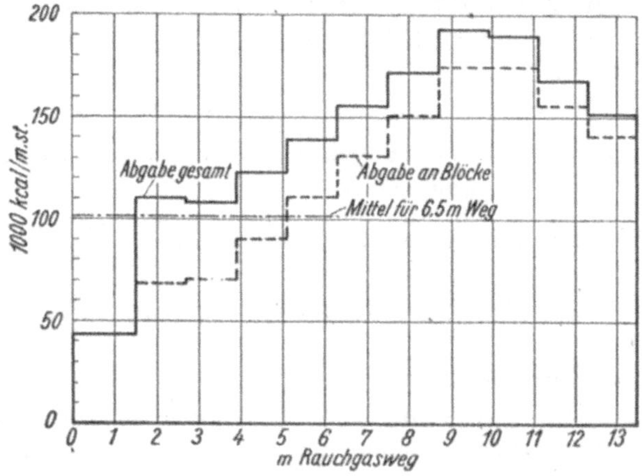

Fig. 24. Wärmeabgabe der Rauchgase je m Rauchgasweg.

Bei der Berechnung des Temperaturverlaufes wird wieder die Wärmeabgabe der Rauchgase benötigt. Es ist daher zunächst festzustellen, wie im allgemeinen die Erwärmung der Blöcke vor sich geht, d. h. es ist der Verlauf der Wärmeaufnahme des Walzgutes festzustellen.

Die Fig. 24 gibt das Ergebnis einer eingehenden Untersuchung, die wegen Raummangels übergangen sei, über die Wärmeabgabe der Rauchgase im Ofen wieder. Hierfür sind aus einer größeren Anzahl von Messungen über den Verlauf der Blockoberflächentemperatur und der Ofentemperatur unter Benutzung der Arbeit von *Koegel**) über die Zusammenhänge zwischen Wärmezeit, mittlerer Blocktemperatur, Oberflächentemperatur, Ofentemperatur und Wärmeübergang die mittleren Blocktemperaturen und die Wärmeabgabe an die Blöcke je m Ofenlänge bestimmt worden. Die Größe dieser Wärmeabgabe zeigt die gestrichelte Linie. Zu dieser Nutzwärme kommt nun noch der Wandverlust hinzu, dessen Größe ebenfalls auf Grund verschiedener Messungen festgelegt wurde. Die Summe dieser beiden Wärmeabgaben stellt die insgesamt vom Rauchgas abgegebene Wärme dar, die durch die stark angezogene Linie bezeichnet ist.

*) Mitt. Wärmestelle des Ver. d. Eisenh. Nr. 94.

Die Werte sind für ein bestimmtes Beispiel berechnet worden. Die Herdlänge vom Stoßende bis Mitte Ziehtür ist 12 m, die Herdbreite 2,5 m. Der Durchsatz beträgt 7500 kg/St.; die Blöcke haben einen Querschnitt von 130 mm ⌷, eine Länge von 2,2 m und ein Gewicht von 300 kg.

Um die Gleichung der Berechnung des Temperaturverlaufes benutzen zu können, muß allerdings ein konstanter Wert für die Wärmeabgabe je m Rauchgasweg angenommen werden. In der Erwartung, daß nach etwa 6 m Weg die Verbrennung beendet ist, wird für diese Herdlänge der mittlere Wert der Wärmeabgabe — 102000 kcal/m — eingesetzt.

Es ist nun der Wärmeverbrauch des Ofens zu berechnen, um die Rauchgasmenge in Erfahrung bringen zu können. Der Ofen soll mit einem Mischgas von 2000 kcal/cbm aus Koksofen- und Gichtgas mit Heizwerten von 4000 bzw. 1000 kcal beheizt werden. Das Mischungsverhältnis des Frischgases ist aus

$$4000\ x + 1000\ (1 - x) = 2000$$

mit $x = 0{,}333$ cbm Koksgas je cbm Mischgas zu errechnen.

Die Abgasmenge ist

$$\begin{array}{lll} \text{aus dem Koksgas} & 0{,}333 \cdot 4{,}81\ \text{cbm}\ \dfrac{\text{Abgas}}{\text{Koksgas}} & = 1{,}60\ \text{cbm} = 60\ \text{Proz.,} \\ \text{aus dem Gichtgas} & 0{,}667 \cdot 1{,}62\ \text{cbm}\ \dfrac{\text{Abgas}}{\text{Gichtgas}} & = 1{,}08\ \text{cbm} = 40\ \text{Proz.} \\ \hline & & = 2{,}68\ \text{cbm} \end{array}$$

je cbm Mischgas.

Die Abzugstemperatur des Rauchgases am Herdende sei 900°. Die spezifische Wärme errechnet sich mit den spezifischen Wärmen für das Abgas von Koksofen- und Gichtgas zu $c_{pa} = 0{,}364$. Der Wärmeinhalt des Abgases ist also $0{,}364 \cdot 900 = 328$ kcal/cbm. Der Anfangswärmeinhalt des Abgases ist $q = \frac{2000}{2{,}68} = 746$ kcal/cbm. Es werden in dem Ofen mithin $746 - 328 = 418$ kcal/cbm Abgas nutzbar gemacht.

Die im Ofen abzugebende Wärme ist Nutzwärme + Ofenverluste $= 1\,526\,000 + 354\,000 = 1\,880\,000$ kcal/St. Die notwendige Abgasmenge ist $\frac{1\,880\,000}{418} = 4500$ cbm/St. Hieraus ergibt sich als Mischgasmenge $\frac{4500}{2{,}68} = 1680$ cbm/St., als Wärmezufuhr 3360000 kcal/St. = 448000 kcal/t Einsatz.

Die Geschwindigkeit des Rauchgases im Ofen bei 0°, 760 mm Qu. ist durch den Ofenquerschnitt bedingt. Die Ofenbreite war 2,5 m, die Höhe sei 0,65 m, der Querschnitt also 1,62 qm. Die Geschwindigkeit ist $w_0 = \frac{4500}{3600 \cdot 1{,}62} = 0{,}77$ m/sec.

Die von 1 cbm Rauchgas je m Weg im ersten Teil des Ofens abgegebene Wärmemenge ist $c = \frac{102\,000}{4500} = 22{,}7$ kcal/m, cbm Rauchgas.

Die spezifische Wärme des Rauchgases in diesem ersten Teil des Ofens ist bei Annahme einer Temperatur von 1400° $c_p = 0{,}376$.

Der Temperaturverlauf im Ofen wird nunmehr mit den beiden auf S. 65 angegebenen Gleichungen

$$q_z = \frac{k}{k-m} q(e^{-mz} - e^{-kz}) + \eta ra \cdot e^{-mz} - 273\, c_p(1 - e^{-mz})$$

und

$$x = \frac{w_0}{273 \cdot c_p} \left[\frac{k}{k-m} q \left(\frac{1 - e^{-mz}}{m} - \frac{1 - e^{-kz}}{k} \right) + (\eta ra + 273\, c_p) \frac{1 - e^{-mz}}{m} \right]$$

berechnet.

Hierin ist $m = \frac{c \cdot w_0}{273 \cdot c_p} = \frac{22{,}7 \cdot 0{,}77}{273 \cdot 0{,}376} = 0{,}170$.

Der Geschwindigkeitskoeffizient der Verbrennung k ist unbekannt. Es muß ein ähnlicher Weg wie beim Siemens-Martin-Ofen beschritten werden, nämlich den wahrscheinlichen Wert durch Probieren aufzufinden.

Zunächst wird $k = 2$ gewählt. Es ist also

$$\frac{k}{k-m} \cdot q = \frac{2}{2 - 0{,}170} \cdot 746 = 815\,.$$

Die Berechnung von q ist in der folgenden Zahlentafel angegeben.

Zahlentafel 25.

Berechnung des zeitlichen Verlaufs der Rauchgastemperatur für $k = 2$.

Zeit	mz	$k \cdot z$	$e^{-mz} - e^{-kz} =$	*)	q_z	ϑ
0,25	0,042	0,50	0,958 — 0,607 = 0,351	286 — 4 =	282	780
0,50	0,085	1,00	0,919 — 0,368 = 0,551	450 — 8 =	442	1185
0,75	0,127	1,50	0,880 — 0,223 = 0,657	535 — 12 =	523	1380
1,00	0,170	2,00	0,845 — 0,134 = 0,711	580 — 16 =	564	1476
1,25	0,212	2,50	0,808 — 0,082 = 0,726	592 — 20 =	572	1498
1,50	0,255	3,00	0,775 — 0,050 = 0,725	591 — 23 =	568	1487
1,75	0,297	3,50	0,742 — 0,031 = 0,711	580 — 27 =	553	1452
2,00	0,340	4,00	0,712 — 0,018 = 0,694	566 — 30 =	536	1415

*) In dieser Spalte ist das Ergebnis der Rechnung der vorhergehenden Spalte mit 815 multipliziert und $273 \cdot c_p(1 - e^{-mz})$ subtrahiert.

Die zu $k = 2$ gehörende Berechnung des Rauchgasweges x gibt die nächste Zahlentafel wieder.

Zahlentafel 26. Berechnung des Rauchgasweges x für $k = 2$.

Zeit sec	$\frac{1 - e^{-mz}}{m} - \frac{1 - e^{-kz}}{k}$	*)	x **)
0,25	0,247 — 0,196 = 0,051	41,5 + 25,3 = 66,8	0,50
0,50	0,476 — 0,316 = 0,160	130 + 49 = 179	1,34
0,75	0,705 — 0,389 = 0,316	251 + 72 = 323	2,42
1,00	0,912 — 0,433 = 0,479	390 + 93 = 483	3,62
1,25	1,129 — 0,459 = 0,670	546 + 116 = 662	4,97
1,50	1,325 — 0,475 = 0,850	693 + 136 = 829	6,21
1,75	1,520 — 0,485 = 1,035	845 + 156 = 1001	7,51
2,00	1,695 — 0,491 = 1,204	982 + 174 = 1156	8,67

*) In dieser Spalte ist zunächst das Ergebnis der vorhergehenden Spalte mit 815 multipliziert und $273 \cdot c_p \frac{1 - e^{-mz}}{m}$ addiert. **) Hier ist das Endergebnis durch Multiplikation des Ergebnisses der vorletzten Spalte mit $\frac{w_0}{273\, c_p} = 0{,}0075$ errechnet.

Der Verlauf der Gastemperatur — örtlich und auch zeitlich — ist hierdurch gegeben. Gleichzeitig erhält man auch den Verlauf des Verbrennungsvorganges. Der Wert e^{-kz} (Zahlentafel 25) gibt nämlich den Teil der chemisch

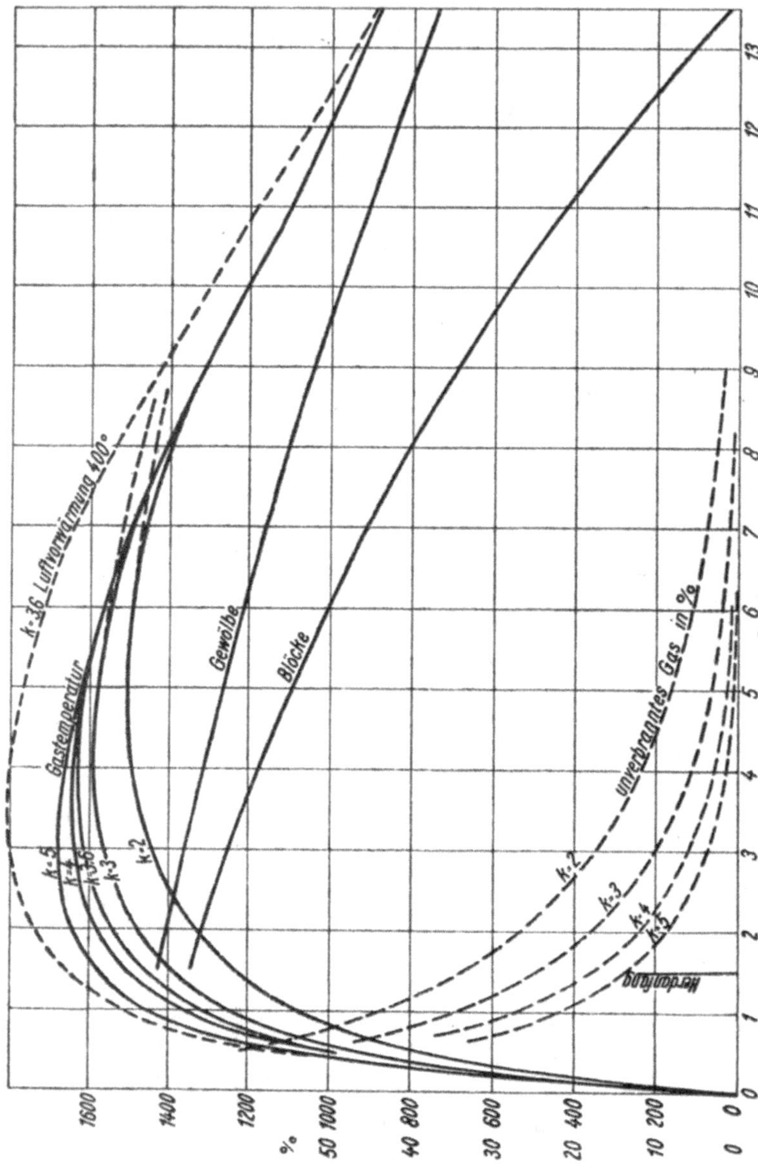

Fig. 25. Temperaturverlauf im Stoßofen mit Mischgasheizung bei verschiedenen k-Werten und zugehöriger Verbrennungsverlauf.

gebundenen Wärme an, der noch nicht ausgelöst ist. Dieses Rechnungsergebnis wird insbesondere für die experimentelle Nachprüfung des Rechnungsweges von Bedeutung sein, da diese Wärmemenge durch die Rauchgasanalyse leichter festzustellen ist als die ausgelöste Wärmemenge durch

Temperaturmessung. Abgesehen von den Schwierigkeiten, die die Messung hoher Gastemperaturen an sich schon bietet, ist eine systematische unvermeidbare Falschmessung dadurch möglich, daß bei der notwendigen Benutzung des Durchflußpyrometers infolge von Durchwirbelung und Kontakt eine sofortige, nahezu vollständige Verbrennung des Gas-Rauchgas-Luft-Gemisches eintritt.

In gleicher Weise ist der Verlauf der Rauchgastemperatur auch für die Werte $k = 3$, 4 und 5 berechnet worden, wobei sich außer der Rauchgastemperatur auch das Fortschreiten der Verbrennung verfolgen läßt.

In Fig. 25 ist das Ergebnis aller Rechnungen eingetragen. Das Ende der Verbrennung des Gases ist dadurch gekennzeichnet, daß $e^{-kz} = 0$ wird. Dieser Wert wird erst bei den größeren k-Werten vor dem Ablauf von 2 sec erreicht. Nimmt man als Ende der Verbrennung $e^{-kz} = 0{,}01$ an, so besagt dies, daß $0{,}01 \cdot 2000 = 20$ kcal je cbm Mischgas noch nicht ausgelöst worden sind. 20 kcal/cbm Mischgas sind $20 \cdot \frac{1}{2{,}68} = 7{,}5$ kcal/cbm Rauchgas. Diese Wärmemenge entspricht einem CO-Gehalt von 0,2 Proz. und einem H_2-Gehalt von 0,1 Proz., bezogen auf trockenes Rauchgas, so daß man hier von einer praktisch vollendeten Verbrennung sprechen kann. Der Wert $e^{-kz} = 0{,}01$ wird erreicht

mit $k = 2$ bei $x = 10{,}5$ m,
„ $k = 3$ „ $x = 7{,}1$ m,
„ $k = 4$ „ $x = 5{,}5$ m,
„ $k = 5$ „ $x = 4{,}8$ m.

Die Wärmeabgabe des Rauchgases wurde bis zur Herdlänge von 6,5 m, vom Brenner aus gerechnet, gleichmäßig mit 102000 kcal/m Herdlänge eingesetzt. Von hier aus kann, da die Verbrennung bis hierhin mit Ausnahme der Verbrennung $k = 2$ beendet ist, der weitere Verlauf der Rauchgastemperaturen ohne weiteres dadurch errechnet werden, daß man von dem Rauchgaswärmeinhalt die je Einheit der Herdlänge (im vorliegenden Fall um die je 1,2 m Herdlänge) abgegebene Wärme abzieht und mit Hilfe der spezifischen Wärme die Rauchgastemperatur am Ende des Herdabschnittes errechnet.

Zahlentafel 27.
Verlauf der Rauchgastemperatur nach vollendeter Verbrennung.

Herdlänge	Wärmeabgabe		Wärmeinhalt des Gases		Gastemperatur
	gesamt	je cbm Rauchgas	Anfang (des Abschnittes)	Ende (des Abschnittes)	
5,1 — 6,3	167000	37	630	593	1550
6,3 — 7,5	187000	42	593	551	1450
7,5 — 8,7	207000	46	551	505	1340
8,7 — 9,9	231500	51	505	454	1215
9,9 — 11,1	228000	51	454	403	1090
11,1 — 12,3	202500	45	401	358	980
12,3 — 13,5	182600	40	358	318	880

Dieser Temperaturverlauf ist ebenfalls in der Fig. 25 eingetragen. Mit Ausnahme des für $k = 2$ und 3 errechneten gehen die Kurven der Anfangstemperaturen in diesen Verlauf über. Die Kurven für $k = 2$ und 3 sind unter Berücksichtigung des durch die weitergehende Verbrennung des Gasrestes noch vorhandene Wärmezufuhr bestimmt worden. Sie gehen natürlich auch in die gemeinsame Kurve über.

Die durch die Temperaturunterschiede Rauchgas — Block bzw. Gewölbe gegebenen Wärmeübergangsbedingungen entsprechen bei etwa $k = 3{,}6$ am besten der durch den Temperaturverlauf des Blockes gegebenen Wärmeaufnahme, so daß dieser Wert für den vorliegenden Fall der Mischgasbeheizung ohne Vorwärmung einen normalen Verlauf der Blockerwärmung gewährleisten würde. Der mit $k = 3{,}6$ errechnete Temperaturverlauf ist ebenfalls in Fig. 25 eingezeichnet worden.

Von Interesse ist noch das Verhältnis der höchsten Temperatur zur calorimetrischen Temperatur bei den verschiedenen k-Werten, d. h. der pyrometrische Wirkungsgrad. Die cal. Temperatur ist, da $q = 746$ kcal/cbm Rauchgas ist,

$$\vartheta_k = \frac{746}{0{,}394} = 1920^\circ\,\mathrm{C}.$$

$k = 2$	$\vartheta_{\max} = 1500^\circ$, also	$\dfrac{\vartheta_{\max}}{\vartheta_k} = 0{,}781$
$= 3$	$= 1590$	$= 0{,}828$
$= 3{,}6$	$= 1625$	$= 0{,}846$
$= 4$	$= 1655$	$= 0{,}862$
$= 5$	$= 1680$	$= 0{,}875$

Der pyrometrische Wirkungsgrad $p = 0{,}85$ dürfte der praktischen Erfahrung entsprechen.

An diesem Ofen soll nun der Wärmeverbrauch durch Vorwärmung der ganzen Verbrennungsluft auf 400° gesenkt werden. Wie verändert sich der Verlauf der Rauchgastemperatur, wenn die Verbrennung wiederum mit $k = 3{,}6$ vor sich gehen soll?

Der Luftbedarf zur Verbrennung von 1 cbm Gas ist 1,89 cbm. Es kommt also auf 1 cbm Rauchgas $\frac{1{,}89}{2{,}68} = 0{,}705$ cbm Luft. Bei einer Vorwärmung auf 400° C ist also $\eta\, r a = 0{,}705 \cdot 400 \cdot 0{,}320 = 90$ kcal/cbm Rauchgas und $\eta\, r = \frac{90}{328} = 0{,}275$. Da der Wärmebedarf auf dem Herd der gleiche wie vorher bleibt, nämlich 1880000 kcal/St., müssen dem Ofen in der Stunde

$$\frac{1\,880\,000}{746 + 90 - 328} = \frac{1\,880\,000}{508} = 3700 \text{ cbm Rauchgas}$$

bzw. $\frac{3700}{2{,}68} = 1380$ cbm Frischgas oder 2760000 kcal zugeführt werden. Der Wärmeverbrauch je t Einsatz beträgt 368000 kcal. Infolge der kleineren Abgasmenge verringert sich die Rauchgasgeschwindigkeit im Ofen auf

$w_0 = \frac{3700}{3600 \cdot 1{,}62} = 0{,}636$ m/sec. Die von einem cbm Rauchgas auf 1 m Herdlänge abgegebene Wärme vergrößert sich dagegen aus demselben Grunde auf $c = \frac{102000}{3700} = 27{,}6$ kcal. Der Wert $m = \frac{c \cdot w_0}{273 \cdot c_p}$ ändert sich nur durch Änderung von c_p, er ist $m = 0{,}165$. q ändert sich also lediglich dadurch, daß zu dem ohne Vorwärmung errechneten Wert noch $\eta r a \frac{1 - e^{-mz}}{m}$ hinzukommt.

Auch die Berechnung von x ändert sich nur um $\eta r a \frac{1 - e^{-mz}}{m}$ und durch die Verringerung der Geschwindigkeit w_0. Das Rechnungsergebnis zeigt Zahlentafel 28:

Zahlentafel 28. Verlauf der Rauchgastemperatur bei Luftvorwärmung mit $k = 3{,}6$.

z	x	ϑ
0,25 sec	0,69 m	1365° C
0,50 sec	1,75 m	1710° C
0,75 sec	3,01 m	1800° C
1,00 sec	4,20 m	1795° C
1,25 sec	5,49 m	1740° C
1,50 sec	6,65 m	1680° C

Der weitere Verlauf der Rauchgastemperatur wird wieder durch die Bilanzierung von Wärmeinhalt des Rauchgases und Wärmeaufnahme des Herdes errechnet.

Zahlentafel 29. Temperaturverlauf nach vollendeter Verbrennung.

Herdabschnitt	Abgegebene Wärme		Wärmeinhalt		Temperatur
	je Abschnitt	je cbm Rauchgas	Anfang	Ende	
6,3 — 7,5	187000	51	661	610	1585
7,5 — 8,7	207000	56	610	554	1455
8,7 — 9,9	231500	62	554	492	1310
9,9 — 11,1	228000	62	492	430	1160
11,1 — 12,3	202500	55	430	375	1020
12,3 — 13,5	182600	49	375	326	895

Der Vergleich des Temperaturverlaufes ohne und mit vorgewärmtem Wind (Fig. 25) zeigt, daß eine starke Veränderung eingetreten ist. Die Temperatur über dem Schweißherd und dem letzten Teil des Stoßherdes ist viel höher, die Wärmeübertragung wird viel intensiver, der Verlauf der Blocktemperatur wird sich verschieben. Die Blöcke werden vornehmlich auf dem Schweißherd und dem hinteren Stoßherd erwärmt, die Rauchgase werden hier mehr Wärme abgeben. Infolgedessen wird sich die Kurve der Blockoberflächentemperatur mehr verflachen, d. h. auf dem Schweißherd stärker steigen. Will man den Vorteil der Wärmerückgewinnung ausnutzen, ohne den Blocktemperaturverlauf und damit besonders bei schwereren Blöcken die Durchwärmung zu ändern, so bleibt nur der Ausweg, die Verbrennung schleppender zu machen, d. h. durch die Brennerkonstruktion ein kleineres k zu erzielen.

Im vorliegenden Falle aber hat man, wenn es die verfügbaren Gasmengen erlauben, noch ein anderes Mittel, nämlich das aus Gicht- und Koksofengas bestehende Mischgas ärmer zu machen. Es soll gleich als äußerster Fall der Betrieb mit Gichtgas von 1000 kcal/cbm allein betrachtet werden; Luft und Gas sollen auf 500° vorgewärmt werden.

Die Wärmemenge je cbm Rauchgas ist $q = 616$ kcal. Von Luft und Gas werden bei 500° Vorwärmung 78 bzw. 103 kcal, zusammen 181 kcal je cbm Abgas mitgebracht, so daß 1 cbm Rauchgas eine Wärmezufuhr von 797 kcal bewirkt.

Vom Herd ziehen bei 850° Abgastemperatur 315 kcal/cbm Abgas ab, nutzbar verbleiben also 797 — 315 = 482 kcal/cbm Abgas. Der Wärmeverbrauch ist $\frac{1880000}{482} \cdot 616 = 2400000$ kcal, die Gaszufuhr 2400 cbm/St., die Abgasmenge $1{,}62 \cdot 2400 = 3890$ cbm/St., der Wärmeverbrauch je t Einsatz $\frac{2400000}{7{,}5} = 320000$ kcal. Dieser Wärmeverbrauch liegt an der unteren Grenze des praktisch Möglichen. Er ist bedingt durch die weitgehende Ausnutzung der Abhitze des Herdes für die Vorwärmung. Beträgt doch $\eta r = \frac{181}{315} = 0{,}575$, r also etwa $\frac{0{,}575}{0{,}85} = 0{,}675$. Die Abgastemperatur ist bei einem Wärmeinhalt von $(1 - 0{,}675)\ 315 = 102$ kcal/cbm Abgas nur noch 285°, wobei zu beachten ist, daß sowohl eine theoretisch vollständige Verbrennung und ferner Vermeidung von Falschluft im ganzen Ofensystem vorausgesetzt ist.

Die notwendigen Unterlagen zur Berechnung des Temperaturverlaufes sind

$$c = \frac{102000}{3890} = 26{,}2 \text{ kcal/m, cbm},$$

$$w_0 = \frac{3890}{3600 \cdot 1{,}62} = 0{,}67 \text{ m/sec},$$

$$m = \frac{26{,}2 \cdot 0{,}67}{273 \cdot 0{,}390} = 0{,}165.$$

Die calorimetrische Temperatur ist $\frac{797}{0{,}401} = 1985°$, die Verbrennungstemperatur unter Berücksichtigung der Dissoziation 1860° (s. Fig. 21).

Mit den Werten m und k, die übrigens gleich denen der vorhergehenden Beheizung mit Mischgas sind, erhält man die in der folgenden Zahlentafel zusammengestellten Werte für die Gastemperatur und die zugehörige Stelle x der Herdlänge.

Zahlentafel 30. Verlauf der Rauchgastemperatur bei Beheizung mit Gichtgas und bei Vorwärmung von Gas und Luft.

$z = 0{,}25$ sec	$\vartheta = 1370°$	$x = 0{,}78$	Wärmeinhalt 527
0,50	1645	1,85	649
0,75	1710	3,08	675
1,00	1690	4,25	668
1,25	1640	5,50	646
1,50	1580	6,62	620

Der weitere Temperaturverlauf ergibt sich wieder durch die Wärmebilanz für je 1,2 m Herdlänge. Es ist die Gastemperatur

bei $x = 6{,}3$ m	1595° C	bei $x = 11{,}1$ m	1095° C
7,5 m	1500° C	12,3 m	960° C
8,7 m	1370° C	13,5 m	850° C
9,9 m	1230° C		

Vergleicht man diese Temperaturen mit denen, die für den Betrieb mit kaltem Mischgas errechnet wurde, so erkennt man, daß das Temperaturmaximum

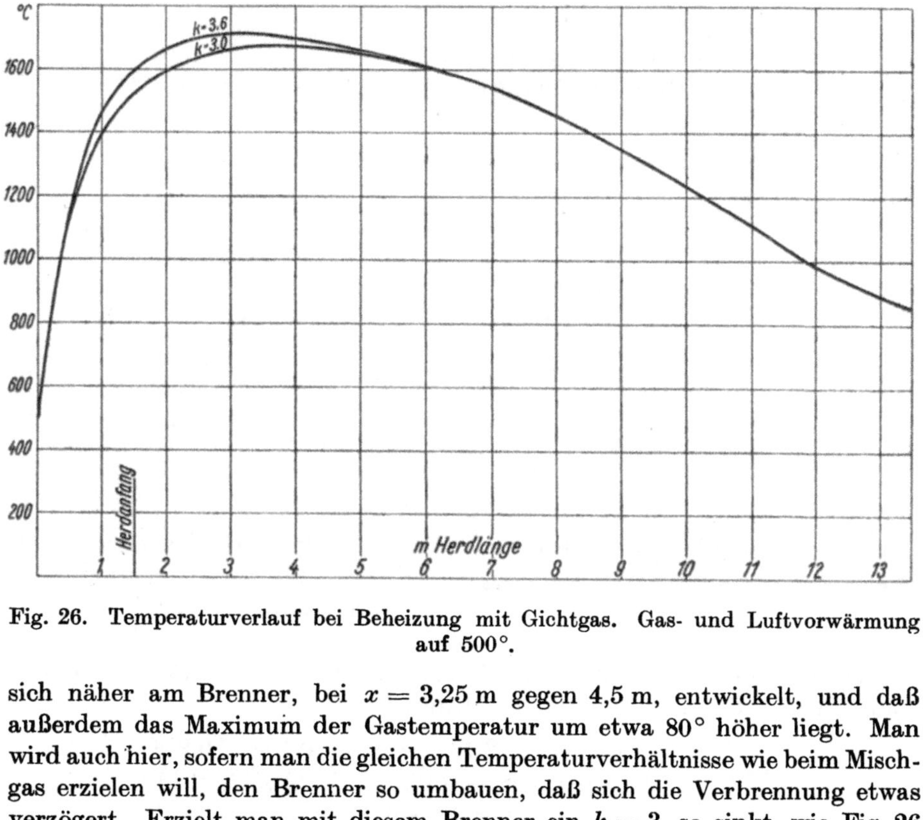

Fig. 26. Temperaturverlauf bei Beheizung mit Gichtgas. Gas- und Luftvorwärmung auf 500°.

sich näher am Brenner, bei $x = 3{,}25$ m gegen 4,5 m, entwickelt, und daß außerdem das Maximum der Gastemperatur um etwa 80° höher liegt. Man wird auch hier, sofern man die gleichen Temperaturverhältnisse wie beim Mischgas erzielen will, den Brenner so umbauen, daß sich die Verbrennung etwas verzögert. Erzielt man mit diesem Brenner ein $k = 3$, so sinkt, wie Fig. 26 zeigt, die höchste Temperatur auf 1675°, der Ort der höchsten Temperatur rückt auf $x = 3{,}6$ m. Ungeklärt bleibt die Frage, ob nicht die verschiedene Wärmeabgabefähigkeit der Flamme beider Gasarten doch auch einen verschiedenen Temperaturverlauf erfordert.

Will man den Wert k wissen, der die Maximaltemperatur auf 1630° drückt, so bedient man sich der Zahlentafel S. 60, die für $q = 600$ aufgestellt ist. Es ist $\frac{\eta\, r a}{q} = \frac{181}{616} = 0{,}294$. Man trägt, wie Fig. 27 zeigt, in ein Koordinatensystem mit $\frac{\eta\, r a}{q}$ als Abszisse und $p = \frac{q_{\max.}}{\eta\, r a + q}$ als Ordinate die Tabellenwerte auf und überträgt in ein Koordinatensystem mit der gleichen Ordinate, aber den Werten $\frac{k}{m}$ als Abszisse die für das vorliegende p abgegriffenen Werte ein. Da die Maximaltemperatur 1630° sein soll, ist $q = 1630 \cdot 0{,}393 = 640$ kcal/cbm, also $p = \frac{q_{\text{max.}}}{q + \eta r a} = \frac{640}{797} = 0{,}804$. Aus den 2 Diagrammen ergibt sich für $p = 0{,}804$ $\frac{k}{m} = 15$. Da $m = 0{,}165$ ist, muß $k = 15 \cdot 0{,}165 = 2{,}48$ werden.

Der Ort der höchsten Temperatur ist mit Hilfe der Werte $1 - e^{-m z_{\max}}$ und $1 - e^{-k z_{\max}}$ zu berechnen, die man aus den Zahlentafeln Seite 66

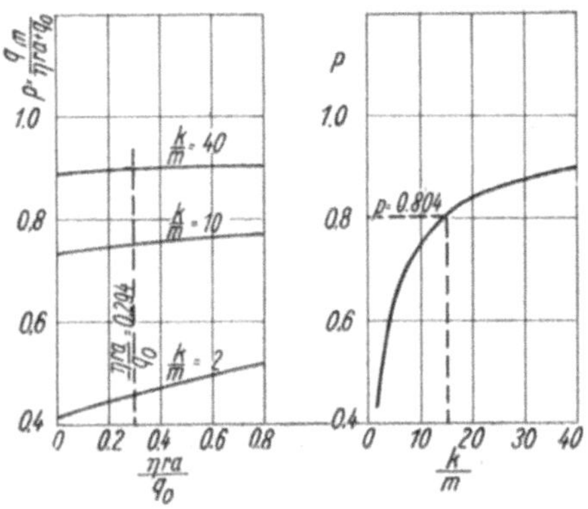

Fig. 27. Graphische Feststellung des Wertes $\frac{k}{m}$ bei gegebenem pyrometrischen Wirkungsgrad $p = 0{,}804$.

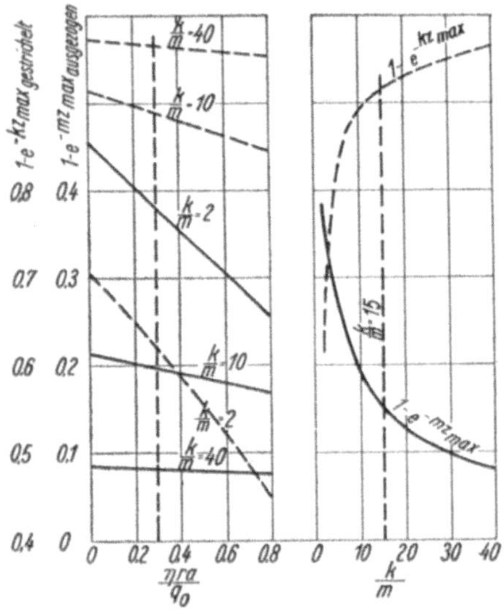

Fig. 28. Graphische Bestimmung der Werte $1 - e^{-m z_{\max}}$ und $1 - e^{-k z_{\max}}$ bei gegebenem $\frac{\eta r a}{q}$ und $\frac{k}{m} = 15$.

wieder auf graphischem Wege bestimmt (Fig. 28). Man erhält $1 - e^{-m z_{\max}} = 0{,}153$ und $1 - e^{-k z_{\max}} = 0{,}914$. Mithin ist

$$x_{\max} = \frac{0{,}67}{273 \cdot 0{,}390} \frac{2{,}48}{2{,}48 - 0{,}165} \cdot 616 \left(\frac{0{,}153}{0{,}165} - \frac{0{,}914}{2{,}48}\right)$$
$$+ (181 + 273 \cdot 0{,}390) \frac{0{,}153}{0{,}165} x_{\max} = 4{,}0\, m\,.$$

Die Beispiele ergeben, daß die Rückgewinnung der Abhitze erhebliche Veränderungen in den Erwärmungsbedingungen auf dem Herde hervorruft, indem sowohl die maximale Gastemperatur erhöht als auch die Stelle der höchsten Temperatur nach dem Brenner hin verlegt wird. Diese Veränderungen können in manchen Fällen zur Leistungssteigerung benutzt werden. Falls diese aber nicht erwünscht ist, muß durch Schaffung eines verbrennungsverzögernden Brenners der ursprüngliche Temperaturverlauf wenigstens annähernd wiederhergestellt werden.

7. Der Einfluß von Gaszusammensetzung, Ofentemperatur und Gastemperatur auf die Entzündungsgeschwindigkeit.

Auf die Verbrennungsgeschwindigkeit hat, wie schon hervorgehoben wurde, auch die Gaszusammensetzung selbst Einfluß. Dieser Einfluß ist dann am deutlichsten sichtbar, wenn das Gasluftgemisch bereits bei der Entzündung fertig vorliegt, wenn also brennbare Bestandteile und Sauerstoff räumlich schon so gut einander zugeordnet sind, wie es eben nur denkbar ist. Die mehr oder weniger starke mechanische Durchwirbelung von Gas und Luft, deren Abwägung für eine zweckmäßige Brennerkonstruktion von großer Bedeutung ist, spielt hier keine Rolle. Die Untersuchungen von *Bunte* und *Steding**), sowie die von *Passauer***) geben zunächst die Grundlagen für eine graphische Darstellung der Entzündungsgeschwindigkeit von Gasgemischen aus Wasserstoff, Kohlenoxyd, Stickstoff und Kohlendioxyd. Unter Entzündungsgeschwindigkeit (auch Verbrennungsgeschwindigkeit) versteht man nach *Bunte* und *Steding* die Geschwindigkeit, mit der sich eine Zündung im Gasluftgemisch fortpflanzt. Die angegebenen Untersuchungen werden hierbei nur angeführt, weil sie eine gewisse Abschätzung bezüglich der Maßnahmen zulassen, die man im Brennerbau zu treffen hat, um die gewünschte Verbrennungsgeschwindigkeit bei Gasen verschiedener Entzündungsgeschwindigkeit zu erreichen.

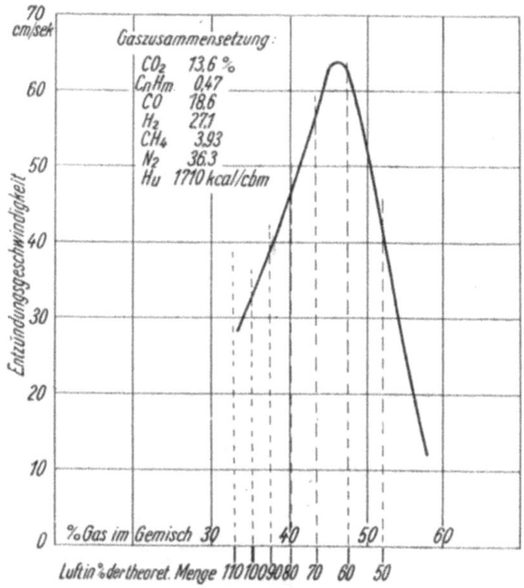

Fig. 29. Entzündungsgeschwindigkeit und Verbrennungsluftmenge.

Die Entzündungsgeschwindigkeit ist veränderlich je nach der Größe des Luftmangels bzw. Luftüberschusses (s. Fig. 29). In den folgenden Darstellungen ist immer die maximale Entzündungsgeschwindigkeit schlechthin als Entzündungsgeschwindigkeit bezeichnet. Sie gibt zwar, da sie immer nur bei Luftmangel eintritt, für die praktischen Verhältnisse kein quantitatives Maß; da aber die praktischen Verhältnisse doch abweichend von den Versuchsbedingungen sind, gibt die max. Entzündungsgeschwindigkeit auch genügend genau die qualitative Änderung an.

*) *Bunte* u. *Steding*, Der Einfluß von inerten Gasen und Wassergas auf die Entzündungsgeschwindigkeit technischer Gase. GWF. **71**, S. 773.

**) *Passauer*, Feuerungstechnik 1929, S. 7. „Die normale Verbrennungsgeschwindigkeit stickstoffreicher Gase.“

Fig. 30 zeigt die Entzündungsgeschwindigkeit eines Gemisches aus Wasserstoff und Kohlenoxyd. Beide Gase haben sehr verschiedene Entzündungsgeschwindigkeiten, CO 45 cm/sec, H_2 255 cm/sec. Diese Unterschiede sind ja im täglichen Ofenbetrieb deutlich zu sehen. Der Anstieg der Geschwindigkeit mit steigendem H_2-Gehalt des Gemisches geht ziemlich stetig vor sich.

Fig. 31 zeigt die Geschwindigkeit für ein Gemisch aus Kohlenoxyd und Stickstoff, und zwar gradlinig ansteigend mit wachsendem CO-Gehalt.

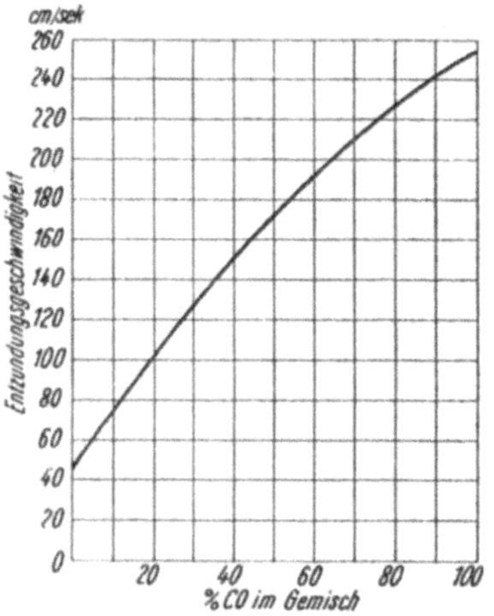

Fig. 30.
Größte Entzündungsgeschwindigkeit eines Gemisches aus H_2 und CO.

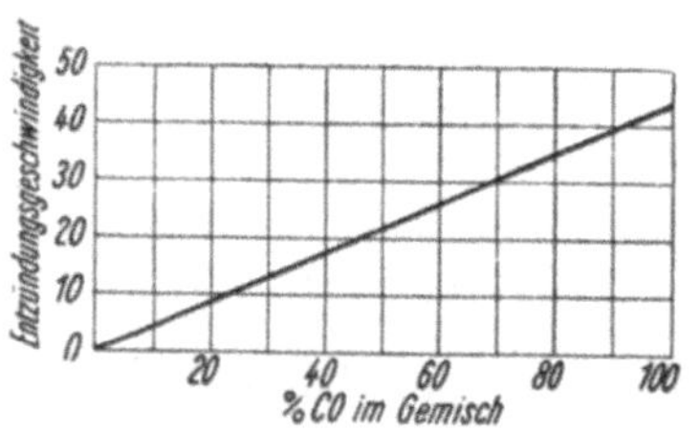

Fig. 31.
Größte Entzündungsgeschwindigkeit eines Gemisches aus CO und N_2.

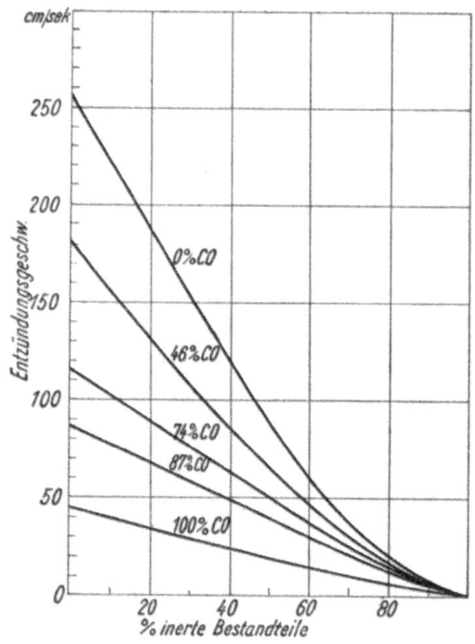

Fig. 32. Größte Entzündungsgeschwindigkeit eines Gemisches aus H_2, CO und inerten Bestandteilen (H_2 + CO : 100 Proz. gerechnet).

Fig. 32 zeigt die Entzündungsgeschwindigkeit von Gemischen aus Wasserstoff, Kohlenoxyd und inerten Gasen ($N_2 + CO_2$). Die Prozentzahlen an den Kurven geben das Mischungsverhältnis von Kohlenoxyd und Wasserstoff für sich an, während unten auf der Abszisse der Stickstoffgehalt des Gesamtgemisches angegeben ist. Ein Gemisch von 20 Proz. N_2, 37 Proz. CO, 43 Proz. H_2 liegt also im Diagramm auf dem Punkt, der durch die Abszisse 20 Proz. inerte Bestandteile und durch die Kurve [37 :(1,00—0,20)] = 46 Proz. CO angegeben ist. Die Entzündungsgeschwindigkeit dieses Gemisches ist 131 cm/sec.

Die bisherigen Darstellungen können etwa auf Wassergas, Generatorgas und Gichtgas bezogen werden.

Für die Entzündungsgeschwindigkeit des Koksofengases und anderer Schwelgase spielt der Methangehalt eine große Rolle. Methan hat die sehr niedrige Entzündungsgeschwindigkeit von 36 cm/sec. Hierdurch wird natürlich die E. G. der methanhaltigen Gase herabgesetzt. Die E. G. des Koksofengases liegt zwischen 45 und 65 cm/sec, ein Zeichen, daß der Methangehalt von 25 bis 30 Proz. die aus dem hohen Wasserstoffgehalt von 50 Proz. abzuleitende hohe Geschwindigkeit stark herabsetzt.

Dem Aufsatz von *Bunte* und *Steding* ist die Fig. 33 in abgeänderter Darstellung entnommen, welche den Einfluß des Zusatzes von Stickstoff oder von

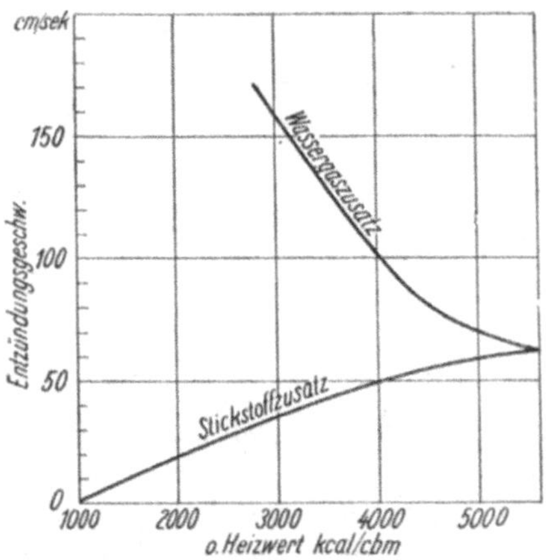

Fig. 33. Größte Entzündungsgeschwindigkeit bei Änderung des Heizwertes durch Wassergas und Stickstoff.

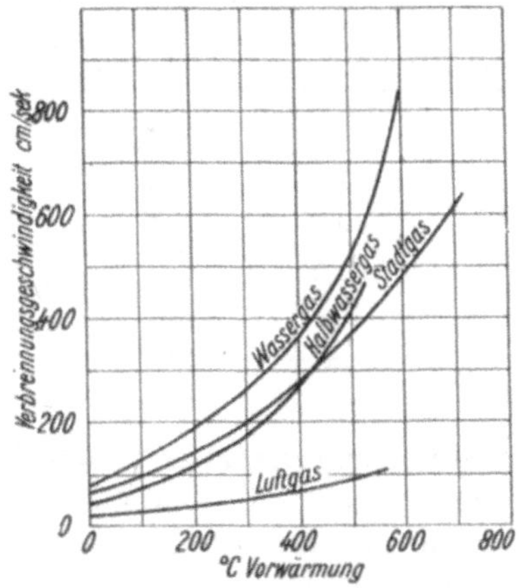

Fig. 34. Verbrennnungsgeschwindigkeit vorgewärmter Gas-Luftgemische bei theoretischer Luftmenge nach *Passauer*.

Wassergas zum Leucht- oder Koksofengas deutlich kennzeichnet. Sowohl Stickstoff wie Wassergas setzen den Heizwert des Gases herab, wirken aber auf die Entzündungsgeschwindigkeit in entgegengesetzter Richtung.

In dem angegebenen Aufsatz haben *K. Bunte* und *Steding* untersucht, welchen Einfluß die Umgebungstemperatur auf die Entzündungsgeschwindigkeit kalten Gases hat. Lediglich Wasserstoff zeigte eine merkbare Steigerung der E. G., und zwar um rund 15 Proz. bei 1000° C Wandtemperatur. Bei den zusammengesetzten technischen Gasen war keine Beeinflussung festzustellen. Auch bei dieser Untersuchung war Gas und Luft vor dem Brenner bereits gemischt. Ob diese Feststellungen jedoch auch für die im Ofenbau gebräuchlichen Brenner mit Mischung im Ofenraum selbst gültig bleiben, ist fraglich. Die Anschauung vermittelt eher den Eindruck, daß die Entzündungsgeschwindigkeit bei dieser Brennerform mit höherer Ofentemperatur steigt, daß die Flamme kürzer wird. Untersuchungen hierüber bestehen nicht, so daß immerhin die Möglichkeit vorhanden ist, daß das Auge durch die Veränderung der optischen Bedingungen bei steigender Temperatur getäuscht wird. Andererseits wäre aber eine größere Entzündungsgeschwindigkeit durch folgendes zu erklären: Die Wärmeabgabe der Rauchgase im kalten Ofenraum ist stärker, die Flamme kühlt schneller ab. Die Diffusionsgeschwindigkeit der Gase nimmt mit sinkender Temperatur im Quadrat der absoluten Temperaturen ab, so daß das brennbare Gas den notwendigen Sauerstoff schwerer findet, die Verbrennung sich verzögert.

Den Einfluß der Vorwärmung auf die Entzündungsgeschwindigkeit hat erst vor kurzem *Passauer**) eingehend untersucht. Gas und Luft wurden vorgewärmt, gemischt und nach Messung der Mischtemperatur verbrannt. Von dem Ergebnis gibt die Fig. 34 Kenntnis, in der die Entzündungsgeschwindigkeit bei Verbrennung ohne Luft- und Gasüberschuß für verschiedene Gasarten angegeben ist. Die Zusammensetzung der Gase war folgende:

Zahlentafel 31. Zusammensetzung der von *Passauer* untersuchten Gase.

	Stadtgas	Wassergas	Halbwassergas	Luftgas
CO_2	2,7	—	—	—
C_nH_m	1,6	—	—	—
CO	13,7	49,8	40,8	34,9
CH_4	20,0	—	—	—
H_2	49,1	50,2	20,2	—
N_2	12,5	—	39,0	65,1
O_2	0,4	—	—	—

Die Steigerung der E. G. durch die Vorwärmung ist sehr groß. Auch hierbei wurde die größte E. G. wieder bei Gasüberschuß beobachtet. Von Bedeutung ist ferner die Feststellung, die bei den hier nicht wiedergegebenen Versuchen mit den reinen Gasen CO, H_2 und CH_4 gemacht wurde, daß nach der Erhitzung auf die Entzündungstemperatur die E. G. nicht unendlich groß ist, wie man eigentlich erwarten müßte. Man kann natürlich diese Feststellungen zahlenmäßig nicht auf den Ofenbetrieb übertragen, da die Voraussetzung dieser Feststellungen, die vollständige Mischung von Gas und Luft, hier nicht vorhanden ist.

Die in der vorhergehenden Rechnung (S. 55) verwendete Konstante k ist nun die Resultante aller dieser Einflüsse. Der praktische Nutzen dieser Rechnung kann vorläufig nur darin bestehen, daß man den Einfluß von Betriebsänderungen auf k abschätzt und dann die Änderung des Temperaturfeldes im Ofen mit allen seinen Wirkungen, hauptsächlich aber auf die Veränderung der Wärmeabgabe, bestimmt. Zum sicheren Ergebnis gelangt man natürlich erst dann, wenn die Änderungen des Wertes k durch Messungen feststehen. Immerhin zeigten die gegebenen Beispiele, daß man mit dieser Betrachtung wertvolle Aufschlüsse über den Verbrennungsvorgang erhalten kann. Vorherrschend vor allen anderen Einflüssen scheint nach den Ergebnissen, die der tatsächliche Ofenbetrieb zeigt, die Stärke der Vermischung von Gas und Luft zu sein, d. i. die Entfernung des Gas- und Luftstromes voneinander, die Richtung der Gas- und Luftströme gegeneinander, ihre räumliche Ausdehnung und ihre Bewegungsenergie.

*) *Passauer*, Verbrennungsgeschwindigkeit und Verbrennungstemperatur bei Vorwärmung von Gas und Luft. GWF. **73**, 1930, S. 313.

V. Die Größe der Abhitze des Arbeitsraumes des Ofens.

Alle wirtschaftlichen und konstruktiven Fragen der Wärmerückgewinnung haben die Abzugstemperatur der Rauchgase zum Ausgangspunkt. Sie bestimmt als Potential des Wärmestroms ebenso die spezifischen Abmessungen des Wärmeaustauschers wie auch die Wirtschaftlichkeit der Rückgewinnung. Sie ist auch selbst für Feuerungen, die dem gleichen Zwecke dienen, nicht immer als Festwert anzugeben. Sie ist verschieden je nach der Belastung des Ofens und den Wärmeübergangsbedingungen, die die Konstruktion den Rauchgasen für die Wärmeabgabe bietet. Hierbei ist z. B. bei Wärmöfen an den Unterschied zwischen direkter Beheizung oder Erwärmung in einer Muffel, einer Kiste oder einem Topf zu erinnern.

Die Größe der Abhitze wird jedoch nicht nur durch die Temperatur gekennzeichnet. Manche Erwärmungsvorgänge vollziehen sich unter Bedingungen, die eine vollständige Entwicklung der latenten Wärme des Brennstoffes nicht gestatten. Der Hochofenbetrieb — als Musterbeispiel dieser Fabrikationsprozesse — hat bei niedrigen Abhitzetemperaturen noch fast 50 Proz. des Kokswärmeeinsatzes als Abwärme in Form chemisch gebundener Wärme. Unter ähnlichen Verhältnissen arbeitet der Gießerei-Kuppelofen. Die Ausnutzung der Abwärme ist in diesen Fällen nur dadurch möglich, daß die latente Wärme durch erneute Luftzfuhr und Verbrennung freigemacht wird. In geringerem Maße ist die gebundene Wärme an der Abhitzemenge bei solchen Feuerungen beteiligt, die einer reduzierenden Atmosphäre zur Vermeidung unerwünschter Oxydationsvorgänge bedürfen, wie beim Glühen von Blechen u. ä. Hierbei wird zwar zumeist auf die Herbeiführung der Nachverbrennung verzichtet, oft wird diese jedoch durch Falschluft, die am Abzuge oder im Wärmeaustauscher eindringt, ungewollt bewirkt.

Im folgenden werden die Abwärmemengen einiger Öfen angeführt, ohne daß diese Zusammenstellung bei den mannigfachen Arten der Öfen und den oft bedeutenden Unterschieden in der Konstruktion und Betriebsweise Anspruch auf Vollständigkeit erheben kann.

1. Hochöfen.

Der Bericht von *Edgar E. Evans* und *F. J. Bailey**) gibt die Möglichkeit, an einer großen Zahl von Hochöfen die Grenzen der Abgaswärme abzuleiten.

Ist k_1 die Koksmenge/t Roheisen,
c der Kohlenstoffgehalt des Kokses,
k_2 die Menge des Kalkes/t Roheisen,

so kommen auf 1000 kg vergasten Kokskohlenstoffes $1000 + \frac{k_2}{c \cdot k_1} \cdot 0{,}115$ kg Gesamtkohlenstoff in Gas.

Eine genauere Rechnung müßte freilich den Kohlenstoffverlust durch Verstaubung und die Kohlenstoffaufnahme des Roheisens berücksichtigen. Da es sich hier aber nicht um eine genaue Wärmebilanz des Kokseinsatzes,

*) Bericht von *J. Eichenberg* und *B. Hahn*, Arch. Eisenhütt. **2**, H. 4.

sondern um die Bestimmung des Abgasverlustes des vergasten Kohlenstoffes handelt, kann die bei dieser Rechnung geringfügige Korrektur des Kalkkohlenstoffes vernachlässigt werden.

Der Kohlenstoffgehalt des Gichtgases ist $c_g = 0{,}536 \frac{CO + CO_2 + CH_4}{100}$ kg/cbm CO, CO_2 und CH_4 in Prozent.

Durch Division des ins Gas übergegangenen Kohlenstoffes je 1000 kg vergasten Kokskohlenstoffes durch c_g erhält man die entstandene Gichtgasmenge G.

Die im Abgas enthaltene latente Wärme ist dann mit dem Heizwert des Gases H und dem Kohlenstoffheizwert 8100000 in Prozent der entwickelten Wärme

$$\eta_1 = \frac{H \cdot G}{8{,}10 \cdot 10^6} \cdot 100\,.$$

Die fühlbare Wärme ist durch Multiplikation der Gasmenge G mit Abzugstemperatur und spezifischer Wärme unter Berücksichtigung des Wasserdampfgehaltes zu errechnen.

Auf dieser Grundlage sind in der folgenden Zahlentafel einige Werte, die die Grenzfälle bezeichnen, zusammengestellt.

Zahlentafel 32. Abgaswärme von Hochöfen.

	1	2	3	4	5	6	7	8	9	10
Gichtgas CO_2	8,3	9,8	13,3	6,0	11,0	16,0	7,0	7,4	14,5	6,0
„ CO	30,6	29,1	27,3	30,0	24,0	25,0	32,6	31,8	25,3	33,2
g C/cbm Gichtgas	209	209	218	193	188	220	212	210	214	210
g C/1000 g Koks-C . . .	1045	1042	1045	1005	1056	1106	1018	1038	1069	1025
cbm Gas/kg Koks-C . . .	5,00	4,97	4,80	5,20	5,61	5,02	4,80	4,95	5,00	4,88
Heizwert Gichtgas	1010	924	866	1033	808	839	1045	1023	800	1064
Gichtgastemperatur . . .	—	—	—	149	260	204	372	370	180	—
Latente Abgaswärme Proz.	62,3	56,7	51,5	66,4	56,0	52,0	61,8	62,5	49,5	64,2
Fühlbare Abgaswärme Proz.	—	—	—	3,3	7,0	4,7	8,3	7,5	4,2	—

Die Werte zeigen, daß 50 bis 65 Proz. der Wärme des vergasten Kokses im Abgas in Form chemisch gebundener Wärme enthalten sind. Demgegenüber tritt der Verlust durch fühlbare Wärme mit 3 bis 8 Proz. stark zurück.

Freilich ist in den angegebenen Betriebszahlen bereits der Vorteil der Wärmerückgewinnung enthalten, da die Hochöfen mit vorgewärmtem Wind betrieben werden. Da hierzu 25 bis 35 Proz. der latenten Abgaswärme verwendet wird, ist die Abwärme des Hochofens einschließlich der Winderhitzer (0,65 bis 0,75) (0,50 bis 0,65) = 33 bis 50 Proz. der im Ofen entwickelten Wärme.

Da trotz der Wärmerückgewinnung noch ein großer Teil überschüssiger Abwärme verbleibt, der für den eigentlichen Ofenbetrieb nicht mehr nutzbar gemacht werden kann, wird die in der günstigen chemisch gebundenen Form vorliegende Wärme anderen Zwecken nutzbar gemacht. Ihre Verwendung kann deshalb nicht mehr als Wärmerückgewinnung betrachtet werden.

2. Kuppelöfen.

Wenn auch beim Kuppelofen der Verlust an latenter Wärme nicht so hoch zu sein pflegt wie beim Hochofen, so stellt er zumeist den zweitgrößten, zuweilen sogar den größten Teilbetrag der Wärmebilanz dar. So fand der Verfasser an Kuppelöfen von 700 mm Schachtdurchmesser, die allerdings mit 90 Proz. Stahlschrott arbeiteten, die Wärmeverteilung, die in der folgenden Zahlentafel für die Untersuchungen I, II und III angegeben ist, während Untersuchung IV in der Zeitschrift „Fuels and Furnaces", Dezember 1928, für einen Ofen von 2000 ⌀ und 20 t/St. Leistung, und Untersuchung V von *Osann* für einen Ofen von 5 t/St. angegeben ist.

Zahlentafel 33.

Untersuchung	Nr.	I	II	III	IV	V
Gesamtkoksverbrauch	Proz.	21,4	20,7	18,4	11,9	12,5
Satzkoks abzüglich Kohlung	„	14,4	12,7	12,1	10,2	8,0
Mittlere Abgasanalyse CO_2	„	11,5	11,9	9,8	10,8	15,9
„ „ CO	„	13,1	14,7	15,0	15,6	9,0
Mittlere Abgastemperatur	°C	735	590	455	400	320
Latente Wärme im Gas	Proz.	39,3	41,9	46,8	45,2	32,8
Fühlbare Wärme im Gas	„	25,5	18,4	15,3	12,4	10,3

Die im geschmolzenen Eisen nutzbar gemachte Wärme des Kokses gibt *Marbakes**) auf Grund einer Umfrage an etwa 100 Gießereien zwischen 27 und 37 Proz. an, so daß auch hier der gesamte Gichtverlust etwa 50 bis 60 Proz. der Kokswärme ist. Eine Unterteilung in latente und fühlbare Wärme ist nicht möglich, da Angaben hierüber fehlen.

Der Abgasverlust dürfte im allgemeinen zwischen den Grenzwerten der angegebenen Werte liegen. Im Mittel kann man vielleicht mit 40 Proz. Abwärme in gebundener Form, mit 13 Proz. in fühlbarer Form rechnen. Es handelt sich also auch hier wie beim Hochofen um relativ große Abhitzemengen, deren Ausnutzung durch Wiedervorwärmung immer wieder der Gegenstand von Erfindungen und Konstruktionen gewesen ist.

Die auf den ersten Blick auch in diesem Falle wie beim Hochofen nutzbringende Wirkung der Windvorwärmung wird dadurch mindestens teilweise vereitelt, daß die zunächst höher werdende Temperatur der Beschickung und des Schmelzraumes durch die Verbrennung mit vorgewärmtem Wind auch die Reduktionsverhältnisse ändert. Die Reaktion zwischen Kohlenstoff bzw. Kohlensäure und Sauerstoff verläuft mit steigender Temperatur zugunsten vermehrter CO-Bildung, führt also zu stärkerer Verminderung des Wärmeertrages der Kohlenstoffverbrennung. Die Betriebsergebnisse mit den vielerlei Arten der Windvorwärmung durch die Abgase der Gicht haben jedenfalls bisher noch nicht zu einer allgemein anerkannten Verbesserung des Wärmeverbrauches geführt, vorausgesetzt, daß gleich gute Betriebsführung mit und ohne Windvorwärmung vergleichbare Verhältnisse schaffte.

*) „Fuels and Furnaces" Mai 1929.

Piwowarski und *Vogel* untersuchen die theoretischen Vorbedingungen für die nutzbringende Anwendung vorgewärmten Windes. Aus der Tatsache, daß die Reaktion $CO_2 + C \rightarrow 2\,CO$ einen gewissen Zeitbedarf hat, folgern sie, daß eine große Windgeschwindigkeit im Ofen diese Reaktion einschränkt. Der Gefahr einer Kühlung des Ofens durch zu starke Windzufuhr, die schließlich zum Kaltblasen führen kann, wird durch die mit der Vorwärmung der Verbrennungsluft verbundene größere Reaktionsgeschwindigkeit und der an und für sich schon vorhandenen höheren Temperatur vorgebeugt. Einem Anwachsen der Verbrennungszone muß durch reaktionsträgen Koks gesteuert werden. Dies dürfte freilich auch die unerläßliche Bedingung für einen Erfolg sein. Wieweit sie zu verwirklichen ist, steht dahin.

Schürmann hat, um die Verwendung des vorgewärmten Windes zu ermöglichen, man kann sagen mit dem Prinzip des reinen Schachtofens gebrochen. Die Anordnung der Vorwärmung beim Schürmann-Ofen zeigt Fig. 35. Die Rauchgase werden noch in der Düsenebene zum großen Teil abgezogen und erwärmen das Gitterwerk des einen Winderhitzers, während der andere Winderhitzer die Verbrennungsluft vorwärmt. Dadurch, daß bis zur Hälfte des Rauchgases der Einwirkung des Kokses im Schacht entzogen wird, wird natürlich auch die Reaktion $CO_2 + C = 2\,CO$ insgesamt beträchtlich verringert. Der Ofen wird durch diese Änderung, feuerungstechnisch betrachtet, einem Flammofen mit kontinuierlicher Beschickung ähnlich, auch wenn er die äußere Form des Schachtofens beibehält. Der Wert der Vorwärmung auch in dieser Form wird jedoch noch umstritten.

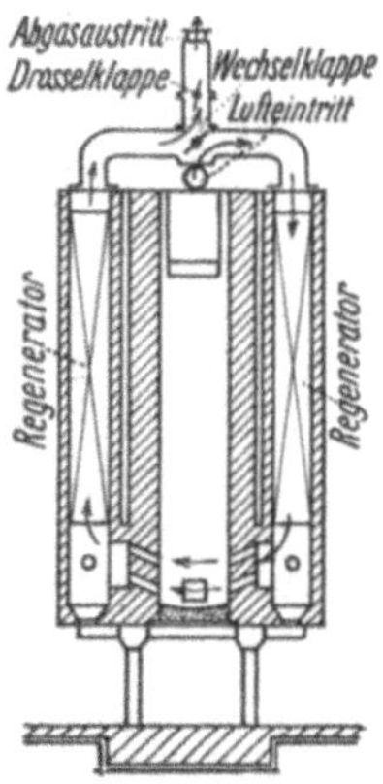

Fig. 35. Schema eines Schürmann-ofens.

Es besteht sonach für den reinen Kuppelofen ein Mißverhältnis darin, daß trotz eines großen Abgasverlustes die Wärmerückgewinnung in der Form von Luftvorwärmung im praktischen Betrieb anscheinend nicht den Nutzen gebracht hat, den man bei der rein wärmebilanzmäßigen Betrachtung erwarten sollte.

3. Gießereiflammöfen.

Der Abgasverlust von Flammöfen soll an Hand einer Untersuchung festgestellt werden, die *R. Gnade* in „Stahl und Eisen" 1919 mitgeteilt hat. Zur Berechnung des Abgasverlustes durch die Bilanz sollen nur die Meßwerte an Kohlenmenge, Einsatz, Roheisentemperatur und Abgasanalyse dienen. Die a. a. O. aufgestellte Bilanz benutzt die Angabe eines Thermoelementes zur Bestimmung der Abgastemperatur, ein Meßverfahren, das ja in der Zeit nach der Veröffentlichung der Untersuchung als nicht einwandfrei erkannt worden ist.

Die Konstruktion des Ofens zeigt Fig. 36.

Das Einsatzgewicht betrug 18,4 t, die Schmelzdauer 12,5 St. Eine Schmelze verbraucht 7080 kg Kohle mit 7000 kcal/kg. Nach dem Verlauf der mit einem einfachen Thermoelement am Herdende gemessenen Mauerwerkstemperatur (Fig. 37) wird die wahre Abgastemperatur im Mittel 1450° betragen haben. Aus der Analyse des Brennstoffes, dem Rostverlust und dem festgestellten CO_2- und CO-Gehalt ergibt sich die Abgasmenge von 8,45 cbm/kg Kohle. Da der Ofen nicht kontinuierlich arbeitet, ist der Wärmeverlust mit den üblichen Rechnungen nicht zu erfassen, er wird deshalb zunächst als Rest bestimmt, weiter unten aber einer Nachprüfung unterzogen. In der Asche fanden sich 690 kg C. Aus dem Einsatz ist außerdem dem Herd durch Verbrennung von Mn, Si, Fe und C Wärme zugeführt worden.

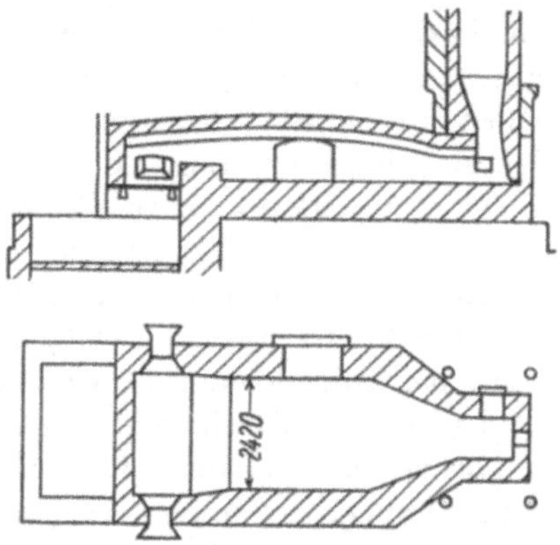

Fig. 36. Flammofen.

Die hiermit aufgestellte Bilanz ist:

Zahlentafel 34. Wärmebilanz eines Flammofens.

Einnahme	kcal	Ausgabe		
Verbrennung der Kohle . . .	$49{,}5 \cdot 10^6$	Rostverlust . .	$5{,}6 \cdot 10^6 =$	11,0 Proz.
Abbrand des Einsatzes . . .	$1{,}4 \cdot 10^6$	Wärme des geschm. Eisens.	$4{,}8 \cdot 10^6 =$	9,4 „
		Wärme der Schlacke 1170 kg . .	$0{,}4 \cdot 10^6 =$	0,8 „
		Wandverlust d. Ofens	$4{,}8 \cdot 10^6 =$	9,3 „
		Abgasverlust .	$35{,}3 \cdot 10^6 =$	69,5 „
Einnahme	$50{,}9 \cdot 10^6$	Ausbage	$50{,}9 \cdot 10^6 =$	100,0 Proz.

Der Abgasverlust setzt sich aus dem Verlust an fühlbarer Wärme $= 33{,}8 \cdot 10^6$ kcal und dem Verlust durch CO $= 1{,}5 \cdot 10^6$ kcal zusammen.

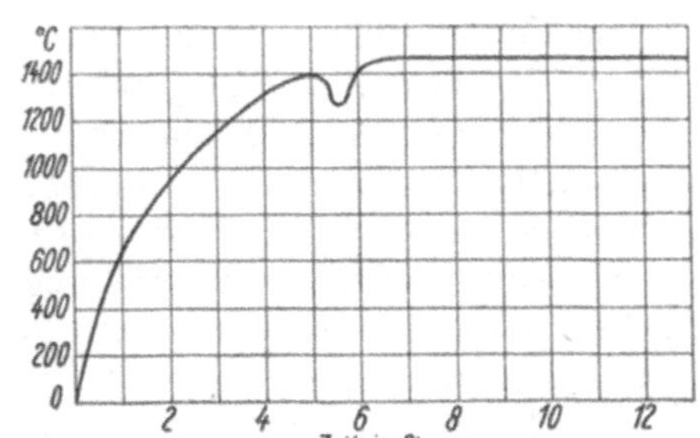

Fig. 37. Verlauf der Fuchstemperatur des Flammofens.

Der Ofen hat 40 qm Innenoberfläche. Der Wandverlust besteht erstens aus dem Verlust, der durch Abfluß von Wärme in den Außenraum entsteht, zweitens aus dem Verlust, der durch die Temperaturerhöhung des Mauerwerks entsteht. Dieser zweite Verlust ist bestimmbar, wenn man die Temperaturveränderung der Innenoberfläche kennt. Genauere Angaben über den Verlauf der Herdtemperatur liegen nicht vor, man kann aber annehmen, daß die Temperatur während der Schmelze von 500 auf 1500° steigt, daß also der Unterschied etwa 1000° beträgt.

Vereinfacht man die Betrachtung durch Zugrundelegung eines sinusförmigen Verlaufes der Temperaturschwankung, so ergibt sich nach der Darstellung von *Schlüter**) eine Wärmeabgabe von 6300 kcal/qm Mauerfläche. Der Mittelwert zwischen Innen- und Außenoberfläche ist 50 qm, also werden während der Schmelzzeit $50 \cdot 63000 = 3{,}1 \cdot 10^6$ kcal gespeichert, die in der Stillstandzeit teils durch die Wände nach außen, teils durch Erwärmung der eindringenden Luft und Abzug durch den Kamin verloren gehen. Zu dieser gespeicherten Wärme kommt noch die durch die Wand hindurch nach außen abgegebene Wärme, die rd $1{,}5 \cdot 10^6$ kcal beträgt. Der Gesamtverlust errechnet sich also zu $4{,}6 \cdot 10^6$ kcal gegenüber dem durch Restbildung aus der Bilanz bestimmten von $4{,}8 \cdot 10^6$ kcal. Die Übereinstimmung ist somit befriedigend und die Richtigkeit des hier insonderheit interessierenden Abgasverlustes hinreichend sichergestellt. Dem Abhitzeverlust von 69,5 Proz. entspricht eine mittlere Abgastemperatur von 1450°. Als Ergebnis dieser Ofenuntersuchung kann also geschlossen werden, daß der mittlere Abgasverlust von Gießereiflammöfen mit etwa 1450° errechnet werden muß. Aus dem Temperaturschaubild ist ferner zu schließen, daß die Abgastemperatur sich von 800 auf etwa 1600° im Laufe der Schmelzzeit erhöht.

Der als Beispiel angeführte Ofen hat einen Verbrauch von 2750000 kcal/t Einsatz. Der Verbrauch hängt jedoch sehr stark von der Ofengröße und der Schmelzleistung, auch von der Ofenführung ab, es werden Kohlenverbrauchszahlen in den Grenzen zwischen 20 und 70 Proz., das sind rund $1{,}5 - 5 \cdot 10^6$ kcal/t Einsatz, angegeben. In dem Beispiel gehen etwa 10 Proz. der Wärme als Rostverlust und Unverbranntes in den Abgasen verloren, so daß 1 t Einsatz auf dem Herd etwa $2{,}5 \cdot 10^6$ kcal angeboten werden. Von dieser Wärmemenge gehen 77 Proz. als fühlbare Abgaswärme verloren. Der Verlust ist also sehr hoch, fast so hoch wie beim Hochofen und noch höher als beim Kuppelofen.

Auch hier erscheint wohl die Ausnutzung der Abwärme recht gewinnbringend, sie stößt aber auf Schwierigkeiten, die in der Betriebsweise der Flammöfen liegen. Die Öfen arbeiten wie der angeführte zumeist nicht durchgehend, sondern es folgt auf eine Schmelzzeit eine Abkühlungszeit. Die aus Stein gebauten Wärmeaustauscher — Rekuperatoren oder Regeneratoren — enthalten aber eine große Steinmasse, die erst längerer Aufheizzeit bedarf, bevor sie in der Lage ist, wirkungsvoll Wärme abzugeben. Es ist deshalb zwecklos, einen unterbrochen arbeitenden Flammofen mit derartigen Wärmeaustauschern zu versehen.

Die Rückgewinnung wird aber aussichtsreich, wenn man einen Austauscher mit so geringer Masse ausrüstet, daß er sehr schnell aufzuheizen ist. Bei Anwendung rekuperativer Vorwärmung kommen Konstruktionen aus hitzebeständigem Stahl in Betracht, die mit guten Wärmeübergangsbedingungen, kleinen Heizflächen und infolgedessen geringem Baugewicht konstruiert werden können. Regeneratoren müßten ebenfalls mit hoher Leistung arbeiten, dabei

*) *Schlüter*, Mitt. Wärmestelle Nr. 83, S. 525.

aber muß infolge des notwendigerweise geringen Speichervermögens mit sehr kurzen Umstellzeiten gearbeitet werden.

Bei Kohlefeuerung wäre die Halbgasfeuerung mit vorgewärmter Zweitluft anzuwenden. Die Rostfeuerung verträgt ja nur geringe Luftvorwärmung. Bei Gasfeuerung wird schon der Gaspreis zu einer wirtschaftlichen Bauweise, d.h. zur Anwendung der Vorwärmung zwingen. Jedenfalls besteht kein Zweifel, daß mit einem neuzeitlich gebauten Wärmeaustauscher auch die intermittierend arbeitenden Flammöfen mit guter Wirkung ausgerüstet werden können.

4. Siemens-Martin-Ofen.

Die Stahlerzeugung braucht entsprechend der hohen Schmelztemperatur des Stahles und der zum Vergießen des Stahles in die Blockformen notwendigen Überhitzung hohe Arbeitstemperaturen. Die Endtemperatur des Stahlbades ist etwa 1550 bis 1600°, die Oberflächentemperatur der auf dem Stahl schwimmenden Schlackenschicht 1600 bis 1700°. Die Ofentemperatur, dargestellt durch die Gewölbetemperatur, steigt im Verlauf der Schmelze von etwa 1500 auf etwa 1700°. Entsprechend steigt natürlich auch die Abzugstemperatur der Rauchgase vom Herd. Die Temperaturen, insbesondere der Verlauf der Temperaturen, sind in allerdings nicht sehr weiten Grenzen von dem Produktionsverfahren abhängig. Die angegebenen Werte beziehen sich auf das normale Schrott-Roheisen-Verfahren. Die Messung der Abzugstemperaturen gibt natürlich den besten Anhalt für die Bestimmung ihrer Höhe. Sie ist bei der Höhe der Temperatur nicht einfach und selbstverständlich nur bei Verwendung des Durchflußpyrometers beweiskräftig. Unmittelbar am Abzug kann aus leicht ersichtlichen Gründen nicht gemessen werden, sondern nur im Ofenkopf, in den senkrechten Zügen. Es liegt also zwischen Abzugsöffnung und Meßstelle bereits ein Stück Heizfläche, das die Abzugsgase gekühlt hat (siehe auch Beispiel XII, 2). Je nach der Bauart, die die Größe der Heizfläche und die Größe des Wärmeentzuges durch Wasserkühlung und Wandverluste bestimmt, wird eine Abkühlung von 50 bis 100° eintreten. Es sind drei Messungen dieser Art veröffentlicht. *Bansen**) gibt die in Fig. 38 wiedergegebene Messung. Die Abzugstemperatur steigt von etwa 1500° während des Einsetzens auf 1750° zu Beginn des letzten Drittels der Schmelze. Hier schmolz das Platinelement. Es ist aus dem Verlauf der Kurven anzunehmen, daß die Temperatur weiter auf etwa 1850° am Ende der Schmelze gestiegen ist. Dann würde die mittlere Abzugstemperatur, betrachtet über die ganze Schmelzdauer, an der Meßstelle rund 1670°, am Eintritt des Rauchgases in den Abzug etwa 1750° betragen. *E. Göbel***) be-

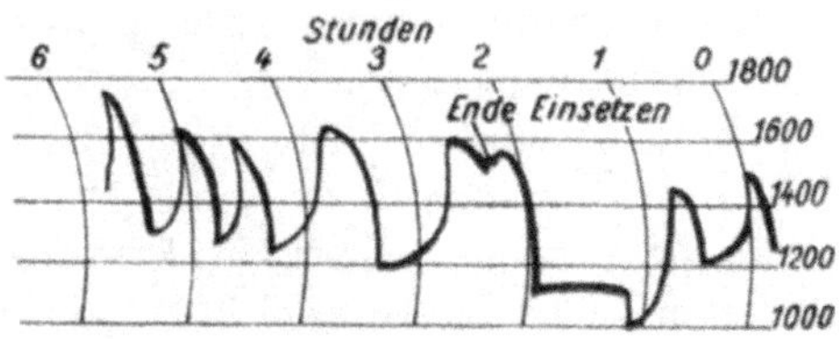

Fig. 38. Abgastemperatur im Kopf eines Siemens-Martin-Ofens (stark ausgezogen).

*) *Bansen*, Bericht 92 des Stahlwerksausschusses des VDE.

**) *E. Göbel*, Bericht 105 des Stahlwerksausschusses.

richtet über Messungen mit einem auf Calorimetrie beruhenden Pyrometer an Gas- und Luftkammer eines Siemens-Martin-Ofens. Auf Grund der Wärmebilanz, die er für die Wärmeabgabe zwischen Abzug und Kammer aufstellt, kommt er zu einer mittleren Abgastemperatur von 1650°, also um etwa 100° niedriger, als nach den Messungen *Bansens* zu erwarten ist.

Schließlich hat *Schack**) die Temperaturen im Kopf mit Durchflußpyrometer gemessen, also an der gleichen Stelle, auf die sich *Bansens* Angaben beziehen. *Schack* kommt hierbei zu Abzugstemperaturen am Herd, die zwischen 1600 und 1650° in der zweiten Hälfte der Schmelzdauer liegen.

Gegen die Richtigkeit der angeführten einzelnen Messungen können trotz der bestehenden Unterschiede keine Bedenken erhoben werden. Es ist schließlich denkbar, daß die Unterschiede durch verschiedene Wärmeabgabefähigkeit der Rauchgase, insbesondere durch die Strahlungsintensität der Flamme, hervorgerufen werden. Es bleibt dann aus den Messungen der Schluß zu ziehen, daß die mittlere Abzugstemperatur der Rauchgase zwischen 1650 und 1750° liegt.

Nimmt man als Mittelwert 1700° an, so läßt sich an Hand der Zahlentafeln der Brennstoffe leicht der Wirkungsgrad der Feuerung, die notwendige Wärmezufuhr zur Erzeugung der nutzbaren Wärme, der Abgasverlust usw. ableiten (siehe Zahlentafel 35). q ist der Wärmeinhalt je cbm Rauchgas bei theoretischer Verbrennung, a der Wärmeinhalt des Rauchgases bei 1700°. Verbrennungsluft und Gas werden auf 1100° vorgewärmt, mit Ausnahme der beiden letzten Fälle, in denen das Gas auf 1200° vorgewärmt wird. Hierbei treten bei Koksofengas und dem Mischgas aus Koksofen- und Hochofengas Umsetzungen auf, die die Wärmerückgewinnung beeinflussen. Die schweren Kohlenwasserstoffe und das Methan spalten sich bei dieser Temperatur nach folgenden beiden Gleichungen in Kohlenstoff (Ruß) und Wasserstoff:

$$1 \text{ cbm } C_nH_m = 1{,}34 \text{ kg } C + 2{,}45 \text{ cbm } H_2 - 250 \text{ kcal}$$

$$1 \text{ cbm } CH_4 = 0{,}536 \text{ kg } C + 2 \text{ cbm } H_2 - 880 \text{ kcal}.$$

Andererseits setzt sich der abgespaltene Kohlenstoff wieder mit Kohlensäure und Wasserdampf nach folgenden Gleichungen um

$$1 \text{ cbm } CO_2 + 0{,}536 \text{ kg } C = 2 \text{ cbm } CO - 1770 \text{ kcal}$$

$$1 \text{ cbm } H_2O + 0{,}536 \text{ kg } C = 1 \text{ cbm } CO + 1 \text{ cbm } H_2 - 1275 \text{ kcal}.$$

Bei der Beheizung mit heißem Koksgas ist nach einem Vorschlag des Verfassers vorausgesetzt, daß der freigewordene Kohlenstoff teilweise wieder unter Wasserdampfzusatz nach der oben angegebenen Gleichung vergast wird. Es bleibt nur diejenige Kohlenstoffmenge frei, die zur Erzielung einer genügend stark leuchtenden Flamme zum Zwecke der guten Wärmeübertragung notwendig ist. Der hohe Wärmebedarf der Reaktion, der durch die Abhitze des Herdes gedeckt wird, wirkt sehr günstig auf deren Ausnutzung.

---

*) *Schack*, Bericht 165 des Stahlwerksausschusses.

Hierdurch ist die dem Herd wieder zugeführte Wärmemenge bestimmt. ηr gibt an, welcher Teil der Abhitze wieder nutzbringend verwendet wird. Nimmt man als Wirkungsgrad der Regeneratoren $\eta = 90$ Proz. an, so erhält man die den Rauchgasen entzogene Wärme und durch Abzug dieser Wärme von der Herdabhitze den Abgasverlust je cbm Rauchgas und die Abgastemperatur. Andererseits erhält man aus der Beziehung

$$\frac{Q}{V} = \frac{1}{1 - \frac{a}{q}(1 - \eta r)}$$

den Wert, der, mit der nutzbaren Wärme des Herdes multipliziert, die notwendige Wärmezufuhr ergibt.

Zahlentafel 35. Wärmeverbrauch und Abgasverluste des Siemens-Martin-Ofens bei verschiedenen Brennstoffen.

Brennstoff	q kcal/cbm Rauchgas	a Abhitze bei 1700°	$\frac{a}{q}$	Rückgewinn: Gas kcal/cbm Rauchgas	Rückgewinn: Luft kcal/cbm Rauchgas	Rückgewinn: Zus. kcal/cbm Rauchgas	Rückgewinn: ηr	Wärmeinhalt je cbm Rauchgas Abzug a. d. K.	Temp. beim Abzug aus den Kammern	$\frac{Q}{V}$	Wärmeverbrauch je t Stahl in 10^6 kcal
Steinkohlenstaub . .	882	658	0,746	—	351	351	0,534	268	750	1,54	1,19
Generatorgas, Heizwert 1440, Gastemperatur 440° . . .	765	658	0,860	110	221	331	0,503	290	800	1,75	1,36
Koksofengas 4200 kcal, kalt	836	651	0,779	—	318	318	0,488	298	835	1,66	1,29
Koksofengas 4200 kcal. Mit H_2O auf 1200° erhitzt	895	651	0,730	233	303	536	0,824	60	180	1,15	0,89
Mischgas 2000 kcal/cbm Koksofengas 4200, Gichtgas 1000	746	659	0,882	175	259	434	0,658	178	505	1,43	1,11

Setzt man als Verbrauch des Oberofens für Nutzwärme und Verluste 750000 kcal/t, so erhält man den in der letzten Spalte angegebenen Wärmeverbrauch je t Stahl.

Wärmöfen.

An die verschiedenen Arten der Eisen- und Stahlschmelzöfen schließen sich nach der Höhe des Temperaturniveaus diejenigen Öfen an, welche das Eisen auf eine Temperatur bringen, die es zur Verformung bildsam macht. Das sind die Walzwerksöfen, wie Tieföfen für schwere Blöcke, Stoßöfen und Rollöfen für leichtere Blöcke. Schweißöfen mit satzweiser Beschickung sind wohl fast vollständig aus den Walzwerken verdrängt. Dagegen ist der normale Schmiedeofen ein Ofen mit satzweiser Beschickung, meist allerdings so betrieben, daß der kalte Einsatz auf den auf Arbeitstemperatur aufgeheizten Herd aufgegeben wird. Nur selten wird bei schweren Blöcken, deren Format anormal ist, der unregelmäßig nach Bedarf betriebene Ofen gleichzeitig mit dem Block aufgeheizt.

5. Tieföfen.

Die Öfen bestehen entweder aus mehreren Zellen, von denen jede für die Aufnahme eines einzelnen, aus dem Stahlwerk kommenden Blockes bemessen ist, oder aus einer und mehr großen Gruben, die eine größere Anzahl Blöcke fassen. Die Blöcke kommen noch warm an, haben eine Außentemperatur von 800 bis 1000°, während der Kern des Blockes wesentlich heißer, oft noch flüssig ist. Die Durchschnittstemperatur des Blockes wird zumeist zwischen 1100 und 1300° liegen. Eine Temperatur von ∾1200 genügt dem Walzbetrieb. Es wird deshalb häufig gar nicht notwendig sein, dem Block noch Wärme zuzuführen, sondern es genügt, daß die Heizung den Verlust des Ofenblockes deckt. Die Innenwände des Ofens werden normalerweise ebenfalls 1200 bis 1300° heiß sein, die Abhitze wird mindestens die gleiche Höhe, vielleicht 50° mehr besitzen. Man arbeitet also mit recht großen Abhitzemengen, deren Rückgewinnung zur Erzielung eines befriedigenden Wärmeverbrauches notwendig ist. Tieföfen mit Halbgasfeuerung geben die notwendigen Temperaturen mit rekuperativer Luftvorwärmung, ebenso Öfen, die mit hochwertigem Koksofengas geheizt werden. Öfen mit einer Beheizung von Koksofen-Hochofen-Mischgas werden zumeist mit regenerativer Luftvorwärmung versehen, bei reiner Gichtgasbeheizung dagegen bevorzugt man ausschließlich Vorwärmung von Gas und Luft durch Regeneratoren.

6. Stoßöfen.

Die Abhitze am Herdende beträgt je nach der Art des Betriebes und des Ofens 750 bis 950°. Für mittlere Verhältnisse ist mit 850° zu rechnen. Man hat bei dieser Temperatur noch eine recht bedeutende Wärmemenge im Abgas. Sie macht selbst bei bester Verbrennung bei Koksofengas 36 Proz., bei Gichtgas 51 Proz., bei kaltem Generatorgas von 1400 kcal/cbm 45 Proz., bei Mischgas aus Koksofen- und Gichtgas von 1500 kcal/cbm ebenfalls 45 Proz. der zugeführten Wärme aus. Ist der Brennstoff pyrometrisch hochwertig genug, um ohne Gasvorwärmung bei niedriger Luftvorwärmung die erforderliche Ziehherdtemperatur von 1350 bis 1450° zu bewirken, so wird die Abhitze des Herdendes zur Vorwärmung der Verbrennungsluft verwendet. Dies genügt bei einer Halbgasfeuerung, bei Verbrennung warmen Generatorgases und von Mischgas aus Hochofen- und Koksofengas. In den anderen Fällen genügt die auf diesem Wege erzielbare Vorwärmung nicht. Man verwendet dann Regeneratoren für Luft allein oder für Luft und Gas und beheizt die Kammern mit Rauchgas, das vom Ziehherd abgezogen wird. Dieses System, gekennzeichnet durch die Benennung „Beheizung mit gespaltener Flamme“, ist von *Siemens* eingeführt. Fig. 39 zeigt einen derartigen Ofen. In diesem Falle ist die Temperatur der nach den Kammern abgezogenen Rauchgase viel höher, wodurch sich die Vorbedingungen der Vorwärmung wesentlich ändern. Die Abhitze des Herdendes wird in der Regel nicht ausgenützt, es sei denn durch Abhitzekessel. Man kann in diesem Falle nicht von einer ausschließlichen Wärmerückgewinnung sprechen, da ja die Rauchgase vor der

Wärmeabgabe auf dem Stoßherd, auf dem sie den weitaus größeren Teil ihres Wärmeinhaltes verlieren, abgezogen werden. Noch stärker betont wird die lediglich temperaturerhöhende Wirkung der regenerativen Vorwärmung bei denjenigen Konstruktionen, bei denen die Regeneratoren direkt durch verbrennendes Frischgas beheizt werden. In diesem Fall kommt das zur Aufheizung der Kammern verwendete Rauchgas nicht mehr auf den Herd.

Aber auch bei diesen Beheizungssystemen wird der Gesamtwirkungsgrad des Ofens verbessert. Derjenige Teil des Rauchgases, der zur Beheizung der Kammern dient, kann viel stärker abgekühlt werden als der Rauchgasteil, der den Herd mit 850° verläßt. Die in den Kammern abgegebene Wärme wird aber dem Oberofen nur nach Abzug der Wandverluste der Regeneratoren zugeführt und ohne weiteres Verluste als nutzbare Wärme abgegeben. Um den Unterschied des Abgasverlustes bei 850° und bei 200 bis 300°, den die Abgase des Regenerators verursachen, hebt sich der Wirkungsgrad der Feuerung für den Teil des Rauchgases, der durch die Kammern geht. Je größer dieser Anteil ist, um so mehr steigt der Wirkungsgrad. Es ist ihm aber dadurch eine Grenze gezogen, daß man nicht beliebig viel Rauchgas abziehen kann. Wie früher bei Berechnung des Temperaturverlaufes im Stoßofen gezeigt wurde, wird der weitaus größte Teil der Wärme auf dem Stoßherd und nur etwa 15 Proz. auf dem Ziehherd abgegeben. Man braucht also viel Rauchgas als Wärmeträger auf dem Stoßherd. Auch läßt sich die Vorwärmung nicht wesentlich über 1200° bringen mit Rücksicht auf die Kammerhaltbarkeit, aber auch mit Rücksicht auf die Verbrennungstemperatur. Beim Stoßofen muß man stets bedenken, daß der örtliche Verlauf der Temperatur von starker Bedeutung für die richtige Durchwärmung der Blöcke ist.

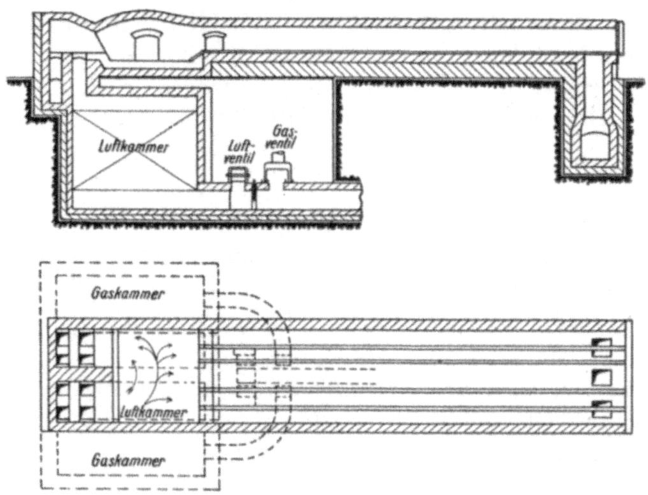

Fig. 39. Regenerativ-Stoßofen mit gespaltener Flamme.

Im folgenden wird die nutzbare Wärme je cbm Rauchgas bei verschiedener Luftvorwärmung zunächst für einen Ofen mit gespaltener Flamme bestimmt. Der Ofen wird mit Mischgas aus Koksofengas und Hochofengas gefeuert. Der Heizwert beträgt 1500 kcal/cbm (15,6 Proz. Koksgas von $H_u = 4200$ und Gichtgas von $H_u = 1000$). Die Rauchgasmenge je cbm Frischgas ist 2,15 cbm bei vollständiger, luftüberschußfreier Verbrennung, die im folgenden vorausgesetzt wird. Der Wärmeinhalt des Rauchgases ist $q = 697$ kcal/cbm, die Verbrennungsluftmenge je cbm Rauchgas ist $l = 0{,}623$ cbm/cbm. Die Abwärme des Herdes ist bei 850° $a = 311$ kcal/cbm, diejenige des Regenerators bei 250° $a_r = 86$ kcal/cbm. Die Umsetzung im Regenerator vollzieht sich mit 10 Proz. Verlust, also $\eta_r = 90$ Proz. Der Wärmeinhalt der vorgewärmten Luft ist i_l kcal/cbm Luft.

Zunächst tritt die Frage auf, mit welchem Wärmeinhalt das Rauchgas für die Kammern den Ziehherd verläßt. Dieser Wärmeinhalt a_0 ist durch die Wärmeabgabe auf dem Ziehherd bestimmt. Die Betrachtung des Temperaturverlaufes im Stoßofen zeigte, daß die Abgabe auf dem Ziehherd etwa 15 Proz. der Gesamtabgabe beträgt. Dieser Bruchteil wird in der folgenden Rechnung mit z bezeichnet. Schließlich wird noch derjenige Rauchgasteil, der durch den gesamten Ofen zieht, mit x beziffert, so daß $(1 - x)$ cbm/cbm Rauchgas in den Regenerator abgezogen wird.

Die am Brenner entwickelte Wärme ist für einen cbm Rauchgas

$$q + l \cdot i_l \text{ kcal/cbm.}$$

Die im ganzen Stoßofen abgegebene Wärme erhält man durch Abzug der Wärme am Herdende $x \cdot a$ kcal/cbm und der Abhitze für die Kammern $(1 - x) \cdot a_0$ kcal/cbm zu

$$q + l i_l - x \cdot a - (1 - x) \cdot a_0 \,.$$

Hiervon wird der z-te Teil auf dem Ziehherd abgegeben. Andererseits ist dieser Teil auch gleich $q + l \cdot i - a_0$, wie aus der Definition von a_0 verständlich ist.

$$[q + l i_l - x \cdot a - (1 - x) a_0] \cdot z = q + l \cdot i_l - a_0 \,.$$

Die Gleichung enthält die drei Veränderlichen i, x und a_0. Der Wärmeinhalt der vorgewärmten Luft i_l soll als unabhängige Veränderliche betrachtet werden, so daß noch eine Beziehung zwischen x und a_0 zu geben ist, welche von der Wärmebilanz des Regenerators geliefert wird. Die ausgebrachte Luftwärme $l \cdot i_l$ kcal/cbm Rauchgas ist gleich der eingebrachten Rauchgaswärme abzüglich des Wandverlustes $\eta_r\,(a_0 - a_r) \cdot (1 - x)$:

$$(1 - x) \cdot \eta_r\,(a_0 - a_r) = l\, i_l \,,$$

$$x = 1 - \frac{i_l \cdot l}{\eta_r\,(a_0 - a_r)} \,.$$

Die Verbindung der beiden abgeleiteten Beziehungen ergibt folgende quadratische Gleichung

$$a_0^2\left(\eta_r + \eta_r \frac{z}{1 - z}\right) - a_0\left[q \cdot \eta_r + l\, i_l\left(\eta_r + \frac{z}{1 - z}\right) + a_r\left(\eta_r + \eta_r \frac{1}{1 - z}\right) + \right.$$

$$\left. + a\, \eta_r \frac{z}{1 - z}\right] = - a_r \cdot \eta_r\left(q + l\, i + \frac{z}{1 - z}\right) - \frac{z}{1 - z}\, a \cdot l \cdot i_l \,.$$

Der Einsatz der Zahlenwerte vereinfacht die Gleichung. Mit den oben angegebenen Werten

$$z = 0{,}15\,, \quad \eta = 0{,}90\,, \quad q = 697\,, \quad a = 311\,, \quad a_r = 86$$

ist

$$1{,}059\, a_0^2 - a_0\,(768 - 1{,}077\, l\, i_l) = -57\,900 - 132\, l\, i_l\,.$$

Bei 400° Luftvorwärmung ist $i_l = 128$ kcal/cbm Luft, $l \cdot i_l = 80$ kcal/cbm Rauchgas.

Somit $a_0 = 710$ kcal/cbm Rauchgas.

Bei 800° Vorwärmung ist $a_0 = 792$ kcal/cbm Rauchgas
,, 1200° ,, ,, $a_0 = 876$,, ,,

Da a_0 bekannt ist, kann die Verteilung des Rauchgases aus der Beziehung

$$x = 1 - \frac{l\, i_l}{\eta_r\,(a_0 - a_r)}$$

errechnet werden. Von 1 cbm Rauchgas ging der x-te Teil über den Stoßherd.

Es gehen

bei 400° Vorwärmung	14,3 Proz.		
,, 800° ,,	25,6 ,,		des Rauchgases durch die Kammern.
,, 1200° ,,	35,5 ,,		

Die von einem cbm Rauchgas abgegebene nutzbare Wärmemenge ist gemäß der oben angeführten Ableitung

$$q + l\, i_l - x\, a - (1 - x) \cdot a_0\,,$$

und zwar

bei 400° Vorwärmung	409 kcal/cbm Rauchgas	=	58,5 Proz.		der zu-
,, 800° ,,	426 ,, ,,	=	61,1 ,,		geführten
,, 1200° ,,	437 ,, ,,	=	62,6 ,,		Wärme.

Der gesamte Abgasverlust ist also in den drei Fällen 41,5, 38,9, 37,4 Proz. Er war ohne Vorwärmung 44,5 Proz. Im besten Falle senkt sich der Wärmeverbrauch um $\frac{44{,}5 - 37{,}4}{44{,}5} \cdot 100 = 16$ Proz.

Der Wärmeinhalt des Rauchgases für die Kammern ist hoch, er entspricht in den drei Fällen einer Rauchgastemperatur von 1805, 1980, 2165°. Diese Temperaturen werden zwar nicht erreicht, man erkennt aber, daß Temperaturen von 1600 bis 1800° in Betracht zu ziehen sind, deren Spitzen in Zügen und Kammergewölbe sich allerdings entsprechend dem starken Wärmeentzug der im Verhältnis zur Luftmenge kleinen Rauchgasmenge stark brechen werden.

Werden die Kammern direkt beheizt, so wird die Berechnung übersichtlicher. Die Buchstabenbezeichnungen haben gleiche Geltung wie im vorigen Falle.

Der für die Kammerbeheizung aufzuwendende Rauchgasanteil $(1 - x)$ bringt — jetzt bei Verbrennung mit kalter Luft — eine Wärmemenge $(1 - x)$ $(q_0 - a_r)$ in den Regenerator, dessen Ausnutzung mit η_r die Luftwärme $x \cdot l \cdot i_l$ liefert.

$$\eta_r (1 - x)(q_0 - a_r) = x \cdot l \cdot i ,$$

$$x = \frac{q_0 - a_r)}{\eta_r (q_0 - a_r) + l i} .$$

Die nutzbare Wärme je cbm Rauchgas ist

$$x (q_0 + l i - a) ,$$

woraus man durch Einsatz von x erhält

$$\text{nutzbare Wärme} = \frac{\eta_r (q_0 - a_r)(q_0 + l i - a)}{\eta_r (q_0 - a_r) + l i} .$$

Setzt man die gleichen Zahlenwerte wie früher ein, so erhält man als nutzbare Wärme bei 400° Vorwärmung 58,4 Proz., bei 800° 60,8 Proz., bei 1200° 62,8 Proz., also fast die gleichen Werte wie vorher. Kleiner werden die in die Kammer gehenden Rauchgasmengen, nämlich 12,7 Proz., 22,9 Proz. und 31,4 Proz. des gesamten Rauchgases.

Hierbei wurde das Gas zur Beheizung der Kammern mit kalter Luft verbrannt. Die erzielbare Kammertemperatur reicht für die Vorwärmung vollständig aus. Manche Bauarten verwenden jedoch auch die vorgewärmte Luft für die Kammerbeheizung. Irgendeinen wärmetechnischen Vorteil hat diese Arbeitsweise nicht, dagegen den baulichen Nachteil, daß die Regeneratoren größer ausgeführt werden müssen, weil die Wärmemenge, die die zur Kammerbeheizung dienende Verbrennungsluft enthält, in dauerndem Kreislauf im Regenerator umgewälzt wird, also zusätzliche Heizfläche beansprucht.

Eine weitere Ausführungsform der Stoßofenbeheizung trennt feuerungstechnisch Zieh- und Stoßherd. Der Ziehherd wird durch umkehrende Flamme mit regenerativer Vorwärmung von Gas und Luft beheizt. Hinter dem Ziehherd befindet sich dann ein weiterer Brenner, der mit kaltem Gas und heißer Luft arbeitet. Die Luft wird in einem Rekuperator durch die Abhitze des Stoßherdes vorgewärmt. Die Schweißherdtemperatur wird mit der regenerativen Luft- bzw. Luft- und Gasvorwärmung auch bei pyrometrisch niedrigwertigem Gase erreicht, die notwendige Temperatur der Stoßherdbeheizung erzielt auch die Verbrennung des Gases mit der rekuperativ vorgewärmten Luft. Der Wirkungsgrad der Feuerung kann auf diesem Wege bei genügender Bemessung der Wärmeaustauscher recht gut werden.

Schließlich findet man noch einen Stoßofentyp, dessen Beheizungsweise der des Siemens-Martin-Ofens gleich ist (siehe Fig. 40). Der Ofen wird von beiden Seiten beschickt, das Material wird aus der Mitte des Ofens gezogen. Der Ofen brennt je nach den Ventilstellungen von einem der beiden Ofenköpfe. Die Flamme entwickelt sich über dem kalten Einsatz. Die Ofentemperatur ist natürlich infolge des nach der Mitte wandernden heißen Materials auch in der Mitte am höchsten. Rauchgase und Material bewegen sich auf der brennenden Ofenhälfte im Gleichstrom, auf der abziehenden Ofenhälfte im Gegenstrom. Die Rauchgase treten in die Kammern mit etwa 1000 bis 1100° ein und wärmen Luft und Gas (im vorliegenden Falle Gichtgas) auf 600 bis 800° vor. Der Vorteil der Bauart liegt in der übersichtlichen Anordnung und einfachen Ofenführung. Die Ausnutzung der zugeführten Wärme ist infolge der beliebig weitgehenden Wärmerückgewinnung hoch. Hohe Vorwärmung ist hierbei nicht bedenklich, weil die Temperaturspitze durch die starke Wärmeaufnahmefähigkeit des am Brenner liegenden kalten Einsatzes gebrochen wird. Auf dem Ziehherd ist die Temperatur des Rauchgases tief genug, um Überhitzung zu vermeiden, die Bedingungen für den Temperaturausgleich im Block sind günstig. Die Kammern müssen aber natürlich so reichlich bemessen werden, daß eine genügende Rückgewinnung erreicht wird. Infolgedessen fällt der Ofen sehr schwer aus.

Es war erwähnt worden, daß die Wärmemenge, die die Rauchgase auf dem Stoßherd abgeben müssen, den größten Teil der Gesamtabgabe ausmacht, und daß infolgedessen eine genügende Menge Rauchgas als Wärmeträger

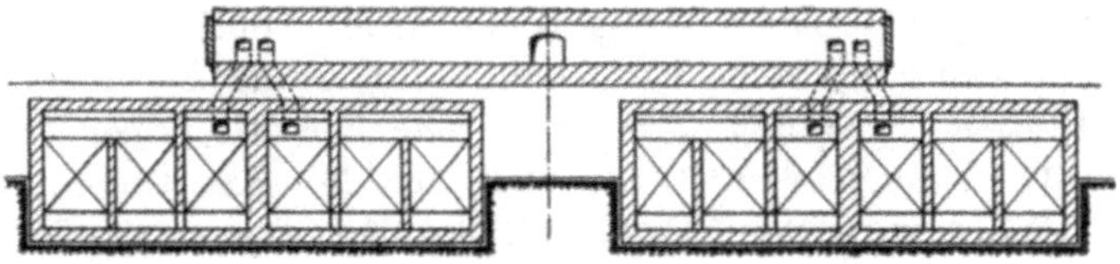

Fig. 40. Regenerativ-Stoßofen mit Wechselflamme.

vorhanden sein muß. Die Berechnung zeigte, daß der Wirkungsgrad des Ofens sich durch hohe Vorwärmung beträchtlich erhöhen läßt. Eine noch weitere Steigerung könnte man durch Gasvorwärmung erreichen. Dabei würde dann aber die Verbrennungstemperatur immer höher und die Schwierigkeit, den Temperaturverlauf im Ofen zweckentsprechend zu gestalten, immer größer werden. Beide Schwierigkeiten beseitigt das als „Rauchgaskühlung“ bekannte Verfahren. Im vorliegenden Falle würde man Rauchgas vom Herdende wieder dem Rauchgas am Brenner und gegebenenfalls noch an anderen Stellen des Herdes wieder zumischen. Dabei verringert sich infolge der Beimischung des kühleren Herdabgases die Verbrennungstemperatur unter gleichzeitiger Vermehrung des wärmetragenden Rauchgases. Ein Wärmeverlust durch höheren Abgasverlust tritt nicht ein, da ja das Gas mit fast der gleichen Temperatur zum Herd gebracht wird, mit der es vom Herd abgezogen wird. Die größere Menge inerten Gases setzt zudem die Verbrennungsgeschwindigkeit herab, verlangsamt also die Verbrennung und unterstützt auch hierdurch die beabsichtigte Wirkung. Bei den hohen Temperaturen des umgewälzten Rauchgases von 800 bis 900° muß die Gasbewegung durch einen Ejektor bewirkt werden. Der Ofenwirkungsgrad läßt sich durch diese Maßnahme natürlich erheblich verbessern.

Eine bestimmte Angabe der zur Wärmerückgewinnung verwendbaren Abhitze läßt sich, wie die Angaben zeigen, infolge der vielen Gestaltungsmöglichkeiten der Rauchgasführung beim Stoßofen nicht machen. Bestimmend für die Art der Rückgewinnung ist der Ofentyp und der Brennstoff.

7. Schmiedeöfen.

Um die Abhitze dieser Öfen zu bestimmen, soll auf eine Anzahl Untersuchungen, die in der Literatur zu finden sind, zurückgegriffen werden. Es zeigt sich dabei, daß die direkten oder indirekten Angaben der Temperatur der Herdabgase häufig einer Richtigstellung bedürfen. Die Schwierigkeiten der Messung der wahren Gastemperatur sind bei den in Frage kommenden Temperaturen von 1100 bis 1300° beseitigt. Die Fehlmessungen der Rauchgastemperaturen sind gerade für die folgerichtige Entwicklung der Wärmerückgewinnung hemmend gewesen, so daß eine Berichtigung der Angaben für die vorliegende Betrachtung notwendig ist.

In Mitteilung 50 der Wärmestelle des Vereins deutscher Eisenhüttenleute gibt Dr. *Veltmann* Untersuchungsergebnisse eines Schmiedeofens wieder, der zunächst mit Braunkohlenbriketts auf Evaporatorrost arbeitete und dann für Betrieb mit Kohlenstaub umgebaut wurde, wobei mit Ausnahme des Neubaues der Feuerung keine baulichen Veränderungen vorgenommen wurden. Der Herd ist 5 m lang, 2 m breit. Die Briketts haben (nach Zahlentafel 2 a. a. O.) einen Heizwert von 4600 kcal/kg. Die theoretische Abgasmenge ist 5,7 cbm/kg. Der CO_2-Gehalt des Rauchgases am Herdende war 10 Proz. An Dampf wurden etwa 30 Proz. des Kohlegewichtes zugesetzt. Aus diesen Angaben ergibt sich eine Abgasmenge von 11,0 cbm/kg Kohle, bestehend aus 51,7 Proz. theor. Abgas, 44,7 Proz. Luftüberschuß, 3,6 Proz. Zusatzdampf. Der Wärmeinhalt dieses Rauchgases bei 1000° ist 355 kcal/cbm. Nach der angegebenen Bilanz gehen 81,5 Proz. der zugeführten Wärme als Abhitze vom Herd. Bezieht man diesen Verlust lediglich auf die Kohle, so ergibt sich nur 78,5 Proz. Abhitze, das sind $4600 \cdot 0{,}785 = 3750$ kcal/kg Brikett oder $\frac{3750}{11{,}0} = 341$ kcal/cbm. Nach der Bilanz müßte die Abzugstemperatur 960° sein. Dies ist nicht möglich, da die Herdtemperatur am Abzug nach den Messungen 1090° beträgt. Dann ist eher eine Abzugstemperatur von 1150 bis 1200° wahrscheinlich, so daß die Abhitze 396 bis 431 kcal/cbm Rauchgas oder 4350 bis 4750 kcal/kg Brikett sein müßte, ein Ergebnis, das in der ersten Zahl unwahrscheinlich, in der zweiten Zahl unmöglich ist. Vermutlich ist der Luftüberschuß durch zu niedrige CO_2-Bestimmung zu hoch bemessen.

Bei der Untersuchung des Ofenbetriebes mit Steinkohlenstaub wird eine Kohle mit $H_u = 8300$ kcal/kg verfeuert, die bei 16,5 Proz. CO_2 am Herdende 10,5 cbm Rauchgas/kg ergibt. Der Abhitzeverlust des Herdes ist nach der Wärmebilanz 37,1 Proz. = 3080 kcal/kg Kohle oder 293 kcal/cbm Rauchgas. Diesem Wärmeinhalt entspricht eine Temperatur von 810°. Da der Herd am Abzug 1000° hat, kann auch diese Abhitzebestimmung nicht richtig sein. Mit einer Abzugstemperatur der Rauchgase, die 100° über der Herdendtemperatur liegt, ist die Menge der Abhitze 448 kcal/cbm oder rund 57 Proz. der zugeführten Wärme.

Zu einem Abhitzeverlust von ähnlicher Höhe kam der Verfasser bei der Untersuchung eines Schmiedeofens mit Halbgasfeuerung. Der Ofen hatte ebenfalls eine Herdfläche von 10 qm. Die Herdtemperatur betrug in der Ofenmitte 1220, am Abzug 1170°. Mit einem CO_2-Gehalt am Herdende von 17,4 Proz., 60 Proz. Dampfzusatz ist die Abgasmenge für 1 kg Kohle von 6500 kcal 8,5 cbm, der Wärmeinhalt des Rauchgases 468 kcal/cbm, also die Abhitze $\frac{8{,}5 \cdot 468}{6500} \cdot 100 = 61$ Proz.

Hallbäck untersuchte einen Schmiedeofen von 3,6 qm Heizfläche, der mit Generatorgas gefeuert wurde. Das Wärmgut wurde mit 1160° gezogen. Die Abgastemperatur ist mit 1215° angegeben. Der Heizwert des Gases ist 1430 kcal/cbm, des Teeres je cbm Gas 225 und die fühlbare Wärme des Gases bei 370° 125 kcal, so daß je cbm Gas 1780 kcal zugeführt werden.

Die Abgaszusammensetzung von	CO_2	14,7 Proz.
	O_2	0,9 ,,
	CO	4,5 ,,
	H_2	1,2 ,,
	N_2	78,7 ,,

ergibt eine Abgasmenge von 2,30 cbm/cbm Gas. Die Abhitze ist somit

$$1215° \cdot 2{,}30 \text{ cbm} \cdot 0{,}373 = 1{,}040 \text{ kcal/cbm Frischgas} = 58{,}5 \text{ Proz.}$$

Das unverbrannte Gas erhöht die Größe der Abhitze auf 79 Proz. der zugeführten Wärme.

*Klinar**) gibt Ergebnisse der Untersuchung eines mit Koks gefeuerten Schmiedeofens an. Im Herdabgas sind nach der Bilanz (Fig. 3 a. a. O.) 78,0 Proz. der Kokswärme enthalten. Bei 37 Proz. Dampfzusatz und 18,5 Proz. CO_2 im Abgas ergibt ein Verlust von 78 Proz. einen Wärmeinhalt von 565 kcal/cbm Rauchgas und somit eine Temperatur von 1480°. Diese Temperatur ist reichlich hoch. Die Herdtemperatur war 1140°, so daß die Rauchgastemperatur wohl zwischen 1200 und 1250° gelegen hat. Daß die Abhitze von 78 Proz. zu hoch gegriffen ist, darauf läßt auch der unwahrscheinlich hohe Wandverlust des Rekuperators von 34 Proz. der Kokswärme schließen. Bei 1200° Abzugstemperatur würde der Verlust 62 Proz. betragen.

Auch *Pontani* gibt in seinem Aufsatz „Die Gasschmiede der Eisenbahnwerkstätte Arnsberg“**) eine Abgastemperatur von ~ 1200° an und beziffert bei der Bilanz eines Kleinschmiedeofens den Abhitzeverlust mit 57,4 Proz.

Aus den angeführten Beispielen ergibt sich, daß die fühlbare Wärme der Abhitze von Schmiedeöfen in ziemlich engen Grenzen 57 bis 62 Proz. der zu-

*) *Klinar*, Mitt. der Wärmestelle des Ver. d. Eisenhüttenleute Nr. 90.

**) *Pontani*, Arch. f. Wärmew. 1925, S. 105.

geführten Wärme ausmacht und die Abgastemperatur 1150 bis 1250° beträgt. Der Wärmerückgewinnung und damit der Senkung des Wärmeverbrauches ist infolgedessen ein weiter Spielraum gelassen.

8. Glühöfen.

Noch ein weiteres Gebiet der Weiterverarbeitung des Eisens sei zum Schluß herausgegriffen, das Glühen. Je nach der Materialbeschaffenheit, dem Glühzweck und dem Glühverfahren liegt die Glühtemperatur zwischen 650 und 950°, die Ofentemperatur zwischen 800 und 1100° und somit die Abzugstemperatur der Rauchgase etwa zwischen 850 und 1200°, also zwischen der Abgastemperatur der Stoßöfen und der Schmiedeöfen. Die Abhitze wird daher 40 bis 55 Proz. der zugeführten Wärme betragen, ein Betrag, der die Rückgewinnung auch dann lohnend macht, wenn das Gas den pyrometrischen Anforderungen genügen sollte. Bei größeren Glühöfen mit breitem Herd oder hohem Gewölbe ist die Regenerativfeuerung schon wegen der gleichmäßigen Temperatur infolge des Flammenwechsels von Vorteil.

Etwas undurchsichtiger werden die Temperaturverhältnisse bei der Glühung in Kisten und Töpfen. Insbesondere ist bei Topfglühöfen, bei denen die Ofenzelle nur einen Topf faßt, die Abgastemperatur veränderlich, da die große Masse des kalt eingesetzten Materials den Ofen stark kühlt und die Abgastemperatur heruntersetzt. Erst nach ungefährer Erreichung eines Beharrungszustandes, die einige Stunden beansprucht, ist eine konstante Abgastemperatur zu erwarten. Hierauf ist bei der Wahl des Wärmeaustauschers Rücksicht zu nehmen. Am vorteilhaftesten wird ein Rekuperator mit geringer Masse sein. *H. Markgraf**) gibt für einen Topfglühofen folgende Werte an:

Wärmezufuhr je Glühung 155 kg Kohle · 7000 kcal/kg = 1100000 kcal.

Einsatz:	Topfgewicht	1500 kg
	Einsatz	1200 ,,
	Füllmasse	500 ,,
	Zusammen	3200 kg

Glühtemperatur 850°	
Anheizen, bis Topftemperatur außen 850°:	3 St.
Glühen	5 ,,
CO_2-Gehalt des Abgases	16,5 Proz.

Die Wärmebilanz ergibt

Wärme im Einsatz bei 850°	420000 kcal	= 38 Proz.
Wandverluste (errechnet)	270000 ,,	= 25 ,,
Abhitze als Rest	410000 ,,	= 37 ,,

Die Kohle gibt bei 16,5 Proz. CO_2 8,8 cbm Abgas/kg. Die gesamte Abgasmenge ist 1370 cbm Glühung, der Wärmeinhalt je cbm Rauchgas 300 kcal. Damit wird die mittlere Abgastemperatur während des Glühvorganges ~ 850°.

*) *H. Markgraf,* Stahl u. Eisen 1917.

Etwa den gleichen Abhitzeverlust, aber niedrigere Abgastemperatur bei höherem Luftüberschuß beobachtet die Hauptstelle für Wärmewirtschaft bei Versuchen an zwei Topfglühöfen *). Diese Öfen wurden mit Braunkohlenbriketts und Rohbraunkohle auf Planrosten beheizt. Die Glühtemperatur betrug 650 bis 700°. Es werden Abgastemperaturen von rund 650° bei 12 bis 14 Proz. CO_2-Gehalt gemessen.

Einen höheren Verlust fand der Verfasser bei Untersuchung eines Topfglühofens, obwohl dessen Konstruktion für eine gute Ausnutzung der Wärme günstiger war. Es waren zwei Gruben hintereinander geschaltet. Der Topf wurde in der nachgeschalteten Grube 4 St. vorgewärmt und dann in eine direkt beheizte Grube umgesetzt und 4 St. lang fertig gekühlt. Die Temperatur des Glühgutes betrug 635°, des Topfes 750° nach Beendigung der Glühung. Die Abzugstemperatur hinter der zweiten Grube wurde mit Durchflußpyrometer zu 730° gemessen, das Abgas enthielt im Mittel 12,5 Proz. CO_2. Dies bewirkt einen Verlust von 46,5 Proz. der zugeführten Wärme, die 785000 kcal/t Glühgut betrug. Es wog der Topf leer 2140 kg, das Glühgut 1720 kg, die Füllmasse 790 kg. Würde ohne den großen Luftüberschuß, der durch den CO_2-Gehalt kenntlich gemacht wird, verbrannt, so würde allerdings die Abhitze auf 35 Proz. der zugeführten Wärme sinken. Die verhältnismäßig hohe Abgastemperatur, die hierbei trotz der Nachschaltung einer Vorwärmgrube noch gefunden wurde, ist wohl eher als normal anzusehen als die vorher angegebene von 650°, die mit gewöhnlichem Pyrometer gemessen wurde und deshalb nicht als zuverlässig richtige Messung gewertet werden kann.

9. Glas-Wannenöfen.

Die Flammenführung bei Wannenöfen ist bedingt durch die Anordnung des Brenners. Bei Verwendung von Stirnbrennern wird mit umkehrender Flamme gearbeitet, bei Seitenbrennern mit in Querrichtung wechselnder Flamme. Der Arbeitsprozeß erfordert die Unterteilung des Ofenraumes in drei Abschnitte, den Schmelzraum, den Läuterraum und den Absteh- und Entnahmeraum. Für die Temperaturen des Ofenraumes gibt *Maurach* das in Fig. 41 wiedergegebene Temperaturdiagramm. Hiernach sind Abzugstemperaturen von 1400 bis 1500° zu erwarten, während *Litinsky* (allerdings nur für Rechenbeispiele) als Ofenraumtemperatur für einen Hafenofen 1500° angibt, so daß auch Abzugstemperaturen bis etwa 1550° auftreten können. Für einen mit Koksofengas geheizten Tafelglaswannenofen mit maschinellem Betrieb gibt *W. Müllensiefen***) im Schmelzraum 1350°, im Läuterraum 1260°, im Abstehraum 1140° und im Arbeitsraum 1050° an. Maßgebend für die Abzugstemperatur der Rauchgase ist die Schmelzraumtemperatur von 1350°, die auf eine Abzugstemperatur von 1400 bis 1450° schließen läßt. Bei seinen Messungen fand *Müllensiefen* in den Brennerschächten eine mittlere Wandtemperatur von 1106° während der Abgaszeit, 950° während der Brennzeit.

*) Untersuchungen an Öfen der Kleineisenindustrie. Arch. f. Wärmew. 1922.

**) *W. Müllensiefen*, Glastechn. Ber. 1929. Heft 5.

Die Gastemperaturen wurden mit dem H. Schmidtschen Absaugepyrometer zu bestimmen versucht, wobei sich zwischen der Abgas- und Wandtemperatur ein Unterschied von + 110°, während der Heizzeit von — 40° ergab. Die mittlere Rauchgastemperatur würde somit etwa 1220° an der Meßstelle im Brennerschacht sein. Der Unterschied zwischen der erwarteten und gemessenen Temperatur ist sehr groß. Die Heizfläche, welche zwischen Abzug und Meßstelle liegt, beträgt für die vier Brenner rund 25 qm. Ist die Wärmeaufnahme dieser Flächen 8000 kcal/qm, St., so kann man hieraus eine Temperaturabnahme des Rauchgases von 100° erklären, die aber noch nicht pen gesamten Unterschied erklärt. Anscheinend ist aber die Messung nicht nach der Schmidtschen Methode, sondern lediglich mit Durchsaugen von Abgas erfolgt, so daß man hierdurch vielleicht noch den Rest der Differenz erklären könnte.

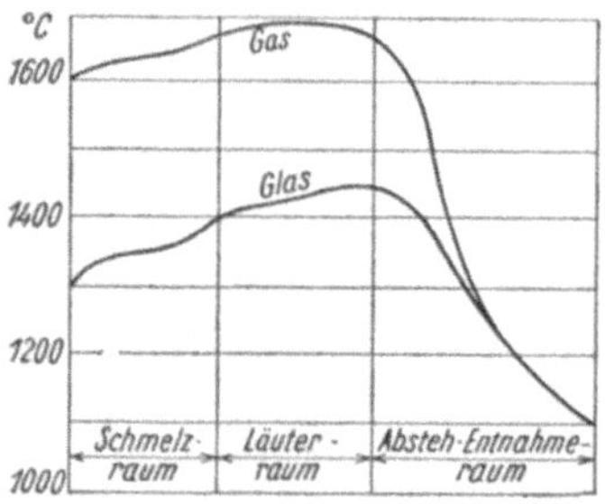

Fig. 41. Temperaturverlauf im Wannenofen nach *Maurach*.

Die Bilanz der Wanne scheint auch darauf hinzuweisen, daß der Wärmeinhalt des Abgases vom Herd zu niedrig eingesetzt ist. Der als Rest bestimmte Wandverlust ist 2440000 kcal/St. Betrachtet man nun nur den geheizten Ofenraum, das ist Schmelz- und Läuterraum, so muß man als Nutzwärme den Wärmeinhalt des Glases bei etwa 1250° ansehen. Dies sind rund 470000 kcal/St. gegen 424000 kcal/St., die *Müllensiefen* für 1085° für den ganzen Ofen eingesetzt hat. Der Unterschied von 46000 kcal geht dann durch Abkühlung des Glases in Absteh-, Konnektions- und Arbeitsraum verloren. Der Bilanzrest von 2440000 kcal/St. vermindert sich bei dieser Bilanzierung um 46000 kcal auf rund 2400000 kcal/St. Die äußere Oberfläche des betrachteten Ofenteiles ist etwa 230 qm groß. Infolgedessen entfällt auf 1 qm Außenfläche ein Verlust von 10400 kcal/qm, St., ein außerordentlich hoher Wert, der nur bei einer Temperatur der Außenfläche des Mauerwerkes von rund 400° zu erklären wäre. Er übersteigt die Verluste, die Siemens-Martin-Öfen bei Innentemperaturen von sogar 1600 bis 1700° haben. Ein annehmbarer, wenn auch immer noch reichlich hoher Verlust würde etwa 7000 kcal/qm, St. sein. Dadurch würde sich zunächst eine höhere Abzugstemperatur — 1600°, wenn man die Bilanz durchführt — ergeben. Dann kommt man aber wieder in Schwierigkeiten bei der Bilanzierung des Wärmeumsatzes in den Kammern. In Betracht kommt als weiterer Verlust auf dem Herd der Strahlungsverlust durch die Arbeitsöffnung und etwaige Ausflammverluste, die Lässigkeitsverluste, die immer eine große Rolle spielen und im vorliegenden Falle die Wärmezufuhr zur Kammer vermindern. Bei der grundsätzlichen Ableitung des thermischen Wirkungsgrades benutzt *Müllensiefen* 1350° als untere Temperaturgrenze für die Wärmeabgabe der Rauchgase im Gegensatz zu der Temperatur von 1106°, die er bei der Untersuchung selbst als Abzugstemperatur einsetzt.

Andererseits werden in der Literatur durchschnittliche Gittertemperaturen in den Kammern von Öfen mit umkehrender Flamme bis 1250° genannt*, die auf Abzugstemperaturen von 14 bis 1500° schließen lassen.

Die Abzugstemperatur von rund 1450 bis 1550° verlangt natürlich eine weitgehende Wärmerückgewinnung zur Erzielung eines annehmbaren Wärmeverbrauches. Die Größe der Abhitze ist nicht weit von derjenigen des Siemens-Martin-Ofens entfernt, so daß die dortigen Bemerkungen sinngemäß auch auf den Glasofen übertragen werden können.

10. Koksöfen.

Die Wärmeübertragung auf die zu verkokende Kohle geschieht durch die Heizwände der Öfen. Zur Erzielung einer kurzen Garungszeit wird die in den Heizzügen liegende Oberfläche der Heizwände auf möglichst hoher Temperatur gehalten. Sie ist begrenzt durch das Material der Heizwand. Für Schamottewände liegt diese Temperatur zwischen 1150 und 1200°, während Silikawände mit Temperaturen bis rund 1400° betrieben werden. Trotzdem ist die durchschnittliche Heizflächenleistung nicht sehr hoch und beträgt bei 400 mm Kammerbreite etwa 3000 kcal/qm, St. Infolgedessen wird auch die Abzugstemperatur des Rauchgases nicht sehr hoch über der Wandtemperatur liegen. Die Spanne der Abgastemperatur hinter den Heizzügen erstreckt sich von 1150 bis 1400°. Auch hier ist also eine bedeutende Abwärmemenge zur Rückgewinnung verfügbar. Die früher übliche Abhitzeverwertung durch Dampferzeugung ist seit langem aufgegeben und durch regenerative Vorwärmung der Luft, falls man mit Koksofengas heizt, oder der Luft und des Gases, falls man mit Koksgeneratorgas oder auf Hüttenwerken mit Gichtgas heizt, ersetzt worden. Es hat sich herausgestellt, wie wesentlich das Maß der Wärmerückgewinnung den Wärmeverbrauch beeinflußt, und in der Tat zeigt auch die Rechnung, wie stark der Wärmeaufwand von der Wirkung der Regeneratoren abhängig ist. Das Ergebnis dieser Rechnung ist in den Zahlentafeln 36 und 37 wiedergegeben. In Zahlentafel 36 ist die Wärmerückgewinnung bei Beheizung mit Koksofengas behandelt. Die Wirkung des Regenerators drückt sich in der Höhe der Vorwärmungstemperatur aus. Im günstigsten, nicht erreichbaren Falle wird die Luft auf die gleiche Temperatur erwärmt, mit der das Rauchgas vom Heizzug abzieht. Dann ist die Temperaturdifferenz Abzug — Vorwärmung = 0. Behandelt sind die 3 Fälle, daß diese Temperaturdifferenz 0°, 200° und 400° beträgt. Untersucht sind die Verhältnisse ferner für die beiden Abzugstemperaturen 1200 und 1400°. Schließlich sind noch 3 Luftüberschußwerte, nämlich 0 Proz., 50 Proz. und 100 Proz., berücksichtigt worden. Für diese Kombinationen sind in der Zahlentafel angegeben: Abgasverlust je cbm Frischgas, Verlust in Proz. der zugeführten Wärme und Abgastemperatur hinter dem Regenerator. Angenommen ist ferner, daß in die Regeneratoren und Heizzüge keine Falschluft eintritt, daß die gesamte Verbrennungsluft einschließlich des Luftüberschusses auch vorgewärmt wird. Man erkennt zunächst, daß bei höherer Heizwandtemperatur unweigerlich höhere Abgas-

*) *H. Barth*, Sprechsaal, 1926, S. 190.

verluste eintreten, selbst wenn bis auf die Abzugstemperatur vorgewärmt wird. Ferner zeigt sich, daß die schlechte Verbrennung um so nachteiliger wirkt, je unvollkommener die Wärmerückgewinnung arbeitet. Der Abgasverlust nimmt bei gleicher Verbrennungsgüte außerordentlich stark mit unvollkommener Rückgewinnung zu. Er steigt z. B. bei 50 Proz. Luftüberschuß und 1400° Abzugstemperatur von 13,5 Proz. bei vollkommener Rückgewinnung bis auf 33,7 Proz., wenn die Vorwärmungstemperatur 400° hinter der Abzugstemperatur zurückbleibt.

Noch stärker kommen diese Zusammenhänge bei der Beheizung mit Schwachgas zum Ausdruck. Da hier auch das Gas vorgewärmt wird, ist es theoretisch möglich, die ganze Abhitze zurückzugewinnen. Die Wirtschaftlichkeit der Bauweise setzt hierbei eine Grenze. Die Abgastemperaturen sind bedeutend niedriger als bei Koksofengas, woraus man für den Betrieb von Verbundöfen den Schluß ziehen kann, daß bei gleichen Abgastemperaturen die Beheizung mit Koksofengas einen geringeren Wärmeaufwand verlangt.

Zahlentafel 36. Wärmeinhalt und Temperatur des Abgases und Abgasverlust von Koksöfen bei Beheizung mit Koksofengas.

Rauchgastemperatur hinter der Heizwand		L.-Ü. = 0			L.-Ü. = 50 Proz.			L.-Ü. = 100 Proz.		
		Temp.-Diff. Abzug-Vorwg.			Temp.-Diff. Abzug-Vorwg.			Temp.-Diff. Abzug-Vorwg.		
		0	200	400	0	200	400	0	200	400
1400°	Verlust kcal/cbm Frischgas	565	880	1190	565	1035	1500	565	1190	1810
	Verlust . . . . . Proz.	13,5	20,9	28,3	13,5	24,6	35,7	13,5	28,3	43,1
	Abgastemperatur	392	505	672	235	420	600	188	385	577
1200°	Verlust kcal/cbm Frischgas	480	790	1090	480	945	1435	480	1100	1740
	Verlust . . . . . Proz.	11,4	18,8	26,0	11,4	22,5	34,2	11,4	26,2	41,5
	Abgastemperatur	277	445	616	194	382	553	157	352	542

Zahlentafel 37. Wärmeinhalt und Temperatur des Abgases und Abgasverlust von Koksöfen bei Beheizung mit Gichtgas bzw. Koksgeneratorgas.

Rauchgastemperatur hinter der Heizwand		L.-Ü. = 0			L.-Ü. = 50 Proz.			L.-Ü. = 100 Proz.		
		Temp.-Diff. Abzug-Vorwg.			Temp.-Diff. Abzug-Vorwg.			Temp.-Diff. Abzug-Vorwg.		
		0	200	400	0	200	400	0	200	400
1400°	Verlust kcal/cbm Frischgas	3	136	268	3	164	325	3	193	382
	Verlust . . . . . Proz.	0,3	13,6	26,8	0,3	16,4	32,5	0,3	19,3	38,2
	Abgastemperatur . . .	10	242	460	10	234	457	10	230	445
1200°	Verlust kcal/cbm Frischgas	—1	132	261	—1	160	318	—1	189	374
	Verlust . . . . . Proz.		13,2	26,1		16,0	31,8		18,9	37,4
	Abgastemperatur		233	450		228	442		225	434

Hierzu vgl. auch Beispiel 1 der Anwendung der Regeneratorberechnung. Bei neuzeitlichen Koksöfen liegt der Abgasverlust zwischen 15 und 30 Proz. Der Luftüberschuß beträgt bei Koksofengas zumeist 40 bis 65 Proz., bei Gichtgas weniger, etwa 20 bis 40 Proz. Diese Unterschiede werden durch die verschiedenen Verbrennungstemperaturen beider Gase und die Forderung nach möglichst gleichmäßiger Wandtemperatur hervorgerufen.

11. Dampfkessel.

Die Vorwärmung der Luft an kohlegeheizten und von Gas und Luft an gasgeheizten Kesseln wird seltener als an den Öfen angewendet. Es ist dies erklärlich, weil im Ofenbau die Vorwärmung zunächst durch die hohen Arbeitstemperaturen erzwungen wurde. Der Dampfkessel hingegen stellt keine hohen Anforderungen bezüglich der Arbeitstemperatur und kann außerdem bereits bei genügend großer Heizfläche oder genügend geringer Leistung Abgastemperaturen erzielen, die auch keinen starken Anreiz zur weiteren Abhitzeausnutzung geben. Zur weiteren Ausnutzung der Abgaswärme des Kessels im engeren Sinne erweiterte man die Kesselheizfläche durch den Speisewasservorwärmer, der im hier üblichen Sinne keine Wärmerückgewinnung, vielmehr eine direkte Wärmeabgabe an das Wärmgut bedeutet. Der Speisewasservorwärmer erfüllt aber den Zweck der Ausnutzung der Kesselabwärme um so weniger, je höher die Temperatur des verdampfungsfertigen Speisewassers ist, wenn es nämlich mit Rücksicht auf Entgasung bereits hoch erwärmt ist oder mit vorhandenem Abdampf auf einfacherem billigeren Wege erwärmt werden kann. In diesem Falle kann die Abgaswärme zur Luftvorwärmung noch nutzbar gemacht werden. Auch die Zündung minderwertiger Brennstoffe wird durch vorgewärmte Luft betriebssicher gemacht. Von viel größerer Bedeutung ist aber die durch die Vorwärmung erzielbare Steigerung der durchschnittlichen Verdampfungsleistung. Es ist bekannt, daß die zuerst von den Rauchgasen bestrichenen Heizflächen um das Vielfache höhere Dampfleistung haben als die Heizfläche im Durchschnitt. Man kann vielleicht sogar sagen, daß unabhängig von der durchschnittlichen Belastung diejenige der ersten Heizfläche immer verhältnismäßig gleich bleibt und die Schwankungen der Dampferzeugung erst von der folgenden Heizfläche aufgenommen werden. Man hat deshalb umgekehrt die Möglichkeit, unter Verzicht auf niedrige Kesselabgastemperatur sehr hohe Verdampfungsleistungen zu erzielen. Der Vorteil liegt in den niedrigeren Besitz- und Instandhaltungskosten der Kesselanlage, bezogen auf die vom Kessel gelieferte Dampfmenge. Wird nun die größere Abhitze durch Luftvorwärmung zurückgewonnen, so ist zunächst der Feuerungswirkungsgrad beliebig steigerungsfähig. Gleichzeitig erhält man aber noch eine weitere Steigerungsmöglichkeit der Heizflächenleistung durch die Verbesserung des Temperaturunterschiedes Rauchgas — Heizfläche. Die Rauchgastemperatur kann im Kesselbau durch Anordnung der Heizfläche im Verbrennungsraum viel leichter als im Ofenbau beherrscht werden, so daß hier Überlegungen bezüglich einer oberen Grenze nicht angestellt werden müssen. Bei Rostfeuerungen setzt freilich die Haltbarkeit des Rostes der Vorwärmungstemperatur eine niedrige Grenze. Man sieht im allgemeinen etwa 250 bis 300° als zulässige Lufttemperatur an, wobei sich aber je nach der Höhe des Aschenschmelzpunktes bereits Schwierigkeiten einstellen können. Denkbar ist der Ausweg, auf dem Rost mit beträchtlichem Luftmangel zu verbrennen und über dem Rost mit höher vorgewärmter Luft vollständig zu verbrennen, also etwa den Betrieb einer Halbgasfeuerung einzurichten. Viel einfacher läßt sich dagegen bei Kohlenstaub und Gas die Verwendung hoch vorgewärmter Luft einrichten.

Ein Ausführungsbeispiel für Kohlenstaubfeuerung bietet der Kessel Bauart *Wood**). Der Kessel besteht nur aus einem aus Heizrohren gebildeten Feuerraum, der einen Querschnitt von 1,16 qm und eine Höhe von 5,8 m hat. Die gesamte Heizfläche beträgt nur 166 qm. Die Verdampfungsleistung betrug 40,8 t/St. mit Spitzenleistung von 45,4 t/St., das sind 245 bis 275 kg/qm Heizfläche und Stunde. Die aus der Verbrennungskammer bzw. aus dem Kessel abziehenden Rauchgase überhitzen den Dampf auf 400°, wärmen das Speisewasser auf 93° vor und durchstreichen darauf zwei Lufterhitzer, in denen sie die Verbrennungsluft auf 370° vorwärmen. Die Abgastemperatur beträgt 160°. Die Verbrennungsleistung ist bis auf 490000 kcal/cbm Verbrennungsraum gebracht worden, eine Leistung, die außer der Wirkungsweise der Wirbelbrenner sicher auch der hohen Lufttemperatur zu verdanken ist. Aus den gegebenen Werten läßt sich mit einer freilich nur überschlägigen Bilanz errechnen, daß die Rauchgase hinter dem eigentlichen Kessel, also vor dem Überhitzer, eine Temperatur von 700 bis 750° haben müssen.

VI. Der Wärmeübergang.

1. Allgemeine Betrachtung über den Wärmeübergang.

Der Wärmeaustausch in Regeneratoren und Rekuperatoren vollzieht sich in drei einzelnen Vorgängen, dem Wärmeübergang von Rauchgas an die Heizflächen, der Wärmebewegung in der die Heizflächen tragenden Wand und dem Wärmeübergang von der Heizfläche an das vorzuwärmende Gas. Er beruht also vorzugsweise auf dem Wärmeübergang von Gasen an Flächen bzw. umgekehrt. Für die Untersuchung der Wirkungsweise oder für die Berechnung von Wärmeaustauschern ist es deshalb unerläßlich, sich eingehend mit den Gesetzen, die diesem Wärmeaustausch zugrunde liegen, zu beschäftigen.

Eine Wärmebewegung zwischen zwei Orten des Raumes ist nur dann möglich, wenn beide Orte verschiedene Temperaturen haben. Diese Bedingung ist notwendig für einen Wärmefluß, andererseits bewegt sich aber auch notwendigerweise die Wärme zwischen zwei Punkten, die verschiedene Temperaturen haben, und zwar immer von dem Punkt höherer Temperaturen zu demjenigen niedrigerer Temperatur. Eine vollkommene Unterbindung des Wärmeflusses ist nicht möglich.

---

*) Beschrieben in Wärme 1929, S. 168.

Die Wärmeentladung eines Gasteilchens an eine kältere Oberfläche vermitteln nun drei voneinander verschiedene Vorgänge. Die einzelnen Teilchen des an der Heizfläche entlang fließenden Gasstromes mögen sich in Bahnen bewegen, die zur Heizfläche parallel liegen. Es ist dann klar, daß die dauernd mit der kälteren Heizfläche in Berührung stehenden Gasteilchen ihre Wärme fast ganz an die Heizfläche abgegeben, also fast die Temperatur der Heizfläche angenommen haben. Die nach dem Innern des Gasstromes zu benachbarte Schicht von Gasteilchen wird nun, da sie nicht in unmittelbarer Berührung mit der Heizfläche steht, eine etwas höhere Temperatur haben. Ihre Wärme wird also zum Teil auf die kältere Grenzschicht abfließen und von dieser an die Heizfläche abgegeben werden. Sie wird so von dem inneren wärmeren Kern des Gasstromes mit Hilfe des Temperaturunterschiedes, der zwischen den einzelnen Gasschichten besteht, von Schicht zu Schicht bis an die Heizfläche fortgeleitet. Dies ist der Wärmeübergang durch Leitung.

Diesem Vorgang wesensverwandt ist der zweite. Die „Grenzschicht" gibt ihre Wärme, auch die von dem inneren Kern durch Zuleitung erhaltene Wärme, an die Heizfläche durch Berührung mit der Heizfläche an diese ab. Es kann nun der Fall eintreten, daß nicht nur diese Grenzschicht und die benachbarten Gasteilchen den Kontakt mit der Heizfläche herstellen, sondern daß auch die Gasteilchen des inneren Kernes, wenn auch vielleicht nicht bis an die Heizfläche selbst, so doch wenigstens bis an die Grenzschicht gelangen, ihre Wärme also nicht mehr durch Leitung von Schicht zu Schicht, sondern durch eine eigene körperliche Querbewegung an die Grenzschicht abgeben. Die Wärme wird also in diesem Falle durch molekulare Querbewegung und Berührung mit der Grenzschicht übertragen.

Diese beiden Arten des Wärmeüberganges werden zusammengefaßt in der Bezeichnung „Wärmeübergang durch Konvektion".

Die dritte Art der Wärmeübertragung ist diejenige durch Wärmestrahlung, also eine Übertragung durch Fernwirkung. Es ist hierbei lediglich festzuhalten, daß einige Gase Wärmestrahlung absorbieren bzw. emittieren können, also mit den immer strahlungsempfänglichen technischen Heizflächen in einen Wärmeaustausch treten können.

Drei Wege bieten sich also dem Wärmefluß. Die Wärme kann erstens mit Hilfe einer stofflichen Eigenschaft des Gases, der Wärmeleitfähigkeit, zweitens mechanisch durch die Querbewegung der Moleküle, drittens durch Fernwirkung, durch die Wärmestrahlung, vom Gas an die Heizfläche oder umgekehrt übertragen werden.

Daß die Größe der übergehenden Wärmemenge von einer großen Anzahl Faktoren abhängt, ist aus dem eben Gesagten leicht zu verstehen. Ohne weiteres ist mit Sicherheit der Einfluß der Zeit und der Größe der Heizfläche voraus zu sagen. Die übergehende Wärmemenge muß im geraden Verhältnis zur Dauer des Wärmeaustauschvorganges z und zur Größe der Heizfläche f stehen.

Sie ist ferner abhängig von der Größe des Temperaturunterschiedes zwischen Gas ϑ und Heizfläche ϑ_s.

Nach den einleitenden Bemerkungen über den Wärmeübergang durch Konvektion hat der Bewegungszustand des Gasstromes, der mathematisch irgendwie durch die Größe B gekennzeichnet sei, und die Wärmeleitfähigkeit des Gases λ einen Einfluß auf den Wärmeübergang, während für die Wärmestrahlung die dem betreffenden Gase eigentümliche Strahlungsintensität und die Beschaffenheit der Heizfläche, ob stark spiegelnd oder stark absorbierend, von Bedeutung ist.

Die Erforschung der Wärmeübertragung hat diesen Vorgang von vornherein in zwei Teilvorgänge zerlegt. Der Wärmeübergang durch Konvektion und derjenige durch Strahlung ist gesondert untersucht worden, ein Vorgehen, das durch die völlige Verschiedenheit beider Vorgänge bedingt ist.

Der Wärmeübergang durch Konvektion.

Die durch Konvektion übergehende Wärme ist abhängig von der Dauer z, der Größe der Heizfläche f, dem Temperaturunterschied zwischen Gas und Heizfläche $\vartheta - \vartheta_s$, dem Bewegungszustand B des Gases und der Wärmeleitfähigkeit des Gases λ. Unter Berücksichtigung des oben bezüglich z und f Gesagten ist die übergehende Wärmemenge

$$Q = f \cdot z \cdot \varphi\,[(\vartheta - \vartheta_s),\quad B,\quad \lambda]\,\text{kcal}.$$

Die je qm Heizfläche und je Stunde übergehende Wärme ist mithin

$$q = \varphi\,[(\vartheta - \vartheta_s),\quad B,\quad \lambda]\,\text{kcal/qm und St.}$$

Der Einfluß der Temperaturdifferenz $(\vartheta - \vartheta_s)$ wird empirisch ebenso wie derjenige von z und f als gradlinig angenommen. Diese Auffassung ist jedenfalls, nachdem in früheren Jahrzehnten auch andere Ansichten über die Größe dieses Einflusses geherrscht haben, zur Zeit die allgemein übliche.

Die obige Formel kann dann geschrieben werden

$$q = \psi(B, \lambda) \cdot (\vartheta - \vartheta_s)\,\text{kcal/qm, St.}$$

Die Funktion $\psi\ (B, \lambda)$ wird mit Wärmeübergangszahl bezeichnet und gemeinhin durch den Buchstaben α_k mit Index k (Konvektion) gekennzeichnet.

$$\alpha_k = \psi(B, \lambda),$$
$$q = \alpha_k\,(\vartheta - \vartheta_s)\,\text{kcal/qm, St.}$$

Die Dimension der Wärmeübergangszahl ist, wie aus dieser Gleichung leicht abzuleiten ist, kcal/qm, St., °C.

Die Berechnungsgleichung für die insgesamt übergehende Wärmemenge ist nunmehr anzuschreiben mit

$$Q = f \cdot z \cdot \alpha_k \cdot (\vartheta - \vartheta_s)\,\text{kcal},$$

worin f die Größe der Berührungsfläche zwischen Gas und Wand, die Heizfläche in qm
z die Dauer des Wärmeübertragungsvorganges in St.,
α_k die Wärmeübergangszahl in kcal/qm, St., °C
ϑ die mittlere Gastemperatur in °C
ϑ_s die Heizflächentemperatur in °C

bedeutet.

Die Entwicklung dieser Wärmeübergangsgleichung zeigt aber auch deutlich, daß alle Schwierigkeiten der Bestimmung der übergehenden Wärmemenge auf die richtige Bestimmung der Wärmeübergangszahl abgewälzt worden sind. Es ist lediglich der Einfluß der Zeit, die Größe der Heizfläche und des Temperaturunterschiedes eliminiert worden, gerade aber die schwer zu überblickenden Einflüsse des Bewegungszustandes und der Wärmeleitzahl des Gases sind in der Wärmeübergangszahl implizite enthalten. Außerdem ist nicht mit naturnotwendiger Bestimmtheit zu sagen, ob durch den Ansatz $q = \alpha_k (\vartheta - \vartheta_s)$ der Einfluß des Temperaturunterschiedes $\vartheta - \vartheta_s$ völlig aus der Wärmeübergangszahl α_k herausgebracht ist. Übrigens zeigen die Arbeiten *Nusselts*, daß α_k auch nicht völlig vom Einfluß der Größe der Heizfläche dadurch befreit worden ist, daß man die übergehende Wärmemenge proportional der Größe der Heizfläche setzt. Dies ist freilich eine Folgeerscheinung des Bewegungszustandes *B*.

Man hat also durch die Gleichung $Q = f \cdot z \cdot \alpha_k (\vartheta - \vartheta_s)$ zunächst nicht viel mehr als eine einfache mathematische Schreibart des Wärmeübergangsproblems gewonnen, die Sicherheit der Berechnung hängt völlig von der sicheren Kenntnis der für den einzelnen Fall gültigen Wärmeübergangszahl α_k ab. Hiermit ist auch gesagt, daß die weitere Untersuchung des Wärmeüberganges sich auf die Betrachtung des Gesetzes, nach dem sich die Wärmeübergangszahl bestimmt, konzentrieren muß.

Rein äußerlich unterscheiden sich die vielfältigen Untersuchungen zur Bestimmung des Wärmeüberganges durch die geometrische Form der Heizflächen, an denen die Untersuchungen angestellt worden sind. Man unterteilt in dieser Hinsicht in Untersuchungen an Heizflächen großer ebener, senkrechter oder wagerechter, Wände, ferner an Heizflächen, die durch die Innenwand von Rohren oder Kanälen beliebigen Querschnitts gebildet werden, und an Heizflächen, die durch den äußeren Umfang von zylindrischen Körpern, also Rohren und Drähten, oder anderen Formen gebildet werden.

Eine weitere Unterteilung verlangt der Bewegungszustand des Gases. Die Heizfläche kann mit einem Gase in Berührung stehen, das, als ganze Masse betrachtet, sich nicht bewegt. Innerhalb der Gasmasse treten dann nur Strömungen auf, die durch den Temperaturunterschied zwischen Gas und Heizfläche bewirkt werden, ein Bewegungszustand, der sich z. B. in einem geheizten zugfreien Raume verwirklicht. Das Gas befindet sich dann in „freier Strömung“. Durchströmt dagegen ein Gas einen Kanal, so ist die Strömung „aufgezwungen“, ebenso dann, wenn eine Wand von durch Wind bewegter Luft bestrichen wird. Diese Unterscheidung, die sich eingebürgert hat, ist freilich nicht sehr konsequent. Denn vielfach wird auch die Strömung in Kanälen nur durch den Temperaturunterschied zwischen Gas und Heizfläche, d. h. durch den Auftrieb des erwähnten Gases bewirkt. Folgerichtiger in der Benennung wäre die Unterscheidung des Wärmeüberganges von einer Heizfläche an ruhendes Gas mit Teilströmung durch Auftrieb und an insgesamt bewegtes Gas.

Die folgende schematische Darstellung gibt noch einmal einen Überblick über die Einteilung des Wärmeüberganges in die verschiedenen Untergebiete.

Konvektiver Wärmeübergang

- ruhendes Gas (freie Strömung)
  - Ebene Wand
  - äußerer Umfang v. Rohren, Drähten u. ä.
- bewegtes Gas (erzwungene Strömung)
  - Ebene Wand
  - Innenfläche von Kanälen, Rohren.
  - Außenfläche von Kanälen, Rohren u. ä.

Für die Betrachtung des Wärmeaustausches in Rekuperatoren und Regeneratoren ist nur der Wärmeübergang von Gasen mit aufgezwungener Strömung in Rohren und Kanälen oder an deren äußeren Flächen von Bedeutung. Mit diesen beschäftigt sich auch die Mehrzahl der experimentellen Untersuchungen und die theoretische Hauptarbeit *Nusselts.*

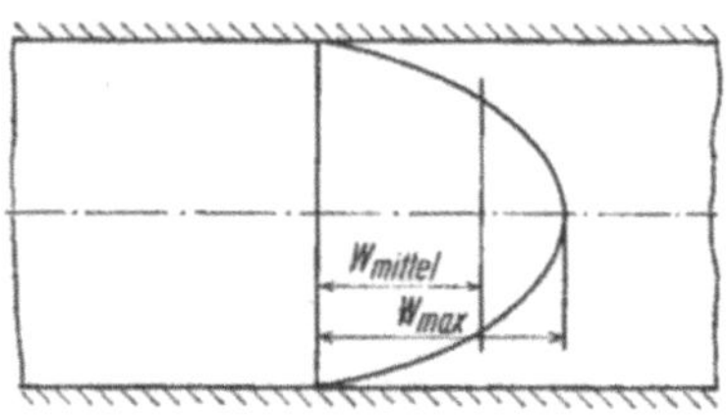

Fig. 42. Verteilung der Geschwindigkeit im Rohrquerschnitt.

Es war darauf hingewiesen worden, daß der Bewegungszustand des Gases einen sehr bedeutenden Einfluß auf die Wärmeübergangszahl hat. Es ist deshalb notwendig, an die Gesetze der Hydraulik, die sich mit der Strömungsform beschäftigen, zu erinnern. Man unterscheidet zwei Strömungsformen, die laminare oder Parallelströmung und die turbulente Strömung. Ist laminare Strömung vorhanden, so bewegen sich alle Gasteilchen parallel zu der Achse des Kanals, in dem das Gas strömt. Ein Gasmolekül, das an der Stelle x_1 den Abstand y von der Achse besitzt, behält diesen Achsenabstand auch an der Stelle x_2. Diese Strömungsform besteht bei verhältnismäßig niedrigen Geschwindigkeiten. Steigert sich nun die Geschwindigkeit über ein bestimmtes Maß, so beginnen die Gasteilchen von den bisher innegehaltenen parallelen Bahnen abzuweichen. Die Ursache dieser Erscheinung läßt sich aus der Betrachtung der Geschwindigkeitsverteilung ableiten. Die einzelnen Gasteilchen haben nicht die gleiche mittlere Geschwindigkeit, sondern die an der Kanalwand liegenden Teilchen haben infolge des Reibungswiderstandes, den sie durch die Rauhigkeit der Wand erleiden, eine sehr geringe Geschwindigkeit. Die innere Flüssigkeitsreibung, die Zähigkeit des Gases verhindert aber, daß diejenigen Gasteilchen, die an der Wandschicht liegen, sofort die mittlere Geschwindigkeit des Gasstromes annehmen, vielmehr steigert sich allmählich die Geschwindigkeit nach der Mitte zu, so daß man die Geschwindigkeitsverteilung erhält, welche Fig. 42 im Schema wiedergibt. Bei der laminaren Strömung befolgt die Geschwindigkeitsverteilung ein parabolisches Gesetz. Es schieben sich also bei laminarer Strömung die einzelnen Gasteilchen in parallelen Bahnen aneinander vorbei. Auf das Gasteilchen wirken infolgedessen zwei Kräfte. Die Zähigkeit des Gases versucht den Abstand, in dem sich die Gasteilchen voneinander befinden, aufrecht zu erhalten, andererseits aber wirken auf das Gasteilchen die Stöße, welche entstehen, wenn die Gasteilchen aneinander vorbeigleiten und hierbei aufeinander treffen. Diese zweiten Kräfte, die um so stärker werden, je größer die kinetische Energie, also je größer die Gasgeschwindigkeit ist, versuchen die Gasteilchen von der geraden parallelen Bahn abzubringen.

Überwiegt nun die Kraft der Zähigkeit die Kraft der Stöße, so bleiben die Gasteilchen in geordneten Bahnen, es herrscht laminare Strömung. Überwiegt bei größeren Geschwindigkeiten die Stoßkraft die Zähigkeitskraft, so werden die einzelnen Gasteilchen durcheinander gewirbelt, wobei natürlich auch die resultierende Vorwärtsbewegung des Gases bewahrt wird. Die Strömung wird turbulent.

Der Einfluß dieser Änderung der Strömungsform auf den Wärmeübergang war oben bereits angedeutet worden. Der Wärmetransport durch die molekulare Querbewegung tritt jetzt neben den Transport durch die Wärmeleitfähigkeit des Gases. Es ist einzusehen, daß sich das Gesetz des Wärmeüberganges beim Übergang von der laminaren zur turbulenten Strömung ändern muß.

Von Bedeutung ist zunächst die Kenntnis der Geschwindigkeiten, bei denen dieser Umschwung erfolgt, der kritischen Geschwindigkeiten.

Nach einem von *Reynolds* erkannten Gesetz tritt dieser Umschlag der Strömungsform ein, wenn die Geschwindigkeit des Gases

$$w_k = R \cdot \frac{\eta \cdot g}{d \cdot \gamma} \text{ m/sec beträgt.}$$

η Zähigkeitszahl in $\frac{\text{kg} \cdot \text{sec}}{\text{qm}}$,

g Erdbeschleunigung m/sec^2

d Kanaldurchmesser m

γ Raumgewicht des Gases kg/cbm

Der Koeffizient R der rechten Seite ist durch viele Untersuchungen bestimmt worden. Hierbei hat man freilich feststellen müssen, daß dieser die kritische Geschwindigkeit festlegende Zahlenwert nicht eindeutig angegeben werden kann. Vielmehr ist er von der Rauhigkeit der Wand oder vom Vorhandensein einzelner Strömungshindernisse abhängig. Jedoch ist die Strömung bei $R < 2320$ immer laminar. Bei sehr glatten Rohren läßt sich der laminare Zustand noch bis zu einer wesentlich höheren Geschwindigkeit erhalten. Die Kanäle der Wärmeaustauscher sind aber immer so rauh, daß $R = 2320$ die Umschlagsgeschwindigkeit angeben wird.

Die Zähigkeitszahl der Gase ist im wesentlichen nur von der Temperatur abhängig, und zwar wird sie mit steigender Temperatur größer. Den Druck, unter dem das Gas steht, kann man als einflußlos auf die Größe der Zähigkeit ansehen.

In der folgenden Zahlentafel sind die Zähigkeitszahlen für Luft und die Rauchgase angegeben. Sie sind nach der Mischungsregel aus Mangel an besseren Unterlagen errechnet.

Zahlentafel 38. Zähigkeitszahlen für Luft und Rauchgas.

Temperatur °C	Luft	Rauchgas von Kohle	Rauchgas von Koksofengas	Rauchgas von Gichtgas
0	$1{,}7 \cdot 10^{-6}$	$1{,}6 \cdot 10^{-6}$	$1{,}5 \cdot 10^{-6}$	$1{,}6 \cdot 10^{-6}$
500	$3{,}5 \cdot 10^{-6}$	$3{,}3 \cdot 10^{-6}$	$3{,}1 \cdot 10^{-6}$	$3{,}3 \cdot 10^{-6}$
1000	$4{,}7 \cdot 10^{-6}$	$4{,}6 \cdot 10^{-6}$	$4{,}4 \cdot 10^{-6}$	$4{,}7 \cdot 10^{-6}$
1500	$5{,}7 \cdot 10^{-6}$	$5{,}6 \cdot 10^{-6}$	$5{,}4 \cdot 10^{-6}$	$5{,}7 \cdot 10^{-6}$

Große Unterschiede bestehen also in den Zähigkeitszahlen für Luft und für Rauchgas nicht. Am bedeutendsten ist er noch zwischen Luft und Rauchgas von Koksofengas. Beachtet man nun außerdem, daß die Berechnung nach der Mischungsregel nicht ganz einwandfrei ist, so können mit genügender Annäherung die kritischen Geschwindigkeiten für Luft auch für Rauchgas mit den gleichen Zähigkeitszahlen errechnet werden.

Wenn man, was für die vorliegende Betrachtung genügt, lediglich die auf 0° 760 mm Hg bezogene Geschwindigkeit errechnen will, vereinfacht sich die Berechnung dadurch, daß man in γ Temperatur und Druck nicht zu berücksichtigen braucht.

Es ist
$$w_k = R \cdot \frac{\eta \cdot g}{d \cdot \gamma} \text{ m/sec im Betriebszustand,}$$
also
$$w_{0k} = R \cdot \frac{\eta \cdot g}{d \cdot \gamma_0} \text{ m/sec bzw. auf } 0^\circ \ 760 \text{ mm.}$$

Das Raumgewicht des Rauchgases im Normalzustand γ_0 ist für Luft 1,29 kg/cbm, für Rauchgas von Kohle 1,33, von Gichtgas 1,30, von Kokereigas 1,22. Auch hier kann mit genügender Annäherung ein gleiches Raumgewicht für alle vier Gase genommen werden. Jedenfalls kann man die kritischen Geschwindigkeiten, die im folgenden für Luft errechnet werden, auch für Rauchgas gelten lassen.

Zahlentafel 39.
Kritische Geschwindigkeiten für Luft w_{0k} in m/sec (bezogen auf 0° 760).

Temperatur °C	Normaldurchmesser in mm 25	50	75	100	150	200
0	1,20	0,60	0,40	0,30	0,20	0,15
200	1,78	0,89	0,59	0,45	0,30	0,22
400	2,26	1,13	0,75	0,56	0,38	0,28
600	2,66	1,33	0,89	0,66	0,44	0,33
800	3,03	1,51	1,01	0,76	0,50	0,38
1000	3,34	1,67	1,11	0,84	0,56	0,42
1200	3,63	1,81	1,21	0,91	0,61	0,45
1400	3,88	1,94	1,29	0,97	0,65	0,49
1600	4,13	2,07	1,38	1,03	0,69	0,52
1800	4,35	2,17	1,45	1,09	0,72	0,54

Die Geschwindigkeiten, bis zu denen sich die laminare Strömung erhält, sind besonders bei den kleinen Kanalweiten recht hoch und werden bei den praktischen Ausführungen der Wärmeaustauscher häufig nicht erreicht.

2. Die Wärmeübergangszahl in Rohren und Kanälen (laminare Strömung).

Nusselt hat auf theoretischem Wege eine Formel für die Wärmeübergangszahl in diesem Gebiete abgeleitet. Es ist

$$\alpha_k = 3{,}65 \cdot \frac{\lambda}{d}.$$

Dieser Wert wird aber erst mit 1 Proz. Genauigkeit erreicht, wenn der Kanal eine Länge von $l_0 = 180\ w \cdot d^2 \cdot \frac{c_p}{\lambda}$ in m besitzt.

Hierin ist c_p die spezifische Wärme, λ die Wärmeleitzahl in $\frac{\text{kcal} \cdot \text{m}}{\text{qm, °C, St.}}$ des Gases bei den entsprechenden Temperaturen.

Diese Mindestlänge ist z. B. für Luft von 500°

$$l_{\min} = 180 \cdot \frac{0{,}322}{0{,}0463} \cdot w_0 \cdot d^2,$$

$$l_{\min} = 1620 \cdot w_0 \cdot d^2.$$

In einem Kanal von 200 mm ⌀ ist also $l_{\min} = 65 \cdot w_0$, in einem Kanal von 50 mm ⌀ $l_{\min} = 4{,}05 \cdot w_0$.

Wird diese Bedingung bezüglich der Länge innegehalten, so würde nach der Nusseltschen Gleichung

$$\text{bei } 200 \varnothing\ \alpha_k = 3{,}65 \cdot \frac{0{,}0463}{0{,}2} = 0{,}84 \text{ kcal/qm, St., °C},$$

$$\text{bei } 50 \varnothing\ \alpha_k = 3{,}65 \cdot \frac{0{,}0463}{0{,}05} = 3{,}4 \text{ kcal/qm, St., °C}.$$

Die Versuche über die Wärmeübergangszahl im laminaren Gebiet haben jedoch wesentlich höhere Werte als die aus der oben angegebenen Gleichung errechneten ergeben. Wenn auch eine gewisse Abweichung wohl dadurch verursacht wird, daß die Versuchsstrecken vornehmlich bei größerem Rohrdurchmesser kürzer werden, als die Gleichung voraussetzt, so ist doch diese Erklärung nicht genügend. Es soll deshalb aus den vorhandenen Versuchsunterlagen eine Formel abgeleitet werden, ohne der Ursache des Unterschiedes nachzugehen. Die Unterlagen werden Versuchen von *Schulze**) und Versuchen des Verfassers entnommen. Die Versuche von *Schulze* gingen vornehmlich darauf aus, die Wärmeübergangszahl im Gebiete turbulenter Strömung festzustellen. Deshalb hat *Schulze* nur wenig Versuche ausgeführt, die im Gebiet laminarer Strömung liegen. Infolgedessen sind die Werte, die zu-

*) *E. Schulze*, Versuche zur Bestimmung der Wärmeübergangszahl von Luft und Rauchgas in technischen Rohren. Mittlg. 117 der Wärmestelle des V. d. E. 1928.

dem ein Mittel aus Einzelwerten nicht unbeträchtlicher Streuung darstellen, nicht sehr sicher. Im Gegensatz hierzu wurde vom Verfasser gerade Wert auf die Feststellung der Wärmeübergangszahl bei geringen Geschwindigkeiten gelegt. Die in dem in der Zahlentafel 40 angegebenen Geschwindigkeitsbereich vom Verfasser*) festgestellten Wärmeübergangszahlen streuen nur wenig um den Mittelwert, sehr stark dagegen die von *Schulze*.

Zahlentafel 40. Versuchswerte für die Wärmeübergangszahl α_k im Bereich laminarer Strömung.

Rohr ⌀ mm α	Versuche von	Ungef. Gas-temp. °C	Geschwindigkeit m/sec. (0°, 760)	Länge des Versuchsrohres	Kritische Geschwindigkeit	α_k nach Versuch	α_k nach *Nusselt*
25	*Schulze***) . .	300	2	90 d	2,0	15,8	4,4
50	*Schulze* . . .	300	1 bis 1,25	80 d	1,0	11,4	2,0
75	*Heiligenstaedt*.	400	0,15 bis 1,5	30 d	0,75	9,4	1,7
104	*Heiligenstaedt*.	600	0,1 bis 1,5	30 d	0,6	6,4	1,5

Die Vereinigung der Versuchswerte zu einer Formel mit Hilfe der Methode der kleinsten Fehlerquadrate ergibt

$$\alpha_k = \frac{1,898}{d^{0,582}},$$

oder abgerundet

$$\alpha_k = \frac{1,90}{d^{0,58}}.$$

In Fig. 43 ist die Kurve der Wärmeübergangszahl, die sich aus dieser Gleichung ergibt, aufgetragen. Gleichzeitig sind auch die oben angegebenen gemessenen Wärmeübergangszahlen eingezeichnet.

Vollkommen unabhängig von der Geschwindigkeit kann übrigens in Wirklichkeit auch in diesem Gebiete die Wärmeübergangszahl nicht sein. Vielmehr wird durch den am Eintritt des Gases in das Rohr entstehenden Wirbel die Wärmeübergangszahl beeinflußt. Dieser Wirbel erhöht die Wärmeübergangszahl. Je größer die Geschwindigkeit ist, um so länger ist der Weg bis zur Beruhigung des Wirbels, um so größer ist also die Wärmeübergangszahl für eine bestimmte Rohrlänge. Hieraus ergibt sich ja auch die Abhängigkeit von der Rohrlänge. Je kürzer das Rohr ist, um so größer ist der Teil, der vom Wirbel bestrichen wird, um so höher ist die durchschnittliche Wärmeüber-

*) *W. Heiligenstaedt*, Die Speicherung der Wärme in Regeneratoren. Mittlg. 73 der Wärmestelle des V. d. E. 1925, und *Bansen* u. *Heiligenstaedt*, Versuche zur Bestimmung der Wärmeübergangszahl. Mittlg. 91 der Wärmestelle des V. d. E. 1926.

**) Bei der Ermittlung von α_k wurde berücksichtigt, daß die für $w_0 = \sim 1$ m/sec gefundenen Wärmeübergangszahlen beim Rohr 25 ⌀ zum Teil kleiner als diejenigen des Rohres von 50 mm ⌀ und fast ebenso groß wie diejenigen von 106 mm ⌀ sind. Entsprechend dem Einfluß des Durchmessers auf die Wärmeübergangszahlen hätten sich aber für $d = 25$ mm die 1,5- bis 1,6fachen Werte des Rohres 106 mm ⌀ ergeben müssen. Die Meßergebnisse sind mithin bei 1 m/sec und 25 ⌀ als unzuverlässig anzusehen und deshalb ausgeschaltet worden.

gangszahl. Aussagen über den Einfluß der Geschwindigkeit im laminaren Gebiet und der Rohrlänge sind aber aus den Versuchen nicht zu entnehmen.

Die angegebene Formel erhebt keinen Anspruch auf große Genauigkeit. Sie ist ein Kompromiß zwischen Theorie und Versuchserfahrung. Die Theorie sagt eine für das Wärmeübergangsgesetz kritische Geschwindigkeit voraus. Dabei liegen die theoretischen kritischen Geschwindigkeiten (s. Zahlentafel 40) gerade in dem hier außerordentlich wichtigen Gebiet der Geschwindigkeiten, die in den Wärmeaustauschern zur Anwendung kommen. Die Versuchserfahrung widerspricht sich teilweise. Während die Versuche des Verfassers eine scharf ausgeprägte Veränderung des Wärmeübergangsgesetzes ergeben, wenn man eine bestimmte Geschwindigkeit, die allerdings etwas höher liegt als die theoretisch errechnete, überschreitet, gibt die Arbeit *Schulzes* keinen Aufschluß über diese Veränderung. Die Ursache dieses Unterschiedes ist wohl, daß *Schulze* diesem Geschwindigkeitsgebiet wenig Aufmerksamkeit schenkte. Daß die die Versuche von *Schulze* zusammenfassende Formel nicht mehr für dieses Gebiet experimentell gestützt werden kann, ergibt

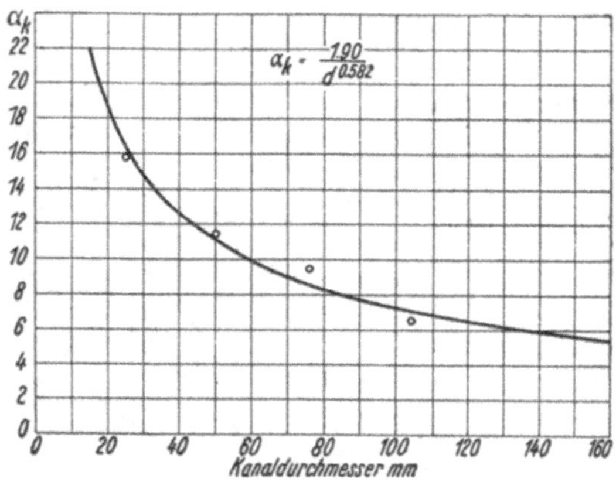

Fig. 43. Wärmeübergangszahl im Gebiet laminarer Strömung.

sich aus der Streuung seiner Versuchswerte bei kleinen Geschwindigkeiten. Die extremsten Wertpaare sind z. B. für das Rohr von 50 ∅ $w_0 = 1{,}15$, $\alpha = 5{,}3$; $w_0 = 1{,}22$, $\alpha = 14{,}7$. Wenn trotz dieser Sachlage hier der Versuch gemacht wurde, diese mangelhaften Unterlagen zu einer Formel zu verarbeiten, so kann als Rechtfertigung das Ergebnis der Versuche des Verfassers dienen, das eindeutig eine kritische Geschwindigkeit ergab, und der Zwang, eine wenigstens in grober Annäherung die Versuchserfahrung beschreibende Beziehung anzugeben. Es wäre erwünscht, wenn die technisch-wissenschaftliche Forschung sich dieser im Laboratorium lösbaren Aufgabe annehmen würde.

3. Die Wärmeübergangszahl in Rohren und Kanälen (turbulentes Gebiet).

Über dieses Gebiet liegen eingehendere Untersuchungen vor. Die wesentlichen Versuchsreihen vergleicht *Schack**) und kommt in Anlehnung an die von *Schulze* angegebene Formel zu der Formel

$$\alpha_k = \frac{3{,}0 \cdot w^{0{,}8}}{\sqrt[4]{d}}.$$

Auch hier ist keine Abhängigkeit von der Gastemperatur gefunden worden.

*) Stahl u. Eisen 1928, S. 1777.

Die Formel vermittelt zwischen den einzelnen Versuchsreihen. Abweichungen sowohl der einzelnen Versuchsreihen untereinander, als auch der bei gleicher Geschwindigkeit bei der gleichen Versuchsreihe festgestellten Wärmeübergangszahlen voneinander sind vorhanden. Die Einflüsse der Rauhigkeit der Wand und insbesondere des am Eintritt in das Rohr entstehenden Wirbels können nicht erfaßt werden. Hierüber lagern sich schließlich noch die großen versuchstechnischen Schwierigkeiten. Trotzdem gibt wohl diese Formel den Stand der Untersuchungen wieder, soweit er sich in mathematische Form bringen läßt.

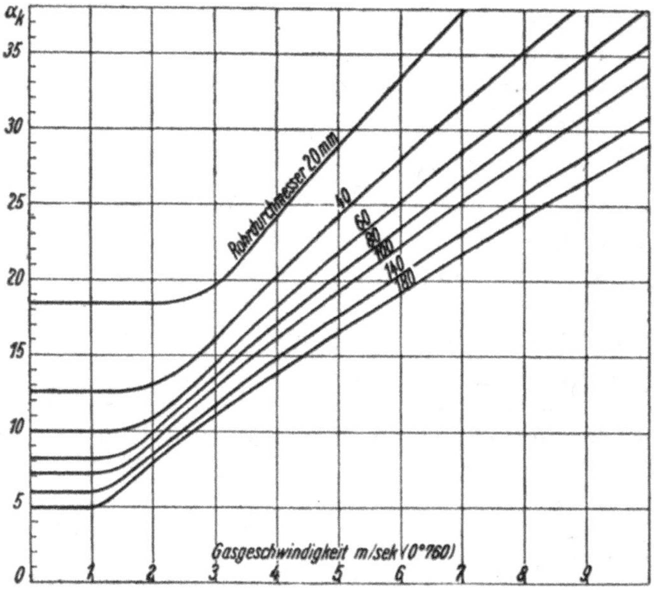

Fig. 44. Wärmeübergangszahl in Rohren und Kanälen.

Zusammenfassung des Ergebnisses.

Verbindet man nun die oben abgeleitete Formel des laminaren Gebietes mit der des turbulenten Gebietes, so erhält man die Kurvenschar der Fig. 44, die die Wärmeübergangszahl in verschiedenen Durchmessern bei steigender Geschwindigkeit angibt. Zunächst ist die Wärmeübergangszahl unabhängig von der Geschwindigkeit eingezeichnet, entsprechend der Gleichung $\alpha_k = \frac{1,90}{d^{0,58}}$.

Nach Überschreitung einer gewissen Geschwindigkeit beginnt die Abhängigkeit von der Geschwindigkeit, die Wärmeübergangszahl steigt mit deren 0,8ter Potenz. Die Grenzgeschwindigkeit ergibt sich als Schnittpunkt der durch die Formel $\frac{1,90}{d^{0,58}}$ festgelegten Geraden mit der durch $3,0 \cdot \frac{w_0^{0,8}}{d^{0,25}}$ bestimmten Kurve. Man erkennt, daß diese Geschwindigkeit nicht mit der früher errechneten Grenzgeschwindigkeit übereinstimmt. Dies kann allerdings auch schon deshalb nicht erwartet werden, weil die Kurve der Wärmeübergangszahl unabhängig von der Gastemperatur ist, wie fast alle Versuche übereinstimmend zeigen, während die nach dem Reynoldsschen Gesetz errechnete Grenzgeschwindigkeit sehr stark von der Temperatur abhängt. Die kritische Geschwindigkeit nach Fig. 44 liegt höher als die früher errechnete.

Theorie und experimentelle Untersuchung sind demnach bei Betrachtung des bisherigen Standes der Wärmeübergangsfrage nicht in jeder Beziehung zur gegenseitigen Deckung zu bringen. Gerade deshalb ist es gut, nur die experimentellen Unterlagen bei den Berechnungen zu verwerten. Diese aber

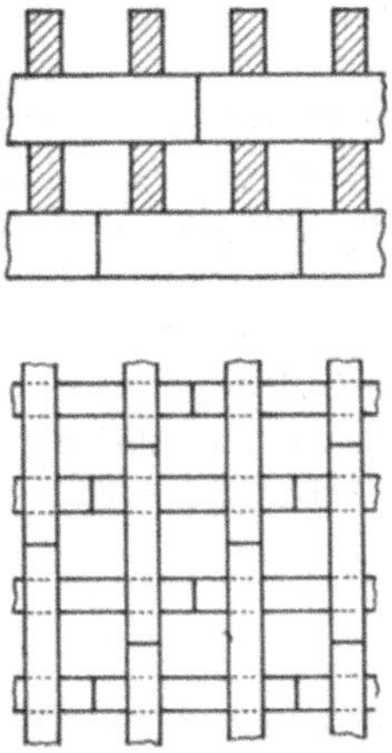

Fig. 45. Rostgitter freizügig.

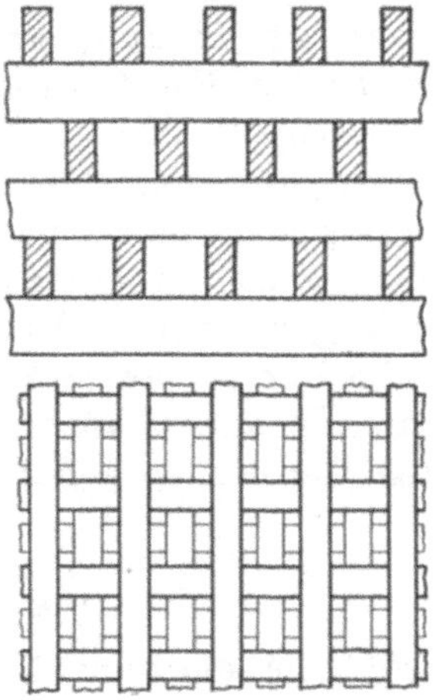

Fig. 46. Rostgitter versetzt.

sind den Werten, die in Schaubild und den beiden Formeln angegeben sind, zugrunde gelegt.

Die angegebenen Formeln sind zunächst nur für die Wärmeabgabe in Rohren gültig. Für Kanäle mit quadratischem Querschnitt ist für d die Kantenlänge einzusetzen. Für Rohre mit rechteckigem Querschnitt errechnet man den äquivalenten „hydraulischen Durchmesser“ mit

$$d = \frac{4 \cdot \text{Fläche}}{\text{Umfang}}.$$

Ein rechteckiger Kanal mit den Abmessungen 50 · 125 mm hat also z. B. den Durchmesser

$$d = \frac{4 \cdot 50 \cdot 125}{2\,(50 + 125)} = 71{,}5\,\text{mm}.$$

Die Ausgitterung von Regeneratoren besteht jedoch häufig nicht aus durchgehenden Kanälen. Das Gitterwerk wird oft dadurch gebildet, daß in gleichen Abständen gesetzte Steinreihen kreuzweise übereinander gesetzt werden. Liegen die Steinreihen gleicher Richtung übereinander, so nennt man die Gitterung „freizügige Rostpackung“ (Fig. 45), liegen sie so, daß jede

Steinreihe über dem Zwischenraum der vorhergehenden gleicher Richtung liegt, so nennt man sie „versetzte Packung" (Fig. 46).

Erst nach Abschluß der vorliegenden Arbeit erschien eine Versuchsreihe zur Bestimmung der Wärmeübergangszahl bei Rostgitter von *H. Kistner**). Die sehr sorgfältig gemessenen und ausgewerteten Versuche ergaben für die nicht versetzte Packung folgende Formel:

$$\alpha_k = 7{,}5 \frac{w_0^{0,5}}{d^{0,333}} \text{ kcal/qm, St., °C}$$

w_0 Gasgeschwindigkeit m/sec bei 0° 760 mm.
d Kanalweite bzw. Lagenabstand in mm.

Für die versetzte Packung erhöhen sich die Werte um 15 Proz.

Die Formel ist in Fig. 47 ausgewertet.

Die *Kistner*sche Formel gibt keine Unterscheidung zwischen laminarer und turbulenter Strömung. Dies ist beim Rostgitter verständlich, da ja jede Steinreihe eine Strömungsstörung hervorruft, so daß wahrscheinlich eine laminare Strömung nicht zustande kommt. Überraschend ist jedoch die Größe der Wärmeübergangszahl im Rostgitter gegenüber der in glatten Kanälen, für welche die Formel von *Schulze* eigentlich Geltung haben müßte. Bezeichnet man mit α_R die Wärmeübergangszahl im Rostgitter, mit α_K diejenige in den Kanälen nach der *Schulze*schen Formel, so ist

$$\frac{\alpha_R}{\alpha_K} = \frac{2{,}5}{d^{0,083} \cdot w_0^{0,3}}.$$

Setzt man $d^{0,083}$ für die zumeist in Frage kommenden Kanaldurchmesser in erster Annäherung mit $\sim 0{,}8$ ein, so ist

$$\alpha_R = \alpha_K \cdot \frac{3}{w_0^{0,3}}.$$

Man erhält hiermit bei $w_0 = 0{,}2$ m/sec $\alpha_R = 5\,\alpha_K$; bei $w_0 = 0{,}5\,\alpha_R = 3{,}7\,\alpha_K$; bei $w_0 = 1{,}0\,\alpha_R = 3\,\alpha_K$; bei $w_0 = 2\,\alpha_R = 2{,}4\,\alpha_K$. Nach Ansicht des Verfassers und nach den bei verschiedener Ausgitterung der gleichen Kammer gemachten Erfahrungen ergeben sich aber im Endergebnis, erkennbar an den

Zahlentafel 41. Vergleich der Wärmeübergangszahlen nach *Kistner* und nach Fig. 44.

Kanalweite	Nach *Kistner* bei		Nach Verfasser (Fig. 44)
	w_0 = 0,2 m/sec	w_0 = 0,5 m/sec	
d = 40 mm	10	15,5	12,6
60 mm	8,6	13,5	10,0
80 mm	7,8	12,3	8,2
100 mm	7,3	11,5	7,2
140 mm	6,5	10,2	6,0

*) *H. Kistner*, Großversuche an einer zu Studienzwecken gebauten Regenerativkammer, II. Teil. Mittlg. 139 der Wärmestelle des Vereins deutscher Eisenhüttenleute.

Abgastemperaturen hinter den Kammern, keine derartigen Unterschiede für Rost- und Glattschachtgitter. Nur war bereits oben die Ansicht begründet worden, daß die Formel von *Schulze* für die geringen Gasgeschwindigkeiten in den Regeneratoren nicht mehr gilt, und die Fig. 44 zeigt weiter, daß in diesem Gebiet die vom Verfasser angegebenen Werte sich nicht so sehr von den *Kistner*schen unterscheiden (s. Zahlentafel 41).

Da sich nun, wie später erkennbar, der Einfluß der Wärmeübergangszahl auf das Ergebnis dadurch abschwächt, daß eine Änderung der Wärmeübergangszahl nicht im gleichen Maße eine Änderung der Wärmeaustauschzahl zur Folge hat, ferner die Änderung der Wärmeaustauschzahl eine gegenläufige Veränderung des Temperaturunterschiedes zwischen Gas und Heizfläche bewirkt, so läßt sich wohl schon erklären, daß die kleineren Abweichungen in den Wärmeübergangszahlen *Kistners* und des Verfassers im Endergebnis, d. h. in der Abgastemperatur, nicht deutlich in Erscheinung treten. Das wird allerdings ein Beweis dafür sein, daß die *Schulze*sche Formel für die geringen Geschwindigkeiten keine Gültigkeit hat.

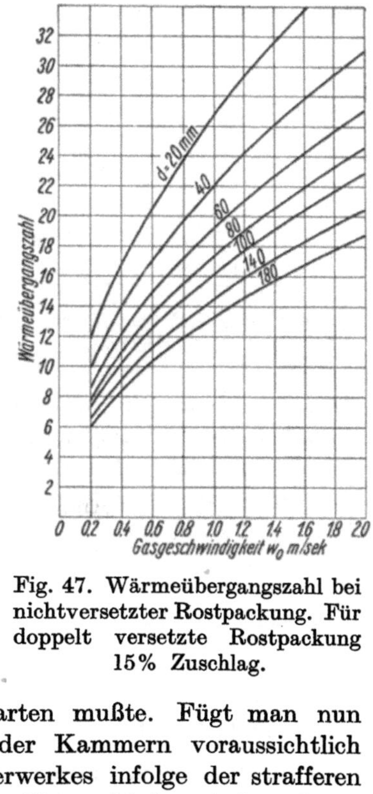

Fig. 47. Wärmeübergangszahl bei nichtversetzter Rostpackung. Für doppelt versetzte Rostpackung 15% Zuschlag.

Erstaunlich ist, daß der Einfluß der Geschwindigkeit auch bei diesen sehr geringen Geschwindigkeiten noch so erheblich ist. Die Unterteilung von Martinofenkammern in drei hintereinander geschaltete Gitterteile, die somit auch eine mehr als dreifache Gasgeschwindigkeit bewirkt, hat nicht den Erfolg gebracht, den man nach der von *Kistner* beobachteten Steigerung der Wärmeübergangszahl bei erhöhter Geschwindigkeit erwarten mußte. Fügt man nun noch hinzu, daß durch eine Unterteilung der Kammern voraussichtlich doch die Beaufschlagung des gesamten Gitterwerkes infolge der strafferen Gasführung besser werden muß, so wird der Unterschied zwischen dieser Beobachtung und der zu erwartenden Steigerung der Wärmeübergangszahl noch größer. Andererseits aber muß man zugeben, daß die Messungen mit der denkbar größten Sorgfalt ausgeführt und ausgewertet wurden. Mit Rücksicht auf die außerordentliche Bedeutung dieser Frage für die Ausgestaltung der Regeneratoren ist es wünschenswert, daß an Betriebsausführungen eine Bestätigung der an einer Versuchskammer gewonnenen Ergebnisse erbracht würde.

Die Berechnungen der später folgenden Beispiele sind durchweg mit den Wärmeübergangszahlen nach Fig. 44 durchgeführt worden.

4. Wärmeübergang an Rohrbündel.

Der Wärmeübergang an Rohrbündel ist für die Berechnung des Wärmedurchganges in Rekuperatoren, die aus Rohren zusammengesetzt sind, von Bedeutung. Die für den Wärmeübergang von einem Gasstrom an die äußeren Rohrwände gültigen Werte hat *Reiher* experimentell bei zwei Rohrbündel-Anordnungen, der versetzten (Fig. 48) und der nicht versetzten (Fig. 49), untersucht. Es wurde von ihm in beiden Fällen zudem untersucht, welchen Einfluß die Zahl der Rohrreihen auf die durchschnittliche Wärmeübergangszahl ausübte. Im vorliegenden Zusammenhang kommen nur Rohrbündel in

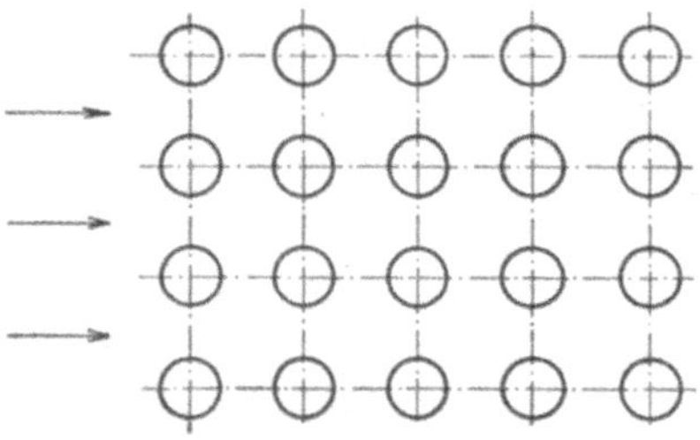

Fig. 48. Rohrbündel mit 5 nicht versetzten Rohrreihen.

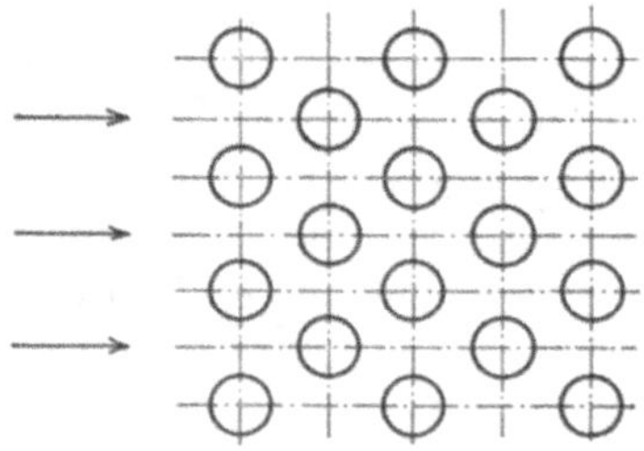

Fig. 49. Rohrbündel mit 5 versetzten Rohrreihen.

Betracht, bei denen eine größere Anzahl Rohrreihen hintereinander liegen. Deshalb sollen nur diejenigen Formeln angeführt werden, die *Reiher* bei fünf hintereinanderliegenden Rohrreihen fand:

1. nicht versetzte Anordnung

$$\alpha_k = 0{,}131 \cdot \left(\frac{\lambda}{d}\right) \left(\frac{w \cdot d \cdot \gamma}{\eta \cdot g}\right)^{0{,}654},$$

2. versetzte Anordnung

$$\alpha_k = 0{,}131 \cdot \left(\frac{\lambda}{d}\right) \left(\frac{w \cdot d \cdot \gamma}{\eta \cdot g}\right)^{0{,}69}.$$

Hierin bedeutet:

λ die Wärmeleitzahl des Gases kcal · m/qm, St., °C
η die Zähigkeit der Grenzschicht kg · sec/qm
d Rohrdurchmesser in m
w die Geschwindigkeit des Gases, bezogen auf den engsten Durchflußquerschnitt m/sec.

Diese etwas umständlich auszuwertenden Formeln vereinfacht *Schack**) unter Ausschluß des nur unsicher festgestellten Temperatureinflusses und gibt an

1. nicht versetzte Anordnung

$$\alpha_k = 4{,}55 \frac{w_0^{0{,}654}}{d^{0{,}346}}.$$

*) *Schack*, Der industrielle Wärmeübergang, Verlag Stahleisen 1929.

2. versetzte Anordnung]

$$\alpha_k = 7{,}0 \cdot \frac{w_0^{0,69}}{d^{0,31}}\,.$$

Der Einfluß der Zahl der Rohrreihen ist folgender: Setzt man die Wärmeübergangszahl bei 5 Rohrreihen = 100 Proz., so sind die Wärmeübergangszahlen für eine Anzahl Rohrreihen nach Zahlentafel 42 zu bestimmen.

Die beiden Fig. 50 und 51 enthalten die Wärmeübergangszahlen für versetzte und nicht versetzte Rohrbündel mit fünf hintereinanderliegenden Rohrreihen für Gasgeschwindigkeiten von 1 bis 20 m/sec (0° 760) und Rohrdurchmesser von 20 bis 180 mm.

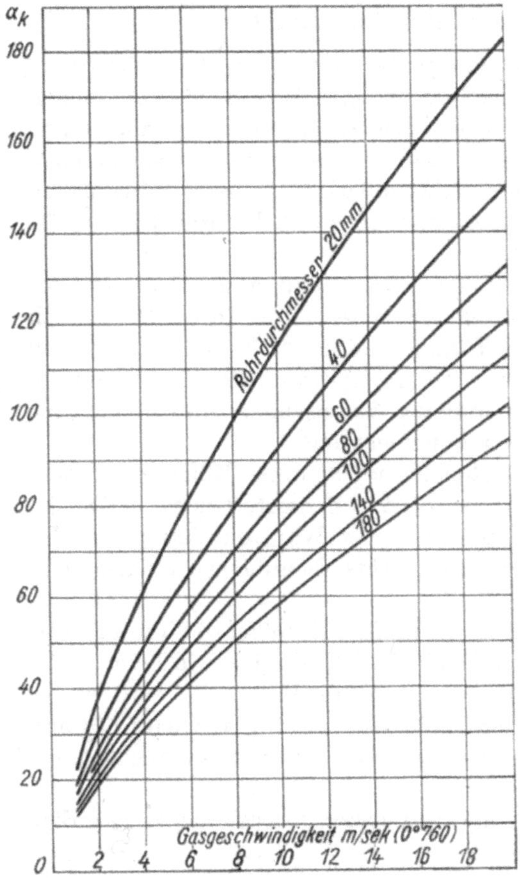

Fig. 50. Wärmeübergangszahl an einem Rohrbündel mit 5 Reihen in versetzter Anordnung.

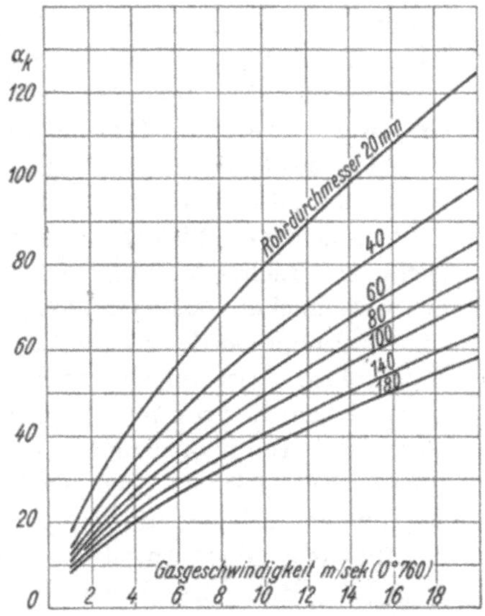

Fig. 51. Wärmeübergangszahl an ein Rohrbündel mit 5 Reihen in nicht versetzter Anordnung.

Man erkennt aus den Figuren die wesentlich günstigeren Wärmeübergangsbedingungen an das versetzte Rohrbündel, das ja außerdem den Vorteil gedrungenerer

Zahlentafel 42.

Korrektur der Wärmeübergangszahl bei verschiedener Anzahl von Rohrreihen.

	nicht versetzt	versetzt
bei 2 Rohrreihen . . .	93,0 Proz.	76 Proz.
„ 3 „ . . .	96,0 „	86 „
„ 4 „ . . .	98,5 „	94 „
„ 10 „ . . .	105,0 „	107 „

Bauart bietet. Man muß bei eisernen Rekuperatoren, die innen von der Luft durchflossen werden, aber dann auch für günstigere Wärmeübergangsbedingungen auf der Innenseite der Rohre sorgen, um eine möglichst niedrige Materialtemperatur zu erhalten.

5. Wärmeübertragung durch Gasstrahlung.

Ein erheblicher, häufig sogar überwiegender Anteil am Wärmeübergang fällt der Strahlung der Gase zu. An ihre Bedeutung in technischen Feuerungen erinnerte zuerst *Nusselt*. Die Anwendung der theoretischen und experimentellen Unterlagen auf technische Fragen haben aber insbesondere die Schackschen Berechnungsformeln ermöglicht. Ihre Anwendbarkeit ist durch Messungen im Betriebe bewiesen, wobei teilweise Abweichungen auch durch Ungenauigkeiten der Messungen erklärbar sind.

Die theoretische Grundlage ist die Feststellung, daß einige Gase — nicht alle — eine merkliche Wärmestrahlung aussenden. Im Gegensatz zu den festen Körpern erstreckt sich diese Fähigkeit aber nicht auf den ganzen Bereich der Wellenlängen, sondern ist auf kleine begrenzte Wellenbereiche beschränkt. Der Fähigkeit, Wärmestrahlung auszusenden, entspricht auch die entgegengesetzte, Wärmestrahlung aufzunehmen.

Als strahlende Bestandteile der Rauchgase kommen Kohlensäure und Wasserdampf in Betracht, während Stickstoff und Sauerstoff sich am Wärmeaustausch durch Strahlung nicht beteiligen. Die Wärmestrahlung braucht nicht von Lichtstrahlung begleitet zu sein, beide Strahlungen stehen nicht im ursächlichen Zusammenhang.

Die Intensität der Strahlung wird um so größer, je größer der Temperaturunterschied zwischen Gas und Wandoberfläche ist, ähnlich wie beim Übergang durch Konvektion, jedoch nicht in gleichem Maße. Sie wird weiter durch das Temperaturniveau, auf dem sich der Vorgang abspielt, bedingt, indem bei gleichem Temperaturunterschied der Wärmeübergang um so stärker ist, je höher die Temperatur ist.

Mit steigendem Anteil des Gases an strahlenden Gasen wächst natürlich auch die Größe des Wärmeüberganges.

Die Dicke der strahlenden Gasschicht ist, wie leicht erklärbar, von erheblichem Einfluß. Je dicker die Gasschicht in einem Kanal ist, um so weniger gelangt von der Strahlung der einen Oberfläche an die andere, um so mehr wird von der Gasschicht verschluckt. Die räumliche Ausbildung der Gasschicht, das ist die Gestalt des Gaskörpers, ist deshalb auch von Einfluß auf die Intensität der Strahlung. Für den vorliegenden Zweck genügt es jedoch, die Gasstrahlung für Kanäle zu betrachten.

Wie alle Strahlungsvorgänge wird auch die Gasstrahlung durch die Oberflächenbeschaffenheit der Heizfläche beeinflußt.

Die Berechnung der Gasstrahlung soll hier übergangen werden, da sie bereits im 1. Band der vorliegenden Sammlung Platz gefunden hat. Soweit sie zur Berechnung von Wärmeaustauschern gebraucht wird, ist ihr Ergebnis in den Zahlentafeln 43, 44, 45 angegeben. Diese Zahlentafeln sind für die Rauchgase (theoretische Zusammensetzung) von Generatorgas, Halbgas, Kohle, Gichtgas (Koks) und Koksofengas aufgestellt. Der Kanaldurchmesser ist von 25 bis 300 mm variiert. Als Strahlungszahl ist 4,9 eingesetzt. Für andere Strahlungszahlen C erhält man den richtigen Wert durch Multiplikation mit $\frac{C}{4,9}$.

Besitzen die Rauchgase nicht die theoretische Zusammensetzung, sondern haben sie Luftüberschuß, so wird die Wärmeabgabe vermindert. Infolge des gleichartigen Einflusses der Teildrücke der strahlenden Gase (d. h. ihres Gehaltes in Volumteilen) und des Kanaldurchmessers kann man den Einfluß der Verdünnung des Rauchgases durch den Luftüberschuß ersetzen durch eine Verkleinerung des Kanaldurchmessers. Der Rechnungsweg ist unten näher angegeben.

Die Abgaszusammensetzung ist

	Generatorgas	Koksofengas	Gichtgas
CO_2	17,6	9,0	24,0 Proz.
H_2O	7,8	21,0	1,8 „
N_2	74,6	71,0	75,2 „

Die angegebenen Werte geben die Strahlung von der angegebenen Temperatur auf 0° C an. Infolge des Aufbaues der Schackschen Formeln berechnet sich die bei ϑ_1 ° C gegen ϑ_2 ° C abgegebene Wärmemenge dadurch, daß man von der Wärmemenge, die von ϑ_1 auf 0° abgestrahlt wird, die Wärmemenge, die von ϑ_2 auf 0° abgegeben wird, abzieht.

Zahlentafel 43. Abgas von Generatorgas, Halbgas.
Abgegebene Wärme in kcal/qm, St. bei Strahlung auf 0° C.

Temperatur	Durchmesser des Kanals in mm							
	25	50	75	100	125	150	200	300
200	60	125	200	250	300	325	370	450
300	150	290	430	540	620	680	780	920
400	300	580	820	950	1100	1250	1470	1720
500	550	1000	1400	1670	1950	2180	2450	2880
600	850	1600	2170	2650	3000	3250	3700	4320
700	1250	2330	3170	4000	4500	4820	5400	6300
800	1730	3250	4370	5450	6150	6550	7400	8750
900	2350	4280	5900	7000	7850	8550	9650	11350
1000	3040	5450	7550	9100	10200	11000	12500	14700
1100	3840	6800	9400	11300	12700	13700	15700	18400
1200	4700	8400	11400	13800	15500	16700	19200	22700
1300	5700	10000	13500	16400	18300	19800	23000	27300
1400	6750	11700	15700	19100	21400	23500	27200	32500
1500	7800	13600	18100	22000	25000	27600	31500	37700
1600	8800	15600	21000	25600	29000	31900	36500	43500
1700	9850	17800	24500	29500	33400	36400	41600	49700
1800	10900	20000	28200	33500	37700	41000	46800	56000

Zahlentafel 44. Abgas von Koksofengas.
Abgegebene Wärme in kcal/qm, St. bei Strahlung auf 0° C.

Temperatur	Durchmesser des Kanals in mm							
	25	50	75	100	125	150	200	300
200	130	210	260	300	340	370	440	500
300	230	390	510	610	710	810	990	1140
400	530	740	1020	1260	1430	1640	1900	2170
500	720	1290	1650	2040	2380	2710	3080	3580
600	1150	1950	2500	3000	3520	4020	4780	5530
700	1670	2900	3620	4330	5000	5670	7000	7950
800	2280	4040	5000	5900	6750	7610	5900	10900
900	3000	5250	6580	7750	8980	10000	12500	14500
1000	3850	6680	8420	10090	11750	13200	16550	18750
1100	4780	8220	10350	12500	14800	16500	20400	23700
1200	5800	9850	12500	15200	17850	20000	24600	28800
1300	6860	11620	14850	18200	21400	23800	29100	34800
1400	8000	13500	17500	21450	25100	27900	34200	41100
1500	9200	15600	20400	24800	29200	32300	39900	47700
1600	10550	18200	23300	28500	33400	37200	45900	55100
1700	12600	21000	26500	32500	37900	42500	52300	62500
1800	14700	24200	30200	36500	42500	48000	58800	70800

Zahlentafel 45. Abgas von Gichtgas.
Abgegebene Wärme in kcal/qm, St. bei Strahlung auf 0° C.

Temperatur	Durchmesser des Kanals in mm							
	25	50	75	100	125	150	200	300
200	120	170	200	220	240	260	280	310
300	290	390	450	490	530	570	600	660
400	620	750	850	930	1000	1060	1110	1220
500	1100	1340	1460	1550	1660	1730	1840	2020
600	1700	2060	2250	2430	2550	2660	2850	3180
700	2480	3100	3450	3700	3810	3920	4200	4760
800	3350	4260	4700	5000	5120	5360	5800	6610
900	4300	5430	5950	6380	6770	7100	7700	8650
1000	5500	7000	7700	8250	8750	9250	10100	11500
1100	6900	8700	9600	10350	10900	11600	12700	14400
1200	8400	10500	11600	12550	13350	14100	15500	17500
1300	10000	12400	13900	14950	15900	16900	18500	21200
1400	11700	14500	16300	17550	18600	19700	21600	25100
1500	13500	16800	18700	20300	21700	22900	25200	29000
1600	15700	19300	21500	23400	25000	26600	29300	33700
1700	17900	21900	24400	26600	28650	30550	33700	38400
1800	20200	24700	27500	29900	32300	34400	37900	43700

Beispiel: Die durch Gasstrahlung abgegebene Wärme ist für den Fall zu errechnen, daß Abgas von Generatorgas mit der Temperatur 1200° durch einen Kanal von 100 ⊡ fließt, der eine Oberflächentemperatur von 950° hat. Strahlungszahl 3,8.

Aus Zahlentafel 43 ist zu entnehmen $q_{1200} = 13800$

$$\begin{array}{rl} q_{950} = & 8050 \\ \hline \text{Differenz} = & 5750 \end{array}$$

Die übertragene Wärmemenge ist $q_s = \frac{3,8}{4,9} \cdot 5750 = 4460$ kcal/qm, St.

Braucht man zur Durchführung von Berechnungen die Wärmeübergangszahl, so errechnet sich diese, da die Temperaturdifferenz 250° ist, zu

$$\alpha_s = \frac{4460}{250} = 17,8 \text{ kcal/qm, St., °C}.$$

Ist nun ein Luftüberschuß vorhanden, so verringert sich der Partialdruck der strahlenden Gase, Kohlensäure und Wasserdampf. Der Wert $p \cdot d$ = (Summe der Teildrücke von CO_2 und H_2O) mal (Kanaldurchmesser) verringert sich, hiermit auch die ausgetauschte Wärmemenge. Für die Berechnung der Wärmemenge ist es nun, wie gesagt, gleichgültig, welcher Faktor des Produktes $p \cdot d$ die Verkleinerung des Produktes herbeiführt. Da in den Zahlentafeln der Durchmesser d verändert ist, erspart man eine neue Rechnung, wenn man sich die durch den veränderten Partialdruck hervorgerufene Veränderung des Produktes durch einen veränderten Kanaldurchmesser verursacht denkt. Man kann dann den entsprechenden Durchmesser errechnen und für diesen die Wärmemengen aus den Zahlentafeln ablesen.

Bedeutet, wie früher, n die Größe des Luftüberschusses, so sinkt der Partialdruck der strahlenden Gase im Verhältnis

$$\frac{G_a}{G_a + n\,G_l},$$

worin G_a die Abgasmenge je Mengeneinheit des Brennstoffes und G_l der theoretische Luftbedarf je Mengeneinheit des Brennstoffes ist.

Das Verhältnis läßt sich auch schreiben:

$$\frac{1}{1 + n\frac{G_l}{G_a}} = \frac{1}{1 + n \cdot l}.$$

Der Wert $l = \frac{G_l}{G_a}$ ist in den Zahlentafeln in Abschnitt III „Brennstoffe" angegeben.

Multipliziert man nun den gegebenen Kanaldurchmesser mit diesem Verhältnis, so erhält man denjenigen Kanaldurchmesser, der mit theoretischer Abgaszusammensetzung die richtigen Wärmemengen aus den Zahlentafeln zu entnehmen gestattet.

Beispiel: Das vorhergehende Beispiel soll für Generatorgas mit 30 Proz. Luftüberschuß berechnet werden. Das Generatorgas hat 1300 kcal/cbm. Für dieses Gas ist $\frac{G_l}{G_a} = 0,574$ (Zahlentafel 4)

$$\frac{1}{1 + n \cdot l} = \frac{1}{1 + 0,3 \cdot 0,574} = \frac{1}{1,172}.$$

Der reduzierte Kanaldurchmesser ist $d' = d \cdot \frac{1}{1 + n \cdot l} = \frac{100}{1,172} = 85$ mm.

Es ist für	$d =$ 75 mm	$d =$	100 mm
	$q_{1200} = 11400$		$= 13800$
	$q_{950} = 6725$		$= 8050$
	Differenz $= 4675$		$= 5750$

Für $d = 85$ mm ist dann

$$q = \frac{3{,}8}{4{,}9}\left[4675 + \frac{10}{25}(5750 - 4675)\right],$$

$$= \frac{3{,}8}{4{,}9} \cdot 5105\,,$$

$$= 3960\ \text{kcal/qm}\,.$$

Die übertragene Wärmemenge ist rund 11 Proz. niedriger als bei theoretischer Zusammensetzung.

Unterlagen für die Strahlung anderer Gase fehlen noch. Jedoch ist bekannt, daß Kohlenwasserstoffe ebenfalls Strahlung absorbieren und emittieren. Die Frage ist von Bedeutung für die Vorwärmung der Frischgase. Solange zahlenmäßige Grundlagen fehlen, ist es angebracht, für diese Gase mit der gleichen Strahlung unter Berücksichtigung des Gehaltes an strahlenden Gasen zu rechnen.

6. Die Wärmeübertragung durch Berührung und Strahlung.

Die Wärmeübertragung durch Berührung und Strahlung ergibt in der Summe die gesamte Übertragung. Die Untersuchung beider Vorgänge zeigte, daß die Wärmemengen beider Übertragungsarten von gleicher Größenordnung sein können. Ihr Verhalten gegenüber den betrieblichen und baulichen Gegebenheiten ist jedoch recht verschieden. Zunächst die Abhängigkeit von der Art des Gases. Während die Wärmeübergangszahl der Berührung verhältnismäßig wenig von der Gasart abhängt, ist die Gasstrahlung gebunden an das Vorhandensein eines strahlenden Bestandteils im Gase. Die Gastemperatur ist ohne merklichen Einfluß auf die Wärmeübergangszahl der Berührung, die Intensität der Strahlung ist in hohem Maße von der Temperatur abhängig. Während z. B. Gichtgasabgas in einem Kanal von 100 mm unter einem Temperaturunterschied von 100° zwischen Gas und Wand bei 300° eine Wärmeübergangszahl von 2,7 kcal/qm, St., °C besitzt, steigert sich diese bei 1600° unter sonst gleichen Verhältnissen auf 27,5 kcal, also auf den zehnfachen Wert. Sogar entgegengesetzt ist das Verhalten bei einer Veränderung des Kanaldurchmessers. Die Berührungsübertragung nimmt mit zunehmendem Kanaldurchmesser ab, die Strahlungsübertragung zu.

Die Berechnung des gesamten Wärmeüberganges durch Berührung und Strahlung sei noch an einem Beispiel gezeigt:

Es soll die Wärmeübergangszahl für einen (mit Gichtgas beheizten) Winderhitzer errechnet werden. Der Durchmesser der Kanäle soll 50 mm betragen. Die Rauchgasgeschwindigkeit sei 1,0 m/sec (0°, 760). Das Gitter habe eine Strahlungskonstante $C = 4{,}0$. Die Gastemperatur fällt von 1200 auf 400°.

Die Wärmeübergangszahl der Berührung ist nach Fig. 44 $\alpha_k = 11{,}1$. Sie gilt für alle Temperaturen. Die Wärmeübergangszahl durch Strahlung α_s ist jedoch abhängig von der Temperaturdifferenz Rauchgas-Heizfläche. Diese liegt bei den Winderhitzern etwa zwischen 50 und 200°. Aus den Zahlentafeln kann man leicht erkennen, daß sich α_s nicht sehr wesentlich ändert, ob man 100 oder 200° Temperaturdifferenz bei der Bestimmung der Wärmeübergangs wählt.

Zahlentafel 46. Vergleich der Wärmeübergangszahlen $\alpha = \alpha_k + \alpha_s$ bei Änderung der Temperatur.

Rauchgas-temp. °C.	Kanalweite 50 mm			Kanalweite 100 mm		
	α_k	α_s	α	α_k	α_s	α
1200	11,1	14,7	25,8	7,2	18,0	25,2
1000	11,1	12,8	23,9	7,2	15,3	22,5
800	11,1	9,5	20,6	7,2	10,6	17,8
600	11,1	5,9	17,0	7,2	7,2	14,4
400	11,1	2,9	14,0	7,2	3,6	10,8

Der Vergleich beider Zahlenreihen zeigt, daß die Wärmeübergangszahl im weiten Kanal kleiner ist als im engen, daß also bei diesem Beispiel der Einfluß von α_k überwiegt. Bei den hohen Temperaturen vermag wohl die Strahlung die Verschlechterung des konvektiven Wärmeüberganges infolge des größeren Durchmessers auszugleichen, bei den Temperaturen unter 1000° sinkt aber auch die Gesamtwärmeübergangszahl mit α_k.

Diese Veränderung von α infolge veränderten Durchmessers soll wegen seiner Bedeutung generell am Beispiel des Winderhitzers gezeigt werden. Es wird wieder angenommen, daß die Geschwindigkeit so gering ist, daß sie auf die Wärmeübergangszahl nicht zurückwirkt.

Zahlentafel 47.
Einfluß des Kanaldurchmessers auf die W.-Ü.-Z. $\alpha = \alpha_k + \alpha_s$.

Durch-messer	α_k	Gastemperatur 600°		Gastemperatur 1200°	
		α_s	α	α_s	α
25	14,7	4,9	19,6	12,3	27,0
50	11,1	5,9	17,0	14,7	25,8
75	8,6	6,5	15,1	16,3	24,9
100	7,2	6,9	14,1	17,9	25,1
125	6,3	7,3	13,6	19,1	25,4
150	5,6	7,6	13,2	20,4	26,0
200	4,8	8,2	13,0	22,8	27,2
300	3,8	9,5	13,3	25,2	29,0

In dem für den wirtschaftlichen Winderhitzerbau wichtigen Gebiet bis etwa 100 mm ∅ überwiegt selbst bei 1200° der Einfluß von α_k auf die Änderung der Gesamtzahl, auch wenn α_s den größeren Anteil an der Wärmeübertragung ausmacht.

Die Ausführungen über den Wärmeübergang lassen erkennen, daß der Bestimmung der Wärmeübergangszahl noch eine beträchtliche Unsicherheit anhaftet. Die gegebenen Formeln dürfen hierüber nicht hinwegtäuschen. Wenn trotzdem hier die Berechnung mit diesen Werten gegenüber der Berechnung mit Faustwerten empfohlen wird, so geschieht dies, weil die Rechnung mit diesen Werten den Weg zu wirtschaftlicherer Bauweise weist. Diese Erkenntnis wird erhärtet durch praktische Erfahrungen. Ferner aber geht, wie sich später zeigt, die Unsicherheit der Wärmeübergangszahl nicht in vollem Umfange in die Unsicherheit des Gesamtergebnisses der Berechnung von Rekuperatoren und Regeneratoren über.

VII. Die Berechnung des Wärmeaustausches.

1. Der Wärmeaustauch in Rekuperatoren und Regeneratoren.

Zwischen dem wärmeabgebenden und dem wärmeaufnehmenden Gase bilden die heizflächentragenden Wände des Wärmeaustauschers die Brücke für den Wärmestrom. Freilich lösen sie bei den beiden Arten der Wärmeaustauscher, den Rekuperatoren und den Regeneratoren, ihre Aufgabe in ganz verschiedener Weise. Schon die mechanischen und strömungstechnischen Erfordernisse sind in beiden Fällen wesentlich anders. Der Rekuperator verlangt dichte Wände, die Rauchgasstrom und Luftstrom voneinander zuverlässig trennen, während die heizflächentragenden Wände des Regenerators diese Trennung nicht zu übernehmen haben. Noch stärker tritt aber der Unterschied bei der Betrachtung der Wärmeströmung hervor: Durch die Wand des Rekuperators wird die Wärme zwischen beiden Gasen in stetigem kontinuierlichem Fluß hindurchgeleitet, durch die Heizflächenwand des Regenerators aber fließt der Wärmestrom in einem Rhythmus, der durch das Umstellen des Regenerators gegeben ist, bald in der einen, bald in der umgekehrten Richtung.

Trotz dieses Unterschiedes in der Form des Wärmestromes läßt sich aber die Aufgabe, die Wärmeübertragung von Rauchgas auf das vorgewärmte Gas zu berechnen, für beide Fälle auf die gleiche Grundlage zurückführen, nämlich dann, wenn man in die Rechnung zunächst die Wärmemenge einführt, die 1 qm Heizfläche in der Zeiteinheit und bei einem Temperaturunterschied von 1° C zwischen dem wärmeabgebenden und wärmeaufnehmenden Gase überträgt. Als Zeiteinheit soll für den Rekuperator die Stunde, für den Regenerator die Periode, das ist die Summe einer Aufheizzeit und einer Entheizzeit, gelten. Die Berechnung dieser Wärmemenge k geht aber natürlich bei beiden Arten verschiedene Wege. Sie wird bei den Rekuperatoren „Wärmedurchgangszahl“, bei den Regeneratoren „Wärmeaustauschzahl“ genannt.

Die beiden wärmeaustauschenden Gasströme können nun in verschiedener Weise geführt werden, wodurch auch die Wärmeübertragung beeinflußt wird. Die gegenseitige Lage der Strömungsrichtung beeinflußt den Temperaturverlauf der Gase in Richtung der Heizfläche und ruft hierdurch eine Änderung des Wärmeaustausches hervor. Werden die Gase so geführt, daß das eintretende Rauchgas mit seiner höchsten Temperatur in Wärmeaustausch mit der eintretenden Luft niedrigster Temperatur tritt (s. Fig. 52), so spricht man von Wärmeaustausch im Gleichstrom. Beide Gase bestreichen die Heizfläche dann in gleicher Richtung. Der Verlauf der Gastemperaturen zeigt, daß die Luft höchstens auf die Austrittstemperatur des Rauchgases aus dem Wärmeaustauscher erwärmt werden kann.

Ist im Gegensatz hierzu die Eintrittsstelle des heißen Rauchgases gleichzeitig Austrittsstelle der heißen vorgewärmten Luft, so müssen sich beide Gase im Gegenstrom bewegen (s. Fig. 53), der Wärmeaustausch vollzieht

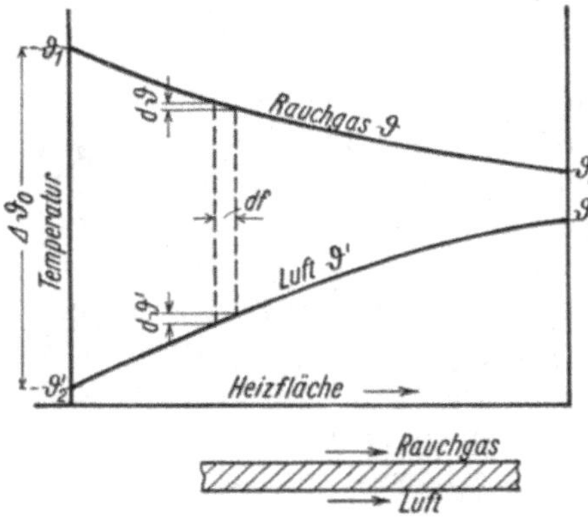

Fig. 52. Wärmeaustausch im Gleichstrom.

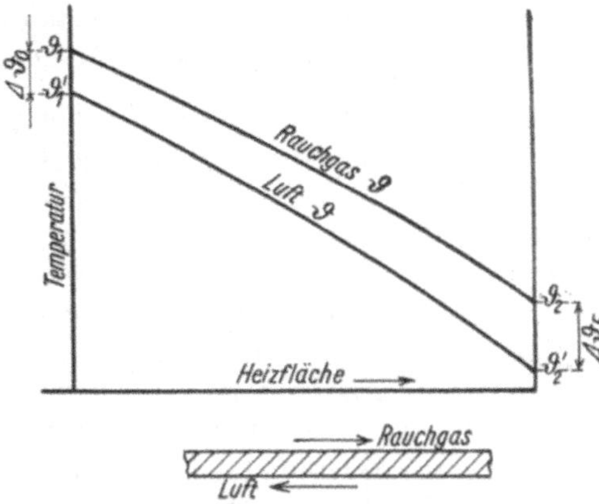

Fig. 53. Wärmeaustausch im Gegenstrom.

sich im Gegenstrom. Im Gegensatz zum Gleichstrom besteht hierbei die Möglichkeit, die Luft fast bis auf die Anfangstemperatur des Rauchgases zu erhitzen.

Schließlich kann die vorzuwärmende Luft quer durch den Rauchgasstrom geführt werden, beide Ströme kreuzen sich, die Wärmeübertragung vollzieht sich im Kreuzstrom. Die Luft kann in diesem Fall über die Austrittstemperatur des Rauchgases hinaus erwärmt werden, kann aber nicht die Eintrittstemperatur des Rauchgases erreichen. Die Erwärmung im Kreuzstrom ergibt also eine Wirkung, die zwischen der des Parallel- und Gegenstromes liegt. Der Kreuzstrom wird mehrfach bei Wärmeaustauschern, die aus Rohren bestehen, angewendet, da sich hierbei einfache konstruktive Anordnungen ergeben. Auch bei steinernen Rekuperatoren wird diese Ausführungsform häufig vorgeschlagen, da sich hierbei eine bessere Abdichtung zwischen Rauchgas und Luft ergeben kann.

Sehr häufig findet man auch eine der drei Arten mit einer anderen kombiniert. Aus den Temperaturbildern der Fig. 52 und 53 erkennt man ohne weiteres, daß bei Gleichstrom die Temperatur der Heizfläche am Anfang des Wärmeaustauschers nicht so hoch steigen wird wie beim Gegenstrom. Diese Tatsache wird benutzt, um durch Gleichstromführung am Anfang des Wärmeaustauschers gefährliche Temperaturspitzen, besonders bei eisernen Rekuperatoren, zu verhüten.

Bei Regeneratoren dagegen wird ausschließlich das Gegenstromprinzip angewendet.

Unter Benutzung der oben angegebenen Wärmeaustauschzahl oder Wärmedurchgangszahl k (kcal/qm Heizfläche, ° C, Zeiteinheit) wird die von dem Wärmeaustauscher ausgetauschte Wärmemenge

$$Q = k \cdot F \cdot z\,(\vartheta_m - \vartheta'_m)\ \text{kcal}\,.$$

Hierin bedeutet:

F die Größe des Wärmeaustauschers in qm Heizfläche
z die Dauer des Wärmeaustauschvorganges in Stunden bzw. Perioden,
ϑ_m bzw. ϑ'_m die mittleren Temperaturen des Rauchgases bzw. der Luft.

Verlaufen die Temperaturen von Rauchgas und Luft parallel zueinander, so bestehen in der zahlenmäßigen Auswertung dieser Beziehung keinerlei Schwierigkeiten, da man dann die arithmetischen Mittel aus den Anfangs- und Endtemperaturen als mittlere Temperaturen einsetzen kann. Diese Parallelität kann natürlich nur bei Gegenstrom eintreten. Bei Gleichstrom ist die Vorbedingung für die unmittelbare Auswertbarkeit der Beziehung die, daß der Temperaturverlauf von Gas und Luft geradlinig oder wenigstens annähernd gradlinig ist. Dies wird aber im allgemeinen nicht eintreten. Streng genommen ist dieser Verlauf überhaupt nicht möglich. Die mittlere Temperaturdifferenz $(\vartheta_m - \vartheta'_m)$ wird zumeist mehr oder weniger stark von dem arithmetischen Mittel abweichen.

Es besteht somit die Aufgabe, den mittleren Temperaturunterschied zu berechnen bzw. eine Rechnung anzugeben, die die Auswertung der angegebenen Beziehung ermöglicht (s. die Gleichung C) S. 133).

2. Wärmeaustausch im Gleichstrom (Fig. 52).

Man hat für ein kleines Heizflächenteilchen df die Wärmebilanz aufzustellen, indem man die Wärmemenge berechnet, welche das Rauchgas an dieses Heizflächenteilchen abgibt, welche die das Heizflächenteilchen tragende Wand vermittelt und welche die Luft von diesem Heizflächenteilchen aufnimmt. Die Wärmemengen müssen einander gleich sein.

Die Luft erfährt folgende Zunahme ihres Wärmeinhaltes:

$$dQ = G' c'_p \cdot d\vartheta'\,. \tag{1}$$

G' Luftmenge in ncbm/Zeiteinheit
c'_p spezifische Wärme in kcal/ncbm, °C.

Das Abgas verliert dagegen eine Wärmemenge

$$dQ_a = -G\,c_p\,d\vartheta\,.$$

G und c_p sind die G' und c'_p entsprechenden Werte des Rauchgases. Das negative Vorzeichen berücksichtigt, daß die Temperaturkurve entlang der

Heizfläche abnimmt, $d\vartheta$ also negativ ist. Da aber die Wärmemenge positiv sein muß, ist die negative Temperaturveränderung durch Negation zu kompensieren.

Die Wärmemenge dQ_a ist in Wirklichkeit etwas größer als dQ, da die Luft nicht die gesamte vom Rauchgas abgegebene Wärme aufnimmt. Ein Teil der abgegebenen Wärme geht als Wandverlust des Austauschers verloren. Es ist deshalb

$$dQ = \eta \cdot dQ_a .$$

Hiermit wird

$$dQ = -\eta G c_p d\vartheta . \tag{2}$$

Die durch die Heizflächenwand übermittelte Wärmemenge ist

$$dQ_F = k \cdot df(\vartheta - \vartheta') .$$

Auch hier ist zu berücksichtigen, daß infolge des Wandverlustes $dQ_F > dQ$ sein muß. Wird der Verlust vollständig unmittelbar vom Rauchgas getragen, so wäre $dQ_F = dQ$, wird er dagegen vollständig unmittelbar von der Luft getragen, so wäre $dQ_F = dQ_a = \frac{dQ}{\eta}$. Die Verteilung des Verlustes auf Rauchgas und Luft hängt von der Konstruktion des Wärmeaustauschers ab. Setzt man, wie es hier durchgeführt ist, voraus, daß der Wandverlust von der Luft getragen wird, so wird ein gewisser Sicherheitszuschlag eingerechnet. Im Bedarfsfalle ist die Rechnung durch Fortlassung von η an der entsprechenden Stelle der Endformel ohne Schwierigkeit so zu ändern, daß man den Verlust lediglich auf das Rauchgas umlegt.

Als dritte Gleichung ergibt sich nun

$$dQ = \eta \cdot k \; df \cdot (\vartheta - \vartheta') . \tag{3}$$

Aus (1) und (2) erhält man

$$G' c_p' \, d\vartheta' = -\eta \, G \, c_p \, d\vartheta .$$

Durch Integration des Wärmeaustausches von Beginn der Heizfläche bis zum betrachteten Heizflächenteilchen wird

$$G' c_p' (\vartheta' - \vartheta_2') = -\eta \, G \, c_p (\vartheta - \vartheta_1) .$$

Die Summierung über die gesamte Heizflächengröße ergibt

$$G' c_p' (\vartheta_1' - \vartheta_2') = -\eta \, G c_p (\vartheta_2 - \vartheta_1) .$$

Beide Gleichungen ergeben

$$\frac{\vartheta_1 - \vartheta}{\vartheta' - \vartheta_2'} = \frac{\vartheta_1 - \vartheta_2}{\vartheta_1' - \vartheta_2'} = \frac{G' c_p'}{\eta \, G \, c_p} = a .$$

Zur Vereinfachung der Schreibweise ist $\frac{G' c_p'}{\eta \, G \, c_p} = a$ gesetzt worden.

Bringt man die Gleichungen (1) und (3) zusammen, so wird

$$G' c_p' \, d\vartheta' = \eta \, k(\vartheta - \vartheta') \cdot df .$$

$$\frac{d\vartheta'}{\vartheta - \vartheta'} = \frac{\eta \cdot k}{G' c_p'} \, df .$$

Aus $$\frac{\vartheta_1 - \vartheta}{\vartheta' - \vartheta_2'} = \frac{\vartheta_1 - \vartheta_2}{\vartheta_1' - \vartheta_2'}$$ ist zu errechnen

$$\vartheta = \vartheta_1 - (\vartheta' - \vartheta_2') \frac{\vartheta_1 - \vartheta_2}{\vartheta_1' - \vartheta_2'} .$$

Durch Einsatz dieses Wertes von ϑ wird

$$\frac{d\vartheta'}{\vartheta_1 + \vartheta_2' \dfrac{\vartheta_1 - \vartheta_2}{\vartheta_1' - \vartheta_2'} - \vartheta' \left(1 + \dfrac{\vartheta_1 - \vartheta_2}{\vartheta_1' - \vartheta_2'}\right)} = \frac{\eta \cdot k}{G' c_p'} \, df .$$

Die Integration über die ganze Heizfläche F gibt die Gleichung

a) $$G' c_p' (\vartheta_1' - \vartheta_2') = \eta \, k \, F \frac{(\vartheta_1 - \vartheta_2') - (\vartheta_2 - \vartheta_1')}{\ln \dfrac{\vartheta_1 - \vartheta_2'}{\vartheta_2 - \vartheta_1'}} .$$

$G' c_p' (\vartheta_1' - \vartheta_2')$ ist die gesamte an die Luft übertragene Wärmemenge in kcal/St. $= Q$.

$\vartheta_1 - \vartheta_2'$ ist die Temperaturdifferenz am Anfang der Heizfläche, die mit $\varDelta \vartheta_0$ bezeichnet wird.

$\vartheta_2 - \vartheta_1'$ ist die Temperaturdifferenz am Ende der Heizfläche, die mit $\varDelta \vartheta_F$ bezeichnet wird.

Dann schreibt sich die Gleichung

A) $$Q = \eta \, k \, F \frac{\varDelta \vartheta_0 - \varDelta \vartheta_F}{\ln \dfrac{\varDelta \vartheta_0}{\varDelta \vartheta_F}} .$$

Der Vergleich mit der anfangs angegebenen Gleichung zeigt, daß die mittlere Temperaturdifferenz $(\vartheta_m - \vartheta_m')$ die Größe hat:

$$(\vartheta_m - \vartheta_m') = \frac{\varDelta \vartheta_0 - \varDelta \vartheta_F}{\ln \dfrac{\varDelta \vartheta_0}{\varDelta \vartheta_F}} .$$

Die Gleichung A) kann ihrem Aufbau gemäß zur Berechnung von F benutzt werden. Die notwendige Kenntnis von $\varDelta \vartheta_0$ und $\varDelta \vartheta_F$ setzt voraus, daß man die Anfangs- und Endtemperaturen von Rauchgas und Luft kennt. Man erhält also

$$F = \frac{Q}{\eta \, k} \cdot \frac{1}{\dfrac{\varDelta \vartheta_0 - \varDelta \vartheta_F}{\ln \dfrac{\varDelta \vartheta_0}{\varDelta \vartheta_F}}} .$$

Sie kann aber auch dazu dienen, den möglichen Wärmeumsatz eines gegebenen Austauschers zu errechnen, wenn die Temperaturen festliegen, also z. B. bei gegebener Eintrittstemperatur von Rauchgas und Luft sowie gegebener Vorwärmungstemperatur eine bestimmte Abgastemperatur nicht überschritten werden soll, eine Frage, die bei Betriebsumbauten ja häufig gestellt wird. Dann erhält man Q und hieraus mit

$$G' = \frac{Q}{c_p(\vartheta_1' - \vartheta_2')}$$

die größte zulässige Luftmenge.

Wird jedoch die Frage nach der erreichbaren Vorwärmungstemperatur gestellt, wenn die Heizfläche, die Rauchgas- und Luftmengen sowie die Eintrittstemperatur der Luft festliegen, so versagt die Gleichung in der vorliegenden Form. In den Werten $\Delta\vartheta_0$ ist ja bereits die Vorwärmungstemperatur enthalten.

Aus Gleichung A) erhält man, wenn man für $\frac{\vartheta_1 - \vartheta_2}{\vartheta_1' - \vartheta_2'}$ die Bezeichnung a einsetzt,

$$\frac{1}{a+1} \ln \frac{\vartheta_1 - \vartheta_2'}{\vartheta_2 - \vartheta_1'} = \frac{k}{G' c_p'} F .$$

Hieraus

$$\frac{\vartheta_2 - \vartheta_1'}{\vartheta_1 - \vartheta_2'} = e^{-\frac{\eta k (a+1) \cdot F}{G' c_p'}} .$$

Man eliminiert hieraus die Endtemperatur des Rauchgases ϑ_2, die im allgemeinen nicht unmittelbar gegeben sein wird.

Es ist

$$\vartheta_2 = \vartheta_1 - a(\vartheta_1' - \vartheta_2'),$$

$$\vartheta_1' = \vartheta_1 - a(\vartheta_1' - \vartheta_2') - (\vartheta_1 - \vartheta_2') e^{-\frac{\eta k (a+1) \cdot F}{G' c_p'}} .$$

Setzt man zur Vereinfachung der Schreibweise

$$z_p = e^{-\frac{\eta k F (a+1)}{G' c_p'}} ,$$

so wird

$$\text{B)} \qquad \vartheta_1' = \frac{1}{a+1} \{\vartheta_1(1 - z_p) + \vartheta_2'(a + z_p)\} .$$

Mit Hilfe von B) ist die oben angegebene Aufgabe zu lösen, wobei man die Abkürzungen a und z aus den gegebenen Werten zu berechnen hat. Zur Umgehung der Ausrechnung der Exponentialfunktion kann die Fig. 61 benutzt werden, wobei dann nur der Exponent der e-Funktion zu berechnen ist.

3. Der Wärmeaustausch im Gegenstrom (Fig. 53).

Die drei Grundgleichungen des Wärmeaustausches unterscheiden sich von den für Parallelstrom abgeleiteten nur dadurch, daß auch in der Gleichung (1) die rechte Seite negatives Vorzeichen erhält, denn auch die Kurve der Lufttemperatur nimmt jetzt mit ansteigender Heizfläche ab. Der deshalb negative Wert von $d\vartheta'$ wird durch Negation in einen positiven Wert umgewandelt.

Es stehen also folgende 3 Gleichungen zur Verfügung:

1. $dQ = -G' c'_p \, d\vartheta'$,
2. $dQ = -\eta \, G c_p \, d\vartheta$,
3. $dQ = \eta \cdot k \cdot df (\vartheta - \vartheta')$.

Mit demselben Rechnungsgang, der für Gleichstrom durchgeführt wurde, erhält man

a) $$G' c'_p (\vartheta'_1 - \vartheta'_2) = \eta \, k \, F \frac{(\vartheta_1 - \vartheta'_1) - (\vartheta_2 - \vartheta'_2)}{\ln \frac{\vartheta_1 - \vartheta'_1}{\vartheta_2 - \vartheta'_2}}.$$

Die Temperaturdifferenz am Anfang der Heizfläche $\varDelta \vartheta_0$ ist jetzt, wie Fig. 53 zeigt, $\vartheta_1 - \vartheta'_1$, diejenige am Ende der Heizfläche $\varDelta \vartheta_F = \vartheta_2 - \vartheta'_2$.

Mit $Q = G' c'_p (\vartheta'_1 - \vartheta'_2)$ schreibt sich dann die Gleichung

A) $$Q = \eta \cdot k \cdot F \frac{\varDelta \vartheta_0 - \varDelta \vartheta_F}{\ln \frac{\varDelta \vartheta_0}{\varDelta \vartheta_F}}.$$

Entsprechend den Bemerkungen zu dieser Gleichung unter 2) Gleichstrom kann diese Gleichung nur zur Berechnung der Heizfläche F und bei gegebener Heizfläche und festliegenden Anfangs- und Endtemperaturen zur Berechnung des möglichen Wärmeumsatzes dienen.

Hervorzuheben ist, daß die Form der Gleichung, wenn man die Temperaturdifferenzen am Anfang und Ende der Heizfläche einführt, genau dieselbe für Gleichstrom und Gegenstrom ist. Dabei ist aber eben zu beachten, daß die Lufttemperatur am Anfang der Heizfläche bei Gleichstrom die Eintrittstemperatur, bei Gegenstrom die Austrittstemperatur ist.

Die Umbildung der Gleichung a) in eine Form, die die Berechnung der Vorwärmung ϑ'_1 erlaubt, gibt mit $\vartheta_2 = \vartheta_1 - a (\vartheta'_1 - \vartheta'_2)$

B) $$\vartheta'_1 = \frac{1}{a - z_g} \{\vartheta_1 (1 - z_g) + \vartheta'_2 (a - 1)\}.$$

Der z-Wert für Gegenstrom ist jedoch anders als bei Gleichstrom aufgebaut. Es ist hier

$$z_g = e^{-\frac{\eta k F (a-1)}{G' c'_p}}.$$

4. Vereinfachung der Gleichungen A für Gleich- und Gegenstrom.

Im Gegensatz zu den beiden Gleichungen A für Gleich- und Gegenstrom zeigen die Gleichungen B große Unterschiede im Aufbau. Abgesehen davon sind auch die Werte z_p und z_g verschieden.

Die Ausrechnung der Gleichungen A läßt sich vereinfachen, wenn man nun, wie beabsichtigt wurde, den Wert

$$\frac{\varDelta \vartheta_0 - \varDelta \vartheta_F}{\ln \frac{\varDelta \vartheta_0}{\varDelta \vartheta_F}}$$

auf das arithmetische Mittel der Temperaturdifferenz $(\vartheta_m - \vartheta'_m)$ bezieht, also den Wert n der Beziehung

$$\frac{\Delta\vartheta_0 - \Delta\vartheta_F}{\ln\dfrac{\Delta\vartheta_0}{\Delta\vartheta_F}} = n\,(\vartheta_m - \vartheta'_m)$$

angibt.

Es ist

$$(\vartheta_m - \vartheta'_m) = \frac{\Delta\vartheta_0 + \Delta\vartheta_F}{2},$$

also

$$n = \frac{2}{\ln\dfrac{\Delta\vartheta_0}{\Delta\vartheta_F}} \cdot \frac{\dfrac{\Delta\vartheta_0}{\Delta\vartheta_F} - 1}{\dfrac{\Delta\vartheta_0}{\Delta\vartheta_F} + 1}.$$

Dann ist für Gleich- wie auch für Gegenstrom

C) $$Q = \eta \cdot k \cdot F \cdot n\,(\vartheta_m - \vartheta'_m),$$

n ist aus Fig. 54 zu entnehmen, in der dieser Wert in Abhängigkeit von $\dfrac{\Delta\vartheta_0}{\Delta\vartheta_F}$ eingezeichnet ist.

Das Verhältnis der Heizflächengröße bei Gegenstrom zu derjenigen bei Gleichstrom ist aus dem umgekehrten Verhältnis der beiden Koeffizienten n leicht zu bestimmen. Es ist, wie aus der Gleichung C abzuleiten ist,

$$\frac{F_{\text{gegen}}}{F_{\text{gleich}}} = \frac{n_{\text{gleich}}}{n_{\text{gegen}}}.$$

Solange $\dfrac{\Delta\vartheta_0}{\Delta\vartheta_F}$ zwischen 0,3 und 3,5 bleibt, wird der Unterschied höchstens 10 Proz. betragen (s. Fig. 54). Solange die gewünschte Vorwärmungstemperatur beträchtlich unter der Abzugstemperatur des Rauchgases aus dem Wärmeaustauscher bleibt, wird der Unterschied im Heizflächenbedarf zumeist nicht wesentlich verschieden sein. Man kann hieraus entnehmen, daß man für überschlägige Rechnungen die leicht im Gedächtnis haftende Gleichung

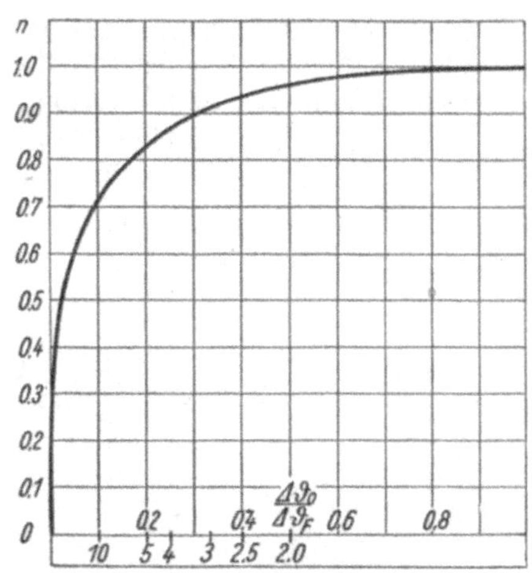

Fig. 54. Faktor n zur Bestimmung des mittleren Temperaturunterschiedes $\vartheta_m - \vartheta'_m$.

$$Q = k \cdot F\,(\vartheta_m - \vartheta'_m)\ \text{kcal/St.}$$

anwenden kann, wenn das Verhältnis $\dfrac{\Delta\vartheta_0}{\Delta\vartheta_F}$ zwischen 3,5 und 0,35 liegt.

Beispiel: Für einen Schmiedeofen, der mit stündlich 500 $n$cbm kaltem gereinigtem Generatorgas von 1300 kcal/cbm Heizwert betrieben wird, ist rekuperative Vorwärmung der gesamten Verbrennungsluft von 0° auf 500°

vorgesehen worden. Die Wärmedurchgangszahl k ist nach der festgelegten Bauart des Rekuperators 2,5 kcal/qm, St., °C. Die Zeiteinheit ist in diesem Falle also die Stunde.

Die Rauchgastemperatur beim Eintritt in den Rekuperator ist 1200°. Der Wirkungsgrad η wird mit 90 Proz. geschätzt. Es soll die erforderliche Heizfläche a) für Gleichstrom, b) für Gegenstrom berechnet werden.

Für das Generatorgas von 1300 kcal liefert die Zahlentafel 4 folgende Angaben:

Luftverbrauch 1,13 cbm/cbm Gas,

cbm Luft/cbm Abgas 0,574

Ferner ist gegeben: $\vartheta_1 = 1200°$

$\vartheta_1' = 500°$

$\vartheta_2' = 0°$

Zu berechnen ist ϑ_2. Diese Temperatur erhält man aus

$$\frac{\vartheta_1 - \vartheta_2}{\vartheta_1' - \vartheta_2'} = \frac{G' c_p'}{\eta G c_p}.$$

Es ist $\frac{G'}{G} = 0{,}574$. c_p' spezifische Wärme zwischen 0° und 500° = 0,322. c_p ist die spezifische Wärme zwischen 1200° und ϑ_2. ϑ_2 muß ungefähr $1200 - 0{,}574 \cdot (500 - 0°) = \sim 900°$ sein.

Nach Zahlentafel 5 ist der Wärmeinhalt des Rauchgases bei 1200° = 448 kcal/cbm, bei 900° = 329 kcal/cbm, die spezifische Wärme zwischen 1200 und 900° ist also $\frac{448 - 329}{300°} = 0{,}397$.

$$a = \frac{G' c_p'}{\eta G c_p} = \frac{0{,}574 \cdot 0{,}322}{0{,}90 \cdot 0{,}397} = 0{,}517,$$

$$\vartheta_2 = \vartheta_1 - 0{,}517 \cdot (500 - 0) = 942°.$$

Ferner ist $Q = 1{,}13 \cdot 500 \cdot 0{,}322 \cdot (500 - 0) = 91000$ kcal/St.

a) Gleichstrom.

$$\Delta\vartheta_0 = \vartheta_1 - \vartheta_2' = 1200 - 0 = 1200,$$

$$\Delta\vartheta_F = \vartheta_2 - \vartheta_1' = 942 - 500 = 442,$$

$$\frac{\Delta\vartheta_0}{\Delta\vartheta_F} = 2{,}72. \text{ Hierfür } n = 0{,}925,$$

$$\vartheta_m - \vartheta_m' = \frac{1200 + 442}{2} = 821.$$

$$F = \frac{91000}{0{,}90 \cdot 2{,}5 \cdot 0{,}925 \cdot 821} = 53{,}2 \text{ qm}.$$

b) Gegenstrom.

$$\varDelta\vartheta_0 = \vartheta_1 - \vartheta_1' = 1200 - 500 = 700\,,$$

$$\varDelta\vartheta_F = \vartheta_2 - \vartheta_2' = 942 - 0 = 942\,,$$

$$\frac{\varDelta\vartheta_0}{\varDelta\vartheta_F} = 0{,}744. \quad \text{Hierfür } n = 0{,}991\,.$$

$\vartheta_m - \vartheta_m'$ ist natürlich wieder $821°$.

$$F = \frac{91000}{0{,}90\cdot 2{,}5\cdot 0{,}991\cdot 821} = 49{,}7 \text{ qm}\,.$$

Der Unterschied des Heizflächenbedarfes bei den beiden Gasstromführungen ist nur durch die verschiedene Größe von n bedingt. Er ist im vorliegenden Fall mit 6,6 Proz. nicht sehr wesentlich. Der etwas größere Aufwand an Heizfläche kann unter gewissen Umständen durch günstigere konstruktive Bedingungen wieder eingebracht werden.

5. Bestimmung des Temperaturfeldes im Wärmeaustauscher.

Zumeist wird nicht nur die Berechnung der Endtemperaturen, sondern auch die der Wandtemperaturen gefordert. Die Rekuperatorsteine haben oft eine für Steinmaterial komplizierte Form, die natürlich eine gewisse Einschränkung der anwendbaren Temperatur bedingt. Bei eisernen Rekuperatoren insonderheit ist Rücksicht auf zu hohe Temperaturen geboten; hitzebeständigen Stahl wird man wegen seines Preises nur dort anwenden, wo es die Wandtemperatur erfordert. Auch bei Regeneratoren bestimmt die Temperatur die anzuwendende Qualität des Gittermaterials und die Bauweise. Die zweckmäßige Verwendung des Baustoffes setzt also die Kenntnis des Temperaturverlaufes voraus, man muß das „Temperaturfeld" des Wärmeaustauschers kennen.

Temperaturverlauf der Gase.

Gleichstrom.

Die Ausgangsformel ist die auf Seite 130 abgeleitete Gleichung.

$$\frac{d\vartheta'}{\vartheta'\left(1+\dfrac{\vartheta_1-\vartheta_2}{\vartheta_1'-\vartheta_2'}\right)-\vartheta_1-\vartheta_2'\dfrac{\vartheta_1-\vartheta_2}{\vartheta_1'-\vartheta_2'}} = -\frac{\eta k}{G' c_p'}\,df\,.$$

Mit $a = \dfrac{\vartheta_1-\vartheta_2}{\vartheta_1'-\vartheta_2'} = \dfrac{G' c_p'}{\eta G c_p}$ wird diese Gleichung

$$\frac{d\vartheta'}{\vartheta'(a+1)-\vartheta_1-a\vartheta_2'} = -\frac{\eta k}{G' c_p'}\,df\,.$$

An der Stelle f der Heizfläche ergibt sich die Temperatur des vorgewärmten Gases ϑ' durch Integration von 0 bis f qm Heizfläche. Nun ist k aber nie konstant, da sich die Wärmeübergangszahl auf der Rauchgasseite infolge der Temperaturveränderung und ebenfalls die Wärmeleitzahl der Trennwand oder des Gitters ändert. Bei genauer Rechnung ist deshalb immer die mittlere

Wärmedurchgangszahl k_f von 0 bis zur Stelle f zu ermitteln. Die Durchführung dieser Rechnung zeigt das Beispiel der Regeneratorenberechnung in Abschnitt XII, 3.

Die Integration ergibt:

$$\frac{\vartheta'(a+1) - \vartheta_1 - a\,\vartheta_2'}{\vartheta_2'(a+1) - \vartheta_1 - a\,\vartheta_2'} = e^{-\frac{\eta\, k_f (a+1)}{G' c_p'} \cdot f}.$$

Setzt man $z_f = e^{-\frac{\eta\, k_f (a+1)}{G' c_p'} \cdot f}$ (zur Berechnung s. Fig. 61), so erhält man

$$\vartheta' = \frac{1}{a+1} [\vartheta_1 (1 - z_f) + \vartheta_2' (a + z_f)] .$$

Den Verlauf der Rauchgastemperatur gibt

$$\vartheta = \vartheta_1 - a(\vartheta' - \vartheta_2') .$$

Auch bei Berechnung von a kann man die wahren Werte der spezifischen Wärmen zwischen ϑ_1 und ϑ bzw. ϑ' und ϑ_2' berücksichtigen.

Gegenstrom.

Die entsprechende Rechnung mit

$$z_f = e^{-\frac{\eta\, k (a-1)}{G' c_p'} \cdot f} \quad \text{(zur Berechnung s. Fig. 61)}$$

gibt den Verlauf des vorgewärmten Gases

$$\vartheta' = \frac{1}{a-1} [\vartheta_1 (z_f - 1) + \vartheta_1' (a - z_f)] .$$

Die Rauchgastemperatur ist

$$\vartheta = \vartheta_1 - a(\vartheta_1' - \vartheta') .$$

Die abgeleiteten Gleichungen ergeben den Temperaturverlauf sowohl für Rekuperatoren, falls man die Wärmedurchgangszahl k einsetzt, als auch für Regeneratoren, wenn man die weiter unten behandelte Wärmeaustauschzahl ε verwendet und hierbei natürlich statt der Gasmengen je Stunde die Gasmengen je Periode in Rechnung setzt.

Der Verlauf der Wandtemperaturen.

Grundsätzlich leitet sich die Berechnung der Wandtemperaturen sowohl der Regeneratoren als auch der Rekuperatoren aus der Bedingung ab, daß zur Übertragung der Wärmemenge, die bei der Berechnung festgestellt wurde, bei bekannter Wärmeübergangszahl ein bestimmtes Temperaturgefälle zwischen Gas und Wand gehört.

Wird in einem Rekuperator an einer bestimmten Stelle die Wärmemenge $q = k(\vartheta - \vartheta')$ kcal/qm, St. übertragen, und ist α die Wärmeübergangszahl Rauchgas — Wand und α' die Wärmeübergangszahl Wand — Luft, so ist auch

$$q = \alpha(\vartheta - \vartheta_s)$$

und

$$q = \alpha'(\vartheta_s' - \vartheta') .$$

Hierin ist ϑ_s die Wandoberflächentemperatur auf der Rauchgasseite
ϑ_s' die Wandoberflächentemperatur auf der Luftseite.

Es ist somit
$$\vartheta_s = \vartheta - \frac{q}{\alpha},$$
$$\vartheta_s' = \vartheta' + \frac{q}{\alpha'}.$$

Im Regenerator ist die Berechnung nicht ganz so einfach. Die Temperatur der Heizfläche verändert sich zeitlich, und das Mittel der Heizflächentemperatur während der Heizzeit ist nicht gleich demjenigen während der Entheizzeit (s. Fig. 55).

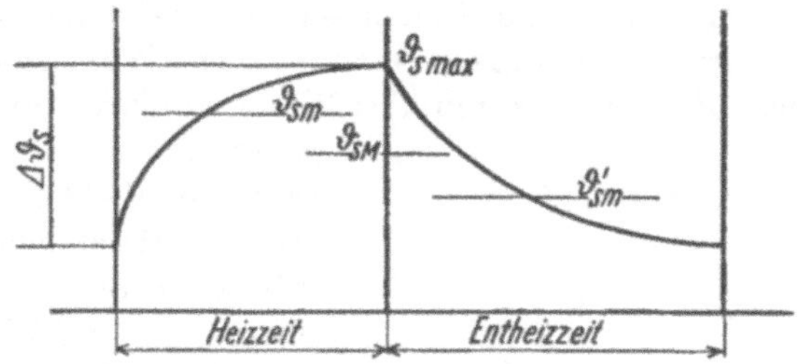

Fig. 55. Zeitlicher Verlauf der Heizflächentemperaturen.

Man errechnet wie oben beim Rekuperator die Steintemperatur ϑ_{sm} und ϑ_{sm}', wobei natürlich an die Stelle von k die Wärmeaustauschzahl ε tritt und die Dauer der Heizzeit z bzw. Entheizzeit z' zu berücksichtigen ist.

Es ist also
$$q_{\text{reg}} = \varepsilon(\vartheta - \vartheta') \text{ kcal/qm, Periode,}$$
$$\vartheta_{sm} = \vartheta - \frac{q_{\text{reg}}}{\alpha \cdot z},$$
$$\vartheta_{sm}' = \vartheta' + \frac{q_{\text{reg}}}{\alpha' \cdot z'}.$$

Dies sind jedoch erst die mittleren Heizflächentemperaturen während Heiz- und Entheizzeit. Zur völligen Bestimmung der Temperaturen ist nun noch die Temperaturschwankung $\Delta\vartheta_s = b(\vartheta - \vartheta')$ hinzuzufügen (s. Abschnitt IX, 4). Dies geschieht dadurch, daß man dem Mittel $\vartheta_{sM} = \frac{\vartheta_{sm} + \vartheta_{sm}'}{2}$ nach oben und unten $\frac{\Delta\vartheta_s}{2}$ ansetzt. Die höchste Steintemperatur ist also
$$\vartheta_{s\max} = \vartheta_{sM} + \frac{\Delta\vartheta_s}{2},$$
die niedrigste Steintemperatur
$$\vartheta_{s\min} = \vartheta_{sM} - \frac{\Delta\vartheta_s}{2}.$$

Der Temperaturabfall der Heizfläche ist gleichzeitig auch als Maß desjenigen des Gases anzusehen. Dies ist um so eher möglich, als jener im Betrieb leicht nachprüfbar und deshalb als Maßstab der Konstruktionsgüte gebräuchlich ist. Ihn als absolutes Maß des Gastemperaturabfalles anzuführen, geht nicht an. In solchen Fällen, in denen die genaue Feststellung dieses Abfalles notwendig ist, sei auf den Abschnitt IX, 7 verwiesen.

VIII. Die Wärmedurchgangszahl k für Rekuperatoren.

Die Berechnung des Wärmeaustausches in einem Rekuperator setzt die Kenntnis der Wärmedurchgangszahl k voraus. Sie zu bestimmen, ist Aufgabe dieses Abschnittes. Bei der Berechnung von Rekuperatoren wird als Zeiteinheit des Wärmeaustausches immer die Stunde genommen. Die Wärmedurchgangszahl k wie auch die am Wärmeaustausch beteiligten Gasmengen werden also für die Stunde angegeben. Der Austauschvorgang setzt sich aus drei einzelnen Vorgängen zusammen: Auf der Abgasseite wird die Wärmemenge vom Rauchgas an die Heizfläche übertragen, das ist der Wärmeübergang Rauchgas — Wand. Diese Wärmemenge wird von der Heizfläche der Abgasseite durch die Wand hindurch an die Heizfläche der Luftseite geleitet, das ist die Wärmeleitung durch die Wand. Schließlich wird die gleiche Wärmemenge von der Heizfläche der Luftseite an die vorzuwärmende Luft übertragen, das ist der Wärmeübergang Heizfläche—Luft.

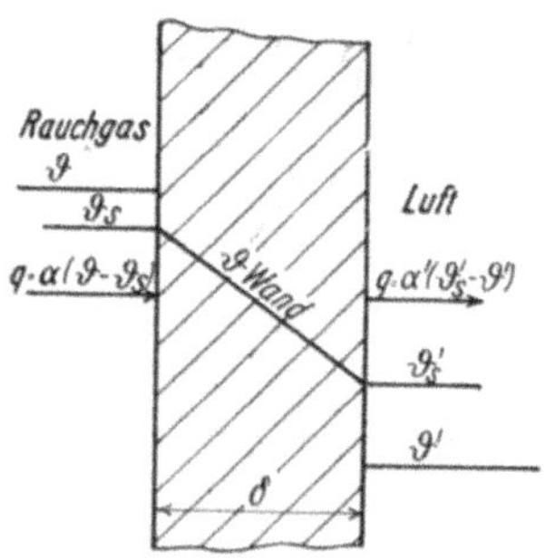

Fig. 56. Temperaturverlauf im Rekuperator.

Es bezeichnet (s. Fig. 56)

q die je qm Heizfläche und Stunde übertragene Wärmemenge in kcal
ϑ die Rauchgastemperatur in °C
ϑ' die Temperatur der vorzuwärmenden Luft in °C
ϑ_s die Heizflächentemperatur auf der Rauchgasseite in °C
ϑ_s' die Heizflächentemperatur auf der Luftseite in °C
α die Wärmeübergangszahl Rauchgas—Heizfläche in kcal/qm, St., °C
α' die Wärmeübergangszahl Heizfläche—Luft in kcal/qm, St., °C
δ die Wandstärke in m
λ die Wärmeleitzahl der Wand in kcal m/qm, St., °C.

Es ist die vom Rauchgas an die Heizfläche übertragene Wärme

$$q = \alpha(\vartheta - \vartheta_s) \text{ kcal/qm, St.,}$$

die durch die Wand hindurch geleitete Wärmemenge

$$q = \frac{\lambda}{\delta}(\vartheta_s - \vartheta_s') \text{ kcal/qm, St.,}$$

die von der Heizfläche an die Luft übertragene Wärme

$$q = \alpha'(\vartheta_s' - \vartheta_s) \text{ kcal/qm, St.}$$

Diese auf drei verschiedenen Wegen errechnete Wärmemenge muß gleich sein, da der Wärmeaustausch im Rekuperator ein kontinuierlicher Vorgang ist.

Andererseits ist die Wärmedurchgangszahl k als diejenige Wärmemenge definiert, welche Rauchgas und Luft in einer Stunde an einem qm Heizfläche austauschen, wenn ihre Temperaturen sich um 1° C voneinander unterscheiden. Es muß also auch

$$q = k(\vartheta - \vartheta') \text{ kcal/qm, St.}$$

sein.

Es ist mithin

$$k(\vartheta - \vartheta') = \alpha(\vartheta - \vartheta_s) = \alpha'(\vartheta_s' - \vartheta') = \frac{\lambda}{\delta}(\vartheta_s - \vartheta_s')\,.$$

Die Umrechnung dieses Gleichungssystems derart, daß die Steintemperaturen ϑ_s und ϑ_s' eliminiert werden, ergibt für k die Beziehung

$$k = \frac{1}{\frac{1}{\alpha} + \frac{1}{\alpha'} + \frac{\delta}{\lambda}}\,.$$

Die Größen von α, δ und λ sind durch die Konstruktion des Austauschers und die Temperaturen von Rauchgas und vorzuwärmendem Gas bestimmt.

Die Rekuperatoren werden, falls feuerfestes Steinmaterial verwendet wird, aus Schamotte gebaut. In neuerer Zeit beginnt in steigendem Maße hitzebeständiger Stahl zur Verwendung zu gelangen, nachdem bereits früher gußeiserne Konstruktionen hin und wieder angewendet wurden. Die Wärmeleitzahlen von Schamotte gibt Zahlentafel 48 wieder, wobei gleichzeitig für die spätere Verwendung bei der Wärmeaustauschzahl von Regeneratoren diejenigen von Silica mit angegeben werden. Die Werte sind aus einer großen Anzahl von Untersuchungen des Wärmeforschungsheims München gemittelt. Die Einzelwerte zeigen allerdings wesentliche Abweichungen von diesen Mittelwerten, die wahrscheinlich durch Porosität, Körnung und Brand zu erklären sind.

Zahlentafel 48. Wärmeleitzahlen von Schamotte und Silica in kcal m/qm, °C, St.

	Temperatur					
	20	200	400	600	800	1000
Schamotte.	0,63	0,73	0,84	0,95	1,06	1,18
Silica.	0,63	0,76	0,92	1,08	1,24	1,40

Für Eisen gilt nach *Landolt-Börnstein*

Zahlentafel 49. Wärmeleitzahl von Eisen.

°C	Gußeisen	Flußeisen weich	Flußeisen hart	Nickel
20	43	45	38	50
100	—	45	36	—
200	—	—	—	47
300	—	40	36	—
600	—	32	29	—
900	—	29	25	38

Die Berechnung der Wärmedurchgangszahl ist mit diesen Angaben ohne weiteres möglich, da die ungefähre Temperatur der Wand unter bestimmten Verhältnissen leicht genügend genau geschätzt werden kann.

Der Einfluß der einzelnen Faktoren des Wärmeaustausches — α, α', δ und λ — ist aus der Gleichung

$$k = \frac{1}{\frac{1}{\alpha} + \frac{1}{\alpha'} + \frac{\delta}{\lambda}}$$

zu erkennen. Je größer α, α' und λ ist, dagegen je kleiner δ ist, um so besser wird k. Für die Gestaltung des Rekuperators ist die Gleichung für k von äußerster Wichtigkeit. Sie läßt erkennen, welche Maßnahmen zur Verbesserung des Wärmeaustausches zu treffen sind. Man ist z. B. durch Verwendung von feuerfestem Steinmaterial an einen bestimmten unteren Wert $\frac{\delta}{\lambda}$ gebunden. Man kann δ nicht wesentlich kleiner als 40 mm machen, wenn man aus Gründen der Dichtheit getrennte Formsteine für Rauchgas und Luft verwendet. λ ist bei einer mittleren Temperatur von 400° 0,84, also $\frac{\delta}{\lambda} = \frac{0{,}04}{0{,}84} = 0{,}0475$. Würde nun $\alpha = \alpha' = 15$, also $\frac{1}{\alpha} = \frac{1}{\alpha'} = 0{,}067$ sein, so ist

$$k = \frac{1}{0{,}133 + 0{,}0475} = 5{,}6 \text{ kcal/°C, qm, St.}$$

Unter diesen Bedingungen hat der Wärmedurchgang durch die Wand nur noch geringen Einfluß. k wird hauptsächlich durch die Wärmeübergangszahlen bestimmt. Will man k verbessern, muß man die Wärmeübergangsbedingungen verbessern.

Die Wärmeübergangszahlen und die Wandstärke müssen aufeinander abgestimmt werden. Es hat wenig Erfolg, eine einzige dieser Größen bei der Konstruktion zu bevorzugen, da ungünstigere Werte der anderen Größen die Auswirkung eines guten Wertes einer einzelnen Größe verhindern.

Die folgende Zahlentafel gibt für die praktisch zumeist vorkommenden Fälle den Wert für k an.

Zahlentafel 50. Wärmedurchgangszahl k.

W.Ü.Z.	$\delta = 0$				$\delta = 40$				$\delta = 60$				$\delta = 80$			
α	5	10	15	20	5	10	15	20	5	10	15	20	5	10	15	20
5	2,50	3,33	3,75	4,00	2,24	2,88	3,19	3,37	2,12	2,70	2,97	3,12	2,03	2,54	2,27	2,91
10	3,33	5,00	6,00	6,67	2,88	4,05	4,69	5,08	2,70	3,70	4,21	4,54	2,54	3,40	3,83	4,10
15	3,75	6,00	7,50	8,57	3,19	4,69	5,55	6,11	2,97	4,21	4,91	5,35	2,77	3,83	4,40	4,75
20	4,00	6,67	8,57	10,0	3,37	5,08	6,11	6,80	3,12	4,54	5,35	5,86	2,91	4,10	4,75	5,15
25	4,16	7,15	9,38	11,1	3,49	5,35	6,50	7,30	3,22	4,75	5,65	6,23	2,99	4,27	4,97	5,43
30	4,30	7,50	10,0	12,0	3,56	5,55	6,80	7,67	3,29	4,91	5,86	6,50	3,06	4,40	5,15	5,64

In der ersten Hauptspalte sind die k-Werte für $\delta = 0$ angegeben. Diese sind für eiserne Rekuperatoren zu benutzen. Der Wert $\frac{\delta}{\lambda}$ wird für Eisen nicht größer als $\frac{0,01}{35} = 0,0003$ werden, ist also gegenüber den Werten $\frac{1}{\alpha}$ und $\frac{1}{\alpha'}$ vernachlässigbar klein, d. h. man kann $\delta = 0$ setzen. In den Werten der anderen Spalten ist $\lambda = 0,85$ eingesetzt worden, die Werte beziehen sich somit auf eine Temperatur des Schamottesteines von $\sim 400°$. Sollten wesentliche andere Werte von λ zu berücksichtigen sein, so kann man die entsprechende Wärmedurchgangszahl für eine andere Wandstärke δ' aufsuchen, die sich bestimmt zu $\delta' = \delta_{\text{wirkl.}} \cdot \frac{0,85}{\lambda}$.

Man kann an Hand dieser Zahlentafel den Einfluß der einzelnen Größen auf die Wärmedurchgangszahl verfolgen. Die Durchgangszahl nimmt bei Übergang von 40 mm auf 80 mm Wandstärke um 10 Proz. bei Wärmeübergangszahlen von $\alpha = \alpha' = 5$, um 35 Proz. bei $\alpha' = 20$, $\alpha = 30$ ab. Je größer die Wärmeübergangszahlen sind, um so vorteilhafter wirken sich geringe Wandstärken aus. Aber auch umgekehrt gilt diese Feststellung: Je geringer die Wandstärken sind, um so vorteilhafter wirkt sich eine Erhöhung der Wärmeübergangszahlen aus.

Die Steigerung der Heizflächenleistung durch Verwendung eiserner Rekuperatoren ist besonders bei großen Wärmeübergangszahlen beträchtlich. Bei sehr kleinen Wärmeübergangszahlen ist dagegen nur ein geringer Vorteil zu ersehen.

IX. Die Wärmeaustauschzahl ε für Regeneratoren.

1. Einführung.

Das Prinzip der regenerativen Vorwärmung und seine Ausgestaltung ist beschrieben worden. Während einer Aufheizzeit wird die Wärme von den Heizgasen (des Regenerators) auf die Füllung des Regenerators übertragen und in ihr durch Temperaturerhöhung des Gitters gespeichert. Dann wird das Heizen eingestellt und das vorzuwärmende Gas in der umgekehrten Richtung des Heizgases hindurchgeschickt, wobei es die aufgespeicherte Wärme dem Gitter entzieht und sich erhitzt. Das augenfälligste Unterscheidungsmerkmal gegenüber dem Rekuperator ist also die Speicherung der Wärme. Die Speicherung ist zwischen dem Wärmeübergang Rauchgas—Wand und der Wärmeübertragung Wand—vorzuwärmendes Gas das Bindeglied, während dieses Bindeglied beim Rekuperator der Wärmedurchgang durch die Trennwand ist.

Die konstruktive Ausbildung eines Regenerators besteht, wie auch diejenige des Rekuperators, in der Festlegung der Ausgitterung und der Festlegung der Abmessungen des Gitters. Beim Entwurf des Rekuperators war zu untersuchen, welche Gestaltungsmöglichkeiten für die Gas- und Luftkanäle und für die Wand bestehen, um einen möglichst guten Wärmedurchgang, einen möglichst hohen k-Wert zu erreichen, ohne schwerwiegende Nachteile anderer Art in Kauf nehmen zu müssen. Besteht hierüber, also über die Art der Ausgitterung, Klarheit, so verursacht die Bestimmung der Abmessungen für einen bestimmten Fall nur noch geringe Rechnungsarbeit. Das gleiche gilt auch für den Regenerator. Ebenso wie bei dem Rekuperator sind auch hier die Kanäle und die Speicherwände die Konstruktionselemente für die Gitterung. Auch hier legt, wie beim Rekuperator, die Kanalweite unter Berücksichtigung der Gasgeschwindigkeiten die Wärmeübergangszahl fest. Außer dem Einfluß der Stärke der Speicherwand tritt aber noch ein weiterer Faktor auf, der für den Regenerator von großer Bedeutung ist. Das ist die Dauer der Aufheizungs- und Entheizungsvorgänge, die Dauer der Periode.

Wie nun beim Rekuperator die Wärmedurchgangszahl die Leistung ohne Rücksicht auf die speziellen Temperaturverhältnisse kennzeichnet, so dient beim Regenerator die Wärmeaustauschzahl ε dem gleichen Zwecke. Sie ist die Wärmemenge, welche Abgas und vorzuwärmendes Gas an 1 qm Heizfläche während der Dauer einer Periode austauscht, wenn die Temperaturdifferenz zwischen Abgas und vorzuwärmendem Gas 1° C beträgt. Die Zeiteinheit ist also die Periode, für die die Wärmeaustauschzahl ε und auch die am Wärmeaustausch beteiligten Gasmengen angegeben werden. Der Unterschied in der Ausdrucksweise wird als notwendig empfunden, um den verschiedenartigen Vorgang der beiden Wärmeaustauschvorrichtungen auch durch die Benennung zu kennzeichnen.

Hiermit ist aber die Untersuchung des Wärmeaustausches im Regenerator noch nicht erschöpft. Die Wärmeaufnahme und -abgabe verursacht eine Veränderung der Heizflächentemperatur durch die Erhitzung und Abkühlung des Gitters. Hierdurch verändert sich natürlich auch die Temperatur der Gase, sowohl die des Heizgases wie auch die des vorzuwärmenden Gases. Diese Schwankungen dürfen nicht so groß werden, daß von ihnen Störungen des Ofenbetriebes verursacht werden. Deshalb muß sich an die Betrachtung der Wärmeaustauschleistung des Regenerators auch eine Betrachtung darüber anschließen, mit welcher Temperaturschwankung die Wärme ausgetauscht wird.

2. Das Prinzip des Rechnungsganges.

Es ist zu untersuchen, wie die Wärmeaustauschzahl ε, das ist der Wert kcal/qm Heizfläche, ° C und Periodendauer, und der Temperaturabfall abhängt von den Wärmeübergangszahlen der Heiz- und Entheizzeit, der Wandstärke und der Periodendauer. Daß auch das Baumaterial des Speichers durch die Größe der Wärmeleitzahl und das Wärmefassungsvermögen, den sog. Wasserwert = spez. Wärme mal spez. Gewicht, die Wirkung beeinflußt, ist ohne weiteres einzusehen.

Wir betrachten einen Gitterlängsschnitt und stellen folgende, in Fig. 57 wiedergegebenen Verhältnisse fest.

Zwischen den Kanalwänden strömt während der Heizzeit das Heizgas, das an der betrachteten Stelle die mittlere Temperatur ϑ_m hat. Diese mittlere Temperatur ist bekanntlich in Wirklichkeit nicht gleichmäßig im ganzen

Gasquerschnitt, sondern das Mittel eines etwa parabelförmigen Temperaturverlaufes, der an der Berührungsstelle mit der Wand in die Wandtemperatur übergeht. Von dem Heizgas geht die Wärme an die Wand von der Stärke $\delta = 2X$ über. Die Oberfläche nimmt Wärme entsprechend der Wärmeübergangszahl α auf und leitet sie in das Innere des Steines ab. Da die Wärmeleitfähigkeit der Wand begrenzt ist, ist im Innern des Steines ebenfalls keine Temperaturgleichheit, vielmehr bleibt die Temperatur des Kernes während der Heizzeit hinter der der Oberfläche zurück. In gleicher Weise, nur in einer Art Spiegelbild, verläuft der Vorgang der Entheizung. In der Figur sollen die eingezeichneten Temperaturkurven jedesmal für das Ende der betreffenden Umstellzeit, also der Heizzeit bzw. Entheizzeit, gelten.

Die ausgetauschte Wärmemenge kann einfach aus den mittleren Steintemperaturen ϑ_{sm} und ϑ'_{sm}, die, um dies noch einmal zu betonen, für das Ende der Heiz- bzw. Entheizzeit gelten, errechnet werden. Zu einer Wandoberfläche F qm gehört das Steinvolumen $F \cdot X$ und mit dem Raumgewicht γ das Steingewicht $F \cdot X \cdot \gamma$, dessen Wasserwert $F \cdot X \cdot \gamma \cdot c$ ist, wenn c die spez. Wärme des Steins bezeichnet. Die Wärmemenge ist also

$$Q = F \cdot X \cdot \gamma \cdot c(\vartheta_{sm} - \vartheta'_{sm}).$$

Bezeichnet man mit ε die oben definierte Wärmeaustauschzahl, so muß sein

$$X \cdot \gamma \cdot c(\vartheta_{sm} - \vartheta'_{sm}) = \varepsilon(\vartheta_m - \vartheta'_m).$$

Es ist andererseits

$$\varepsilon = X \cdot \gamma \cdot c \cdot \frac{\vartheta_{sm} - \vartheta'_{sm}}{\vartheta_m - \vartheta'_m}.$$

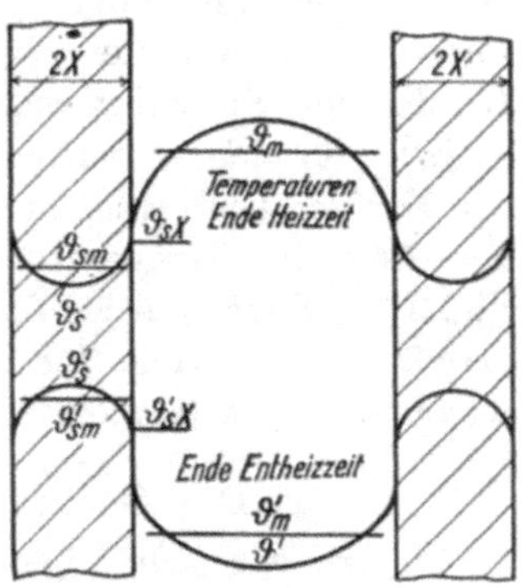

Fig. 57. Temperaturverlauf im Regenerator.

Der Temperaturabfall des vorgewärmten Gases ist proportional dem Temperaturabfall der Oberfläche $\vartheta_{sX} - \vartheta'_{sX}$, der deshalb zunächst als Gütemaßstab verwendet wird. Die genaue Bestimmung des Abfalles der Gastemperatur wird später gezeigt, sie ist umständlicher und braucht auch nur selten durchgeführt zu werden. Den Temperaturabfall der Oberfläche setzen wir

$$\vartheta_{sX} - \vartheta'_{sX} = b(\vartheta_m - \vartheta'_m).$$

Der Wert $b = \dfrac{\vartheta_{sX} - \vartheta'_{sX}}{\vartheta_m - \vartheta'_m}$ wird mit Temperaturabfallzahl bezeichnet.

Es handelt sich nun nur darum, für ε und b den analytischen Ausdruck zu finden, der die Abhängigkeit dieser Werte von den Wärmeübergangszahlen, der Steinstärke X, der Zeit und den Materialeigenschaften beschreibt. Die Ableitung dieser analytischen Ausdrücke ist, wie es bei dem ziemlich verwickelten Vorgange auch nicht anders erwartet werden kann, im Verhältnis zur Bestimmung der Wärmedurchgangszahl des Rekuperators schwerfällig. Sie völlig zu übergehen und nur das Endergebnis anzugeben, wäre wohl möglich, ist aber mit Rücksicht auf die Möglichkeit der kritischen Betrachtung nicht angängig. Im Ergebnis führt aber die Untersuchung zu einfachen Ausdrücken, die die Rechnung leicht durchführbar machen. Schließlich werden, um die Rechenarbeit auf ein Mindestmaß zu beschränken, in Diagramm und Zahlentafel die notwendigen Hilfsgrößen dargestellt und überdies zur vollständigen Vermeidung der Rechenarbeit die Wärmeaustausch- und Temperaturabfallzahlen für das praktische Anwendungsgebiet direkt angegeben werden (Zahlentafeln 51 bis 59).

3. Wärmefluß und Temperaturverlauf in einer beiderseits beheizten Gitterwand.

Die beiden Elementarvorgänge des Wärmeaustausches in Regeneratoren sind erstens die Wärmeübertragung auf die Oberfläche bzw. von der Oberfläche von dem Gase bzw. an das Gas, und zweitens der Wärmefluß in der Wand. Der erste Vorgang verbindet die Gas- mit den Oberflächentemperaturen, der zweite die Oberflächentemperaturen mit den Temperaturen im Innern der Speicherwand. Durch die Kombination beider Vorgänge, die — jeder für sich — mathematisch erfaßbar sind, wird die Gastemperatur und der Temperaturverlauf in der Wand zueinander in Beziehung gebracht. Die Kenntnis des Temperaturverlaufes im Innern gestattet, wie an Hand der Fig. 57 gezeigt wurde, die Feststellung der ausgetauschten Wärmemenge. Damit ist der Kreis der Untersuchung geschlossen: Ausgetauschte Wärmemenge und Gastemperaturen sind zueinander in feste Beziehung gebracht.

α) Die Gleichung des Wärmeflusses im Innern.

Sie ist, wie sich zeigen wird, diejenige Gleichung, welche dem Ergebnis seine Gestalt gibt. Sie ist die Fouriersche Gleichung des zeitlich veränderlichen Wärmeflusses:

$$\frac{\partial \vartheta_s}{\partial z} = \frac{\lambda}{c \cdot \gamma} \frac{\partial^2 \vartheta_s}{\partial x^2} \quad \text{oder mit} \quad a = \frac{\lambda}{c \cdot \gamma} \quad \frac{\partial \vartheta_s}{\partial z} = a \frac{\partial^2 \vartheta_s}{\partial x^2},$$

ϑ_s bedeutet die Steintemperatur

z bedeutet die Zeit

x bedeutet die Entfernung des Punktes, an welchem die Temperatur ϑ_s herrscht, von der Mitte der an beiden Seiten von den Gasen bestrichenen Speicherwand

λ, c, γ bedeuten Wärmeleitzahl, spez. Wärme und Raumgewicht der Speicherwand, $a = \frac{\lambda}{c \cdot \gamma}$ die Temperaturleitzahl.

Aus dieser Gleichung läßt sich die für die Rekuperatorberechnung verwendete Beziehung

$$q = \frac{\lambda}{\delta} (\vartheta_s - \vartheta_s')$$

ableiten, wenn man, da sich ja dann die Temperatur der Zeit nach nicht ändert, $\frac{\partial \vartheta_s}{\partial z} = 0$ setzt.

β) Die Gleichung des Wärmeüberganges vom Gas an die Oberfläche des Gitters.

Sie ist

$$q = \alpha (\vartheta_m - \vartheta_{sX}) \text{ kcal/qm, St.}$$

ϑ_{sX} ist die Steintemperatur an der Stelle X, also an der Oberfläche. Der Übergang von dieser Gleichung zur Verbindung zwischen Gas- und Oberflächentemperatur, welche zunächst das Ziel der Rechnung sein soll, wird auf folgende Weise vollzogen: Die Wärmemenge $q = \alpha (\vartheta_m - \vartheta_{sX})$ muß, nachpem die Oberfläche sie in Empfang genommen hat, in den Stein weitergeleitet werden. Denkt man sich hinter der Oberfläche eine Schicht von verschwindend kleiner Dicke ∂x, so muß nach dem Gesetz der Wärmeleitung sich in dieser Schicht ein Temperaturgefälle $\partial \vartheta_s$ einstellen, wenn die Wärmemenge q hindurchgeleitet wird. Es muß also sein:

$$q = \lambda \left(\frac{\partial \vartheta_s}{\partial x}\right)_{x=X}$$

Der Index $x = X$ soll hierin besagen, daß diese Gleichung nur für die Oberfläche zu Recht besteht. Für alle anderen Schichten ist die Wärmemenge kleiner als q, da in den vorausgehenden Schichten jedesmal ein Teil von q aufgespeichert worden ist.

Setzt man jetzt beide Beziehungen gleich, so erhält man

$$\alpha (\vartheta_m - \vartheta_{sX}) = \lambda \left(\frac{\partial \vartheta_s}{\partial x}\right)_{x=X},$$

also die Gleichung, welche Gas- und Oberflächentemperatur miteinander verbindet.

γ) Die Verbindung der Gleichungen des Wärmeflusses und des Wärmeüberganges.

Die Gleichung $\frac{\partial \vartheta_s}{\partial z} = a \frac{\partial^2 \vartheta_s}{\partial x^2}$ ist erst die Rohform, welche mehrere Arten prinzipieller Lösung besitzt. Dem hier untersuchten periodischen Vorgange wird folgende Lösung gerecht, wie man sich durch partielle Differentiation der Gleichung nach z und x überzeugen kann*).

$$\vartheta_s = \vartheta_m - D \cdot e^{-n^2 a z} \cdot \cos(n x).$$

Die unbekannten Werte D und n, Konstanten der Gleichung, sind noch zu bestimmen. Die Bestimmung ermöglichen die von der Natur des Vorganges gegebenen Grenzbedingungen, nämlich erstens die Bedingung, daß an der Stelle $x = X$, der Oberfläche, die vom Wärmeübergang abgeleitete Gleichung

$$\alpha (\vartheta_m - \vartheta_{sX}) = \lambda \left(\frac{\partial \vartheta_s}{\partial x}\right)_{x=X}$$

erfüllt sein muß, und zweitens die Bedingung, daß zur Zeit $z = 0$ durch die Gleichung $\vartheta_s = \vartheta_m - D \cdot e^{-n^2 a z} \cdot \cos(n x)$ der Temperaturverlauf angegeben wird, der anfangs im Steininnern herrschte.

*) S. a. *Groeber*, Die Grundgesetze der Wärmeleitung und des Wärmeüberganges. Berlin: Julius Springer 1921.

Die erste Bedingung wird dadurch erfüllt, daß man aus der Gleichung $\vartheta_s = \vartheta_m - D \cdot e^{-n^2 a z} \cdot \cos(n x)$ die Ableitung $\frac{\partial \vartheta_s}{\partial x}$ für die Oberfläche $x = X$ bildet und außerdem für ϑ_{sX} die aus der Gleichung für ϑ_s errechnete Oberflächentemperatur einsetzt. Es ist

$$\frac{\partial \vartheta_s}{\partial x} = n \cdot D \cdot e^{-n^2 a z} \cdot \sin(n x) .$$

Also

$$\left(\frac{\partial \vartheta_s}{\partial x}\right)_{x=X} = n \cdot D \cdot e^{-n^2 a z} \cdot \sin(n X) .$$

Weiter ist $\vartheta_{sX} = \vartheta_m - D \cdot e^{-n^2 a z} \cdot \cos(n X)$. Es werden nun diese Werte für $\left(\frac{\partial \vartheta_s}{\partial x}\right)_{x=X}$ und ϑ_{sX} in die Gleichung

$$\alpha (\vartheta_m - \vartheta_s X) = \lambda \left(\frac{\partial \vartheta}{\partial x}\right)_{x=X}$$

eingesetzt.

Man erhält

$$\alpha [\vartheta_m - \vartheta_m + D \cdot e^{-n^2 a z} \cdot \cos(n X)] = \lambda \cdot n \cdot D \cdot e^{-n^2 a z} \cdot \sin(n X) ,$$

$$\alpha \cdot D \cdot e^{-n^2 a z} \cdot \cos(n X) = \lambda \cdot n \cdot D \cdot e^{-n^2 a z} \cdot \sin(n X) .$$

$$\alpha \cdot \cos(n X) = \lambda \cdot n \cdot \sin(n X) .$$

Hieraus kann n bestimmt werden, da α, λ und X voraussetzungsgemäß bekannt sind.

Die Lösung wird übersichtlicher, wenn man umformt zu

$$\operatorname{cotg}(n X) = \frac{n \cdot X}{h \cdot X}, \text{ worin } h = \frac{\alpha}{\lambda} \text{ ist.}$$

Da $\operatorname{cotg}(n X)$ eine periodische Funktion ist, erhält man unendlich viele Werte $n_1, n_2, n_3 \ldots$

Die Gleichung $\vartheta_s = \vartheta_m - D \cdot e^{-n^2 a z} \cdot \cos(n x)$ ist infolgedessen in eine Reihe mit unendlich vielen Gliedern zu verwandeln.

$$\vartheta_s = \vartheta_m - D_1 \cdot e^{-n_1^2 a z} \cdot \cos(n_1 x) - D_2 \cdot e^{-n_2^2 a z} \cdot \cos(n_2 x) - \ldots$$

Die nun ebenfalls unendlich vielen Konstanten D sind durch die Bedingung zu bestimmen, daß die zur Zeit $z = 0$ gegebene Beziehung für den Temperaturverlauf im Steininnern $(\vartheta_m - \vartheta_s)_{z=0} = f(x)$ aus der Gleichung

$$(\vartheta_m - \vartheta_s)_{z=0} = D_1 \cdot \cos(n_1 x) + D_2 \cdot \cos(n_2 x) + \ldots = f(x)$$

hergestellt werden kann. Zu diesem Zwecke muß, wie hier nicht näher abgeleitet werden soll,

$$D_i = \frac{\int\limits_{-X}^{+X} f(x) \cos(n_i x)\, dx}{\int\limits_{-X}^{+X} \cos^2(n_i x)\, dx}$$

sein.

Die Temperaturen im Stein werden also durch eine Kurve beschrieben, die sich aus einer großen Anzahl Kosinuslinien zusammensetzt.

Die Berechnung der Werte nX und D_i ist an und für sich umständlich, kann aber durch eine graphische Darstellung erleichtert werden.

Die Gleichung $\operatorname{cotg}(nX) = nX/hX$ kann auf analytischem Wege nur durch Probieren gelöst werden. Einfacher ist das graphische Verfahren.

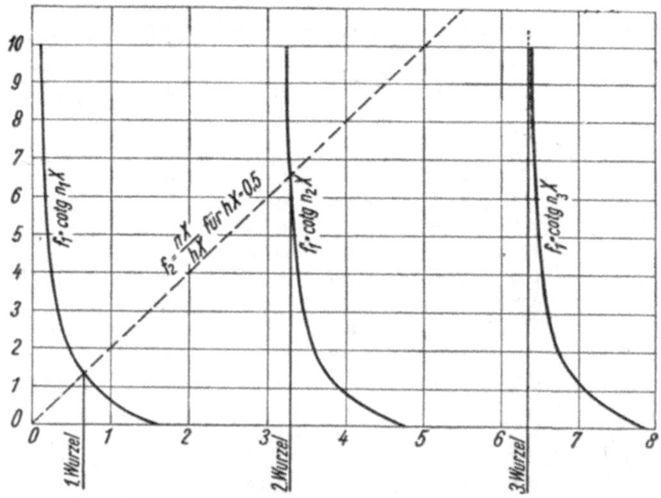

Fig. 58. Graphische Bestimmung der Wurzeln der Gleichung $\operatorname{cotg}(nX) = nX/hX$.

Man zerlegt die Gleichung in zwei Gleichungen

$f_1 = \operatorname{cotg}(nX)$

und $f_2 = nX/hX$.

Nun trägt man in ein Koordinatensystem mit der Abszisse nX die beiden Kurven $f_1 = \operatorname{cotg}(nX)$ und $f_2 = nX/hX$ ein. f_1 ergibt, wie Fig. 58 zeigt, das gewohnte Bild der Kotangentenscharen. Die Kurve für $f_2 = nX/hX$ ist eine Gerade, die durch den 0-Punkt geht. Jeder Wert von nX wird nämlich durch den gleichen Wert $h \cdot X$ geteilt. Je kleiner hX ist, um so steiler liegt die Gerade. Die Werte, welche die Gleichung $\operatorname{cotg}(nX) = nX/hX$ erfüllen, sind die Werte nX, für welche $f_1 = f_2$ ist, also die Schnittpunkte der Geraden f_2 mit den Kurven f_1. Je weiter nX vom 0-Punkt liegt, um so mehr nähert sich der Wert einem ganzzahligen Produkt von π.

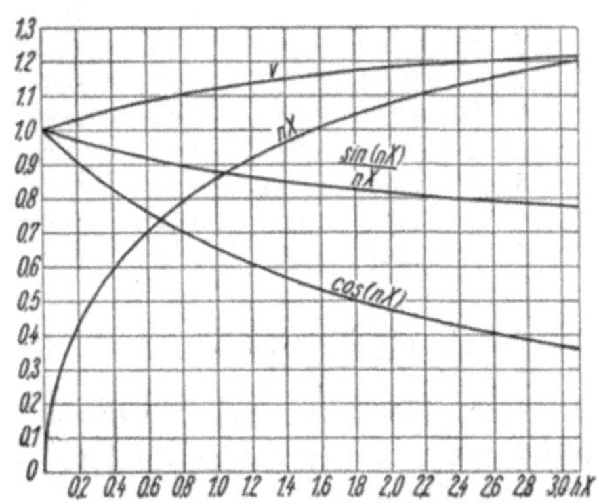

Fig. 59. Beiwerte zur Berechnung der Wärmeaustauschzahl.

In Fig. 59 ist die Lösung nX als Funktion von hX angegeben. Damit erübrigt sich die eben angegebene Lösungsmethode. In dieser Abbildung sind außer der Lösung $nX = f(hX)$ auch die übrigen zur Berechnung notwendigen Werte ν, $\frac{\sin nX}{nX}$ und $\cos(nX)$ angegeben, deren Bedeutung unten abgeleitet wird. Da die genaue Berechnung, besonders bei Vergleichsrechnungen, die Berücksichtigung auch der 3. Dezimale wünschenswert macht, ist die Fig. 59

durch die folgende Zahlentafel ergänzt. Sie ist so aufgestellt, daß von $hX = 0{,}01$ an die Werte geradlinig interpoliert werden können. Es ist also für $hX = 0{,}093$ $nX = 0{,}295 + 0{,}3\,(0{,}311 - 0{,}295) = 0{,}300$. Für $hX < 0{,}01$ ist $nX = \sqrt{hX}$.

Zahlentafel zur Bestimmung von nX, ν, $\frac{\sin(nX)}{nX}$ und $\cos(nX)$ als Funktion von hX.

hX	nX	ν	$\frac{\sin(nX)}{nX}$	$\cos(nX)$	hX	nX	ν	$\frac{\sin(nX)}{nX}$	$\cos(nX)$
0,01	0,100	1,002	0,998	0,995	0,5	0,653	1,070	0,930	0,794
0,015	0,122	1,003	0,997	0,993	0,55	0,680	1,076	0,924	0,778
0,02	0,141	1,003	0,996	0,990	0,6	0,705	1,082	0,919	0,761
0,025	0,157	1,004	0,995	0,988	0,65	0,729	1,087	0,914	0,746
0,03	0,172	1,005	0,995	0,985	0,7	0,751	1,092	0,909	0,730
0,04	0,199	1,007	0,993	0,980	0,75	0,771	1,097	0,904	0,717
0,05	0,221	1,009	0,992	0,976	0,8	0,791	1,102	0,899	0,703
0,06	0,242	1,011	0,990	0,971	0,85	0,810	1,106	0,895	0,689
0,07	0,261	1,012	0,988	0,966	0,9	0,827	1,110	0,890	0,677
0,08	0,279	1,014	0,987	0,961	0,95	0,844	1,115	0,886	0,664
0,09	0,295	1,015	0,985	0,957	1,0	0,860	1,119	0,882	0,652
0,10	0,311	1,017	0,984	0,952	1,1	0,890	1,126	0,873	0,629
0,12	0,339	1,020	0,981	0,943	1,2	0,917	1,133	0,865	0,608
0,14	0,365	1,023	0,978	0,934	1,3	0,942	1,141	0,858	0,588
0,16	0,389	1,026	0,975	0,925	1,4	0,965	1,148	0,852	0,569
0,18	0,412	1,029	0,972	0,916	1,5	0,987	1,154	0,845	0,551
0,20	0,433	1,032	0,969	0,908	1,6	1,008	1,159	0,839	0,533
0,225	0,457	1,035	0,965	0,899	1,7	1,027	1,164	0,833	0,518
0,25	0,480	1,038	0,962	0,887	1,8	1,044	1,169	0,828	0,503
0,275	0,502	1,042	0,958	0,877	1,9	1,061	1,174	0,823	0,488
0,30	0,522	1,045	0,955	0,867	2,0	1,077	1,179	0,818	0,474
0,325	0,541	1,048	0,952	0,857	2,2	1,105	1,187	0,808	0,449
0,35	0,559	1,051	0,949	0,848	2,4	1,130	1,194	0,800	0,427
0,40	0,593	1,058	0,942	0,829	2,6	1,152	1,200	0,793	0,407
0,45	0,624	1,064	0,936	0,811	2,8	1,172	1,205	0,786	0,388

Es ist nur die 1. Lösung der Gleichung $\operatorname{cotg}(nX) = \frac{nX}{hX}$ wiedergegeben. Es wird gezeigt werden, daß für die üblichen Fälle der Regeneratorenberechnung schon die zweiten Glieder der Berechnungsreihe für ϑ_s vernachlässigt werden können.

Die zweite Konstante, deren Berechnung etwas umständlich ist, ist der Wert

$$D = \frac{\int\limits_{-X}^{+X} f_0(x) \cdot \cos(nx)\,dx}{\int\limits_{-X}^{+X} \cos^2(nx)\,dx}.$$

Die Funktion $f_0(x)$, welche den Temperaturverlauf im Gitterstein zur Zeit $z = 0$ angibt, kann bei den vorliegenden Betrachtungen nur zwei verschiedene Formen annehmen. Entweder ist der Regenerator längere Zeit außer Betrieb gewesen, oder er arbeitet in regelmäßigem Turnus. Im ersten Falle haben sich die Temperaturen im Steinquerschnitt ausgeglichen, es ist für $z = 0$

$$f_0(x) = \vartheta_m - \vartheta_s = \text{const.}$$

Im zweiten Fall sei eben die Entheizungsperiode zu Ende. Die Temperaturkurve im Steininnern ist dann, wie die bisherigen Ableitungen zeigten, eine Kosinusfunktion, wobei die an sich unendliche Reihe mit genügender Genauigkeit auf das erste Glied beschränkt werden kann. Man hat also für den zweiten Fall

$$f_0(x) = C' \cdot \cos(n' x) .$$

n' ist der für die Entheizzeit gefundene Wert, C' ist eine von x unabhängige Konstante, mit der Temperatur als Dimension.

1. Fall. Temperaturen im Stein sind ausgeglichen $f_0(x) = \vartheta_m - \vartheta_{s0} = \text{const.}$

$$D_1 = \frac{\int\limits_{-X}^{+X} (\vartheta_m - \vartheta_{s0}) \cdot \cos(n x) d x}{\int\limits_{-X}^{+X} (\cos^2(n x) d x} = (\vartheta_m - \vartheta_{s0}) \frac{\int\limits_{-X}^{+X} \cos(n x) d x}{\int\limits_{-X}^{+X} \cos^2(n x) d x} =$$

$$= (\vartheta_m - \vartheta_{s0}) \frac{2 \sin(n X)}{\sin(n X) \cdot \cos(n X) + (n X)} .$$

Zur Abkürzung der Schreibweise wird $\dfrac{2 \sin(n X)}{\sin(n X) \cos(n X) + n X} = \nu$ gesetzt. Der Wert ν ist in Abhängigkeit von $h X$ in dem Diagramm Fig. 59 wiedergegeben.

2. Fall. Temperaturen im Stein verlaufen bei Beginn nach einer cos-Funktion $f_0(x) = C' \cos(n' x)$

$$D_1 = \frac{\int\limits_{-X}^{+X} C' \cdot \cos(n' x) \cos(n x) \, d x}{\int\limits_{-X}^{+X} \cos^2(n x) d x} = C' \frac{\int\limits_{-X}^{+X} \cos(n' x) \cos(n x) \, d x}{\int\limits_{-X}^{+X} \cos^2(n x) d x} =$$

$$= C' \cdot \frac{\dfrac{\sin(n' X - n X)}{n' X - n X} + \dfrac{\sin(n' X n X)}{n' X + n X}}{\dfrac{1}{n X} [\sin(n X) \cdot \cos(n X) + n X]} = C' \cdot \varkappa .$$

Beim Übergang von der Heizzeit zur Entheizzeit kommt in den Nenner der für die Entheizzeit geltende Wert n'. Entsprechend wird dann

$$\frac{\dfrac{\sin(n' X - n X)}{n' X - n X} + \dfrac{\sin(n' X + n X)}{n' X + n X}}{\dfrac{1}{n' X} [\sin(n' X) \cos(n' X) + n' X]} = \varkappa' .$$

Die Berechnung der $\varkappa$-Werte wird durch Fig. 60 erübrigt. Diese Darstellung benutzt die Tatsache, daß $\varkappa + \varkappa'$ annähernd $= 2$ ist. Dies stimmt um so besser, je mehr $nX = n'X$ ist. In dem eingetragenen Bereiche sind die Fehler, die durch die angenommene Gültigkeit der Gleichung $\varkappa + \varkappa' = 2$ entstehen, nur gering. Für $nX = 1{,}2$ und $n'X = 0{,}2$ ist genau $\varkappa = 1{,}206$, $\varkappa' = 0{,}784$, also $\varkappa + \varkappa' = 1{,}990$. In dem Diagramm ist $\varkappa$ genau angegeben und $\varkappa' = 2{,}0 - \varkappa$ gesetzt. Die Abweichungen sind im übrigen für die Genauigkeit der Rechnung bedeutungslos.

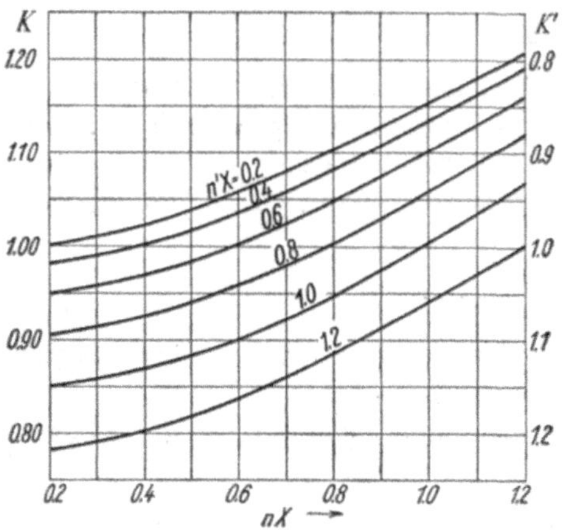

Fig. 60.
Bestimmung von $\varkappa$ und $\varkappa' = f(nX,\ nX)$.

Hiermit sind die Konstanten n und D ohne Schwierigkeiten zu errechnen. Um weiterhin die Exponentialrechnung e^{-n^2az} zu umgehen, sind in Fig. 61 auch die Werte e^{-n^2az} angegeben. Auch für diesen Wert wird zur Abkürzung der Buchstabe φ eingeführt.

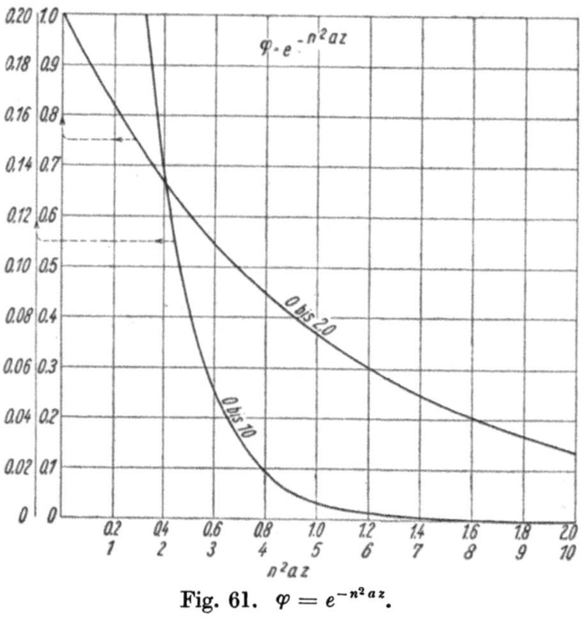

Fig. 61. $\varphi = e^{-n^2az}$.

Die Zusammenfassung der bisherigen Ableitungen ergibt folgenden R e c h n u n g s g a n g:

Zur Zeit $z = 0$ soll der Stein die örtlich gleichbleibende Temperatur ϑ_{s0} haben. Dann ist zur Zeit $z = z$ der Temperaturverlauf durch die Gleichung $\vartheta_s = \vartheta'_m - D \cdot e^{-n^2az} \cdot \cos(nx)$ gegeben. Gegeben ist die Wärmeübergangszahl α, die Konstanten des Materials λ, c und γ, und die Steinstärke $2X$.

Es ist $\alpha/\lambda = h$. Mit hX findet man aus Fig. 59 nX, also auch n.

D ist $= (\vartheta_m - \vartheta_{s0}) \cdot \nu$. ν ist für hX ebenfalls aus Fig. 59 zu entnehmen. Fig. 61 ergibt für das zu errechnende Produkt n^2az den Wert $\varphi = e^{-n^2az}$. Auch der Wert φ ist wie die Werte der Abb. 59 bis auf die 3. Dezimale bei den genaueren Rechnungen zu bestimmen. Deshalb ist Abb. 61 durch die folgende Zahlentafel ergänzt, die die gewünschte Genauigkeit auch bei geradliniger Interpolation ergibt. Die Zahlentafel ist ferner für die bei der Berechnung des Wärmeaustausches (Abschnitt VII und X) auftretenden Werte $z = e^{\pm x}$ zu verwenden. Zu beachten ist, daß $e^x = \frac{1}{e^{-x}}$ ist.

Man erhält also

$$\vartheta_s = \vartheta_m - (\vartheta_m - \vartheta_{s0})\nu \cdot \varphi \cdot \cos(nX).$$

Um die lästige Umrechnung von nx in Grade und das Aufsuchen des Kosinus zu ersparen, ist in Fig. 59 auch cos (nx) angegeben.

Zahlentafel zur Bestimmung von $\varphi = e^{-n^2 a z}$.

$n^2 a z$	φ	$n^2 a z$	φ	$n^2 a z$	φ
0	1,000	0,85	0,427	2,8	0,061
0,05	0,951	0,9	0,407	3,0	0,050
0,1	0,905	0,95	0,387	3,2	0,041
0,15	0,861	1,0	0,368	3,4	0,033
0,2	0,819	1,1	0,333	3,6	0,027
0,25	0,779	1,2	0,301	3,8	0,022
0,3	0,741	1,3	0,273	4,0	0,018
0,35	0,705	1,4	0,247	4,2	0,015
0,4	0,670	1,5	0,223	4,4	0,012
0,45	0,638	1,6	0,202	4,6	0,010
0,5	0,607	1,7	0,183	4,8	0,008
0,55	0,577	1,8	0,165	5,0	0,0067
0,6	0,549	1,9	0,150	5,5	0,0041
0,65	0,522	2,0	0,135	6,0	0,0025
0,7	0,497	2,2	0,111	6,5	0,0015
0,75	0,472	2,4	0,091	7,0	0,0009
0,8	0,449	2,6	0,074	8,0	0,0003

Beispiel für die Berechnung des Temperaturverlaufes in einer einmalig beiderseits beheizten Wand.

Im folgenden Beispiel soll der zahlenmäßige Rechnungsgang gezeigt und gleichzeitig bewiesen werden, daß die Berücksichtigung des ersten Gliedes der Reihe, welche die Gleichung für ϑ_s bildet, genügt.

Gegeben ist $\alpha = 20$ kcal/qm, St., °C, Wärmeübergangszahl,

$\lambda = 1{,}0$ kcal · m/qm, St., °C, Wärmeleitfähigkeit der Schamottesteine,

$c = 0{,}26$ kcal/kg, °C, spezifische Wärme für Schamottesteine,

$\gamma = 1900$ kg/cbm, spezifisches Gewicht,

$a = \frac{\lambda}{c \cdot \gamma} = 2{,}02 \cdot 10^{-3}$,

$2X = 80$ mm Steinstärke,

$z = 2$ St. Aufheizdauer.

Es ist $h = \frac{\alpha}{\lambda} = \frac{20}{1,0} = 20$; $h \cdot X = 20 \cdot 0,040 = 0,80$,

1. Glied: $n_1 X \quad = 0,790$ (aus Fig. 59 für $hX = 0,80$),

$n_1 = \frac{0,790}{0,040} = 19,75$,

$n_1^2 a z = 0,790$. Hiermit aus Fig. 61 $\varphi = 0,451$,

$\nu = 1,102$ (aus Fig. 59 für $hX = 0,80$).

2. Glied: $n_2 X = 3,375$,

$n_2 = 84,4$,

$n_2^2 a z = 14,4$,

$\varphi_2 = 0,000.$,

$\nu_2 = -0,129$.

Das 2. Glied ergibt einen Wert φ_2, der noch nicht 1 Proz. desjenigen des 1. Gliedes ist. Ferner ist auch ν_2 nur etwa 10 Proz. von ν_1. Das 2. Glied ergibt also nur etwa das Tausendstel des 1. Gliedes. Die Korrektur durch das 2. Glied rechnet also im allgemeinen nach Zehntelgraden, da $(\vartheta_m - \vartheta_{so})$ zumeist nur einige Hundert Grad sein wird. Sie kann daher vernachlässigt werden.

Der Temperaturverlauf wird also durch

$$\vartheta_s = \vartheta_m - (\vartheta_m - \vartheta_{so}) \cdot 1,102 \cdot 0,451 \cdot \cos(19,75\,x)$$

gegeben.

Ist die Gastemperatur $\vartheta_m = 1000\,^\circ\mathrm{C}$, die Steintemperatur $\vartheta_{so} = 750\,^\circ\mathrm{C}$, so wird

$$\vartheta_s = 1000 - 250 \cdot 1,102 \cdot 0,451 \cdot \cos(19,75\,x) = 1000 - 124 \cdot \cos(19,75\,x).$$

Es ist also die Steintemperatur nach 2stündigem Aufheizen

in der Mitte für $x = 0$ m	$\vartheta_s = 1000 - 124 \cdot \cos 0$	$= 876°$
für $x = 0,01$	$\vartheta_s = 1000 - 124 \cdot \cos(0,1975)$	$= 878°$
für $x = 0,02$	$\vartheta_s = 1000 - 124 \cdot \cos(0,395)$	$= 885°$
für $x = 0,03$	$\vartheta_s = 1000 - 124 \cdot \cos(0,5925)$	$= 897°$
an der Oberfl. für $x = 0,04$	$\vartheta_s = 1000 - 124 \cdot \cos(0,790)$	$= 913°$

Beispiel zur Untersuchung der Genauigkeit der Rechnung mit dem ersten Glied der Reihe bei besonders ungünstigen Bedingungen.

Aus der Rechnung ist zunächst zu erkennen, daß die Notwendigkeit, zwei oder mehr Glieder der Reihe auszurechnen, in erster Linie von dem Wert $\varphi = e^{-n^2 a z}$ abhängt, in 2. Linie von dem Wert ν.

φ wird um so größer, je kleiner $e^{-n^2 a z}$ ist. Man findet nX als Funktion von $h \cdot X$, und zwar ist, wie Fig. 59 zeigt, nX um so kleiner, je kleiner $h \cdot X$ ist. Da $h = \frac{\alpha}{\lambda}$ ist, so wird n um so kleiner, je kleiner die Wärmeübergangszahl α und je größer die Wärmeleitfähigkeit λ ist. Bei feuerfesten Steinen wird λ 1,5 nicht übersteigen. α wird bei einigermaßen normalen Ausführungen nicht unter

4 kcal/qm, St., °C sinken. h ist also mindestens $= \frac{4{,}0}{1{,}5} = 2{,}67$. nX wird zwar um so kleiner, je kleiner $h \cdot X$ ist, andererseits wird n, worauf es ja ankommt, um so kleiner, je größer X ist $\left(n = \frac{n \cdot X}{X}\right)$. Den Ausschlag gibt die zweitgenannte Abhängigkeit. Da Steinstärken über 100 mm kaum Verwendung finden, wird als Größtwert $X = 0{,}05$ m angesetzt.

Die Materialkonstante $a = \frac{\lambda}{c \cdot \gamma}$ ist mit $\lambda = \frac{1{,}5}{0{,}26 \cdot 1900} = 3{,}04 \cdot 10^{-3}$.

Die Aufheizdauer z ist kürzestens $^1/_4$ St. Im allgemeinen wird man aber bei so kurzen Umstellzeiten nicht so große Steinstärken wählen.

Unter diesen Bedingungen wird jetzt ein Entheizungsvorgang untersucht. Die diesem Vorgang entsprechende Gleichung des Temperaturverlaufes ist

$$\vartheta_s' = \vartheta_m' + (\vartheta_{so} - \vartheta_m') \cdot \nu' \, \varphi' \cdot \cos(n' x)\,.$$

Durch Vergleich mit der Gleichung für die Heizzeit ist einzusehen, daß man auf diese Form für die Steintemperatur während der Entheizung kommen muß, die Ableitung soll deshalb übergangen werden.

Es ist
$$\begin{aligned} \alpha' &= 4 \text{ kcal/qm, St., } ^\circ\text{C} & \vartheta_m' &= 600^\circ\,, \\ \lambda &= 1{,}5 \text{ kcal} \cdot \text{m/qm, St., } ^\circ\text{C} & \vartheta_{so} &= 850^\circ \\ h &= 2{,}67 \text{ m}^{-1} \\ a &= 3{,}04 \cdot 10^{-3} \\ z' &= 0{,}25 \text{ St.} \\ X &= 0{,}05 \text{ m.} \end{aligned}$$

Es errechnet sich
$$\begin{aligned} n_1' X &= 0{,}353 & n_2' X &= 3{,}178 & n_3' X &= 3{,}18 + 3{,}14 = 6{,}32 \\ n_1' &= 7{,}06 & n_2' &= 63{,}6 & n_3' &= 126 \\ n_1'^2 az &= 0{,}0378 & n_2'^2 az &= 3{,}07 & n_3'^2 az &= 6{,}1 \\ \varphi_1' &= 0{,}963 & \varphi_2' &= 0{,}048 & \varphi_3' &= 0{,}002 \\ \nu_1' &= 1{,}021 & \nu_2' &= -0{,}024 & \nu_3' &= +0{,}0 \end{aligned}$$

$$\vartheta' = 600 + 250 \cdot 1{,}021 \cdot 0{,}963 \cdot \cos(n_1' x) - 250 \cdot 0{,}024 \cdot 0{,}048 \cdot \cos(n_2' x)$$
$$\vartheta' = 600 + 250 \cdot 0{,}983 \cdot \cos(n_1' x) - 250 \cdot 0{,}0012 \cos(N_2' x)$$
$$\vartheta' = 600 + 246 \cdot \cos(n_1' x) - 0{,}3 \cdot \cos(n_2' x).$$

Also auch in diesem Fall hat das 2. Glied jeden Einfluß auf das Ergebnis verloren. Da die Bedingungen denkbar günstig für einen hohen Wert des zweiten Gliedes gewählt waren, ist es für die folgenden Rechnungen gerechtfertigt, nur noch das erste Glied zu berücksichtigen.

4. Berechnung der Wärmeaustauschzahl ε und der Temperaturabfallzahl b.

In den vorangegangenen Ableitungen sind die Grundlagen gegeben worden, auf denen sich nun die Rechnung der Wärmeaustauschzahl ε und der relativen Temperaturabfallzahl b aufbaut.

Zunächst wird angenommen, daß zur Zeit $z = 0$ im Stein eine gleichmäßige Temperatur ϑ_{so} herrscht. Dann setzt die Heizzeit ein, wobei die Gastemperatur

ϑ_m und die Aufheizdauer z sei und die Werte n, ν, φ bekannt sind. Nach Ablauf von z wird entheizt. Die Temperatur des vorzuwärmenden Gases sei ϑ'_m, die Entheizdauer z'. Für die Entheizperiode sind die Werte n', ν', φ' berechnet.

Es wird hierbei so verfahren, daß in Übereinstimmung mit den wirklichen Vorgängen die Temperatur am Ende der ersten Aufheizzeit, dann die Steintemperatur der ersten Entheizzeit, dann wieder die Temperatur am Ende der 2. Aufheizzeit usf. ausgerechnet wird. Nach einigen Perioden erkennt man das Bildungsgesetz, nach dem sich die Gleichungen für die Endtemperaturen zusammensetzen, und zwar, daß den Gleichungen geometrische Reihen zugrunde liegen. Dies erlaubt den Übergang zur unendlich oft wiederholten Periode, also die Errechnung des Beharrungszustandes.

1. Heizzeit.

Am Ende der Heizzeit ist der Temperaturverlauf

$$\vartheta_s = \vartheta_m - (\vartheta_m - \vartheta_{so}) \cdot \nu \cdot \varphi \cdot \cos(n x) .$$

2. Entheizzeit.

$$\vartheta'_s = \vartheta'_m + D' \cdot \varphi' \cdot \cos(n' x) .$$

D' ist wie bei der Ableitung S. 149 zu errechnen:

$$D' = \frac{\int\limits_{-X}^{+X} (\vartheta_s - \vartheta'_m) \cos(n' x) \, dx}{\int\limits_{-X}^{+X} \cos^2(n' x) \, dx} = \\ = \frac{\int\limits_{-X}^{+X} \left[\left(\vartheta_m - (\vartheta_m - \vartheta_{so}) \nu \cdot \varphi \cdot \cos(n x) - \vartheta'_m\right) \right] \cos(n' x) \, dx}{\int\limits_{-X}^{+X} \cos^2(n' x) \, dx} .$$

Das Integral des Zählers läßt sich zerlegen in zwei Integrale:

$$\int\limits_{-X}^{+X} (\vartheta_m - \vartheta'_m) \cos(n' x) \, dx - \int\limits_{-X}^{+X} (\vartheta_m - \vartheta_{so}) \cdot \nu \cdot \varphi \cos(n x) \cos(n' x) \, dx .$$

Es ist

$$\frac{\int\limits_{-X}^{+X} (\vartheta_m - \vartheta'_m) \cos(n' x) \, dx}{\int\limits_{-X}^{+X} \cos^2(n' x) \, dx} = (\vartheta_m - \vartheta'_m) \cdot \nu'$$

und

$$\frac{\int\limits_{-X}^{+X} (\vartheta_m - \vartheta_{so}) \cdot \nu \cdot \varphi \cos(n x) \cos(n' x) \, dx}{\int\limits_{-X}^{+X} \cos^2(n' x) \, dx} = (\vartheta_m - \vartheta_{so}) \cdot \nu \cdot \varphi \cdot \varkappa' .$$

Also ist

$$\vartheta' = \vartheta'_m + (\vartheta_m - \vartheta'_m) \cdot \nu' \cdot \varphi' \cos(n' x) - (\vartheta_m - \vartheta_{so}) \varphi \varphi' \varkappa' \cos(n' x) ,$$

der Temperaturverlauf im Stein am Ende der 1. Entheizzeit.

Die Fortsetzung dieser Rechnung ergibt nach r Wiederholungen des Heiz- und Entheizungsvorganges folgende Gleichung für die Steintemperatur am Ende der Heizzeit

$$\begin{aligned}\vartheta_s = \vartheta_m &- (\vartheta_m - \vartheta_m')\{\nu\varphi[1 + \varphi\varphi'\varkappa\varkappa' + (\varphi\varphi'\varkappa\varkappa')^2 + \ldots + (\varphi\varphi'\varkappa\varkappa')^r]\\ &- \nu'\varphi'\varphi\varkappa(1 + \varphi\varphi'\varkappa\varkappa' + (\varphi\varphi'\varkappa\varkappa')^2 + \ldots + (\varphi\varphi'\varkappa\varkappa')^{r-1}]\}\cos(nx)\\ &- (\vartheta_m - \vartheta_{s0})\,\nu\cdot\varphi^r\cdot\varphi'^{(r-1)}\cdot\varkappa^{r-2}\cdot\varkappa'^{(r-1)}\cdot\cos(nx)\,.\end{aligned}$$

Denkt man sich nun die Rechnung unendlich oft wiederholt, so wird das Glied, welches $(\vartheta_m - \vartheta_{s0})$ enthält, gleich Null, da φ und φ' echte Brüche sind, $\varkappa$ und $\varkappa'$ nahe bei 1 liegen und nicht verhindern können, daß dieses Glied sich stetig Null nähert.

Ebenso ist $\varphi\varphi'\varkappa\varkappa'$ immer ein echter Bruch. Man erhält deshalb nach der Summierungsregel geometrischer Reihen die Summe

$$1 + \varphi\varphi'\varkappa\varkappa' + (\varphi\varphi'\varkappa\varkappa')^2 + \ldots = \frac{1}{1 - \varphi\varphi'\varkappa\varkappa'}\,.$$

Nach völliger Einspielung des Gleichgewichtes errechnet sich daher der Temperaturverlauf am Ende der Heizzeit

$$\vartheta_s = \vartheta_m - (\vartheta_m - \vartheta_m')\,\frac{\nu\varphi - \nu'\varphi\varphi'\varkappa}{1 - \varphi\varphi'\varkappa\varkappa'}\cdot\cos(nx)\,.$$

In gleicher Weise erhält man den Temperaturverlauf am Ende der Entheizzeit zu

$$\vartheta_s' = \vartheta_m' + (\vartheta_m - \vartheta_m')\,\frac{\nu'\varphi' - \nu\varphi\varphi'\varkappa'}{1 - \varphi\varphi'\varkappa\varkappa'}\cos(n'x)\,.$$

Für die Berechnung der Wärmeaustauschzahl nach S. 143

$$\varepsilon = X\cdot\gamma\cdot c\,\frac{\vartheta_{sm} - \vartheta_{sm}'}{\vartheta_m - \vartheta_m'}$$

ist die Kenntnis der mittleren Steintemperatur nötig. Sie ergibt sich, wenn man die Temperaturen von 0 bis X integriert und die Summe durch X teilt.

Als mittlere Temperatur am Ende der Heizzeit erhält man

$$\begin{aligned}\vartheta_{sm} &= \frac{\int\limits_0^X\left[\vartheta_m - (\vartheta_m - \vartheta_m')\,\frac{\nu\varphi - \nu'\varphi\varphi'\varkappa}{1 - \varphi\varphi'\varkappa\varkappa'}\cos(nx)\right]dx}{X} =\\ &= \vartheta_m - (\vartheta_m - \vartheta_m')\,\frac{\nu\varphi - \nu'\varphi\varphi'\varkappa}{1 - \varphi\varphi'\varkappa\varkappa'}\cdot\frac{\sin(nX)}{nX}\,.\end{aligned}$$

Die mittlere Steintemperatur am Ende der Entheizzeit ist

$$\vartheta_{sm}' = \vartheta_m' + (\vartheta_m - \vartheta_m')\,\frac{\nu'\varphi' - \nu\varphi\varphi'\varkappa'}{1 - \varphi\varphi'\varkappa\varkappa'}\,\frac{\sin(n'X)}{n'X}\,.$$

Die Differenz $\vartheta_{sm} - \vartheta'_{sm}$ ist

$$\vartheta_{sm} - \vartheta'_{sm} = (\vartheta_m - \vartheta'_m)\left\{1 - \frac{1}{1 - \varphi\varphi'\varkappa\varkappa'}\left[(\nu\varphi - \nu'\varphi\varphi'\varkappa)\frac{\sin nX}{nX} + (\nu'\varphi' - \nu\varphi\varphi'\varkappa')\frac{\sin n'X}{n'X}\right]\right\}.$$

Nunmehr ist die Wärmeaustauschzahl

$$\boxed{\varepsilon = X \cdot c \cdot \gamma\left\{1 - \frac{1}{1 - \varphi\varphi'\varkappa\varkappa'}\left[(\nu\varphi - \nu'\varphi\varphi'\varkappa)\frac{\sin nX}{nX} + (\nu'\varphi' - \nu\varphi\varphi'\varkappa')\frac{\sin n'X}{n'X}\right]\right\} \text{ kcal/qm, } {}^\circ\text{C, Per.}}$$

Die abgeleitete Formel ist, wenn man die Kompliziertheit des Vorganges in Betracht zieht, verhältnismäßig einfach aufgebaut. Rechnerische Schwierigkeiten bietet sie kaum, da die Werte n, n', ν, ν', φ, φ', $\varkappa$, $\varkappa'$ und auch mit Hilfe der Fig. 59 $\frac{\sin(nX)}{nX}$ bzw. $\frac{\sin(n'X)}{n'X}$ aus den Diagrammen abzulesen sind.

Von besonderem Vorteil ist aber der Umstand, daß die Temperaturen, auch die Anfangstemperatur ϑ_{s0}, aus der Gleichung völlig verschwunden sind. Es entspricht deshalb ε durchaus der Wärmedurchgangszahl k, nur daß ε nicht auf die Stunde, sondern auf die Periodendauer $z + z'$ bezogen ist. Vergleichbar mit k ist daher nur der Wert $\frac{\varepsilon}{z + z'}$.

Es bleibt noch übrig, die Temperaturabfallzahl b anzugeben, die nach S. 143

$$b = \frac{\vartheta_{sx} - \vartheta'_{sx}}{\vartheta_m - \vartheta'_m}$$

sein soll.

Man hat nur den Unterschied der Oberflächentemperaturen durch Einsatz von nX bzw. $n'X$ in $\cos(nx)$ bzw. $\cos(n'x)$ zu bilden und durch $\vartheta_m - \vartheta'_m$ zu teilen. Hierbei heben sich wieder die Temperaturen heraus, und man erhält:

$$\boxed{b = 1 - \frac{1}{1 - \varphi\varphi'\varkappa\varkappa'}[(\nu\varphi - \nu'\varphi\varphi'\varkappa)\cdot\cos(nX) + (\nu'\varphi' - \nu\varphi\varphi'\varkappa')\cdot\cos(n'X)].}$$

Hiermit sind die Fragen, welche die Berechnung der Regeneratoren aufwarf, beantwortet. Die Wärmeaustauschzahl ε gewährleistet in gleicher Weise wie bei den Rekuperatoren die Wärmedurchgangszahl k die einwandfreie Berechnung der notwendigen Heizfläche oder bei gegebener Heizfläche die erreichbare Leistung. Die Temperaturabfallzahl gibt gleichzeitig an, unter welchem Temperaturabfall der Steinoberfläche die Wärmemenge abgegeben wird. Die Rechnungen sind von nun an für Rekuperatoren und Regeneratoren gleich, nur mit dem Unterschied, daß bei den Regeneratoren nicht die Gasmengen je Stunde, sondern je Periode eingesetzt werden. Es wäre ein leichtes, die Werte ε auch auf die Stunde zu beziehen. Es hat sich aber bei der Anwendung der Rechnungen gezeigt, daß es vorteilhafter ist, mit den Periodenwerten zu rechnen, insbesondere bei ungleicher Dauer von Heiz- und Entheizzeit (z. B. bei Winderhitzer). Man hat den Vorteil, daß man die betrieblichen Bedingungen, unter denen der Regenerator arbeitet, fester im Auge behält.

Festzuhalten ist ferner, daß man mit ε und den Mengen je Periode dem Gange der Ableitung entsprechend immer nur einen Regenerator berechnet, also z. B. eine Gaskammer eines Ofens oder einen Winderhitzer. Dies geht ja aus den Voraussetzungen des Rechnungsganges klar hervor.

Vereinfachung der Formeln für ε und b.

Die Formeln für ε und b lassen sich aber noch vereinfachen. Fig. 60 zeigte die Werte von $\varkappa$ und $\varkappa'$, dargestellt für die Werte von nX bzw. $n'X$ von 0,2 bis 1,2. Man sieht, daß $\varkappa$ und $\varkappa'$ höchstens um 20 Proz. von 1 abweichen kann, wenn $nX = 1{,}2$ und $n'X = 0{,}2$ oder umgekehrt ist. Bei der wirklichen Rechnung ergeben sich aber niemals derart große Abweichungen. nX und $n'X$ liegen immer viel näher zusammen. Den Unterschied zwischen nX und $n'X$ bewirkt ja nur der Unterschied in den Wärmeübergangszahlen während Heizzeit und Entheizzeit. Aus der Darstellung $nX = f\,(hX)$ Fig. 58 ist zu erkennen, daß die größten Unterschiede zwischen nX und $n'X$ dann auftreten, wenn hX und $h'X$ möglichst klein ist, da im Gebiete kleiner Werte hX die Kurve $nX = f\,(hX)$ die größte Neigung aufweist. Als Mindestmaß der Steinstärke kann 20 mm, also $X = 0{,}01$ m angesehen werden. Nimmt man dazu α' klein $= 5$ kcal/qm, St., °C, λ groß $= 1{,}5$, so wird $h' \cdot X = 5/1{,}5 \cdot 0{,}01 = 0{,}033$ etwa den niedrigsten vorkommenden Wert darstellen. Um nun einen möglichst großen Wert hX zu erhalten, werde $\alpha = 30$ gesetzt. Dann ist $h \cdot X = 0{,}2$. Die entsprechenden Werte $n'X$ bzw. nX sind 0,18 bzw. 0,433. Fig. 60 liefert $\varkappa = 1{,}028$, $\varkappa' = 0{,}972$. Damit wird $\varkappa \cdot \varkappa' = 1{,}00$. Man kann also für $\varphi\varphi'\varkappa\varkappa'$ ohne Fehler $\varphi\varphi'$ setzen.

Ferner sind die Werte $\nu'\varphi\varphi'\varkappa$ bzw. $\nu\varphi\varphi'\varkappa'$ immer kleiner als $\nu\varphi$ und $\nu'\varphi'$, meist beträchtlich kleiner, so daß schon deshalb die Multiplikation der Werte $\nu'\varphi\varphi'$ bzw. $\nu\varphi\varphi'$ mit $\varkappa$ und $\varkappa'$ infolge der Differenz am Endergebnis nicht viel ausmacht. Es handelt sich zumeist nur um eine Veränderung um 1 bis 3 Proz. Zudem aber ist mit großer Annäherung $\varkappa$ um ebensoviel > 1, als $\varkappa' < 1$. Beide Korrekturen suchen sich also in ihrer Einwirkung aufzuheben und tun dies gewöhnlich auch. Es verursacht also keinen wesentlichen Fehler, wenn man auch in den Produkten $\nu'\varphi\varphi'\varkappa$ und $\nu\varphi\varphi'\varkappa'$, $\varkappa$ und $\varkappa'$ vernachlässigt.

So vereinfachen sich beide Formeln für ε und b zu

$$\boxed{\varepsilon = X \cdot c \cdot \gamma \left[1 - \frac{(\nu\varphi - \nu'\varphi\varphi')\dfrac{\sin nX}{nX} + (\nu'\varphi' - \nu\varphi\varphi')\dfrac{\sin n'X}{n'X}}{1 - \varphi\varphi'}\right] \text{kcal/qm, °C, Per.}}$$

$$\boxed{b = 1 - \frac{(\nu\varphi - \nu'\varphi\varphi')\cos(nX) + (\nu'\varphi' - \nu\varphi\varphi')\cos n'X}{1 - \varphi\varphi'}.}$$

Ist Heizzeit = Entheizzeit ($z = z'$) und $\alpha = \alpha'$, so wird $\nu = \nu'$, $\varphi = \varphi'$. Die Formeln verwandeln sich dann in

$$\varepsilon = X \cdot c \cdot \gamma \left[1 - \frac{2\nu\varphi}{1+\varphi} \frac{\sin nX}{nX}\right],$$

$$b = 1 - \frac{2\nu\varphi}{1+\varphi} \cos nX .$$

Beispiel für die Berechnung von ε und b.

Ein Winderhitzer arbeite mit 2stündiger Heizzeit und 2stündiger Entheizzeit. Die Wärmeübergangszahlen sind in der Heizzeit 15, in der Entheizzeit 7. Die Wärmeleitzahl des Schamottesteines beträgt 0,88, die spez. Wärme 0,26, das spez. Gewicht 1900. Die Steinstärke ist $\delta = 2X = 50$ mm.

Es ist also $hX = \frac{15}{0{,}88} \cdot 0{,}025 = 0{,}426$ und $h'X = \frac{7}{0{,}88} \cdot 0{,}025 = 0{,}199$. Für diese Werte liefert Fig. 59 $nX = 0{,}607$, $n'X = 0{,}430$. Die Division mit $X = 0{,}025$ ergibt $n = 24{,}3$, $n' = 17{,}2$.

$$n^2 a z \text{ ist } 24{,}3^2 \cdot 1{,}78 \cdot 10^{-3} \cdot 2 = 2{,}10\,,$$

$n'^2 az = 1{,}06$. Fig. 61 gibt nun $\varphi = 0{,}120$, $\varphi' = 0{,}345$, somit auch $\varphi\varphi' = 0{,}041$ an.

Ferner gibt Fig. 59

$$\text{für } hX = 0{,}426 : \nu = 1{,}061, \quad \frac{\sin nX}{nX} = 0{,}940, \quad \cos(nX) = 0{,}820,$$

$$\text{für } h'X = 0{,}199 : \nu' = 1{,}031, \quad \frac{\sin n'X}{n'X} = 0{,}971, \quad \cos(n'X) = 0{,}907.$$

Also ist

$$\varepsilon = X \cdot c \cdot \gamma \left[1 - \frac{(\nu\varphi - \nu'\varphi\varphi')\frac{\sin nX}{nX} + (\nu'\varphi' - \nu\varphi\varphi')\frac{\sin n'X}{n'X}}{1 - \varphi\varphi'}\right] \text{kcal/qm, °C, Per.}$$

$$= 12{,}35\left[1 - \frac{(1{,}061 \cdot 0{,}120 - 1{,}031 \cdot 0{,}041) \cdot 0{,}940 + (1{,}031 \cdot 0{,}345 - 1{,}061 \cdot 0{,}041) \cdot 0{,}971}{1 - 0{,}041}\right]$$

$$= 12{,}35\left[1 - \frac{0{,}084 \cdot 0{,}940 + 0{,}312 \cdot 0{,}971}{0{,}959}\right]$$

$$= 12{,}35\,[1 - 0{,}399] = 7{,}42 \text{ kcal/qm, °C, Per.},$$

$$b = 1 - \frac{(\nu\varphi - \nu'\varphi\varphi')\cos(nX) + (\nu'\varphi' - \nu\varphi\varphi') \cdot \cos(n'X)}{1 - \varphi\varphi'}$$

$$= 1 - \frac{0{,}084 \cdot 0{,}820 + 0{,}312 \cdot 0{,}907}{0{,}959} = 1 - 0{,}367$$

$$= 0{,}633 \text{ °C/°C Per.}$$

Würde man die $\varkappa$-Werte berücksichtigen, so erhielte man $\varepsilon = 7{,}40$ und $b = 0{,}632$, also praktisch völlig gleiche Ergebnisse.

Beträgt nun der Temperaturunterschied $\vartheta_m - \vartheta'_m$ 200°, so gehen während einer Periode von 4 St. 7,42 · 200 = 1484 kcal je qm Heizfläche vom Rauchgas an den Wind über. Die Heizflächenleistung ist mithin 1484 : 4 St. = 371 kcal/cbm, St., bezogen auf die ganze Periode, während der Heizzeit dagegen 742 kcal/qm, St., ebenso während der Entheizzeit allein. Der Temperaturabfall der Heizfläche ist 0,633 · 200 = 127 °C, natürlich in 2 St.

Auch die Kenntnis der mittleren Heizflächentemperatur kann aus den errechneten Werten abgeleitet werden. Der Temperaturunterschied Rauchgas — Heizfläche muß sich zu dem Temperaturunterschied Heizfläche — Wind wie die α zu α' verhalten, da ja die gleiche Wärmemenge ausgetauscht wird.

$$q'_{reg} = 1484 \text{ kcal/qm, Per.},$$

$$q'_{reg} = z' \cdot \alpha' (\vartheta'_{sm} - \vartheta'_m); \quad \vartheta'_{sm} = \frac{1484}{z'\alpha'} + \vartheta'_m,$$

$$1484 = z \cdot \alpha (\vartheta_m - \vartheta'_{sm}); \quad \vartheta_{sm} = \vartheta_m - \frac{1484}{z\alpha},$$

$$\vartheta'_{sm} = 106 + \vartheta'_m,$$

$$\vartheta_{sm} = \vartheta_m - 50.$$

Ist z. B. $\vartheta'_m = 600°$, so ist $\vartheta'_{sm} = 706$,

$\vartheta_m = 800°$, $\vartheta_{sm} = 750$.

Man erkennt, daß die mittleren Heizflächentemperaturen während Heizzeit und Entheizzeit nicht gleich sind. Fig. 55 zeigte ja auch, daß dies nicht sein kann, da die mittleren Höhen der nach einer Exponentialkurve verlaufenden Temperaturkurven nicht übereinstimmen können.

Die Temperaturschwankung von 127° dagegen muß sich natürlich auf die mittlere Heizflächentemperatur $\frac{706 + 750}{2} = 728°$ beziehen, d. h. die niedrigste Temperatur ist 728 — 63,5 = $\sim$665°, die höchste 792°.

Auch die Schwankung der Innentemperatur des Steines ist sehr einfach zu errechnen. Die Steinmitte wird ja voraussetzungsgemäß gekennzeichnet durch $x = 0$, also ist $\cos(nx)$ und $\cos(n'x) = 1$. Berechnet man den auf $x = 0$ bezogenen Wert b_0 ebenso wie b, so wird $b_0 = 0{,}587$. Die Temperaturschwankung beträgt mithin 200 · 0,587 = 117°, also 10° weniger als die Schwankung der Oberfläche. Die langen Umstellzeiten von 2 St. bewirken im vorliegenden Fall einen sehr weitgehenden Angleich der inneren an die äußere Temperatur.

5. Zahlentafeln für ε und b.

Um die Berechnung von ε und b überflüssig zu machen, sind weiter unten Zahlentafeln zusammengestellt, aus denen diese Werte für den praktischen Anwendungsbereich entnommen werden bzw. interpoliert werden können.

Der Umfang des Gebietes, der für die zumeist vorkommenden Fälle gilt, ist sowohl in Hinsicht auf die Wärmeübergangszahlen, als auch auf die Steinstärke und die Perioden- bzw. Umstelldauer zu begrenzen.

Die Grenzen, welche bezüglich der Wärmeübergangszahl zu ziehen sind, zeigt die Betrachtung der Wärmeübergangszahl in Fig. 44. Die konvektive Wärmeübergangszahl wird zumeist zwischen 5 und 20 kcal/qm, St., °C liegen. Mit Rücksicht auf die leichte Extrapolationsfähigkeit der erhaltenen Werte dürfte der Bereich $\alpha_b = 5$ bis 20 genügen. Für die Heizzeit ist der Wärmeübergang durch Strahlung zu berücksichtigen, der α auf etwa 30 erhöhen kann. Infolgedessen ist also folgendes Gebiet abzugrenzen:

Für die Heizzeit $\alpha = 5$ bis 30 kcal/qm, St., °C
„ „ Entheizzeit $\alpha' = 5$ „ 20 „

Die Steinstärke δ wird 10 mm nicht unterschreiten, es müßte sich denn um Sonderkonstruktionen handeln, die aber ohne Schwierigkeit zwischen 0 und 10 mm zu interpolieren ist. Steinstärken über 60 mm werden kaum noch verwendet, nachdem man die Zwecklosigkeit derartiger Stärken eingesehen hat. Eine Extrapolation auf etwa 80 bis 100 mm ist noch recht gut möglich, wenn man den Verlauf der Werte zwischen 0 und 60 mm kennt.

Die Umstellzeiten ergeben sich durch die Betriebsbedingungen. Die Regeneratoren von Öfen werden zumeist nach 20 oder 30 min umgestellt. Längere Umstellzeiten haben die Winderhitzer der Hochöfen, die, falls man 2 Winderhitzer je Ofen hat, 1-, 1,5- oder 2stündlich umgestellt werden. Hat man 3 Winderhitzer je Ofen im Betrieb, so ist die Heizzeit doppelt so lang wie die Entheizzeit, also $z' = 1$, $z = 2$ St. und $z' = 1{,}5$, $z = 3$ St. und $z' = 2$, $z = 4$ St. Es werden dementsprechend folgende Fälle behandelt:

$z' = z = 0{,}5$ St.
$z' = z = 1{,}0$ „
$z' = z = 2{,}0$ „
$z' = 1$ St., $z = 2$ St.
$z' = 2$ „ $z = 4$ „

Hierbei lassen sich andere Zeiten im Rahmen des praktischen Vorkommens leicht interpolieren. Bei Umstellzeiten, die kleiner als eine halbe Stunde sind, kann man bei Berechnung des Wärmeaustausches — jedoch nicht bei Berechnung des Temperaturabfalles — einfach eine fiktive Umstellzeit von $^1/_2$ Stunde annehmen, da im Bereich dieser Periodendauern ε proportional mit der Dauer zunimmt.

Schließlich können noch die Materialwerte λ und $c \cdot \gamma$ verschiedene Werte annehmen. Beschränkt man sich auf die Ausgitterung mit feuerfesten Steinen, so wird λ höchstens zwischen 0,5 und 1,5 variieren. Die Zahlentafeln sind mit $\lambda = 1$ gerechnet, Berichtigungswerte für $\lambda = 0{,}5$ und 1,5 sind in Tafeln 56 und 57 angegeben.

$c \cdot \gamma$ ist in den Zahlentafeln $0{,}26 \cdot 1900 = 494$ kcal/qm, °C. Für Unterschiede von ± 20 Proz. dieses Wertes sind in den Tafeln 58 und 59 Berichtigungswerte eingetragen.

Zahlentafel 51.

Wärmeaustauschzahl ε und Temperaturabfallzahl b für $z = z' = 0{,}5$ St.

α'	Steinstärke	α											
		5		10		15		20		25		30	
		ε	b	ε	b	ε	b	ε	b	ε	b	ε	b
5	10	1,06	0,43	1,31	0,52	1,46	0,58	1,56	0,62	1,64	0,65	1,70	0,68
	20	1,44	0,25	1,42	0,30	1,59	0,34	1,72	0,36	1,82	0,38	1,89	0,40
	30	1,14	0,18	1,42	0,22	1,60	0,25	1,73	0,27	1,83	0,28	1,91	0,29
	40	1,14	0,15	1,42	0,19	1,60	0,22	1,73	0,23	1,83	0,24	1,91	0,25
	50	1,14	0,14	1,42	0,18	1,60	0,19	1,73	0,20	1,83	0,21	1,91	0,21
	60	1,14	0,135	1,42	0,175	1,60	0,19	1,73	0,19	1,83	0,20	1,91	0,20
10	10			1,83	0,74	1,97	0,80	2,03	0,83	2,07	0,85	2,09	0,86
	20			2,18	0,47	2,48	0,54	2,69	0,57	2,85	0,59	2,97	0,60
	30			2,28	0,35	2,64	0,40	2,88	0,43	3,06	0,45	3,09	0,47
	40			2,29	0,30	2,65	0,33	2,89	0,36	3,09	0,38	3,13	0,39
	50			2,29	0,25	2,65	0,29	2,89	0,31	3,10	0,33	3,14	0,34
	60			2,29	0,23	2,65	0,28	2,89	0,30	3,10	0,31	3,14	0,32
15	10					2,18	0,88	2,28	0,91	2,31	0,94	2,34	0,96
	20					3,00	0,63	3,32	0,69	3,50	0,72	3,65	0,75
	30					3,19	0,48	3,60	0,53	3,83	0,56	4,01	0,58
	40					3,29	0,40	3,68	0,44	3,91	0,46	4,10	0,48
	50					3,29	0,36	3,68	0,39	3,91	0,41	4,10	0,43
	60					3,29	0,32	3,68	0,36	3,91	0,38	4,10	0,40
20	10							2,34	0,95	2,38	0,97	2,40	0,97
	20							3,61	0,75	3,84	0,79	3,93	0,81
	30							4,03	0,59	4,35	0,63	4,54	0,65
	40							4,24	0,50	4,55	0,54	4,77	0,56
	50							4,24	0,44	4,55	0,47	4,77	0,50
	60							4,24	0,41	4,55	0,44	4,77	0,46

Zahlentafel 52.

Wärmeaustauschzahl ε und Temperaturabfallzahl b für $z = z' = 1{,}0$ St.

α'	Steinstärke	α											
		5		10		15		20		25		30	
		ε	b	ε	b	ε	b	ε	b	ε	b	ε	b
5	10	1,85	0,75	2,00	0,80	2,07	0,83	2,11	0,86	2,13	0,88	2,15	0,89
	20	2,17	0,45	2,57	0,53	2,80	0,57	2,96	0,61	3,06	0,63	3,14	0,66
	30	2,24	0,32	2,76	0,39	3,06	0,43	3,30	0,46	3,49	0,49	3,63	0,51
	40	2,29	0,26	2,85	0,32	3,21	0,36	3,51	0,39	3,73	0,40	3,92	0,42
	50	2,30	0,23	2,87	0,27	3,26	0,31	3,55	0,33	3,80	0,35	4,00	0,36
	60	2,30	0,20	2,87	0,25	3,27	0,27	3,56	0,29	3,82	0,31	4,02	0,33
10	10			2,35	0,95	2,38	0,97	2,40	0,97	2,41	0,98	2,42	0,98
	20			3,64	0,75	3,93	0,81	4,10	0,83	4,16	0,85	4,22	0,87
	30			4,17	0,59	4,65	0,65	4,92	0,69	5,14	0,71	5,30	0,74
	40			4,23	0,47	4,83	0,53	5,23	0,57	5,51	0,59	5,71	0,61
	50			4,28	0,41	4,96	0,47	5,45	0,50	5,78	0,52	6,06	0,54
	60			4,30	0,36	4,99	0,42	5,50	0,45	5,85	0,47	6,13	0,48

Zahlentafel 52 (Fortsetzung).

α'	Steinstärke	α 5 ε	b	10 ε	b	15 ε	b	20 ε	b	25 ε	b	30 ε	b
15	10					2,45	0,99	2,45	0,99	2,46	0,99	2,46	1,00
	20					4,40	0,90	4,55	0,92	4,61	0,94	4,66	0,95
	30					5,42	0,75	5,77	0,80	5,99	0,82	6,15	0,84
	40					5,91	0,64	6,41	0,69	6,75	0,72	7,00	0,74
	50					6,05	0,55	6,64	0,60	7,08	0,63	7,38	0,64
	60					6,10	0,49	6,73	0,53	7,21	0,57	7,55	0,59
20	10							2,47	1,00	2,47	1,00	2,47	1,00
	20							4,70	0,96	4,78	0,97	4,80	0,98
	30							6,23	0,86	6,45	0,88	6,59	0,90
	40							7,13	0,76	7,51	0,79	7,70	0,81
	50							7,50	0,65	7,92	0,70	8,26	0,73
	60							7,62	0,60	8,10	0,63	8,55	0,66

Zahlentafel 53.
Wärmeaustauschzahl ε und Temperaturabfall b für $z = z' = 2$ St.

α'	δ	α 5 ε	b	10 ε	b	15 ε	b	20 ε	b	25 ε	b	30 ε	b
5	10	2,37	0,96	2,40	0,97	2,41	0,98	2,42	0,98	2,43	0,98	2,44	0,98
	20	3,62	0,74	3,95	0,80	4,08	0,83	4,15	0,85	4,20	0,86	4,24	0,87
	30	4,11	0,57	4,80	0,65	5,03	0,69	5,25	0,72	5,40	0,75	5,53	0,77
	40	4,40	0,47	5,18	0,55	5,63	0,59	5,98	0,62	6,27	0,65	6,48	0,67
	50	4,51	0,40	5,45	0,47	6,00	0,51	6,39	0,54	6,68	0,58	6,93	0,60
	60	4,55	0,35	5,52	0,40	6,13	0,45	6,60	0,48	6,95	0,51	7,18	0,54
10	10			2,47	1,00	2,47	1,00	2,47	1,00	2,47	1,00	2,47	1,00
	20			4,75	0,96	4,80	0,97	4,83	0,98	4,85	0,98	4,86	0,98
	30			6,31	0,86	6,61	0,90	6,75	0,91	6,80	0,92	6,83	0,93
	40			7,27	0,75	7,80	0,80	8,07	0,83	8,29	0,85	8,40	0,86
	50			7,80	0,66	8,60	0,72	9,00	0,76	9,35	0,78	9,60	0,80
	60			8,11	0,59	9,05	0,64	9,55	0,67	9,96	0,69	10,26	0,71
15	10					2,47	1,00	2,47	1,00	2,47	10,0	2,47	1,00
	20					4,90	0,99	4,93	1,00	4,94	1,00	4,94	1,00
	30					7,05	0,96	7,16	0,97	7,21	0,97	7,25	0,98
	40					8,63	0,89	8,93	0,91	9,10	0,93	9,25	0,94
	50					9,82	0,82	10,22	0,86	10,55	0,87	10,75	0,89
	60					10,33	0,74	11,00	0,78	11,47	0,81	11,87	0,83
20	10							2,47	1,00	2,47	1,00	2,47	1,00
	20							4,93	1,00	4,94	1,00	4,94	1,00
	30							7,30	0,99	7,35	0,99	7,35	0,99
	40							9,35	0,95	9,51	0,97	9,55	0,97
	50							10,96	0,90	11.20	0,92	11,38	0,93
	60							12,10	0,85	12,45	0,87	12,75	0,89

Zahlentafel 54.

Wärmeaustauschzahl ε und Temperaturabfallzahl b für $z' = 1$, $z = 2$ St.

α'	δ	α = 5		10		15		20		25		30	
		ε	b	ε	b	ε	b	ε	b	ε	b	ε	b
5	10	2,07	0,84	2,11	0,85	2,11	0,85	2,11	0,85	2,11	0,85	2,11	0,85
	20	2,69	0,56	2,96	0,61	3,00	0,61	3,00	0,61	3,01	0,61	3,01	0,61
	30	2,91	0,41	3,28	0,46	3,40	0,48	3,44	0,48	3,45	0,48	3,46	0,48
	40	3,01	0,34	3,50	0,38	3,64	0,39	3,70	0,40	3,71	0,40	3,71	0,40
	50	3,09	0,29	3,58	0,33	3,74	0,34	3,83	0,34	3,85	0,35	3,87	0,35
	60	3,12	0,25	3,60	0,29	3,78	0,30	3,86	0,31	3,93	0,30	3,99	0,30
10	10			2,41	0,98	2,41	0,98	2,41	0,98	2,41	0,98	2,41	0,98
	20			4,12	0,84	4,18	0,85	4,20	0,86	4,20	0,86	4,20	0,86
	30			5,00	0,69	5,25	0,72	5.31	0,73	5,33	0,73	5,33	0,73
	40			5,35	0,57	5,71	0,60	5,86	0,62	5,98	0,63	6,05	0,64
	50			5,64	0,50	6,11	0,53	6,27	0,55	6,39	0,56	6,41	0,56
	60			5,70	0,44	6,18	0,47	6,45	0,48	6,55	0,49	6,65	0,50
15	10					2,46	1,00	2,46	1,00	2,46	1,00	2,46	1,00
	20					4,64	0,94	4,65	0,94	4,66	0,95	4,67	0,95
	30					6,13	0,85	6,22	0,85	6,25	0,86	6,27	0,86
	40					7,02	0,74	7,22	0,76	7,31	0,77	7,34	0,77
	50					7,50	0,67	7,79	0,68	7,93	0,69	8,01	0,69
	60					7,70	0,58	8,08	0,61	8,26	0,62	8,39	0,63
20	10							2,47	1,00	2,47	1,00	2,47	1,00
	20							4,81	0,98	4,82	0,98	4,82	0,98
	30							6,71	0,92	6,75	0,92	6,75	0,92
	40							8,08	0,84	8,21	0,85	8,22	0,85
	50							8,93	0,76	9,07	0,78	9,15	0,79
	60							9,35	0,70	9,60	0,71	9,75	0,72

Zahlentafel 55.

Wärmeaustauschzahl ε und Temperaturabfallzahl b für $z' = 2$, $z = 4$ St.

α'	δ	α = 5		10		15		20		25		30	
		ε	b	ε	b	ε	b	ε	b	ε	b	ε	b
5	10	2,40	0,97	2,41	0,98	2,41	0,98	2,42	0,98	2,42	0,98	2,43	0,99
	20	4,08	0,83	4,13	0,84	4,16	0,85	4,18	0,85	4,20	0,85	4,20	0,85
	30	4,98	0,68	5,19	0,71	5,25	0,72	5,30	0,72	5,33	0,73	5,35	0,73
	40	5,50	0,57	5,82	0,61	5,96	0,62	6,07	0,63	6,12	0,64	6,15	0,64
	50	5,75	0,49	6,27	0,53	6,48	0,55	6,60	0,56	6,65	0,56	6,70	0,56
	60	6,02	0,44	6,60	0,47	6,80	0,48	6,95	0,49	7,00	0,50	7,06	0,50
10	10			2,47	1,00	2,47	1,00	2,47	1,00	2,47	1,00	2,47	1,00
	20			4,82	0,98	4,83	0,98	4,84	0,98	4,85	0,98	4,86	0,98
	30			6,77	0,92	6,79	0,92	6,80	0,92	6,81	0,92	6,82	0,93
	40			8,22	0,84	8,30	0,85	8,36	0,86	8,39	0,86	8,41	0,86
	50			9,18	0,77	9,40	0,78	9,50	0,79	9,55	0,79	9,58	0,79
	60			9,79	0,69	10,17	0,71	10,30	0,72	10,43	0,73	10,50	0,73

Zahlentafel 55 (Fortsetzung).

α'	δ	α = 5 ε	5 b	10 ε	10 b	15 ε	15 b	20 ε	20 b	25 ε	25 b	30 ε	30 b
15	10					2,47	1,00	2,47	1,00	2,47	1,00	2,47	1,00
	20					4,94	1,00	4,94	1,00	4,94	1,00	4,95	1,00
	30					7,22	0,98	7,23	0,98	7,23	0,98	7,23	0,98
	40					9,17	0,93	9,20	0,94	9,21	0,94	9,21	0,94
	50					10,80	0,89	10,88	0,90	10,92	0,90	10,94	0,90
	60					11,85	0,83	12,08	0,84	12,12	0,84	12,15	0,84
20	10							2,47	1,00	2,47	1,00	2,47	1,00
	20							4,94	1,00	4,94	1,00	4,94	1,00
	30							7,35	0,99	7,35	0,99	7,36	0,99
	40							9,60	0,98	9,61	0,98	9,62	0,98
	50							11,60	0,95	11,63	0,95	11,64	0,95
	60							13,15	0,91	13,25	0,91	13,30	0,92

Zahlentafel 56.
Veränderung von ε und b bei Veränderung der Wärmeleitzahl λ. $z = z' = 0,5$ St.

	δ	$\lambda = 0,5$ für ε	$\lambda = 0,5$ für b	$\lambda = 1,0$ für ε	$\lambda = 1,0$ für b	$\lambda = 1,5$ für ε	$\lambda = 1,5$ für b
$\alpha' = 5$	10	1,00	1,05	1,00	1,00	1,00	0,98
$\alpha = 5$	30	1,00	1,11	1,00	1,00	1,00	0,95
	50	1,00	1,14	1,00	1,00	1,00	0.93
$\alpha' = 15$	10	1,00	1,02	1,00	1,00	1,00	1,00
$\alpha = 15$	30	0,94	1,05	1,00	1,00	1,00	1,00
	50	0,90	1,11	1,00	1,00	1,03	0,92

Zahlentafel 57. Veränderung von ε und b bei Veränderung der Wärmeleitzahl λ gegenüber den mit $\lambda = 1$ berechneten Werten. $z = z' = 2$ St.

	δ	$\lambda = 0,5$ für ε	$\lambda = 0,5$ für b	$\lambda = 1,0$ für ε	$\lambda = 1,0$ für b	$\lambda = 1,5$ für ε	$\lambda = 1,5$ für b
$\alpha' = 5$	10	1,00	1,00	1,00	1,00	1,00	1,00
$\alpha = 5$	30	0,99	1,02	1,00	1,00	1,01	1,00
	50	0,99	1,02	1,00	1,00	1,01	0,96
$\alpha' = 15$	10	1,00	1,00	1,00	1,00	1,00	1,00
$\alpha = 15$	30	0,99	1,00	1,00	1,00	1,00	1,00
	50	0,94	0,98	1,00	1,00	1,02	1,00

Zahlentafel 58. Veränderung von ε infolge Veränderung von $c \cdot \gamma$.

δ	$c \cdot \gamma = 0,8\ (1900 \cdot 0,26)$, $z = z' = 0,5$ St., $\alpha = \alpha' = 5$	$z = z' = 0,5$ St., $\alpha = \alpha' = 15$	$z = z' = 2,0$ St., $\alpha = \alpha' = 5$	$z = z' = 2,0$ St., $\alpha = \alpha' = 15$	$c \cdot \gamma = 1,2\ (1900 \cdot 0,26)$, $z = z' = 0,5$ St., $\alpha = \alpha' = 5$	$z = z' = 0,5$ St., $\alpha = \alpha' = 15$	$z = z' = 2,0$ St., $\alpha = \alpha' = 5$	$z = z' = 2,0$ St., $\alpha = \alpha' = 15$
10	0,96	0,85	0,82	0,80	1,02	1,12	1,16	1,20
30	1,00	0,96	0,94	0,83	1,00	1,02	1,04	1,15
50	1,00	0,99	0,97	0,88	1,00	1,01	1,01	1,08

Zahlentafel 59. Veränderung von b infolge Veränderung von $c \cdot \gamma$.

δ	$c \cdot \gamma = 0{,}8$ (1900 · 0,26)				$c \cdot \gamma = 1{,}2$ (1900 · 0,26)			
	$z = z' = 0{,}5$ St.		$z = z' = 2{,}0$ St.		$z = z' = 0{,}5$ St.		$z = z' = 2{,}0$ St.	
	$\alpha = \alpha' = 5$	$\alpha = \alpha' = 15$	$\alpha = \alpha' = 5$	$\alpha = \alpha' = 15$	$\alpha = \alpha' = 5$	$\alpha = \alpha' = 15$	$\alpha = \alpha' = 5$	$\alpha = \alpha' = 15$
10	1,18	1,06	1,03	1,00	0,90	0,94	0,94	1,00
30	1,20	1,14	1,17	1,03	0,87	0,90	0,88	0,96
50	1,20	1,17	1,20	1,08	0,84	0,88	0,87	0,92

6. Der Einfluß der einzelnen Faktoren auf die Wärmeaustauschzahl.

Vorweg ist zu bemerken, daß kein Faktor für sich allein einen quantitativ bestimmten Einfluß ausübt. Immer ist die Auswirkung gleichzeitig auch von der Größe der anderen Faktoren abhängig. Dieser Zusammenhang aller Einflüsse miteinander kommt ja auch in den Formeln für ε und b zum Ausdruck. Die φ und ν-Werte sind gleichzeitig von Wärmeübergangszahl, Steinstärke, Periodendauer und Steinmaterial abhängig.

a) Einfluß der Wärmeübergangszahl.

Er ist um so größer, je kürzer die Umstellzeiten und je größer die Steinstärken sind. Vergleicht man die Wärmeaustauschzahlen für die Wärmeübergangszahlen $\alpha = \alpha' = 5$, 10 und 15 bei den beiden Umstellzeiten $z = z' = 0{,}5$ St. und $z = z' = 2$ St. und gleichzeitig bei Steinstärken von 10 und 60 mm, so ergibt sich folgende Gegenüberstellung:

Zahlentafel 60. Einfluß der Wärmeübergangszahlen unter verschiedenen Bedingungen auf die Wärmeaustauschzahl.

	$z = z' = 0{,}5$ St.				$z = z' = 2{,}0$ St.			
	$\delta = 10$ mm		$\delta = 60$ mm		$\delta = 10$ mm		$\delta = 60$ mm	
W. Ü. Z.	ε	Proz.	ε	Proz.	ε	Proz.	ε	Proz.
5/5	1,06	100	1,14	100	2,37	100	4,55	100
10/10	1,83	173	2,29	200	2,47	104	8,11	178
15/15	2,18	205	3,29	289	2,47	104	10,33	227

Bei $z = z' = 0{,}5$ St. erhöht sich ε auf 205 Proz. bei $\delta = 10$ mm, auf 289 Proz. bei $\delta = 60$ mm. Bei der langen Periodendauer von $z + z' = 4$ St. und der geringen Steinstärke 10 mm steigt ε nur um 4 Proz. bei einer Steigerung der Wärmeübergangszahl auf 300 Proz. Erst bei dickeren Steinen tritt eine Vergrößerung von ε ein, freilich nicht in gleichem Maße wie bei der kurzen Umstellzeit.

Ähnlich verhält sich ε gegenüber einer einseitigen Vergrößerung der Wärmeübergangszahl, z. B. während der Heizzeit. Auch dann steigt ε am stärksten bei kurzen Umstellzeiten und dicken Steinen. Man erkennt an diesem Verhalten den großen Einfluß des Speichervorganges auf den Wärmeaustausch. Bei dünnen Steinen und langen Umstellzeiten wird eher eine Wärmesättigung des Speichermaterials erreicht als bei den entgegengesetzten Bedingungen. Eine Vergrößerung der Wärmeübergangszahl nützt unter solchen

Verhältnissen nichts, weil die an sich mögliche Wärmeabgabe an die Oberfläche des Steines dadurch verhindert wird, daß das hinter der Heizfläche liegende Speichermaterial keine Wärme mehr aufnehmen kann.

b) Einfluß der Steinstärke.

Je länger die Umstellzeiten sind, um so stärker wächst ε mit zunehmender Steinstärke. Bei $^1/_2$stündiger Umstellzeit bringt eine Vergrößerung der Steinstärke über 30 mm keine Besserung der Wärmeaustauschzahl. Auch die Temperaturabfallzahl bessert sich nicht mehr erheblich. Selbst noch bei 1stündiger Umstellung erreicht $\delta = \backsim 35$ mm bei Übergangszahlen bis $\alpha = 10$ bereits praktisch den höchsten Wert der Wärmeaustauschzahl. Bei höheren Wärmeübergangszahlen geben größere Steinstärken noch einigen Nutzen.

c) Einfluß der Umstellzeiten.

Auch dieser Einfluß ist nach dem unter 1 gesagten Einfluß des Speichervorganges leicht vorauszusehen. Bei großen Steinstärken und kleinen Wärmeübergangszahlen steigt ε verhältnismäßig stark mit längeren Umstellzeiten. Dieser Einfluß kann sich aber bei umgekehrten Verhältnissen so stark verringern, daß ε überhaupt nicht mehr zunimmt. Zum Beispiel ist für $\delta = 30$ mm und $\alpha' = 10$, $\alpha = 20$ kcal:

bei $z = z'$	$= 0{,}5$ St.	$\varepsilon = 2{,}88$
	$= 1{,}0$,,	$= 4{,}92$
	$= 2{,}0$,,	$= 6{,}75$
	$z = 4$ St., $z' = 2{,}0$	$= 6{,}80$

Bezieht man nun den Wärmeaustausch auf die Stunde statt auf die Periode, so wird die Heizflächenleistung

bei $z = z' = 0{,}5$	$q = 2{,}88$	$(\vartheta_m - \vartheta'_m) =$	100 Proz.
,, ,, $= 1{,}0$	$q = 2{,}46$	$(\vartheta_m - \vartheta'_m) =$	85 ,,
,, ,, $= 2{,}0$	$q = 1{,}69$	$(\vartheta_m - \vartheta'_m) =$	59 ,,
bei $z = 4$, $z' = 2{,}0$	$q = 1{,}14$	$(\vartheta_m - \vartheta'_m) =$	40 ,,

Erst bei dieser Umrechnung auf die Stundenleistung tritt die starke Verringerung der Leistung bei langer Periodendauer klar hervor. Nachteilig wirkt die längere Periodendauer auch noch dadurch, daß sie größere Temperaturschwankungen zur Folge hat. Es wird bei der Besprechung der Hochofenwinderhitzer noch Gelegenheit gegeben sein, diese Frage weiter zu verfolgen.

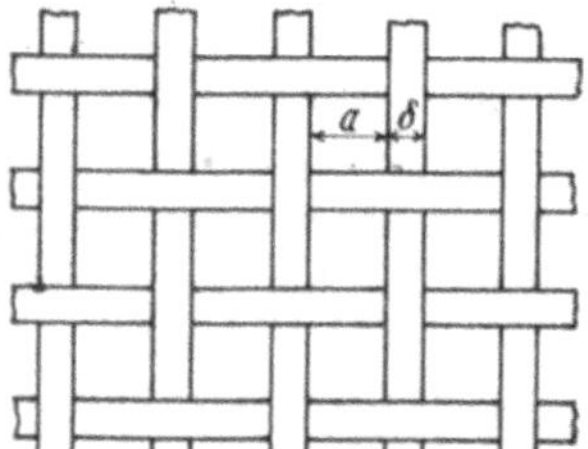

Fig. 62. Glattschachtgitter.

d) Der Einfluß der Gitterart.

Die gegebene Ableitung der Wärmeaustauschzahl beruhte auf der Untersuchung der Wärmeströmung in einer von beiden Seiten beheizten plattenförmigen Wand. Die wirklichen Gitterausführungen besitzen jedoch nicht diese einfache und übersichtliche Gestaltung. Am besten gleicht sich dieser Vorstellung das Glattschachtgitter an, das für die Hochofenwinderhitzer gebräuchlich ist (siehe Fig. 62). Jedoch ist auch hierbei der Unterschied zu beachten, der durch die Häufung des Speichermaterials in den Ecken hervorgerufen wird. Man kann dieses Eckenmaterial bei der Rechnung dadurch berücksichtigen, daß man es auf die Heizfläche umlegt, also die rechnerische Steinstärke vergrößert. Bezeichnet man die rechnerische oder äquivalente Steinstärke mit δ', so ergibt sich (Fig. 62) folgende Beziehung

$$4a \cdot \frac{\delta'}{2} = (a + \delta)^2 - a^2,$$

$$\delta' = \delta \frac{2a + \delta}{2a}.$$

Bei einem Gitter mit $\delta = 50$ mm, $a = 100$ mm wird demnach

$$\delta' = 50 \cdot \frac{250}{200} = 62{,}5 \text{ mm}.$$

Es sind also beträchtliche Korrekturen, welche die Berücksichtigung des Eckenmaterials erfordert. Es ist deshalb gut, diese Korrektur mit einiger Vorsicht anzuwenden. Es ist zu beachten, daß der Weg der Wärme bis in den Kern des Eckenmaterials länger ist als der Weg, den die Rechnung bei Voraussetzung der äquivalenten Steinstärke δ' annimmt. Bei langen Umstellzeiten werden die Werte von ε und b für δ' die wirklichen Verhältnisse richtig beschreiben. Bei kurzen Umstellzeiten muß man aber berücksichtigen, daß die Durchwärmung des Eckenmaterials nicht in dem Maße erfolgt, in dem sie stattfinden würde, wenn dieses Material sich in der Mitte der Speicherwand befände. Freilich ist aber, wie die Zahlentafeln lehren, dann auch die Veränderung besonders von ε infolge Vergrößerung der Steinstärke sehr gering.

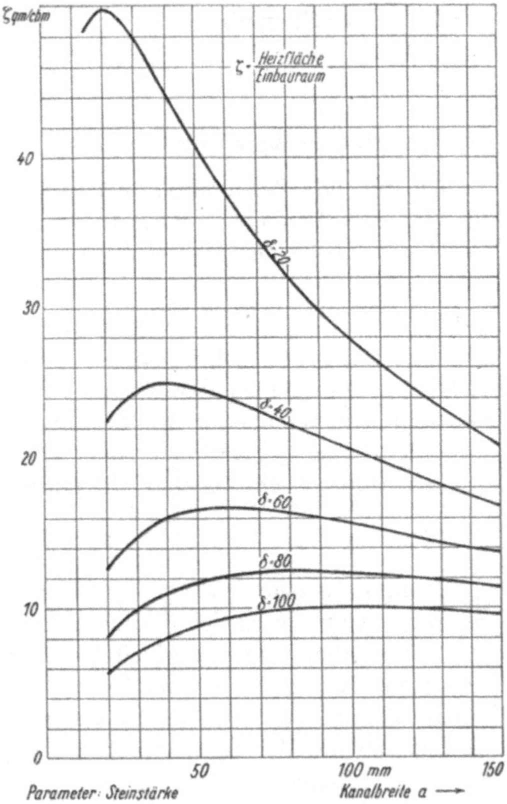

Fig. 63. Größe der Heizfläche je cbm Glattschachtgitter.

Die Größe der Heizfläche je cbm Gitterraum wird bei der Glattschachtpackung durch Kanalweite a und Steinstärke δ bestimmt. Sie ist $\zeta = \frac{4a}{(a + \delta)^2}$. Beim Entwurf von Regeneratoren ist der Wert Heizfläche/cbm Gitter von großer Bedeutung. Mit ε multipliziert ergibt dieser Wert die Wärmemenge, die 1 cbm Gitter während einer Periode austauscht, wenn die Temperaturdifferenz zwischen Rauchgas und vorzuwärmendem Gas 1° C beträgt. Diese Zahl erleichtert häufig den Vergleich verschiedener Gitterarten, da sie ohne weiteres den Raumbedarf der Regeneratoren für eine bestimmte Leistung kennzeichnet. Fig. 63 gibt die Größe der Heizfläche je cbm Gitterraum an. Sie zeigt, wie stark die Größe der Heizfläche mit gleichzeitig abnehmender Kanalweite und abnehmender Steinstärke ansteigt. Der größte Wert wird erreicht, wenn die Steinstärke gleich der Kanalweite ist, und ist dann gleich $1/\delta$.

Die Leistung des Regenerators kann auch auf das Steingewicht bezogen werden. Das Steingewicht je cbm Gitterraum ist

$$g = \left[1 - \left(\frac{a}{a+\delta}\right)^2\right] \cdot \gamma .$$

Die Leistung je kg Steingewicht ist $= \frac{\varepsilon \cdot \zeta}{g}$ kcal/kg, Per, °C.

Weitgehende Verwendung in Regeneratoren findet das Rostgitter (Fig. 46, 47). Ist der Steinlagenabstand a, die Steinstärke δ, die Höhe des Steines h, so ist die Größe der Heizfläche je cbm Gitter

$$\zeta = \frac{2}{a+\delta} + \frac{2a\delta}{(a+\delta)^2 \cdot h} \text{ qm/cbm} .$$

Die Heizfläche setzt sich aus senkrechter (erstes Glied der Summe) und waagerechter (zweites Glied der Summe) zusammen. Auch hier steigt die Heizfläche mit abnehmender Kanalweite a und abnehmender Steinstärke an. Außerdem wächst ζ mit sinkender Steinhöhe h.

Das Steingewicht je cbm Gitterraum ist

$$g = \frac{\delta}{a+\delta} \gamma .$$

Größere Bedenken als beim Glattschachtgitter können beim Rostgitter gegen die Anwendung der Wärmeaustauschzahl bestehen, die an einer beiderseitig beheizten Platte abgeleitet ist. Hier kommt es der Anwendbarkeit zustatten, daß bei den etwa halbstündig umgestellten Regeneratoren, und nur in diesen findet sich in der Regel das Rostgitter, die Steinstärke wenig Einfluß auf die Wärmeaustauschzahl hat. Infolgedessen kann man sie auch auf die Heizfläche des Rostgitters anwenden, ohne Gefahr zu laufen, mit dieser Rechnung Ungenauigkeiten von Bedeutung zu begehen. Man kann sich auch hier eine äquivalente Steinstärke ausrechnen, indem man das Steinvolumen auf die Heizfläche bezieht. Diese Steinstärke ist

$$\delta' = \delta \cdot \frac{1}{1 + \frac{\delta \cdot a}{(a+\delta) \cdot h}} .$$

Die äquivalente Steinstärke ist in diesem Fall — im Gegensatz zum Glattschachtgitter — kleiner als die wirkliche Steinstärke. Nun muß das Rostgitter der Standfestigkeit halber aus Steinen mit beträchtlicher Wandstärke aufgebaut werden. Wird es z. B. aus Normalsteinen ($\delta = 65$ mm, $h = 115$ mm) mit dem Steinlagenabstand 90 mm aufgebaut, so ist

$$\delta' = 65 \cdot \frac{1}{1 + \frac{65 \cdot 90}{155 \cdot 115}} = 65 \cdot \frac{1}{1 + 0{,}328} = 49 \text{ mm} .$$

Für $\delta' = 50$ mm ergeben sich aber bei halbstündigen Umstellzeiten gleiche Wärmeaustauschzahlen wie für $\delta = 65$ mm.

Selbst wenn man das Gitter aus „Knüppeln" mit einem Querschnitt 60×60 mm bei gleichem Abstand aufbaut, ist die äquivalente Steinstärke noch 37,5 mm, erreicht also noch nicht den Wert, unterhalb dessen die Steinstärke die Wärmeaustauschzahl beeinflußt.

Diese Überlegungen gelten natürlich sowohl für das freizügige wie für das versetzte Rostgitter.

7. Verfahren zur genauen Bestimmung des Temperaturabfalles der Heizfläche und der Wärmeaustauschzahl bei beliebigem Verlauf der Gastemperaturen und zur genauen Bestimmung des Abfalles der Gastemperaturen.

Bei der Bestimmung der Wärmeaustauschzahl und der Temperaturabfallzahl ist, wie aus der Ableitung der Formeln hervorging, eine gleichbleibende Gastemperatur sowohl in der Heizzeit wie in der Entheizzeit vorausgesetzt worden. Diese Voraussetzung trifft natürlich nicht zu, sie mußte aber gemacht werden, um die Berechnung möglichst zu vereinfachen. In früheren Arbeiten[1]) war vom Verfasser ein Verfahren angegeben worden, das die Berechnung der Steintemperaturen, mithin auch der Wärmeaustauschzahl und der Temperaturabfallzahl, unter Zugrundelegung eines beliebigen Verlaufs der Gastemperaturen zu errechnen gestattet. Die Ableitung des Verfahrens soll hier übergangen werden, da es von geringerem praktischen Interesse ist und hier nur zur Entscheidung der Frage benutzt werden soll, welchen Fehler die Voraussetzung der konstanten Gastemperaturen verursacht. Das Verfahren sei an Hand der Fig. 64 erläutert. In ihr ist der Verlauf des aufheizenden Gases ϑ und des vorzuwärmenden Gases ϑ' eingetragen, ebenso der Verlauf der Heizflächentemperatur ϑ_{sX}. Aufheiz- und Entheizzeit werden nun in beliebig viele gleiche Zeitabschnitte von der Dauer Δz bzw. $\Delta z'$ eingeteilt, so daß die Dauer der Heizzeit $z = p \cdot \Delta z$, die der Entheizzeit $z' = p' \cdot \Delta z'$ ist. Den kontinuierlichen Gastemperaturverlauf ersetzt man dann durch einen treppenförmigen, indem man für jeden Zeitabschnitt $\Delta z (\Delta z')$ die mittlere Gastemperatur bildet.

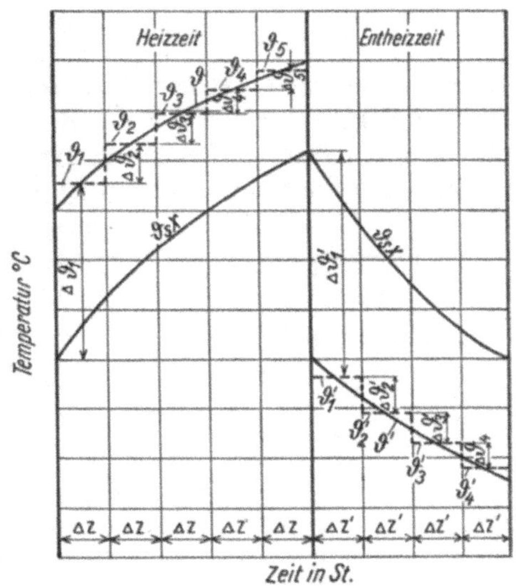

Fig. 64.
Berechnung der Steintemperaturen bei beliebigem Verlauf der Gastemperaturen.

[1]) *Heiligenstaedt*, „Beitrag zur Berechnung von Winderhitzern und Regeneratoren", Dr.-Ing.-Dissertation, Aachen 1924. — „Die Speicherung der Wärme in Regeneratoren", Mitteilung 73 der Wärmestelle des V. d. E.

Dann ist die Temperatur des Gittersteines am Ende des $p$ten Zeitabschnittes der Heizzeit

$$\vartheta_s = \vartheta_p - [\Delta\vartheta_1 \cdot \varphi^p + \Delta\vartheta_2 \cdot \varphi^{p-1} + \cdots + \Delta\vartheta_{p-1} \cdot \varphi^2 + \Delta\vartheta_p \cdot \varphi]\,\nu \cdot \cos(n x)$$

und am Ende des $p$ten Zeitabschnittes der Entheizzeit

$$\vartheta_s' = \vartheta_p' + [\Delta\vartheta_1' \cdot \varphi'^p + \Delta\vartheta_2' \cdot \varphi'^{(p-1)} + \cdots + \Delta\vartheta_{p-1}' \cdot \varphi'^2 + \Delta\vartheta_p' \cdot \varphi']\,\nu' \cdot \cos(n' x).$$

Die Temperaturdifferenzen des Rauchgases $\Delta\vartheta_1$, $\Delta\vartheta_2$ usw. ebenso wie die des vorgewärmten Gases sind die Unterschiede der mittleren Temperaturen in den einzelnen Zeitabschnitten (s. Fig. 64). Eine Ausnahme von dieser Regel bilden die Temperaturunterschiede $\Delta\vartheta_1$ und $\Delta\vartheta_1'$, die folgendermaßen zu bestimmen sind. Am Ende der Heizzeit erhält man nach p Zeitabschnitten Δz als Steintemperatur $\vartheta_{sp} = \vartheta_p - \Theta \cdot \cos(n X)$. Zu Beginn der Entheizzeit ist die Gastemperatur ϑ_1'. Dann erhält man $\Delta\vartheta_1'$ aus der Beziehung

$$\Delta\vartheta_1' = (\vartheta_p - \vartheta_1') - \Theta \cdot \frac{\varkappa'}{\nu'}.$$

Entsprechend erhält man für die Heizzeit

$$\Delta\vartheta_1 = (\vartheta_1 - \vartheta_p') - \Theta' \cdot \frac{\varkappa}{\nu}.$$

Eine Schwierigkeit bei der Rechnung nach dieser Methode liegt darin, daß man zu Beginn der Rechnung z. B. am Beginn der Heizzeit den Temperaturunterschied $\Delta\vartheta_1$ nicht kennt, da der Wert Θ unbekannt ist. Es bleibt nichts übrig, als zunächst einmal eine Steintemperatur anzunehmen und $\Delta\vartheta_1 = \vartheta_1 - \vartheta_s$ zu setzen, worin ϑ_s die beliebig angenommene Steintemperatur bedeutet. Die Werte ν, ν', $\varkappa$, $\varkappa'$ haben die im vorstehenden bereits verwendete Bedeutung, auch φ und φ', die jedoch für die Dauer des Zeitabschnittes Δz bzw. $\Delta z'$ zu bilden sind. Es ist also

$$\varphi = e^{-n^2 a \Delta z}, \qquad \varphi' = e^{-n'^2 a \Delta z'}.$$

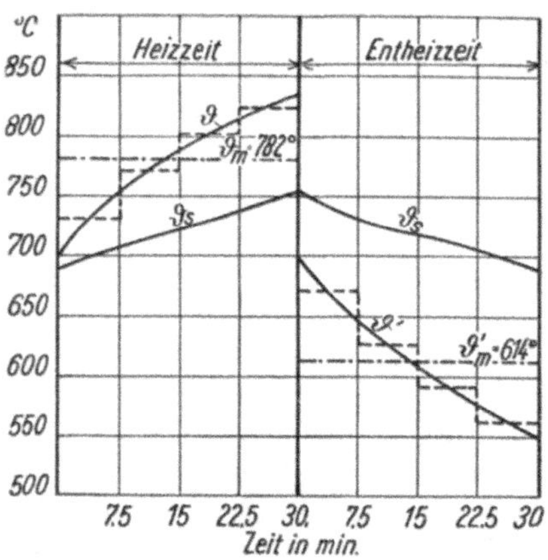

Fig. 65. Angenommener Verlauf der Gastemperaturen mit daraus berechnetem Verlauf der Heizflächentemperatur.

Auch bei der Ableitung dieser Formeln ist nur das erste Glied der an sich aus einer unendlichen Zahl Gliedern bestehenden Reihe (siehe S. 146) verwendet worden. Bei nicht allzu kleinen Zeitabschnitten Δz (etwa 5 min) ist dies durchaus zulässig, wie aus den folgenden Beispielen hervorgehen wird. Die oben stehenden Formeln sind vom Verfasser (a. a. O. Fußnote S. 169) auch durch Verwendung von zwei Gliedern der Reihe abgeleitet worden, ihre Anwendung kommt aber nur in so seltenen Fällen in Betracht, daß von ihrer Wiedergabe abgesehen werden kann.

Als Beispiel soll der in Fig. 65 angegebene Fall dienen. Die Rauchgastemperatur steigt von 700 auf 835°, die Temperatur des vorgewärmten Gases, im folgenden als Luft bezeichnet, fällt von 700 auf 550°. Die Heiz- und Entheizzeit von je $^1/_2$ St. Dauer wird in je 4 Zeitabschnitte, also $\Delta z = \Delta z' = 7{,}5$ min $= 0{,}125$ St., eingeteilt.

Ferner ist

$$\delta = 50 \text{ mm, also } X = \frac{\delta}{2} = 0{,}025 \text{ m}$$

$$\lambda = 1{,}0 \qquad a = \frac{\lambda}{c \cdot \gamma} = \frac{1{,}0}{0{,}26 \cdot 1900} = 2{,}03 \cdot 10^{-3}$$

$\alpha = 20$	$\alpha' = 10$	
$h \cdot X = 0{,}50$	$h' \cdot X = 0{,}25$	
$nX = 0{,}653$	$n'X = 0{,}480$	(aus Fig. 59)
$\nu = 1{,}072$	$\nu' = 1{,}040$	(aus Fig. 59)
$n = 26{,}2$	$n' = 19{,}2$	
$n^2 a \Delta z = 0{,}173$	$n'^2 a \Delta z' = 0{,}094$	
$\varphi = 0{,}841$	$\varphi' = 0{,}910$	(aus Fig. 61)
$\varkappa = 0{,}970$	$\varkappa' = 1{,}030$	(aus Fig. 60)

Das Ergebnis der Rechnung ist:

Während der Heizzeit ist die Steintemperatur am Ende der 4 Zeitabschnitte

$$\vartheta_{s1} = 731 - 30 \cdot \cos(nx)$$
$$\vartheta_{s2} = 771 - 62 \cdot \cos(nx)$$
$$\vartheta_{s3} = 802 - 80 \cdot \cos(nx)$$
$$\vartheta_{s4} = 825 - 89 \cdot \cos(nx)$$

Während der Entheizzeit ergeben sich die folgenden Steintemperaturen:

$$\vartheta'_{s1} = 672 + 67 \cdot \cos(n'x)$$
$$\vartheta'_{s2} = 627 + 103 \cdot \cos(n'x)$$
$$\vartheta'_{s3} = 593 + 127 \cdot \cos(n'x)$$
$$\vartheta'_{s4} = 563 + 142 \cdot \cos(n'x)$$

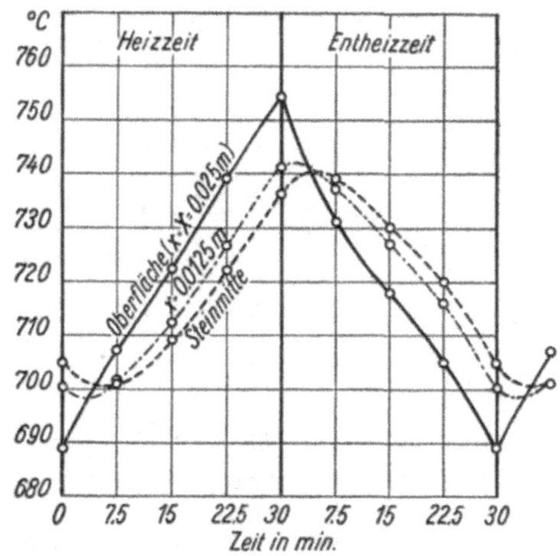

Fig. 66.
Zeitlicher Verlauf der Steintemperatur bei veränderlichen Gastemperaturen.

Durch Einsatz des Wertes x erhält man die Temperatur an beliebiger Stelle des Steines. Für die Oberfläche ist $x = X = 0{,}025$ m einzusetzen, für die Steinmitte $x = 0$. In Fig. 66 ist der Temperaturverlauf an der Steinoberfläche, in der Steinmitte und im mittleren Querschnitt zwischen Oberfläche und Mitte ($x = 0{,}0125$ m) angegeben. Die eigenartige Kurvenform, die sich in diesem Beispiel ergeben hat, und die von der üblichen Form stark abweicht, wird weiter unten besprochen werden.

Für die Berechnung der Wärmeaustauschzahl und des Temperaturabfalles ist jedoch zunächst nur die Temperatur am Ende der Heizzeit bzw. Entheizzeit von Belang, da durch die mittlere Steintemperatur zu diesen Zeitpunkten die Wärmeaufnahme des Steines durch Multiplikation mit dem Wert $X \cdot c \cdot \gamma$

bestimmt wird, und da der Unterschied der Oberflächentemperatur zu diesen beiden Zeitpunkten den Temperaturabfall (bzw. -anstieg) der Steinoberfläche angibt. Teilt man diese Werte durch den Unterschied der mittleren Gastemperatur, so erhält man die Wärmeaustauschzahl ε und die Temperaturabfallzahl b. In Fig. 67 ist der Verlauf der Temperatur am Ende der Heizzeit bzw. Entheizzeit wiedergegeben. Die mittlere Temperatur am Ende der Heizzeit beträgt 742°, am Ende der Entheizzeit 700°. Mithin ist

$$\varepsilon = \frac{X \cdot c \cdot \gamma (742 - 700)}{782 - 614} = \frac{12{,}35 \cdot 42}{168} = 3{,}10 \text{ kcal/qm, °C, Per.}$$

und

$$b = \frac{754 - 689}{782 - 614} = 0{,}39.$$

Bestimmt man nun bei konstanten Gastemperaturen, d. i. mit den Mittelwerten $\vartheta = 782$ und $\vartheta' = 614$ mit Benutzung der unter dieser Voraussetzung abgeleiteten Formeln (S. 155) die Steintemperaturen am Ende der Heizzeit ϑ_s und am Ende der Entheizzeit ϑ'_s, wobei dann φ und φ' mit $z = z' = 0{,}5$ St. zu errechnen ist, so erhält man den Temperaturverlauf, der ebenfalls in Fig. 67 eingetragen ist. Die mittlere Steintemperatur am Ende der Heizzeit beträgt 740°, am Ende der Entheizzeit 701°, infolgedessen ist

$$\varepsilon = \frac{12{,}35 \cdot 39}{168} = 2{,}87,$$

$$b = \frac{747 - 694}{168} = 0{,}32.$$

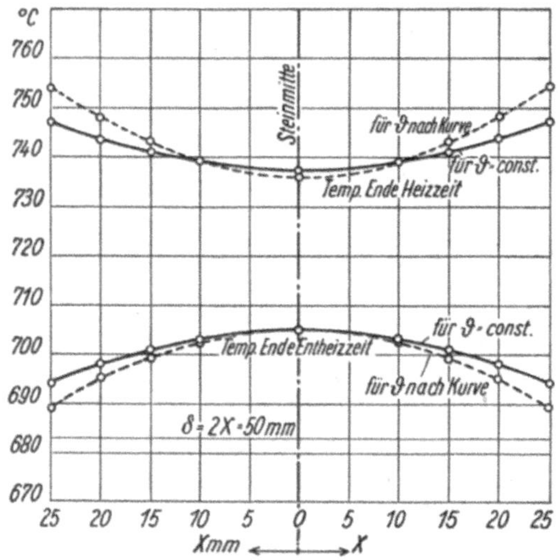

Fig. 67. Verlauf der Steintemperatur am Ende der Heizzeit und Entheizzeit bei veränderlichen und konstanten Gastemperaturen.

Der Vergleich der Werte ε und b, die sich mit dem verschiedenen Verlauf der Gastemperaturen ergeben haben, zeigt, daß ε bei veränderlichen Gastemperaturen um 8%, b um 21% größer ist als bei konstanter Gastemperatur. In absoluten Werten ist die Heizflächenleistung im ersten Fall 520 kcal/qm/Per. der Temperaturabfall 65° C/Per., im zweiten Fall sind die entsprechenden Werte 480 und 53°. Die Bedeutung des Unterschiedes scheint bei Betrachtung der prozentualen Werte zunächst erheblich zu sein, während die Betrachtung der absoluten Werte besonders bezüglich des Temperaturabfalles diesen Eindruck abschwächt. Es wird im allgemeinen von geringem Belang sein, ob die Steinoberflächentemperatur 53° oder 65° abfällt. Ferner aber muß vor allen Dingen beachtet werden, daß in dem Beispiel die Gastemperaturschwankung ganz bedeutend größer ist, als in Wirklichkeit möglich ist. Dadurch werden natürlich die Unterschiede außerordentlich vergrößert und das Bild gegenüber der Wirklichkeit verzerrt. Die Steinoberflächentemperatur schwankt um rund 60°, während das Rauchgas von 700 auf 835°, d. h. um 135° steigt und die Lufttemperatur von 700 auf 550°, d. h. um 150° fällt. In Wirklichkeit kann, wie schon hervorgehoben wurde, die Gastemperatur sich nicht einmal in dem Maße wie die Oberflächentemperatur verändern, die Schwankung der Gastemperaturen bleibt immer hinter der Schwankung der Oberflächentemperatur zurück. Die Unmöglichkeit der getroffenen Annahme bezüglich der Gastemperaturen zeigt auch der Verlauf der Oberflächentemperatur (Fig. 65 und 66). In den ersten 7,5 min steigt die Oberflächentemperatur verhältnismäßig steil an, was durch den inneren Ausgleich der Steintemperaturem verursacht wird. Die Steinmitte, die um 17° höher liegt als die Oberflächentemperatur, gibt ihre Wärme nach der Oberfläche ab. Dann verflacht sich in den nächsten 7,5 min der Temperaturanstieg, um in der Folgezeit infolge der größer werdenden Temperaturdifferenz Rauchgas—Heizfläche wieder stärker zu steigen. Noch deutlicher wiederholt sich dieses Spiel während der Entheizzeit. Im ersten Zeitabschnitte fließt die Wärme der Oberfläche nicht nur an den Wind, sondern in noch stärkerem Maße nach dem kälteren Steinkern ab, wodurch der Temperaturabfall der Oberfläche verhältnismäßig groß wird, dann verflacht sich der Temperaturabfall wieder, um in der letzten Hälfte der Entheizzeit infolge steigender Temperaturdifferenz Heizfläche—Luft wieder anzuwachsen.

Die wirklichen Temperaturschwankungen des Rauchgases und Windes werden in diesem Fall nicht viel mehr als 50° betragen können, so daß sich der Verlauf der Gastemperaturen dem konstanten Wert sehr stark nähert und damit auch das wirkliche ε und wirkliche b den unter Zugrundelegung des konstanten Temperaturverlaufes errechneten Werten praktisch gleich wird.

Die Anwendung dieses Rechnungsganges auf die genaue Berechnung des zeitlichen Verlaufes der Gastemperaturen ist in dem Beispiel XII, 3. gezeigt, so daß hier auf seine Angabe verzichtet werden kann. Es wird nur in besonders gelagerten Verhältnissen notwendig sein, diese Rechnungsmethode anzuwenden.

8. Berechnung der Wärmeaustauschzahl ε und des Temperaturabfalles der Heizfläche nach dem Verfahren von *K. Rummel*.

In der letzten Zeit hat sich *K. Rummel* mit seinen Mitarbeitern *A. Schack* und *K. Schumacher* in mehreren Abhandlungen mit der Berechnung von Regeneratoren befaßt und die Lösung auf der Grundlage der Rekuperatorformel $\frac{1}{k} = \frac{1}{\alpha} + \frac{1}{\alpha'} + \frac{\delta}{\lambda}$ gesucht*). Bei der Ableitung der Endformel aus den einzelnen Beziehungen wird der Charakter der Endformel hauptsächlich durch die Wärmeübergangsbedingungen vom Gas an die Heizfläche bzw. umgekehrt bestimmt und das Wärmespeicherungsproblem durch einen Korrekturfaktor

*) Zusammenfassender Bericht s. Mittlg. der Wärmestelle des Vereins der Eisenhüttenleute (1931). *K. Rummel*, Die Berechnung der Wärmespeicher.

der Endformel berücksichtigt, während im Gegensatz hierzu bei dem vom Verfasser eingeschlagenen Weg der Wärmespeicherungsvorgang den Charakter der Endformel bedingt, deren Einzelfaktoren durch die Wärmeübergangsbedingungen modifiziert werden. Der Wärmeaustausch im Regenerator setzt sich eben aus zwei physikalischen Einzelvorgängen, dem Wärmeübergang und der Wärmespeicherung, zusammen, so daß man die Lösung auf zwei verschiedenen Wegen in Angriff nehmen kann. Grundsätzlich führen aber beide Wege über die gleichen physikalisch-mathematischen Betrachtungen und somit zum gleichen Endergebnis, auch wenn dieses durch stärkere Betonung entweder der Wärmespeicherung oder der Wärmeübertragung verschiedenes Gewand trägt. Die Parallelen zwischen den beiden Ableitungen werden im folgenden an den betreffenden Stellen betont werden, um das gleiche Endergebnis verständlich zu machen.

Den Ausgangspunkt bilden bei der Aufstellung der Formel die beiden Beziehungen:

$$q_{\text{reg}} = \alpha \cdot z \, (\vartheta - \vartheta_{sm})$$

und

$$q_{\text{reg}} = \alpha' \cdot z' \, (\vartheta'_{sm} - \vartheta').$$

Die Bezeichnungen sind im gleichen Sinne wie bisher gebraucht (s. hierzu Fig. 55). Statt der Wärmeaustauschzahl benutzt *K. Rummel* die Bezeichnung Wärmedurchgangszahl der Periode k_p, deren Wert aber mit ε völlig übereinstimmt; es wird deshalb im folgenden statt der Bezeichnung k_p die hier gewählte ε beibehalten.

Es ist also auch

$$q_{\text{reg}} = \varepsilon \, (\vartheta - \vartheta').$$

Nimmt man nun, wie es auch *Gugler* und später der Verfasser bei Bestimmung des angenäherten Heizflächentemperaturverlaufes tat, an, daß $\vartheta_{sm} = \vartheta'_{sm}$ ist, so erhält man aus diesen 3 Beziehungen

$$\frac{1}{\varepsilon} = \frac{1}{\alpha z} + \frac{1}{\alpha' z'}.$$

Hierbei ist der Wärmespeicherungsvorgang überhaupt nicht berücksichtigt. Die Formel bestände zu Recht, wenn Aufspeicherung und Entspeicherung bei gleichem räumlichen Temperaturverlauf im Stein stattfinden würde. Dies kann aber nur eintreten, wenn der Stein eine unendlich große Wärmeleitzahl besitzt. Da dieses nicht der Fall ist, setzt *Rummel* noch folgende Beziehung an

$$q_{\text{reg}} = \varphi \, (\vartheta_{sm} - \vartheta'_{sm}) \, (z + z').$$

Diese Beziehung erscheint zunächst willkürlich (vgl. auch hierzu die Ableitung der Wärmeübergangszahl auf S. 107), sie beruht aber auf der für den ganzen Gang der Rechnung wesentlichen Erkenntnis, daß die Heizflächenleistung $\frac{q_{\text{reg}}}{z + z'}$ kcal/qm/St. irgendwie mit dem Unterschied der mittleren Heizflächentemperaturen ϑ_{sm} und ϑ'_{sm} als dem Ausdruck des Speichervorganges in Zusammenhang gebracht werden kann. Bezieht man diese Gleichung in die oben angegebenen ein, so erhält man nun

$$\frac{1}{\varepsilon} = \frac{1}{\alpha \cdot z} + \frac{1}{\alpha' \cdot z'} + \frac{1}{\varphi (z + z')} .$$

Diese Beziehung ergibt die genaue Wärmeaustauschzahl, wenn man den Wert φ kennt. Seine Bestimmung führt zur Untersuchung des Wärmespeicherungsvorganges. Hierzu macht *Rummel* folgende Ansätze:

Erstens gilt die Definitionsgleichung für φ

$$q_{\text{reg}} = \varphi (z + z') (\vartheta_{sm} - \vartheta'_{sm}),$$

zweitens kann man setzen

$$\Delta \vartheta_s = \vartheta_{sX} - \vartheta'_{sX} = \zeta (\vartheta_{sm} - \vartheta'_{sm}) \quad \text{(siehe Fig. 55).}$$

Diese Beziehung sagt nur, daß die Temperaturschwankung der Heizfläche ζmal so groß wie der Unterschied der mittleren Heizflächentemperatur während Heiz- und Entheizzeit ist. Drittens besteht noch die Beziehung

$$q_{\text{reg}} = c \cdot \gamma \cdot X (\vartheta_{sX} - \vartheta'_{sX}) \cdot \eta_s = c \cdot \gamma X \cdot \Delta \vartheta_s \cdot \eta_s .$$

Diese Gleichung wird ohne weiteres verständlich aus Fig. 57. Um die Betrachtung nicht mit zu vielen Indizes der Hauptwerte zu belasten, ist in dieser Figur die mittlere Steintemperatur zu Anfang und Ende der Heizzeit mit ϑ'_{sm} und ϑ_{sm} bezeichnet.

Im Gegensatz zu den oben gebrauchten gleichbezeichneten Werten des zeitlichen Mittelwertes der Heizflächentemperatur ϑ_{sm} und ϑ'_{sm} bezeichnet jetzt ϑ_{sm} und ϑ'_{sm} den räumlichen Mittelwert der Steintemperatur während der Umstellung des Regenerators von Heizzeit auf Entheizzeit (ϑ_{sm}) bzw. umgekehrt (ϑ'_{sm}). Das Verhältnis $\frac{(\vartheta_{sm} - \vartheta'_{sm})_{\text{räumlich}}}{\Delta \vartheta_s}$ ist η_s, der Ausnutzungsgrad des Steines. Dieser auch vom Verfasser früher zur Bestimmung des Temperaturabfalles der Heizfläche benutzte Wert kennzeichnet, wie der Name sagt, die Ausnutzung des Steines. Je größer η_s ist, um so mehr arbeitet der Stein mit seinem ganzen Gewicht mit. Er wird um so größer sein, je kleiner die Steinstärke, je größer die Wärmeleitzahl und je größer die Umstellzeiten sind. Die Benutzung des Ausnutzungsgrades η_s ist vom Verfasser im vorliegenden Buch zugunsten derjenigen der Temperaturabfallzahl b aufgegeben worden, die einige Rechenoperationen erspart und außerdem ein unmittelbares Rechnungsergebnis der wiedergegebenen Ableitung darstellt. η_s gibt außerdem keinen eindeutigen Gütemaßstab — dies gab Veranlassung zu der Aufgabe dieses Wertes —, weil ein hoher Ausnutzungsgrad gefühlsmäßig als gut gewertet werden wird. Besagt er doch, daß das ganze Steingewicht des Regenerators stark mitarbeitet. Dieses gute Mitarbeiten muß aber unter Umständen mit einem derartigen Temperaturabfall erkauft werden, daß die Gitterung wertlos ist. Die Temperaturabfallzahl b gibt jedoch ohne weitere Rechnung an, ob das Gitter für die betrachteten Verhältnisse brauchbar ist.

Aus den drei obengenannten Beziehungen läßt sich entwickeln, daß

$$\varphi = \frac{c \cdot \gamma \cdot X \cdot \eta_s \cdot \zeta}{z + z'}$$

ist.

Die Bestimmung von φ aus ζ und η_s erfordert nun die eingehende Berücksichtigung des Wärmespeicherungsvorganges. Beide Größen bestimmte *K. Schumacher**) auf Veranlassung von *K. Rummel* mit dem graphischen Verfahren von *Binder-Schmidt.* Nach diesem Verfahren wird die Differentialgleichung $\frac{\partial \vartheta_s}{\partial z} = a \frac{\partial^2 \vartheta_s}{\partial x^2}$ in eine Differenzengleichung umgewandelt und unter Berücksichtigung der Wärmeübergangsbedingungen durch ein graphisches Verfahren auswertbar gestaltet. Man erhält hierbei den Verlauf der Steintemperatur am Anfang und Ende der Umstellzeiten und bestimmt aus ihm die Werte η_s und ζ.

Die beiden verschiedenen Wege münden hier zusammen, wenn man davon absieht, daß *Schumacher* den Temperaturverlauf graphisch, der Verfasser ihn analytisch bestimmt hat. Sie trennen sich aber wieder dadurch, daß *Schumacher* die erhaltenen Ergebnisse nur zur Darstellung der η_s- und ζ-Werte verwendet, der Verfasser jedoch mit der Bestimmung des Unterschiedes der mittleren Steintemperatur zu Anfang und Ende einer Umstellzeit durch Multiplikation dieses Unterschiedes mit $X \cdot c \cdot \gamma$ zur Wärmeaustauschzahl ε und mit der Bildung des Unterschiedes der höchsten und niedrigsten Steinoberflächentemperatur zur Temperaturabfallzahl b gelangt und damit die Rechnung abschließt. *Schumacher* bestimmt auf dem angegebenen Wege eine große Anzahl Einzelfälle und setzt diese Einzelfälle durch Kurvenscharen zusammen, die über dem Wert $\frac{a \cdot (z + z')}{X^2}$ als Abszisse mit $h^2 \cdot a(z + z')$ als Parameter aufgetragen werden. Er vereinfacht seine Berechnung dadurch, daß er die Einzelfälle mit einem mittleren $\alpha_m = \frac{\alpha z + \alpha' z'}{z + z'}$ ausrechnet. Der hierdurch verursachte Fehler mag für die praktischen Fälle wohl 3 — 4% nicht übersteigen. Die Bindung von η_s und ζ an die Kenngrößen $\frac{a(z + z')}{X^2}$ und $h^2 a(z + z')$ ist nach *Schumacher* mathematisch nicht ableitbar, hat sich aber als möglich erwiesen, wodurch eine wesentliche Vereinfachung der Darstellungsweise erreicht wurde.

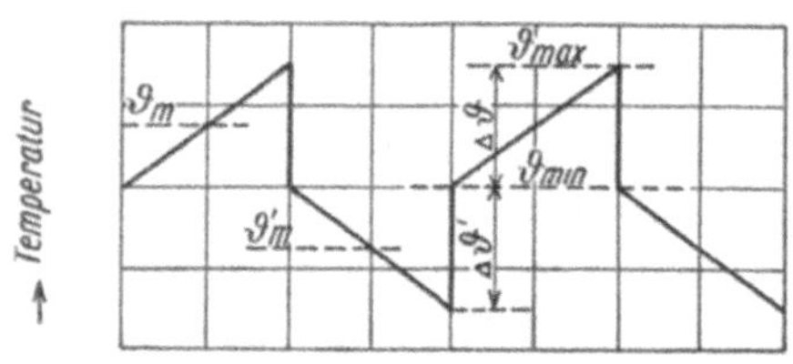

Fig. 68.
Von *K. Schumacher* angenommener Verlauf der Gastemperaturen für den Fall $\xi = 1$. $[\vartheta_{max} - \vartheta_{min} = 1(\vartheta_m - \vartheta'_m)]$.

*) *K. Schumacher*, Großversuche an einer zu Studienzwecken gebauten Regenerativkammer. Mittlg. 141 der Wärmestelle des Vereins deutscher Eisenhüttenleute.

Unter dem Eindruck, daß die Art des zeitlichen Verlaufes der Gastemperatur in manchen Fällen einen erheblichen Einfluß auf das Ergebnis der Berechnung haben könne, untersuchte *Schumacher* nicht nur den vom Verfasser vorausgesetzten Verlauf, nämlich zeitlich konstante Rauchgas- und Luft- (oder Frischgas-) Temperatur, sondern auch den durch die Fig. 68 wiedergegebenen Verlauf. Für beide Fälle bestimmte er die η_s- und ζ-Werte.

In einer folgenden Arbeit verwendet nun *Rummel* die Berechnungen *Schumachers* in der beabsichtigten Weise, indem er aus den η_s- und ζ-Werten

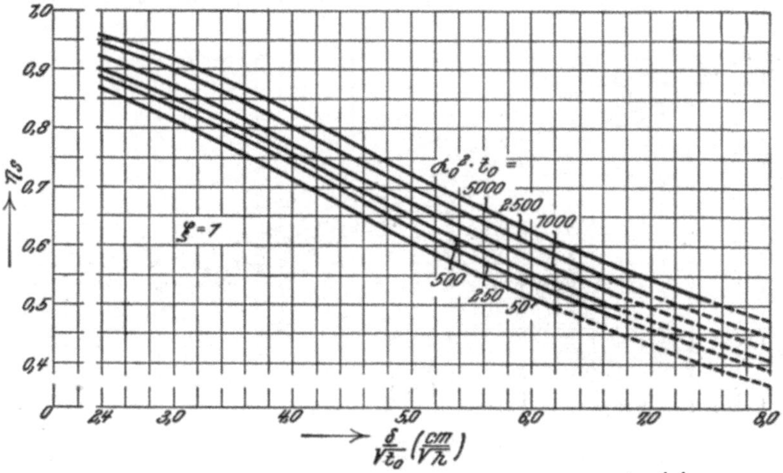

Fig. 69. Ausnutzungsgrad η_s für $\xi = 1$. Es bedeutet $\alpha_0 = \frac{\alpha \cdot z + \alpha' z'}{z + z'}$; $t_0 = z + z'$.

(Aus *K. Rummel*, Die Berechnung der Wärmespeicher s. Fußnote S. 173.)

wieder den ursprünglich eingeführten φ-Wert nach $\varphi = \frac{c \cdot \gamma \cdot X \cdot \eta_s \cdot \zeta}{z + z'}$ ableitete. Den reziproken Wert $\frac{1}{\varphi}$ gibt die nachstehende Zahlentafel 61 an.

Den Ausnutzungsgrad η_s geben die beiden Fig. 69 und 70 an. Abszissenwert und Parameterwert ist der auch von *Schumacher* verwendete, wobei für $a = \frac{\lambda}{c \cdot \gamma}$ der Festwert $a = \frac{1{,}0}{0{,}24 \cdot 2000} = 2{,}08 \cdot 10^{-3}$ und für $h = \frac{\alpha}{\lambda} = \frac{\alpha}{1}$ eingesetzt worden ist.

Die Wärmeaustauschzahl ε erhält man mit Hilfe dieser Zahlentafel und Abbildungen durch die Beziehung

$$\varepsilon = \frac{1}{\alpha \cdot z} + \frac{1}{\alpha' \cdot z'} + \frac{1}{\varphi \cdot (z + z')},$$

den Temperaturabfall der Heizfläche durch

$$\vartheta_{sX} - \vartheta'_{sX} = \frac{q_{\text{reg}}}{c \cdot \gamma \cdot X \cdot \eta_s}.$$

In der Tabelle wie in den beiden Diagrammen ist ein Wert ξ eingeführt, der bestimmend für das Aufsuchen der richtigen Werte η_s und φ ist. Mit ξ bezeichnet *Rummel* das Verhältnis des Temperaturabfalles $\Delta\vartheta'$ des vorgewärmten Gases zu dem Unterschied der mittleren Gastemperaturen $\vartheta_m - \vartheta'_m$. Es ist also $\xi = \frac{\Delta\vartheta'}{\vartheta_m - \vartheta'_m}$. Bei Voraussetzung konstanter Gastemperaturen ist $\Delta\vartheta' = 0$, also auch $\xi = 0$. In dem von *Schumacher* untersuchten zweiten Fall ist, wie die Fig. 68 sagt, $\xi = 1$. Wie die Zahlentafel und die Fig. 69 und 70 zeigen, ergeben sich, weniger für φ, jedoch für η_s anscheinend wesentliche

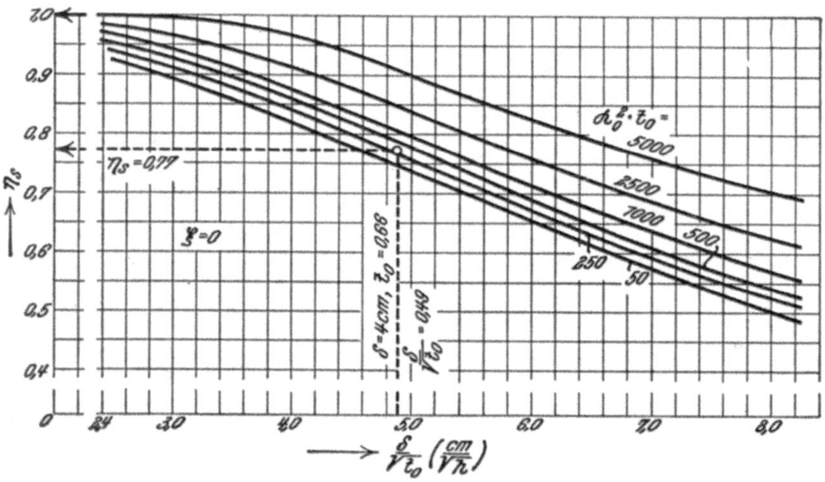

Fig. 70. Ausnutzungsgrad η_s für $\xi = 0$. Es bedeutet $\alpha_0 = \frac{\alpha \cdot z + \alpha' z'}{z + z'}$; $t_0 = z + z'$.

(Aus *K. Rummel*, Die Berechnung der Wärmespeicher, s. Fußnote S. 173).

Zahlentafel 61.

	$z + z' =$	0,5		1,0			2,0			3,0 St.		
	$\delta =$	0,02	0,04 bis ∞	0,02	0,04	0,06 bis ∞	0,04	0,06	0,08 bis ∞	0,06	0,08	0,10 m bis ∞
$\alpha_m = 10$	$\xi =$ 0,0	0,02	0,02	0,03	0,03	0,03	0,06	0,05	0,05	0,08	0,07	0,07
	0,5	0,02	0,02	0,02	0,02	0,02	0,04	0,04	0,04	0,05	0,05	0,05
	1,0	0,01	0,01	0,01	0,01	0,01	0,01	0,01	0,01	0,02	0,02	0,02
$\alpha_m = 20$	$\xi =$ 0,0	0,03	0,03	0,04	0,04	0,04	0,08	0,07	0,06	0,10	0,08	0,08
	0,5	0,02	0,02	0,03	0,03	0,03	0,05	0,05	0,04	0,06	0,05	0,05
	1,0	0,01	0,01	0,02	0,02	0,02	0,03	0,02	0,02	0,03	0,03	0,03
$\alpha_m = 30$	$\xi =$ 0,0	0,04	0,03	0,06	0,05	0,05	0,10	0,08	0,07	0,11	0,09	0,09
	0,5	0,02	0,02	0,03	0,03	0,03	0,07	0,06	0,05	0,08	0,07	0,07
	1,0	0,01	0,01	0,02	0,02	0,02	0,03	0,03	0,03	0,04	0,04	0,04
$\alpha_m = 40$	$\xi =$ 0,0	0,04	0,03	0,07	0,06	0,05	0,12	0,08	0,07	0,13	0,10	0,10
	0,5	0,03	0,02	0,05	0,04	0,04	0,08	0,06	0,05	0,09	0,07	0,07
	1,0	0,01	0,01	0,02	0,02	0,02	0,04	0,03	0,03	0,05	0,05	0,05

Unterschiede für beide ξ-Werte. Man darf aber zunächst nicht vergessen, daß der Fall 2 ebenso weit von dem wirklichen Temperaturverlauf entfernt ist wie der Fall 1. Ferner wird die Temperaturdifferenz $\vartheta_m - \vartheta'_m$ um so kleiner, je mehr sich die Gastemperaturverhältnisse dem Fall $\xi = 1$ nähern. Damit wird auch der Temperaturabfall $\vartheta_{sX} - \vartheta'_{sX}$ zahlenmäßig klein, so daß Unterschiede von wesentlicher Bedeutung nicht eintreten, ob man nun $\xi = 0$ oder $= 1$ nimmt. Bei großen Temperaturdifferenzen $\vartheta_m - \vartheta'_m$ könnten für $\xi = 0$ und $\xi = 1$ größere absolute Abweichungen eintreten. Je größer aber nun diese Differenz wird, um so mehr verwirklicht sich der Fall $\xi = 0$. *Rummel* sagt nun: Es zeigt sich, daß die Form der Gas- und Windtemperaturkurve, entgegen den von anderer Seite geäußerten Vermutungen, von ziemlich erheblichem Einfluß ist und daher berücksichtigt werden muß. Eine Reihe von Vergleichsrechnungen, die hier nicht wiedergegeben sind, haben aber den Verfasser nicht von dem erheblichen Einfluß überzeugen können, sofern man mit den absoluten Werten rechnet und nicht die Verhältniswerte η_s allein betrachtet. Hierbei ist ferner noch folgendes zu beachten. Der Rückschluß von dem Temperaturabfall der Heizfläche zu dem des Windes, der, strenggenommen, maßgebend für das Arbeiten des Regenerators ist, kann auf dem von *Rummel* beschrittenen Wege nicht in strenger Form vollzogen werden. Zur Berechnung des zulässigen Temperaturabfalles wird deshalb schließlich $\xi = \frac{\Delta\vartheta_s}{\vartheta - \vartheta'}$ gesetzt, so daß nun ξ den Wert der Temperaturabfallzahl b der Heizfläche annimmt. Wie stark sich aber b von dem wirklichen Wert $\xi = \frac{\Delta\vartheta'}{\vartheta - \vartheta'}$ unterscheiden kann, war bei den Beispielen gezeigt worden, die zur Bestimmung des wirklichen Temperaturabfalles des vorgewärmten Gases im vorhergehenden Abschnitt und in Abschnitt XII, 3 angeführt sind. Diese Differenz zwischen b und ξ ist von viel größerem Einfluß, sofern man genaue Voraussetzungen bezüglich des Temperaturabfalles zu erfüllen hat (s. Beispiel der Berechnung der Gaskammer eines mit Mischgas beheizten Siemens-Martin-Ofens, Abschn. XII, 3), als die Unterschiede, die durch die verschiedenen ξ-Werte hervorgerufen werden. Diese Beispiele, die zeigen sollten, wie man in besonders empfindlichen Fällen den Temperaturabfall des vorgewärmten Gases exakt bestimmen kann, können zugleich lehren, daß man kleinen Unterschieden im Temperaturabfall der Heizfläche nicht allzuviel Bedeutung beimessen soll, wenn man die Wirtschaftlichkeit der Ausgitterung zu untersuchen hat. Man muß sich immer vor Augen halten, daß der Temperaturabfall der Heizfläche zwar ein gewisses, aber kein exaktes Maß desjenigen des vorgewärmten Gases ist, vielmehr die obere Grenze dieses Abfalles bildet. Unter diesem Gesichtspunkt sind nach Ansicht des Verfassers auch die im allgemeinen sehr kleinen Unterschiede zu werten, die eine verschiedene Voraussetzung über den Verlauf der Gastemperaturen bei der Bestimmung der Wärmeaustauschzahl und des Temperaturabfalles zur Folge hat.

X. Zusammenstellung der Formeln für die Berechnung der Wärmeaustauscher.

1. Rekuperatoren.

a) Gleichstrom (Fig. 52).

Zur Berechnung der Größe der Heizfläche oder der übertragenen Wärmemenge, wobei Anfangs- und Endtemperaturen des Rauchgases und der Luft bekannt sein müssen, dient

A) $$Q = \eta \cdot k \cdot F \frac{\Delta\vartheta_0 - \Delta\vartheta_F}{\ln \dfrac{\Delta\vartheta_0}{\Delta\vartheta_F}} \text{ kcal/St.}$$

oder mit Benutzung der Werte $n = f\left(\dfrac{\Delta\vartheta_0}{\Delta\vartheta_F}\right)$ aus Fig. 54.

$$Q = \eta \cdot k \cdot F \cdot n(\vartheta_m - \vartheta'_m) \text{ kcal/St.}$$

Zur Berechnung der Vorwärmungstemperatur ϑ'_1, wobei die Größe der Heizfläche und die Eintrittstemperaturen von Rauchgas ϑ_1 und Luft ϑ'_2 bekannt sein müssen, dient

B) $$\vartheta'_1 = \frac{1}{a+1}\{\vartheta_1(1-z) + \vartheta'_2(a+z)\}.$$

Hierin ist

$$a = \frac{G' c'_p}{\eta G c_p},$$

$$z = e^{-\frac{\eta k \cdot F(a+1)}{G' c'_p}} \quad \text{(s. Fig. 61).}$$

Die Abgastemperatur ϑ_2 ist

C) $$\vartheta_2 = \vartheta_1 - a(\vartheta'_1 - \vartheta'_2).$$

Der Verlauf der Temperatur der Luft längs der Heizfläche ergibt sich für die Stelle f qm Heizfläche

D) $$\vartheta' = \frac{1}{a+1}\{\vartheta_1(1-z_f) + \vartheta'_2(a+z_f)\}.$$

Hierin ist

$$z_f = e^{-\frac{\eta k f(a+1)}{G' c'_p}} \quad \text{(s. Fig. 61).}$$

Bei genauerer Rechnung müssen k, c_p, c'_p ebenfalls als Mittelwerte für den Heizflächenteil f bestimmt werden.

Den Verlauf der Rauchgastemperatur ergibt

E) $$\vartheta = \vartheta_1 - a(\vartheta' - \vartheta'_2).$$

Die Heizflächentemperaturen siehe unter Gegenstrom Gleichung F und G.

b) Gegenstrom (Fig. 53).

Heizflächengröße und übertragene Wärme gibt an

A) $$Q = \eta k F \frac{\varDelta\vartheta_o - \varDelta\vartheta_F}{\ln \frac{\varDelta\vartheta_o}{\varDelta\vartheta_F}} \text{ kcal/St.},$$

oder

$$Q = \eta k F n(\vartheta_m - \vartheta'_m) \text{ kcal/St.} \quad (n \text{ aus Fig. 54}).$$

Die Vorwärmungstemperatur ϑ'_1 ist

B) $$\vartheta'_1 = \frac{1}{a - z}\{\vartheta_1(1 - z) + \vartheta'_2(a - 1)\},$$

$$a = \frac{G' c'_p}{\eta G c_p},$$

$$z = e^{-\frac{\eta k F (a-1)}{G' c'_p}} \quad \text{(s. Fig. 61)}.$$

Die Abgastemperaturen errechnet man mit

C) $$\vartheta_2 = \vartheta_1 - a(\vartheta'_1 - \vartheta'_2).$$

Den Temperaturverlauf von Rauchgas und Luft erhält man aus

D) $$\vartheta' = \frac{1}{a - 1}\{\vartheta_1(z_f - 1) + \vartheta'_2(a - z_f)\}.$$

E) $$\vartheta = \vartheta_1 - a(\vartheta'_1 - \vartheta').$$

z_f ist wie für B zu bestimmen, jedoch ist an Stelle von F die Größe der Heizfläche f bis zur betrachteten Stelle einzusetzen. Für genauere Rechnung ist k, c_p, c'_p als Mittelwert für f zu nehmen.

Die Heizflächentemperaturen auf der Rauchgasseite ϑ_s und auf der Luftseite ϑ'_s ergeben

F) $$\vartheta_s = \vartheta - \frac{k(\vartheta - \vartheta')}{\alpha}$$

G) $$\vartheta'_s = \vartheta' + \frac{k(\vartheta - \vartheta')}{\alpha'}.$$

2. Regeneratoren.

Die Formeln sind die gleichen wie für Rekuperatoren im Gegenstrom, jedoch tritt an die Stelle der Wärmedurchgangszahl k kcal/qm, St., °C, die Wärmeaustauschzahl ε kcal/qm, °C, Periode. Auch die Gasmengen sind nicht mit ihrer stündlichen Menge, sondern in ihrer Menge je Periode einzusetzen.

Heizfläche oder übertragbare Wärme ergibt sich aus

A) $$Q = \eta \cdot \varepsilon F \frac{\Delta\vartheta_0 - \Delta\vartheta_F}{\ln \frac{\Delta\vartheta_0}{\Delta\vartheta_F}} \text{ kcal/qm, Periode,}$$

oder aus

$$Q = \eta \cdot \varepsilon F n (\vartheta_m - \vartheta'_m),$$

$$n = f\left(\frac{\Delta\vartheta_0}{\Delta\vartheta_F}\right) \quad \text{aus Fig. 54.}$$

Die Höhe der Vorwärmungstemperatur gibt an

B) $$\vartheta'_1 = \frac{1}{a - z}\{\vartheta_1(1 - z) + \vartheta'_2(a - 1)\},$$

$$a = \frac{G' c'_p}{\eta G c_p},$$

$$z = e^{-\frac{\eta \varepsilon F (a - 1)}{G' c'_p}} \quad \text{(s. Fig. 61).}$$

Die Abgastemperatur wird angegeben durch

C) $$\vartheta_2 = \vartheta_1 - a(\vartheta'_1 - \vartheta'_2).$$

Den Temperaturverlauf von Rauchgas und Luft bestimmt

D) $$\vartheta' = \frac{1}{a - 1}\{\vartheta_1(z_f - 1) + \vartheta'_1(a - z_f)\},$$

E) $$\vartheta = \vartheta_1 - a(\vartheta'_1 - \vartheta').$$

z_f errechnet sich wie z bei Gleichung B, jedoch mit der Größe der Heizfläche f bis zu der Stelle der Temperaturen ϑ' und ϑ. Bei genaueren Rechnungen ist ε, c_p, c'_p als Mittelwert für f einzusetzen.

Die Oberflächentemperatur des Gitters ist:

Mittlere Oberflächentemperatur Heizzeit

$$\vartheta_s = \vartheta - \frac{\varepsilon(\vartheta - \vartheta')}{\alpha \cdot z}.$$

Mittlere Oberflächentemperatur Entheizzeit

$$\vartheta'_s = \vartheta' + \frac{\varepsilon(\vartheta - \vartheta')}{\alpha' \cdot z'}.$$

Temperaturschwankung der Heizfläche

$$\Delta\vartheta_s = \Delta\vartheta'_s = b(\vartheta - \vartheta').$$

Höchste Steintemperatur

F) $$\vartheta_{s\,\max} = \frac{\vartheta_s + \vartheta'_s}{2} + \frac{\Delta\vartheta_s}{2}.$$

Niedrigste Steintemperatur

G) $$\vartheta_{s\,\min} = \frac{\vartheta_s + \vartheta'_s}{2} - \frac{\Delta\vartheta_s}{2}.$$

Der Temperaturanstieg bzw. Temperaturabfall der Gase ist geringer als $\Delta\vartheta_s$. Die genaue Bestimmung des Temperaturabfalles des Gases ist nur selten notwendig. Sie ist nach Abschnitt IX, 7 durchzuführen. Als Beispiel vergleiche XII, 3.

Anwendungsbeispiele.

Die folgenden beiden Abschnitte bringen Anwendungsbeispiele für die Berechnungen von Rekuperatoren und Regeneratoren. Diese Beispiele sollen nicht nur die Anwendung der abgeleiteten Formeln zeigen. Diesem Zweck hätten ein paar kurze Zahlenbeispiele genügt. Sie sollen vielmehr den Rechnungsgang an den meist ziemlich verwickelten Fragen, die die praktische Ausführung der Wärmerückgewinnung stellt, zeigen und darüber hinaus allgemeine Fragen des Ofenbetriebes, die mit der Wärmerückgewinnung zusammenhängen, an Zahlenbeispielen erläutern.

So behandelt Beispiel 2, XI den Einfluß der Undichtheiten des Rekuperators auf die Vorwärmungstemperatur, die Brennstoffersparnis und die Rentabilität, Beispiel 3 die Wirksamkeit der Doppelgewölbe, Beispiel 4 den Einfluß indirekter Heizflächen, Beispiel XII, 1 die Frage des höheren Wärmeverbrauches der Koksöfen bei Schwachgasbeheizung; Beispiel XII, 2 betont den Einfluß der Regeneratorbemessung auf die Leistung der Siemens-Martin-Öfen und behandelt nebenbei die Wirkung einseitig beheizter Wandflächen. Im Beispiel des Hochofenwinderhitzers werden eine ganze Anzahl grundsätzlicher Fragen behandelt, die auch für die Regeneratoren von Öfen bestehen. Deshalb sollen diese Beispiele nicht nur als Übungsbeispiele für die Zahlenrechnung, sondern auch als Fortsetzung prinzipieller Betrachtungen über die Wärmerückgewinnung angesehen werden. Die gewählte Form als Zahlenbeispiel soll die Anschaulichkeit der Ergebnisse vermehren. Es wird deshalb empfohlen, bei der Durchsicht diese Beispiele nicht zu übergehen, sondern die an ihnen abgeleiteten Ergebnisse von allgemeiner Bedeutung mit zur Kenntnis zu nehmen.

XI. Anwendung der Rekuperatorberechnung.

1. Berechnung eines steinernen Rekuperators.

Der Rekuperator soll zur Erwärmung der Zweitluft eines halbgasgefeuerten, kontinuierlich arbeitenden Schmiedeofens auf 400° dienen, der stündlich 170 kg Kohle von 6500 kcal/kg verbraucht. Der Luftüberschuß soll 10 Proz. betragen. Die Bauart des Rekuperators zeigt Fig. 71. Die Rauchgase durchziehen den Rekuperator in einem Zuge. Das Bauelement des Rekuperators besteht aus einem Rauchgaskanal von 150 mm □, um den vier Luftkanäle von 150 × 50 mm Querschnitt liegen. Die Steinstärke ist 60 mm. Ein Bauelement nimmt einen Querschnitt von 320 × 320 mm ein. Die gegebenen Platzverhältnisse zwingen zur Anordnung von nicht mehr als 12 Elementen, die mit den Abschlüssen der äußeren Luftkanäle einen Querschnitt von 1390 mm Breite und 1070 mm Höhe beanspruchen.

Die Größe der Heizfläche je Bauelement für 1 m Länge ist auf der Rauchgasseite $4 \times 0{,}150 \times 1{,}0 = 0{,}60$ qm, auf der Luftseite $(4 \times 0{,}150 + 8 \times 0{,}025) \times 1{,}0 = 0{,}80$ qm. Wollte man nur die Rauchgasheizfläche berücksichtigen, so würde dies bedeuten, daß man die schmalen Seiten der Luftkanäle als unwirksame Heizfläche ansieht. Sie werden aber nicht völlig unwirksam, sondern nur geringwertiger sein. Zwar steht der Heizwand auf der Rauchgasseite eine gleich große auf der Luftseite gegenüber, so daß vom Standpunkt der Wärmedurchgangsbetrachtung nicht einzusehen ist, weshalb die schmale Seite des Luftkanals zu berücksichtigen ist. Sie entzieht jedoch der großen Seite des Luftkanals ihre Wärme zum Teil durch Strahlung, wirkt also teilweise als indirekte Heizfläche; zum Teil lenkt sie aber den Wärmestrom, der von der Rauchgasheizfläche direkt nach der großen Seite des Luftkanals fließt, auf sich ab. Es folgt hieraus eine Senkung der Temperatur der großen Seite des Luftkanals, ein größeres Temperaturgefälle, infolgedessen eine Vergrößerung der zufließenden Wärmemenge. Um diese Verhältnisse zu berücksichtigen, wird als Größe der Heizfläche das Mittel aus Rauchgas- und Luftheizfläche = 0,7 qm/Element eingesetzt.

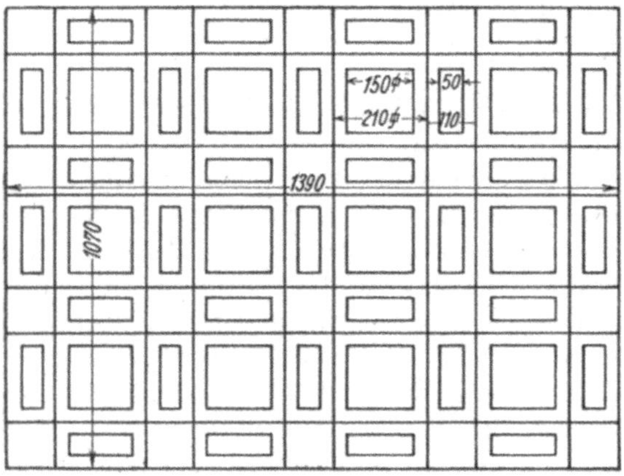

Fig. 71. Steinrekuperator.

Die Rauchgas- und Luftmengen sind folgende:

Die Rauchgasmenge einer Kohle von 6500 kcal/kg ist nach S. 19

$$G_a = 0{,}92 \cdot 6{,}5 + 1{,}5 = 7{,}48 \text{ ncbm/kg}.$$

Hierzu kommt der Luftüberschuß von 10 Proz. Die gesamte Verbrennungsluftmenge ist

$$G_l = 1{,}01 \cdot 6{,}5 + 0{,}5 = 6{,}61 \text{ ncbm/kg}.$$

Hiervon 10 Proz. sind 0,66 ncbm.

Weiter erhöht sich die Rauchgasmenge um den Dampfzusatz, der 50 Proz. des Kohlengewichtes betragen möge. Das sind $\frac{0{,}5 \text{ kg}}{0{,}805} = 0{,}62$ cbm/kg Kohle. Die gesamte Rauchgasmenge ist also

$$7{,}48 + 0{,}66 + 0{,}62 = 8{,}76 \text{ ncbm/kg}.$$

Die Zweitluftmenge ist 55 Proz. der theoretisch notwendigen, zu der noch die überschüssige Verbrennungsluft hinzukommt, das sind

$$0{,}55 \cdot 6{,}61 + 0{,}66 = 3{,}64 + 0{,}66 = 4{,}30 \text{ ncbm/kg}.$$

Bei 170 kg Kohle je Stunde ist

die Rauchgasmenge	$G = 170 \cdot 8{,}76 =$	1490	cbm/St.
die vorzuwärmende Luftmenge	$G' = 170 \cdot 4{,}30 =$	730	,,

Die Eintrittstemperatur des Rauchgases in den Rekuperator liegt nur wenig niedriger als die Abzugstemperatur vom Herd, die 1250° betragen müsse. Die Rauchgase haben auf ihrem Wege zu den Rekuperatorkanälen die Wandverluste des Verbindungsweges zu tragen, der ihre Temperatur um 50° erniedrigen möge, so daß die Eintrittstemperatur $\vartheta_1 = 1200°$ beträgt.

Zur Berechnung der Heizfläche dienen die beiden Gleichungen b) A und C, S. 181.

A) $$Q = \eta k \cdot F \cdot n (\vartheta_m - \vartheta'_m)\,.$$

C) $$\vartheta_2 = \vartheta_1 - a(\vartheta'_1 - \vartheta'_2)\,.$$

Die mittlere Lufttemperatur ist bei einer Eintrittstemperatur von 10°
$\vartheta'_m = \frac{400 + 10}{2} = 205°$.

Für die Berechnung der mittleren Rauchgastemperatur fehlt die Abgastemperatur ϑ_2. Sie ist

$$\vartheta_2 = 1200 - a\ (400 - 10)\,.$$

Es ist $a = \frac{G' c'_p}{\eta G c_p}$. η kann mit 90 Proz. angesetzt werden. c'_p ist bei 400° 0,320. Für c_p ist die spez. Wärme zwischen 1200° und ϑ_2 einzusetzen. Man kann abschätzen, daß die Rauchgastemperatur um etwa 200° abnimmt, da die Luft um etwa 400° erwärmt wird, ihre Menge aber nur die Hälfte der Rauchgasmenge beträgt. In Zahlentafel 3 S. 20 wird als Wärmeinhalt je cbm Rauchgas bei 1200° 450 kcal, bei 1000° 370 kcal angegeben, die spez. Wärme ist also $c_p = \frac{450 - 370}{200} = 0{,}400$.

Nunmehr ist

$$a = \frac{G' c'_p}{\eta G \cdot c_p} = \frac{730 \cdot 0{,}320}{0{,}90 \cdot 1490 \cdot 0{,}400} = 0{,}435$$

und

$$\vartheta_2 = 1200 - 0{,}435 \cdot 390 = 1200 - 170 = 1030°.$$

Die mittlere Rauchgastemperatur ist also

$$\vartheta_m = \frac{1200 + 1030}{2} = 1115°\,.$$

Die mittlere Temperaturdifferenz $(\vartheta_m - \vartheta'_m)$ ist $1115 - 205 = 910°$.

Zur Bestimmung des Faktors n in Gleichung A dient Fig. 54. Es ist

$$\Delta\vartheta_0 = 1200 - 400 = 800°,\ \Delta\vartheta_F = 1030 - 10 = 1020°,$$

also

$$\frac{\Delta\vartheta_0}{\Delta\vartheta_F} = 0{,}785\,.$$

Hierfür ist $n = 0{,}997$.

Die zu übertragende Wärmemenge ist

$$Q = G' c'_p (d'_1 - d'_2) = 730 \cdot 0{,}320 \cdot 390 = 91000 \text{ kcal/St.}$$

Nunmehr sind alle notwendigen Werte zur Ausrechnung der Gleichung A bis auf die Wärmedurchgangszahl k bekannt. Zu ihrer Bestimmung sind erst die Wärmeübergangszahlen α und α' festzustellen.

Die Geschwindigkeit des Abgases ist, da der Gesamtquerschnitt der Rauchgaskanäle $12 \times 0{,}15^2 = 0{,}270$ qm ist,

$$w_0 = \frac{1490}{3600 \cdot 0{,}270} = 1{,}53 \text{ m/sec}.$$

Bei dieser Geschwindigkeit ist die Wärmeübergangszahl durch Berührung nach Fig. 44

$$\alpha_k = 6{,}8 \text{ kcal/qm, St., °C.}$$

Bei Berechnung der Strahlungsübertragung sind die Werte der Zahlentafel 43 zu benutzen. Gemäß S. 123 ist der Luftüberschuß durch Reduktion des Kanaldurchmessers zu berücksichtigen. Es ist

$$\frac{G_l}{G_a} = \frac{6{,}61}{8{,}14} = 0{,}813$$

und

$$\frac{1}{1 + n \dfrac{G_l}{G_a}} = \frac{1}{1 + 0{,}1 \cdot 0{,}813} = 0{,}925.$$

Der reduzierte Durchmesser ist $150 \cdot 0{,}925 = 139$ mm.

Die Temperaturdifferenz Rauchgas—Wand wird 100 bis höchstens 200° C betragen; es ergeben sich folgende Wärmeübergangszahlen

	Kanal 125	Kanal 150	Kanal 139
1100° auf 1000°	$\frac{12700 - 10200}{100} = 25{,}0$	$\frac{13700 - 11000}{100} = 27{,}0$	26,1,
1100° auf 900°	$\frac{12700 - 7850}{200} = 24{,}2$	$\frac{13700 - 8550}{200} = 25{,}8$	25,1.

Der Mittelwert ist 25,6. Die Strahlungszahl wird zu 4,0 angenommen. Dann ist $\alpha_s = \frac{4{,}0}{4{,}9} \cdot 25{,}6 = 21{,}0$.

Die gesamte Wärmeübergangszahl ist also $\alpha = 6{,}8 + 21{,}0 = 27{,}8$ kcal/qm, St., °C.

Die Luftkanäle haben einen Querschnitt von $31 \cdot 0{,}150 \cdot 0{,}05 = 0{,}233$ qm. Die Geschwindigkeit ist

$$w'_0 = \frac{730}{3600 \cdot 0{,}233} = 0{,}87 \text{ m/sec}.$$

Der hydraulische Durchmesser, der zur Bestimmung der Wärmeübergangszahl verwendet wird, ist

$$d' = \frac{4 \cdot \text{Fläche}}{\text{Umfang}} = \frac{4 \cdot 0{,}150 \cdot 0{,}050}{2\,(0{,}150 + 0{,}050)} = 0{,}075.$$

Die Wärmeübergangszahl ist nach Fig. 44

$$\alpha' = \alpha'_k = 8{,}6\,.$$

Die Wärmeleitzahl ist für eine Temperatur von

$$\frac{\vartheta_m + \vartheta'_m}{2} = \frac{1115 + 205}{2} = 660^\circ, \qquad \lambda = 0{,}98 \text{ (s. Zahlentafel 48).}$$

Somit wird

$$k = \frac{1}{\frac{1}{\alpha} + \frac{1}{\alpha'} + \frac{\delta}{\lambda}} = \frac{1}{\frac{1}{27{,}8} + \frac{1}{8{,}6} + \frac{0{,}060}{0{,}98}} = \frac{1}{0{,}0360 + 0{,}1163 + 0{,}0612}$$

$$= \frac{1}{0{,}2135} = 4{,}70\,.$$

Mit den Zahlenwerten wird Gleichung A

$$91000 = 0{,}90 \cdot 4{,}70 \cdot F \cdot 1{,}00 \cdot 9{,}10$$

$$F = 23{,}6 \text{ qm}$$

Auf 1 m Länge hat der Rekuperator bei 12 Elementen eine Heizfläche von $12 \cdot 0{,}7 = 8{,}4$ qm. Die Rekuperatorlänge ist dann $\frac{23{,}6}{8{,}4} = 2{,}81$ m.

Hiermit ist die Hauptfrage der Dimensionierung des Rekuperators beantwortet.

Die Berechnung der Heizflächentemperaturen in der Mitte des Rekuperators ist zweckmäßig zur Nachprüfung der angenommenen Temperaturdifferenz Rauchgas—Heizfläche bei der Bestimmung von α_s und zur Nachprüfung der richtigen Wahl von λ.

Es ist nach Gleichung (F) und (G) S. 181 die Heizflächentemperatur auf der Rauchgasseite

$$\vartheta_s = 1115 - \frac{4{,}70}{27{,}8} \cdot 910$$
$$= 1115 - 154$$
$$= 961^\circ,$$

die Heizflächentemperatur auf der Luftseite

$$\vartheta'_s = 205 + \frac{4{,}70}{8{,}6} \cdot 910$$
$$= 205 + 497^\circ$$
$$= 702^\circ.$$

Die Temperaturdifferenz Rauchgas—Heizfläche ist 154° gegenüber der Annahme von 150°. Der Unterschied ist so gering, daß sich am Endergebnis — k — nichts ändert.

Die mittlere Steintemperatur ist $\frac{961 + 702}{2} = 830^\circ$. Dafür ist $\lambda = 1{,}09$, also wesentlich höher als angenommen.

Mit den berichtigten Werten ist

$$k = \frac{1}{\frac{1}{27,9} + \frac{1}{8,6} + \frac{0,060}{1,09}} = \frac{1}{0,207} = 4,83\,.$$

Als erforderliche Heizfläche ergibt sich $F = 22,9$ qm, und als Rekuperatorlänge $\frac{22,9}{8,4} = 2,73$ m.

Die Heizflächentemperaturen sind

$$\vartheta_s = 1115 - \frac{4,83}{27,8} \cdot 910 = 1115 - 158 = 957^\circ,$$

$$\vartheta_s' = 205 + \frac{4,83}{8,6} \cdot 910 = 205 + 510 = 715^\circ.$$

Bemerkenswert ist vielleicht noch der große Unterschied zwischen Lufttemperatur und Heizflächentemperatur auf der Luftseite — 205° und 715°. Man erkennt, wie wenig das hellere oder dunklere Aussehen der Luftkanäle über die erreichte Vorwärmung Aufschluß gibt. Auch die Temperaturmessung durch ein in die Luftkanäle gestecktes Thermoelement wird nicht den gewünschten Aufschluß über die Vorwärmungstemperatur geben, da es infolge des Strahlungsaustausches zwischen Element und Wand bei der hohen Wandtemperatur sich beinahe auf diese Temperatur erwärmen, jedenfalls etwa 600 bis 650° anzeigen würde.

2. Berechnung des Einflusses von Undichtheiten im Rekuperator auf seine Wirksamkeit.

Es ist eine bekannte Erscheinung, daß Steinrekuperatoren, besonders solche älterer Ausführungsformen, nach einiger Betriebszeit undicht werden, und daß infolge des Druckunterschiedes zwischen Luft und Rauchgas Luft in die Rauchgaskanäle übertritt. Durch besondere Vorsichtsmaßnahmen in der Konstruktion des Rekuperators gelingt es wohl, diese Undichtheiten zu verringern, eine vollständige Beseitigung ist aber kaum möglich. Die übertretenden Luftmengen sind häufig sehr groß. Es ist keine Seltenheit, daß man bei älteren Rekuperatoren die doppelte Menge der benötigten Luft einblasen muß, ja, daß so gut wie nichts von der in den Rekuperator geschickten Luft auf den Herd gelangt.

Eine Schädigung des Betriebes durch die Undichtheit entsteht dadurch, daß einmal die Abgastemperatur durch die kältere Falschluft herabgesetzt wird und ferner die im Rekuperator zu erwärmende Luftmenge vergrößert wird. Beide Wirkungen der Undichtheit verschlechtern das Betriebsergebnis.

Die Größe der Verschlechterung soll nun in Fortsetzung des Beispiels 1 errechnet werden. Der Rekuperator hatte eine Heizfläche von 22,9 qm, die zur Erwärmung von 730 ncbm/St. Luft von 10° auf 400° genügte, wenn die Abgasmenge von 1490 ncbm/St. mit 1200° in den Rekuperator eintrat.

Es wird nun gefragt, wie sich die Vorwärmungstemperatur ändert, wenn die Undichtheit des Rekuperators eine Vergrößerung der Zweitluftmenge um das n-fache der benötigten von 730 cbm/St. erfordert. Dieser n-fache Überschuß über das notwendige Maß geht in das Abgas über und kühlt dieses. Er verringert nicht nur die Abgastemperatur, sondern setzt auch den Strahlungs-Wärmeübergang durch Verringerung der CO_2- und H_2O-Konzentration herab.

Der Temperaturverlauf der beiden Gase im Rekuperator war, wie der Koeffizient $n = f\left(\frac{\Delta\vartheta_0}{\Delta\vartheta_F}\right) = \sim 1$ zeigte, annähernd geradlinig, man kann also die umständliche Exponentialgleichung umgehen.

Das Temperatur- und Mengendiagramm, Fig. 72, gibt die Voraussetzungen für die Berechnung und die Lösung der Aufgabe an. In den Rekuperator tritt das Abgas mit dem Wärmeinhalt $G c_{p^1} \vartheta_1$ ein, den es mit dem Wärmeinhalt $(G + nG') \cdot c_{p^2} \vartheta_2$ verläßt. Die Luft hat beim Eintritt einen Wärmeinhalt von $G'(n+1) \cdot \vartheta_2' c_{p^2}'$, beim Austritt $G' c_{p^1}' \vartheta_1'$. Mit dem Wirkungsgrad η ist die Wärmebilanzgleichung

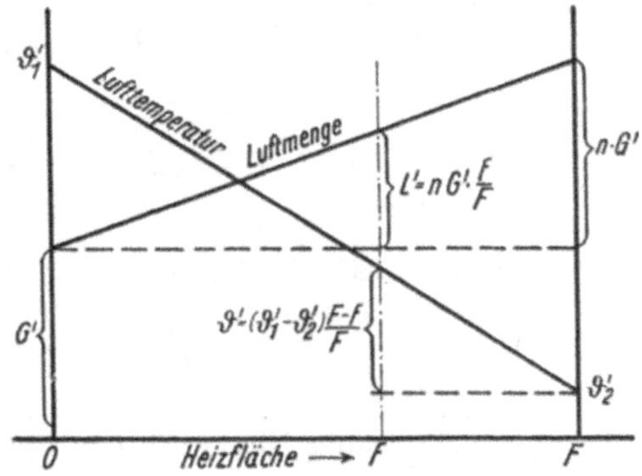

Fig. 72. Temperatur- und Mengendiagramm der Luft.

$$\eta\left[G c_{p^1} \vartheta_1 - c_{p^2} \vartheta_2 (G + nG')\right] = G' c_{p^1}' \vartheta_1 - G'(n+1)\vartheta_2' c_{p^2}'.$$

Der durch die Heizfläche des Rekuperators vermittelte nutzbare Wärmeaustausch ist, wenn man mit den mittleren Temperaturen $\frac{\vartheta_1 + \vartheta_2}{2}$ bzw. $\frac{\vartheta_1' + \vartheta_2'}{2}$ rechnet,

$$\eta \cdot F \cdot k\left(\frac{\vartheta_1 + \vartheta_2}{2} - \frac{\vartheta_1' + \vartheta_2'}{2}\right).$$

Diese Wärmemenge wird nun auf die Luft übertragen. Mit ihr wird zunächst die in den Brenner eintretende Luftmenge G' erwärmt. Dies ergibt einen Betrag von $G' c_p' (\vartheta_1' - \vartheta_2')$ kcal/St.

Außerdem wird aber auch die durch die Undichtheiten des Rekuperators entweichende Luft erwärmt. Diese Menge nimmt (siehe Fig. 72) von nG' beim Eintritt in den Rekuperator auf 0 beim Austritt gleichmäßig entlang der Heizfläche ab. An der Stelle f ist die Zunahme des Wärmeinhaltes dieser Undichtheitsluft

$$dJ = -L' c_p' d\vartheta' = -nG' c_p' \frac{f}{F} \cdot \vartheta'.$$

Aus der Fig. ist zu entnehmen, daß bei dem vorausgesetzten geradlinigen Temperaturverlauf

$$\vartheta' = (\vartheta_1' - \vartheta_2') \cdot \frac{F - f}{F} + \vartheta_2' \quad \text{ist.}$$

Also ist

$$d\vartheta = -\frac{\vartheta_1' - \vartheta_2'}{F}\,df\,,$$

$$dJ = \frac{n\,G' c_p' (\vartheta_1' - \vartheta_2')}{F^2}\,k \cdot df\,.$$

Über die ganze Länge des Rekuperators integriert ergibt sich die gesamte an die Nebenluft abgegebene Wärmemenge

$$\int\limits_0^F dJ = \frac{n\,G' c_p' (\vartheta_1' - \vartheta_2')}{F^2}\int\limits_0^F f\,df = \frac{n\,G' c_p' (\vartheta_1' - \vartheta_2')}{2}\,.$$

Die gesamte an die Luft abgegebene Wärme ist also

$$G' c_p' (\vartheta_1' - \vartheta_2')\left(1 + \frac{n}{2}\right).$$

Durch Gleichsetzung dieser Wärme mit der auf Grund der Wärmedurchgangsgleichung errechneten wird erhalten

$$\eta\,F \cdot k\left(\frac{\vartheta_1 + \vartheta_2}{2} - \frac{\vartheta_1' - \vartheta_2'}{2}\right) = G' c_p'\left(1 + \frac{n}{2}\right)(\vartheta_1' - \vartheta_2')\,,$$

während die Wärmebilanzgleichung war

$$\eta\left[G \cdot c_p \vartheta_1 - (G + n\,G')\,c_p \vartheta_2\right] = G' c_p' \vartheta_1' - G'(n+1)\,c_p' \vartheta_2'\,.$$

Setzt man wie früher $\frac{G' c_p'}{\eta\,G c_p} = a$ und außerdem $\frac{G' c_p'}{\eta\,F k} = b$, so erhält man

$$\vartheta_1 - \vartheta_2 - n\frac{G}{G'}\vartheta_2 = a\,\vartheta_1' - a(n+1)\,\vartheta_2'$$

und

$$\vartheta_1 + \vartheta_2 - \vartheta_1' - \vartheta_2' = b(2+n)\,(\vartheta_1' - \vartheta_2')\,.$$

Aus der vorletzten Gleichung ist zu errechnen

$$\vartheta_2 = \frac{\vartheta_1 - a\,\vartheta_1' + a(n+1)\,\vartheta_2'}{1 + n\frac{G'}{G}}\,.$$

Setzt man ϑ_2 in die letzte Gleichung ein, so erhält man nach Ordnung der Glieder

$$\vartheta_1'\left[1 + \frac{a}{1 + n\frac{G'}{G}} + b(2+n)\right] = \vartheta_1\left[1 + \frac{1}{1 + n\frac{G'}{G}}\right]$$
$$+ \vartheta_2'\left[\frac{a(1+n)}{1 + n\frac{G'}{G}} + b(2+n) - 1\right].$$

Hieraus kann nun ϑ_1' errechnet werden. Setzt man voraus, daß sich die Wärmeübergangsverhältnisse gegenüber denjenigen von Beispiel 1 nicht wesentlich verändern, so ist zu setzen

$$a = \frac{G' c_p'}{\eta G c_p} = 0{,}435\,, \qquad \vartheta_1 = 1200\,°,$$

$$\frac{G'}{G} = 0{,}490\,, \qquad \vartheta_2' = 10\,°,$$

$$b = \frac{G' c_p'}{\eta F \cdot k} = \frac{730 \cdot 0{,}320}{0{,}9 \cdot 22{,}9 \cdot 4{,}83} = 2{,}33\,.$$

Mit diesen Werten sind die den Temperaturen zugeordneten Koeffizienten zu berechnen. Es ergibt sich

für $n = 0$	$6{,}095 \cdot \vartheta_1' = 2{,}000 \cdot \vartheta_1 + 4{,}10 \cdot \vartheta_2'$	$\vartheta_1' = 400°$
$n = 0{,}2$	$6{,}53 \cdot \vartheta_1' = 1{,}910 \cdot \vartheta_1 + 4{,}60 \cdot \vartheta_2'$	$\vartheta_1' = 358°$
$n = 0{,}4$	$6{,}96 \cdot \vartheta_1' = 1{,}836 \cdot \vartheta_1 + 5{,}11 \cdot \vartheta_2$	$\vartheta_1' = 324°$
$n = 0{,}6$	$7{,}40 \cdot \vartheta_1' = 1{,}722 \cdot \vartheta_1 + 5{,}60 \cdot \vartheta_2$	$\vartheta_1' = 296°$
$n = 0{,}8$	$7{,}84 \cdot \vartheta_1' = 1{,}719 \cdot \vartheta_1 + 6{,}09 \cdot \vartheta_2$	$\vartheta_1' = 272°$
$n = 1{,}0$	$8{,}29 \cdot \vartheta_1' = 1{,}671 \cdot \vartheta_1 + 6{,}58 \cdot \vartheta_2$	$\vartheta_1' = 251°$

Mit der für ϑ_2 oben angegebenen Gleichung

$$\vartheta_2 = \frac{\vartheta_1 - a \cdot \vartheta_1' + a\,(n+1)\,\vartheta_2'}{1 + n\dfrac{G'}{G}}$$

errechnet man die Abgastemperatur für die Fälle von $n = 0$ bis $n = 1$

$$\vartheta_2 = 1030°, \quad = 955\,, \quad = 890\,, \quad = 831\,, \quad = 783\,, \quad = 738\,.$$

Diese Rechnungsweise wird zumeist genügen, die genauere Rechnung muß aber die Veränderung von k durch die Veränderung der Wärmeübergangszahlen und der Wärmeleitzahl der Rekuperatorwände berücksichtigen.

Die Wärmeübergangszahl auf der Rauchgasseite verändert sich durch die Abnahme der Wärmeübergangszahl der Strahlung infolge der Rauchgasverdünnung und der abnehmenden mittleren Rauchgastemperatur. Dagegen steigt aber wieder die Geschwindigkeit des Rauchgases.

Die Rauchgaszusammensetzung bei Verbrennung von Steinkohle mit 0,5 kg Dampf/kg Kohle ist 16,2 Proz. CO_2, 14,3 Proz. H_2O, 69,5 Proz. N_2. Kommt hierzu zunächst 10 Proz. Luftüberschuß, wie bei Beispiel 1 vorausgesetzt wurde, so ist die Rauchgasanalyse

CO_2	15,0	Proz.
O_2	1,6	„
H_2O	13,2	„
N_2	70,2	„

Gegenüber der vollkommenen, luftüberschußfreien Verbrennung ist das Verhältnis der strahlenden Bestandteile $\frac{15{,}0 + 13{,}2}{16{,}2 + 14{,}3} = \frac{28{,}2}{30{,}5} = 0{,}925$, wie auf einfachem Wege früher errechnet wurde. Bei dem vorliegenden Beispiel soll dieser für die Reduktion des Kanaldurchmessers benötigte Wert über die Rauchgasanalyse bestimmt werden, um die Größe der Undichtheiten mit der Analyse als Maßstab vergleichen zu können.

Mit 10 Proz. Luftüberschuß war die Rauchgasmenge 8,76 cbm/kg Kohle. Dabei ging durch den Rekuperator eine Luftmenge von 4,30 cbm/kg. Beträgt nun der Undichtheitsfaktor $n = 0{,}2$, so treten 0,86 cbm Luft/kg Kohle von den Luft- in die Abgaskanäle über, das sind $\frac{0{,}86}{8{,}76} = 0{,}098$ cbm Luft/cbm Abgas oder 0,021 cbm O_2 und 0,077 cbm N_2. Nimmt man diese Mengen zu der oben angegebenen Analyse und bezieht die einzelnen Werte auf 100 Raumteile, so erhält man die vollständige Abgasanalyse, die man noch auf die Zusammensetzung ohne Wasserdampf umrechnen kann, um sie mit der Orsatanalyse vergleichen zu können. Man erhält

Zahlentafel 62.
Veränderung der Abgasanalyse mit steigender Rekuperatorendichtigkeit.

Undichtheitsfaktor n	cbm Falschluft je kg Kohle	Vollständige Analyse				Trockene Analyse			$CO_2 + H_2O$
		CO_2	O_2	H_2O	N_2	CO_2	O_2	N_2	
0,0	0	15,0	1,6	13,2	70,2	17,3	1,8	80,9	28,2
0,2	0,86	13,7	3,4	12,0	70,9	15,8	3,9	80,3	25,7
0,4	1,72	12,6	4,8	11,1	71,5	14,5	5,5	80,0	23,7
0,6	2,58	11,6	6,0	10,2	72,2	13,4	6,9	79,7	21,8
0,8	3,44	10,8	7,1	9,5	72,6	12,4	8,2	79,4	20,3
1,0	4,30	10,1	8,0	8,9	73,0	11,6	9,2	79,2	19,0

Diese Rauchgaszusammensetzung herrscht am Austritt aus dem Rekuperator. In der Mitte, für die die Wärmedurchgangszahl bestimmt wird, ist erst die halbe Falschluftmenge übergetreten. Aus dem Verlauf von ($CO_2 + H_2O$) ist nun leicht zu entnehmen, daß in der Mitte des Rekuperators (das ist immer für $\frac{n}{2}$) die Konzentrationen von $CO + H_2O$, die in der folgenden Tabelle angegeben sind, gelten. Der äquivalente Kanaldurchmesser d' ist dann mit

$$d' = 150 \cdot \frac{CO_2 + H_2O}{30{,}5} \text{ mm errechnet.}$$

Zahlentafel 63. Veränderung des äquivalenten Durchmessers infolge der Undichtheit des Rekuperators.

Undichtheitsluft	$CO_2 + H_2O$	d'	ϑ_m
$n = 0$	28,2	139	1115
0,2	26,9	132	1080
0,4	25,7	126	1045
0,6	24,6	121	1015
0,8	23,7	117	990
1,0	22,8	112	970

In der ersten Durchrechnung des Beispiels waren die Abgastemperaturen berechnet. Aus diesen und der Eintrittstemperatur von 1200° sind die mittleren Rauchgastemperaturen ϑ_m in der obigen Zahlentafel gebildet worden.

Aus der Zahlentafel 43 sind nun, wie in Beispiel 1, die Wärmeübergangszahlen für $d = 150$, 125, 100 mm bei Gastemperaturen von 1100 und 1000° und einem Temperaturunterschied Gas — Wand von 150° bestimmt worden. Diese Werte sind in Fig. 73 über dem Kanaldurchmesser aufgetragen worden, so daß man die Wärmeübergangszahlen für die oben angegebenen Durchmesser bei 1100 und 1000° Gastemperatur ohne weiteres ablesen kann. Dann sind noch in dem Diagramm die Wärmeübergangszahlen für die wirklichen mittleren Gastemperaturen interpoliert und durch eine Kurve verbunden worden. Es ergeben sich nun folgende Werte:

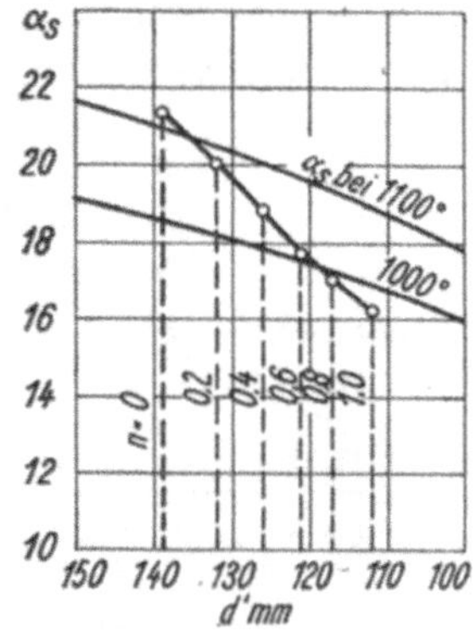

Fig. 73. W. Ü. Z. α_s bei undichtem Rekuperator.

$n =$	0,0	0,2	0,4	0,6	0,8	1,0
$\alpha_s =$	21,3	20,0	18,8	17,8	17,0	16,2

Die mittlere Abgasgeschwindigkeit ist

$$w_0 = \frac{1490 + 0{,}5 \cdot n \cdot 730}{3600 \cdot 0{,}270} \text{ m/sec.}$$

$n =$	0,0	0,2	0,4	0,6	0,8	1,0
$w_0 =$	1,53	1,61	1,68	1,76	1,83	1,91
$\alpha_k =$	6,8	7,1	7,3	7,5	7,7	8,0
$\alpha =$	28,1	27,1	26,1	25,3	24,7	24,2

Mit den Geschwindigkeiten ergeben sich aus Fig. 44 die entsprechenden Wärmeübergangszahlen α_k. In der letzten Reihe ist der Endwert $\alpha = \alpha_s + \alpha_k$ angegeben.

Auch in den Luftkanälen herrschen höhere Gasgeschwindigkeiten. Bei der größten Undichtheit $n = 1{,}0$ ist die mittlere Geschwindigkeit

$$w_0' = \frac{1{,}5 \cdot 730}{3600 \cdot 0{,}233} = 1{,}30 \text{ m/sec.}$$

Der hydraulische Durchmesser des Kanals war 75 mm. Fig. 44 zeigt, daß sich die Wärmeübergangszahl α' bis zu 1,3 m/sec nicht ändert. Sie bleibt mithin wie bei Beispiel 1 $\alpha' = 8{,}6$ kcal/qm, St., °C.

Es ist nun noch die Wärmeleitzahl λ zu bestimmen, wozu die mittlere Steintemperatur aus der vorhergehenden Rechnung mit gleichbleibendem k zu ermitteln ist.

Die mittleren Gastemperaturen sind

	ϑ_m	ϑ'_m	ϑ_{sm}	ϑ'_{sm}	ϑ_s	λ
$n = 0{,}0$	1115	205	958	715	836	1,09
$= 0{,}2$	1078	184	919	686	802	1,07
$= 0{,}4$	1045	167	883	661	772	1,05
$= 0{,}6$	1015	153	850	638	744	1,04
$= 0{,}8$	992	141	825	619	722	1,02
$= 1{,}0$	969	131	802	602	702	1,01

Die Steinoberflächentemperaturen werden wieder durch

$$\vartheta_{sm} = \vartheta_m - \frac{k}{\alpha}(\vartheta_m - \vartheta'_m)$$

$$\vartheta'_{sm} = \vartheta'_m + \frac{k}{\alpha}(\vartheta_m - \vartheta'_m)$$

errechnet und sind in der vorausgehenden Zahlentafel eingetragen. Zu der mittleren Steintemperatur $\vartheta_s = \frac{\vartheta_{sm} + \vartheta'_{sm}}{2}$ ist die Wärmeleitzahl λ aufgesucht worden.

Nunmehr sind sämtliche zur Berechnung der Wärmedurchgangszahl k notwendigen Werte angegeben. Diese selbst und der mit ihr errechnete Wert b sind

für n = 0,0	0,2	0,4	0,6	0,8	1,0
k = 4,83	4,78	4,73	4,69	4,65	4,61
b = 2,33	2,36	2,38	2,40	2,42	2,44

Die Berechnung von ϑ'_1 und ϑ_2 ist wie früher durchzuführen. Ihr Ergebnis ist

Zahlentafel 64.
Vorwärmungstemperatur bei steigender Undichtheit des Rekuperators.

Für n =	0,0	0,2	0,4	0,6	0,8	1,0
ϑ_1 =	400	355	319	289	265	242
ϑ'_2 =	1030	958	892	835	785	741

Die Unterschiede gegenüber der ersten Rechnung sind sehr gering, so daß diese für die Bestimmung der Temperatur praktisch genügt hätte.

Es tritt nun die Frage auf, welchen Schaden verursacht die steigende Undichtheit? Es werden stündlich 170 kg Kohle mit 6500 kcal/kg verbrannt, also werden dem Ofen 1105000 kcal/St. zugeführt. Die Abgasmenge ist 1490 cbm/St. und entführt vom Herde 1490 cbm/St. 1250° · 0,378 = 703000 kcal. Nutzbar sind also

$$1105000 - 703000 = 402000 \text{ kcal/St.} = 36{,}5 \text{ Proz.}$$

Durch den Rekuperator werden von der Abgaswärme 730 cbm/St. $(\vartheta'_1 - \vartheta'_2) \cdot c'_p$ kcal zurückgenommen, das sind

bei $n = 0$ 90500 kcal/St. = 12,9 Proz. der Abhitze = 38,2 kg Kohle = 18,4 Proz. Ersparnis,

bei $n = 0{,}2$ 80500 kcal/St. = 11,5 Proz. der Abhitze = 34,0 kg Kohle = 16,7 Proz. Ersparnis,

bei $n = 0{,}4$ 71500 kcal/St. = 10,2 Proz. der Abhitze = 30,2 kg Kohle = 15,1 Proz. Ersparnis,

bei $n = 0{,}6$ 65000 kcal/St. = 9,2 Proz. der Abhitze = 27,4 kg Kohle = 13,9 Proz. Ersparnis,

bei $n = 0{,}8$ 59000 kcal/St. = 8,4 Proz. der Abhitze = 24,9 kg Kohle = 12,8 Proz. Ersparnis,

bei $n = 1{,}0$ 54000 kcal/St. = 7,7 Proz. der Abhitze = 22,8 kg Kohle = 11,8 Proz. Ersparnis.

1 kg Kohle gibt 36,5 Proz. des Heizwertes als nutzbare Wärme ab = 2370 kcal. Die zurückgewonnene Luftwärme ist also durch diesen Betrag zu teilen, um die ersparte Kohlenmenge, die oben angegeben ist, zu erhalten. Die Ersparnis gegenüber dem Betriebe ohne Luftvorwärmung ist $100 \cdot \frac{x}{x + 170}$, wobei $x = 38{,}2$ kg für $n = 0$ usw. ist.

Die Ersparnis sinkt stark mit zunehmenden Undichtheiten. Der Rekuperator wird insgesamt um etwa 1400 Mk. die Baukosten des Ofens erhöhen. Ist x die Kohleersparnis in t/St., k der Preis von 1 t Kohle (bis zum Ofen einschließlich Dampfzusatz), so ist die Zahl der Betriebsstunden, welche notwendig sind, um 1400 Mk. zu ersparen, $z = \frac{1400}{x \cdot k}$. Diese Anzahl Betriebsstunden ist in Fig. 74 für verschiedene Kohlenpreise eingetragen. Bei 30 Mk./t rentiert sich der Rekuperator selbst im sehr undichten Zustand noch bis 2000 Betriebsstunden. Auch noch bei 20 Mk./t wird sich die Rentabilität nur in sehr ungünstigen Fällen zerschlagen. Bei 10 Mk./t dagegen wird schon manchmal eine Rentabilität nicht nachweisbar sein und bei 5 Mk./t nur bei sehr günstiger Ausnutzung.

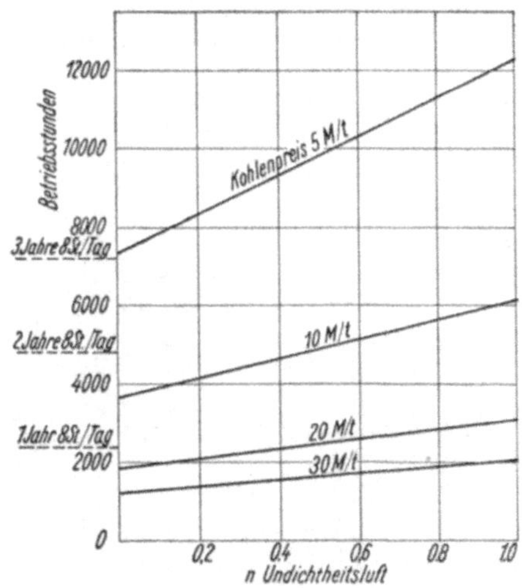

Fig. 74. Veränderung der zur Kostentilgung notwendigen Anzahl Betriebsstunden bei steigender Undichtheit des Rekuperators und verschiedenen Kohlepreisen.

Die Rentabilität ist natürlich sehr von der Lebensdauer des Rekuperators abhängig. Zunächst haben die verschiedenen Ausführungsformen verschiedene Haltbarkeit, dann aber ist der Standort des Ofens von großer Bedeutung. In Werkstätten mit schweren Bodenerschütterungen (schwere Schmiedehämmer) wird man meist annehmen müssen, daß der Rekuperator infolge der Undichtheit spätestens in 2 Jahren reif zum Ausbau ist.

Die Undichtheit ist natürlich bei den hohen Preisen der Kohle nicht so augenfällig schädlich. Bei 10 Mk./t erkennt man jedoch, daß zur Bezahlung des Rekuperators eine Verlängerung der Betriebszeit bei 8 St./Tag um ein Jahr notwendig ist, wenn die Falschluft von $n = 0$ auf $n = 1$ steigt.

Oft verursacht aber der undichte Rekuperator noch viel größere Schäden als der oben angegebene Mehrverbrauch an Kohlen dadurch, daß der Ofen nicht mehr genügend Verbrennungsluft erhält und die Abgase viel Unverbranntes enthalten. Diese Gefahr besteht immer bei Halbgasöfen, die auch bei schlechter Verbrennung genügend Ofentemperatur halten können, so daß der Betrieb nicht gehindert wird. Die Reparaturbedürftigkeit des Ofens tritt nicht so stark zutage, man scheut die Stillegung und größere Reparatur und nimmt lieber den allmählich ansteigenden Kohlenverbrauch in Kauf.

3. Nachrechnung eines ausgeführten Rekuperators.

Häufig sind die Ausführungen der Rekuperatoren jedoch nicht so einfach, wie sie in den vorhergehenden beiden Beispielen vorausgesetzt sind. In Fig. 75 ist ein Halbgasofen abgebildet, dessen Zweitluft vorgewärmt wird. Das aus Kohle und Erstluft erzeugte Halbgas wird von der aus dem Gewölbe über der Feuerung austretenden vorgewärmten Luft verbrannt. Um eine möglichst gleichmäßige Temperatur im Ofen zu erzielen, wird Zweitluft an zwei Stellen dem Herd zugeführt, einmal dicht hinter der Feuerbrücke und dann in der Mitte des Herdes. Die Zweitluft wird durch das Rohr A in den Raum

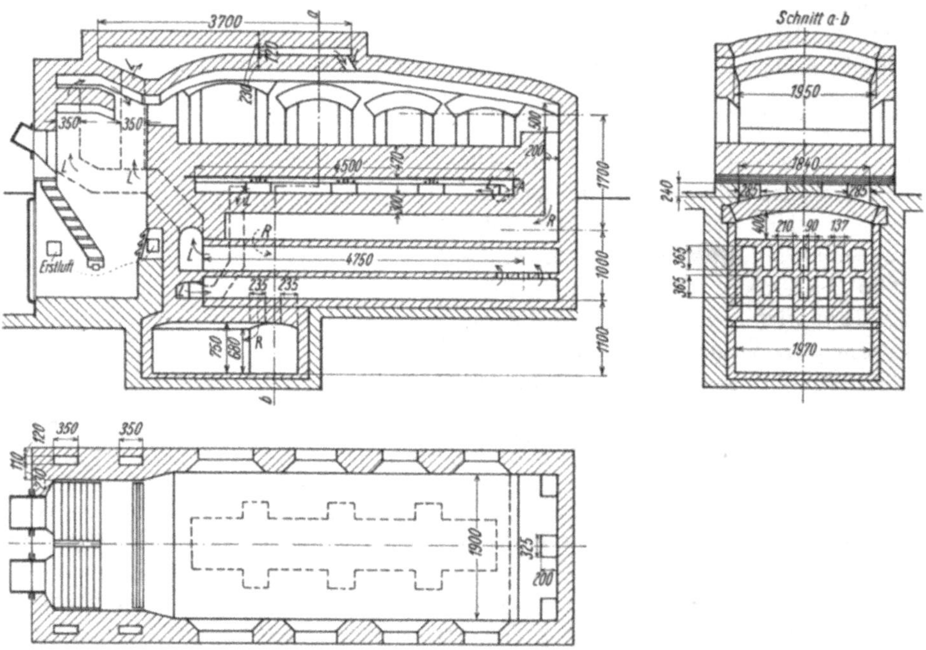

Fig. 75. Schmiedeofen mit Steinrekuperator.

zwischen Herd und Rekuperator geleitet, erwärmt sich in diesem und kühlt gleichzeitig die Tragkonstruktion des Herdes. Von hier aus gelangt sie in den eigentlichen Rekuperator, den sie in zwei Zügen durchströmt. Vom Rekuperator aus wird sie durch die in den Seitenwänden der Feuerung befindlichen Kanäle in das Doppelgewölbe über dem Herd geführt, aus dem sie durch die oben angegebenen Öffnungen in den Herd eintritt. Die Bauweise ist also verhältnismäßig kompliziert.

Die Vorwärmung erfolgt in vier Abschnitten: 1. im Zug zwischen Herd und Rekuperatorgewölbe, 2. im Rekuperator selbst, 3. in den Seitenwänden der Feuerung, 4. im Doppelgewölbe.

Der Ofen verbraucht 275 kg/St. Kohle mit einem Heizwert von 6500 kcal/kg. Die Verbrennung erfolgt wieder wie in den vorigen Beispielen mit

10 Proz. Luftüberschuß, die Vergasung mit 50 Proz. Dampfzusatz, so daß die erzeugte Abgasmenge wieder 8,76 cbm/kg Kohle beträgt.

Von der theoretisch notwendigen Luftmenge werden 60 Proz. als Zweitluft zugeführt, das sind $0{,}6 \cdot 6{,}61 = 3{,}97$ cbm/kg. 10 Proz. Luftüberschuß im Rauchgas ergeben weitere 0,66 cbm Luft/kg. Diese 4,63 cbm/kg müssen dem Herd zugeführt werden. Der Rekuperator hat einen Undichtigkeitsverlust von 20 Proz; es müssen ihm also 5,55 cbm/kg Kohle zugeführt werden.

Die stündliche Rauchgasmenge ist $G = 275$ kg $\cdot$ 8,76 cbm/kg $= 2410$ ncbm/St. Die dem Herd zugeführte Verbrennungsluft ist $G' = 275 \cdot 4{,}63 = 1274$ ncbm/St., dagegen werden dem Rekuperator $275 \cdot 5{,}55 = 1525$ cbm/St. zugeführt.

Für die oben angegebenen vier Abschnitte sind zunächst die Heizflächen und die Wärmedurchgangszahlen festzustellen.

a) Heizfläche und Wärmedurchgangszahl im Zug zwischen Herd und Rekuperator.

Der Zug wird von oben durch den Herd, von unten durch die Abgase des Herdes, die durch das Rekuperatorgewölbe in die Abgaskanäle des Rekuperators ziehen, beheizt. Decke und Sohle des Zuges bilden also die Heizfläche. Der Zug ist 4,5 m lang und 1,84 m breit, er wird aber durch die drei Tragpfeiler des Herdes, welche die Herdplatten tragen, verengt. Es sollen deshalb nur die Heizflächen berücksichtigt werden, welche durch die beiderseitig außen liegenden Durchgangsflächen gebildet werden und eine Breite von 0,285 m haben. Die Heizfläche ist also

$$4 \times 0{,}285 \times 4{,}5 = 5{,}1 \text{ qm}.$$

Zunächst ist die Wärmeübergangszahl für den Wärmeübergang Heizfläche — Luft zu bestimmen. Der freie Querschnitt ist

$$2 \times 0{,}285 \times 0{,}24 = 0{,}137 \text{ qm}.$$

Die Geschwindigkeit ist

$$w_0 = \frac{1525}{3600 \cdot 0{,}137} = 3{,}1 \text{ m/sec}.$$

Der hydraulische Durchmesser des Kanals ist

$$d' = \frac{4 \cdot F}{U} = \frac{4 \cdot 0{,}285 \cdot 0{,}24}{2 \cdot (0{,}285 \cdot 0{,}240)} = 260 \text{ mm}.$$

Nach der Formel $\alpha = 3{,}0 \cdot \frac{w_0^{0,8}}{\sqrt[4]{d'}}$ wird $\alpha' = 10{,}4$.

Die Wärmedurchgangszahl für die obenliegende Heizfläche setzt sich zusammen aus der Wärmeübergangszahl der Rauchgase an den Herd, die $= \infty$ gesetzt werden kann, und dem Wert $\frac{\lambda}{\delta}$, der bei der mittleren Herdtemperatur von 700 bis 800° C und der Wandstärke des Herdes von 470 mm, wobei die eisernen Herdplatten nicht berücksichtigt werden, $\frac{\lambda}{\delta} = \frac{1,0}{0,47}$ ist. Mithin ist

$$k = \frac{1}{\frac{1}{\alpha} + \frac{1}{\alpha'} + \frac{\delta}{\lambda}} = \frac{1}{\frac{1}{\infty} + \frac{1}{10,4} + \frac{0,47}{1,0}} = 1,77\,.$$

Die Wärmedurchgangszahl des Rekuperatorgewölbes ist

$$k = \frac{1}{\frac{1}{\infty} + \frac{1}{10,4} + \frac{0,300}{1,0}} = 2,53\,.$$

Der Mittelwert für die Berechnung ist $k = 2,15$.

b) Heizfläche und Wärmedurchgangszahl im Rekuperator.

Als Heizfläche des Rekuperators können nur die Flächen gezählt werden, die von Luft und Rauchgas umspült werden. Es kommen also nur, wie aus der Konstruktion des Rekuperators zu ersehen ist, die senkrechten Flächen der Luftkanäle in Betracht. Dies ergibt bei 6 Luftkanälen von 365 mm Höhe und 4750 mm Länge eine Heizfläche

$$F_2 = 6 \cdot 2 \cdot 0,365 \cdot 4,75 = 20,8 \text{ qm}.$$

Zur Bestimmung der Wärmeübergangszahl sind wieder die Gasgeschwindigkeiten zu berechnen. Das Rauchgas strömt durch vier Kanäle mit dem Querschnitt $0,365 \cdot 0,210 = 0,307$ qm. Die Geschwindigkeit ist also $\frac{2410}{3600 \cdot 0,307}$ $= 2,18$ m/sec. Als hydraulischer Durchmesser ergibt sich 266 mm, mithin eine Wärmeübergangszahl, nach der oben angegebenen Formel berechnet,

$$\alpha_k = 7,8 \text{ kcal/qm, St., } ^\circ\text{C}.$$

Für die Wärmeübertragung der Strahlung ist die Verdünnung des Abgases durch den Luftüberschuß zu berücksichtigen, der durch eine Verringerung des Durchmessers um 9 Proz. Rechnung getragen wird. Der äquivalente hydrauliche Durchmesser ist mithin $0,91 \cdot 266 = 242$ mm. Die mittlere Rauchgastemperatur wird etwa 1050° C betragen. Für 200 mm ergibt sich bei $C = 4,9$ aus der Zahlentafel 40 bei 1050° C Gastemperatur und 100° C Temperaturunterschied eine Wärmeübergangszahl $\alpha_s = 30,0$, für 300 mm Durchmesser 35,0, mithin für 242 mm 32,1; unter Berücksichtigung einer Strahlungszahl von 4,0 wird

$$\alpha_s = 26,2.$$

Die gesamte Wärmeübergangszahl auf der Rauchgasseite ist

$$\alpha = 7,8 + 26,2 = 34,0.$$

Die Geschwindigkeit der vorgewärmten Luft ist bei drei Luftkanälen mit dem Querschnitt $137 \cdot 365$ und unter Berücksichtigung der halben Undichtigkeitsverluste

$$w_0 = \frac{1400}{3600 \cdot 0,150} = 2,6 \text{ m/sec}.$$

Der hydraulische Durchmesser ist 200 mm. Damit wird nach Fig. 44

$$\alpha' = 9{,}5 \text{ kcal/qm, St., } ^\circ\text{C}.$$

Die Wandstärke zwischen den Kanälen ist 90 mm. Die mittlere Temperatur der Steine wird auf etwa 750° C geschätzt, wofür $\lambda = 1{,}0$ ist. Mithin ist

$$k = \frac{1}{\frac{1}{34} + \frac{1}{9{,}5} + \frac{0{,}090}{1{,}00}} = 4{,}4\,.$$

c) Heizfläche und Wärmedurchgangszahl in den Zügen der Feuerungswände.

Hinter dem Rekuperator sammelt sich die Luft zunächst in einem kleinen Querkanal und geht dann in den Kanälen in den Wänden der Feuerung zum Oberofen. In den Wänden spalten sich die Kanäle: das eine Paar führt zum Gewölbe der Feuerung, das andere Paar zum Doppelgewölbe.

α) Kanäle zum Gewölbe der Feuerung.

Die Kanäle sind in eine Mauer eingesetzt, die nur von einer Seite beheizt wird. Der wärmeübertragende Umfang eines einzigen Kanals ist

$$2 \cdot (350 + 110) = 920 \text{ mm}.$$

Seine Länge ist 2,5 m. Da ein Kanal auf jeder Seite der Feuerung liegt, ist die Heizfläche für die Zweitluft der Feuerung

$$F_{3\,a} = 2 \cdot 2{,}5 \cdot 0{,}92 = 4{,}6 \text{ qm}.$$

Von den eingeführten 1275 cbm/St. Zweitluft sollen über der Feuerung 900 cbm/St., über dem Herd 375 cbm/St. austreten. Für die 900 cbm/St. steht ein Strömungsquerschnitt von $2 \cdot 0{,}3 \cdot 0{,}11 = 0{,}077$ qm zur Verfügung, so daß die Geschwindigkeit

$$w_0 = \frac{900}{3600 \cdot 0{,}077} = 3{,}25 \text{ m/sec ist.}$$

Der hydraulische Durchmesser ist 167 mm, die Wärmeübergangszahl nach Fig. 44 $\alpha' = 12$.

Die Wandstärken sind zwischen Feuerung und Kanal 230 mm, zwischen Kanal und Außenfläche 120 mm. Eine Berechnung der Wärmedurchgangszahl erübrigt sich hier, weil, wie unten ersichtlich, die Rechnung auf anderen Grundlagen durchgeführt werden muß.

β) Der Kanal, der die Zusatzluft zur Herdmitte führt, ist nur 1,8 m lang, seine Heizfläche mithin, da die sonstigen Abmessungen die gleichen sind wie unter α),

$$F_{3\,b} = 3{,}3 \text{ qm}.$$

Die Geschwindigkeit ist

$$w_0 = 1{,}35 \text{ m/sec}.$$

Die Wärmeübergangszahl ist $\alpha' = 6{,}0$.

d) Heizfläche des Doppelgewölbes.

Für die Zusatzluft von 375 cbm/St. ist durch das Doppelgewölbe noch eine weitere Austauschfläche geschaffen worden. Sie ist 1,95 m breit und 3,7 m lang, hat also eine Heizfläche von

$$F_4 = 2 \cdot 1{,}95 \cdot 3{,}7 = 14{,}4 \text{ qm}.$$

Der Strömungsquerschnitt ist

$$0{,}120 \cdot 1{,}95 = 0{,}234 \text{ qm, die Geschwindigkeit } w_0 = 0{,}45 \text{ m/sec}.$$

Die Wärmeübergangszahl ist $\alpha' = 4{,}2$.

Berechnung der Lufttemperatur.

a) Erwärmung im Raum zwischen Herd und Rekuperator.

Die Herdabzugstemperatur ist etwa 1250° C, die Rauchgase im Gewölbe über dem Rekuperator haben etwa 1150° C. Die auf die Luft übertragene Wärmemenge ist also bei 10° C Eintrittstemperatur der Luft

$$Q_1 = 2{,}15 \cdot 5{,}1\,(1200 - \vartheta'_m) = 13000 \text{ kcal/St.} \quad (\vartheta'_m = 20^\circ \text{ C geschätzt}).$$

Die Temperaturerhöhung der Luft ist

$$\Delta\vartheta' = \frac{13000}{1525 \cdot 0{,}312} = 27^\circ \text{C}.$$

Die Luft wird hier also auf 37° C erwärmt.

b) Erwärmung im Rekuperator.

$$G' = 1275 \qquad c'_p = 0{,}316 \qquad \vartheta'_2 = 37^\circ \text{ C}$$
$$G = 2410 \qquad c_p = 0{,}400 \qquad \vartheta_1 = 1150^\circ \text{ C}$$
$$F = 20{,}8 \qquad k = 4{,}4.$$

Der Wirkungsgrad der Übertragung im Rekuperator wird zu 0,95 angenommen, da die Heizflächen sehr wärmedicht ausgebildet sind.

$$a = \frac{G' c'_p}{\eta G c_p} = \frac{1275 \cdot 0{,}316}{0{,}95 \cdot 2410 \cdot 0{,}400} = 0{,}440\,,$$

$$b = \frac{G' c'_p}{\eta F \cdot k} = \frac{1275 \cdot 0{,}316}{0{,}95 \cdot 20{,}8 \cdot 4{,}4} = 4{,}63 \qquad \frac{1}{1 + n \cdot \dfrac{G'}{G}} = \frac{1}{0{,}2 \cdot \dfrac{1275}{2410} + 1} = 0{,}905\,,$$

$$\vartheta'_1\left[1 + \frac{a}{1 + n\dfrac{G'}{G}} + b(2+n)\right] = \vartheta_1\left[1 + \frac{1}{1 + n\dfrac{G'}{G}}\right] + \vartheta'_2\left[\frac{a(1+n)}{1 + n\dfrac{G'}{G}} + b(2+n) - 1\right],$$

(s. Beispiel XI, 2)

$$\vartheta'_1[1 + 0{,}399 + 10{,}40] = 1150[1 + 0{,}905] + 37[0{,}478 + 10{,}40 - 1],$$

$$11{,}80\,\vartheta'_1 = 1{,}905 \cdot 1150 + 37 \cdot 9{,}88 = 2190 + 370 = 2560\,,$$

$$\vartheta'_1 = 217^\circ \text{C}.$$

c) Erwärmung der nach dem Feuerraum fließenden Luft in den Kanälen der Feuerungswände.

Die Rechnung kann hier nicht auf die gleiche Art durchgeführt werden wie unter a und b. Durch die Wand zwischen Feuerung und Luftkanal fließt nicht nur die Wärme, die der Verbrennungsluft zugeführt wird, sondern auch die Wärme, welche durch den Kanal weiter an die Wand zwischen Kanal und Außenfläche fließt und schließlich nach außen abgegeben wird.

Die Fig. 76 zeigt die vorliegenden Verhältnisse. An die Verbrennungsluft wird die Wärmemenge Q_a, an die Umgebung Q_b abgegeben. Die Wärmemenge $Q_a + Q_b$ wird von der Feuerung aus durch die Wandfläche geschickt, welche der Projektion des Kanals auf die Feuerung entspricht. Hierdurch stellt sich in der Wand das Temperaturgefälle $(\vartheta_{s1} - \vartheta_{s2})$ ein. Die nach der Feuerung liegende Kanalseite steht im Strahlungsaustausch mit der gegenüberliegenden Seite des Kanals und überträgt auf sie einmal die Wärmemenge zur Deckung des Wandverlustes, dann aber auch einen Teil von Q_a, da sich ja auch die Luft an dieser Kanalfläche erwärmt. Wenn ϑ_{s2} und ϑ_{s3} nicht sehr verschieden voneinander sind, ist dieser Teil etwa die Hälfte von Q_a. In der nach außen liegenden Wand wird durch den Wärmeverlust das Temperaturgefälle $\vartheta_{s3} \rightarrow \vartheta_{s4}$ hervorgerufen, während der Wandverlust Q_b selbst durch das Temperaturgefälle Wandtemperatur → Außentemperatur $= \vartheta_{s4} \rightarrow \vartheta_a$ und die Wärmeübergangszahl α_a bestimmt wird.

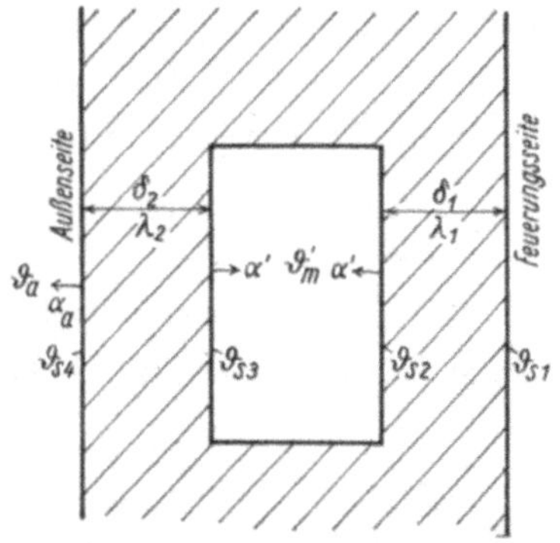

Fig. 76. Wärmedurchgang in den Kanälen der Feuerungswände.

Die Heizfläche des Kanals war bereits bestimmt zu $F_{3a} = 4{,}6$ qm. Es sind aber bei der Berechnung noch zwei andere Flächen zu berücksichtigen. Das ist erstens die Fläche, welche die Projektion des Kanals auf die Feuerung ist, und durch welche sowohl die Wärme von der Feuerung zuströmt, wie auch die, durch welche die Wandverluste abgehen. Sie ist Länge des Kanals mal Länge der Längskante des Kanals. Zu berücksichtigen sind die beiden Kanäle auf jeder Seite der Feuerung,

$$F'_{3a} = 2 \text{ Kanäle} \cdot 0{,}35 \text{ m Längskante} \cdot 2{,}5 \text{ m Kanallänge} = 1{,}75 \text{ qm};$$

zweitens ist es die Größe der Flächen, welche im Strahlungsaustausch im Kanal stehen. Hierbei müssen die Seitenkanten des Kanals einbezogen werden, die ja zum Teil als Empfängerflächen seitens der Feuerung, zum Teil als Abgabeflächen für Windwärme und Wandverluste gelten müssen. Wir nehmen an, daß die Seitenkanten zur Hälfte empfangen, zur Hälfte abgeben. Dann ist

$$F''_{3a} = 2 \text{ Kanäle} \cdot (0{,}35 \text{ m Längs-} + 0{,}11 \text{ m Seitenkante}) \cdot 2{,}5 \text{ m Kanallänge} = 2{,}3 \text{ qm}.$$

Nunmehr können die an Hand der Fig. 76 aufgestellten Betrachtungen in Gleichungen übersetzt werden, deren Buchstabengrößen aus der Fig. 76 hervorgehen.

1) Wärmedurchgang durch Wand zwischen Feuerung und Kanal:

$$Q_a + Q_b = F'_{3a} \cdot \frac{\lambda_1}{\delta_1} (\vartheta_{s1} - \vartheta_{s2}) .$$

2) Wärmeabgabe an die Verbrennungsluft:

$$Q_a = F_{3a} \cdot \alpha' \left(\frac{\vartheta_{s2} + \vartheta_{s3}}{2} - \vartheta'_m \right) .$$

Die mittlere Vorwärmungstemperatur und Q_a sind miteinander durch die Beziehung

$$Q_a = 900 \text{ cbm/St.} \cdot c'_p (\vartheta'_e - 217^\circ \text{ C}) .$$

ϑ'_e ist die Endtemperatur der Luft nach Durchströmung der Kanäle. Die mittlere Lufttemperatur an deren Heizfläche ist $\vartheta'_m = \frac{\vartheta'_e + 217}{2}$.

Es ist also

$$\vartheta'_m = 217 + 0{,}00174\, Q_a .$$

3) Strahlungsaustausch zwischen den Kanalwänden:

$$Q_b + 0{,}5 \cdot Q_1 = F'_{3a} \cdot C \left[\left(\frac{\Theta_{s2}}{100} \right)^4 - \left(\frac{\Theta_{s3}}{100} \right)^4 \right] .$$

Die Strahlungskonstante errechnet sich nach der Gleichung

$$C = \frac{1}{\frac{1}{C_1} + \frac{1}{C_2} - \frac{1}{4{,}9}} .$$

C_1 und C_2 sind Konstanten der abgebenden und aufnehmenden Fläche, in diesem Falle beide gleich etwa 4,0. Damit ist $C = 3{,}4$.

4) Wärmedurchgang durch die Wand zwischen Kanal und Außenfläche.

$$Q_b = F'_{3a} (\vartheta_{s3} - \vartheta_{s4}) \cdot \frac{\lambda_2}{\delta_2} .$$

5) Wärmeübergang an die Umgebung.

$$Q_b = F'_{3a} \cdot \alpha_a (\vartheta_{s4} - \vartheta_{sa}) .$$

Zur Berechnung von α_a dient die von *Nusselt* aufgestellte Gleichung für den Wärmeübergang von senkrechten Flächen an freiströmende Luft

5a) $$\alpha_b = 2{,}2 \sqrt[4]{\vartheta_{s4} - \vartheta_a}$$

und die Gleichung für den Strahlungsverlust

5b) $$\alpha_s = \frac{C}{\vartheta_{s4} - \vartheta_a} \left[\left(\frac{\Theta_{s4}}{100} \right)^4 - \left(\frac{\Theta_a}{100} \right)^4 \right] .$$

Hierin ist C wie oben $= 3{,}4$ anzusetzen.

5c) $$\alpha_a = \alpha_b + \alpha_s .$$

Die fünf Hauptgleichungen und die drei Nebengleichungen für α_a analytisch aufzulösen, ist unmöglich. Man kommt zum Ziel, wenn man die 8 Gleichungen, denen die 8 Unbekannten Q_a, Q_b, ϑ_{s2}, ϑ_{s3}, ϑ_{s4}, α, α_b, α_s entsprechen, durch Annahmen verringert. ϑ_{s1}, die Feuerraumtemperatur, ist bekannt und wird zu 1250° C eingesetzt. ϑ_a als Außentemperatur $= 15°$ C.

Am leichtesten ist es, einigermaßen richtig die Außenwandtemperatur zu schätzen, die zu 100° C angenommen wird.

Dann ist

$$\alpha_k = 2{,}2\sqrt[4]{100 - 15} = 6{,}7\,,$$

$$\alpha_s = \frac{3{,}4}{85}\left[3{,}73^4 - 2{,}88^4\right] = 5{,}0\,,$$

$$\alpha_a = 11{,}7\,.$$

Ferner müssen zur Bestimmung der λ-Werte die mittleren Temperaturen bekannt sein. Fehlschätzungen übertragen sich nur in geringem Maße auf das Endergebnis. Schätzt man $\vartheta_{s2} = \vartheta_{s3} = 500°$ C, so ist für λ_1 die Temperatur $\frac{1250 + 500}{2} = 875°$ C, für λ_2 $\frac{500 + 100}{2} = 300°$ C maßgebend. Dabei ist

$$\lambda_1 = 1{,}1\,, \qquad \lambda_2 = 0{,}8\,.$$

Damit hat man zwar die Zahl der zu kombinierenden Gleichungen auf fünf herabgesetzt, steht aber vor neuen Schwierigkeiten wegen der Gleichung 3), welche sich wegen der 4. Potenzen schlecht mit den anderen Gleichungen vereinigen läßt. Auch hier läßt sich ein Ausweg finden. Setzt man

$$\vartheta_{s2} = \vartheta_{s3} + \Delta\vartheta_s\,,$$

so ist für gewisse Temperaturhöhen aus Gleichung 3) $\Delta\vartheta_s$ zu errechnen, wenn man zunächst einmal $Q_b + 0{,}5\,Q_a$ annimmt.

Der Wandverlust beträgt nach den Annahmen $Q_b = 1{,}75\,\text{qm} \cdot 11{,}7\,(100 - \vartheta_a)$. Da die Außentemperatur ϑ_a 15° C ist, ist $Q_b = 1750$ kcal/St.

Die an die Verbrennungsluft abgegebene Wärme ist bei der angenommenen Wandtemperatur $\vartheta_{s2} = 500$ und der angenommenen mittleren Lufttemperatur von 240° C.

$$Q_a = F_{3a} \cdot \alpha'\,(500 - 240) = 4{,}6 \cdot 12 \cdot 260 = 14350.$$

Also ist $Q_b + 0{,}5\,Q_a = 1750 + 7175 = 8925$ kcal/St. Aus der Gleichung 1)

$$Q_a + Q_b = 1{,}75 \cdot \frac{1{,}1}{0{,}23}\,(1250 - \vartheta_{s2}) = 8{,}40\,(1250 - \vartheta_{s2})$$

erkennt man, daß $Q_a + Q_b$ nicht viel größer als 7000 kcal/St. sein kann. Die Wandtemperatur ϑ_{s2} ist zu hoch angenommen worden. Mit $\vartheta_{s2} = 350°$ C wird

$$Q_a = 4{,}6 \cdot 12\,(350 - 240) = 6080 \text{ kcal/St.}\,,$$

also $\quad Q_b + 0{,}5\,Q_a = 1750 + 3050 = 4800$ kcal/St.

Dann ist

$$4800 = H''_{3a} \cdot C \left[\left(\frac{\Theta_{s2}}{100}\right)^4 - \left(\frac{\Theta_{s3}}{100}\right)^4\right] = 2{,}2 \cdot 3{,}4 \left[\left(\frac{350 + 273}{100}\right)^4 - \left(\frac{\Theta_{s3}}{100}\right)^4\right],$$

$$\left(\frac{\Theta_{s3}}{100}\right)^4 = 6{,}23^4 - 614 = 1510 - 614 = 896\,,$$

$$\frac{\Theta_{s3}}{100} = 5{,}47\,, \qquad \vartheta_{s3} = 274\,,$$

$$\Delta\vartheta_s = 350 - 274 = 76^\circ\,.$$

Die Temperaturdifferenz von 76° C bewirkt, daß sich die auf die Verbrennungsluft übertragene Wärme auch nicht annähernd gleichmäßig auf die Heizfläche verteilt. Da $\vartheta_{s3} = 274^\circ$ C ist, wird von der nach der Außenseite zu liegenden Fläche nur

$$\frac{274 - 240}{(350 - 240) + (274 - 240)} = \frac{34}{144} = 24 \text{ Proz. übertragen.}$$

Es ist also, wenn man die durch diese Änderung voraussichtlich bedingte nochmalige Temperaturverschiebung berücksichtigt,

$$Q_b + 0{,}27\, Q_a = 1750 + 1650 = 3400$$

und

$$\vartheta_{s3} = 300\,, \qquad \Delta\vartheta_s = 50^\circ \text{C}.$$

Mit diesem Wert $\Delta\vartheta_s = 50^\circ$ C geht Gleichung 3) in die Gleichung 3a)

$$\vartheta_{s2} - \vartheta_{s3} = 50 \text{ über.}$$

Es sind also folgende Beziehungen gegeben

1) $$Q_a + Q_b = F'_{3a} \cdot \frac{\lambda_1}{\delta_1}(\vartheta_{s1} - \vartheta_{s2})\,,$$

2) $$Q_a = F_{3a}\,\alpha'\left[\frac{\vartheta_{s2} + \vartheta_{s3}}{2} - 217 - 0{,}00174\, Q_a\right],$$

3a) $$\vartheta_{s2} - \vartheta_{s3} = 50\,,$$

4) $$Q_b = F'_{3a}\,\frac{\lambda_2}{\delta^2}(\vartheta_{s3} - \vartheta_{s4})\,,$$

5) $$Q_b = F'_{3a} \cdot \alpha_a(\vartheta_{s4} - \vartheta_a)\,.$$

oder mit Zahlenwerten

1) $$Q_a + Q_b = 1{,}75 \cdot \frac{1{,}1}{0{,}23}(1250 - \vartheta_{s2})\,,$$

2) $$Q_a = 4{,}6 \cdot 12{,}0\left[\frac{\vartheta_{s2} + \vartheta_{s3}}{2} - 217 - 0{,}00174\, Q_a\right],$$

3) $$\vartheta_{s2} - \vartheta_{s3} = 50\,,$$

4) $$Q_b = 1{,}75 \cdot \frac{0{,}75}{0{,}12}(\vartheta_{s3} - \vartheta_{s4})\,,$$

5) $$Q_b = 1{,}75 \cdot 11{,}7\,(\vartheta_{s4} - 15)\,.$$

Die Auflösung bietet keine Schwierigkeiten. Zunächst ergibt sich $\vartheta_{s4} = 115°$, also etwas höher als 100° C, wie angenommen. Damit wird die Wärmeübergangszahl α etwas höher. Da bei stärkerer Ableitung die Temperatur sinkt, wird α_a für 110° C bestimmt. Es wird $\alpha_a = 12{,}0$ und die Gleichung 5)

$$5) \qquad Q_b = 1{,}75 \cdot 12{,}0\,(\vartheta_{s4} - 15)\,.$$

Es ergibt sich nun $\vartheta_{s4} = 110°$ in genauer Übereinstimmung mit der Annahme.

Ferner

$$\vartheta_{s2} = 342°, \qquad \vartheta_{s3} = 292°,$$

$$Q_a = 5020 \text{ kcal/St.}, \qquad Q_b = 2100 \text{ kcal/St.}$$

Die Berechnung erfolgte mit der ungefähren Vorherbestimmung von $\vartheta_{s2} - \vartheta_{s3} = 50°$ C. Es ist nachzuprüfen, ob bei den nun errechneten Werten von Q_a und Q_b die Voraussetzung von $\vartheta_{s2} - \vartheta_{s3} = 50°$ C etwa bestehen bleibt. Man sieht leicht ein, daß kleinere Abweichungen ohne wesentlichen Einfluß auf das Ergebnis sind.

Zunächst entsteht die Frage, welcher Teil von Q_a von der Heizfläche geliefert wird, die ihre Wärme durch Strahlung empfängt. Die 5020 kcal/St. erhöhen die Lufttemperatur um $\frac{5020}{900 \cdot 0{,}32} = 17°$ C. Die Luft hat also beim Austritt aus den Kanälen 234° C. Die mittlere Lufttemperatur ist 226° C.

Auf der nach der Feuerung liegenden Seite ist also ein Temperaturunterschied Heizfläche—Luft von 342 — 226 = 116° C, auf der gegenüberliegenden Seite 292 — 226 = 66°C. Es werden auf dieser Seite $H''_{3a} \cdot \alpha' \cdot 66 = 2{,}3 \cdot 12 \cdot 66 = 1820$ kcal/St. an den Wind abgegeben. Nach außen fließen ferner 2100 kcal/St. als Wandverlust ab. Insgesamt müssen von der Feuerungsseite, die eine Temperatur von 342° C hat, 3920 kcal/St. übergestrahlt werden.

$$3920 = F''_{3a} \cdot 3{,}4\left[\left(\frac{342 + 273}{100}\right)^4 - \left(\frac{\Theta_{s3}}{100}\right)^4\right],$$

$$\frac{3920}{2{,}3 \cdot 3{,}4} = 6{,}15^4 - \left(\frac{\Theta_{s3}}{100}\right)^4,$$

$$\Theta_{s3} = 553°\text{ C}, \qquad \vartheta_{s3} = 280°\text{ C}.$$

Der Unterschied $\vartheta_{s2} - \vartheta_{s3}$ ist 62° C. Die Abweichung von 12° C gegenüber der Annahme bewirkt lediglich eine Verschiebung der Heizflächenbelastung, jedoch keine Änderung des Endergebnisses.

Das Ergebnis bleibt mithin:

$$Q_a = 5020 \text{ kcal/St.},$$

$$\vartheta_e = 234°\text{ C},$$

Wandverlust 2100 kcal/St.

d) Erwärmung der nach der Mitte Herd strömenden Luftmenge in den Kanälen der Feuerungswände.

Die Berechnung ist grundsätzlich dieselbe wie unter c).

Die Gleichungen sind

1) $$Q_a + Q_b = 1{,}26 \frac{1{,}1}{0{,}23}(1250 - \vartheta_{s2}).$$

2) $$Q_a = 3{,}3 \cdot 6{,}0 \left(\frac{\vartheta_{s2} + \vartheta_{s3}}{2} - 217 - 0{,}00416\, Q_a\right).$$

3) $$\vartheta_{s2} - \vartheta_{s3} = 50.$$

4) $$Q_b = 1{,}26 \cdot \frac{0{,}75}{0{,}12}(\vartheta_{s3} - \vartheta_{s4}).$$

5) $$Q_b = 1{,}26 \cdot 12{,}8\,(\vartheta_{s4} - 15).$$

Das Ergebnis ist

$$\vartheta_{s4} = 130^\circ\,\mathrm{C}, \quad \vartheta_{s3} = 365^\circ\,\mathrm{C}, \quad \vartheta_{s2} = 415^\circ\,\mathrm{C},$$

$$Q_a = 2200\ \mathrm{kcal/St.}, \quad Q_b = 1850\ \mathrm{kcal/St.}$$

Die Temperaturerhöhung der Luft ist $\frac{3200}{375 \cdot 0{,}32} = 27^\circ$ C.

Die Austrittstemperatur der Luft ist

$$\vartheta_c = 244^\circ.$$

e) Erwärmung im Doppelgewölbe über dem Herd.

Die 375 cbm/St. treten mit 244° C in das Doppelgewölbe ein, das eine Heizfläche $F_4 = 14{,}4$ qm besitzt. Die Wärmeübergangszahl ist $\alpha' = 4{,}2$. Die Fläche des Wärmedurchganges Herd — Doppelgewölbe ist 7,2 qm, ebenso die Fläche des Wandverlustes. Die Wandstärke der Gewölbe ist 230 mm.

Die Rechnungsgrundlagen sind wieder die gleichen wie unter d) und e). Eine Überschlagrechnung zeigt, daß der Unterschied der Wandtemperaturen ϑ_{s2} und ϑ_{s3}, also der Oberflächentemperaturen der beiden Gewölbe im Innern des Doppelgewölbes, etwa 30° C beträgt. Es ergeben sich folgende Gleichungen

1) $$Q_a + Q_b = 7{,}2 \cdot \frac{1{,}1}{0{,}23}(1300 - \vartheta_{s2}).$$

2) $$Q_a = 14{,}4 \cdot 4{,}2 \left(\frac{\vartheta_{s2} + \vartheta_{s3}}{2} - 244 - 0{,}5 \frac{Q_a}{375 \cdot 0{,}32}\right).$$

3) $$\vartheta_{s2} - \vartheta_{s3} = 30.$$

4) $$Q_b = 7{,}2 \cdot \frac{0{,}75}{0{,}23}(\vartheta_{s3} - \vartheta_{s4}).$$

5) $$Q_b = 7{,}2 \cdot 12{,}8\,(\vartheta_{s4} - 15).$$

Das Ergebnis ist

$$\vartheta_{s2} = 571^\circ\,\mathrm{C}, \quad \vartheta_{s3} = 541^\circ\,\mathrm{C}, \quad \vartheta_{s4} = 122^\circ\,\mathrm{C},$$

$$Q_a = 15\,100\ \mathrm{kcal/St.}, \quad Q_b = 9870\ \mathrm{kcal/St.}$$

Die Temperaturerhöhung der Luft ist $\frac{15100}{375 \cdot 0{,}32} = 126^\circ$, so daß die endliche Vorwärmungstemperatur dieses Teiles der Zweitluft $244 + 126 = 370^\circ$ beträgt.

Die Nachprüfung des Rechnungsergebnisses bezüglich der Annahme $\vartheta_{s2} - \vartheta_{s3} = 30^\circ$ C und der Wärmeübergangszahl $\alpha_a = 12{,}8$ ergibt für α_a bei 122° C 12,7, also gute Übereinstimmung.

Für die Nachprüfung von $\vartheta_{s2} - \vartheta_{s3} = 30^\circ$ C ist zuerst festzustellen, wie groß der Anteil von Q_a ist, der von der Innenoberfläche des Außengewölbes an die Luft übertragen wird. Es ist

$$\vartheta_{s2} - \vartheta_m' = 571 - \left(244 + \frac{126}{2}\right) = 264,$$

$\vartheta_{s3} - \vartheta_m' = 234^\circ$C. Der gesuchte Anteil ist also $\frac{234}{264 + 234} = 0{,}47$, oder $0{,}47 \cdot 15100 = 7100$ kcal. Mit Einschluß des Wandverlustes müssen also $7100 + 9870 = 16970$ kcal/St. dem Außengewölbe zugestrahlt werden. Es ist somit

$$16970 = 7{,}2 \cdot 3{,}4 \left[8{,}44^4 - \left(\frac{\Theta_{s3}}{100}\right)^4\right],$$

$$\Theta_{s3} = 814^\circ\,\text{C}, \qquad \vartheta_{s3} = 541,$$

$$\vartheta_{s2} - \vartheta_{s3} = 30^\circ\,\text{C}.$$

Auch hierbei ergibt sich völlige Übereinstimmung.

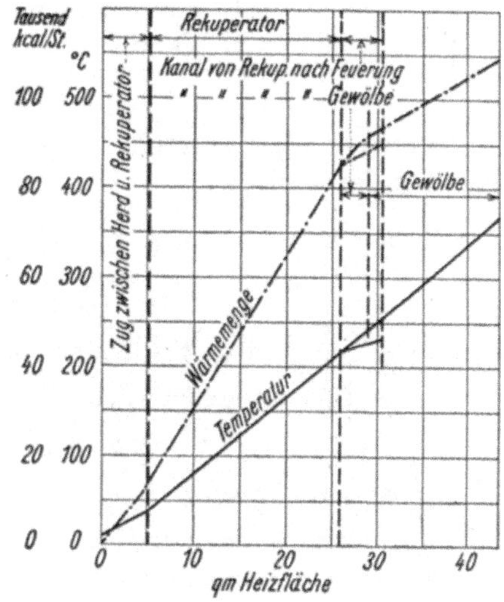

Fig. 77.
Temperaturverlauf und Wärmeaufnahme längs der verschiedenen Heizflächen.

Das Ergebnis der gesamten Rechnung ist:

Temperatur der Zweitluft bei Eintritt in die Feuerung 234° C
Temperatur der Zweitluft bei Eintritt auf den Herd 370° C.

Die übertragenen Wärmemengen sind

1. Im Zug zwischen Herd und Rekuperator	13000 kcal/St.	=	12,0 Proz.
2. Im Rekuperator	72500 kcal/St.	=	66,6 Proz.
3. Im Kanalrekuperator — Feuerung	5000 kcal/St.	=	4,6 Proz.
4. Im Kanalrekuperator — Doppelgewölbe	3200 kcal/St.	=	2,9 Proz.
5. Im Doppelgewölbe	15100 kcal/St.	=	13,9 Proz.
Zusammen	108800 kcal/St.	=	100,0 Proz.

Den Temperaturverlauf an den einzelnen Heizflächen gibt Fig. 77 wieder, ebenso die Wärmeabgabe. Die rückgewonnene Wärme stammt aber nur zum Teil von dem Abgas, ein immerhin beträchtlicher Teil ist der nutzbaren Wärme im Ofen entnommen. Von dem ersten Posten ist ein Teil zurückgewonnene

Abgaswärme. Die Wärmedurchgangszahl zwischen Herd und Zug war 1,77, zwischen Rekuperator und Zug 2,53. Vom Abgas sind also $\frac{2,53}{1,77 + 2,53} \cdot 13000 = 7650$ kcal entnommen. Mithin ist der Abgaswärmerückgewinn 72500 + 7560 = 80150 kcal = 73,7 Proz. Die übrigen 28650 kcal sind der nutzbaren Wärme des Ofens entnommen, sie können den Wirkungsgrad des Ofens nur insofern verbessern, als sie die Wandverluste des Ofens verringern. Wie weit dies gelingt, soll wenigstens für das Doppelgewölbe nachgeprüft werden.

Durch das Doppelgewölbe wurden dem Herd entzogen

1. für Vorwärmung	15100 kcal
2. als Wandverluste	9870 kcal
Zusammen rund	25000 kcal/St.

Würde den Herd nur ein einfaches Gewölbe von 230 mm Stärke überdecken, so wäre der Verlust

$$Q_b = 7{,}2 \cdot \frac{1{,}0}{0{,}23}(1300 - \vartheta_{s4}),$$

$$Q_b = 7{,}2 \cdot \alpha_a(\vartheta_{s4} - 15).$$

Bei einer Temperatur von 250° C, die für ϑ_{s4} angenommen wird, ist $\alpha_a = 18{,}5$.

Die Auflösung beider Gleichungen ergibt $\vartheta_{s4} = 260°$ C, mithin

$$Q_b = 7{,}2 \cdot 18{,}5 \cdot 245 = 32600 \text{ kcal/St.}$$

Die Verluste des Doppelgewölbes waren 9870 kcal/St., also nur ein Drittel derjenigen des einfachen Gewölbes.

Isoliert man nun aber das Gewölbe mit einer Isolierschicht von nur $^1/_2$ Stein, so wird die Wärmeleitzahl

$$\lambda' = \frac{0{,}230 + 0{,}115}{\frac{0{,}230}{1{,}1} + \frac{0{,}115}{0{,}16}} = 0{,}372,$$

die Oberflächentemperatur 115° C und der Wandverlust 9200 kcal/St. Durch die geringe Isolierung sind sogar die Verluste geringer geworden, die nutzbare Wärme wird nicht im Kreis herumgeführt, das umständliche Doppelgewölbe ist vermieden. Während das zweite Gewölbe etwa 4 t wiegt, ist jetzt nur noch $\sim {}^1/_2$ t Isolierstein aufzuwenden. Wärmetechnisch und auch betrieblich ist die Isolierung günstiger als die verwendete Konstruktion.

Es bleibt noch die Frage zu klären, wie sich die Wärmerückgewinnung auf den Wärmeverbrauch des Ofens auswirkt.

Dem Ofen wurden 275 kg Kohle · 6500 kcal = 1780000 kcal zugeführt. Die Abhitze des Herdes ist 2410 cbm Abgas/St. · 468 kcal/cbm = 1130000 kcal. Nutzbar sind mithin 650000 kcal/St. = 2360 kcal/kg Kohle. Aus dem Abgas werden 80150 kcal/St. zurückgewonnen = 7,1 Proz. der Abhitze, also nur ein ganz geringer Teil. Die Ersparnis beträgt $\frac{80150}{2360} = 34$ kg Kohle = 12,3 Proz. des tatsächlichen Verbrauches.

Der Rekuperator selbst hat ein Steingewicht von 10 t. Das einfassende Mauerwerk des Rekuperators wiegt etwa 14 t, das Doppelgewölbe 4 t, insgesamt sind für die Wärmerückgewinnung 28 t feuerfestes Material aufgewendet worden. Der Rekuperator wird rund 3000 Mk. kosten und soll mit jährlich etwa 1800 Mk. abgeschrieben werden. Bei 2400 Betriebsstunden im Jahr beträgt die Kohlenersparnis 34 kg · 2400 = rund 80 t, so daß eine Rentabilität dieser Konstruktion nur bei einem Kohlepreis von 22 Mk./t zu erzielen ist. Dabei ist aber, wie der Vergleich mit Beispiel XI, 2 zeigt, angenommen, daß der Rekuperator in sehr gutem Zustand erhalten wird.

4. Berechnung eines Rekuperators aus einem doppelwandigen Rohr.

Es soll die Größe eines schmiedeeisernen Vorwärmers nach Fig. 78 bestimmt werden, von dem die gleiche Wirkung wie die des in Beispiel 3 durchgerechneten Steinrekuperators verlangt wird. Dabei soll eine Blechtemperatur von 500 ° C nicht überschritten werden.

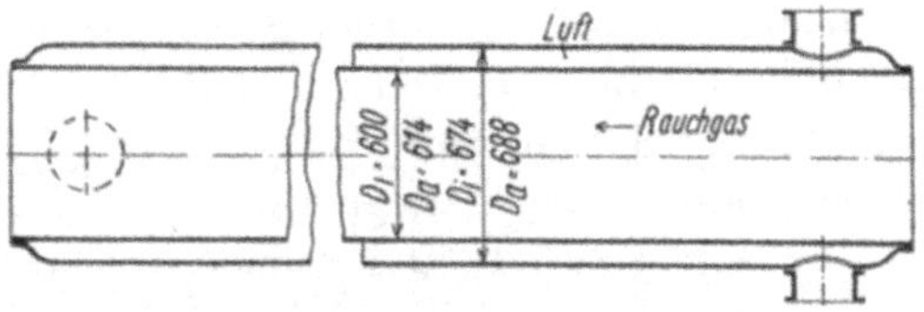

Fig. 78. Eiserner Rekuperator.

Das Ofengewölbe soll isoliert werden, so daß die Wärmemenge, die durch das Ofengewölbe auf die Luft übertragen wird, fortfällt. Dann sind in dem Rekuperator 93700 kcal/St. auf 1275 ncbm Luft zu übertragen. Die Vorwärmungstemperatur muß sein: $\vartheta_1' = \frac{93700}{1275 \cdot 0{,}317} + 10 = 232 + 10 = 233\,°$. Die Eintrittstemperatur des Rauchgases ist 1200° C, seine Menge wieder 2410 ncbm.

Die Wärmeübergangszahl auf der Luftseite ist durch den hydraulischen Durchmesser zu bestimmen. Dieser ist

$$d' = \frac{4 \cdot F}{U} = \frac{4 \cdot \left(\frac{0{,}674^2 \pi}{4} - \frac{0{,}614^2 \pi}{4}\right)}{0{,}674 \cdot \pi + 0{,}614\,\pi} = \frac{4 \cdot 0{,}0607}{4{,}046} = 0{,}0601 = \infty 60 \text{ mm}.$$

Die Geschwindigkeit ist

$$w_0 = \frac{1275}{3600 \cdot 0{,}0607} = 5{,}8 \text{ m/sec}.$$

Hierfür ist nach Fig. 44 $\alpha' = 25$ kcal/qm, St., ° C. Die Geschwindigkeit auf der Abgasseite ist

$$w_0 = \frac{2410}{3600 \cdot 0{,}283} = 2{,}4 \text{ m/sec}.$$

Die Wärmeübergangszahl α_k dürfte etwa 8 bis 10 kcal/qm, St., ° C betragen. Hierzu kommt noch der Wärmeübergang durch Strahlung. Man benötigt zunächst die mittlere Rauchgastemperatur. Es ist

$$2410 \cdot c_p (1200 - \vartheta_2) = 93700\,, \qquad c_p = 0{,}40\,,$$

$$\vartheta_2 = \infty 1200 - \frac{93700}{2410 \cdot 0{,}4} = \infty 1103.$$

Außer der Wärmeabgabe an die Luft werden vom Abgas auch noch die Wandverluste getragen, die bei der vorliegenden Konstruktion natürlich sehr hoch sind. Wir schätzen sie zunächst auf 60000 kcal/St. und erhalten dadurch eine weitere Temperaturabnahme um $\frac{60000}{2410 \cdot 0,4} = 63°$ C, somit eine Endtemperatur $\vartheta_2 = 1040°$ C. Die mittlere Rauchgastemperatur ist also $\frac{1200 + 1040}{2} = 1120°$ C.

Bei einer Gastemperatur von 1200° C ist mit C = 4,0, wie durch Extrapolierung der Werte von Zahlentafel 43 bestimmt werden kann, $\alpha_s = 29$, bei 1100° C $\alpha_s = 27$. Es wird $\alpha_s = 27$ genommen, so daß $\alpha = 35$ ist.

Auch bei diesem Rekuperator sind die gleichen Rechnungen anzustellen wie bei der Vorwärmung im Doppelgewölbe bei Beispiel 3. Zuerst wird Wärme vom Rauchgas an das Innenrohr abgegeben, von diesem an die Luft durch Berührung, an das Außenrohr durch Strahlung. Das Außenrohr gibt die empfangene Wärme zum Teil durch Berührung an die Verbrennungsluft, zum Teil als Wandverlust nach außen ab. Der Wärmedurchgangswiderstand durch das Blech kann vernachlässigt werden.

Es sind folgende Heizflächen vorhanden, wobei x die Länge des Rekuperators ist:

1. Wärmeübergang Abgas — Innenrohr $f_1 = 0,600\,\pi x = 1,885x$
2. Wärmeübergang Innenrohr — Luft $f_2 = 0,614\,\pi x = 1,929x$
3. Wärmeübergang Außenrohr — Luft $f_3 = 0,674\,\pi x = 2,117x$
4. Wärmeübergang Außenrohr — Umgebung $f_4 = 0,688\,\pi x = 2,161x$
5. Wärmeübergang Innenrohr — Außenrohr $f_5 = 0,644\,\pi x = 2,023x$

Es fehlt bei Aufstellung der Gleichungen noch die Wärmeübergangszahl Außenrohr — Umgebung α_a. Die Umgebungstemperatur wird zu 50° C angenommen:

$$\alpha_a = 2,2\sqrt[4]{\vartheta_{s2} - \vartheta_a} + \frac{3,4}{\vartheta_{s2} - \vartheta_a}\left[\left(\frac{\Theta_2}{100}\right)^4 - \left(\frac{\Theta_a}{100}\right)^4\right].$$

Das ergibt für

$$\vartheta_{s2} = 200 \quad \alpha_a = 17$$
$$\vartheta_{s2} = 300 \quad \alpha_a = 22$$
$$\vartheta_{s2} = 400 \quad \alpha_a = 28$$

Es wird zunächst $\alpha_a = 22$ gewählt.

Q_a ist die auf die Verbrennungsluft übertragene Wärme, Q_b der Wandverlust. Es bestehen folgende Gleichungen:

1) $$Q_a + Q_b = \alpha \cdot f_1(\vartheta_m - \vartheta_{s1}),$$

2) $$Q_a = \alpha'\left\{f_2(\vartheta_{s1} - \vartheta'_m) + f_3(\vartheta_{s2} - \vartheta'_m)\right\},$$

3) $$Q_b = \alpha_a f_4(\vartheta_{s2} - 50),$$

4) $$Q_b + \alpha' f_3(\vartheta_{s2} - \vartheta'_m) = f_5 \cdot C\left[\left(\frac{\Theta_{s1}}{100}\right)^4 - \left(\frac{\Theta_{s2}}{100}\right)^4\right],$$

oder mit Zahlenwerten

1) $93700 + Q_b = 35 \cdot 1{,}885 \cdot x \cdot (1120 - \vartheta_{s1})$,

2) $93700 = 25\{1{,}929 \cdot x \cdot (\vartheta_{s1} - 122) + 2{,}117 \cdot x \cdot (\vartheta_{s2} - 122)\}$,

3) $Q_b = 22 \cdot 2{,}161 \cdot x \cdot (\vartheta_{s2} - 50)$,

4) $Q_b + 25 \cdot 2{,}117 \cdot x \cdot (\vartheta_{s2} - 122) = 2{,}023 \cdot x \cdot 3{,}4 \left[\left(\frac{\Theta_{s1}}{100}\right)^4 - \left(\frac{\Theta_{s2}}{100}\right)^4\right]$.

Das sind vier Gleichungen mit den vier Unbekannten Q_b, ϑ_{s1}, ϑ_{s2}, und x. Aus Gleichung 3 und 4 gewinnt man

$$47{,}5\, x\,(\vartheta_{s2} - 50) + 52{,}9\, x\,(\vartheta_{s2} - 122) = 6{,}88\, x \left[\left(\frac{\Theta_{s1}}{100}\right)^4 - \left(\frac{\Theta_{s2}}{100}\right)^4\right],$$

$$\left(\frac{\Theta_{s1}}{100}\right)^4 = 14{,}6 \cdot \vartheta_{s2} + \left(\frac{\Theta_{s2}}{100}\right)^4 - 1210\,.$$

Die Auflösung der Gleichungen durch Einsetzen dieses Wertes würde zu einer kaum lösbaren Beziehung führen. Die analytische Auflösung wird deshalb durch die graphische ersetzt.

Die eben erhaltene Beziehung zwischen ϑ_{s1} und ϑ_{s2} ergibt für

$\vartheta_{s2} = 200°$ C $\quad \vartheta_{s1} = 413°$ C
$\vartheta_{s2} = 300°$ C $\quad \vartheta_{s1} = 530°$ C
$\vartheta_{s2} = 400°$ C $\quad \vartheta_{s1} = 630°$ C.

Aus den Gleichungen 1, 2 und 3 läßt sich ebenfalls eine neue Beziehung zwischen ϑ_{s1} und ϑ_{s2} aufstellen, aus denen man wieder für verschiedene Werte von ϑ_{s2} die Blechtemperatur ϑ_{s1} ausrechnen kann. Man trägt dann beide Wertreihen von ϑ_{s1} über ϑ_{s2} als Abszisse auf. Die beiden Kurven schneiden sich dann in einem bestimmten Ort, der dann, da er sämtliche Gleichungen befriedigt, die gesuchte Lösung gibt.

Setzt man Gleichung 2) und 3) in 1) ein, so wird 1)

$$48{,}2\, x(\vartheta_{s1} - 122) + 52{,}9\, x(\vartheta_{s2} - 122) + 47{,}5\, x(\vartheta_{s2} - 50) = 66{,}0\, x(1120 - \vartheta_{s2}),$$

$$114{,}2\, \vartheta_{s1} + 100{,}4\, \vartheta_{s2} = 92060\,,$$

$$\vartheta_{s1} = 806 - 0{,}878\, \vartheta_{s2}\,.$$

Es wird für

$\vartheta_{s2} = 200 \quad \vartheta_{s1} = 630$
$\vartheta_{s2} = 300 \quad \vartheta_{s1} = 543$
$\vartheta_{s2} = 400 \quad \vartheta_{s1} = 455$

Der Schnittpunkt der aus den 2 Wertreihen gebildeten beiden Kurven ergibt:

$$\vartheta_{s1} = 537\,, \qquad \vartheta_{s2} = 307\,.$$

Aus Gleichung 2) errechnet man unter Einsatz von ϑ_{s1} und ϑ_{s2}

$$x = 3{,}15 \text{ m}.$$

Gleichung 3) ergibt $Q_b = 38500$ kcal.

Es war zur Berechnung von α_s $\vartheta_{s2} = 300°$ C angenommen. Diese Annahme stimmt gut mit dem Ergebnis überein. Dagegen ist Q_b bedeutend geringer, als zur Berechnung von ϑ_m angenommen wurde. Als Rauchgasaustrittstemperatur errechnet man nun

$$\vartheta_2 = 1200 - \frac{93700 + 38500}{2410 \cdot 0{,}40} = 1200 - 137 = 1063^\circ \text{ C}\,.$$

Die mittlere Temperatur ist mithin 1132° C gegenüber 1120° C angenommen. Der Einfluß dieses Unterschiedes von 12° C ist bei der großen Temperaturdifferenz Rauchgas — Luft sehr gering. Er äußert sich im Rechnungsergebnis im wesentlichen nur in einer Verkürzung von x auf $\frac{1120 - 122}{1132 - 122} \cdot 3{,}15 = \frac{998}{1010}$ $\cdot\, 3{,}15 = 3{,}12$ m. Man würde deshalb die Rechnung nicht noch einmal durchführen müssen.

Dagegen ist aber die Bedingung nicht erfüllt worden, daß die Blechtemperatur unter 500° C bleiben soll. Es bleibt nur der Ausweg, dem Rauchgas so viel Falschluft absichtlich vor dem Eintritt in den Rekuperator beizumischen, daß durch Herabsetzung der Rauchgastemperatur auch die Blechtemperatur um etwa 60° C gesenkt wird. Die Temperaturdifferenzen gehen zurück, auch die Wärmeübergangszahl auf der Rauchgasseite infolge der CO_2- und H_2O-Verdünnung; als Kompensation der Verschlechterung des Wärmeüberganges muß die Heizfläche vergrößert werden. Dadurch vergrößert sich aber auch der Wandverlust.

Setzt man dem Rauchgas 400 cbm/St. Falschluft zu, so erniedrigt sich die Eintrittstemperatur nach der Mischungsgleichung

$$\vartheta_1 (2410 \cdot c_p + 400 \cdot c_{pl}) = 2410 \cdot 448\,.$$

448 kcal = Wärmeinhalt von Rauchgas bei 1200° C, ϑ_1 Eintrittstemperatur, $c_p = 0{,}369$ bei 1050° C, $c_{pl} = 0{,}333$ für Luft bei 1050° C

$$\vartheta_1 = 1060^\circ \text{ C.}$$

Die Geschwindigkeit des Rauchgases ist jetzt

$$w_0 = \frac{2810}{3600 \cdot 0{,}283} = 2{,}75 \text{ m/sec.}$$

Es wird $\alpha_k = 8$ beibehalten.

Das Rauchgas enthielt bereits 10 Proz. Luftüberschuß $= \frac{0{,}66}{8{,}10} = 0{,}0815$ cbm/cbm (s. Beispiel 1). Hierzu kommen jetzt noch $\frac{400}{2410} = 0{,}166$ cbm/cbm. Insgesamt sind $0{,}081 + 0{,}166 = 0{,}247$ cbm Luftüberschuß je cbm Rauchgas vorhanden. Der äquivalente Durchmesser für Rechnung der Strahlung ist $d' = 600 \cdot \frac{1}{0{,}247} = 480$ mm. Rechnet man mit einem Wandverlust von 45000 kcal/St., so werden jetzt $45000 + 93700 = 138700$ kcal/St. vom Rauchgas abgegeben. Die ungefähre Abzugstemperatur ist mit $c_p = 0{,}38$

$$\vartheta_2 = 1060 - \frac{138700}{2810 \cdot 0{,}38} = 930^\circ,$$

die mittlere Rauchgastemperatur 995° C.

Die Bestimmung von α_s aus Zahlentafel 43 ergibt für $\vartheta_m = 1000°$ C, $\vartheta_{s1} = 500°$ C und $C = 4$ $\alpha_s = 23$ kcal/qm, St., ° C.

Mithin ist $\alpha = 31$ kcal/qm, St., ° C.

Die Temperatur des äußeren Rohres wird ebenfalls etwas sinken, so daß auch α_a niedriger wird. Es wird $\alpha_a = 21$, entsprechend 280° C eingesetzt.

Mit den neuen Zahlenwerten nehmen die vier Gleichungen folgende Gestalt an:

$$1)\quad 93700 + Q_b = 31 \cdot 1{,}885 \cdot x \cdot (995 - \vartheta_{s1}),$$

$$2)\quad 93700 = 25 \cdot 1{,}929 \cdot x \cdot (\vartheta_{s1} - 122) + 2{,}117\, x\,(\vartheta_{s2} - 122),$$

$$3)\quad Q_b = 21 \cdot 2{,}161\, x\,(\vartheta_{s2} - 50),$$

$$4)\quad Q_b + 25 \cdot 2{,}117\, x\,(\vartheta_{s2} - 122) = 2{,}023\, x \cdot 3{,}4 \left[\left(\frac{\Theta_{s1}}{100}\right)^4 - \left(\frac{\Theta_{s2}}{100}\right)^4\right].$$

Gleichung 3) und 4) ergeben folgende Zahlenpaare ϑ_{s1} und ϑ_{s2}

$$\vartheta_{s2} = 200 \qquad \vartheta_{s1} = 403$$
$$\vartheta_{s2} = 300 \qquad \vartheta_{s1} = 524$$
$$\vartheta_{s2} = 400 \qquad \vartheta_{s1} = 624\,.$$

Gleichung 1), 2) und 3) ergeben für

$$\vartheta_{s2} = 200 \qquad \vartheta_{s1} = 497$$
$$\vartheta_{s2} = 300 \qquad \vartheta_{s1} = 405$$
$$\vartheta_{s2} = 400 \qquad \vartheta_{s1} = 313\,.$$

Es ergibt sich als Schnittpunkt

$$\vartheta_{s1} = 458$$
$$\vartheta_{s2} = 243\,.$$

Die Blechtemperatur ϑ_{s2} ist niedriger als vorausgesetzt, also ist auch α_a niedriger $= 19$ kcal/cbm, St.,° C und

$$Q_b = 19 \cdot 2{,}161\, x\,(\vartheta_{s2} - 50)\,.$$

Die Wertpaare ϑ_{s1} und ϑ_{s2} sind nun

aus Gleichung 3) und 4): $\vartheta_{s2} = 200$ $\vartheta_{s1} = 395$
$\vartheta_{s2} = 300$ $\vartheta_{s1} = 516$

aus Gleichung 1), 2) und 3): $\vartheta_{s2} = 200$ $\vartheta_{s1} = 492$
$\vartheta_{s2} = 300$ $\vartheta_{s1} = 399$.

Schnittpunkt: $\vartheta_{s1} = 452$
$\vartheta_{s2} = 247$.

Gleichung 2) ergibt mit diesen Werten

$$x = 4{,}17 \text{ m}\,.$$

Gleichung 3): $Q_b = 19 \cdot 2{,}161 \cdot 4{,}17 \cdot 197 = 33700$ kcal/St.

Mithin wird die Austrittstemperatur des Rauchgases

$$\vartheta_2 = 1060 - \frac{93700 + 33700}{2810 \cdot 0{,}38} = 1060 - 120 = 940° \text{C}.$$

Die mittlere Rauchgastemperatur ist $\vartheta_m = 1000°$ C, in genügender Übereinstimmung mit dem unter Annahmen anfangs errechneten Wert von 995° C.

Die mittlere Temperaturdifferenz Rauchgas — Luft ist 1000 — 122 = 878°, die Temperaturdifferenz Rauchgas-Innenrohr 1000 — 452 = 548° C, Innenrohr — Luft 330° C. Wird Vorwärmung im Gegenstrom angewendet, so ist die Temperaturdifferenz am Rauchgaseintritt 1060 — 243 = 817° C, am Rauchgasaustritt 940 — 10 = 930° C. Mit der in diesem Falle infolge des geringen Temperaturabfalles des Rauchgases zutreffenden Annahme, daß sich die Wärmeübergangszahlen auf der Rauchgasseite nicht wesentlich verändern, teilt sich die Temperaturdifferenz Rauchgas — Luft an jeder Stelle ungefähr in gleichem Verhältnis in die Temperaturdifferenzen Rauchgas — Innenrohr und Innenrohr — Luft wie in der Mitte. Die Temperaturdifferenz Rauchgas — Innenrohr ist $\frac{548}{878} \cdot 100 = 62{,}5$ Proz. derjenigen von Rauchgas — Luft. Es ist also die Innenrohrtemperatur am Rauchgaseintritt

$$\vartheta_{s1\,\text{Eintritt}} = 1060 - 0{,}625 \cdot 817 = 550°\text{ C},$$

am Rauchgasaustritt

$$\vartheta_{s1\,\text{Austritt}} = 940 - 0{,}625 \cdot 930 = 360°\text{ C}.$$

Die Blechtemperatur von 500° C wird also bei Gegenstrom am Eintritt überschritten. Sie wird noch etwas mehr überschritten, als hier errechnet, weil die Wärmeübergangszahl auf der Rauchgasseite etwas höher als in der Vorwärmermitte ist. Freilich wirkt der Erhöhung der Blechtemperatur die stärkere Abstrahlung auf das Außenrohr entgegen.

Führt man Rauchgas und Luft im Gleichstrom, so ist die Temperaturdifferenz Rauchgas — Luft am Rauchgaseintritt 1060 — 10 = 1050° C, am Austritt 940 — 243 = 697° C. Die Temperatur des Innenrohres ist

$$\vartheta_{s1E} = 1060 - 0{,}625 \cdot 1050 = 405°\text{ C}$$

$$\vartheta_{s1A} = 940 - 0{,}625 \cdot 697 = 504°\text{ C}.$$

Die Temperatur ϑ_{s1A} wird wegen der am Ende des Austauschers kleineren Wärmeübergangszahl Rauchgas — Innenrohr etwas niedriger. Die stärkere Abstrahlung auf das Außenrohr unterstützt die Senkung der Blechtemperatur, so daß 500° C in Wirklichkeit nicht überschritten sind.

Der Wert $\frac{\Delta\vartheta_0}{\Delta\vartheta_F}$ ist für Gegenstrom $\frac{817}{930} = 0{,}88$, bei Gleichstrom $\frac{1050}{697} = 1{,}50$. Hierfür ist n (Fig. 54) = 1,00 bzw. 0,99, in beiden Fällen also praktisch 1,0, d. h. es wird bei gleich großer Heizfläche die gleiche Vorwärmung bei Gegenstrom wie bei Gleichstrom erzielt.

Das Ergebnis ist nunmehr: Der Vorwärmer muß 4,2 m lang werden, um die 1275 cbm Luft auf 243° C zu erwärmen. Um die Blechtemperatur nicht über 500° C ansteigen zu lassen, müssen der Abgasmenge mindestens 400 cbm/St. Falschluft beigemischt und Rauchgas und Luft im Gleichstrom geführt werden.

Man verbraucht für den Vorwärmer 16,9 qm Blech von 7 mm Stärke, also ein Gewicht von rund 950 kg.

Das Ergebnis läßt die vorliegende Bauart viel günstiger als den Steinrekuperator erscheinen. Schon die Gewichtsverhältnisse zeigen die Vorteile: 950 kg Blech und 500 kg Isolierstein (an Stelle des Doppelgewölbes) gegen 28000 kg feuerfesten Stein. Die Haltbarkeit wird man bei sorgfältiger Betriebsführung, die eine Überhitzung vermeidet, auf 1 bis 2 Jahre befristen können. Man wird für leichte Auswechselbarkeit bei der Eingliederung des Vorwärmers sorgen müssen, also für genügenden Platz und Zugang unter dem Ofen, oder ihn über oder neben dem Ofen anordnen. Verwendet man hitzebeständigen Stahl, so wird man natürlich geringere Wandstärken wählen.

Die Heizflächenleistung, bezogen auf die an die Luft übertragene Wärme, ist

$$q = \frac{93700}{f_2 + f_3} = \frac{5400}{4{,}2\,(1{,}929 + 2{,}117)} = 5400 \text{ kcal/qm, St.}$$

Die Wärmedurchgangszahl

$$k = \frac{5400}{\vartheta_m - \vartheta_m'} = \frac{5400}{878} = 6{,}15\,.$$

Wenn auch diese Werte, verglichen mit denen eines Steinrekuperators, hoch sind, so ist doch besonders k für einen eisernen Rekuperator mit hohen Wärmeübergangszahlen niedrig. Dies wird dadurch verursacht, daß die Heizfläche des Außenrohres nicht direkt beheizt wird und ferner die Heizflächen durch die Beförderung des sehr hohen Wandverlustes zusätzlich belastet werden.

Dieser Wandverlust hat aber den Vorteil, daß er die Blechtemperatur erniedrigt. Würde man den Rekuperator außen isolieren, so wird der Verlust $Q_b = \backsim 0$. Die Abgastemperatur am Rekuperatoraustritt wird 972° C. Berechnet man nun den Rekuperator mit den Gleichungen 1, 2 und 4 (in 4 $Q_b = 0$) unter Berücksichtigung der höheren mittleren Rauchgastemperatur, so wird

$$x = 3{,}1 \text{ m}, \quad \vartheta_{s1} = 492, \quad \vartheta_{s2} = 360^\circ \text{ C}$$

$$\left.\begin{aligned} \vartheta_{s1E} &= 445^\circ \text{ C} \\ \vartheta_{s1A} &= 546^\circ \text{ C} \end{aligned}\right\} \text{ bei Gleichstrom.}$$

Man müßte also das Rauchgas noch weiter mit Nebenluft herunterkühlen, um 500° C nicht zu überschreiten. Wenn man beachtet, daß die Temperatur $\vartheta_{s1} = 537^\circ$ C ohne Kühlluft, 452 mit 400 cbm/St. Kühlluft war, so ist einzusehen, daß man wieder etwa 400 cbm/St. Luft zusetzen muß, um die Temperaturgrenze innezuhalten. Während zuerst nur 2410 cbm/St. gekühlt werden mußten, sind jetzt bereits 2810 cbm/St. zu kühlen. Damit vergrößert sich wieder die Länge des Rekuperators. Die Blechkühlung durch die Wandverluste wirkt also ebensogut wie diejenige durch Kühlluftzusatz und hat den Vorteil größerer Zuverlässigkeit.

5. Berechnung eines Rekuperators aus Rohrbündeln.

Ein Walzwerks-Stoßofen soll mit einem Rekuperator nach Fig. 79 ausgerüstet werden. Der Ofen wird mit einem Mischgas aus Koksofengas und Hochofengas mit einem Heizwert von 1800 kcal/ncbm betrieben und verbraucht ohne Rekuperator $6 \cdot 10^6$ kcal/St. Der Ofen wird mit 10 Proz. Luftüberschuß betrieben. Das Abgas hat eine Temperatur von 850°. Die Verbrennungsluft soll von 10° auf 500° vorgewärmt werden. Wie groß ist die notwendige Heizfläche, und wie muß der Rekuperator ausgestaltet werden?

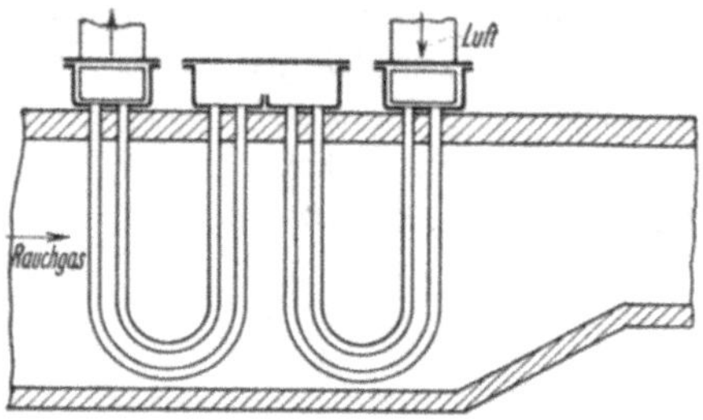

Fig. 79. Rohrrekuperator.

a) Berechnung des Wärmeverbrauchs und der Luftmenge.

Das Koksofengas hat einen Heizwert von 4200 kcal/cbm, das Hochofengas 1000 kcal/cbm. Um ein Mischgas von 1800 kcal zu erhalten, müssen 25 Proz. Koksofengas und 75 Proz. Hochofengas gemischt werden. 1 cbm Koksofengas braucht 4,31 cbm Luft und gibt 5,02 cbm Abgas. 1 cbm Hochofengas braucht 0,792 cbm Luft und gibt 1,623 cbm Abgas bei vollständiger luftüberschußfreier Verbrennung. Unter den gleichen Verbrennungsbedingungen ist also die Verbrennungsluftmenge je cbm Mischgas

$$G_l = 0{,}25 \cdot 4{,}31 + 0{,}75 \cdot 0{,}792 = 1{,}675 \text{ cbm},$$

die Abgasmenge

$$G_a = 0{,}25 \cdot 5{,}02 + 0{,}75 \cdot 1{,}623 = 2{,}473 \text{ cbm}.$$

Der Anfangswärmeinhalt je cbm Rauchgas ist

$$q = \frac{1800}{2{,}473} = 728 \text{ kcal/cbm}. \qquad l = \frac{G_l}{G_a} = 0{,}677\,.$$

Bei 10 Proz. Luftüberschuß ist (siehe S. 40)

$$q_u = \frac{q}{1 + n \cdot l} = 728 \cdot \frac{1}{1 + 0{,}1 \cdot 0{,}677} = 682\,.$$

Der Wärmeinhalt von 1 cbm Abgas ist (siehe S. 40)

$$a_u = \frac{a + n \cdot l \cdot i_l}{1 + n \cdot l}\,.$$

Für Kokereigas ist $a = 304$ kcal, für Gichtgas $= 315$ kcal/cbm. Somit ist für das Mischgas (siehe S. 36)

$$a = 304 \cdot \frac{1 + 3{,}00 \cdot 0{,}324 \cdot 1{,}036}{1 + 3{,}00 \cdot 0{,}324} = 310 \text{ kcal}\,.$$

$$a_u = 308\,.$$

Also ist

$$\frac{a_u}{q_u} = \frac{308}{682} = 0{,}451\,.$$

Der Wärmeverbrauch ist

$$Q = \frac{V}{1 - \frac{a}{q}(1 - \eta r)}\,.$$

Ohne Wärmerückgewinnung verbrauchte der Ofen $6 \cdot 10^6$ kcal, also ist

$$6{,}0 \cdot 10^6 = \frac{V}{1 - 0{,}451}\,,$$

$$V = 3{,}29 \cdot 10^6 \text{ kcal/St.}$$

Durch Bestimmung des Wertes $\eta \cdot r$ ist der Wärmeverbrauch bei Wärmerückgewinnung festzustellen. 1 cbm Luft nimmt bei der Erwärmung von 10° auf 500° 161 — 3 = 158 kcal auf. Das Verhältnis von Verbrennungsluftmenge zu Abgasmenge bei Luftüberschuß gibt die Beziehung

$$\frac{(1 + n) \cdot l}{1 + n \cdot l}\,.$$

Im vorliegenden Falle

$$\frac{0{,}677 \cdot 1{,}1}{1 + 0{,}0677} = 0{,}700\,.$$

Es werden also auf 1 cbm Abgas $0{,}700 \cdot 158 = 110$ kcal zurückgewonnen. Es ist

$$\eta r = \frac{110}{308} = 0{,}358\,.$$

Somit ist

$$Q = \frac{3{,}29 \cdot 10^6}{1 - 0{,}451 \cdot 0{,}642} = 4{,}63 \cdot 10^6\,.$$

Der Ofen verbraucht mit Wärmerückgewinnung $1{,}37 \cdot 10^6$ kcal/St. weniger, die Ersparnis beträgt 23 Proz.
Die Verbrennungsluftmenge beträgt

$$1{,}1 \cdot 1{,}675 \frac{4\,630\,000}{1\,800} = 4\,730 \text{ cbm/St}\,.$$

b) Bestimmung der Anzahl der Rohre.

Mit Hilfe der jetzt bekannten Luftmenge ist zu überschlagen, wieviel Rohre in einem Zuge angeordnet werden müssen, wenn man übermäßige Geschwindigkeiten vermeiden will. Man ist aber andererseits auch mit der Anzahl der Rohre durch die Schwierigkeiten beschränkt, welche der Zusammenbau bei zu großer Anzahl macht. Ferner ist zu beachten, daß die Wärmeübergangsbedingungen um so günstiger werden, je kleiner der Rohrdurchmesser ist, daß aber kleine Rohre eine größere Rohrzahl bedingen.

Läßt man eine Geschwindigkeit der Luft von 15 m/sec zu, so benötigt man einen freien Rohrquerschnitt von $\frac{4730}{3600 \cdot 15} = 0{,}0875$ qm. Ein Rohr von $1^1/_2''$ Durchmesser hat einen Querschnitt von 0,00114 qm. Man muß also 77 Rohre parallel schalten. Nimmt man 2''-Rohre mit einem Querschnitt von 0,00205 qm/Rohr, so verringert sich die Zahl der Rohre auf 42.

Eine weitere Vergrößerung des Rohrdurchmessers würde die Wärmeübergangsbedingung ungünstig beeinflussen. Da es schwierig ist, 77 Rohre bei der gewählten Bauart unterzubringen, wird das 2''-Rohr gewählt. Die notwenigen 42 Rohre werden in drei Reihen von je 14 Rohren zusammengefaßt. Die drei Reihen werden hintereinanderliegend versetzt angeordnet. Mit einem Abstand von 120 mm von Rohrmitte bis Rohrmitte wird der Rekuperator

$$14 \cdot 0{,}120 = \text{rund } 1700 \text{ mm breit.}$$

Der Durchhang der Rohre soll etwa 1,4 m betragen, so daß der Querschnitt des Kanals, in dem der Rekuperator untergebracht wird,

$$\sim 1{,}7 \cdot 1{,}4 = 2{,}38 \text{ qm ist.}$$

Zur Berechnung der Wärmeübergangszahl braucht man die Rauchgasgeschwindigkeit im Rohrbündel. Der freie Querschnitt des Raumes wird, da der äußere Rohrdurchmesser 60 mm, der Abstand Mitte Rohr bis Mitte Rohr 120 mm ist, auf die Hälfte verringert. Die Rauchgasmenge selbst ist $\frac{4730}{0{,}700} = 6750$ ncbm/St., mithin ist die Rauchgasgeschwindigkeit

$$\frac{6750}{3600 \cdot 2{,}38 \cdot 0{,}5} = 1{,}6 \text{ m/sec.}$$

c) Bestimmung der Wärmeübergangszahl.

Die Wärmeübergangszahl auf der Luftseite ist nach der Formel

$$\begin{aligned} \alpha &= 3{,}0 \cdot \frac{w_0^{0,8}}{\sqrt[4]{d}} \\ &= 3{,}0 \cdot \frac{15^{0,8}}{\sqrt[4]{0{,}051}} \\ &= 84 \text{ kcal/qm, St., °C.} \end{aligned}$$

Die Wärmeübergangszahl auf der Rauchgasseite ist nach Fig. 50 bei fünf versetzten Reihen $\alpha_k = 24$. Bei drei Rohrreihen ist dieser Wert mit 0,86 zu multiplizieren. Damit ist

$$\alpha_k = 21 \text{ kcal/qm, St., °C.}$$

Hierzu kommt noch die Wärmeübergangszahl durch Gasstrahlung, die nach der Zahlentafel bei etwa 700° 7 kcal/qm, St., °C ist. Die Gesamt-Wärmeübergangszahl für Rauchgas — Heizfläche ist also

$$\alpha = 28.$$

Die Wärmedurchgangszahl ist

$$k = \frac{1}{\frac{1}{\alpha} + \frac{1}{\alpha} + \frac{\delta}{\lambda}},$$

$$= \frac{1}{\frac{1}{28} + \frac{1}{84} + \frac{0{,}004}{40}},$$

$$= 21 \text{ kcal/qm, St., } ^\circ\text{C}.$$

d) Berechnung der Heizfläche.

Die Heizfläche bestimmt sich aus der Gleichung

$$Q = \eta \cdot k \cdot F \cdot n\,(\vartheta_m - \vartheta'_m).$$

Q, die auf die Luft übertragbare Wärmemenge, ist

$$4730 \cdot 158 = 748\,000 \text{ kcal/St.}$$

Der Wirkungsgrad des Austauschers wird mit 97 Proz. angenommen.

Dem Abgas werden also $\frac{748\,000}{0{,}97} = 772\,000$ kcal/St. entzogen, das sind $\frac{772\,000}{6750} = 114$ kcal/cbm Rauchgas.

Der Anfangswärmeinhalt des Rauchgases war $a_u = 308$ kcal/cbm. Der Wärmeinhalt beim Austritt aus dem Rekuperator ist also $308 - 114 = 194$ kcal/cbm. Aus den Zahlentafeln für Kokerei- und Hochofengas ist zu entnehmen, daß ein Wärmeinhalt von 194 kcal einer Abgastemperatur von 550° entspricht.

Der Faktor n ist aus Fig. 54 zu entnehmen. Es ist für Gegenstrom

$$\frac{\Delta\vartheta_0}{\Delta\vartheta_F} = \frac{850 - 500}{550 - 10} = \frac{350}{540} = 0{,}65.$$

Hierfür ist $n = 0{,}98$.

Die mittlere Rauchgastemperatur ist $\frac{850 + 550}{2} = 700°$, die mittlere Lufttemperatur $\frac{500 + 10}{2} = 255°$.

Es ist also die notwendige Heizfläche

$$F = \frac{772\,000}{21 \cdot 0{,}98\,(700 - 255)} = 84 \text{ qm}.$$

Als Heizfläche wird die Heizfläche auf der Luftseite, d. h. der innere Rohrdurchmesser gerechnet, die für 1 m Rohr $0{,}051 \cdot \pi = 0{,}16$ qm beträgt. Zur Unterbringung von 84 qm Heizfläche sind also 525 m Rohr erforderlich. Da 42 Rohre parallel geschaltet werden, muß ein Rohr die Länge von $\frac{525}{42} = 12{,}5$ m haben.

Hängt man die Rohre unten halbkreisförmig mit dem Radius 400 mm auf, so ist die Länge der mittleren Rohrreihe für eine Schleife

$$l = 2\ x + 0{,}4 \cdot \pi\,,$$

worin x die senkrechte Rohrlänge ohne den Halbkreis bedeutet. Es müssen, um mit den vorausgesetzten Dimensionen des Kanals im Einklang zu bleiben, vier Schleifen angeordnet werden. Für die mittlere Rohrreihe ergibt sich also eine Länge von 3,12 m/Schleife. Es ist

$$2\ x = 3{,}12 - 0{,}4 \cdot \pi = 1{,}86 \text{ m}.$$

Der ganze Durchhang der Rohre der mittleren Reihe ist also 0,93 + 0,4 = 1,33 m. Die äußere Rohrreihe hängt um 0,08 m tiefer, die dritte Rohrreihe um 0,08 m höher.

e) Berechnung der Rohrtemperaturen.

Die Rohrwandtemperaturen überschreiten in den höher erhitzten Teilen die für einfache flußeiserne Rohre zulässigen Grenztemperaturen. Der Rekuperator muß deshalb mindestens teilweise aus hitzebeständigem Stahl hergestellt werden. Es ist nachzuprüfen, wie weit man mit der Verwendung hitzebeständigen Stahles gehen muß. Es soll dabei gefordert werden, daß die flußeisernen Rohre keine wesentlich höheren Temperaturen als 400° erhalten.

Zu diesem Zweck ist der Temperaturverlauf zu berechnen. Die Rohrwandtemperatur ist

$$\vartheta_s = \vartheta - \frac{q}{\alpha}.$$

Es ist für den vorliegenden Zweck zulässig, die Wärmedurchgangszahl für die Berechnung als konstant anzunehmen. Zur Berechnung der Heizflächenleistung q wird aber die Temperaturdifferenz Rauchgas — Luft für diese Stelle gefordert.

Die Lufttemperatur ist

$$\vartheta' = \frac{1}{a-1}\left\{\vartheta_1(z_f - 1) + \vartheta_1'(a - z_f)\right\},$$

die Rauchgastemperatur

$$\vartheta = \vartheta_1 - a(\vartheta_1' - \vartheta').$$

Es ist

$$a = \frac{G' \cdot c_p'}{\eta \cdot G \cdot c_p} = \frac{4730 \cdot 0{,}323}{0{,}97 \cdot 6750 \cdot 0{,}380} = 0{,}614$$

und

$$z_f = e^{-\frac{\eta \cdot k(a-1)}{G' c_p'} \cdot f}$$

$$z_f = e^{+\frac{0{,}97 \cdot 21 \cdot 0{,}386}{4730 \cdot 0{,}323} \cdot f} = e^{\frac{5{,}15}{1000} \cdot f}.$$

Die Temperaturen sind nur für das erste, zweite und dritte Viertel des Rekuperators festzustellen, da infolge der vierteiligen Ausbildung des Rekuperators es nur möglich ist, das erste oder das erste und zweite oder das erste bis dritte Viertel in hitzebeständigem Stahl herzustellen. Setzt man deshalb $f = 21{,}42$ und 63 qm in die Gleichung für z ein, so erhält man für das erste Viertel $z_f = 1{,}113$, für das zweite $z_f = 1{,}242$, für das dritte $z_f = 1{,}390$. Dann ist für das erste Viertel die Lufttemperatur

$$\vartheta' = \frac{1}{-0{,}386}\left[850 \cdot 0{,}113 + 500(0{,}614 - 1{,}113)\right] = 399^\circ .$$

Mit der gleichen Formel und den entsprechenden z-Werten wird

für das zweite Viertel $\vartheta' = 280$

„ „ dritte „ $\vartheta' = 145$.

Die entsprechenden Rauchgastemperaturen sind 788, 715 und 632°. Im ersten Viertel ist die Heizflächenleistung

$$q = 21\ (788 - 399) = 816 \text{ kcal/qm, St., °C,}$$

die Rohrtemperatur

$$\vartheta_s = 788 - \frac{816}{28} = 496^\circ .$$

Im zweiten Viertel ist $q = 21\ (715 - 280) = 913$ kcal

$$\vartheta_s = 715 - \frac{913}{28} = 388^\circ .$$

Im dritten Viertel ist $\vartheta_s = 266^\circ$.
In der zweiten Schleife, vom Rauchgaseintritt aus gerechnet, treten also noch Temperaturen auf, die über der zulässigen Grenze von 400° liegen. Dagegen haben die beiden letzten Schleifen Temperaturen, die unter 400° liegen. Der Rekuperator kann also zur Hälfte mit gewöhnlichen flußeisernen Rohren ausgeführt werden.

XII. Anwendung der Regeneratorenberechnung.

1. Berechnung des Regenerators für einen Verbundkoksofen und des Unterschiedes im Wärmeverbrauch bei Beheizung mit Koksofen- und Gichtgas.

Es soll der Regenerator eines Verbundofens mit Einzelregeneratoren (Bauart Koppers) berechnet werden. Der Ofen hat folgende Abmessungen: 450 mm Breite, 3200 mm Höhe, 12000 mm Länge. Das Fassungsvermögen der Kammer beträgt 26 t feuchte Kohle, die Betriebszeit 22 St. Die Durchsatzleistung ist also $\frac{26 \text{ t}}{22 \text{ St.}} = 1{,}2$ t/St. Der untere Heizwert des Koksofengases ist 4200 kcal/ncbm, des Hochofengases 1000 kcal/ncbm.

Das Gitter besteht aus „Knüppeln" von 50 mm ◻, die mit einem Abstand von 50 mm gelegt sind.

Das Abgas kommt mit 1300° aus den Heizzügen in den Regenerator.

a) Beheizung mit Koksofengas.

Es soll hierbei bestimmt werden, wie groß der Regenerator sein muß, wenn die Luft 1. auf 1000°, 2. auf 1100°, 3. auf 1200° erwärmt werden muß.

Zunächst ist zu bestimmen, welcher Wärmeverbrauch sich in diesen drei Fällen ergibt.

Die Kohle hat 12 Proz. Feuchtigkeit. Die trockene Kohle hat eine Verkokungswärme von 280 kcal. 1 kg Feuchtigkeit verbraucht zu seiner Verdampfung und der unvermeidbaren Überhitzung 800 kcal. Der Wandverlust der Kammern beträgt unter den vorliegenden Verhältnissen $\sim$ 90 kcal/kg feuchte Kohle. Die Wärme, die den Heizzügen zugeführt werden muß, ist also für 1 kg feuchte Kohle

Verkokungswärme	$0{,}88 \cdot 280 =$	246 kcal
Verdampfung	$0{,}12 \cdot 800 =$	96 ,,
Wandverlust	$=$	90 ,,
	Zusammen	432 kcal.

Dem Ofen mit einem Kohlendurchsatz von 1200 kg/St. sind also

$$1200 \cdot 432 = 518000 \text{ kcal/St.}$$

zuzuführen.

Diese Wärmemenge wird zum Teil durch die Wärme, welche das Gas nach seiner Verbrennung oberhalb 1300° abgibt, zum Teil durch die Wärme, die die vorgewärmte Luft mitbringt, gedeckt.

Das Koksofengas verbrennt mit 20 Proz. Luftüberschuß. Es ist

die Verbrennungsluftmenge je cbm Frischgas $4{,}31 + 0{,}2 \cdot 4{,}31 = 5{,}17$ cbm
,, Rauchgasmenge ,, ,, ,, $5{,}02 + 0{,}2 \cdot 4{,}31 = 5{,}88$,,

Der Wärmeinhalt des Rauchgases bei 1300° ist

$$5{,}02 \cdot 481 + 0{,}86 \cdot 440 = 2415 + 378 = 2793 \text{ kcal/cbm Frischgas.}$$

1 cbm Frischgas gibt also 4200 — 2793 = 1407 kcal ab.

Bei 1000° Luftvorwärmung werden je cbm Frischgas

$$5{,}17 \cdot 332 = 1717 \text{ kcal zugeführt.}$$

Die gesamte Wärmeabgabe an die Heizwände je cbm Frischgas ist also

$$1407 + 1717 = 3124 \text{ kcal.}$$

Um 518000 kcal/St. zuführen zu können, müssen

$$\frac{518000}{3124} = 166 \text{ cbm Gas verbrannt werden.}$$

Bei 1100° Luftvorwärmung werden

$$1407 + 5{,}17 \cdot 367 = 1407 + 1897 = 3304 \text{ kcal}$$

zugeführt.

Der Gasverbrauch ist

$$\frac{518000}{2304} = 157 \text{ cbm/St.}$$

Bei 1200° Vorwärmung werden

$$1407 + 5{,}17 \cdot 404 = 1407 + 2087 = 3494 \text{ kcal}$$

zugeführt.

Der Gasverbrauch ist

$$\frac{518000}{3494} = 148 \text{ cbm/St.}$$

Die Abgastemperaturen hinter dem Regenerator errechnen sich aus der abgegebenen Wärmemenge. Der Wärmeumsatz im Regenerator soll mit einem Wirkungsgrad von 94 Proz. erfolgen, 6 Proz. der vom Rauchgas abgegebenen Wärme dienen zur Deckung des Wandverlustes.

Der Abgasverlust je cbm Rauchgas ist bei 1000° Vorwärmung

$$\frac{1}{5{,}88}\left(2793 - \frac{1717}{0{,}94}\right) = \frac{967}{5{,}88} = 165 \text{ kcal/ncbm}, \qquad \vartheta_2 = \frac{165}{0{,}345} = 478\,°,$$

bei 1100° Vorwärmung

$$\frac{1}{5{,}88}\left(2793 - \frac{1897}{0{,}94}\right) = \frac{773}{5{,}88} = 132 \text{ kcal/ncbm} \qquad \vartheta_2 = \frac{132}{0{,}340} = 387\,°,$$

bei 1200° Vorwärmung

$$\frac{1}{5{,}88}\left(2793 - \frac{2087}{0{,}94}\right) = \frac{573}{5{,}88} = 98 \text{ kcal/ncbm} \qquad \vartheta_2 = \frac{98}{0{,}338} = 290\,°.$$

Die Rechnung hat folgende Werte ergeben:

Zahlentafel 65.

	Luftvorwärmung		
	1000°	1100°	1200°
Gasverbrauch cbm/St.	166	157	148
Luftmenge cbm/St.	858	811	765
Abgasmenge cbm/St.	975	923	870
Wärmeverbrauch kcal/kg	581	550	518
Abgastemperatur ° C	478	387	290
Luftwärme kcal/St.	285000	298000	309000

Die Leistung des Regenerators und die Anfangs- und Endtemperaturen der Gase sind nun bekannt. In der Gleichung

$$Q = \eta \cdot \varepsilon \cdot F \cdot n(\vartheta_m - \vartheta_m'),$$

sind nur noch n und die Wärmeaustauschzahl ε unbestimmt.

Es ist

bei 1000° Vorwärmung $\dfrac{\Delta\vartheta_0}{\Delta\vartheta_F} = \dfrac{1300 - 1000}{478 - 0} = 0{,}615.$ Hierfür $n = 0{,}98$

„ 1100° „ $\dfrac{\Delta\vartheta_0}{\Delta\vartheta_F} = \dfrac{1300 - 1100}{387 - 0} = 0{,}517.$ „ $n = 0{,}965$

„ 1200° „ $\dfrac{\Delta\vartheta_0}{\Delta\vartheta_F} = \dfrac{1300 - 1200}{290 - 0} = 0{,}345.$ „ $n = 0{,}92.$

Zur Bestimmung von ε werden die Wärmeübergangszahlen benötigt. Die Grundfläche des Regenerators ist etwa 5,3 m lang · 0,6 m breit = 3,2 qm. Der freie Durchgangsquerschnitt des Gitters ist das $\left(\frac{0,05}{0,10}\right)^2 = 0,25$-fache der Grundfläche.

Die Geschwindigkeit des Rauchgases ist bei 1100° Vorwärmung

$$w_0 = \frac{923}{3600 \cdot 3,2 \cdot 0,25} = 0,32 \text{ m/sec},$$

die der Luft noch geringer. Bei diesen Geschwindigkeiten ist die Wärmeübergangszahl noch unabhängig von der Geschwindigkeit.

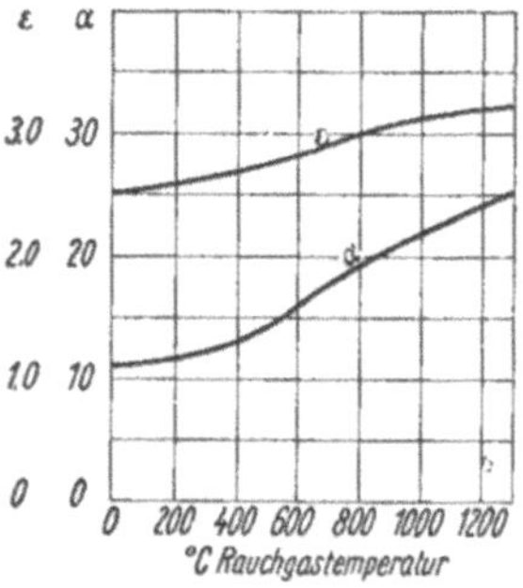

Fig. 80. Veränderung von α und ε mit der Rauchgastemperatur.

Dann ist die Wärmeübergangszahl der Konvektion

$$\alpha_k \text{ und } \alpha_k' = 11 .$$

Zur Bestimmung der Wärmeübergangszahl α_s wird ein Temperaturunterschied von 200° zwischen Rauchgas und Steinoberfläche angenommen. Fehlannahmen beeinflussen dabei nur in geringem Maße das Ergebnis.

Man erhält für eine Rauchgastemperatur

von 1300°	$\alpha_s = 13,9$	$\alpha = 25$	$\alpha' = 11$
„ 1000°	$\alpha_s = 10,8$	$\alpha = 22$	$\alpha' = 11$
„ 700°	$\alpha_s = 6,6$	$\alpha = 18$	$\alpha' = 11$
„ 400°	$\alpha_s = 2,1$	$\alpha = 13$	$\alpha' = 11$

Für diese Wärmeübergangszahlen entnimmt man für $^1/_2$stündige Umstellzeiten aus Zahlentafel 51 die Wärmeaustauschzahlen $\varepsilon = 3,23$; 3,12; 2,92; 2,68. Fig. 80 zeigt die ε-Werte in Abhängigkeit von der Rauchgastemperatur aufgetragen.

Es ist nun die mittlere Wärmeaustauschzahl zu bestimmen. Die Temperatur des Rauchgases längs der Heizfläche ist noch nicht bekannt, es bleibt nur übrig, ε für das arithmetische Mittel aus ϑ_1 und ϑ_2 zu wählen. Ist ungefähr bekannt, wie die Rauchgastemperatur verläuft, so kann man über diesem ungefähren Temperaturverlauf die ε-Werte auftragen und das Mittel der ε-Kurve bilden. Ergeben sich erhebliche Abweichungen von dem angenommenen Mittelwert, so ist die Rechnung zu wiederholen.

Die mittlere Rauchgastemperatur ist

bei 1000° Vorwärmung $\vartheta_m = \frac{1300 + 478}{2} = 889°$. Hierfür $\varepsilon_m = 3,05$

„ 1100° „ $\vartheta_m = \frac{1300 + 387}{2} = 844°$. „ $\varepsilon_m = 3,02$

„ 1200° „ $\vartheta_m = \frac{1300 + 290}{2} = 795°$. „ $\varepsilon_m = 2,98$

Da nun alle Werte der Gleichung zur Berechnung der Heizfläche bekannt sind, kann die Heizfläche aus $F = \frac{Q}{\eta \cdot n \cdot \varepsilon(\vartheta_m - \vartheta'_m)}$ errechnet werden. Für die Bemessung von Q ist zu beachten, daß bei halbstündigem Umstellen auch nur der Wärmeumsatz je halbe Stunde einzusetzen ist.
Für 1000° Vorwärmung ist

$$F = \frac{142\,500}{0{,}94 \cdot 3{,}05 \cdot 0{,}98(889 - 500)} = 131 \text{ qm}.$$

Für 1100° Vorwärmung ist

$$F = \frac{149\,000}{0{,}94 \cdot 3{,}02 \cdot 0{,}965(844 - 550)} = 185 \text{ qm}.$$

Für 1200° Vorwärmung ist

$$F = \frac{154\,500}{0{,}94 \cdot 2{,}98 \cdot 0{,}92(795 - 600)} = 308 \text{ qm}.$$

Das Ergebnis der Heizflächenberechnung ist

Zahlentafel 66. Heizflächengröße und Wärmeverbrauch bei verschiedener Vorwärmung.

Vorwärmungstemp. °C	Ausgetauschte Wärmemenge		Heizfläche eines Regenerators		Wärmeverbrauch	
	kcal/St.	Proz.	cbm	Proz.	kcal/kg Kohle	Proz.
1000	285000	100,0	131	100	581	100,0
1100	298000	104,5	185	141	550	94,6
1200	308000	108,0	308	235	518	89,0

Auffallend ist das Anwachsen des Heizflächenbedarfes mit steigender Vorwärmungstemperatur trotz fast gleichbleibenden Wärmeumsatzes in den Regeneratoren, eine Folge der Verringerung der Temperaturdifferenz Rauchgas — Luft.

Die Abmessungen des Regenerators liegen bis auf die Höhe fest. Die Heizfläche je cbm Gitter ist

$$\zeta = \frac{2}{a + \delta} + \frac{2a}{(a + \delta) \cdot h} \text{ qm/cbm}$$

$$= \frac{2}{0{,}05 + 0{,}05} + \frac{2 \cdot 0{,}05}{0{,}100 \cdot 0{,}05} = 40 \text{ qm/cbm}.$$

Die Höhe des Regenerators ist

$$\text{bei } 1000^\circ \quad H = \frac{131}{3{,}2 \cdot 40} = 1{,}02 \text{ m}$$

$$\text{bei } 1100^\circ \quad H = \frac{185}{3{,}2 \cdot 40} = 1{,}44 \text{ m}$$

$$\text{bei } 1200^\circ \quad H = \frac{308}{3{,}2 \cdot 40} = 2{,}40 \text{ m}$$

Schließlich ist noch die Temperaturschwankung der Luft beim Austritt aus dem Gitter zu bestimmen. Es ist für $\delta' = 33$ mm, $\alpha = 25$ und $\alpha' = 11$ $b = 0{,}48$, wie aus Zahlentafel 51 zu entnehmen ist. Dieser Wert gilt für $\lambda = 1{,}0$. Bei 1200° Steintemperatur ist für Schamotte $\lambda = 1{,}30$. Hierbei ist jedoch, wie Zahlentafel 56 angibt, noch keine Korrektur erforderlich.

Die Formeln für die Steinoberflächentemperaturen sind

$$\vartheta_s = \vartheta - \frac{\varepsilon(\vartheta - \vartheta')}{\alpha \cdot z}\,; \quad \vartheta_s' = \vartheta' + \frac{\varepsilon(\vartheta - \vartheta')}{\alpha \cdot z}\,.$$

$$\vartheta_{s\,\max} = \vartheta_{sm} + \frac{b(\vartheta - \vartheta')}{2}\,; \quad \vartheta_{s\,\min} = \vartheta_{sm} - \frac{b(\vartheta - \vartheta')}{2}\,.$$

$$\varDelta\vartheta_s = b(\vartheta - \vartheta')\,.$$

Für 1000° Vorwärmung ist

$$\varDelta\vartheta_s = 0{,}48(1300 - 1000) = 144°$$

$$\vartheta_s = 1300 - \frac{3{,}25(1300 - 1000)}{25 \cdot 0{,}5} = 1300 - 78 = 1222°$$

$$\vartheta_s' = 1000 + \frac{3{,}25 \cdot 300}{11 \cdot 0{,}5} = 1000 + 178 = 1178°$$

$$\vartheta_{sM} = 1200°$$

$$\vartheta_{s\,\max} = 1200 + \frac{0{,}48 \cdot 300}{2} = 1272°$$

$$\vartheta_{s\,\min} = 1200 - 72 = 1128°$$

Die Temperaturschwankung der Steinoberfläche ist 144°, die der Luft hingegen nur etwa

$$\varDelta\vartheta' = 144 \cdot \left(1 - \frac{144}{1200}\right) = 127°\,.$$

Auf gleichem Wege ergibt sich bei 1100° Vorwärmung eine Temperaturschwankung der Heizfläche von 96°, der Luft von 80°, bei 1200° Vorwärmung 48° und 46°.

Hiermit ist alles errechnet, was zur Kenntnis der Wirksamkeit des Regenerators gehört. Es kann nun nachgeprüft werden, welche Abmessung die wirtschaftlich günstige ist, ob z. B. die durch 100° höhere Luftvorwärmung erreichte Herabsetzung des Wärmeverbrauches von 550 auf 518 kcal/kg Kohle die Vergrößerung der Heizfläche von 185 qm auf 308 qm rechtfertigt. Es werden dadurch

$$\frac{1200\ \text{kg/St.} \cdot 24\ \text{St.} \cdot 365\ \text{Tage/Jahr}}{4200\ \text{kcal/cbm}} \cdot 32\ \text{kcal/kg}$$

= 80000 cbm Koksgas im Jahr für einen Ofen gespart. Der Wert dieses Gases und die Aufwendungen für Verzinsung, Tilgung und Instandhaltung bestimmen die Zweckmäßigkeit der Heizflächengröße.

Freilich wird bei der jetzt allgemein üblichen Betriebsweise die Höhe der Regeneratoren durch die Forderung genügenden Auftriebes der Luft mitbestimmt, eine Forderung, die durch Zuführung von Gebläsewind hinfällig würde.

Es soll für dieses Beispiel die Vorwärmung der Luft auf 1200° für vorteilhaft gehalten werden, so daß der Vergleich mit Gichtgasbeheizung für den Regenerator mit 308 qm Heizfläche durchzuführen ist.

b) Beheizung mit Gichtgas.

Bei Umstellung der Beheizung auf Gichtgas wird sowohl Luft wie Gas vorgewärmt. Es erhält dabei jeder Regenerator die Abgasmenge einer Kammer, jedoch die Frischgas- und Luftmenge für zwei Kammern. Es ist nun Aufgabe der Rechnung, die Höhe der Vorwärmung von Gas und Luft und den Wärmeverbrauch zu bestimmen. Diese Aufgabe wird dadurch erschwert, daß der Wärmeverbrauch bei Gichtgasbeheizung unbekannt ist. Es soll aber zunächst angenommen werden, daß der Wärmeverbrauch der gleiche wie bei Koksgasbeheizung, d. h. 518 kcal/kg Kohle sei. Diese Annahme ist dann daraufhin nachzuprüfen, ob mit ihr die gleiche Wärmeabgabe an die Heizwände erzielt wird.

Der Gasverbrauch je Ofen ist

$$\frac{1200 \text{ kg/St.} \cdot 518 \text{ kcal/kg}}{1000 \text{ kcal/cbm}} = 622 \text{ ncbm/St.}$$

Bei Verbrennung mit 20 Proz. Luftüberschuß ist

die Luftmenge $0{,}792 + 0{,}2 \cdot 0{,}792 = 0{,}950$ cbm/cbm
,, Abgasmenge $1{,}623 + 0{,}2 \cdot 0{,}792 = 1{,}780$,,

Die stündlichen Gasmengen sind: Luftmenge 590 cbm/St., Abgasmenge 1108 cbm/St.

In jedem Periodenspiel erhält die Luftkammer 554 ncbm/$^1/_2$ St. Abgas und 590 ncbm/$^1/_2$ St. Luft, die Gaskammer ebenfalls 554 ncbm/$^1/_2$ St. Abgas und 622 ncbm/$^1/_2$ St. Gas.

Die Formel zur Berechnung der Vorwärmungstemperatur ist

$$\vartheta_1' = \frac{1}{a - z}\left\{\vartheta_1(1 - z) + \vartheta_2'(a - 1)\right\}.$$

ϑ_1 ist wie bei Koksgas 1300°, da diese Temperatur von der der Heizwände abhängt, die natürlich unverändert bleiben muß, wenn die Kammer gleiche Leistung haben soll.

α) Gasvorwärmung.

Die Eintrittstemperatur des Gases ist 20°. Die spez. Wärme des Gases ist, wenn man eine Vorwärmung auf etwa 1000° voraussetzt, 0,349. Die Gasmenge vergrößert sich wegen des Wasserdampfgehaltes bei 20° Sättigung auf $622 \cdot 1{,}02 = 635$ ncbm feucht (0° 760). Das Rauchgas kühlt sich etwa auf 300° ab. Seine spez. Wärme ist dann 0,390.

$$a = \frac{G' c_p'}{\eta G \cdot c_p} = \frac{635 \cdot 0{,}349}{0{,}94 \cdot 554 \cdot 0{,}390} = 1{,}092\,.$$

Zur Berechnung von z ist ε zu bestimmen. Es ist wieder α_k und $\alpha'_k = 11$. Die Wärmeübergangszahl durch Strahlung ist für das Rauchgas aus Zahlentafel 45 bei einem Temperaturunterschied von 200° zu entnehmen. Es ist für

$$\begin{aligned} 1300^\circ \quad \alpha_s &= 15{,}1 \\ 1000^\circ \quad \alpha_s &= 11{,}2 \\ 700^\circ \quad \alpha_s &= 7{,}2 \\ 400^\circ \quad \alpha_s &= 2{,}4 \end{aligned}$$

Aber auch bei der Gasvorwärmung ist mit Strahlungsübertragung wegen des Kohlensäure- und Wasserdampfgehaltes zu rechnen. Man könnte nun α'_s aus der Frischgasanalyse bestimmen. Sie kann aber für den generellen Fall mit befriedigender Genauigkeit zu $^2/_3$ der für das Rauchgas berechneten Zahl geschätzt werden.

Man erhält dann folgende Wärmeübergangszahlen und aus der Extra- und Interpolation der Zahlentafel 51 folgende Wärmeaustauschzahlen

ϑ	α	α'	ε
1300	26	21	4,48
1000	22	18	4,02
700	18	16	3,53
400	13	12	2,58
200	11	11	2,50

Für einen annähernd gradlinigen Temperaturverlauf des Rauchgases wird $\varepsilon_m = 3{,}50$.
Es wird

$$z = e^{-\frac{0{,}94 \cdot 3{,}50 \cdot 308 \cdot 0{,}092}{635 \cdot 0{,}349}} = e^{-0{,}421} = 0{,}657\,,$$

$$\vartheta'_1 = \frac{1}{1{,}092 - 0{,}657}\{1300 \cdot 0{,}343 + 20 \cdot 0{,}092\} = \frac{1}{0{,}435}[455 + 2] = 1029^\circ.$$

β) Luftvorwärmung.

$$a = \frac{590 \cdot 0{,}332}{0{,}94 \cdot 554 \cdot 0{,}390} = 0.965\,.$$

ε wie bei Koksgas, jedoch bei gradlinigem Temperaturverlauf 2,92.

$$z = e^{+\frac{0{,}94 \cdot 2{,}92 \cdot 308 \cdot 0{,}035}{590 \cdot 0{,}332}} = e^{0{,}151} = \frac{1}{0{,}861} = 1{,}160\,,$$

$$\vartheta'_1 = -\frac{1}{0{,}195}\{-1300 \cdot 0{,}160 - 0 \cdot 0{,}035\} = 1067^\circ.$$

Der Wert $a = 0{,}965$ besagt, daß die Temperaturdifferenz Rauchgas — Luft annähernd gleich bleibt. 100° Rauchgastemperaturabnahme entsprechen 96,5 Lufttemperaturzunahme. Man kann dann auch die Gleichung

$$\begin{aligned} Q &= \eta \cdot \varepsilon \cdot F(\vartheta_m - \vartheta'_m) \\ &= \eta \cdot \varepsilon \cdot F\left(\frac{\vartheta_1 + \vartheta_2}{2} - \frac{\vartheta'_1 + \vartheta'_2}{2}\right) \end{aligned}$$

verwenden. Es ist $\vartheta_2' = 0$ vorausgesetzt. Also ist $Q = G' \cdot c_p' \cdot \vartheta_1'$. Ferner ist

$$\vartheta_1 - \vartheta_2 = 0{,}965 \cdot \vartheta_1', \qquad \vartheta_2 = \vartheta_1 - 0{,}965 \cdot \vartheta_1'.$$

Setzt man die Zahlenwerte ein, so erhält man ebenfalls $\vartheta_1' = 1067°$. Die zugeführte Wärmemenge ist

1. Heizwert 622 cbm · 1000 kcal/qm	= 622000	kcal/St.
2. Gasvorwärmung 635 cbm · 0,349 · 1029	= 228000	„
3. Luftvorwärmung 590 · 0,332 · 1067	= 209000	„
Zusammen	1059000	kcal/St.
Abhitze 1108 cbm · 494 kcal/cbm	547000	„
Nutzbare Wärme	512000	kcal/St.

Verlangt wird bei gleicher Leistung des Ofens jedoch eine Wärmeabgabe von 518000 kcal/St. Die Leistung würde also um 1,2 Proz. niedriger sein. Man muß mehr Gas zuführen. Da durch vermehrte Gaszufuhr die Regeneratoren stärker belastet werden, wird die Vorwärmungstemperatur etwas zurückgehen.

Die geringere Vorwärmung muß durch weitere Erhöhung der Gaszufuhr kompensiert werden. Vergrößert man die Gaszufuhr deshalb um 1,5 Proz., so erhält man für die Gasvorwärmung

$$z = e^{-\frac{0{,}421}{1{,}015}} = 0{,}660,$$

$$\vartheta_1' = \frac{1}{1{,}092 - 0{,}660}\left\{1300 \cdot 0{,}340 - 20 \cdot 0{,}092\right\} = 1027°,$$

für die Luftvorwärmung

$$z = e^{+\frac{0{,}151}{1{,}015}} = 1{,}158,$$

$$\vartheta_1' = -\frac{1}{0{,}193} \cdot 1300 \cdot 0{,}158 = 1063°.$$

Die Bilanz des Oberofens gibt als Wärmezufuhr

Heizwert:	631 · 1000 =	631000	kcal/St.
Gasvorwärmung:	644 · 0,349 · 1027 =	230500	„
Luftvorwärmung:	599 · 0,332 · 1063 =	211500	„
	Wärmezufuhr	1073000	kcal/St.
Abhitze 1,015 · 547000		555000	„
Abgegebene Wärme		518000	kcal/St.

Die Wärmeabgabe genügt also gerade den gestellten Forderungen bei Verstärkung der Wärmezufuhr um 1,5 Proz. bei Gichtgas gegenüber Koksofengas. Der Wärmeverbrauch wird 520 kcal/kg Kohle gegen 512 kcal/kg Kohle bei Koksofengas.

Bemerkenswert ist die starke Erhöhung der Regeneratorleistung. Sie betrug bei Koksgasbeheizung 308000 kcal/St., während die Gichtgasbeheizung 441000 kcal/St. Austauschleistung erfordert, das sind 43 Proz. mehr.

Die Steigerung des Wärmeverbrauches von 512 auf 520 kcal/kg Kohle ist nicht sehr bedeutend, wenn es auch bemerkenswert ist, daß die große Wärmeaufnahmefähigkeit der Gichtgas- und Verbrennungsluftmenge die pyrometrische Minderwertigkeit des Gichtgases nicht auszugleichen vermag.

Der Unterschied im Wärmeverbrauch vergrößert sich aber mit abnehmender Heizflächengröße. Werden nur 185 qm Heizfläche im Regenerator untergebracht, so sank bei Koksofengas die Vorwärmung der Luft auf 1100° und stieg der Wärmeverbrauch auf 550 kcal/kg Kohle. Will man für diese Regeneratorgröße den Wärmeverbrauch bei Gichtgasbeheizung berechnen, so muß wieder der Verbrauch geschätzt und die Schätzung nachgeprüft werden.

Es wird ein Verbrauch von 600 kcal/kg Kohle angenommen. Bei 1200 kg Kohle/St. sind 720 cbm Gas zuzuführen, einschließlich Wasserdampfgehalt, also 735 cbm/St.

Für die Berechnung der Gastemperatur ist

$$z = e^{-\frac{0,94 \cdot 3,50 \cdot 185 \cdot 0,092}{735 \cdot 0,349}} = e^{-0,219} = 0,803 .$$

$$\vartheta_1' = \frac{1}{1,092 - 0,803}(1300 \cdot 0,197 + 0,092 \cdot 20) = 885^\circ .$$

Für die Lufttemperatur ergibt sich

$$z = e^{+\frac{0,94 \cdot 2,92 \cdot 185 \cdot 0,035}{685 \cdot 0,332}} = e^{+0,0780} = 1,080 ,$$

$$\vartheta_1' = \frac{1}{0,965 - 1,080} \; 1300 \cdot 0,080 = 905^\circ .$$

Die Wärmebilanz ergibt

Heizwert des Gases	720 · 1000 kcal/cbm	=	720000 kcal/St.
Gasvorwärmung 735 · 885 · 0,346		=	225000 ,,
Luftvorwärmung 905 · 685 · 0,330		=	205000 ,,
	Zusammen		1150000 kcal/St.
Abhitze der Heizwände 1282 · 494 kcal/cbm		=	633000 ,,
Abgabe an die Heizwände			517000 kcal/St.

Mit der Annahme ist zufällig der genaue Wert getroffen worden. Der Verbrauch hat sich also um 50 kcal/kg Kohle $= \frac{50}{550} \cdot 100 = 9$ Proz. auf 600 kcal/kg gesteigert.

Die Rechnung deckt sich gut mit den praktischen Erfahrungen. Die Verbundbatterien haben bei Gichtgasbeheizung immer einen etwas höheren Wärmeverbrauch. Die Nachrechnung zeigt darüber hinaus, daß die Größe des Mehrverbrauches von der Regeneratorgröße stark beeinflußt wird. Wie weit man durch die Bemessung der Regeneratorgröße den Mehrverbrauch kompensieren soll, hängt davon ab, wie lange die Batterie mit Gichtgas beheizt wird und welcher Wert dem Gichtgas zugeschrieben wird.

2. Berechnung der Leistung und des Wärmeverbrauches eines Siemens-Martin-Ofens auf Grund der Leistung der Regeneratoren.

Infolge der hohen Abzugstemperatur der Rauchgase vom Herd kommt bei diesem Ofentyp dem Wärmeaustausch in den Regeneratoren eine besonders hohe Bedeutung zu. Die Abzugstemperatur vom Herd ist, wie in Abschnitt V gezeigt wurde, im Mittel 1750°. Für die meisten Brennstoffe, die zur Beheizung des Siemens-Martin-Ofens dienen, ist hierbei der Wert $\frac{a}{q}$ annähernd 1, d. h. der Brennstoff kann ohne Vorwärmung keine Wärme abgeben. Gemäß der Gleichung

$$Q = \frac{V}{1 - \frac{a}{q}(1 - \eta r)}$$

wird bei gegebenem Q, also bei gegebener Wärmezufuhr, die Nutzwärme V um so größer, je größer ηr ist. Die gestellte Aufgabe, die Leistung und den Wärmeverbrauch eines gegebenen Ofens bei gegebener Wärmezufuhr zu bestimmen, verlangt deshalb zunächst eine genaue Berechnung der durch Vorwärmung von Gas und Luft zurückgewonnenen Wärme.

Diese Wärme gibt zusammen mit der chemisch gebundenen Wärme des Heizwertes die Wärmezufuhr zum Herd. Zieht man von dieser Wärmemenge den mit 1750° zu berechnenden Abgasverlust des Herdes ab, so erhält man die auf dem Herd verbliebene nutzbare Wärme. Diese nutzbare Wärme dient einesteils dazu, den Einsatz zu erhitzen und zu schmelzen, wobei unter Anrechnung der Schlackenwärme und der auftretenden chemischen Reaktionen bei der Schlackenbildung durchschnittlich 370000 kcal/t Stahl aufzuwenden sind. Zum anderen Teil muß die nutzbare Wärme die Verluste des Herdes bestreiten, zu denen die durch die Wände nach außen abströmende Wärme, die von den wassergekühlten Türrahmen abgeführte Wärme und schließlich die Wärmemenge zu rechnen ist, die das aus den unvermeidlichen Undichtheiten der Türen entweichende Rauchgas mit sich führt.

Der Rechnungsgang wird deshalb gemäß diesen Vorbemerkungen sich folgendermaßen gestalten:

a) Die dem Gasventil zugeführte Wärmemenge wird bestimmt.
b) Die Verluste des Herdraumes und die vom Herd abziehende Wärmemenge wird errechnet.
c) Die in den Regeneratoren an Luft und Gas übertragene Wärmemenge wird festgestellt.
d) Die Bilanzierung der Wärmezufuhr und Wärmeabfuhr vom Herd ergibt die Nutzwärme, die Leistung und den Wärmeverbrauch je Tonne Stahl.

Der Ofen ist in seinen Hauptmaßen in Fig. 81 dargestellt. Das Einsatzgewicht beträgt 2,5 t, die Herdfläche 23 qm. Wie besonders später die Berechnung des Wärmeaustausches in den Regeneratoren zeigt, ergibt schon der oberflächliche Vergleich des dargestellten Ofens mit anderen Ausführungen, daß die Regeneratoren des Ofens anormal klein sind. Man wird, da die Leistung des Ofens und sein Wärmeverbrauch von der Größe der Wärmerückgewinnung abhängt, vermuten müssen, daß die Leistung gering, der Wärmeverbrauch aber hoch ist. Der Betrieb dieses Ofens bestätigt diese Vermutung. Das Fassungsvermögen des Herdes war vergrößert worden, ohne daß man, gezwungen durch die baulichen Verhältnisse des Werkes, die Regeneratoren entsprechend erweitern konnte.

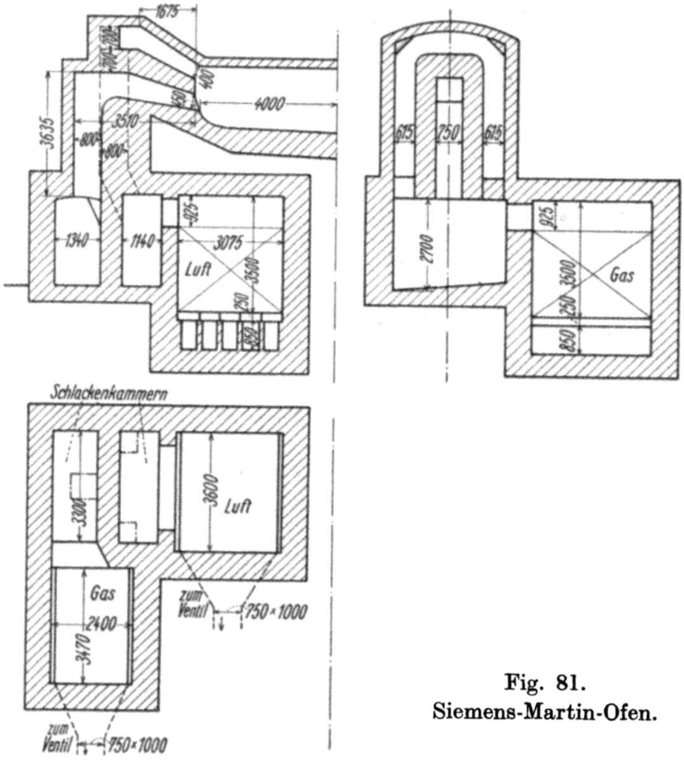

Fig. 81.
Siemens-Martin-Ofen.

a) Bestimmung der Wärmezufuhr zum Gasventil.

Der Ofen wird mit einem Gemisch aus Steinkohlengeneratorgas, Gichtgas und Koksofengas beheizt. Er verbraucht

Steinkohle	275 kg/St. · 7000 kcal/kg	= 1980000	kcal/St.
Koksofengas	570 ncbm/St. · 4200 kcal/cbm	= 2390000	„
Gichtgas	1500 ncbm/St. · 1000 kcal/cbm	= 1500000	„
		5870000	kcal/St.

Die Wärmezufuhr zum Ventil unterscheidet sich von dieser Wärmemenge durch die Änderung, welche die Vergasung der Steinkohle im Generator bedingt. Das Generatorgas hat einen Heizwert von 1400 kcal/ncbm, einen Teergehalt von 25 g, einen Wasserdampfgehalt von 0,045 ncbm/ncbm und eine Temperatur von 450° an der Mischstelle der 3 Gase. Es entstehen je kg

Kohle 3,5 ncbm Generatorgas. Koksofengas und Gichtgas sind bei 30° gesättigt und bringen infolgedessen 0,038 ncbm/ncbm Dampf mit. Unter diesen Bedingungen ergibt sich die durch Zahlentafel 67 angegebene Wärmezufuhr am Gasventil.

Zahlentafel 67. Wärmezufuhr am Gasventil.

Brennstoffart	Menge	Heizwertwärme	Fühlbare Wärme
Generatorgas	962 ncbm	1347000	143000
Koksofengas	570 „	2393000	5500
Gichtgas	1500 „	1500000	14400
Teer	24 kg	238000	3000
Wasserdampf der Gase	122 ncbm	—	8300
Wärmezufuhr	3154 ncbm	5478000	174200

Die in den Regeneratoren zu erhitzende Brennstoffmenge setzt sich zusammen aus 3154 ncbm Gas und Dampf und 24 kg Teer. Um diese verschiedenen Dimensionen zu vermeiden, werden die 24 kg Teer ihrem Wärmeinhalt von rd. 3000 kcal entsprechend in ebensoviel Normalkubikmeter umgewandelt gedacht, so daß mit einer Gasmenge von 3190 ncbm gerechnet wird. Aus der Summe der fühlbaren Wärme und dieser Gasmenge bestimmt sich die Mischtemperatur zu 168°. Mit dieser Temperatur gelangt der Brennstoff an das Gasventil.

b) Bestimmung des Herdraumverlustes und der vom Herd abziehenden Wärme.

α) Bestimmung des Herdraumverlustes.

Diese Verluste sind der Berechnung zugänglich, indem man den Wärmedurchgang entsprechend der Temperaturdifferenz zwischen Innen- und Außenfläche, der Wärmeleitzahl und der Stärke der Wände nach der Formel

$$q = \frac{\lambda}{\delta} (t_1 - t_2) \text{ kcal/qm, St.}$$

feststellt. Außerdem aber sind diese Verluste auch meßtechnisch bestimmt worden, so daß zum Teil hierbei auf diese Messungen zurückgegriffen wird. Die folgende Zusammenstellung gibt das Ergebnis für die einzelnen Verlustflächen an:

Zahlentafel 68. Bestimmung der Wandverluste des Herdes.

Verlustfläche	Größe der Fläche qm	Einheitsverlust kcal/qm, St.	Verlust der Gesamtfläche kcal/St.
Gewölbe	31,0	9000	279000
Rückwand über Herdsohle	14,4	3500	51500
Vorderwand über Herdsohle ohne Türen	11,3	4950	56000
Türen	3,1	12000	37000
Wände unter Herdsohle	11,2	2050	23000
Herd	31,0	1700	53000
Zusammen	102,0	4900	499500

Die Größe dieser Wandverluste gilt für ein mittleres Ofenalter, nicht für den neuen Ofen. Im neuen Zustande würden die Verluste um etwa 20 Proz. niedriger sein, also im Durchschnitt etwa 4000 kcal/qm, St. betragen.

Der Verlust durch das Kühlwasser ist mit rd. 40000 kcal/m Türumfang anzusetzen. Im vorliegenden Fall ergeben sich für 12,3 m Türumfang 491000 kcal/St.

Schließlich tritt noch ein Verlust auf, der durch die Abstrahlung des Ofens beim Beschicken hervorgerufen wird, und der nach der Dauer der Türöffnungszeiten, auf eine Schmelzzeit von ungefähr 6 St. verteilt, 30000 kcal/St. ergibt.

Diese drei Ausgabeposten zusammen ergeben einen Herdverlust von 1020000 kcal/St.

Eine Sonderstellung nimmt der Ausflammverlust, der Verlust der durch die Undichtheit der Türen austretenden Rauchgase ein. Hierbei handelt es sich nicht nur um einen Wärmeverlust, sondern auch um einen Verlust an Rauchgas. Die austretende Gasmenge kann man mit ziemlicher Annäherung nach dem Vorgang von *Schwarz** aus dem Druck im Ofen und der Größe der Spalte zwischen Tür und Herdwand bestimmen. Wenn man annimmt, daß die 3 Türen am Umfang einen Spalt von 1 cm Breite lassen, mit Ausnahme der unteren Kante, mit der sie auf der Schaffplatte aufliegen, und daß der Druck im Ofen in der Höhe der Schaffplatte 0 mm und an der oberen Türkante entsprechend den Auftriebsverhältnissen im Ofen 1 mm beträgt, ergibt sich ein Gasverlust von 300 ncbm Rauchgas/St. Der Wärmeverlust durch diese ausflammenden Rauchgase soll dadurch festgestellt werden, daß sie beim Austritt noch einen Wärmeinhalt haben, der das Mittel zwischen dem Anfangswärmeinhalt ($q + \eta\, ra$) und dem Wärmeinhalt am Herdabzug (a) ist. Seine wirkliche Größe kann infolgedessen erst am Schluß angegeben werden, wenn der Wert $\eta\, ra$, d. h. die rückgewonnene Wärme, bestimmt worden ist.

β) Bestimmung der vom Herd abziehenden Wärme.

Bei der vollständigen, luftüberschußfreien Verbrennung des eingeführten Brennstoffes entstehen 7610 ncbm Rauchgas. Diese Verbrennung soll hier vorausgesetzt werden, da der praktische Betrieb, sofern er gut geleitet ist, nur geringe Abweichungen hiervon zeigt.

Von der Rauchgasmenge von 7610 ncbm/St. gehen zunächst die ausflammenden 300 cbm/St. ab, so daß durch die Züge 7310 ncbm abgezogen werden. Der Wärmeinhalt eines Normalkubikmeters Rauchgas bei 1750° ist bei der vorliegenden Zusammensetzung $1750 \cdot 0{,}3895 = 682$ kcal/ncbm. Bei dieser Temperatur ist infolge der Dissoziation noch ein CO-Gehalt von 0,8 und ein H_2-Gehalt von 0,3 Proz. im Rauchgas vorhanden, wodurch ein weiterer Verlust von 32 kcal/ncbm bedingt wird. Die Abhitze des Herdes beträgt mithin

$$7310 \cdot (682 + 32) = 5220000 \text{ kcal/St.}$$

* Ausflammverluste im Siemens-Martin-Ofen, Bericht des Stahlwerksausschusses des V. d. E. Nr. 114.

Der Vergleich mit der eingeführten Wärme (Zahlentafel 67) zeigt, daß in der Tat die abziehende Wärme etwa gleich der am Ventil eingeführten ist, wenn man noch den Verlust durch die 300 cbm ausflammender Rauchgase einbezieht.

Bisher ist Wärmezufuhr zum Ventil, Wärmeverlust des Herdraumes und vom Herd abziehende Wärme festgestellt worden, so daß zur Bestimmung der Leistung und des Wärmeverbrauches nur noch die in den Regeneratoren ausgetauschte Wärmemenge fehlt.

c) Wärmeaustausch in den Regeneratoren.

Die vom Herd nach den Regeneratoren abziehende Wärmemenge beträgt 5220000 kcal/St. Entsprechend der halbstündigen Umstellzeit sind im folgenden Wärme- und Gasmengen je 0,5 St. anzugeben. Das Abgas verteilt sich zu 65 Proz. auf die Luftkammern und zu 35 Proz. auf die Gaskammern. Die Undichtheiten des durch die Hitze stark angegriffenen Kopfmauerwerkes bewirken, daß eine beträchtliche Falschluftmenge zu dem Rauchgas hinzutritt. Es soll hier vorausgesetzt werden, daß diese Falschluftmenge 1000 cbm/St. = rd. 20 Proz. der theoretischen Verbrennungsluftmenge beträgt. Diese letztere bestimmt sich nach den in Zahlentafel 66 angegebenen Gasmengen zu 5050 ncbm/St. Über die Verteilung von Rauchgas-, Frischgas- und Wärmemenge auf die Gas- und Luftkammern gibt die Zahlentafel 69 Aufschluß.

Zahlentafel 69. Rauchgas- und Wärmemenge.

		Luftkammer	Gaskammer
Rauchgasmenge bei Eintritt in den Zug . .	ncbm/0,5 St.	2375	1280
Mitgeführte Wärmemenge	kcal/0,5 St.	1696000	914000
Rauchgasmenge mit Falschluft	ncbm/0,5 St.	2700	1455
Luft- bzw. Gasmenge	ncbm/0,5 St.	2525	1590

Die spezifischen Wärmen des Rauchgases (mit Falschluft) und des Frischgases sind:

	0°	300°	600°	900°	1200°	1500°	1800°
Rauchgas	0,328	0,340	0,351	0,360	0,370	0,379	0,388
Frischgas	—	0,331	0,346	0,360	0,374	—	—

Zur Bestimmung der ausgetauschten Wärmemenge ist es nun notwendig, die Größe der Heizfläche für Luft- und Gaskammern anzugeben. Hierbei ist nicht nur das im Regenerator eingebaute Gitter zu berücksichtigen, sondern auch die übrige Heizfläche, die die Gase auf ihrem Wege zum Ventil bzw. zum Herd bestreichen. Die Berechnung ist aus der angegebenen Ofenzeichnung ohne weiteres möglich. Zweckmäßigerweise unterteilt man die sich so ergebende Heizfläche in folgende Abschnitte:

1. Herd bis Anfang Schlackenkammer.
2. Anfang Schlackenkammer bis Anfang Gitter.
3. Gitter.
4. Ende Gitter bis Ventil.

Während die Heizflächen unter 1., 2. und 4. einfach durch Ausmessung der gasberührten Flächen zu bestimmen sind, ist die Größe der Gitterheizfläche aus den Abmessungen des Gitters zu errechnen. Das Gitter ist sowohl für Gas- wie für Luftkammer aus Normalstein ($h = 125$, $\delta = 65$ mm) als freizügiges Rostgitter zusammengesetzt. Der Lagenabstand ist in der Luftkammer 140 mm, in der Gaskammer 130 mm. Nach den auf Seite 168 angegebenen Formeln enthält 1 cbm Gitterraum in der Luftkammer 13,2 qm Heizfläche, in der Gaskammer 13,8 qm. Der Gesamtgitterraum der Luftkammer von 30,3 cbm enthält mithin 400 qm, derjenige von 23 cbm der Gaskammer 318 qm Heizfläche.

Die Heizflächen sind mit einem bestimmten Wärmeverlust belastet, den das Rauchgas und in ungünstigen Fällen auch die Luft bzw. Gas decken muß. Die Bestimmung dieser Verluste geschieht in gleicher Weise, wie oben für den Herd angegeben wurde.

Heizflächen und zugehöriger Wandverlust sind für Gas- und Luftwege je Ofenseite (d. h. für je eine Kammer) in den folgenden beiden Zahlentafeln angegeben.

Zahlentafel 70a. Heizfläche und Wandverlust des Luftweges je Ofenseite.

Heizflächenabschnitt	Heizfläche qm	Verlustfläche qm	Verlust kcal/St.	Verlust je qm Heizfläche kcal/qm, St.
Herd bis Eintritt Schlackenkammer	47	60	240000	5100
Eintritt Schlackenkammer bis Eintritt Gitter	49	48	87000	1780
Gitter	400	40	41000	—
Ende Gitter bis Ventil	58	41	30000	520
Zusammen	554	189	398000	—

Zahlentafel 70b. Heizfläche und Wandverlust des Gasweges je Ofenseite.

Heizflächenabschnitt	Heizfläche qm	Verlustfläche qm	Verlust kcal/St.	Verlust je qm Heizfläche kcal/qm, St.
Herd bis Eintritt Schlackenkammer	17	20	80000	4700
Eintritt Schlackenkammer bis Eintritt Gitter	47	68	115000	2450
Gitter	318	36	38000	—
Ende Gitter bis Ventil	53	43	31000	580
Zusammen	435	167	264000	—

Die Zahlentafeln zeigen, daß ein beträchtlicher Teil der Gesamtheizflächen, im vorliegenden Fall sowohl für Gas- wie für Luftwege rd. 38 Proz. der Gitterheizfläche, aus Kanalwänden besteht, die nur einseitig beheizt werden und zum großen Teil gleichzeitig Flächen sind, welche mit sehr hohen Wandverlusten belastet sind.

Die Wärmeaustauschzahl ε, deren Bestimmung sich auf der Speicherfähigkeit der Heizflächen tragenden Wände aufbaut, kann auch für den Fall einseitig beheizter dicker Wände verwendet werden. Die Zahlentafel 51 zeigt, daß die Dicke der Speicherwand schon von etwa 30 mm an keinen Einfluß mehr auf die Größe der Wärmeaustauschzahl bei $z = z' = 0{,}5$ St. hat, so daß man bei starken Wänden einfach mit den in der Zahlentafel angegebenen höchsten Wärmeaustauschzahlen bei gegebenen Wärmeübergangsverhältnissen zu rechnen hat. Fig. 82 zeigt die Verhältnisse an einer vollkommen isolierten Wand. Nach genügend langer Betriebszeit hat sich im Wandinnern die konstant bleibende Temperatur ϑ_M eingestellt. Nur an der

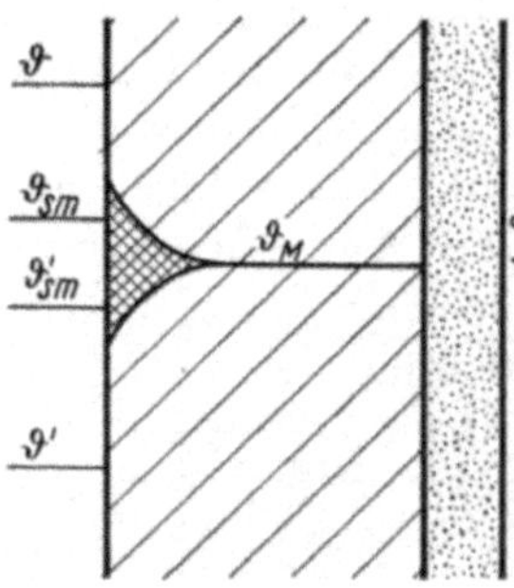

Fig. 82. Speicherung in einer starken isolierten Wand.

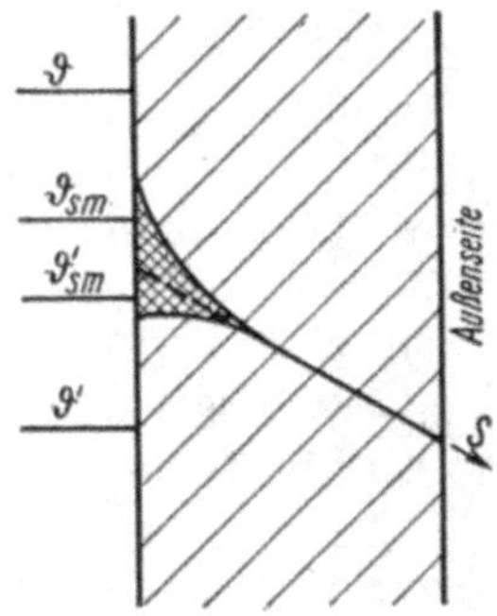

Fig. 83. Speicherung und Außenverluste.

wärmeaustauschenden Fläche schwankt die Temperatur im Rhythmus der Umstellzeiten, wobei die Wärmemenge W gespeichert und entspeichert wird. Es ist

$$W = \alpha \cdot z \cdot (\vartheta - \vartheta_{sm}) = \alpha' \cdot z' \cdot (\vartheta'_{sm} - \vartheta') = \varepsilon \cdot (\vartheta - \vartheta') \text{ kcal/qm, Per.}$$

Diese Gleichung ist aus der Ableitung der Wärmeaustauschzahl ohne weitere Erklärung zu verstehen.

In Fig. 83 ist nun der Fall dargestellt, daß außer der gespeicherten Wärmemenge w kcal/qm, Periode auch noch ein Wandverlust von s kcal/qm, St. vom Rauchgas, letzterer gegebenenfalls teilweise auch vom vorgewärmten Gas, abzugeben ist. Die vom Rauchgas je Periode abgegebene Wärme ist jetzt

$$q = z \cdot \alpha (\vartheta - \vartheta_{sm}) = w + s \cdot z \text{ kcal/qm, Heizzeit.}$$

Die von dem vorzuwärmenden Gas aufgenommene Wärmemenge ist

$$q' = z' \cdot \alpha' (\vartheta'_{sm} - \vartheta') = w - s \cdot z' \text{ kcal/qm, Entheizzeit.}$$

Wenn man in diesen beiden Gleichungen

$$s = \beta (\vartheta - \vartheta_{sm}) \quad \text{bzw.} \quad s = \beta' (\vartheta'_{sm} - \vartheta')$$

einsetzt, so erhält man aus der ersten Gleichung

$$w = z(\alpha - \beta)(\vartheta - \vartheta_{sm}),$$

aus der zweiten Gleichung

$$w = z'(\alpha' + \beta')(\vartheta'_{sm} - \vartheta').$$

Entsprechend der oben für die verlustlose Wand angegebenen Beziehung für w kann für die Wand mit Verlusten geschrieben werden

$$w = z(\alpha - \beta)(\vartheta - \vartheta_{sm}) = z'(\alpha' + \beta')(\vartheta'_{sm} - \vartheta') = \varepsilon(\vartheta - \vartheta') \text{ kcal/Periode.}$$

Die vom Rauchgas je qm Wand abgegebene Wärme q kcal/Periode ist dann, da $q = w + s \cdot z$ war,

$$q = \varepsilon(\vartheta - \vartheta') + s \cdot z\,,$$

die vom vorgewärmten Gas aufgenommene Wärme dagegen

$$q' = \varepsilon(\vartheta - \vartheta') - s \cdot z\,.$$

Der Wandverlust s wird für die Heizzeit durch Teilung mit der Temperaturdifferenz Rauchgas—mittlere Heizflächentemperatur, für die Entheizzeit durch Teilung mit der Temperaturdifferenz mittlere Heizflächentemperatur—vorgewärmtes Gas in die Wärmeübergangszahl β bzw. β' umgerechnet, die von der Wärmeübergangszahl α abgezogen bzw. zu α' hinzugezählt werden muß. Die Wärmeaustauschzahl ε ist für die Wärmeübergangszahl $\alpha - \beta$ (Heizzeit) und $\alpha' + \beta'$ (Entheizzeit) aufzusuchen.

Die Hauptschwierigkeit liegt in der Bestimmung von β und β' und hierbei wieder in der Bestimmung des Temperaturunterschiedes $\vartheta - \vartheta_{sm}$ bzw. $\vartheta'_{sm} - \vartheta'$.

Nach Seite 137 ist

$$\vartheta - \vartheta_{sm} = \frac{q_{\text{reg}}}{\alpha \cdot z} \quad \text{und} \quad \vartheta'_{sm} - \vartheta' = \frac{q'_{\text{reg}}}{\alpha' \cdot z'}\,.$$

Im vorliegenden Fall ist die in der Heizzeit vom Rauchgas abgegebene Wärmemenge je qm Heizfläche

$$q_{\text{reg}} = w + s \cdot z = \varepsilon(\vartheta - \vartheta') + s \cdot z\,.$$

Die in der Entheizzeit an Luft oder Frischgas abgegebene Wärme ist

$$q'_{\text{reg}} = w - s \cdot z = \varepsilon(\vartheta - \vartheta') - s \cdot z\,.$$

Es ist also

$$\vartheta - \vartheta_{sm} = \frac{\varepsilon(\vartheta - \vartheta') + s \cdot z}{\alpha \cdot z}\,,$$

$$\vartheta'_{sm} - \vartheta' = \frac{\varepsilon(\vartheta - \vartheta') - s \cdot z}{\alpha' \cdot z'}\,.$$

Da nun $s = \beta(\vartheta - \vartheta_{sm})$ und $s = \beta'(\vartheta'_{sm} - \vartheta')$ gesetzt war, ist

$$\beta = \frac{s \cdot z}{\varepsilon(\vartheta - \vartheta') + s \cdot z} \cdot \alpha\,,$$

$$\beta' = \frac{s \cdot z'}{\varepsilon(\vartheta - \vartheta') - s \cdot z} \cdot \alpha'\,.$$

Zunächst erscheint mit diesen Gleichungen nicht viel gewonnen, da ja die zu berechnende Wärmeaustauschzahl ε, die für $\alpha - \beta$ und $\alpha' + \beta'$ gilt, in ihr als bekannt vorausgesetzt wird. Bei den vorliegenden Verhältnissen genügt es aber, wenn man zunächst ε lediglich schätzt, β und β' ausrechnet und dann das genaue ε mit $\alpha - \beta$ und $\alpha' + \beta'$ bestimmt. Die unten folgenden mehrfachen Zahlenbeispiele bei Berechnung des Wärmeaustausches in den Kanälen und Kammern werden die Rechenmethode zeigen.

β' kann negativ werden, wenn $\varepsilon(\vartheta - \vartheta') < s \cdot z$ ist, d. h. wenn die aufgespeicherte Wärmemenge w kleiner als der Wandverlust ist. Dann muß auch das vorgewärmte Gas zur Deckung der Wandverluste beitragen.

Nach dieser Zwischenbetrachtung wird nun die Berechnung des Wärmeaustausches fortgesetzt. Die Unterteilung der Heizfläche in vier Abschnitte und die Verschiedenartigkeit der Wirkung dieser Abschnitte gestattet es nicht, den Wärmeaustausch in einem Zuge mit einer einzigen Gleichung zu berechnen. Die Anzahl der miteinander zu kombinierenden Gleichungen wird zu groß. Es ist deshalb vorteilhafter, zunächst durch eine Vorrechnung den ungefähren Temperaturverlauf von Rauchgas und Luft bzw. Frischgas zu bestimmen und auf dieser Grundlage die genauere Endrechnung auszuführen. Hier ist die Vorrechnung bereits durchgeführt, es wird nur die genaue Endrechnung wiedergegeben.

Wärmeaustausch auf dem Luftwege.

1. Heizflächenabschnitt: Herd-Schlackenkammer.

Temperatur des Rauchgases . . .	$\vartheta_1 =$	1750°
,, ,, ,, . . .	$\vartheta_2 =$	1350° (n. Vorr.)
Temperatur der Luft	$\vartheta_1' =$	900° ,, ,,
,, ,, ,, ...	$\vartheta_2' =$	820° ,, ,,
Temperaturdifferenz im Mittel	$\vartheta - \vartheta' =$	690°
Größe der Heizfläche	$F =$	47 qm
W.Ü.Z. Rauchgase	$\alpha =$	60
,, Luft	$\alpha' =$	20
Strahlungsverlust	$s =$	5100 kcal/qm, St.
$\varepsilon_{\text{vorläufig}}$ (geschätzt)		6,5

$$\beta = \frac{5100 \cdot 0{,}5}{6{,}5 \cdot 690 + 5100 \cdot 0{,}5} \cdot 60 = 22; \quad \beta' = \frac{5100 \cdot 0{,}5}{6{,}5 \cdot 690 - 5100 \cdot 0{,}5} \cdot 20 = 26;$$

$$\alpha - \beta = 38; \quad \alpha' + \beta' = 46; \quad \varepsilon = 6{,}8\,.$$

Wärmeabgabe des Rauchgases $q = 6{,}8 \cdot 690 + 5100 \cdot 0{,}5 = 7250$ kcal/qm, 0,5 St.
Wärmeaufnahme der Luft $q' = 6{,}8 \cdot 690 - 5100 \cdot 0{,}5 = 2150$ kcal/qm, 0,5 St.
Abgabe des Rauchgases an die gesamte Heizfläche = 348000 kcal
Aufnahme der Luft an der gesamten Heizfläche = 108000 ,,
Wärmeinhalt des Rauchgases beim Eintritt in den Abschnitt 1 . . . . 1696000 kcal/0,5 St.
Abgabe im Abschnitt 1 . . . . 348000 ,,
Inhalt beim Austritt aus Abschnitt 1 . . . . 1348000 kcal

$$\text{Wärmeinhalt je cbm Rauchgas } \frac{1348000}{2700} = 500\,,$$

$$\text{Temperatur des Rauchgases } \frac{500}{0{,}374} = 1340^\circ.$$

2. Heizflächenabschnitt Schlackenkammer-Gitter.

Temperatur des Rauchgases (oben errechnet) . .	$\vartheta_1 = 1340°$
,, ,, ,, (aus Vorrechnung) .	$\vartheta_2 = 1180°$
Temperatur der Luft ,, ,, .	$\vartheta_1' = 820°$
,, ,, ,, ...	$\vartheta_2' = 660°$
Temperaturdifferenz im Mittel	$\vartheta - \vartheta' = 520°$
Größe der Heizfläche	$F_2 = 49$ qm
W.Ü.Z. Rauchgas	$\alpha = 80$
,, Luft	$\alpha' = 15$
Strahlungsverlust	$s = 1780$ kcal/qm,/St.
$\varepsilon_{\text{vorläufig}}$ (geschätzt)	$\varepsilon = 6{,}0$

$$\beta = \frac{1780 \cdot 0{,}5}{6{,}0 \cdot 520 + 1780 \cdot 0{,}5} \cdot 80 = 17; \quad \beta' = \frac{1780 \cdot 0{,}5}{6{,}0 \cdot 520 - 1780 \cdot 0{,}5} \cdot 15 = 6{,}0;$$

$$\alpha - \beta = 63; \quad \alpha' + \beta' = 21; \quad \varepsilon = 5{,}9\,.$$

Abgabe des Rauchgases	$q = 5{,}9 \cdot 520 + 1780 \cdot 0{,}5 = 3950$	kcal/qm, 0,5 St.
Aufnahme der Luft	$q' = 5{,}9 \cdot 520 - 1780 \cdot 0{,}5 = 2170$	,,
Abgabe des Rauchgases an die gesamte Heizfläche . .	194000	kcal/0,5 St.
Aufnahme der Luft an der gesamten Heizfläche . . .	107000	,,
Wärmeinhalt des Rauchgases bei Eintritt in Abschnitt 2	1348000	kcal
Abgabe des Rauchgases in Abschnitt 2	194000	,,
Wärmeinhalt des Rauchgases bei Austritt aus Abschnitt 2	1154000	kcal

$$\text{Wärmeinhalt je cbm Rauchgas } \frac{1154000}{2700} = 428\,,$$

$$\text{Temperatur des Rauchgases } \frac{428}{0{,}369} = 1160°\,.$$

Diese Temperatur ist die Eintrittstemperatur des Rauchgases in das Gitter. Um nun die Vorwärmung der Luft im Gitter bestimmen zu können, muß zuerst ihre Eintrittstemperatur errechnet werden. An Stelle der jetzt eigentlich folgenden Berechnung des Wärmeaustausches im Gitter folgt deshalb erst diejenige im vierten Heizflächenabschnitt.

4. Heizflächenabschnitt: Gitter-Ventil.

Temperatur des Rauchgases (aus Vorrechnung)	$\vartheta_1 = 720°$
,, ,, ,, ,, ,,	$\vartheta_2 = 630°$
Temperatur der Luft ,, ,,	$\vartheta_1' = 100°$
,, ,, ,, ...	$\vartheta_2' = 10°$
Temperaturdifferenz im Mittel	$\vartheta - \vartheta' = 620°$
Größe der Heizfläche	$F_4 = 58$ qm
W.Ü.Z. Rauchgas	$\alpha = 25$
,, Luft	$\alpha' = 10$
Wandverlust	$s = 520$ kcal/qm, St.
$\varepsilon_{\text{vorläufig}}$ (geschätzt)	$\varepsilon = 3{,}5$

$$\beta = \frac{520 \cdot 0{,}5}{3{,}5 \cdot 620 + 520 \cdot 0{,}5} \cdot 25 = 3\,; \quad \beta' = \frac{520 \cdot 0{,}5}{3{,}6 \cdot 620 - 520 \cdot 0{,}5} \cdot 10 = 1\,;$$

$$\alpha - \beta = 22\,; \quad \alpha' + \beta' = 11\,; \quad \varepsilon = 3{,}2\,.$$

Abgabe des Rauchgases	$q = 3{,}2 \cdot 620 + 520 \cdot 0{,}5 =$	2240 kcal/qm, 0,5 St.
Aufnahme der Luft	$q' = 3{,}2 \cdot 620 - 520 \cdot 0{,}5 =$	1720 ,,
Abgabe des Rauchgases an der gesamten Heizfläche		130000 kcal/0,5 St.
Aufnahme der Luft an der gesamten Heizfläche		100000 ,,
Wärmeinhalt der Luft am Ventil	$10 \cdot 0{,}312 \cdot 2525 =$	8000 kcal/0,5 St.
Aufnahme der Luft im 4. Abschnitt		100000 ,,
Wärmeinhalt beim Eintritt in das Gitter . .		108000 kcal/0,5 St.

Temperatur der Luft 137°.

3. Heizflächenabschnitt: Gitter.

Eintrittstemperatur des Rauchgases .	$\vartheta_1 = 1160°$
Eintrittstemperatur der Luft	$\vartheta_2' = 137°$
Größe der Heizfläche	$F_g = 400$ qm
Wandverlust	$S = 41000$ kcal/St.

Der Querschnitt der Kammer ist $3{,}60 \cdot 3{,}075 = 11{,}05$ qm. Bei $a = 140$ mm und $\delta = 65$ mm ist der freie Querschnitt $\left(\frac{140}{205}\right)^2 \cdot 11{,}05 = 5{,}2$ qm. Die Rauchgasgeschwindigkeit ist bei 2700 cbm/0,5 St. 0,29 m/Sek., die der Luft 0,27 m/Sek. Die Wärmeübergangszahl ist nach Fig. 44 $\alpha = 6{,}0$. Die Wärmeübergangszahl der Strahlung ist bei 140 mm Kanalweite, 20 Proz. Falschluft und einer mittleren Rauchgastemperatur von 950° $\alpha_s = 17$.

Mithin ist $\alpha = 6{,}0 + 17 = 23$, $\alpha' = 6$ und hierfür $\varepsilon = 2{,}10$.

Die Berechnung von ϑ_1' erfolgt mit den Wärmeaustauschgleichungen

$$\vartheta_1' = \frac{1}{a - z}\left\{\vartheta_1(1 - z) + \vartheta_2'(1 - a)\right\},$$

$$a = \frac{G' c_p'}{\eta\, G c_p} = \frac{2525 \cdot 0{,}326}{0{,}92 \cdot 2700 \cdot 0{,}390} = 0{,}852\,.$$

c_p' entsprechend einer voraussichtlichen Erwärmung auf rd. 700°, c_p zwischen 1160 und etwa 700°, η entsprechend einer ungefähren Wärmeaufnahme der Luft von 450000 kcal und einem Wandverlust von 41000 kcal/St.

$$z = e^{-\frac{\eta \cdot \varepsilon \cdot F(a-1)}{G' c_p'}} = e^{\frac{0{,}92 \cdot 2{,}10 \cdot 400 \cdot 0{,}148}{2525 \cdot 0{,}326}} = e^{0{,}139}\,,$$

$$z = 1{,}148 \text{ (Fig. 60)}$$

$$\vartheta_1' = \frac{1}{0{,}296}\left\{1160 \cdot 0{,}148 + 137 \cdot 0{,}148\right\} = 650°.$$

$$\vartheta_2 = 1160 - 0{,}852(650 - 137) = 723°\,.$$

Der Wärmeinhalt des Rauchgases ist bei 723° 690000 kcal. Beim Eintritt in das Gitter war er 1154000, abgegeben sind mithin 464000 kcal. Die Luft hat bei 650° einen Wärmeinhalt von 532000 kcal. Es hat also im Gitter 533000 − 108000 = 424000 aufgenommen.

Nun sind alle notwendigen Rechnungen durchgeführt. Den Wärmeinhalt der Luft und ihre Temperatur erhält man durch Addition der an den einzelnen Heizflächenabschnitten aufgenommenen Wärme.

Wärmeinhalt am Ventil	8000 kcal,	entsprechend	10° C
,, vor dem Gitter	108000	,,	,,	137°
,, hinter dem Gitter	533000	,,	,,	650°
,, hinter Schlackenkammer	640000	,,	,,	770°
,, bei Eintritt in den Herd	748000	,,	,,	900°

In umgekehrter Reihenfolge ergibt sich durch Abzug der einzelnen Wärmemengen Wärmeinhalt und Temperatur des Rauchgases.

Wärmeinhalt bei Abzug vom Herd	1696000 kcal,	entspr.	1750°
,, vor der Schlackenkammer	1348000	,,	,,	1340°
,, vor dem Gitter	1154000	,,	,,	1160°
,, hinter dem Gitter	640000	,,	,,	723°
,, am Ventil	560000	,,	,,	590°

Die gesamte Wärmeaufnahme der Luft ist 748000 — 8000 = 740000 kcal. Der Wandverlust beträgt nach Zahlentafel 77a 398000 kcal. Insgesamt hat das Rauchgas hiernach 1138000 kcal abgegeben. Nach der oben gegebenen Veränderung des Wärmeinhaltes ist die Gesamtabgabe 1696000 — 560000 = 1136000 kcal. Die Differenz von 2000 kcal ist durch die Ungenauigkeit der Rechnung mit Rechenschieber verursacht, ist aber zu unbedeutend, als daß es sich lohnte, sie durch genauere Rechnung herauszubringen.

Der Wärmeaustausch auf dem Gaswege.

In vollkommen gleicher Weise ist auch der Wärmeaustausch auf dem Gaswege zu ermitteln. Die Bestimmung der Wärmeübergangszahlen hat jetzt jedoch auch die Gasstrahlung während der Heizzeit zu berücksichtigen. Die Konzentration von CO_2 und H_2O beträgt nur etwa 12 Proz., was durch entsprechende Veränderung des Kanaldurchmessers berücksichtigt wird.

1. Abschnitt: Herd bis Schlackenkammer.

Temperatur des Rauchgases	$\vartheta_1 =$	1750°
,, ,, ,, (nach Vorrechnung)	$\vartheta_2 =$	1430°
,, des Gases ,, ,,	$\vartheta_1' =$	950°
,, ,, ,, ,, ,,	$\vartheta_2' =$	850°
Mittlere Temperaturdifferenz	$\vartheta - \vartheta' =$	690°
Größe der Heizfläche	$F_1 =$	17 qm
Wärmeübergangszahl Rauchgas	$\alpha =$	60
,, Gas	$\alpha' =$	45
Wandverlust	$s =$	4700 kcal/qm, St.
$\varepsilon_{\text{vorläufig}}$ (geschätzt)	$\varepsilon =$	7,5

$$\beta = \frac{4700 \cdot 0{,}5}{7{,}5 \cdot 690 + 4700 \cdot 0{,}5} \cdot 60 = 19; \quad \beta' = \frac{4700 \cdot 0{,}5}{7{,}5 \cdot 690 - 4700 \cdot 0{,}5} = 37\,;$$

$$\alpha - \beta = 41; \quad \alpha' + \beta' = 82; \quad \varepsilon = 8{,}2\,.$$

Wärmeabgabe des Rauchgases	$q = 8{,}2 \cdot 690 + 2350 = 8000$	kcal/qm, 0,5 St.
Wärmeaufnahme des Gases	$q' = 8{,}2 \cdot 690 - 2350 = 3300$	,,
Abgabe des Rauchgases an der gesamten Heizfläche	136000	kcal/0,5 St.
Aufnahme des Gases an der gesamten Heizfläche	56000	,,
Wärmeinhalt des Rauchgases am Abzug	914000	kcal/0,5 St.
Abgabe im Abschnitt 1	136000	,,
Wärmeinhalt beim Eintritt in Abschnitt 2	778000	kcal.

$$\text{Wärmeinhalt je ncbm Rauchgas } \frac{778000}{1455} = 535 \text{ kcal, Temperatur } 1420^\circ.$$

2. Abschnitt: Schlackenkammer bis Gitter.

Temperatur des Rauchgases	$\vartheta_1 =$	1420°
,, ,, ,, (nach Vorrechnung)	$\vartheta_2 =$	1100°
,, ,, Gases ,, ,,	$\vartheta_1' =$	850°
,, ,, ,, ,, ,,	$\vartheta_2' =$	730°
Mittlere Temperaturdifferenz	$\vartheta - \vartheta' =$	470°
Größe der Heizfläche	$F_2 =$	47 qm
W.Ü.Z. Rauchgas	$\alpha =$	50
,, Gas	$\alpha' =$	30
Wandverlust	$s =$	2450 kcal/qm, St.
$\varepsilon_{\text{vorläufig}}$ (geschätzt)	$\varepsilon =$	6,5

$$\beta = \frac{1225}{6{,}5 \cdot 470 + 1225} \cdot 50 = 14; \quad \beta' = \frac{1225}{6{,}5 \cdot 470 - 1225} \cdot 30 = 20;$$

$$\alpha - \beta = 36; \quad \alpha' + \beta' = 50; \quad \varepsilon = 6{,}9.$$

Abgabe des Rauchgases	$q = 6{,}9 \cdot 470 + 1225 = 4475$	kcal/qm, 0,5 St.
Aufnahme des Gases	$q' = 6{,}9 \cdot 470 - 1225 = 2025$	,,
Abgabe des Rauchgases an der gesamten Heizfläche	210000	kcal/0,5 St.
Aufnahme des Gases an der gesamten Heizfläche	95000	,,

Wärmeinhalt des Abgases beim Eintritt in das Gitter 778000 — 210000 = 568000 kcal. Entsprechende Temperatur 1075°.

4. Abschnitt: Gitter bis Ventil.

Temperatur des Rauchgases (nach Vorrechnung)	$\vartheta_1 =$	500°
,, ,, ,, ,, ,,	$\vartheta_2 =$	400°
,, ,, Gases ,, ,,	$\vartheta_1' =$	220°
,, ,, ,, ...	$\vartheta_2' =$	168°
Mittlere Temperaturdifferenz	$\vartheta - \vartheta' =$	260°
Größe der Heizfläche	$F_4 =$	53 qm
W.Ü.Z. Rauchgas	$\alpha =$	20
,, Gas	$\alpha' =$	12
Wandverlust	$s =$	580 kcal/qm, St.
$\varepsilon_{\text{vorläufig}}$ (geschätzt)	$\varepsilon =$	3,5

$$\beta = \frac{290}{3{,}5 \cdot 260 + 290} \cdot 20 = 5; \quad \beta' = \frac{290}{3{,}5 \cdot 260 - 290} \cdot 12 = 6;$$

$$\alpha - \beta = 15; \quad \alpha' + \beta' = 18; \quad \varepsilon = 3{,}5.$$

Abgabe des Rauchgases	$q = 3{,}5 \cdot 260 + 290 =$	1200 kcal/qm, 0,5 St.
Aufnahme des Gases	$q' = 3{,}5 \cdot 260 - 290 =$	620 ,,
Abgabe des Rauchgases an der gesamten Heizfläche		64000 kcal/0,5 St.
Aufnahme des Gases an der gesamten Heizfläche		33000 ,,
Wärmeinhalt des Gases am Ventil		87000 kcal/0,5 St.
Aufnahme des Gases im 4. Abschnitt		33000 ,,
Wärmeinhalt beim Eintritt in das Gitter		120000 kcal/0,5 St.

Temperatur des Gases $\vartheta_1' = 230°$.

3. Abschnitt: Gitter.

Eintrittstemperatur des Rauchgases .	$\vartheta_1 = 1075°$
,, ,, Gases	$\vartheta_2 = 230°$
Größe der Heizfläche	$F_3 = 318°$
Wandverlust	$S = 38000$ kcal/St.
Wirkungsgrad	$\eta = 0{,}88$
W.Ü.Z. Rauchgas	$\alpha = 18{,}5$
,, Gas	$\alpha' = 11{,}5$
Wärmeaustauschzahl	$\varepsilon = 3{,}05$

$$a = \frac{G' c_p'}{\eta\, G c_p} = \frac{1590 \cdot 0{,}365}{0{,}88 \cdot 1455 \cdot 0{,}385} = 1{,}180\,,$$

$$z = e^{-\frac{\eta \varepsilon \cdot F \cdot (a-1)}{G' c_p'}} = e^{-\frac{0{,}88 \cdot 3{,}05 \cdot 318 \cdot 0{,}180}{1590 \cdot 0{,}365}} = e^{0{,}264} = 0{,}765\,,$$

$$\vartheta_1' = \frac{1}{0{,}415}\left\{1075 \cdot 0{,}235 + 230 \cdot 0{,}180\right\} = 710°,$$

$$\vartheta_2 = 1075 - 1{,}180\,(710 - 230) = 510°.$$

Der Wärmeinhalt des Rauchgases bei 510° ist 256000 kcal. Beim Eintritt hatte es 568000. Es hat demnach 312000 kcal abgegeben. Das Frischgas hat bei 710° 396000 kcal und nimmt 276000 kcal im Gitter auf.

Wärmeinhalt und Temperatur des Rauchgases ist an den einzelnen Abschnitten:

Wärmeinhalt beim Abzug vom Herd . .	914000 kcal/0,5 St.,	Temp.	1750°
,, Eintritt Schlackenkammer .	778000 ,,	,,	1420°
,, ,, Gitter	568000 ,,	,,	1075°
,, Austritt Gitter	256000 ,,	,,	510°
,, Ventil	192000 ,,	,,	385°

Wärmeinhalt und Temperatur des Frischgases ergeben sich folgendermaßen:

Wärmeinhalt am Ventil	87000 kcal/0,5 St.,	Temp.	168°
,, Eintritt Gitter	120000 ,,	,,	230°
,, Austritt Gitter	396000 ,,	,,	710°
,, Ende Schlackenkammer . .	491000 ,,	,,	860°
,, Eintritt in den Herd . . .	547000 ,,	,,	950°

Hiermit ist die Bestimmung des Wärmeaustausches beendet. Es hat sich gezeigt, daß sowohl Luft wie Gas nur unzulänglich vorgewärmt werden. Von Interesse ist der Hinweis auf die außerordentlich starke Wirksamkeit der Heizflächen, die nicht durch das Gitter gebildet werden. Sie übertragen an die Luft 42 Proz. der gesamten Wärme, an das Gas 36 Proz. Dies ist zum Teil eine Folge des kleinen Gitters, weil durch die geringe Vorwärmung im Gitter die Temperaturdifferenz Rauchgas-Luft bzw. Gas an diesen Heizflächen groß wird. Sie wirken also in dieser Einsicht kompensierend. Hierauf ist sicher zum Teil die große Streuung der Größe der Gitterheizfläche bei gleich großen Öfen zurückzuführen.

d) Aufstellung der Wärmebilanz und Berechnung der Leistung und des Wärmeverbrauchs je Tonne Stahl.

Leistung und Wärmeverbrauch je Tonne Stahl ergibt sich nun aus der Bilanz. Bei ihrer Aufstellung ist zu beachten, daß die oben errechneten, aus Luft und Gas übertragenen Wärmemengen für 0,5 St. gelten, daß also bei Bezug der Bilanz auf die Stunde die Wärmemengen verdoppelt werden müssen.

Die Wärmezufuhr zum Ventil ist

Gasheizwert am Ventil	5478000 kcal/St.
Fühlbare Wärme des Gases	174000 ,,
,, ,, der Luft bei 10° . . .	16000 ,,
Zusammen	5668000 kcal/St.

Die Wärmezufuhr zum Herd ist

Wärmezufuhr Ventil	5668000 kcal/St.
,, durch Gasvorwärmung . .	920000 ,,
,, ,, Luftvorwärmung . .	1480000 ,,
Wärmezufuhr zum Herd	8068000 kcal/St.

Zur Bestimmung der Wärmeabgabe im Herd fehlt noch der Wärmeverlust durch die ausflammenden Gase. Ihre Menge betrug 300 ncbm/St. Der Anfangswärmeinhalt des Rauchgases ist $\frac{8068000}{7610} = 1060$ kcal/ncbm. Am Abzug ist der Wärmeinhalt 714 kcal/ncbm. Mit 900 kcal/ncbm ist der Ausflammverlust 300 ncbm/St. · 900 kcal/ncbm = 270000 kcal/St.

Die Wärmeausgaben auf dem Herd sind

Wand- und Kühlwasserverlust	1020000 kcal/St.
Ausflammverlust	270000 ,,
Wärmeinhalt des abziehenden Rauchgases	5220000 ,,
Zusammen	6510000 kcal/St.

Der Unterschied zwischen Zufuhr und Ausgabe ist die auf den Einsatz übertragene Wärme. Sie ist

$$8068000 - 6510000 = 1558000 \text{ kcal/St.}$$

Bei einem Bedarf von 370000 kcal/t ist die Leistung des Ofens 4,2 t/St.

Die Schmelzdauer des Einsatzes von 25 t beträgt mithin 6,0 St. Die Leistung des Ofens wird kritisiert durch die Herdflächenleistung von 180 kg/qm, St. Im Vergleich zu der normalen Leistung von 200 bis 220 kg/qm, St. ist sie gering.

Die Unzulänglichkeit der Regeneratoren wird durch den hohen Wärmeverbrauch gekennzeichnet. Auf den Wärmeeinsatz am Ventil bezogen ist der Verbrauch je Tonne Stahl $1,35 \cdot 10^6$ kcal/t, auf den Einsatz am Generator bezogen $1,40 \cdot 10^6$ kcal/t.

Die Bilanz der Wärmezufuhr am Ventil ergibt

Herdraumverlust	1290000 kcal/St.	=	22,7 Proz.
Nutzwärme	1558000 ,,	=	27,4 ,,
Verlust Köpfe und Kammern	1324000 ,,	=	23,4 ,,
Abgasverlust	1504000 ,,	=	26,5 ,,
Zusammen	5676000 kcal/St.	=	100,0 Proz.

In der prozentualen Verteilung tritt die Unzulänglichkeit der Kammern nicht so sehr hervor. Der Abgasverlust von 26,5 Proz. ist nicht groß und würde nicht auf unzureichende Rückgewinnung hinweisen. Infolgedessen erscheint der Wärmeverbrauch leicht ungerechtfertigt hoch. Die Ursache dieses scheinbaren Widerspruchs liegt in folgenden Verhältnissen: Der Herdraum ist für das Einsatzgewicht sehr groß bemessen. Auf 1 qm Herdfläche kommen 1080 kg Einsatz, während der normale Wert 1600 kg/qm ist. Für die Größe der Abhitze ist, wie aus der Rechnung hervorgeht, der Wandverlust besonders der Köpfe von großem Einfluß. Auf 1 t Stundenleistung kommen 38 qm Abkühlungsfläche in den Köpfen, während der Normalwert 25 qm beträgt. Da von dem Verlust der Köpfe und Kammern der erste Teil rd. 50 Proz. ausmacht, würde eine normale Abkühlungsfläche die Vorwärmung, aber auch den Abgasverlust vergrößern. Eine Vergrößerung des Einsatzgewichtes würde nur dann Zweck haben, wenn auch die Wärmezufuhr je Stunde erhöht werden könnte. Dann aber wird der Mangel an Gitterheizfläche noch stärker in Erscheinung treten. Die zu kleinen Abmessungen des Unterofens versperren den Weg zur normalen Ausnutzung des Oberofens.

3. Berechnung der Gaskammer eines mit Mischgas aus Gicht- und Koksofengas beheizten S.-M.-Ofens unter Berücksichtigung des Einflusses der Gaszersetzung und Bestimmung des Temperaturabfalles des vorgewärmten Gases.

Wie bereits oben bei Besprechung der Abhitzemenge der Siemens-Martin-Öfen erwähnt wurde, treten bei der Vorwärmung von gewissen Gasen und Dämpfen, insbesondere von Kohlenwasserstoffen, chemische Umsetzungen bei Überschreitung von bestimmten Gastemperaturen ein, die oft von beträchtlichen Wärmetönungen begleitet sind. Auch die chemische Industrie benutzt diese Vorgänge z. B. bei Krackprozessen. Benötigt man zur Durchführung dieser Umsetzung hohe Gastemperaturen, so ist man bei der Zuführung der notwendigen Wärme auf die Verwendung von Regeneratoren angewiesen.

Im Siemens-Martin-Ofen erfordert die genügende Wärmeübertragung im Ofen auf das Bad eine leuchtende Flamme, die nur in Gegenwart von feinverteiltem Kohlenstoff zustande kommt. Ist dieser nicht vorhanden, so verbrennt das Gas mit der farblosen Wasserstoff- und Kohlenoxydflamme. Diesen feinen Kohlenstoff erhält man bei Beheizung mit Generatorgas durch die Krackung des Teeres, die schon bei verhältnismäßig niedrigen Temperaturen eintritt. Ist das Gas jedoch frei von Teer und arm an Kohlenwasserstoffen, wie z. B. Benzol, so muß angestrebt werden, den freien Kohlenstoff aus dem schwer zersetzbaren Methan zu gewinnen. Hierzu braucht man verhältnismäßig hohe Gastemperaturen. Gleichzeitig finden aber wiederum Umsetzungen des abgespaltenen Kohlenstoffes mit der Kohlensäure und dem Wasserdampf des Gases statt, durch die ein Teil des Kohlenstoffes wieder zu CO vergast wird.

Diese Gasumsetzungen und die mit ihnen verbundene Änderung der Voraussetzungen des Wärmeaustausches in den Regeneratoren sollen in dem folgenden Beispiel des Wärmeaustausches in der Gaskammer eines Siemens-Martin-Ofens verfolgt werden, der mit einem Gemisch aus Koksofen- und Gichtgas beheizt wird.

Die aufgeheizte Gasmenge beträgt bei einem unteren Heizwert von etwa 2000 kcal/ncbm 3800 ncbm/h. Der Ofen hat also bei einem Verbrauch von $1{,}1 \cdot 10^6$ kcal/t eine Stundenleistung von 7 t. In der folgenden Zahlentafel ist die Zusammensetzung des Koksofengases, des Gichtgases und des Mischgases angegeben. Das Mischgas ist hergestellt aus 34,1 Proz. Koksofengas und 65,9 Proz. Gichtgas. Das Koksofengas hat einen Benzolgehalt von 3 g, so daß das Mischgas noch 1 g/ncbm enthält. Die Temperatur des Mischgases betrage 25° und habe infolgedessen einen Wasserdampfgehalt von 26 g/ncbm.

	Koksgas	Gichtgas	Mischgas
CO_2	3,6	9,7	7,6
CnHm	2,5	—	0,9
O_2.	0,4	—	0,1
CO	7,6	29,5	22,0
CH_4	24,4	0,1	8,4
H_2.	48,6	2,4	18,2
N_2.	12,9	58,3	42,8
Volumprozent	100,0	100,0	100,0
Heizwert (unterer) . .	3993	970	2011
Benzol g/ncbm	3	—	1
Wasserdampf g/ncbm .	26	26	26

Es werde nun vorausgesetzt, daß bei der Erhitzung des Gases auf 1300° folgende Bestandteile des Mischgases in Kohlenstoff und Wasserstoff zersetzt werden: Der ganze Benzolgehalt = 1 g, der ganze Gehalt an schweren Kohlenwasserstoffen = 0,9 Proz. und 5,1 Proz. des Methans.

Mit dem freigewordenen Kohlenstoff verbinden sich 3,6 Proz. der Kohlensäure und 1,6 Proz. des Wasserdampfgehaltes zu CO. Der Sauerstoffgehalt von 0,1 Proz. verbrennt mit Kohlenoxyd zu Kohlensäure. Man erhält dann folgende Gaszusammensetzung:

CO_2	4,2 Vol.-T.	H_2	32,3 Vol.-T.
O_2	0,0 „	N_2	42,8 „
CO	30,6 „	H_2O	1,6 „
CH_4	3,3 „		

Gasvolumen 1,148 ncbm/ncbm trockenes Mischgas
Freier Kohlenstoff 12,3 g.

Der Heizwert dieser Gasmenge einschließlich des Kohlenstoffes ist 2142 kcal. Das Mischgas hatte unter Berücksichtigung des Benzolheizwertes von 10 kcal einen Heizwert von 2021 kcal. Der Heizwert des Gases hat sich also um 121 kcal erhöht.

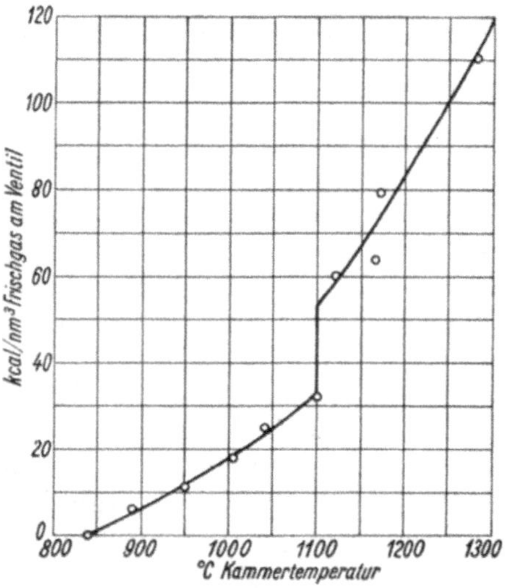

Fig. 84. Wärmetönung der Gasumsetzungen in einem S.-M.-Ofen nach den Untersuchungen von *Hülsbruch.*

Die zunächst anscheinend willkürliche Annahme des Zersetzungsgrades des Gases wird gerechtfertigt, wenn man diese Annahme mit den Untersuchungen *Hülsbruchs**) vergleicht. Verfolgt man die in dieser Arbeit angegebenen Feststellungen über die bei verschiedenen Kammertemperaturen eingetretenen Gasumsetzungen bezüglich der Veränderung des Heizwertes, so gewinnt man das in Figur 84 angegebene Bild der Summe der Wärmetönungen, bezogen auf 1 ncbm Ausgangsgas. Bei einer Temperatur von 1300° ist in guter Übereinstimmung mit der hier getroffenen Annahme die Wärmetönung 119 kcal. Eine gewisse Einschränkung der Anwendbarkeit der *Hülsbruch*schen Feststellung könnte man daraus ableiten, daß die im Kopf entnommenen Gasproben mit der Kammertemperatur verglichen sind. Da nun aber das Gas in der Kammer sicher noch nicht die gemessene Steintemperatur besessen hat, aber sich dafür in der Schlackenkammer und im Kopf weiter erwärmt hat, wird kein allzu bedeutender Fehler entstehen, wenn man die Gastemperatur im Kopf gleich der Kammertemperatur ansetzt.

Für die weitere Betrachtung ist aber nicht so sehr die absolute Höhe des Betrages der Wärmetönungen von Bedeutung, wie ihre Veränderung mit

*) Mitteilung aus der Versuchsanstalt der Dortmunder Union 1924, Heft 4: *Hülsbruch, W.*, Die Gasumsetzungen in den Regeneratoren der mit einem Gemisch aus Hochofen- und Koksofengas beheizten Siemens-Martin-Öfen. — Ferner: Bericht Stahlwerksausschuß des Vereins deutscher Eisenhüttenleute Nr. 152. Stahleisen 1928, S. 1465. *Heiligenstaedt,* Der Siemens-Martin-Ofenbetrieb mit Mischgasbeheizung.

steigender Temperatur. Erst diese Kenntnis versetzt uns in die Lage, den Verlauf der Vorwärmung im Regenerator verfolgen zu können. Die einem cbm Mischgas bzw. der aus einem cbm Mischgas entstehenden Gasmenge mit steigender Temperatur zuzuführende Wärmemenge setzt sich aus der Wärme, die der Temperatur des Gases entspricht, also dem Produkt aus Gasmenge, spezifischer Wärme und Temperatur zusammen und der oben behandelten Veränderung der chemisch gebundenen Wärme. In Figur 85 ist diese Wärmemenge dargestellt; sie zeigt, wie stark der Wärmebedarf der Umsetzungen den Gesamtbedarf gerade bei hohen Temperaturen beeinflußt. Der schnelle Anstieg des Wärmeinhalts bei 1100° ist durch eine Mittelkurve ausgeglichen, die der folgenden Rechnung untergelegt wird. Für die genaue Bestimmung der Temperaturen aus dem Wärmeinhalt ist außerdem die spezifische Wärme des Gases, bezogen auf 1 ncbm Frischgas, im Zustand am Ventil angegeben.

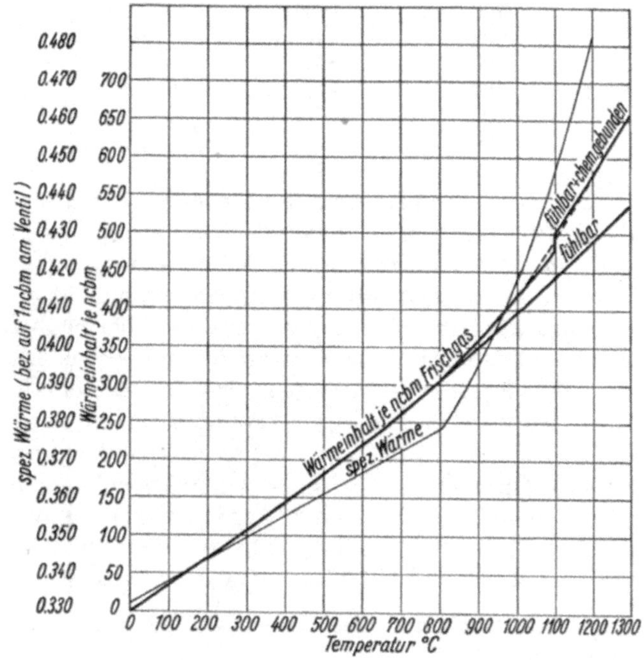

Fig. 85. Spezifische Wärme und Wärmeinhalt des Frischgases, bezogen auf 1 ncbm, im Zustand am Ventil.

Das Rauchgas soll in das Gitter mit 1400° eintreten. Der Luftüberschuß beträgt 20 Proz. Die durch die Gaskammer abgezogene Abgasmenge ist 45 Proz. der gesamten Menge. Auf dieser Grundlage bestimmt man die Abgasmenge als die 1,41fache Menge des Frischgases im Zustande am Ventil. Die spezifische Wärme des Rauchgases ist:

bei	0°	250°	500°	750°	1000°	1250	1500
	0,331	0,340	0,348	0,356	0,364	0,372	0,379

Der Wandverlust des Regenerators betrage 7 Proz. der vom Rauchgas abgegebenen Wärme. Für diese Verhältnisse soll nun die Größe des Regenerators mit einem Rostgitter aus 65 mm starken und 125 mm hohen Steinen bei 80 mm Lagenabstand errechnet werden, wenn das Gas auf 1100° vorgewärmt wird. Die äquivalente Steinstärke ist nach

$$\delta' = \delta \cdot \frac{1}{1 + \frac{a \cdot \delta}{(a + \delta) \cdot h}}, \qquad \delta' = 65 \cdot \frac{1}{1 + \frac{80 \cdot 65}{145 \cdot 125}} = 50 \text{ mm}.$$

Da die Eintrittstemperatur des Rauchgases, die Endtemperatur des Frischgases und die Gasmengen bekannt sind, können zunächst schrittweise aus der Beziehung $c_p' \cdot \Delta\vartheta' = \Delta\vartheta \cdot c_p \cdot 1{,}41 \cdot \eta$ die zugehörigen Rauchgas- und Frischgastemperaturen bestimmt werden. Es errechnet sich:

$\vartheta' = 1100$	$\vartheta = 1400$	Wärmeaufnahme des Frischgases = 0 kcal/ncbm
1000	1250	81 „
900	1140	57 „
800	1040	54 „
700	965	42 „
600	880	41 „
500	803	39 „
400	729	38 „
300	652	37 „
200	579	37 „
70	482	45 „

Für diese Temperaturen werden nun die Wärmeübergangszahlen und mit ihrer Hilfe die Wärmeaustauschzahlen ε und Temperaturabfallzahlen b aufgesucht. Am zweckmäßigsten ist es, eine graphische Darstellung zu verwenden, indem man über der Frischgastemperatur die Rauchgastemperatur aufträgt, für etwa 5 Temperaturen die Wärmeübergangszahlen des Rauchgases und des Frischgases bestimmt und in das Diagramm einsetzt. Einige ε- und b-Werte entnimmt man aus der Zahlentafel 51, trägt sie ebenfalls über der zugehörigen Mischgastemperatur in das Diagramm ein und verbindet sie mit einer Kurve. Die Wärmeübergangszahl durch Konvektion ist nach Figur 44 $\alpha_b = \alpha_b' = 8$. Die Wärmeübergangszahl durch Strahlung α_s ist für 1400° ($C = 3{,}8$ und 20 Proz. Luftüberschuß) 19,6, für 1200° 16,2, für 1000° 13,0, für 800° 10,0, für 600° 5,8, für 400° 2,8. α_s' ist bei einer Konzentration an strahlenden Gasen von $\sim$12 Proz. (CO_2 7,6 Proz., H_2O 3,2 Proz., SKW 0,9 Proz.) aus der Zahlentafel 43 für $d' = \frac{12}{25{,}4} \cdot 80 = 38$ mm auszusuchen.

Es ist für 1200° $\alpha_s' = 9{,}0$, für 1000° 6,0, für 800° 4,9, für 600° 3,0, für 400° 1,3.

$\alpha = 25$ entspricht nach dem besprochenen Diagramm $\alpha' = 14{,}8$. Hierfür ist $\varepsilon = 3{,}88$, $b = 0{,}41$. Die zu $\alpha = 25$ gehörende Frischgastemperatur ist 985°, die Abgastemperatur ist 1230°.

$\alpha = 20$ entspricht $\alpha' = 11{,}8$. Es ist $\varepsilon = 3{,}18$ und $b = 0{,}34$. $\vartheta = 945°$, $\vartheta' = 785°$. $\alpha = 15$ entspricht $\alpha' = 8{,}8$. $\varepsilon = 2{,}45$, $b = 0{,}26$. $\vartheta = 660°$, $\vartheta' = 215°$.

Schließlich ist am Regeneratorende $\alpha = 12$, $\alpha' = 8{,}3$. Hierfür ist $\varepsilon = 2{,}17$, $b = 0{,}24$.

Da nun für jede Frischgastemperatur die Rauchgastemperatur und die Wärmeaustauschzahl ε bekannt ist, kann die notwendige Heizfläche berechnet werden. Im Gegensatz zu den früheren Rechnungen wird so verfahren, daß zuerst für je 100° Erhöhung des Frischgases die zu übertragende Wärmemenge je $^1/_2$ Stunde und dann mit der Wärmeaustauschzahl ε und dem bekannten Temperaturunterschied $\vartheta - \vartheta'$ die Heizflächengröße ausgerechnet wird. Z. B. sind zur Erwärmung des Gases von 1000 auf 1100° 81 kcal/ncbm zuzuführen, also für die Gasmenge einer halben Stunde (1900 cbm) 153900 kcal. Mit $\eta = 93\%$ sind 165500 kcal zu übertragen. 1100° Frischgastemperatur entspricht 1400° Rauchgastemperatur, 1000° entspricht 1250°. Bei 1100° ist nach dem eben besprochenen Diagramm $\varepsilon = 4{,}17$, bei 1000° 3,93. Bei 1100° werden, da die Temperaturdifferenz 300° ist, 1251 kcal/qm Heizfläche und 0,5 St. übertragen, bei 1000° 982 kcal. Mit dem Mittelwert von 1117 kcal/qm werden $\frac{165500}{1117} = 148$ qm Heizfläche benötigt. Die gesamte Berechnung ist im folgenden tabellarisch angegeben.

Frischgas-temp. ϑ'	Rauchgas-temp. ϑ	$\vartheta - \vartheta'$	ε	$\varepsilon(\vartheta - \vartheta')$	Mittel-wert	An Frischgas übertragene Wärme	Vom Rauchgas abgegebene Wärme	Größe der Heizfläche
1100	1400	300	4,17	1251	1117	153900	165500	148
1000	1250	250	3,93	982	931	108300	116600	125
900	1140	240	3,67	881	853	102600	110300	130
800	1040	240	3,44	825	830	79800	85900	103
700	960	260	3,21	835	833	77900	83800	101
600	880	280	2,97	831	835	74100	79800	96
500	803	303	2,77	840	846	72200	78300	93
400	729	329	2,59	852	853	70300	75600	88
300	652	352	2,43	855	859	70300	75600	88
200	579	379	2,28	863	878	85500	92000	105
70	482	412	2,17	894				
Zusammen						894900	963400	1077

Die notwendige Heizfläche ist also 1077, oder abgerundet 1080 qm. In Figur 86 ist nun der Verlauf der Gastemperaturen über der Heizfläche eingezeichnet. Von Bedeutung ist weiterhin der Verlauf der Steintemperatur. Die mittlere Temperatur ist nach S. 137

$$\vartheta_{sM} = 0{,}5\,(\vartheta_{sm} + \vartheta'_{sm}),$$

worin

$$\vartheta_{sm} = \vartheta_m - \frac{\varepsilon}{\alpha \cdot z}(\vartheta_m - \vartheta'_m)$$

und

$$\vartheta'_{sm} = \vartheta'_m + \frac{\varepsilon}{\alpha' z'}(\vartheta_m - \vartheta'_m)$$

ist.

Hiermit ergibt sich der in Figur 86 eingetragene Verlauf. Die höchsten und niedrigsten Steintemperaturen erhält man durch Berücksichtigung der Temperaturschwankung $\Delta\vartheta_s = b(\vartheta - \vartheta')$, die durch ϑ_{sM} halbiert wird.

Die gestellte Aufgabe ist nun gelöst. Es bleibt jedoch noch ein Wort über die Temperaturschwankung des Gases zu sagen. Die Heizflächentemperatur hat am Frischgasaustritt einen Temperaturabfall von $\sim 130°$. Es fragt sich nun, wie groß der Abfall der Frischgastemperatur ist. Im allgemeinen wird es nicht von so wesentlicher Bedeutung sein, den Temperaturabfall des Gases genau zu kennen, wenn man nur als Maßstab des Temperaturabfalls wenigstens den der Heizfläche kennt. In dem vorliegenden Fall liegen die Verhältnisse aber anders. Durch die Erwärmung des Gases sollte ja nicht nur eine Wärmerückgewinnung erzielt werden, für deren Angabe die mittlere Temperatur genügt, sondern gleichzeitig auch durch genügend hohe Vorwärmung eine derartige Kohlenstoffabscheidung im Gase, daß man bei der Verbrennung eine leuchtende Flamme erhält. Wie nun die Figur 85 zeigt, würde eine Schwankung der Vorwärmungstemperatur um 130° beträchtliche Veränderungen in der Stärke der chemischen Umsetzung des Gases hervor-

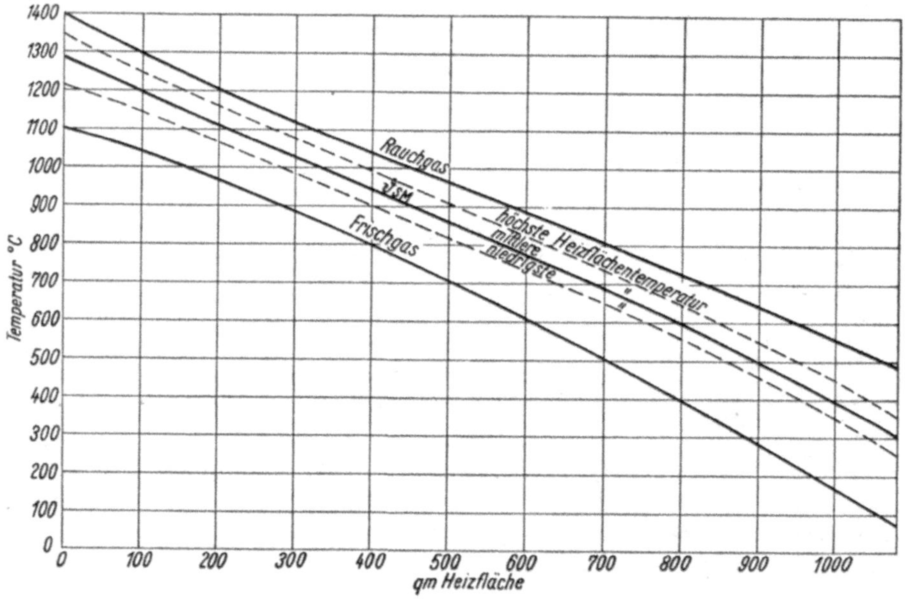

Fig. 86. Verlauf der Gas- und Heizflächentemperaturen im Gasregenerator.

rufen, die in der Figur 84 durch den Wärmeinhalt des Gases deutlich genug gekennzeichnet werden. Man muß also erwarten, daß man bei einer derartigen Temperaturschwankung des Gases am Ende der Entheizzeit die Temperatur unterschreitet, bei der noch eine genügende Kohlenstoffabscheidung eintritt, d. h. die Leuchtkraft der Flamme wird unter das Maß sinken, das zur Aufrechterhaltung einer genügenden Wärmeübertragung notwendig ist. Deshalb soll an die Berechnung eine Untersuchung angeschlossen werden, die den Temperaturabfall des Gases genau bestimmt.

Hierzu wird das auf S. 169 angegebene stufenweise Berechnungsverfahren angewendet, jedoch in anderer Form, als es dort benutzt wurde. Durch die vorhergehende Rechnung ist der Verlauf der höchsten Temperatur am Ende der Umstellzeit gegeben. Am Eintritt in den Regenerator besitzt voraussetzungsgemäß das Gas eine mittlere Temperatur von 70°, die aber auch schon nicht konstant ist, sondern durch den Wärmeaustausch an den Kanalwänden einen Abfall erleidet. Es wird vorausgesetzt, daß die Temperatur am Eintritt von 90° auf 50° gradlinig abfällt. Die Entheizungszeit von 30 Minuten wird in 5 Abschnitte von je 6 Minuten Dauer unterteilt, für diese die mittlere Temperatur bestimmt und mit der bekannten Anfangstemperatur der Heizfläche der zeitliche Verlauf der Heizflächentemperatur mit Hilfe der Formel

$$\vartheta_s' = \vartheta_p' + [\Delta\vartheta_1' \cdot \varphi'^p + \Delta\vartheta_2' \cdot \varphi'^{p-1} + \Delta\vartheta_3' \cdot \varphi'^{p-3} + \cdots + \Delta\vartheta_p' \cdot \varphi']\, \nu' \cdot \cos(n'X)$$

errechnet. Bestimmt man nun die mittlere Heizflächentemperatur während der 5 Zeitabschnitte, so kann man aus der an der betreffenden Heizflächenstelle herrschenden Wärmeübertragungszahl α' die übergehende Wärmemenge je Quadratmeter bestimmen. Der gesamte Regenerator wird nun in mehrere Heizflächenabschnitte eingeteilt und für jeden Heizflächenabschnitt die Steigerung der Frischgastemperatur errechnet. Die Wiederholung dieser Rechnung für die einzelnen Heizflächenabschnitte ergibt schließlich am Ende außer der absoluten Höhe der Vorwärmungstemperatur auch deren zeitlichen Verlauf, da die Rechnung immer die mittlere Gastemperatur für die 5 Zeitabschnitte angibt.

Die gesamte Heizfläche von 1080 qm wird in 7 Abschnitte eingeteilt, und zwar findet die Unterteilung bei 100, 200, 300, 500, 700. 900 und 1080 qm statt. Die Werte φ', ν' und $\cos(n'X)$ werden in der folgenden Zahlentafel berechnet, wobei zur Erklärung des Ganges der Rechnung auf die früheren Bemerkungen S. 158 bzw. 171 verwiesen wird.

Heizflächen-stelle	α'	λ	h'	$h' \cdot X$	nX	ν'	n'^2	$10^3 a$	$n'^2 a z'$	φ'	$\cos(n'X)$
1080	8,3	0,78	10,6	0,265	0,493	1,040	390	1,58	0,062	0,940	0,880
900	8,7	0,89	9,8	0,245	0,476	1,038	362	1,80	0,065	0,937	0,887
700	10,2	0,99	10,3	0,257	0,486	1,039	378	2,01	0,076	0,926	0,883
500	12,0	1,09	11,0	0,275	0,500	1,042	400	2,21	0,088	0,917	0,876
300	13,8	1,12	12,3	0,307	0,528	1,045	446	2,27	0,101	0,902	0,863
200	14,6	1,24	11,8	0,295	0,516	1,044	425	2,51	0,107	0,899	0,869
100	15,6	1,28	12,2	0,305	0,526	1,045	441	2,59	0,114	0,892	0,863
0	15,0	1,35	11,8	0,295	0,516	1,044	425	2,73	0,116	0,891	0,869

Der weitere Rechnungsgang vollzieht sich nun ganz mechanisch nach folgendem Schema: Beim Eintritt in den Regenerator fällt die Frischgastemperatur von 90 auf 50° ab. Nach Figur 87 sind dann die mittleren Gastemperaturen in den 5 Zeitabschnitten 86, 78, 70, 62 und 54°. Die Heizflächentemperatur zu Beginn der Entheizzeit ist nach Figur 86 350°. Der in der Formel für ϑ_s' benötigte Wert $\Delta\vartheta_1$ ist mithin $350 - 86 = 264$, $\Delta\vartheta_2$ ist $86 - 78 = 8$, ebenso $\Delta\vartheta_3 = 8$, $\Delta\vartheta_4 = 8$, $\Delta\vartheta_4 = 8$. Dann ist die Heizflächentemperatur

1. am Ende des ersten Zeitabschnittes

$$\vartheta_s' = 86 + (264 \cdot 0{,}940) \cdot 1{,}040 \cdot 0{,}880 = 313°;$$

2. am Ende des 2. Abschnittes

$$= 78 + (264 \cdot 0{,}940^2 + 8 \cdot 0{,}940) \cdot 1{,}040 \cdot 0{,}880 = 299°;$$

3. am Ende des 3. Abschnittes

$$= 70 + (264 \cdot 0{,}940^3 + 8 \cdot 0{,}940^2 + 8 \cdot 0{,}940) \cdot 1{,}040 \cdot 0{,}880 = 284^\circ;$$

4. am Ende des 4. Zeitabschnittes

$$= 62 + (264 \cdot 0{,}940^4 + 8 \cdot 0{,}940^3 + 8 \cdot 0{,}940^2 + 8 \cdot 0{,}940) \cdot 1{,}040 \cdot 0{,}880 = 271^\circ;$$

5. am Ende des 5. Zeitabschnittes

$$= 54 + (264 \cdot 0{,}940^5 + 8 \cdot 0{,}940^4 + 8 \cdot 0{,}940^3 + 8 \cdot 0{,}940^2 + 8 \cdot 0{,}940) \cdot 1{,}040 \cdot 0{,}880 = 257^\circ$$

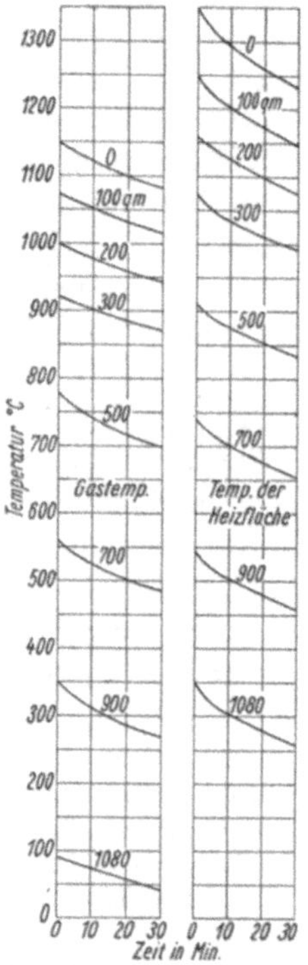

Fig. 87. Berechnung des zeitlichen Verlaufes der Frischgas- und Heizflächentemperatur.

Dieser Temperaturverlauf ist in Figur 87 als Heizflächentemperatur bei 1080 qm eingetragen. Man entnimmt der Temperaturkurve die Heizflächentemperaturen in der Mitte der Zeitabschnitte, nämlich 331, 307, 291, 277 und 264°. Die mittleren Temperaturdifferenzen in den einzelnen Zeitabschnitten sind dann 331 − 86 = 245°, 307 − 78 = 229° usf. = 221°, 215°, 210°. Die in dem Heizflächenabschnitt von 180 qm (1080 bis 900°) an das Gas übertragene Wärmemenge findet man durch die Beziehung

$$\Delta i' = \frac{\eta \cdot \alpha' \cdot f}{G'} (\vartheta_s' - \vartheta') = \frac{0{,}93 \cdot 8{,}3 \cdot 180}{3800} (\vartheta_s' - \vartheta')$$
$$= 0{,}366 (\vartheta_s' - \vartheta').$$

Dies ergibt für die einzelnen Zeitabschnitte $\Delta i' = 90$, 84, 81, 79 und 77 kcal/ncbm Frischgas. Diese Steigerung des Wärmeinhaltes des Gases muß zu dem Anfangswärmeinhalt hinzugezählt werden, der bei den angegebenen mittleren Frischgastemperaturen beim Eintritt in den Regenerator 29, 26, 24, 21 und 18 kcal/ncbm beträgt. Der Wärmeinhalt des Frischgases nach Bestreichen der 180 qm Heizfläche des 1. Heizflächenabschnittes ist also in der Mitte des 1. Zeitabschnittes 29 + 90 = 119 kcal/ncbm, im 2. 110, im 3. 105, im 4. 100, im 5. 95. Mit der entsprechenden spezifischen Wärme (s. Figur 85) ist die Frischgastemperatur 338, 315, 301, 287 und 274°. Diese Temperaturen sind wieder in Figur 87 eingetragen und zu einer Kurve verbunden worden.

Dieser Temperaturverlauf gibt nun die Grundlage für die Berechnung der Erwärmung im 2. Heizflächenabschnitt ab, wobei aus Figur 86 entnommen wird, daß die Heizflächentemperatur am Anfang der Heizzeit bei 900 qm 542° ist. Nun beginnt die gleiche Rechnung, wie für den 1. Heizflächenabschnitt angegeben, für den 2. Heizflächenabschnitt.

Die Durchführung der Rechnung wird man sich durch tabellenmäßige Angabe des Rechnungsganges erleichtern, wie die Zahlentafel 71 für den I. und II. Heizflächenabschnitt zeigt.

Das Ergebnis der Rechnung ist in Figur 87 angegeben. Von Interesse ist für die vorliegende Betrachtung lediglich der Vergleich des Temperaturabfalles des Gases mit dem der Heizfläche. Die Heizflächentemperatur erleidet nach der jetzigen Rechnung einen Abfall von 125° statt der oben errechneten 130°. Dieser geringe Unterschied ist darauf zurückzuführen, daß der Einfachheit halber bei der letzten Rechnung die Steintemperatur zu Beginn der Entheizzeit als gleichmäßige Temperatur des Steinquerschnittes angenommen wurde. Die vermehrte Rechenarbeit, die die ganz folgerichtige Durchführung der Rechnung gemäß der Angabe auf S. 170 erfordert hätte, wird kaum durch die bessere Genauigkeit gerechtfertigt, zumal die Rechnung zeigt, daß der Temperaturabfall des Gases von dem der Heizfläche stark abweicht. Er ist nur 68°, also fast die Hälfte des Abfalles der Heizflächentemperatur. Vom Standpunkt der Berechnungsmethode aus ist es von Wert, aus dieser Rechnung zu erkennen, daß die Heizflächentemperaturschwankung keinen bestimmten Rückschluß auf die Temperaturschwankung des Gases erlaubt. Der Temperaturabfall der Heizfläche gibt lediglich die obere Grenze für den Temperaturabfall des Gases an, wobei man allgemein sagen kann, daß der Abfall des Gases um so größer ist, je mehr die Heizflächentemperatur abfällt. Dieses Beispiel

Zahlentafel 71. Anordnung der Rechnung.

Zeitabschnitt p	Gastemperatur ϑ'_p	Anfangstemperatur der Heizfläche $\vartheta'_{s\,max}$	$\Delta\vartheta'_p$	$\Delta\vartheta'_1\varphi^p$	$\Delta\vartheta'_2\cdot\varphi^{p-1}$	$\Delta\vartheta'_3\cdot\varphi^{p-2}$	$\Delta\vartheta'_4\cdot\varphi^{p-3}$	$\Delta\vartheta'_5\cdot\varphi^{p-4}$	$\Sigma\Delta\vartheta'\cdot\varphi^p$	$\Sigma\cdot\nu$	$\vartheta'_p+\Sigma\cdot\nu\cdot\cos(nX)=\vartheta'_s$	ϑ'_s (Mitte von p)	$\vartheta'_s-\vartheta'$	$\Delta i'+i'_{anf}=i'$	ϑ'
1. Heizflächenabschnitt 1080 bis 900 qm.															
1	86	350	264	248	—	—	—	—	248	258	86 + 227 = 313	331	245	90 + 29 = 119	338
2	78		8	233	8	—	—	—	241	251	78 221 299	307	229	84 26 110	315
3	70		8	219	7	8	—	—	234	243	70 214 284	291	221	81 24 105	301
4	62		8	206	7	7	8	—	228	237	62 209 271	277	215	79 21 100	287
5	54		8	194	7	7	7	8	223	232	54 203 257	264	210	77 18 95	274
2. Heizflächenabschnitt 900 bis 700 qm.															
1	338	542	204	191	—	—	—	—	191	198	338 + 176 = 514	527	189	80 + 119 = 199	548
2	315		23	179	22	—	—	—	201	209	315 185 500	505	190	81 110 191	528
3	301		14	168	20	13	—	—	201	209	301 185 486	490	189	80 105 185	512
4	287		14	157	19	12	13	—	201	209	287 185 472	478	191	81 100 181	501
5	274		13	147	18	11	12	12	200	208	274 184 458	464	190	81 95 176	490

erhärtet somit die bereits auf S. 173 angestellten Betrachtungen über den Zusammenhang zwischen den beiden Temperaturabfällen.

In den hier behandelten Beispielen wird allerdings auch der Temperaturabfall des Gases dadurch besonders stark abgebremst, daß die Temperaturänderung mit sehr starken Änderungen des Wärmeinhaltes infolge des Verlaufs der chemischen Reaktion verbunden ist. Dies zeigt die Kurve der spezifischen Wärme, bei deren Rechnung ja die chemischen Reaktionen als Veränderung der spezifischen Wärme berücksichtigt wurden. Die mittlere Vorwärmungstemperatur am Ende des Regenerators beträgt nach der jetzigen Rechnung 1110° gegenüber der ersten von 1100°. Dieser geringe Unterschied in dem Ergebnis erklärt sich dadurch, daß bei der zweiten Rechnung die Voraussetzung eines konstanten Gastemperaturverlaufes naturgemäß verlassen worden ist. Der Abfall von 1150° auf 1082° wird die Wärmeübergangsbedingungen im Ofen auch gegen Ende der Entheizzeit nicht verschlechtern, da ja noch die Wände der Schlackenkammern und des Gaszuges an das Gas Wärme abgeben, die, wie in dem Beispiel der Rechnung des Siemens-Martin-Ofens gezeigt wurde, genügt, um das Gas dauernd über 1100° zu erhitzen. Infolge der Abkühlung des Rauchgases von der Abzugstemperatur vom Herd von 1750° auf die Eintrittstemperatur des Rauchgases ins Gitter von 1400° werden je Kubikmeter Frischgas 240 bis 250 kcal abgegeben. Man kann sich unter Berücksichtigung eines Wandverlustes von 3500 kcal/h qm leicht errechnen, daß bei normaler Kopfausführung noch durchschnittlich etwa 100 kcal/ncbm Frischgas auf das Frischgas übertragen werden.

4. Nachrechnung eines ausgeführten Winderhitzers bei gegebenen Betriebsverhältnissen.

Regeneratoren besonders großer Abmessungen, bis zu etwa 15000 qm Heizfläche je Einheit, bedient sich der Hochofenbetrieb zur Vorwärmung des Windes. Ein besonderes Merkmal dieser Winderhitzer ist, daß sie nicht durch die fühlbare Wärme des „Abgases“ des Hochofens, die ja nur ganz gering ist, sondern durch Verbrennung des Gichtgases beheizt werden. Weiter ist für ihre Konstruktion von Bedeutung, daß sie nicht nur zur Wärmeübertragung, sondern oft auch zur Wärmespeicherung über das Maß des normalen Betriebes hinaus verwendet werden. Während bei den meisten Regeneratoren die Größe der ihnen angebotenen Abhitze fest begrenzt ist und die Höhe der Vorwärmung nur durch die Größe der Heizfläche variierbar ist, ist beim Winderhitzerbetrieb die Wärmezufuhr durch stärkere Gaszufuhr veränderbar und infolgedessen auch bei verschiedener Heizflächengröße die gleiche Vorwärmungstemperatur zu erzielen.

Dadurch ergibt sich, daß das Betriebsergebnis von sehr vielen Faktoren abhängt. Die langen Umstellzeiten lassen ferner den Speicherungsvorgang stärker hervortreten. Deshalb unterrichtet die Betrachtung des Winderhitzers besser als die der anderen Regeneratoren über das Wesen des Wärmeaustauschvorganges in Regeneratoren. Dies sei die Begründung dafür, daß dem Winderhitzer im folgenden verhältnismäßig viel Raum gewidmet ist.

Die folgenden Untersuchungen besprechen wieder einige für Regeneratoren allgemein gültige Fragen und können unter Abänderung der Zahlenwerte auch auf die Regeneratoren der anderen Öfen übertragen werden.

In Mitteilung 82 der Wärmestelle des Vereins deutscher Eisenhüttenleute wird eine eingehende Untersuchung eines Winderhitzers wiedergegeben. Der Winderhitzer, der mit zentralem Brennschacht versehen ist, hat ein Gitterwerk nach Fig. 62 aus 50 mm starken Steinen, welche Kanäle von 100 ◻ bilden. Die Heizflächengröße ist 6450 qm. Bei den Versuchen war die aufgeheizte Wärmemenge 5670000kcal/St. Das Gichtgas hatte einen unteren Heizwert von 987 kcal/ncbm, die fühlbare Wärme von Gas und Luft je ncbm Gichtgas war 15 kcal/ncbm. Die Gasmenge ist mithin $\frac{5,67 \cdot 10^6}{987 + 15} = 5650$ cbm/St.

Aus den angegebenen Analysen

	CO_2	CO	H_2	N_2	O_2	H_2O
Frischgas	8,3 Proz.	31,0 Proz.	1,3 Proz.	58,2 Proz.	— Proz.	25 g/ncbm
Abgas	21,0 ,,	0,5 ,,	— ,,	73,7 ,,	2,4 ,,	2,4 Proz.

errechnet sich als Abgasmenge 1,837 cbm/cbm Frischgas.

Der Wärmeinhalt der Rauchgase in der Kuppel ist nach den Angaben des Untersuchungsberichtes $4,55 \cdot 10^6$ kcal/St. Die Eintrittstemperatur des Rauchgases in das Gitter ist also

$$\vartheta_1 = \frac{4550000}{1,837 \cdot 5650 \cdot 0,376} = 1170^\circ .$$

Die fühlbare Abgaswärme ist 450000 kcal/St. Die Abgastemperatur ist hiermit

$$\vartheta_2 = \frac{450000}{1,837 \cdot 5650 \cdot 0,338} = 128^\circ .$$

Der Wind hat im Gitter 3600000 kcal/St. aufgenommen und tritt mit $\vartheta_1' = 790^\circ$ aus dem Gitter aus, mit $\vartheta_2' = 45^\circ$ in das Gitter ein. Hieraus bestimmt sich die Windmenge zu 14800 cbm/St.

Im Gitter werden vom Rauchgas 4550000 — 450000 = 4100000 kcal/St. abgegeben; da 3600000 kcal/St. vom Wind aufgenommen werden, ist der Wirkungsgrad des Speichers

$$\eta = \frac{3,6 \cdot 10^6}{4,1 \cdot 10^6} = 0,88 .$$

Mit diesen aus der im Bericht angegebenen Wärmebilanz errechneten Werten ergeben sich folgende für die Berechnung der Vorwärmungstemperatur notwendigen Unterlagen:

Gitterheizfläche	$F =$	6450	qm
Dauer der Heizzeit	$z =$	2	St.
,, ,, Entheizzeit	$z' =$	2	,,
Frischgasmenge	$G_g =$	5650	cbm/St.
Abgasmenge $1,837 \cdot 5650$	$G =$	10400	,,
Windmenge	$G' =$	14800	,,
Wirkungsgrad des Gitters	$\eta =$	0,88	

Kanalabmessung	$a =$	100 ⌷ mm
Steinstärke wirklich	$\delta =$	50 mm
„ äquivalent	$\delta' =$	62,5 mm

Der Gitterquerschnitt ist bei 6,250 m äußerem Durchmesser, 335 mm Wandstärke und 2,70 m äußerem Brennschachtdurchmesser 18,7 qm. Der freie Querschnitt des Gitters ist $18{,}7 \cdot \left(\frac{100}{150}\right)^2 = 8{,}3$ qm. Die auf Normalzustand bezogene Rauchgas- und Windgeschwindigkeit im Gitter ist $w_0 = 0{,}35$ m/sec, $w_0' = 0{,}50$ m/sec. Bei diesen geringen Geschwindigkeiten ist die Wärmeübergangszahl unabhängig von den Gasgeschwindigkeiten $\alpha_k = \alpha_k' = 7$ kcal/qm, St., °C (s. Fig. 44).

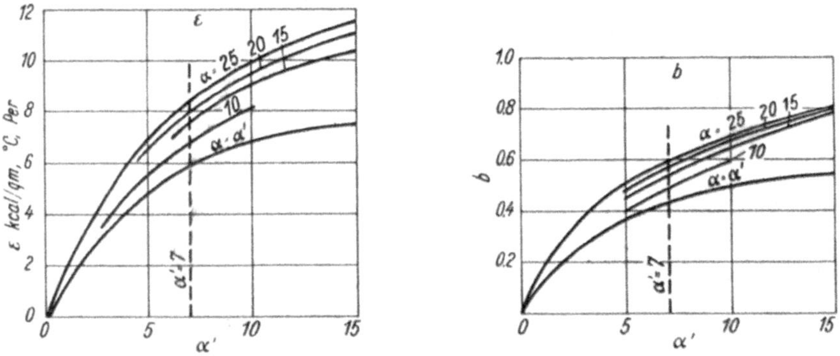

Fig. 88. Bestimmung der Wärmeaustauschzahl ε und der Temperaturabfallzahl b.

Die Wärmeübergangszahl durch Strahlung in der Heizzeit ist aus der Zahlentafel 42 mit $C = 4$ und unter der Berücksichtigung dessen zu entnehmen, daß bei der Bestimmung des Wärmeüberganges der geringere CO_2- und H_2O-Gehalt durch die Reduktion des Kanaldurchmessers auf ~ 90 mm kompensiert werden kann.

Es ist für ϑ	$= 1200°$	$\alpha_s = 17{,}3$	$\alpha = \sim 24{,}5$
	$= 1000°$	$= 14{,}9$	$= 22$
	$= 800°$	$= 10{,}5$	$= 17{,}5$
	$= 600°$	$= 6{,}9$	$= 14$
	$= 400°$	$= 3{,}6$	$= 10{,}5$
	$= 200°$	$= 0$	$= 7$

Aus Zahlentafel 53 ist ε für $z = z' = 2$ St. ε und b zu entnehmen. Da die Nachprüfung der Untersuchung durch die Rechnung bzw. umgekehrt eine möglichst genaue Bestimmung von ε und b wünschenswert macht, sind die Werte graphisch interpoliert (siehe Fig. 88). Es ist

für $\alpha = 25$	$\alpha' = 7$	$\varepsilon = 8{,}3$	$b = 0{,}59$
$= 20$	$= 7$	$= 7{,}95$	$= 0{,}57$
$= 15$	$= 7$	$= 7{,}5$	$= 0{,}54$
$= 10$	$= 7$	$= 6{,}7$	$= 0{,}49$
$= 7$	$= 7$	$= 5{,}9$	$= 0{,}43$

Die Wärmeleitzahl der Steine ist für die hohen Temperaturen in der Kuppel $\sim$ 1,2, im unteren Gitterteil 0,6 kcal · m/qm, St., °C. Bei zweistündiger Umstellzeit ist aber die Beeinflussung von ε und b durch die Wärmeleitzahl λ so gering, daß man sie nicht zu berücksichtigen hat. Die gefundenen Werte α und ε sind in Fig. 89 in Abhängigkeit von der Rauchgastemperatur eingezeichnet worden, ebenso auch die spez. Wärmen c_p und c_p'.

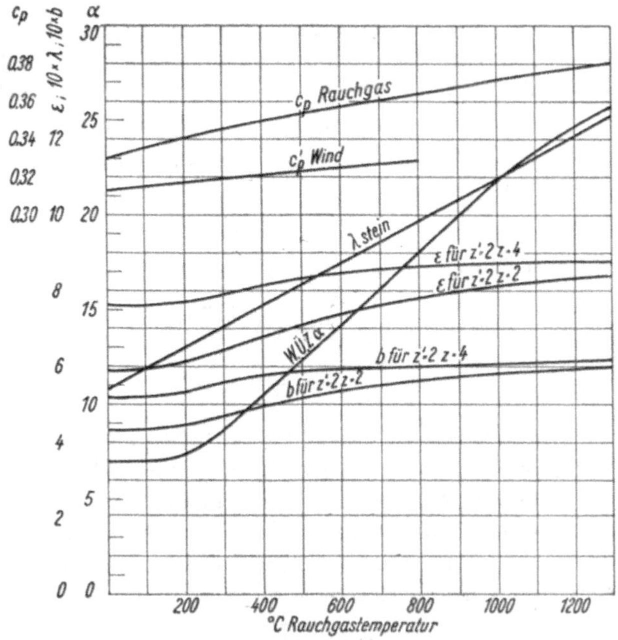

Fig. 89. Wärmeübergangszahl α. Wärmeaustauschzahl ε, Temperaturabfallzahl b, Wärmeleitzahl λ_{Stein} und spez. Wärme je cbm bei verschiedener Rauchgastemperatur.

Die Wärmeaustauschzahl ist abhängig von der Temperatur des

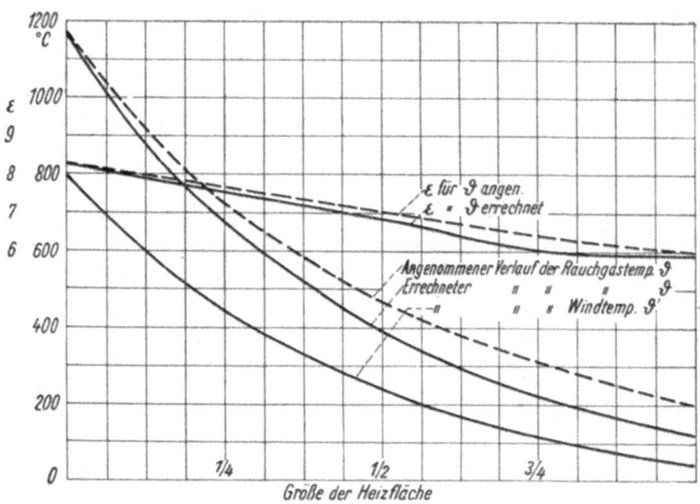

Fig. 90. Grundlage und Ergebnis der angenäherten Berechnung.

Rauchgases, also von dem noch unbekannten Temperaturverlauf. Die mittlere Wärmeaustauschzahl, die die Vorwärmungstemperatur ϑ_1' bestimmt, ist unbekannt, weil das mittlere ε durch den Temperaturverlauf bestimmt wird.

Man ist deshalb gezwungen, einen wahrscheinlichen Temperaturverlauf des Rauchgases anzunehmen und mit seiner Hilfe das mittlere ε zu bilden (Fig. 90). Es ergibt sich auf diesem Wege $\varepsilon_m = 7{,}03$. Es ist nun

$$a = \frac{G' c_p'}{\eta G c_p} = \frac{29600 \cdot 0{,}327}{0{,}88 \cdot 20800 \cdot 0{,}376} = 1{,}405 .$$

Damit ist

$$z = e^{-\frac{\eta F (a-1) \cdot \varepsilon_m}{G' c_p'}} = e^{-\frac{0{,}88 \cdot 6450 \cdot 0{,}405 \cdot 7{,}03}{29600 \cdot 0{,}327}} = e^{-1{,}67} = 0{,}189 .$$

Hiermit wird

$$\vartheta_1' = \frac{1}{1{,}405 - 0{,}189} \{1170 (1 - 0{,}189) + 45 (1{,}405 - 1)\}$$

$$= \frac{1}{1{,}216} (948 + 18) = 795^\circ .$$

Wie angegeben, betrug die Windtemperatur über dem Gitter tatsächlich 790°, die Rechnung ergibt also im Endergebnis praktisch vollständige Übereinstimmung, trotzdem ja der Temperaturverlauf des Rauchgases und damit die mittlere Wärmeaustauschzahl geschätzt worden ist.

Nun ist zur genaueren Nachrechnung der Verlauf der Temperaturen zu bestimmen durch die Beziehungen

$$\vartheta' = \frac{1}{a-1} \{\vartheta_1 (z_f - 1) + \vartheta_1' (a - z_f)\} .$$

$$\vartheta = \vartheta_1 - a (\vartheta_1' - \vartheta') .$$

Das Gitter wird in vier gleiche Abschnitte unterteilt und die Temperatur am Ende jedes Abschnittes errechnet. Da die Formeln durch Integration über die Heizfläche vom Anfang des Gitters bis zu der Stelle, für welche die Temperatur bestimmt werden soll, abgeleitet ist, darf für die Größe der Heizfläche nicht etwa ein Viertel der gesamten Heizfläche, sondern muß immer die Größe der ganzen Heizfläche bis zur betrachteten Stelle eingesetzt werden, ebenso die mittlere Wärmeaustauschzahl nicht für ein Viertel der Heizfläche, sondern für die gesamte Heizfläche bis zur betrachteten Stelle. Es ist daher an Hand des angenommenen Temperaturverlaufes

für $f = 0$	bis 1612 qm	$\varepsilon_m = 7{,}97$	$z = e^{-0{,}474} = 0{,}623$
„ $f = 0$	„ 3225 qm	$= 7{,}67$	$= e^{-0{,}910} = 0{,}401$
„ $f = 0$	„ 4837 qm	$= 7{,}34$	$= e^{-1{,}307} = 0{,}269$
„ $f = 0$	„ 6450 qm	$= 7{,}03$	$= e^{-1{,}67} = 0{,}189$

Hiermit wird an den Endpunkten dieser Abschnitte

1. Viertel $\vartheta_1' = \frac{1}{0{,}405} \{795 (1{,}405 - 0{,}623) - 1170 (1 - 0{,}623)\} = 445$

2. „ $= \frac{1}{0{,}405} \{795 (1{,}405 - 0{,}401) - 1170 (1 - 0{,}401)\} = 242$

3. „ $= \frac{1}{0{,}405} \{795 (1{,}405 - 0{,}269) - 1170 (1 - 0{,}269)\} = 117$

4. „ $= \frac{1}{0{,}405} \{795 (1{,}405 - 0{,}189) - 1170 (1 - 0{,}189)\} = 45$

Die zugehörigen Rauchgastemperaturen sind 678°, 393°, 218°, 117°. Hiermit ist in der ersten Annäherung der Verlauf der Rauchgas- und Windtemperaturen festgelegt (siehe Fig. 90). Genügt diese Berechnung nicht, so ist nun mit den Unterlagen, die dieser angenähert richtige Temperaturverlauf liefert, die genaue Berechnung durchzuführen. Sie wird im allgemeinen genügen, da die verhältnismäßig geringen Unterschiede des Ergebnisses zumeist ohne Bedeutung sind.

Des Prinzips wegen, und um die Unterschiede der Ergebnisse von Rechnung und Messung frei von Vereinfachungen des Rechnungsganges zu machen, sei hier die genauere Rechnung ausgeführt. Dann ist zu beachten, daß nicht nur die für jeden Abschnitt geltenden Mittelwerte von ε in der oben angeführten Weise zu bestimmen sind, sondern ebenso die mittleren spez. Wärmen von Rauchgas und Luft, wodurch sich auch die a-Werte ändern. Auch der Wirkungsgrad η ist von der Größe der Wandverluste, die die einzelnen Abschnitte zu tragen haben, abhängig. Verteilt man sie nach Maßgabe der mittleren Gittertemperatur auf die Heizfläche, so erkennt man allerdings, daß in diesem Falle η praktisch gleich 0,88 auch für die einzelnen Abschnitte bleibt.

Die spez. Wärmen für die vier Abschnitte sind

	Rauchgas	Wind
1. Viertel	$c_p = \frac{1170 \cdot 0{,}376 - 678 \cdot 0{,}360}{1170 - 678} = 0{,}398$	$c'_p = 0{,}333$
2. ,,	$= \frac{1170 \cdot 0{,}376 - 393 \cdot 0{,}349}{1170 - 393} = 0{,}389$	$= 0{,}332$
3. ,,	$= 0{,}384$	$= 0{,}330$
4. ,,	$= 0{,}379$	$= 0{,}328$

Dann ist für die vier Abschnitte, in denen sich G, G' und η nicht ändert, $a = 1{,}355,\ 1{,}385,\ 1{,}395,\ 1{,}405$.

ε_m ergibt sich aus dem eben errechneten Verlauf der Rauchgastemperatur zu $\varepsilon_m = 7{,}90;\ 7{,}56;\ 7{,}17;\ 6{,}83$. Die z-Werte sind

1. Viertel $z = e^{-\frac{0{,}88 \cdot 1612 \cdot 0{,}355}{29\,600 \cdot 0{,}333} \cdot 7{,}90} = e^{-0{,}404} = 0{,}667$.

2. ,, $z = e^{-\frac{0{,}88 \cdot 3225 \cdot 0{,}385}{29\,600 \cdot 0{,}332} \cdot 7{,}56} = e^{-0{,}840} = 0{,}429$.

3. ,, $z = e^{-\frac{0{,}88 \cdot 4837 \cdot 0{,}395}{29\,600 \cdot 0{,}330} \cdot 7{,}17} = e^{-1{,}233} = 0{,}289$.

4. ,, $z = e^{-\frac{0{,}88 \cdot 6450 \cdot 0{,}405}{29\,600 \cdot 0{,}328} \cdot 6{,}83} = e^{-1{,}615} = 0{,}199$.

Hiermit wird zunächst die Vorwärmungstemperatur

$$\vartheta'_1 = \frac{1}{1{,}405 - 0{,}199}\left\{1170 \cdot (1 - 0{,}199) + 45(1{,}405 - 1)\right\} = 792^\circ.$$

und die Abgastemperatur

$$\vartheta_2 = 1170 - 1{,}405\,(792 - 45) = 1170 - 1050 = 120^\circ.$$

Die Temperaturen von Rauchgas und Wind in den vier Abschnitten sind

$$1.\text{ Viertel } \vartheta' = \frac{1}{0{,}355}\left\{792\,(1{,}355 - 0{,}667) - 1170\,(1 - 0{,}667)\right\} = 436 \quad \vartheta = 688\,,$$

$$2.\ \text{,,}\quad \vartheta' = \frac{1}{0{,}385}\left\{792\,(1{,}385 - 0{,}429) - 1170\,(1 - 0{,}429)\right\} = 232 \quad \vartheta = 395\,,$$

$$3.\ \text{,,}\quad \vartheta' = \frac{1}{0{,}395}\left\{792\,(1{,}395 - 0{,}289) - 1170\,(1 - 0{,}289)\right\} = 109 \quad \vartheta = 217\,,$$

$$4.\ \text{,,}\quad \vartheta' = \frac{1}{0{,}405}\left\{792\,(1{,}405 - 0{,}199) - 1170\,(1 - 0{,}199)\right\} = 45 \quad \vartheta = 120\,.$$

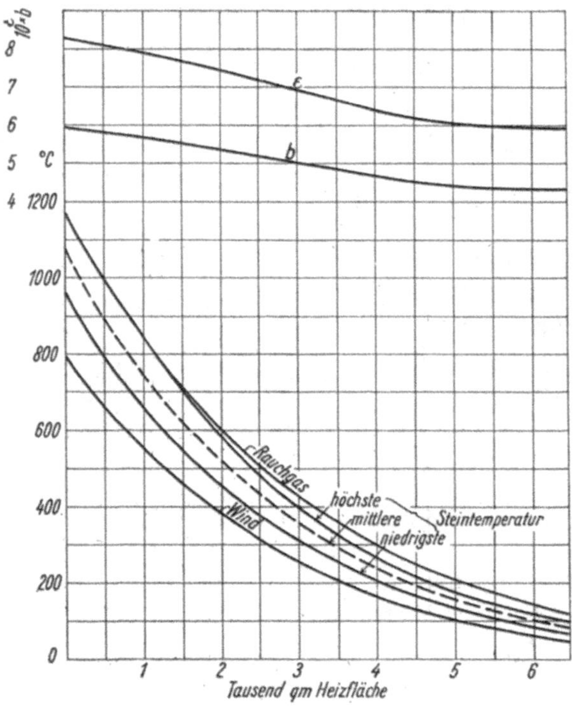

Fig. 91. Temperaturverlauf im Winderhitzer.

Diese Temperaturen sind in Fig. 91 über der Heizfläche aufgetragen. Weiterhin von Interesse ist die Temperatur des Gitters. Nach den Beziehungen

mittlere Oberflächentemperatur während der Heizzeit

$$\vartheta_s = \vartheta - \frac{q\,\mathrm{reg}}{\alpha \cdot t}\,,$$

mittlere Oberflächentemperatur während der Entheizzeit

$$\vartheta_s' = \vartheta' + \frac{q\,\mathrm{reg}}{\alpha' \cdot t'}\,,$$

mittlere Oberflächentemperatur während der Periode

$$\vartheta_{sM} = \frac{\vartheta_s + \vartheta_s'}{2}\,.$$

Temperaturschwankung der Oberfläche $\Delta\vartheta_s = b\,(\vartheta - \vartheta)$.

Grenztemperaturen der Oberfläche $\vartheta_{s\max}$ bzw. $\vartheta_{s\min} = \vartheta_{sM} \pm \frac{\Delta\vartheta_s}{2}$ sind sämtliche Oberflächentemperaturen zu bestimmen und festzulegen.

Der Verlauf des Wertes b, der zusammen mit ε bestimmt war, ist in Fig. 91 ebenso wie der von ε zur besseren Übersicht eingezeichnet worden. Die folgende Zahlentafel gibt den Rechnungsgang und seine Ergebnisse wieder. Die Temperaturen werden wieder an den Stellen 0, 1612, 3225, 4837 und 6450 qm Heizfläche errechnet.

Zahlentafel 72. Berechnung der Gittertemperaturen.

Ort des Gitters	0	1/4	1/2	3/4	1
$\vartheta - \vartheta'$	375	252	163	108	75
ε	8,27	7,60	6,80	6,05	5,90
Wärmeübertrag. je qm Heizfl. kcal/qm, Per. $= q_{reg}$	3100	1915	1110	653	442
α	24,2	15,9	10,3	7,4	7,0
ϑ_s	1106	608	341	173	89
ϑ_s'	1016	572	311	156	77
ϑ_{sM}	1061	590	326	164	83
b	0,59	0,55	0,495	0,443	0,430
$\Delta\vartheta_s$	221	139	81	48	32
$\vartheta_{s\,max}$	1171	659	366	188	99
$\vartheta_{s\,min}$	950	520	285	140	67

In der Fig. 91 ist ϑ_{sM}, $\vartheta_{s\,max}$ und $\vartheta_{s\,min}$ eingetragen. Die genaue Bestimmung des Temperaturabfalles des Heißwindes nach Abschnitt IX 7 würde recht zeitraubend sein. Die praktische Erfahrung an Winderhitzern zeigt, daß man den wirklichen Temperaturabfall annähernd trifft, wenn man den Abfall der Heizflächentemperatur mit einem Faktor multipliziert, der um den Betrag des relativen Abfalls der Heizflächentemperatur kleiner als 1 ist. Es ist also der Temperaturabfall des Heißwindes

$$\Delta\vartheta' = \left(1 - \frac{\Delta\vartheta_s}{\vartheta_{sM}}\right) \cdot \Delta\vartheta_s = \left(1 - \frac{221}{1061}\right) \cdot 221 = 178^\circ\,C.$$

Die Ergebnisse der Rechnung sind nun mit den Ergebnissen der Messung zu vergleichen. Die errechnete Windtemperatur von 792° stimmt mit der gemessenen von 790° genau überein. Auch die Abgastemperaturen stimmen überein, eine Übereinstimmung, die natürlich schon durch die Wärmebilanz bedingt wird, wenn ϑ_1' übereinstimmend berechnet worden ist. Auch der Temperaturabfall des Windes ist nach Fig. 14 der Mitteilung 82 übereinstimmend. Bei der normalen Periode ist bei 105 min Entheizzeit der Abfall etwa 170° nach Verlassen des Gitters. Die Endergebnisse, die bei der Messung besonders gut erfaßbar sind, stimmen also völlig überein. Nicht ganz so gut übereinstimmend ist der Verlauf der Temperaturen zwischen diesen Endpunkten. Man ist aber nicht gezwungen, für alle Divergenzen die Rechnung verantwortlich zu machen. Einmal wird durch die Meßeinrichtung der normale Zustand etwas gestört, und dann kann auch bei der zeitlichen und örtlichen Mittelbildung der Meßwerte eine Abweichung des Meßergebnisses von der Wirklichkeit bewirkt werden. Es sind dies eben Meßfehlermöglichkeiten, die gerade bei so großen und unzugänglichen Versuchsobjekten, wie es Winderhitzer sind, kaum auszuschalten sind.

In der Zahlentafel 72 ist auch die je qm Heizfläche von Rauchgas an Luft übertragene Wärmemenge in der Periode angegeben. Im Mittel der ganzen Heizfläche ist sie 1360 kcal/qm, Periode. Dies ist die Wärmemenge, die vom

Rauchgas an die Heizfläche übertragen wird, von der Heizfläche an den Wind werden dagegen nur 88 Proz. davon = 1200 kcal/qm übertragen. Die je Stunde Heizzeit an die Heizfläche übertragene Wärmemenge ist also 680 kcal/qm, St., die je Stunde Entheizzeit übertragene 600 kcal/qm, St. Betrachtet man den Winderhitzer aber lediglich als Wärmeaustauscher zwischen Rauchgas und Luft, so ist seine Wärmeaustauschleistung nur 1200 kcal je qm und Periode, oder auf die Stunde bezogen 300 kcal/qm, St. Der entsprechende Wert ist am Anfang des Gitters 680, am Ende des Gitters 97 kcal/qm, St. Diese Belastungen sind außergewöhnlich niedrig. Sie bewirken natürlich eine sehr weitgehende Abkühlung der Rauchgase, einen hohen Feuerungswirkungsgrad. Ob die hierdurch erzielte Wärmeersparnis wirtschaftlich ist, erscheint fraglich. Fraglich ist sogar, ob die durch die großen Abmessungen des Winderhitzers erzielten Ersparnisse an Abgasverlusten nicht durch gleichzeitig gesteigerte Wandverluste aufgezehrt werden, also ob nicht rein wärmetechnisch ungünstig große Abmessungen vorliegen. Zunächst aber soll lediglich die Verkleinerung der Heizfläche festgestellt werden, wenn man höhere Abgastemperaturen zuläßt.

5. Zusammenhang zwischen Heizflächengröße und Abgasverlust bei einem Winderhitzer.

Voraussetzung bleibt, daß die Windmenge von 14800 cbm/St. auf 790° vorgewärmt werden soll, und zwar unter Beibehaltung der Gitterung von 100 □ Kanälen und 50 mm starken Steinen. Die mittlere Abgastemperatur soll zunächst 200°, dann 300° betragen.

Abgastemperatur 200°.

Es ist

$$Q = \eta \cdot \varepsilon \cdot F n (\vartheta_m - \vartheta'_m)\,,$$

$$Q \text{ ist} = 7\,200\,000 \text{ kcal/Periode.}$$

η ist wegen der Verkleinerung der Heizfläche größer als 0,88 und wird auf 0,90 geschätzt. Die Temperaturdifferenz Rauchgas — Wind am Anfang des Gitters (oben) ist

$$\Delta\vartheta_o = 1170 - 795 = 375°, \text{ unten}$$

$$\Delta\vartheta_F = 200 - 45 = 155°$$

Für

$$\frac{\Delta\vartheta_o}{\Delta\vartheta_F} = \frac{375}{155} = 2{,}42 \quad \text{ist } n = 0{,}940\,.$$

Ferner ist

$$\vartheta_m = \frac{1170 + 200}{2} = 685°,$$

$$\vartheta'_m = \frac{795 + 45}{2} = 420°.$$

Nimmt man den bei der vorhergehenden Rechnung festgestellten Temperaturverlauf auch jetzt noch als richtig an, jedoch nur bis zu 200°, so erhält man als mittlere Wärmeaustauschzahl $\varepsilon_m = 7{,}04$.

Mit den Zahlenwerten wird die Gleichung $7200000 = 0{,}90 \cdot 7{,}04 \cdot F \cdot 0{,}94$ $(685 - 420)$ und hieraus die Größe der Heizfläche $F = 4\,570$ qm.

Die Bestimmung des Temperaturverlaufes, die nicht wiedergegeben ist, zeigt, daß die Temperaturen jetzt flacher verlaufen. Dadurch wird auch ε_m größer, und zwar $= 7{,}27$. Dadurch verringert sich die notwendige Heizfläche auf

$$F = 4420 \text{ qm}.$$

Man erhält folgenden Temperaturverlauf

Gittertiefe	0	$\vartheta' = 792°$	$\vartheta' = 1170°$
,,	$^1/_4$	$= 540°$	$= 844°$
,,	$^1/_2$	$= 337°$	$= 580°$
,,	$^3/_4$	$= 170°$	$= 363°$
,,	1	$= 45°$	$= 200°$

Bei 200° führt 1 cbm Abgas 69 kcal fühlbare Wärme ab. Da es 440 kcal beim Eintritt in das Gitter besitzt, gibt es in ihm 371 kcal ab. Da insgesamt $\frac{7200000}{0{,}90} = 8000000$ kcal während einer Periode an das Gitter abgegeben werden müssen, sind $\frac{8000000}{371} = 21650$ cbm Abgas oder $\frac{21450}{1{,}837} = 11800$ cbm Frischgas in der Periode zuzuführen.

Abgastemperatur 300°.

Auf dem gleichen Wege errechnet man, daß jetzt die Heizfläche nur noch

$$F = 3450 \text{ qm}$$

betragen muß.

Der Gasverbrauch ist 12800 cbm/Periode, der Temperaturverlauf bei Gittertiefe

0	$\vartheta = 1170°$	$\vartheta' = 791°$
$^1/_4$	$= 922°$	$= 577°$
$^1/_2$	$= 695°$	$= 382°$
$^3/_4$	$= 481°$	$= 200°$
1	$= 300°$	$= 45°$

Die folgende Zusammenstellung gibt an, wieviel Heizfläche in den drei Fällen für die gesamte Anlage, bestehend aus zwei Winderhitzern je Ofen im Betrieb und $^1/_2$ Winderhitzer je Hochofen als Reserve, benötigt wird, und wie groß der Mehrverbrauch an Gas bei steigender Abgastemperatur ist.

Zahlentafel 73. Verringerung der Heizfläche und Vergrößerung des Gasverbrauches bei steigender Abgastemperatur.

Abgastemperatur °	Größe der Heizfläche je Winderhitzer	Größe der Heizfläche für die ganze Anlage	in Proz.	Gasmenge cbm/St.	Gasmenge Mehrbedarf je Jahr	Ersparnis an Heizfläche qm
120	6450	16100	100	5650	—	—
200	4420	11000	68	5900	2200000	5100
300	3450	8600	54	6400	6500000	7500

Verzinsung, Tilgung und Instandhaltung je Jahr dürfen bei der Vergrößerung der Heizfläche von 4420 auf 6450 qm den Gegenwert von 2,2 Mill. cbm Gichtgas, bei einem Preis von 2,50 Mk./1000 cbm also 5500 Mk. nicht überschreiten, das sind etwa 1,10 Mk./qm Heizfläche; bei einer Vergrößerung von 3450 auf 4420 qm müssen diese Kosten kleiner als $\frac{4300 \cdot 2{,}50}{2400} = 4{,}50$ Mk/qm sein.

Die Wärmeaustauschleistung ist im Periodenmittel bei 120° Abgastemperatur 300 kcal/qm, St., bei 200° 407, bei 300° 540. Die Heizflächenleistungen während der Heizzeit 680, 905, 1150 kcal/qm, St.

6. Verhalten eines Winderhitzers bei Leistungssteigerung.

Es soll nun untersucht werden, wie sich der bisher durchgerechnete Winderhitzer bei Steigerung der Leistung verhält. Die zu erwärmende Windmenge soll auf 20000, 30000 und 40000 cbm/St. gesteigert werden. Dabei soll die zweistündige Umstellzeit beibehalten werden, der Wind ebenfalls wie früher auf 790° im Gitter erwärmt werden. Die Wandverluste sollen auch bei vermehrter Leistung in ihrer absoluten Größe gleich bleiben.

Die Heizfläche des Brennschachtes entzog dem Rauchgas eine bestimmte Wärmemenge, und es soll vorausgesetzt werden, daß diese Wärmemenge auch bei der vermehrten Leistung dieselbe bleibt. Die von einem cbm Gas zugeführte Wärmemenge einschließlich der fühlbaren Wärme betrug 1002 kcal, von denen 28 kcal durch mangelhafte Verbrennung verloren wurden. Die tatsächliche Wärmezufuhr war also 974 kcal/cbm. Von dieser Wärmemenge gelangte in das Gitter die einer Rauchgastemperatur von 1170° entsprechende Wärmemenge, das sind bei 1,837 cbm Abgas je cbm Frischgas

$$1170 \cdot 0{,}376 \cdot 1{,}837 = 807 \text{ kcal/cbm Frischgas.}$$

Da die Gaszufuhr 11300 cbm/Periode war, sind im Brennschacht 11300 · (974 — 807) = 1890000 kcal/Periode verblieben. Diese gleiche Wärmemenge soll auch bei verstärkter Leistung vom Brennschacht aufgenommen werden.

Der Wandverlust des Gitters betrug 250000 kcal/St., in der vierstündigen Periode also 1000000 kcal.

Bei einer Windmenge von 40000 cbm/St. bzw. 80000 cbm/Periode ist die Nutzwärme bei einer Vorwärmung des Windes von 45 auf 790°

$$80000 \cdot 745 \cdot 0{,}328 = 19500000 \text{ kcal/Periode.}$$

Bekannt sind für die Berechnung die Heizfläche, die Windmenge, die Eintritts- und Austrittstemperatur des Windes und die zu übertragende Wärmemenge. Unbekannt ist jedoch die Abgastemperatur und infolgedessen auch die Gasmenge, welche zur Deckung der benötigten Wärme aufzuheizen ist. Es bleibt nichts anderes übrig, als eine Abgastemperatur anzunehmen, mit ihr die benötigte Frischgasmenge zu errechnen und nachzuprüfen, ob mit diesen Annahmen die Vorwärmung von 790° erreicht wird. Nimmt man zunächst 300° als Abgastemperatur an, so gibt die Wärmebilanzgleichung die notwendige Frischgasmenge G_F cbm/Periode.

$$G_F\,(974 - 1{,}837 \cdot 300 \cdot 0{,}345) = 19500000 + 1900000 + 1000000\,,$$

$$G_F = \frac{22400000}{784} = 28560\,\text{cbm/Per.}$$

Die Eintrittstemperatur des Rauchgases in das Gitter ergibt sich aus dem Wärmeinhalt, den das Rauchgas nach der Wärmeabgabe im Brennschacht noch enthält. Dieser ist

$$\begin{array}{r} 28560 \cdot 974 = 27800000\ \text{kcal} \\ -\ 1900000\ \ ,, \\ \hline 25900000\ \text{kcal.} \end{array}$$

Der Wärmeinhalt je cbm Abgas ist $= \dfrac{25900000}{28560 \cdot 1{,}837} = 495$ kcal/cbm Rauchgas.

Hieraus $\vartheta_1 = 1300°$.

Es ist ferner

$$a = \frac{1300 - 300}{790 - 45} = 1{,}340\,.$$

Die Wärmeübergangszahlen durch Berührung α_k und α'_k erhöhen sich bei dieser Windmengensteigerung noch nicht. w'_0 ist 1,32 m/sec, liegt also gerade am Ende des Bereiches konstanter Wärmeübergangszahl.

$$z = e^{-\frac{\eta \cdot F \cdot (a-1)}{G' c'_p} \cdot \varepsilon_m}\,,$$

$$\eta = \frac{19500000}{19500000 + 1000000} = 0{,}95$$

ε_m für eine Rauchgastemperatur von 1300 bis 300° = 7,5 (s. Fig. 91),

$$z = e^{-\frac{0{,}95 \cdot 6450\,(1{,}340-1)}{80000 \cdot 0{,}328} \cdot 7{,}5} = e^{-0{,}595} = 0{,}551\,,$$

$$\vartheta'_1 = \frac{1}{a - z}\left\{\vartheta_1 (1 - z) + \vartheta_2 (a - 1)\right\}$$

$$= \frac{1}{1{,}340 - 0{,}551}\left\{1300 \cdot (1 - 0{,}551) + 45\,(1{,}34 - 1)\right\} = 760°,$$

$$\vartheta_2 = \vartheta_1 - a\,(\vartheta'_1 - \vartheta'_2) = 1300 - 1{,}34\,(760 - 45) = 343°.$$

Der angenommenen Abgastemperatur von 300° steht eine errechnete von 343° gegenüber. Sie ist also wesentlich zu niedrig geschätzt worden.

$$\vartheta_1 = 370°\ \text{angenommen.}$$

Abgasverlust $1{,}837 \cdot 370 \cdot 0{,}348 = 237$ kcal/cbm Frischgas.

$$\text{Gasmenge } G = \frac{9760000 + 500000 + 920000}{974 - 237} = 15200\ \text{cbm/St.}\,,$$

$$\vartheta_1 = 1302\,,$$

$$a = \frac{1302 - 370}{745} = 1{,}250\,,$$

$$z = e^{-\frac{0,95 \cdot 6450}{80\,000 \cdot 0,328} \cdot 7,5 \cdot 0,25} = e^{-0,439} = 0,646\,,$$

$$\vartheta_1' = \frac{1}{1,250 - 0,646}\left\{1302 \cdot 0,354 + 45 \cdot 0,25\right\} = 781\,,$$

$$\vartheta_2 = 1302 - 1,25\,(781 - 45) = 382^\circ \text{ gegen } 370^\circ \text{ angenommen.}$$

$$\vartheta_2 = 390^\circ \text{ angenommen}, \quad G = 15\,450 \text{ cbm/St.}, \quad a = 1,235\,, \quad z = e^{-0,412} = 0,662\,.$$

Damit wird

$$\vartheta_1' = 790^\circ, \quad \vartheta_2 = 390^\circ.$$

Rechnung und Annahme stimmen jetzt überein.

In gleicher Weise wird die Belastung 30000 cbm/St. Wind durchgerechnet. Man erhält

$$\vartheta_1' = 790^\circ, \quad \vartheta_2 = 265^\circ, \quad \vartheta_1 = 1280^\circ, \quad G = 10\,850 \text{ cbm/St.}, \quad a = 1,362\,, \quad z = e^{-0,800} = 0,447 \text{ mit } \varepsilon_m = 7,2\,.$$

Schließlich ergibt sich bei einer Belastung von 20000 cbm/St. = 40000 cbm/Per.

$$\vartheta_1' = 790^\circ, \quad \vartheta_2 = 155\,, \quad \vartheta_1 = 1213\,, \quad G = 7150 \text{ cbm/St.}, \quad a = 1,420\,, \quad z = e^{-1,335} = 0,262 \text{ mit } \varepsilon_m = 7,1\,.$$

Nach Angabe der Versuche sind im Schacht 130000 kcal gespeichert worden, die wieder auf den Wind übertragen worden sind. Das sind für

14800 cbm/St.	25°
20000 ,,	20°
30000 ,,	15°
40000 ,,	10°

Die Endtemperaturen am Heißwindstutzen sind infolgedessen etwas verschieden. Das Rechnungsergebnis ist zusammengestellt:

Zahlentafel 74. Gasverbrauch und Abgastemperatur bei steigender Belastung.

Belastung cbm St.	Vorwärmung °C	Gasverbrauch cbm St.	Abgastemperatur °
14800	815	5650	125
20000	810	7150	155
30000	805	10850	265
40000	800	15450	390

Mit den errechneten Werten läßt sich ohne weiteres der Gesamtwirkungsgrad des Winderhitzers bestimmen. Er beträgt für die vier Belastungsstufen 66,3 Proz., 70,0 Proz., 68,8 Proz. und 63,9 Proz. In Fig. 92 sind die Abgastemperaturen und Wirkungsgrade dargestellt. Der Wirkungsgrad verbessert sich bei steigender Belastung sehr rasch, erreicht dann bei etwa 23000 cbm Wind je Stunde seinen Bestwert von 70,5 Proz. und fällt dann wieder ab, jedoch nicht so steil, wie er anfangs stieg. Man sieht, daß es mit Rücksicht auf den Wirkungsgrad nicht gut ist, einen Winderhitzer zu groß zu bemessen, da sich der Wirkungsgrad dann auf dem steil abfallenden Ast der Kurve befindet. Ein etwas knapp bemessener Winderhitzer wird dagegen auf den Wirkungsgrad nicht so ungünstig einwirken.

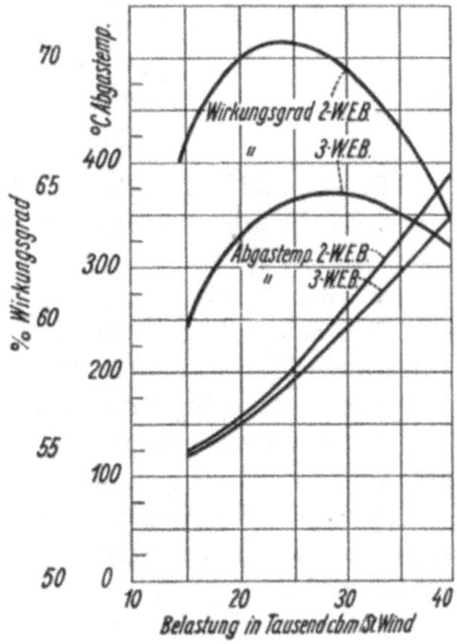

Fig. 92. Abgastemperaturen und Wirkungsgrad bei Zwei- und Dreiwinderhitzerbetrieb.

Dagegen vergrößert sich natürlich der Temperaturabfall des Windes mit steigender Belastung und verschlechtert wieder in gewisser Hinsicht die Arbeitsbedingungen. Wie aus Fig. 89 zu ersehen ist, vergrößert sich durch die Zunahme der Rauchgastemperatur auf etwa 1300° der Wert b nur ganz unwesentlich. Man kann also $b = 0{,}59$ für alle vier Belastungsfälle beibehalten. Dagegen vergrößert sich der Temperaturabfall des Windes $\varDelta\vartheta'$ infolge der Vergrößerung der Temperaturdifferenz $\vartheta_1 - \vartheta_1'$. Durch Zusammenfassung der angegebenen Formeln zur Berechnung von $\vartheta_{sM} = \dfrac{\vartheta_{sm} + \vartheta'_{sm}}{2}$ erhält man

$$\vartheta_{sM} = \frac{\vartheta_1 + \vartheta_1'}{2} + \varepsilon\,\frac{(\vartheta_1 - \vartheta_1')}{2}\left(\frac{1}{\alpha' z'} - \frac{1}{\alpha \cdot z}\right).$$

Für die Belastung mit 40000 cbm Wind je Stunde ist nach Fig. 77 $\varepsilon = 8{,}4$,

$$\alpha = 25{,}5\,,\ \alpha' = 7\,,\ \text{ferner}\ z = z' = 2\,,$$

$$\vartheta_1 = 1302^\circ,\quad \vartheta_1' = 790^\circ.$$

$$\vartheta_{sM} = \frac{1302 + 790}{2} + 8{,}4 \cdot \frac{512}{2} \cdot \left(\frac{1}{25{,}5 \cdot 2} - \frac{1}{7 \cdot 2}\right) = 1158^\circ.$$

Weiter ist (s. Abschnitt 4 S. 263)

$$\varDelta\vartheta' = \left(1 - \frac{\varDelta\vartheta_{sm}}{\varDelta\vartheta_{sm}}\right) \cdot \varDelta\vartheta_s = \left(1 - 0{,}59 \cdot \frac{512}{1158}\right) \cdot 0{,}59 \cdot 512 = 223^\circ.$$

Für 30000 cbm Wind je Stunde ist $\vartheta_1 = 1280^\circ$, $\vartheta_1' = 790^\circ$, $\varepsilon = 8{,}35$, $\alpha = 25{,}2$.

Mithin
$$\vartheta_{sM} = 1140^\circ$$
$$\Delta\vartheta' = 216^\circ.$$

Für die Belastung mit 20000 cbm/St. wird
$$\vartheta_{sM} = 1091^\circ$$
$$\Delta\vartheta' = 193^\circ.$$

Man erhält also bei den verschiedenen Belastungen folgenden Temperaturabfall des Windes:

bei 14800 cbm/St.		$\Delta\vartheta' = 178^\circ$C
,, 20000	,,	$= 193^\circ$C
,, 30000	,,	$= 216^\circ$C
,, 40000	,,	$= 223^\circ$C

Mit steigender Belastung vergrößert sich anfangs der Temperaturabfall sehr stark. Späterhin verflacht sich die Kurve. Dies erklärt sich dadurch, daß mit steigender Belastung die unteren Teile des Winderhitzers immer stärker zum Wärmeaustausch herangezogen werden, während die Leistung des oberen Teiles des Gitters keine wesentliche Steigerung erfahren kann, da sich die Temperaturdifferenz zwischen Rauchgas und Wind infolge der Konstanz der Rauchgastemperatur beim Eintritt in das Gitter nicht mehr beträchtlich erhöht. Es ist bemerkenswert, daß der Winderhitzer in der vorliegenden Form ziemlich unempfindlich gegenüber stärkerer Belastung ist, sofern man lediglich die Wärmeübertragung auf den Wind beachtet. Er ist aber sehr empfindlich gegenüber der Leistungssteigerung, wenn man die Abgasverhältnisse in Betracht zieht.

7. Vergleich des Zweiwinderhitzerbetriebes mit dem Dreiwinderhitzerbetrieb.

Der Betrieb mit zwei Winderhitzern, der in den letzten Beispielen behandelt war, ist nicht die Regel. Zumeist hat man für einen Hochofen drei Winderhitzer, von denen zwei beheizt werden, während der dritte auf Wind geht. Infolgedessen ist die Aufheizzeit doppelt so lang wie die Entheizzeit. Im allgemeinen wird so gearbeitet, daß der Winderhitzer zwei Stunden auf Wind und vier Stunden auf Gas steht. Um die Ergebnisse der vorigen Beispiele mit denen des jetzigen vergleichbar zu machen, wird der gleiche Winderhitzer beibehalten, so daß jetzt drei Winderhitzer von 6450 qm Heizfläche zur Verfügung stehen, von denen zwei vier Stunden lang beheizt werden, während der dritte zwei Stunden lang entheizt wird. Es werden wieder vier verschiedene Belastungsstufen durchgerechnet mit 15000, 20000, 30000 und 40000 cbm Wind je Stunde.

Bei dem Betrieb mit zwei Winderhitzern wurden während der Heizzeit vom Rauchgas in Brennschacht und Kuppel, also vor dem Eintritt in das Gitterwerk, 1580000 kcal zur Deckung der Verluste und 260000 kcal zur Deckung der Wärmeabgabe an den Wind in Brennschacht und Kuppel je Periode abgegeben. Da jetzt die Periode 6 St. statt früher 4 St. dauert, geben die Rauchgase zur Deckung der Verluste 2370000 kcal in Brennschacht und Kuppel ab. Dagegen bleibt die gespeicherte Wärmemenge von 260000 kcal auch bei der vorliegenden Betriebsweise bestehen. Es werden also im Brennschacht in den 4 St. Aufheizzeit 2630000 kcal abgegeben.

Der Verlust des Gitters betrug 250000 kcal/St., für die sechsstündige Periode ist der Verlust also 1500000 kcal.

Die Wärmeaustauschzahl ε und der Wert b ist aus der Zahlentafel 55 zu entnehmen. Es ergibt sich für

$$\begin{array}{llll} \alpha = 25 & \alpha' = 7 & \varepsilon = 8{,}75 & b = 0{,}61 \\ \quad = 20 & \quad = 7 & \quad = 8{,}65 & \quad = 0{,}60 \\ \quad = 15 & \quad = 7 & \quad = 8{,}45 & \quad = 0{,}59 \\ \quad = 10 & \quad = 7 & \quad = 8{,}10 & \quad = 0{,}57 \\ \quad = 7 & \quad = 7 & \quad = 7{,}65 & \quad = 0{,}52 \end{array}$$

ε und b sind in Fig. 89 eingezeichnet.

Die Wärmeaustauschzahl ist gegenüber der vierstündigen Periode etwas größer geworden. Wesentlich vergrößert hat sie sich nur im Gebiet des niedrigen Wärmeüberganges oder in den kälteren Teilen des Gitters. Sie ist jedoch bei weitem nicht in dem Maße gestiegen, wie die Periodendauer verlängert worden ist. Entsprechend der größeren Wärmeaustauschzahl ε hat sich auch der Wert b vergrößert.

a) Belastung mit 15000 cbm/St.

Da die Windvorwärmung mit 790° und die Heizfläche von 6450 qm gegeben ist, hat die Rechnung die aufgeheizte Gasmenge und die Abgastemperatur festzustellen. Dies ist, wie im letzten Beispiel, nur dadurch möglich, daß zunächst eine Abgastemperatur angenommen und nachgeprüft wird, ob die Ergebnisse untereinander übereinstimmen. Die Abgastemperatur wird auf 120° geschätzt. Dann ist aus der Bilanz des Winderhitzers die Gasmenge zu bestimmen. Die Nutzwärme beträgt bei 30000 cbm Wind je Periode $30000 \cdot 0{,}328 \cdot 745 = 7320000$ kcal. Die Wärmeabgabe in Brennschacht und Kuppel betrug 2630000 kcal, der Wandverlust des Gitters 1500000 kcal pro Periode. Aus 1 cbm Gas wurden 974 kcal frei. Der Abgasverlust ist bei 120° Abgastemperatur $120 \cdot 0{,}337 \cdot 1{,}837$ cbm Abgas/cbm Frischgas $= 74$ kcal/cbm Frischgas. Die Gasmenge G errechnet sich also aus

$$G_F \cdot (974 - 74) = 7320000 + 2630000 + 1500000$$

$$G_F = 12730 \text{ cbm/Periode.}$$

Die Eintrittstemperatur des Rauchgases in das Gitter bestimmt man aus dem Wärmeinhalt beim Eintritt in das Gitter. Dieser ist im vorliegenden Fall $12730 . 974 - 2630000 = 9770000$. Der Wärmeinhalt von 1 cbm Rauchgas ist dann

$$\frac{9770000}{12730 \cdot 1{,}837} = 418 \text{ kcal/cbm.} \qquad \text{Mit } c_p = 0{,}376$$

wird die Eintrittstemperatur des Rauchgases in das Gitter $\vartheta_1 = 1111\,^\circ$C. Aus den Eintritts- und Austrittstemperaturen ergibt sich

$$a = \frac{1111 - 120}{790 - 45} = 1{,}331\,.$$

Es ist nun die mittlere Wärmeaustauschzahl ε_m aufzusuchen. Für den Zweiwinderhitzerbetrieb war für die verschiedenen Belastungsstufen die mittlere Wärmeaustauschzahl bereits bestimmt worden. Der Temperaturverlauf beim Dreiwinderhitzerbetrieb ändert sich, wie die Rechnung zeigen wird, nur unwesentlich gegenüber dem Zweiwinderhitzerbetrieb. Es ist deshalb zulässig, die mittlere Wärmeaustauschzahl des Dreiwinderhitzerbetriebes für die gleiche mittlere Temperatur auszusuchen, für die die mittlere Wärmeaustauschzahl des Zweiwinderhitzerbetriebes bestimmt wurde. Man braucht deshalb in Fig. 89 nur die Wärmeaustauschzahl aufzusuchen, die senkrecht über der entsprechenden des Zweiwinderhitzerbetriebes liegt. Für die vorliegende Belastungsstufe galt für den Zweiwinderhitzerbetrieb $\varepsilon_m = 6{,}83$. Dies entspricht einer mittleren Rauchgastemperatur von 410° (Fig. 89); für den Dreiwinderhitzerbetrieb ist $\varepsilon_m = 8{,}20$.

Der Wirkungsgrad des Gitters ist

$$\eta = \frac{7\,320\,000}{7\,320\,000 + 1\,500\,000} = 0{,}830\,.$$

Damit wird

$$z = e^{-\frac{8{,}30 \cdot 6450 \cdot 0{,}331 \cdot 8{,}20}{30\,000 \cdot 0{,}328}} = e^{-1{,}478} = 0{,}239\,.$$

Es errechnet sich die Vorwärmungstemperatur zu

$$\vartheta_1' = \frac{1}{1{,}331 - 0{,}239}\left\{1111 \cdot 0{,}761 + 45 \cdot 0{,}331\right\} = 789\,^\circ\,.$$

$$\vartheta_2 = 1111 - 1{,}331 \cdot 744 = 121\,^\circ.$$

b) Belastung mit 20000 cbm/St.

Die Rechnung soll nicht weiter im einzelnen durchgeführt, sondern nur das Ergebnis angeführt werden.

Nutzwärme		9760000 kcal/Per.
Vorwärmungstemperatur	$\vartheta_1' =$	790°
Abgastemperatur	$\vartheta_2 =$	150°
Frischgasmenge		15800 cbm/Per.
Eintrittstemperatur des Rauchgases in das Gitter . .		1172°
Mittlere Wärmeaustauschzahl		8,30

c) Belastung mit 30000 cbm/St.

Nutzwärme		14640000 kcal/Per.
Vorwärmungstemperatur	$\vartheta_1' =$	792°
Abgastemperatur	$\vartheta_2 =$	245°
Frischgasmenge		22900 cbm/Per.
Eintrittstemperatur des Rauchgases in das Gitter		1227°
Mittlere Wärmeaustauschzahl		8,40

d) Belastung mit 40000 cbm/St.

Nutzwärme		19500000 kcal/Per.
Vorwärmungstemperatur	$\vartheta_1' =$	790°
Abgastemperatur	$\vartheta_2 =$	345°
Frischgasmenge		31400 cbm/Per.
Eintrittstemperatur des Rauchgases in das Gitter		1280°
Mittlere Wärmeaustauschzahl		8,45

Die Gegenüberstellung der Ergebnisse des Zweiwinderhitzer- und Dreiwinderhitzerbetriebes gibt die folgende Zahlentafel, wobei die Vorwärmungstemperatur unter Einschluß der im Brennschacht gespeicherten Wärmemenge bestimmt ist.

Zahlentafel 75. Vergleich des Betriebes mit zwei und drei Winderhitzern.

Belastung cbm St.	Vorwärmung °C	Zweiwinderhitzerbetrieb		Dreiwinderhitzerbetrieb		Mehrverbrauch für Dreiwinderhitzerbetrieb. Proz.
		Abgastemp.	Gasverbrauch	Abgastemp.	Gasverbrauch	
15000	815	125	11300	121	12730	12,7
20000	810	155	14300	150	15800	10,5
30000	805	265	21700	245	22900	5,5
40000	800	390	30900	345	31400	1,6

Es bleibt noch übrig, den Temperaturabfall des Heißwindes zu bestimmen. Er wird fast der gleiche wie beim Zweiwinderhitzerbetrieb bleiben. Die Temperaturdifferenz Rauchgas — Wind nimmt zwar etwas ab, weil das Rauchgas durch die stärkeren Verluste beim Dreiwinderhitzerbetrieb im Brennschacht sich etwas mehr abkühlt, andererseits ist aber der Wert b etwas größer als beim Zweiwinderhitzerbetrieb. Es errechnet sich für 15000 cbm/St. ein Abfall von 159°, für 40000 cbm/St. von 222°.

Man sieht aus der Gegenüberstellung, daß die Vergrößerung der betriebenen Heizfläche um 50 Proz. keinen Nutzen gebracht hat. Im Gegenteil ist infolge der verstärkten Wandverluste der Gasverbrauch größer geworden. Besonders stark ist die Vermehrung des Gasverbrauches bei den unteren Belastungsstufen. Es zeigte sich ja schon bei der Durchrechnung des Zwei-Winderhitzerbetriebes, wie niedrig die Heizflächenbelastung bei dieser geringen Belastung ist. Deshalb konnte eine wesentliche Verringerung des Abgasverlustes bei weiterer Vergrößerung der Heizfläche nicht erwartet werden. Aber auch bei der stärkeren Belastung ist der Unterschied in der Abgastemperatur noch nicht groß genug, um die erhöhten Wandverluste auszugleichen.

Der Gesamtwirkungsgrad des Winderhitzers ist bei den vier Belastungsstufen 59,5 Proz., 63,3 Proz., 64,8 Proz., 62,8 Proz. Die Wirkungsgradkurve ist ebenso wie die Abgastemperaturkurve in Fig. 92 eingezeichnet. Während beim Zweiwinderhitzerbetrieb der günstigste Wirkungsgrad von 70,5 Proz. bei einer Belastung von 23000 cbm/St. erreicht wurde, wird der günstigste Wirkungsgrad beim Dreiwinderhitzerbetrieb bei etwa 28500 cbm

Wind je Stunde mit 64,9 Proz. erreicht. Die Verlängerung der Wirkungsgradkurve über den berechneten Bereich hinaus zeigt, daß eine Gleichheit der Wirkungsgrade erst bei etwa 44000 cbm Wind je Stunde erreicht wird.

Man erkennt aus dem Vergleich, daß man bei Hinzunahme eines dritten Winderhitzers erst bei sehr hohen Belastungen eine Verbesserung des Gesamtergebnisses erzielt, daß diese Verbesserung aber so geringfügig ist, daß sie zu dem geldlichen Aufwand in keinem rechten Verhältnis steht. Nun muß freilich zugegeben werden, daß der vorliegende Winderhitzer verhältnismäßig hohe Außenverluste hat, wie auch in dem Untersuchungsbericht hervorgehoben wurde, so daß unter normalen Verhältnissen die Wirkungsgradkurven sich schon bei etwas niedrigeren Belastungen schneiden würden. Trotzdem kann aber im Prinzip das Ergebnis auch verallgemeinert werden. Daß man im allgemeinen mit drei Winderhitzern in der Praxis arbeitet, ist darauf zurückzuführen, daß der Winderhitzerbetrieb erst in den letzten zwei Jahrzehnten von der früheren Beheizung mit dem staubhaltigen Rohgas auf gut gereinigtes Gas umgestellt wurde. Der Staubgehalt des Rohgases würde eine baldige Verstopfung der Kanäle und Leitungen herbeigeführt haben, wenn man die Winderhitzer mit den größeren Gasmengen, die der Zweiwinderhitzerbetrieb je Winderhitzer erfordert, betrieben hätte. Dazu kam noch der Mangel an Kontrollmöglichkeit des Aufheizvorganges, da der große Staubgehalt die Gasmengenmessung verhinderte. Die größere Reserve, die der Dreiwinderhitzerbetrieb bot, verhinderte, daß die Schwankungen in der Gaszufuhr sich sofort in gleich großen Schwankungen der Windtemperatur auswirkten. Diese Mängel sind aber in Fortfall gekommen, seitdem die Beheizung mit reinem Gas den Betrieb übersichtlich und kontrollierbar machte und die Verstaubung beseitigte.

Unter diesen Verhältnissen wird bei nicht übermäßig hohen Belastungen, deren Maß natürlich von Fall zu Fall festzustellen ist, das Ergebnis der Winderhitzung bezüglich Temperaturhöhe und Temperaturabfall unabhängig davon bleiben, ob man zwei Winderhitzer oder drei Winderhitzer betreibt. Mit Rücksicht auf den Gasverbrauch wird dann aber der Zweiwinderhitzerbetrieb vorteilhafter als der Dreiwinderhitzerbetrieb sein. Dabei ist noch daran zu erinnern, daß diese Gleichwertigkeit nicht durch eine Verbesserung der Wärmeübergangsverhältnisse beim Zweiwinderhitzerbetrieb verursacht wird.

Eine Steigerung der Winderhitzerleistung läßt sich nachdrücklicher durch Veränderung der Ausgitterung und Verringerung der Periodendauer erreichen, wie im folgenden Beispiel gezeigt wird.

8. Leistungssteigerung der Winderhitzer durch zweckentsprechende Ausgitterung und Periodenbemessung.

Es soll hier untersucht werden, auf welche Weise man die Abmessungen eines Winderhitzers verringern kann, ohne daß seine Wirksamkeit herabgesetzt wird. Die Windmenge von 40000 cbm/St. soll im Gitter auf 790° vorgewärmt werden, die mittlere Abgastemperatur soll 200° betragen. Im

Brennschacht werde, in Übereinstimmung mit dem vorhergehenden Beispiel, dem Rauchgas so viel Wärme entzogen, daß die Eintrittstemperatur des Rauchgases im Gitter 1300° beträgt.

Die auf den Wind übertragene Wärme ist

$$Q = 40000 \cdot 0{,}328 \cdot (790 - 45) = 9750000 \text{ kcal/St.}$$

Es muß also sein

$$\eta \cdot \varepsilon \cdot F \cdot n\,(\vartheta_m - \vartheta'_m) = 9750000 \cdot z' \text{ kcal/Periode.}$$

Der Wirkungsgrad $\eta = \frac{N}{N+S}$ ist, wie früher für diese Belastung berechnet, $= 0{,}95$.

Ferner ist

$$\vartheta_m = \frac{1300 + 200}{2} = 750°,$$

$$\vartheta'_m = \frac{790 + 45}{2} = 417°,$$

$$\text{für } \frac{\Delta\vartheta_0}{\Delta\vartheta_F} = \frac{1300 - 790}{200 - 45} = 3{,}29 \text{ ist } n = 0{,}895.$$

z' ist die Dauer der Windzeit.

Hiermit wird

$$\varepsilon \cdot F = 34300 \cdot z'.$$

Die aufzuheizende Gasmenge ist, da Nutzwärme, Wandverlust und Abgastemperatur festliegen, bestimmbar.

Nutzwärme	9750000	kcal/St.
Wandverlust Gitter	500000	,,
Wärmeabgabe Brennschacht	900000	,,
Abgabe im Winderhitzer	11170000	kcal/St.

1 cbm Frischgas brachte 974 kcal ein. 200° Abgastemperatur verursachen einen Abgasverlust von 127 kcal. Nutzbar werden 974 — 127 = 847 kcal/ncbm Frischgas gemacht. Der Gasverbrauch ist also

$$G_F = \frac{11170000}{847} = 13200 \text{ ncbm/St.}$$

Die Abgasmenge ist $G_a = 1{,}837 \cdot 13200 = 24200$ ncbm/St.

Um die Wirkung einer Veränderung der Kanalbreite bei gleicher Steinstärke (50 mm) und gleicher Periodendauer ($z = z' = 2$ St.) zu ersehen, wird die Kanalbreite $a = 50$, 75 und 100 mm □ gemacht.

Die Kanalweite beeinflußt die Wärmeübergangszahlen. Zunächst ist die Rauchgasgeschwindigkeit zu bestimmen. Das Gitter des bisher behandelten Winderhitzers bedeckte eine Grundfläche von 18,7 qm. Die freie Durchgangsfläche ist

$$f = 18{,}7 \cdot \left(\frac{a}{a+\delta}\right)^2,$$

$\left(\frac{a}{a+\delta}\right)^2$ ist für $a = 50$ mm 0,25, für $a = 75$ mm 0,36, für $a = 100$ mm 0,445.
Bei 24200 cbm/St. ist die Rauchgasgeschwindigkeit w_0 (0°, 760)

$$\text{für } a = 50 \quad w_0 = \frac{24200}{3600 \cdot 0{,}25 \cdot 18{,}7} = 1{,}44 \text{ m/sec},$$

$$\text{,,} \quad a = 75 \quad w_0 = \frac{24200}{3600 \cdot 0{,}25 \cdot 18{,}7} = 1{,}00 \quad \text{,,} \quad ,$$

$$\text{,,} \quad a = 100 \quad w_0 = \frac{24200}{3600 \cdot 0{,}25 \cdot 18{,}7} = 0{,}81 \quad \text{,,} \quad .$$

Die Fig. 44 zeigt, daß bei diesen Geschwindigkeiten die Wärmeübergangszahl α_k noch unabhängig von der Geschwindigkeit ist. Sie ist

für $a =$ 50 mm	$\alpha_k = 11{,}1$
$=$ 75 mm	$= 8{,}6$
$=$ 100 mm	$= 7{,}2$

Hierzu kommt noch die Wärmeübergangszahl durch Strahlung, die für die mittlere Rauchgastemperatur 600° bei $a = 50$ $\alpha_s = 5{,}6$, bei $a = 75$ $\alpha_s = 6{,}0$, für $a = 100$ $\alpha_s = 6{,}6$ ist.

Die Wärmeübergangszahl während der Gaszeit ist

für $a =$ 50 mm	$\alpha =$ rund 17
$a =$ 75 mm	$\alpha =$,, 15
$a =$ 100 mm	$\alpha =$,, 14

Während der Windzeit sind die auf 0°, 760 mm bezogenen Windgeschwindigkeiten für die drei Kanalweiten $w_0 = 2{,}38$; 1,65; 1,33 m/sec. Die Wärmeübergangszahlen sind

für $a =$ 50 mm	$\alpha' = 12{,}5$	kcal/cbm, St., °C
,, $a =$ 75 mm	$\alpha' = 9{,}4$	,,
,, $a =$ 100 mm	$\alpha' = 7{,}4$	,,

Um ε aus den Zahlentafeln bestimmen zu können, muß die äquivalente Steinstärke mit

$$\delta' = 2\,\frac{(a+\delta)^2 - a^2}{4a}$$

berechnet werden. Sie ist für $a = 50$ 75 mm, für $a = 75$ 66,7, für $a = 100$ mm 62,5 mm.

Nun sind zunächst für $\delta = 60$ mm die zu den Wärmeübergangszahlen gehörigen Wärmeaustauschzahlen ε aus Zahlentafel 53 zu entnehmen. Da im vorliegenden Falle die äquivalenten Steinstärken größer als 60 mm sind, muß man die gefundenen ε-Werte noch für die Steinstärken extrapolieren. Dies kann man aus dem Verlauf von ε in Abhängigkeit von δ direkt abschätzen. Es handelt sich nur um verhältnismäßig kleine Änderungen. Am stärksten ist die Änderung bei dem ε-Wert für $a = 50$ mm. Hier erhöht sich ε um 6 Proz. Die folgende Zahlentafel faßt die bisherige Rechnung zusammen.

Zahlentafel 76. Wärmeaustauschzahlen für die 3 Gitterarten.

Kanalweite a	Steinstärke wirkl. δ	Steinstärke äquival. δ'	α	α'	ε für 60 mm	ε für äqu. Steinstärke
50	50	62,5	17	12,5	10,2	10,8
75	50	66,7	15	9,4	8,7	8,9
100	50	75,0	14	7,4	7,5	7,6

Da $z' = 2$ St. ist, muß die Heizfläche

$$F = \frac{68600}{\varepsilon}$$

sein. Sie ist

für $a = 50$ mm $F = 6350$ qm/Winderhitzer $= 70$ Proz.
„ $a = 75$ mm $F = 7720$ „ $= 85$ „
„ $a = 100$ mm $F = 9050$ „ $= 100$ „

Die Größe des Gitterraumes steigt noch stärker, weil infolge der engen Kanäle mehr Heizfläche in einem cbm Gitterraum untergebracht wird.

Die Größe der Heizfläche je cbm Gitter ist

bei $a = 50$ mm ◫ 20 qm/cbm
„ $a = 75$ mm ◫ 19,2 „
„ $a = 100$ mm ◫ 17,8 „

Man benötigt also 318 cbm, 402 cbm, 509 cbm Gitterraum oder 62,5 Proz., 79 Proz., 100 Proz.

Es fragt sich, ob man durch schnelleres Umstellen die Heizflächenleistung erhöhen und dadurch die notwendige Heizfläche verringern kann. Die Wärmeübergangszahlen werden hierdurch nicht verändert.

Für eine Periodendauer von 2 St., also $z = z' = 1$ St. wird

für $a = 50$ mm $\varepsilon = 5{,}9$
„ $a = 75$ mm $\varepsilon = 4{,}9$
„ $a = 100$ mm $\varepsilon = 4{,}0$

Die notwendigen Heizflächen sind

$$F = \frac{34300}{\varepsilon},$$

das ist für $a = 50$ mm $F = 5810$ qm/Winderhitzer $= 68$ Proz.
„ $a = 75$ mm $F = 7000$ „ $= 82$ „
„ $a = 100$ mm $F = 8570$ „ $= 100$ „

Der notwendige Gitterraum ist 291 cbm, 365 cbm, 481 cbm.

Für einstündige Periodendauer, also $z = z' = 0{,}5$ St., ist

für $a = 50$ mm $\varepsilon = 3{,}15$ kcal/qm, Per., °C
„ $a = 75$ mm $= 2{,}55$ „
„ $a = 100$ mm $= 2{,}10$ „

Aus $F = \frac{17150}{\varepsilon}$ bestimmt man

für $a = 50$ mm $F = 5450$ qm/Winderhitzer $= 67$ Proz.
„ $a = 75$ mm $F = 6720$ „ $= 82$ „
„ $a = 100$ mm $F = 8150$ „ $= 100$ „

Der Gitterraum ist 273 cbm, 350 cbm, 458 cbm.

Zahlentafel 77. Notwendiger Gitterraum in cbm/Winderhitzer bei Veränderung der Gitterweite und der Periodendauer.

Kanalweite	Periodendauer		
	4 St.	2 St.	1 St.
$a = 50$	318	291	273
$a = 75$	402	365	350
$a = 100$	509	481	458

Man erkennt, daß durch Verkleinerung der Kanalweite die wirksamste Steigerung der Heizflächenleistung erzielt wird, daß aber auch die Verkürzung der Periodendauer allein schon leistungssteigernd ist.

Schließlich bleibt noch als Mittel zur Mehrleistung des Winderhitzers eine Verkleinerung der Steinstärke übrig, die ebenso wie die Verkürzung der Kanalweite eine Vergrößerung der Heizfläche bewirkt. Hierbei ist jedoch zu bedenken, daß das Steingewicht je qm Heizfläche kleiner und dadurch der Temperaturabfall größer wird. Geht man mit der Steinstärke wesentlich herab, so muß auch gleichzeitig die Periodendauer verkürzt werden, um die Temperaturschwankungen zu mildern. Bei einer Steinstärke von 25 mm würde bei $z = z' = 2$ St. b etwa 0,9 werden, die Oberflächentemperatur am Anfang des Gitters würde um $(1300 - 790) \cdot 0{,}9 = \sim 450°$ schwanken. Auch bei $z = z' = 1$ St. ist b immer noch etwa 0,7. Erst bei $z = z' = 0{,}5$ St. nimmt der Temperaturabfall normale Größe an.

Die äquivalente Steinstärke ist bei $a = 50$ mm und $\delta = 25$ mm
$\delta' = 31{,}2$ mm.

Der freie Querschnitt ist das $\left(\frac{a}{a+\delta}\right)^2 = 0{,}445$fache des Gitterquerschnittes. Bei gleichem Querschnitt wie vorher ist die Rauchgasgeschwindigkeit 0,81 m/sec, die Windgeschwindigkeit 1,33 m/sec, die Wärmeübergangszahlen $\alpha' = 11{,}2$, $\alpha = 15{,}7$, also $\varepsilon = 2{,}78$ kcal/qm, °C, Per. Die notwendige Heizfläche wird $\frac{17250}{2{,}78} = 6200$ qm.

1 cbm Gitter enthält jetzt 35,6 qm Heizfläche, so daß der notwendige Gitterraum 175 cbm ist. Die Gitterhöhe muß dann $\frac{175}{18{,}7} = 9{,}4$ m sein. b ist im oberen Gitterteil etwa 0,46. Der Temperaturabfall ist also ziemlich klein, kleiner als bei zweistündiger Umstellzeit und 50 mm Steinstärke. Voraussetzung für so kurze Periodendauer ist freilich eine schnellerfolgende, selbsttätige Umstellung der Abschlußorgane.

Zur weiteren Leistungssteigerung führt nun schließlich nur noch eine Erhöhung der Wärmeübergangszahlen durch Vergrößerung der Gasgeschwindigkeit.

Der Gitterquerschnitt werde durch Verkleinerung des äußeren Cowperdurchmessers so verringert, daß man Rauchgasgeschwindigkeiten von 1,5, 2 und 2,5 m/sec erhält.

1,5 m/sec Rauchgasgeschwindigkeit bedingt eine Windgeschwindigkeit von $1{,}5 \cdot \frac{40000}{24200} = 2{,}48$ m/sec. Hierbei ist $\alpha = 17$, $\alpha' = 13{,}1$, $\varepsilon = 3{,}2$. Bei $w_0 = 2$ m/sec, $w_0' = 3{,}18$ m/sec ist $\alpha = 17{,}4$, $\alpha' = 16{,}1$, $\varepsilon = 3{,}60$, bei $w_0 = 2{,}5$ m/sec, $w_0' = 3{,}98$ m/sec ist $\alpha = 18{,}8$, $\alpha' = 19{,}2$, $\varepsilon = 4{,}05$.

Die Berechnung der Heizfläche ergibt

w_0	Heizfläche	Gitterraum
1,5 m/sec	5280 qm	148 cbm
2,0 ,,	4770 ,,	134 ,,
2,5 ,,	4240 ,,	119 ,,

Unter Beibehaltung des äußeren Brennschachtdurchmessers von 2,7 m und bei einer Stärke des Mantelmauerwerkes von 380 mm ist der äußere Winderhitzerdurchmesser zu berechnen aus

$$\left[(D - 0{,}76)^2 \frac{\pi}{4} - \frac{2{,}7^2 \pi}{4}\right] \cdot 0{,}445 = \frac{24200}{3600 \cdot w_0}\,.$$

$$(D - 0{,}76)^2 = \frac{19{,}2}{w_0} + 7{,}28\,.$$

$w_0 = 1{,}5$ m/sec	$D - 0{,}76 = 4{,}48$	$D = 5{,}24$ m.	Gitterquerschnitt $= 10{,}1$ qm
$= 2{,}0$,,	$= 4{,}11$	$= 4{,}87$ m.	,, $= 7{,}6$,,
$= 2{,}5$,,	$= 3{,}87$	$= 4{,}63$ m.	,, $= 6{,}1$,,

Damit ergeben sich Gitterhöhen von 14,7 m, 17,6 m, 19,5 m.

Diese Abmessungen ergeben an und für sich durchführbare Konstruktionen. Man erkennt aber, daß trotz der außerordentlich starken Verringerung des Gitters im letzten Falle auf rund 120 cbm die Außenabmessungen des Winderhitzers bei weitem nicht so stark reduziert werden. Das für die Ausführung notwendige Steingewicht setzt sich zusammen aus dem Mantelmauerwerk von 380 mm Stärke, dem Kuppelmauerwerk gleicher Stärke, dem Brennschachtmauerwerk, das nach den Angaben der Mitteilung 82 600 mm stark ist bei einem lichten Durchmesser des Brennschachtes von 1500 mm, und schließlich dem Steingewicht des Gitters. Die Gewichte für die drei Ausführungen mit $w_0 = 1{,}5;\ 2{,}0;\ 2{,}5$ m/sec gibt die folgende Zahlentafel.

Zahlentafel 78.
Zusammenstellung des Steingewichtes für Winderhitzer verschiedener Gitterquerschnitte.

Rauchgasgeschwindigkeit w_0	Steingewichte				
	Mantel	Kuppel	Brennpunkt	Gitter	Gesamt
1,5	180	26	124	156	486
2,0	197	23	146	141	507
2,5	205	21	160	125	511

Man hat also mit der Steigerung der Heizflächenleistung konstruktiv nichts gewonnen, im Gegenteil ist das Gesamtgewicht des Mauerwerkes trotz kleineren Gittergewichtes etwas gestiegen. Der Bau von derartigen Hochleistungswinderhitzern muß, wenn er bei kleineren Ofenleistungen bedeutende Vorteile bringen soll, eine konstruktive Lösung des brennschachtlosen Winderhitzers voraussetzen, ebenso wie auch das Gewicht des Mantelmauerwerkes herabgesetzt werden muß.

Würde der Brennschacht wegfallen, so ist für $w_0 = 1{,}5$ m/sec der innere Manteldurchmesser 3,58 m und die Gitterhöhe wie vorher 14,7 m.

Im unteren Teil des Cowpers könnte man wohl mit 250 mm starkem Mantelmauerwerk auskommen, in den heißeren Teilen müßte jedoch das Mauerwerk verstärkt werden, am besten durch Vergrößerung des Außendurchmessers, da eine Verringerung des Innendurchmessers Schwierigkeiten in Hinsicht auf die gleichmäßige Beaufschlagung der Kanäle bereitet. Die hohe Leistung des Winderhitzers setzt den Wandverlust prozentual sehr herab, so daß die Isolierung, wenn sie auch nützlich ist, so doch den Wirkungsgrad nicht mehr erheblich beeinflußt. Vergrößert man die Stärke des Mantels auf 380 mm für die obere Hälfte des Gitters, so erhält man als Steingewicht für Mantel und Kuppel 135 t, wozu dann noch das Gittergewicht von 156 t kommt, so daß das gesamte Steingewicht 290 bis 300 t beträgt.

Zur Erwärmung von 40000 ncbm/St. Wind auf 800° sind somit bei halbstündiger Umstellzeit zwei Winderhitzer von zusammen 310 t Gittergewicht notwendig. Bei einer Ausgitterung von 100 ⌷ mit 50 mm starken Steinen brauchte man dagegen zur Erzielung gleicher Leistung bei zweistündiger Umstellzeit 481 cbm Gitterraum mit 510 t Gittersteinen je Winderhitzer, also für den kontinuierlichen Betrieb 1020 t Gitter, das ist das 3,3fache Gewicht.

Das Mantelmauerwerk machte fast 50 Proz. des Gesamtgewichtes aus. Wesentlich günstiger fällt das Gewichtsverhältnis bei größerem Winddurchsatz aus. 40000 cbm/St. ist der Windverbrauch eines Ofens von rund 320 t Tagesleistung bei 100 Proz. Koksverbrauch. Bei größeren Ofenleistungen steigt das Gittergewicht proportional der Leistung, schwächer dagegen das Mantelmauerwerk; das Verhältnis arbeitendes Steingewicht zu tragendem Steingewicht wird besser. Dieses Verhältnis läßt sich bei kleineren Ofenleistungen durch Konzentrierung der Winderhitzung ebenfalls verbessern. Die richtige Verteilung des Heißwindes auf die einzelnen Öfen ist dann durch Messung der den einzelnen Öfen zugeführten Heißwindmengen zu beaufsichtigen.

9. Der Winderhitzer als Gasspeicher.

Häufig wird angestrebt, den Winderhitzer als Ausgleichsspeicher des Betriebes zu betreiben. Die Gichtgaserzeugung ist vom Gang des Hochofens abhängig und kann nicht immer so geleitet werden, daß die von dem übrigen Betrieb geforderte Gichtgasmenge geliefert wird. Andererseits treten auch in den weiterverarbeitenden Betrieben Bedarfsschwankungen auf, die dazu führen, teils Gichtgas unbenutzt abblasen zu lassen, teils einen erhöhten Wärmebedarf über die normale Gichtgaserzeugung hinaus decken zu müssen. Fremde Wärmequellen, wie Generatorgas, Kohlenstaub, Teerölfeuerung, verteuern die Anlagekosten des Betriebes und liefern infolge ihrer geringen Ausnutzung als Reserve einen sehr teueren Brennstoff. Man wird immer versuchen, die Anwendung solcher Hilfsmittel zu umgehen. Bei dem geringen Heizwert des Gichtgases ist seine Speicherung in Gasbehältern ebenfalls eine sehr kostspielige Maßnahme, zu deren Anwendung man sich nur selten versteht. Die großen Steinmassen der Winderhitzer haben ein beträchtliches Wärmespeicherungsvermögen, und dieses zum Brennstoffausgleich heranzuziehen, ist häufig vorgeschlagen worden. Die Meinungen über den Wert dieses Ausgleiches sind allerdings geteilt, je nach den Erfahrungen, die hierbei gewonnen worden sind. Daß diese Erfahrungen verschieden ausfallen müssen, wird sich bei der vorliegenden Betrachtung zeigen. Freilich sind es nicht nur technische Schwierigkeiten, welche der Betrieb der Winderhitzer als Speicher bereitet, auch der Betrieb der Winderhitzer selbst als Speicher ist nicht einfach. Die Schwankungen in der Gaserzeugung beruhen zumeist auf Störungen des Hochofenbetriebes, die man nicht voraussagen kann. Desgleichen sind die Schwankungen des Gasbedarfes der anderen Betriebe zum großen Teil ungewollt und unvorhergesehen. Um einer unvorhergesehenen Störung in der Gasversorgung Rechnung tragen zu können, müssen also die Winderhitzer nach Möglichkeit immer im aufgeladenen Zustand betrieben werden. Dies ist aber nur unter Inkaufnahme eines höheren Abgasverlustes, als es dem normalen Betriebe entsprechen würde, möglich, und man muß überlegen, ob diese dauernde Verschlechterung des Wirkungsgrades der Winderhitzer, die immerhin $^1/_4$ bis $^1/_3$ des gesamten Gasentfalles im normalen Betriebe für sich verbrauchen, nicht auf die Dauer kostspieliger wird als die Einrichtung einer Hilfsfeuerung.

Die rechnerische Untersuchung des Speicherungsvorganges ist allerdings recht umständlich. Doch soll wenigstens an Hand eines Beispiels der Rechnungsgang angegeben werden.

In dem Winderhitzer des Beispiels 1 sollen statt der normalen Gasmenge von 5650 cbm/St. in einer Periode 50 Proz. mehr Gas = 8500 cbm/St. aufgeheizt werden. Da der Eigenverbrauch des Hochofens unter den vorliegenden Verhältnissen etwa 30 Proz. des Gasentfalles ist, so beträgt die stündliche Gaserzeugung insgesamt 19000 cbm/St. Der an die anderen Betriebe abgegebene Überschuß ist mithin normal 13350 cbm/St. Die zur Speicherung verbrauchte Gasmenge von 2800 cbm/St. ist 15 Proz. der Gesamtmenge und 21 Proz. der Überschußmenge. Die Speicherung ist also nicht gering und kann schon beträchtliche Schwankungen ausgleichen.

Der Gang der Rechnung ist folgender: Man bestimmt zunächst die mittlere Steintemperatur bei normaler Beheizung, bestimmt dann die mittlere Steintemperatur, die sich bei der Aufheizung mit vermehrter Gasmenge ergibt, errechnet sich mit den mittleren Steintemperaturen den Wärmeinhalt des Gitters bei beiden Beheizungen und erhält als Unterschied die gespeicherte Wärmemenge. Diese Rechnung muß für mehrere Punkte des Gitters durchgeführt werden, so daß man im Endergebnis eine Übersicht darüber erhält, an welchen Stellen des Gitters die mehr aufgeheizte Wärme verblieben ist, d. h. mit welchen Temperaturen die Wärme gespeichert worden ist.

Bei der Ableitung der Wärmeaustauschzahl ergab sich als Steintemperatur am Ende der Entheizzeit bzw. am Anfang der Heizzeit

$$\vartheta_s' = \vartheta_m' + (\vartheta_m - \vartheta_m') \cdot \frac{\nu' \varphi' - \nu \varphi \varphi' \varkappa'}{1 - \varphi \varphi' \varkappa \varkappa'} \cos(n' x),$$

und als Steintemperatur nach vollendetem Aufheizen

$$\vartheta_s = \vartheta_m - (\vartheta_m - \vartheta_m') \cdot \frac{\nu \varphi - \nu' \varphi \varphi' \varkappa}{1 - \varphi \varphi' \varkappa \varkappa'} \cos(n x).$$

Dann errechnete man durch Integration dieser beiden Gleichungen die mittleren Steintemperaturen ϑ_{sm}' und ϑ_{sm}, subtrahierte ϑ_{sm}' von ϑ_{sm}, wodurch man den Unterschied der mittleren Steintemperatur zu Beginn und Ende des Aufheizens (oder auch zu Ende und Beginn des Entheizens) bestimmte, multiplizierte diesen Temperaturunterschied mit dem Wärmefassungsvermögen $X \cdot c \cdot \gamma$ des Steingewichtes, das zu einem qm Heizfläche gehört, und erhielt dadurch die von 1 qm Heizfläche gespeicherte Wärmemenge.

Heizt man nun vorübergehend in einer Periode eine größere Gasmenge auf, so ist zunächst die Steintemperatur zu Beginn der Heizzeit die gleiche, wie vorhin für den normalen Betrieb angegeben.

$$\vartheta_s' = \vartheta_m' + (\vartheta_m - \vartheta_m') \cdot \zeta' \cdot \cos(n' x),$$

wobei zur Abkürzung $\zeta' = \dfrac{\nu' \varphi' - \nu \varphi \varphi' \varkappa'}{1 - \varphi \varphi' \varkappa \varkappa'}$ gesetzt ist.

Infolge der größeren Gasmenge erhöht sich nun die Rauchgastemperatur von ϑ_m auf ϑ_{sp} (ϑ_{sp} = Rauchgastemperatur bei Speicherung).

Die Erhöhung der Rauchgastemperatur bewirkt eine allerdings nur geringe Erhöhung der Wärmeübergangszahl, jedoch soll, um die Rechnung zu vereinfachen, davon abgesehen werden, diese Veränderung zu berücksichtigen.

Am Ende der Heizzeit ist die Temperatur des Gitters bei verstärkter Beheizung zum Zwecke der Speicherung

$$\vartheta_{ssp} = \vartheta_{sp} - D_{sp} \cdot \varphi \cos(n x).$$

Hierin ist ϑ_{sp} die mittlere Rauchgastemperatur an der betrachteten Stelle, D_{sp} ist wie früher (S. 149) die noch zu bestimmende Konstante, φ und n die für die Heizzeit gültigen Konstanten. Es ist

$$D_{sp} = \frac{\int\limits_{-X}^{+X} (\vartheta_{sp} - \vartheta_s') \cos(n x)\, d x}{\int\limits_{-X}^{+X} \cos^2(n x)\, d x}.$$

Setzt man $\vartheta'_s = \vartheta'_m + (\vartheta_m - \vartheta'_m) \cdot \zeta' \cos(n'x)$ ein und bezeichnet die durch Integration sich ergebenden Werte wieder wie früher, so wird

$$D_{sp} = \vartheta_{sp} \cdot \nu - \vartheta'_m \nu - (\vartheta_m - \vartheta'_m)\, \zeta' \varkappa$$

und die Gittertemperatur

$$\vartheta_{ssp} = \vartheta_{sp} - \left[(\vartheta_{sp} - \vartheta'_m) \cdot \nu \cdot \varphi - (\vartheta_m - \vartheta'_m) \cdot \zeta' \varkappa \cdot \varphi\right] \cos(n x) .$$

Die mittlere Gittertemperatur ist

$$\vartheta_{smsp} = \vartheta_{sp} - \left[(\vartheta_{sp} - \vartheta'_m)\, \nu \varphi - (\vartheta_m - \vartheta'_m)\, \zeta' \varkappa \varphi\right] \frac{\sin(n X)}{n X} .$$

Zieht man nun von ϑ_{smsp} ϑ'_{sm} ab und multipliziert diese Differenz mit $X \cdot c \cdot \gamma$, so erhält man die von 1 qm Heizfläche insgesamt aufgenommene Wärme.

Es ist nun notwendig, für verschiedene Stellen der Heizfläche ζ', ν, φ, $\varkappa$ und $\frac{\sin(n X)}{n X}$ zu errechnen, wie es auf S. 158 gezeigt wurde. Die Heizfläche wird wieder in vier gleiche Teile geteilt und für $f = 0$, $^1/_4\,F$, $^1/_2\,F$, $^3/_4\,F$ und F die gesamten Werte errechnet. An diesen Stellen war die Wärmeübergangszahl während der Heizzeit $\alpha = 24{,}2$, $15{,}9$, $10{,}3$, $7{,}4$, $7{,}0$. α' ist überall $= 7{,}0$. λ wird konstant $= 1{,}0$ eingesetzt,

$$a = \frac{\lambda}{c \cdot \gamma} = \frac{1{,}0}{0{,}26 \cdot 1900} = 2{,}02 \cdot 10^{-3} .$$

Die halbe äquivalente Steinstärke ist $X = 0{,}0312$. Die Rechnung, die man mit der Rechnung auf S. 158 vergleichen möge, enthält die folgende Zahlentafel.

Zahlentafel 79. Berechnung der Beiwerte.

	Kuppel		$^1/_4$ Heizfläche		$^1/_2$ Heizfläche		$^3/_4$ Heizfläche		Ende Gitter	
	α 24,2	α' 7,0	α 15,9	α' 7,0	α 10,3	α' 7,0	α 7,4	α' 7,0	α 7,0	α' 7,0
$h \cdot X$	0,755	0,218	0,496	0,218	0,322	0,218	0,231	0,218	0,218	0,218
nX	0,770	0,450	0,648	0,450	0,539	0,450	0,466	0,450	0,450	0,450
n^2	605	208	432	208	298	208	224	208	208	208
$n^2 a z$	2,44	0,84	1,74	0,84	1,20	0,84	0,905	0,84	0,84	0,84
φ	0,096	0,430	0,177	0,430	0,300	0,430	0,403	0,430	0,430	0,430
ν	1,096	1,034	1,069	1,034	1,046	1,034	1,036	1,034	1,034	1,034
$\varkappa$	1,065	0,935	1,040	0,960	1,015	0,985	1,000	1,000	1,000	1,000
$\nu\varphi$	0,105		0,189		0,314		0,418		0,445	
ζ'		0,420		0,397		0,358		0,320		0,311
$\frac{\sin(nX)}{nX}$ . . .	0,905	0,938	0,915	0,938	0,928	0,938	0,935	0,938	0,938	0,938

Die unteren Reihen der Zahlentafel geben die benötigten Werte an.

1. Übertragene Wärmemenge bei Eintritt in das Gitter.

Es werden in 2 St. 17000 cbm Gas aufgeheizt. In Brennschacht und Kuppel werden 1840000 kcal/Periode abgegeben. Die Eintrittstemperatur des Rauchgases ist

$$\vartheta_{sp} = \frac{17000 \cdot 974 - 1840000}{17000 \cdot 1{,}837 \cdot c_p} = \frac{471}{c_p} = 1245^\circ .$$

Aus

$$\vartheta_{smsp} = \vartheta_{sp} - \left[(\vartheta_{sp} - \vartheta'_m)\cdot \nu\varphi - (\vartheta_m - \vartheta'_m)\,\zeta'\varkappa\varphi\right]\frac{\sin(nX)}{nX}$$

erhält man durch Einsatz der Zahlenwerte die mittlere Steintemperatur am Ende der Heizzeit.

$$\vartheta_{smsp} = 1245 - \left[(1245 - 790)\cdot 0{,}105 - (1170 - 790)\cdot 0{,}420\cdot 1{,}065\cdot 0{,}096\right]\cdot 0{,}905$$
$$= 1245 - [48 - 16]\cdot 0{,}905 = 1216^\circ.$$

Die mittlere Steintemperatur zu Beginn der Heizzeit ist

$$\vartheta'_{sm} = \vartheta'_m + (\vartheta_m - \vartheta'_m)\cdot\zeta'\cdot\frac{\sin(nX)}{nX},$$

$$\vartheta'_{sm} = 790 + (1170 - 790)\cdot 0{,}420\cdot 0{,}938 = 790 + 150 = 940^\circ.$$

Die gesamte Wärmeaufnahme für 1 qm Heizfläche ist also

$$q = (1216 - 940)\cdot 0{,}0312\cdot 0{,}26\cdot 1900 = 4250 \text{ kcal/qm, Heizzeit.}$$

2. Übertragene Wärmemenge in $^1/_4$ Gittertiefe.

Die Rauchgastemperatur ist nicht ohne weiteres anzugeben, da die Wärmeaufnahme des Gitters von Beginn des Gitters bis an die betrachtete Stelle unbekannt ist.

Bekannt sind zunächst die mittlere Rauchgas- und Windtemperatur des normalen Betriebes $\vartheta_m = 688$ und $\vartheta'_m = 436$, damit auch die mittlere Gittertemperatur zu Beginn der Heizzeit

$$\vartheta'_{sm} = 436 + (688 - 436)\cdot 0{,}397\cdot 0{,}938 = 530^\circ.$$

Die Steintemperatur am Ende der Heizzeit ist

$$\vartheta_{smsp} = \vartheta_{sp} - \left[(\vartheta_{sp} - 436)\cdot 0{,}189 - 252\cdot 0{,}397\cdot 0{,}177\cdot 1{,}040\right]\cdot 0{,}915$$
$$= 0{,}827\ \vartheta_{sp} + 92.$$

Die von der Heizfläche aufgenommene Wärmemenge ist

$$(\vartheta_{smsp} - \vartheta_{sm})\cdot X\cdot c\cdot\gamma = (0{,}827\ \vartheta_{sp} + 92 - 530)\cdot 0{,}0312\cdot 0{,}26\cdot 1900$$
$$= (0{,}827\ \vartheta_{sp} - 438)\cdot 15{,}4.$$

Als die im Durchschnitt von einem qm Heizfläche aufgenommene Wärmemenge wird das Mittel aus den oben errechneten 4250 kcal/qm und der eben berechneten Wärmemenge eingesetzt. Dieser Wert mit $\frac{6450\text{ qm}}{4}$ multipliziert muß gleich der vom Rauchgas abgegebenen Wärmemenge $17000\cdot 1{,}837\,(471 - \vartheta_{sp}\cdot c_p)$ sein. ($471 = a_{\text{Kuppel}}$).

$$1612\left[\frac{4250 + 15{,}4(0{,}827\ \vartheta_{sp} - 438)}{2}\right] = 17000\cdot 1{,}837\,(471 - \vartheta_{sp}\cdot 0{,}366),$$

$$\vartheta_{sp} = 793, \quad a_{sp} = 290 \text{ kcal/cbm},$$

$$\vartheta_{smsp} = 0{,}827\cdot 793 + 92 = 747^\circ.$$

Die Wärmeaufnahme ist $q = (747 - 530)\cdot 15{,}4 = 3340$ kcal/qm, Heizzeit.

3. Wärmeaufnahme in $^1/_2$ m Gittertiefe.
Die Rechnung ist die gleiche wie unter 2.

$$\vartheta_m = 395\,,$$
$$\vartheta'_m = 232\,,$$
$$\vartheta'_{sm} = 224 + (395 - 232) \cdot 0{,}358 \cdot 0{,}938 = 279^\circ.$$
$$\vartheta_{smsp} = \vartheta_{sp} - \left[(\vartheta_{sp} - 232) \cdot 0{,}314 - 163 \cdot 0{,}358 \cdot 0{,}300 \cdot 1{,}015\right] \cdot 0{,}928$$
$$= 0{,}709\,\vartheta_{sp} + 83\,,$$
$$(\vartheta_{smsp} - \vartheta'_{sm}) \cdot X \cdot c \cdot \gamma = (0{,}709\,\vartheta_{sp} - 196) \cdot 15{,}4$$
$$1612\left[\frac{3340 + 15{,}4(0{,}709\,\vartheta_{sp} - 196)}{2}\right] = 17000 \cdot 1{,}837\,(290 - 0{,}354 \cdot \vartheta_{sp})\,,$$
$$\vartheta_{sp} = 443\,,\quad a_{sp} = 157\ \text{kcal/cbm}\,,$$
$$\vartheta_{smsp} = 396\,,$$
$$q = 15{,}4\,(396 - 279) = 1800\ \text{kcal/qm, Heizzeit.}$$

4. Wärmeaufnahme in $^3/_4$ m Gittertiefe.

$$\vartheta_m = 217$$
$$\vartheta'_m = 109$$
$$\vartheta'_{sm} = 109 + (217 - 109) \cdot 0{,}320 \cdot 0{,}938 = 143$$
$$\vartheta_{smsp} = \vartheta_{sp} - \left[(\vartheta_{sp} - 109) \cdot 0{,}418 - 109 \cdot 0{,}320 \cdot 0{,}403 \cdot 1{,}00\right] \cdot 0{,}935$$
$$= 0{,}609\,\vartheta_{sp} + 55$$
$$(\vartheta_{smsp} - \vartheta'_{sm}) X \cdot c \cdot \gamma = (0{,}609\,\vartheta_{sp} - 88) \cdot 15{,}4\,,$$
$$1612\left[\frac{1800 + 15{,}4(0{,}609\,\vartheta_{sp} - 88)}{2}\right] = 17000 \cdot 1{,}837\,(157 - \vartheta_{sp} \cdot 0{,}345)\,,$$
$$\vartheta_{sp} = 248^\circ \quad a_{sp} = 84$$
$$\vartheta_{smsp} = 205^\circ$$
$$q = 15{,}4\,(205 - 143) = 950\ \text{kcal/qm Heizzeit.}$$

5. Wärmeaufnahme am Ende des Gitters.

$$\vartheta_m = 120$$
$$\vartheta'_m = 45$$
$$\vartheta'_{sm} = 45 + (120 - 45) \cdot 0{,}311 \cdot 0{,}938 = 67^\circ$$
$$\vartheta_{smsp} = \vartheta_{sp} - \left[(\vartheta_{sp} - 45) \cdot 0{,}445 - 75 \cdot 0{,}311 \cdot 0{,}430 \cdot 1{,}00\right] \cdot 0{,}938$$
$$= 0{,}583\,\vartheta_{sp} + 28\,.$$
$$1612\left[\frac{950 + 15{,}4(0{,}583\,\vartheta_{sp} - 39)}{2}\right] = 17000 \cdot 1{,}837\,(83 - 0{,}338 \cdot \vartheta_{sp})\,,$$
$$\vartheta_{sp} = 130^\circ$$
$$\vartheta_{smsp} = 104^\circ$$
$$q = 15{,}4\,(104 - 67) = 570\ \text{kcal/qm, Heizzeit.}$$

Das Ergebnis dieser Rechnung ist in Fig. 93 dargestellt. In ihr sind an den entsprechenden Stellen der Heizfläche die mit der obigen Rechnung festgestellten Werte der Wärmeaufnahme je qm Heizfläche bei Speicherung eingetragen und durch eine Kurve verbunden worden. In gleicher Weise sind die auf S. 263 angegebenen Werte der Wärmeaufnahme bei normalem Betriebe zu einer Kurve zusammengefaßt. Die Differenz beider Kurven ergibt die gespeicherte Wärme. Schon die oberflächliche Betrachtung der Kurve der Speicherungswärme sagt, daß in diesem Falle unter sehr günstigen Verhältnissen gespeichert werden kann. Die Hauptmenge der Wärme ist im oberen Drittel des Gitters, also unter verhältnismäßig hoher Temperatur, aufgefangen worden. Sie verteilt sich folgendermaßen:

Gespeichert im 1. Viertel des Gitters				44,3	Proz.
2.	„	„	„	34,9	„
3.	„	„	„	14,9	„
4.	„	„	„	5,9	„
				100,0	Proz.

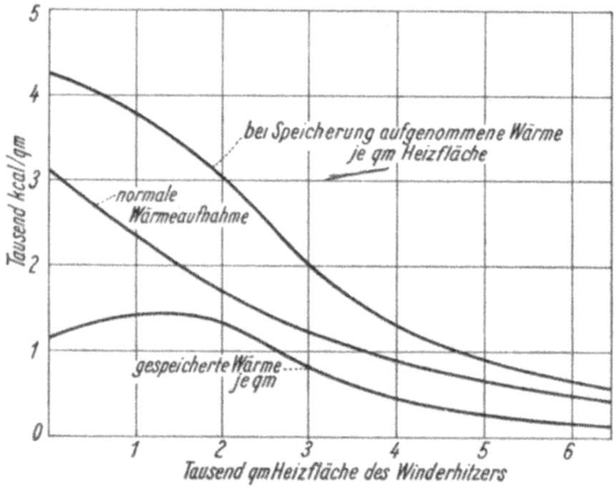

Fig. 93. Wärmeaufnahme des Winderhitzers bei Speicherung.

Von Bedeutung ist noch der Wirkungsgrad, mit dem die Wärmemenge gespeichert worden ist.

Im normalen Betriebe trat das Rauchgas mit 1170°, entsprechend einem Wärmeinhalt von 440 kcal je cbm Rauchgas, ein und verließ den Winderhitzer mit 120°, entsprechend 41 kcal/cbm. Die 11300 cbm Frischgas je Periode lieferten also an das Gitter $399 \cdot 1{,}837 \cdot 11300 = 8250000$ kcal/Per. ab und deckten damit den Wärmebedarf zur Winderhitzung auf 795° = 7250000 kcal und den Wandverlust des Gitters mit 1000000 kcal/Periode.

Jetzt werden 17000 cbm Frischgas zugeführt, dessen Rauchgas mit 1245°, entsprechend 471 kcal/cbm, in das Gitter eintritt und mit 130° oder 44 kcal/cbm aus dem Winderhitzer austritt. Es werden also

$$17000 \cdot 1{,}837\,(471 - 44) = 13330000 \text{ kcal/Heizzeit}$$

im Gitter aufgespeichert. Die Differenz 13330000 — 8250000 = 5080000 kcal ist nutzbar gespeichert worden, da eine Vermehrung des Wandverlustes nicht zu erwarten ist. Da 5700 cbm Gas mit 1002 kcal/cbm zur Speicherung zugeführt wurden, ist der Wirkungsgrad der Speicherung

$$\eta = \frac{5080000}{5700 \cdot 1002} = 89 \text{ Proz.}$$

Es liegen hier außerordentlich günstige Verhältnisse vor. Der Winderhitzer ist im normalen Betriebe derart schwach belastet, daß er ohne eine beträchtliche Erhöhung der Abgastemperatur noch ein bedeutend stärkeres Wärmeangebot aufnehmen und diese überschüssige Menge bei hoher Temperatur speichern kann. Würde der Winderhitzer so belastet, wie es normalen Verhältnissen entsprechen würde, etwa mit 25 bis 30000 cbm Wind/St., so würden sich wesentlich ungünstigere Speicherungsbedingungen ergeben, die Wärme würde auf einem niedrigeren Temperaturniveau und unter größerem Abgasverlust gespeichert werden.

Die Wirtschaftlichkeit der Speicherung wird ferner dadurch bestimmt, daß der höhere Abgasverlust des aufgeladenen Winderhitzers getragen werden muß. Der Verlust infolge der Erhöhung der Abgastemperatur um 10°, die vorhin errechnet wurde, erhöht natürlich die Kosten der Speicherwärme. Wird nach 24 St. die gespeicherte Wärme wieder abgegeben, so muß sie den Mehrverbrauch infolge des Abgasverlustes tragen, das sind

$$6\,\frac{\text{Perioden}}{24\text{ St.}}\cdot 11300\,\frac{\text{cbm Frischgas}}{\text{Periode}}\cdot 1{,}837\,\frac{\text{cbm Rauchgas}}{\text{cbm Frischgas}}\cdot 0{,}338 \text{ spez. Wärme} \cdot 10^\circ = 420000 \text{ kcal/St.}$$

Der Wirkungsgrad der Speicherung sinkt bereits auf

$$\eta = \frac{5080000}{5710000 + 420000} = 83 \text{ Proz.}$$

Ergibt sich etwa nur jede Woche einmal die Notwendigkeit der Entspeicherung, so erniedrigt sich der Wirkungsgrad auf

$$\eta = \frac{5080000}{5710000 + 2940000} = 58{,}8 \text{ Proz.}$$

Kostet $1 \cdot 10^6$ kcal Gichtgas 2,50 Mk., so kostet die gespeicherte Wärme jetzt $\frac{2{,}50}{0{,}588} = 4{,}25$ Mk. Allerdings muß man berücksichtigen, daß die gespeicherte Wärme selbst keinen Abgasverlust mehr zu tragen hat. Da im normalen Betrieb die Abgastemperatur 120° ist, mithin der Verlust je cbm Frischgas 74 kcal $= \frac{74}{1002} = 7{,}4$ Proz. ist, verringern sich die Kosten der gespeicherten Wärme auf 4,25 Mk. $(1 - 0{,}074) = 3{,}94$ Mk./10^6 kcal. Liefert eine Hilfsfeuerung billigere Wärme, so wäre natürlich der Einsatz einer Hilfsfeuerung wirtschaftlicher.

Die höhere Gittertemperatur bewirkt selbstverständlich zunächst eine höhere Erhitzung des Windes. Es ist deshalb notwendig, nur einen Teil des Windes vorzuwärmen und die geforderte Windtemperatur von 815° beim Austritt aus dem Winderhitzer durch Zusatz von kaltem Wind außerhalb des Winderhitzers herzustellen.

XIII. Zug- und Druckverluste in den Wärmeaustauschern.

Ein sehr wesentlicher Gesichtspunkt beim Entwurf des Unterofens ist die Vorsorge für eine gute Ausnutzung des verfügbaren Zuges zur Bewegung der Rauchgase. Alle Faktoren, welche zur Vernichtung des Zuges beitragen, müssen so ausgestaltet sein, daß diese Vernichtung auch zweckentsprechend ist. Die Zugerzeugung ist im allgemeinen teuer. Einmal ist der Schornstein an sich schon ein teueres Bauelement, dann aber ist auch der Wärmeaufwand zur Erzeugung des Zuges immer ein erheblicher Teil der aufgewendeten Brennstoffenergie. Die Energie ist zwar Abhitze, jedoch ist man zum mindesten sich Rechenschaft darüber schuldig, ob ein Teil der Abhitze nicht noch für den Ofen oder für andere Zwecke nutzbar gemacht werden kann. Hat man z. B. einen Ofen, bei dem die Ausnutzung der Wärme bis auf 200° durch Vorwärmung möglich wäre, dessen Kamin man jedoch mit 350° beheizen muß, um den erforderlichen Zug zu erzeugen, so werden je kg Kohle 420 kcal = 5,7 Proz. des Kohleheizwertes zur Zugerzeugung verwendet.

Von größerer Bedeutung ist jedoch meist die Zugverteilung im Hinblick auf eine sichere Ofenführung. Eine Reihe von Ofenarten werden nicht ganz gleichmäßig betrieben. Zeitweise wird größere Leistung verlangt, um z. B. einen schweren Einsatz zu verarbeiten. Man möchte dem Ofen mehr Gas zudrücken, kann aber das Rauchgas nicht abziehen, weil die Zugreserve zu gering bemessen ist. Oft ist die Zugreserve wieder zu groß bemessen, dann ist die Einstellung des Kaminschiebers sehr schwierig. Die häufig übermäßig reichlich bemessenen Fuchskanäle erschweren die Einstellung des Kaminschiebers, der sich dauernd fast in Schlußstellung befindet. Heben oder Senken um einige Millimeter verändern den Ofengang in viel zu starkem Maße, als daß der Heizer, der seine Schieberstellung nach Handbreiten oder ähnlichen sinnfälligen Merkmalen bemessen will, immer die richtige Stellung fände. Er greift dann lieber zu dem bequemeren Mittel, den Ofen mit Gas „voll" zu machen, als sich mit einem Spiel von Millimetern herumzuärgern. Eine wohlausgewogene Zugverteilung wird auch ihrerseits die Wirtschaftlichkeit des Ofenbetriebes günstig beeinflussen. Aus diesem Grunde, und weil die Ausnutzung des Zuges zumeist von der Gestaltung des Unterofens, also des Wärmeaustauschers, abhängt, soll hier wenigstens kurz das Notwendigste darüber in Erinnerung gebracht werden.

Der Zug wird durch die Auftriebskräfte erzeugt, welche Gassäulen besitzen, die eine geringere Dichte als ihre Umgebung haben. Ein Kamin von der Höhe h_1 m, dessen Gasinhalt die Dichte γ_1 kg/cbm hat, erzeugt einen Auftrieb von $h_1 \gamma_0 - h_1 \cdot \gamma_1$ kg/qm oder mm W.S., wenn γ_0 die Dichte der Umgebungsluft ist. Der Zug ist also proportional der Kaminhöhe und dem Unterschied der Dichte. Die Dichten der Rauchgase bei 0° unterscheiden sich nicht sehr voneinander, weil der hohe Stickstoffgehalt aller Rauchgase die Unterschiede, welche die wechselnde Gaszusammensetzung hervorruft, sehr ausgleicht. An und für sich haben ja gerade die beiden Grundbrennstoffe, Kohlenstoff und Wasserstoff, Verbrennungsprodukte mit großem Unterschied der Dichte, Kohlensäure mit 1,964 kg/cbm und Wasserdampf mit 0,804 kg/cbm bei 0° C. Das Abgas von Gichtgas, dem kohlensäurereichsten Abgase, wiegt 1,41 kg/cbm, dasjenige von Koksofengas, dem wasserdampfreichsten Abgase, 1,22 kg/cbm. Den größeren Einfluß hat daher die Temperatur des Abgases. Andererseits hat auch die Umgebungstemperatur je nach der Jahreszeit und der Höhenlage verschiedene Größe, wodurch ebenfalls der Zug beeinflußt wird. In der folgenden Tafel ist für eine Abgasdichte von 1,35 kg/cbm der Zug je m Gassäule bei verschiedenen Abgas- und Umgebungstemperaturen angegeben.

Zahlentafel 80.
Auftrieb von 1 m Kaminhöhe bei verschiedenen Abgas- und Umgebungstemperaturen und bei 760 mm Q.S.

Abgas-temperatur	Umgebungstemperatur								
	−10	−5	±0	+5	+10	+15	+20	+25	+30
100	0,354	0,330	0,305	0,283	0,260	0,238	0,218	0,198	0,179
150	0,470	0,456	0,421	0,399	0,376	0,354	0,334	0,314	0,295
200	0,562	0,537	0,513	0,490	0,468	0,446	0,426	0,406	0,387
250	0,637	0,612	0,588	0,565	0,543	0,521	0,501	0,481	0,462
300	0,699	0,674	0,650	0,627	0,605	0,583	0,563	0,543	0,524
400	0,794	0,769	0,745	0,722	0,700	0,678	0,658	0,639	0,619
500	0,865	0,840	0,816	0,793	0,771	0,749	0,729	0,709	0,690

Schon in den Temperaturschwankungen der Jahreszeit liegen Störungsmöglichkeiten, die zu berücksichtigen sind, besonders bei niedrigen Abgastemperaturen. Ist doch z. B. bei 100° Abzugstemperatur der Zug bei 30° Außentemperatur nur 50 Proz. des Zuges bei −10°.

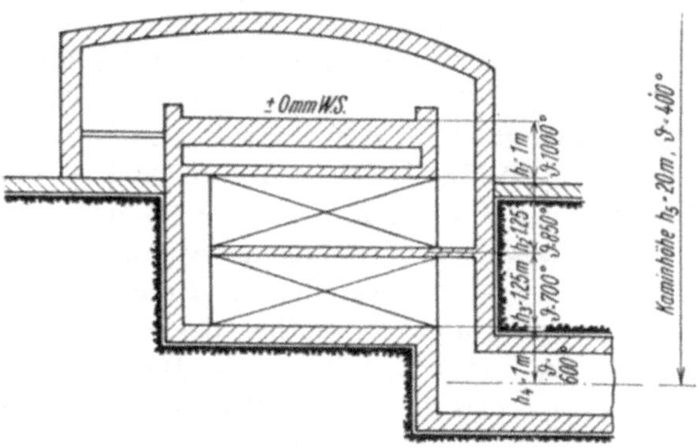

Fig. 94. Zugberechnung an einem Schmiedeofen.

Die Auftriebsverhältnisse liegen jedoch bei den meisten Öfen nicht einfach so, daß die bewegungswirkenden Kräfte einerseits der Kamin liefert, andererseits die dynamischen Widerstände im Ofen allein die bewegungshemmenden Kräfte sind. In Fig. 94 ist ein Schmiedeofen mit Rekuperator dargestellt. Vom Herd sind die Rauchgase zunächst entgegen ihrem Auftriebe in den Rekuperator abzuziehen, dann treten sie abwärts gerichtet in den Fuchs über und kommen von da zum Kamin. Höhenmaße und Temperatur sind in der Figur eingetragen. Die verschiedenen Auftriebskräfte müssen nun zu der resultierenden Auftriebskraft zusammengefaßt werden, die gleich den mechanischen Widerstandskräften sein muß. Die bewegungsfördernden Kräfte werden positiv eingesetzt, die bewegungshemmenden negativ.

Es ist also

$$-h_1(\gamma_0-\gamma_1)-h_2(\gamma_0-\gamma_2)-h_3(\gamma_0-\gamma_3)-h_4(\gamma_0-\gamma_4)+h_5(\gamma_0-\gamma_5)=R\,.$$

R ist dann die Größe der mechanischen Widerstände, die nicht überschritten werden darf.

Falls die Außentemperatur 20° ist, wird $\gamma_0=1{,}293\cdot\frac{273}{293}=1{,}205$,

$$\gamma_1=1{,}35\cdot\frac{273}{1273}=0{,}289\quad h_1(\gamma_0-\gamma_1)=1{,}00\cdot 0{,}916=0{,}916$$

$$\gamma_2=1{,}35\cdot\frac{273}{1123}=0{,}328\quad h_2(\gamma_0-\gamma_2)=1{,}25\cdot 0{,}877=1{,}096$$

$$\gamma_3=1{,}35\cdot\frac{273}{973}=0{,}379\quad h_3(\gamma_0-\gamma_3)=1{,}25\cdot 0{,}826=1{,}032$$

$$\gamma_4=1{,}35\cdot\frac{273}{873}=0{,}422\quad h_4(\gamma_0-\gamma_4)=1{,}00\cdot 0{,}783=0{,}783$$

$$\gamma_5=1{,}35\cdot\frac{273}{723}=0{,}510\quad h_5(\gamma_0-\gamma_5)=20{,}00\cdot 0{,}695=13{,}900$$

$$h_1(\gamma_0-\gamma_1)+h_2(\gamma_0-\gamma_2)+h_3(\gamma_0-\gamma_3)+h_4(\gamma_0-\gamma_4)=3{,}827$$

$$R=13{,}9-3{,}8=10{,}1 \text{ mm W.S.}$$

Da man auf dem Herd etwa $\pm$ 0 mm W.S. hält, um einesteils Flammverluste, andererseits das Eindringen kalter Luft zu vermeiden, dürfen auf dem Wege der Rauchgase ins Freie keine größeren Widerstände als insgesamt 10,1 mm W.S. auftreten. Um den Ofen regulieren zu können, wird man den Widerstand auf etwa 7 mm bemessen dürfen. Wird die Kamintemperatur durch falsche Luft noch weiter auf 300° heruntergesetzt, so fällt der verfügbare Zug auf $20\cdot 0{,}563-3{,}8=7{,}5$ mm W.S.

Die Bewegung des Rauchgases wird einmal gehemmt durch die Reibung zwischen Gas und Wandung und die innere Reibung zwischen den Gasteilchen, ferner durch die Wirbel, die bei Richtungsänderungen des Gasstromes auftreten, und schließlich durch Beschleunigung des Gasstromes.

Um ein Gas von der Geschwindigkeit w_0 auf w_1 zu bringen, ist eine Kraft von $h=(w_1^2-w_0^2)\frac{\gamma}{2g}$ kg/qm oder mm W.S. notwendig.

Die Einzelwiderstände durch Geschwindigkeits- und Richtungsänderungen sind das Vielfache ζ der Geschwindigkeitshöhe. Es ist also

$$h=\zeta\cdot\frac{w^2}{2g}\cdot\gamma \text{ mm W.S.}$$

Die angegebenen ζ-Werte sind den Veröffentlichungen *Brabbées* und *Bansens* entnommen.

a) Geschwindigkeitsänderungen.

Einströmungswiderstand aus einem größeren Raum in einen Kanal. Die Ecken sind scharfkantig. $\zeta=2{,}5$ (Fig. 95).

Die Ecken sind etwas abgerundet. $\zeta = 2{,}0$ (Fig. 96).
Die Ecken sind stark gebrochen. $\zeta = 1{,}5$ (Fig. 97).
Die Ecken sind mit großen Abrundungen versehen. $\zeta = 1{,}1$ (Fig. 98).

Aus bestimmten Gründen muß ein Kanal eingezogen werden. Bei allmählicher Verengung und Erweiterung nach Art des Venturirohres ist

$$\zeta = 0{,}2 \text{ bis } 0{,}3 \text{ (Fig. 99).}$$

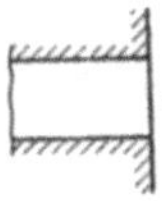
Fig. 95.

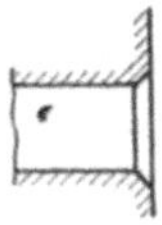
Fig. 96.

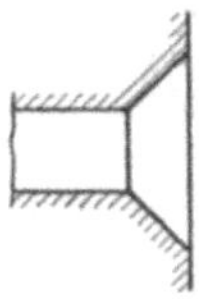
Fig. 97.

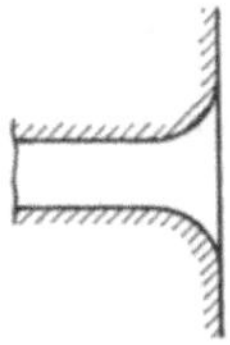
Fig. 98.

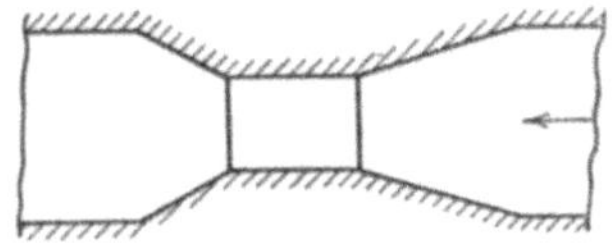
Fig. 99.

Beim Austritt aus einem Kanal in einen weiten Raum wird ein Teil des Druckes zurückgewonnen (Fig. 100). Es ist der Verlust

$$h = \left(1 - \frac{f_1}{f_2}\right)^2 \cdot \frac{w_1^2}{2g} \cdot \gamma\,; \quad \text{also}\ \zeta = \left(1 - \frac{f_1}{f_2}\right)^2.$$

w_1 Geschwindigkeit im kleinen Querschnitt f_1.

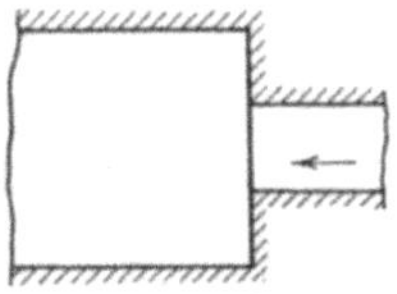
Fig. 100.

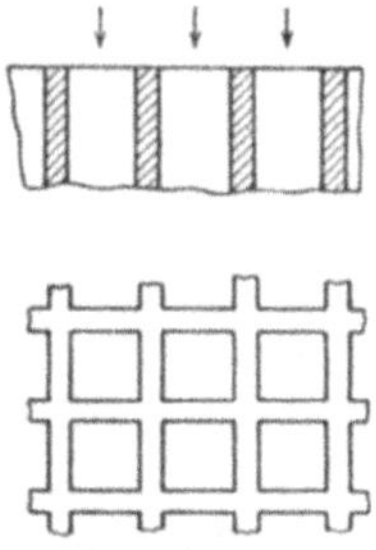
Fig. 101.

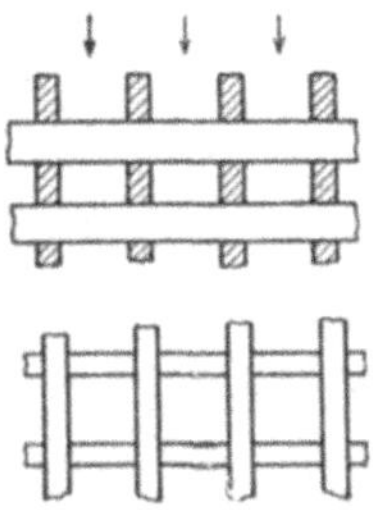
Fig. 102.

Beim Eintritt in ein Kanalsystem (Regeneratoren oder Rekuperatoren) ist nach *Bansen**)

bei quadratischen Öffnungen (Fig. 101)	$\zeta = 2{,}0$ bis $2{,}5$,
bei runden Öffnungen	$\zeta = 2{,}5$ bis $3{,}0$,
bei langen rechteckigen Spalten (Rostgitter Fig. 102)	$\zeta = 1{,}5$ bis $2{,}0$.

b) Richtungsänderungen.

Rechtwinklige Ecke eines Kanals $\zeta = 1{,}5$ bis $2{,}0$ (Fig. 103).

Rechtwinklige Ecke mit anschließend vergrößertem Kanal $\zeta = 1{,}5$, bezogen auf die Geschwindigkeit im kleineren Kanal (Fig. 104).

*) *Bansen*, Berechnung des Druckabfalls in Rohrleitungen und gemauerten Kanälen. Bericht 128 des Stahlwerksausschusses des Ver. d. Eis.

Ferner gelten noch folgende für Rohrleitungen festgestellte, aber auch auf gemauerte Kanäle übertragbare Widerstandszahlen.

$\zeta = 1,5$ (Fig. 105)	$\zeta = 1,5$ (Fig. 106)
$\zeta = 2 - 2,5$ („ 107)	$\zeta = 3,0$ („ 108)
$\zeta = 0,5$ („ 109)	$\zeta = 1,0$ („ 110)

Für Bogen mit	$\frac{r}{d} = 1,0$	1,2	1,7	2,5	10	(Fig. 111)
ist	$\zeta = 0,3$	0,2	0,16	0,14	0	

c) Für den Reibungswiderstand hat *Brabbée* folgende Formel aufgestellt

$$h = 5,66 \frac{w^{1,853}}{d^{1,281}} \cdot \gamma^{0,852} \text{ mm W.S./m}.$$

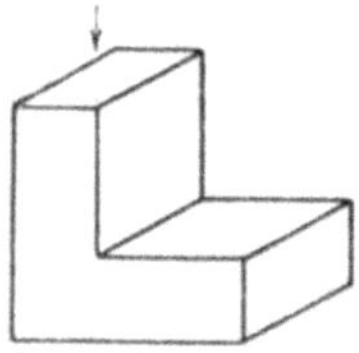

Fig. 103.

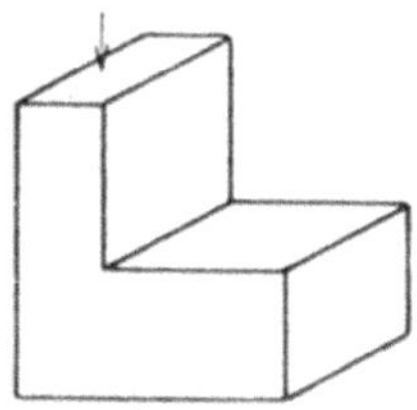

Fig. 104.

Fig. 105.

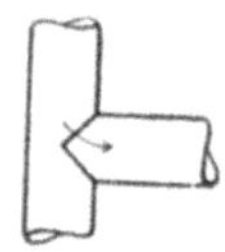

Fig. 106.

Fig. 107.

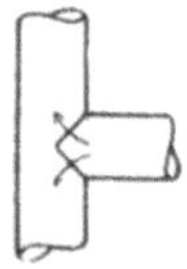

Fig. 108.

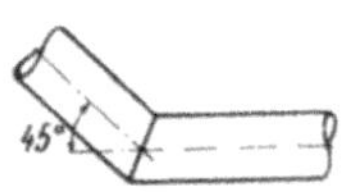

Fig. 109.

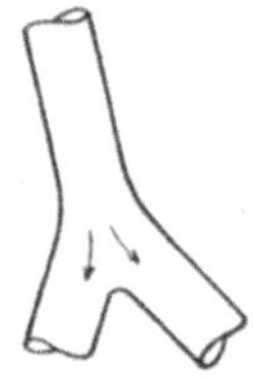

Fig. 110.

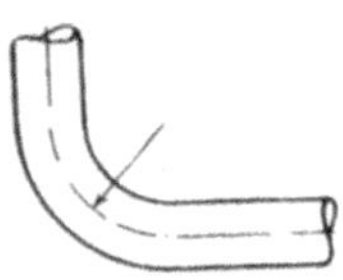

Fig. 111.

Die Nachprüfung dieser durch Versuche festgestellten Formel an betriebenen Gasleitungen hat aber zum Teil starke Abweichungen ergeben. Der Einfluß von w, d, n und γ hat sich wohl bestätigt, jedoch hat der Beiwert der Gleichung häufig ganz bedeutende Abweichungen gezeigt. Man hat diese Abweichungen, wohl mit Recht, auf den Einfluß der Verbindungen der einzelnen Rohre zurückgeführt. Teilweise war der höhere Druckverlust auch durch Verschmutzungen und Verkrustungen zu erklären. Man wird deshalb bei Leitungen, die einer Verschmutzung ausgesetzt sind, und dazu gehören auch Windleitungen, in denen Staub und Öl eine Kruste bilden können, und deren Verbindungsstellen nicht mit äußerster Sorgfalt ausgeführt werden, sicherheitshalber einen höheren Betrag bis zum doppelten Wert der Konstante einsetzen, also bis etwa

$$h = 12 \frac{w^{1,853}}{d^{1,281}} \cdot \gamma^{0,852}.$$

Hierfür ist w in m/sec, d in mm, γ in kg/cbm einzusetzen.

Der doppelte Beiwert 12 gilt nach *Bansen* auch für gemauerte Kanäle. Zur Vereinfachung der Rechnung sind im folgenden die Potenzen von w, d und γ für den in Betracht zu ziehenden Bereich angegeben.

Zahlentafel 81. **Hilfstafel zur Berechnung des Druckverlustes.**

d	$d^{1,281}$	w	$w^{1,853}$	w	$w^{1,853}$	γ	$\gamma^{0,852}$
12,5	25,3	0,5	0,278	10,0	71,3	0,1	0,141
25	58,5	0,75	0,587	12	100	0,2	0,254
37,5	104	1,0	1,000	14	133	0,3	0,358
50	150	1,5	2,12	16	170	0,4	0,458
75	251	2,0	3,61	18	212	0,5	0,554
100	365	2,5	5,45	20	258	0,6	0,647
150	610	3,0	7,65	25	390	0,7	0,738
200	889	3,5	10,2	30	545	0,8	0,827
250	1170	4,0	13,0	40	930	0,9	0,914
300	1480	4,5	16,2	50	1400	1,0	1,000
400	2150	5,0	19,7			1,1	1,085
500	2860	6,0	27,7			1,2	1,168
600	3610	7,0	36,8			1,3	1,250
800	5240	8,0	47,1			1,4	1,332
1000	6950						
1200	8750						
1500	11700						
2000	16900						
2500	22400						
3000	28300						

Mit diesen Einzelwerten ist der Gesamtwiderstand, der sich der Gasbewegung entgegensetzt, zu berechnen. Eine ganz genaue Übereinstimmung wird man freilich nicht erwarten können, dazu sind die Störungsquellen, welche die praktische Ausführung der Gaswege durch Unebenheiten, Senkungen u. ä. bedingt, zu vielseitig. Immerhin ergeben durchgeführte Untersuchungen einigermaßen befriedigende Ergebnisse. Von besonderem Wert ist die Nachrechnung zur Auffindung der größten Widerstände. Gleichzeitig ergeben sich dann Fingerzeige, in welcher Weise man Abhilfe schaffen kann.

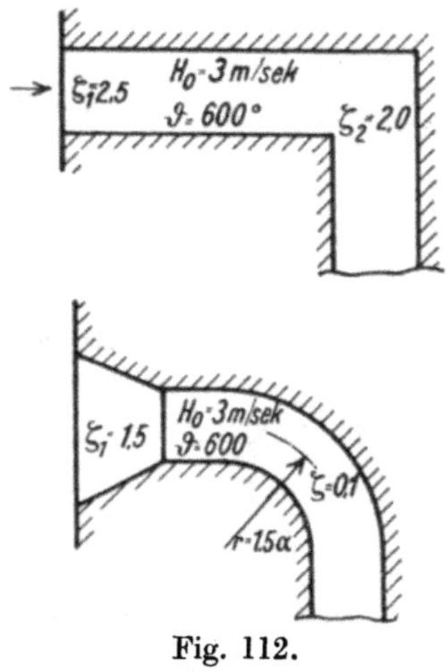

Fig. 112.

Z. B. ergeben die beiden in Fig. 112 dargestellten Ausbildungsmöglichkeiten eines Abzuges folgenden Widerstand:

Es ist
$$\gamma = 1{,}35 \cdot \frac{273}{873} = 0{,}42\,,$$
$$w = 3{,}0 \cdot \frac{873}{273} = 9{,}6 \text{ m/sec.}\,,$$
$$\frac{w^2}{2g} \cdot \gamma = 2{,}0$$

Im Fall 1 ist der Eintrittswiderstand $\zeta_1 = 2{,}5$
der Richtungswechsel $\zeta_2 = 2{,}0$

$$\zeta_1 + \zeta_2 = 4{,}5$$

Der Druckverlust ist $h_1 = 4{,}5 \cdot 2{,}0 = 9{,}0$ mm W.S.
Im Fall 2 ist die Summe der Einzelwiderstände

$$\zeta_1 + \zeta_2 = 1{,}5 + 0{,}18 = 1{,}7\,,$$

also $h_2 = 1{,}7 \cdot 2{,}0 = 3{,}4$ mm W.S.

Zugberechnung für einen Schmiedeofen mit Rekuperator.

Die Berechnung des Zugverlustes ist an einem Schmiedeofen erläutert, den die Fig. 75 darstellt. Die Feuerung gibt 1650 cbm/St. Abgas.

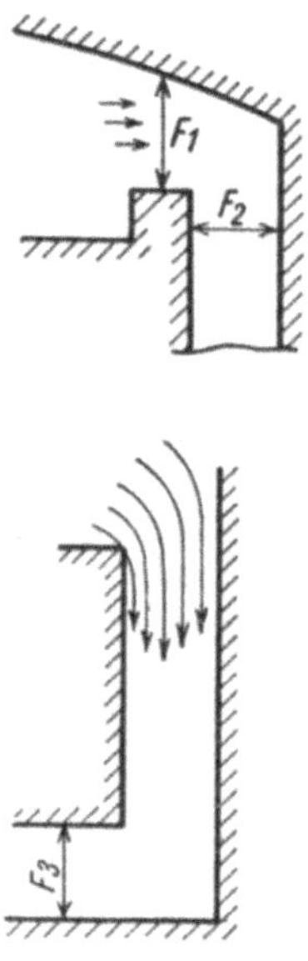

Fig. 113.

Das Rauchgas wird durch drei Abzüge vom Herd abgezogen. Vorher tritt es jedoch über eine Schwelle in einen Vorraum, der den Querschnitt F_1 quer zur Bewegungsrichtung hat (Fig. 113). Die scharfkantige Schwelle bewirkt eine Kontraktion des Durchflußquerschnittes. Da der Querschnitt nur eine Kante besitzt, wird nur eine Kontraktion von 80 Proz. angenommen. Die Temperatur des Rauchgases ist 1150°, also der Temperaturkoeffizient

$$\frac{1150 + 273}{273} = 5{,}2\,.$$

Es ist $F_1 = 1{,}9 \cdot 0{,}50 = 0{,}95$ qm.

$$w = \frac{1650}{3600 \cdot 0{,}8 \cdot 0{,}95} \cdot 5{,}2 = \frac{0{,}46}{0{,}8 \cdot 0{,}95} \cdot 5{,}2 = 3{,}15 \text{ m/sec.}$$

Die Geschwindigkeit wird durch den Aufprall auf die Rückwand vernichtet. Es geht also die ganze Geschwindigkeitshöhe verloren

$$h_1 = \frac{w^2}{2g} \cdot \gamma = \frac{3{,}15^2}{19{,}62} \cdot \frac{1{,}35}{5{,}2} = 0{,}13 \text{ mm.}$$

Die drei Gasabzüge haben einen Querschnitt von $F_2 = 3\,(0{,}20 \cdot 0{,}325) = 0{,}195$ qm. Der Richtungswechsel spielt keine Rolle, da ja die Vorgeschwindigkeit vernichtet ist. Es tritt eine Einschnürung an drei Kanten des Querschnittes auf, so daß mit 70 Proz. Kontraktion gerechnet wird. Der Abzugskanal ist aber ziemlich lang, so daß ein Rückgewinn an Druck eintritt. Es wird deshalb nur der Carnotsche Stoßverlust $h = (w_1 - w_2)^2 \cdot \frac{\gamma}{2g}$ gerechnet. Hierzu tritt aber noch der Zug zur Beschleunigung des Gases auf die Geschwindigkeit im Querschnitt.

Der Stoßverlust durch die Einschnürung ist demnach

$$h = \frac{w_2^2}{2g} \cdot \gamma \left(\frac{1}{0,7} - 1\right)^2 = 0,2 \frac{w_2^2}{2g} \cdot \gamma .$$

Die Geschwindigkeit im Abzug ist bei 1150° Gastemperatur

$$w_2 = \frac{0,46 \text{ cbm/sec}}{0,195 \text{ qm}} \cdot 5,2 = 12,3 \text{ m/sec},$$

die Geschwindigkeitshöhe

$$\frac{w_2^2}{2g} \cdot \gamma = \frac{12,3^2}{19,62} \cdot \frac{1,35}{5,2} = 2,0 \text{ mm W.S.}$$

Neben dieser Geschwindigkeitshöhe ist nun noch der 0,2-fache Betrag für den Carnotschen Stoßverlust aufzubringen, insgesamt also

$$h_2 = 2,4 \text{ mm W.S.}$$

Da die Kanäle senkrecht auf das Gewölbe stoßen, geht die Geschwindigkeitshöhe verloren, und die für den Querschnitt F_3 benötigte Geschwindigkeit muß erneut aufgebracht werden. Es ist $F_3 = 0,32 \cdot 1,97 = 0,63$ qm, der Druckverlust $h_3 = 0,19$ mm W.S.

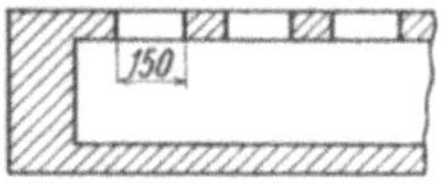

Fig. 114.

Nun treten die Abgase in den Rekuperator. Er besitzt vier Rauchgaskanäle je Zug. Jeder Kanal hat drei Eintrittsöffnungen 150 · 210 mm (Fig. 114). Die Kanten der Eintrittsschlitze sind scharfkantig; die Kontraktion kommt voll zur Auswirkung. Der Widerstand ist also das 2,5-fache der Geschwindigkeitshöhe. Dazu kommt noch die rechtwinklige Umlenkung des Gasstromes mit $\zeta = 1,5$. Insgesamt geht also das 4-fache der Geschwindigkeitshöhe verloren.

Der Gesamtquerschnitt ist

$$F_4 = 12 \cdot (0,150 \cdot 0,210) = 0,38 \text{ qm},$$

also $$w_0 = \frac{0,46}{0,38} = 1,21 \text{ m/sec}; \quad w = 1,21 \cdot 5,2 = 6,3 \text{ m/sec}$$

$$\text{Geschwindigkeitshöhe} = \frac{6,3^2}{19,62} \cdot \frac{1,35}{5,2} = 0,53 .$$

$$h_4 = 4 \cdot 0,53 = 2,12 \text{ mm W.S.}$$

Die Geschwindigkeit in den Kanälen ist bei einem Querschnitt von

$$4 \cdot (0,365 \cdot 0,210) = 0,31 \text{ qm},$$

$$w_0 = \frac{0,46}{0,31} = 1,48 \text{ m/sec},$$

also annähernd gleich der Geschwindigkeit in den Schlitzen. Ein Rückgewinn oder ein Verbrauch an Zug zur Beschleunigung ist nicht zu berücksichtigen.

Bei der zweimaligen Richtungsänderung um 90° beim Übergang vom ersten zum zweiten Zug tritt ein Zugverbrauch von 3 × Geschwindigkeitshöhe ein. Da durch die scharfkantigen Schlitze wieder eine vollständige

Kontraktion bewirkt wird, so geht außerdem 2,5 × Geschwindigkeitshöhe verloren.

Die Temperatur beträgt an dieser Stelle nur noch 1000°. Der Temperaturfaktor ist hierbei 4,6.

$$w = 1{,}48 \cdot 4{,}6 = 6{,}8 \text{ m/sec.}$$

Geschwindigkeitshöhe $\frac{6{,}8^2}{19{,}62} \cdot \frac{1{,}35}{4{,}6} = 0{,}69$ mm W. S.

Zugverlust bei der Umlenkung $h_5 = \underline{5{,}5 \cdot 0{,}69 = 3{,}80 \text{ mm W.S.}}$

Der Austritt aus dem Rekuperator (Fig. 115) erfolgt durch zwei Schlitze $210 \cdot 235$ mm je Rauchgaskanal, also durch einen Querschnitt von 0,394 qm, womit die Geschwindigkeit $w_0 = 1{,}17$ m/sec wird. Infolge der Kontraktion ist die Geschwindigkeit $\frac{1{,}17}{0{,}6} = 1{,}95$ m/sec. Die Temperatur ist 850°, der Temperaturfaktor demnach 4,1. Das Gas tritt in einen verhältnismäßig großen Raum von $1{,}97 \cdot 0{,}7$ m ein. Die größte Geschwindigkeit ist 8,0 m/sec, deren Geschwindigkeitshöhe $\frac{8{,}0^2}{19{,}62} \cdot \frac{1{,}35}{4{,}1} = 1{,}07$ mm ist.

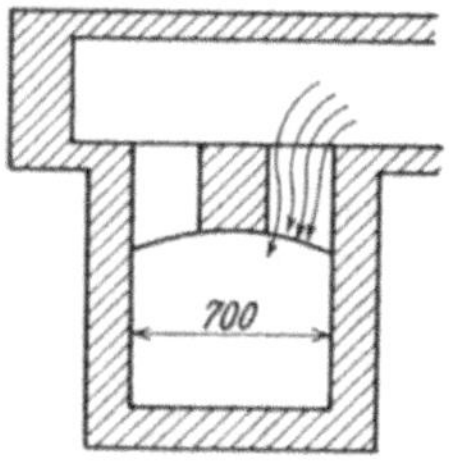

Fig. 115.

Der Widerstandskoeffizient ist

$$\zeta = \left(1 - \frac{0{,}394 \cdot 0{,}6}{1{,}38}\right)^2 = (1 - 0{,}17)^2 = 0{,}69\,.$$

Ferner ist die Umlenkung in den Kanälen mit $\zeta = 1{,}5$ zu berücksichtigen. Die Erhöhung der Geschwindigkeit von $w_0 = 1{,}48$ m/sec in den Kanälen auf 1,95 m/sec im engsten Querschnitt ist außerdem aufzubringen.

Der Verlust durch Umlenkung ist

$$1{,}5 \cdot \frac{(1{,}48 \cdot 4{,}1)^2}{19{,}62} \cdot \frac{1{,}35}{4{,}1} = 0{,}93 \text{ mm W.S.}$$

Der Zugverlust durch Geschwindigkeitserhöhung ist

$$\frac{8{,}0^2}{19{,}62} \cdot \frac{1{,}35}{4{,}1} - \frac{(1{,}48 \cdot 4{,}1)^2}{19{,}62} \cdot \frac{1{,}35}{4{,}1} = 1{,}07 - 0{,}62 = 0{,}45 \text{ mm W.S.}$$

Von der Gesamtgeschwindigkeitshöhe gehen, wie oben errechnet wurde, 69 Proz. verloren.

$$1{,}07 \cdot 0{,}69 = 0{,}74 \text{ mm W.S.}$$

Insgesamt tritt also ein Verlust von

$$h_6 = 0{,}93 + 0{,}45 + 0{,}74 = 2{,}12 \text{ mm W. S. ein.}$$

Außerdem ist der Reibungsverlust in den Rekuperatorkanälen zu errechnen.

Der Kanaldurchmesser ist $d = \frac{4F}{U} = \frac{4 \cdot 0{,}077}{1{,}15} = 0{,}270$ m. Die Geschwindigkeit bei der mittleren Temperatur von 1000° war 6,8 m/sec, das spez. Gewicht $\frac{1,35}{4,2} = 0,29$ kg/cbm. Die Länge des Rauchgasweges ist 8 m. Also ist der Reibungsverlust

$$h_7 = 12 \cdot \frac{6,8^{1,853}}{270^{1,281}} \cdot 0,29^{0,852} \cdot 8 = 0,88 \text{ mm W.S.}$$

Es bleibt noch übrig, den Widerstand im Fuchskanal bis zum Kamin zu berechnen (Fig. 116).

Der Kanal hat einen Querschnitt von $0,7 \cdot 0,72 = 0,51$ qm. Die wahre Geschwindigkeit ist also $\frac{0,46}{0,51} \cdot 4,1 = 3,7$ m/sec.

Die Eintrittswiderstandszahl ist $\zeta = 2,5$. Hierzu kommt noch eine rechtwinklige Umbiegung beim Eintritt in den Schornstein mit $\zeta = 1,5$. Insgesamt geht also die 4fache Geschwindigkeitshöhe verloren.

$$h_8 = 4,0 \cdot \frac{3,7^2}{19,62} \cdot \frac{1,35}{4,1} = 0,92 \text{ mm W. S.}$$

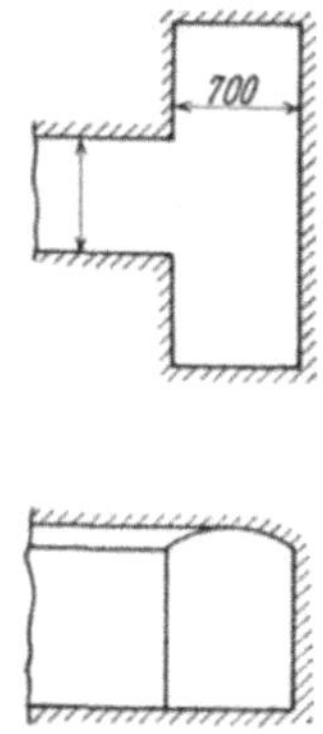

Fig. 116.

Die Widerstände sind nun also

$$\begin{aligned} h &= h_1 + h_2 + h_3 + h_4 + h_5 + h_6 + h_7 + h_8 \\ &\quad 0,13 + 2,40 + 0,19 + 2,12 + 3,80 + 2,12 + 0,88 + 0,92 \\ &= 12,56 \text{ mm W.S.} \end{aligned}$$

Hierzu kommt noch der Gegenauftrieb, der zustande kommt durch eine Gassäule von 1,7 m bei 1100°, 1 m bei 950°, 1,1 m bei 850°. Das spez. Gewicht der Umgebungsluft sei 1,20 kg/cbm.

1,7 m bei 1100°	$\gamma_0 - \gamma = 1,20 - 0,26 = 0,94$	$1,7 \cdot 0,94 = 1,60$ mm W.S.
1,0 m „ 950°	$\gamma_0 - \gamma = 1,20 \cdot 0,30 = 0,90$	$1,0 \cdot 0,90 = 0,90$ mm „
1,1 m „ 850°	$\gamma_0 - \gamma = 1,20 - 0,33 = 0,87$	$1,1 \cdot 0,87 = 0,96$ mm „
	Gesamtauftrieb	$= 3,46$ mm W.S.

Am Kaminfuß muß also ein Zug von $12,56 + 3,46 = 16,02$ mm W.S. erzeugt werden.

Durch den Kaminschieberschlitz wird so viel falsche Luft angesaugt, daß die Kamintemperatur nur 700° beträgt. Dann ist der Auftrieb je m $= 1,20 - 0,38 = 0,82$ mm W.S. Die Mindesthöhe wäre also $\frac{16,02}{0,82} = 19,6$ m. Mit 25 m Höhe erhält man einen Zugüberschuß von $20,5 - 16,0 = 4,5$ mm W.S., der durch den Schieber vernichtet werden muß.

Den größten Widerstand verursacht der Rekuperator mit 8,2 mm W.S. Wollte man hier an Zug sparen, so könnte man die Schlitze unter Abschrägung der Kanten vergrößern. Da aber andererseits die Geschwindigkeit in den Kanälen verhältnismäßig groß ist, werden in diesem Fall nennenswerte Gewinne nicht zu erwarten sein.

XIV. Die konstruktive Ausbildung der Rekuperatoren.

Die Einreihung des Rekuperators in den Ofen bereitet zumeist keine Schwierigkeiten. Das verhältnismäßig große Volumen des steinernen Wärmeaustauschers weist ihm seinen Platz unter dem Ofen an, so daß das Arbeitsfeld um den Ofen durch ihn nicht beengt wird. Erst die großen Heizflächenleistungen neuerer Bauarten, insbesondere der eisernen Vorwärmer, gestatten ihre Unterbringung auch neben oder über dem Ofen, wodurch infolge der Verringerung der umfangreichen Schacht- und Gründungsarbeiten die Baukosten des Ofens günstig beeinflußt werden. Diese Anordnung findet besonders häufig Anwendung bei kleineren Öfen mit Koksofengas- oder Ölfeuerung, wird sich aber auch für größere Öfen bei Verwendung von Rekuperatoren aus hitzebeständigem Stahl durchsetzen, nicht allein wegen der geringeren Baukosten, sondern auch wegen der besseren Zugänglichkeit bei Reparaturen.

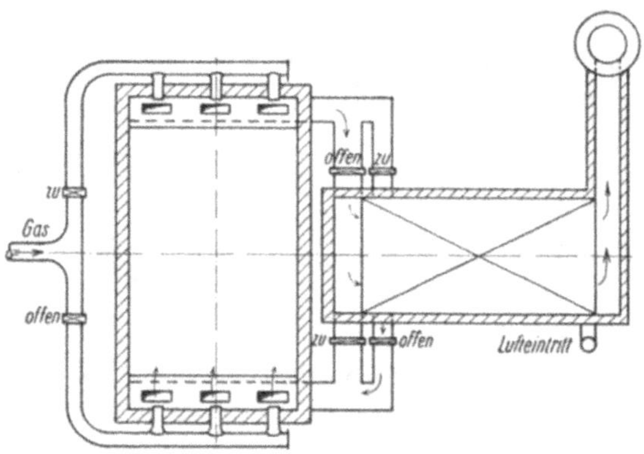

Fig. 117. Rekuperativofen mit wechselnder Flammenrichtung.

Die Schaltung des Abgas- und Luftstromes ist für die Gleichstromflamme ohne weiteres gegeben. Jedoch lassen sich auch konstruktive Lösungen für eine Beheizung mit Wechselflamme finden. Falls nur ein einziger Rekuperator benutzt wird, müssen die Umstellvorrichtungen freilich im heißen Gasstrom liegen. Fig. 117 zeigt eine derartige Konstruktion. Durch die vier Schieber werden Abgas und vorgewärmte Luft umgesteuert.

Entscheidend für die erzielbare Heizflächenleistung ist außer dem Temperaturunterschied die Wärmedurchgangszahl k. Der Einfluß der Wärmeübergangszahlen, der Stärke der Trennwand zwischen Rauchgas und Luft und des Baustoffes war bereits oben behandelt worden. Eine Betrachtung über die erreichbare Vorwärmung sei aber hier noch hinzugefügt. Aus dem Gleichungssystem

$$q = k(\vartheta - \vartheta') = \alpha'(\vartheta'_s - \vartheta') = \alpha(\vartheta - \vartheta_s) \text{ kcal/qm, St.}$$

ist die Vorwärmungstemperatur ϑ' abzuleiten.

$$\vartheta' = \vartheta - \frac{\alpha}{k}(\vartheta - \vartheta_s)\,.$$

Sie hängt in dieser Darstellung ab von der Rauchgastemperatur ϑ, der Wandtemperatur ϑ_s auf der Rauchgasseite und dem Verhältnis der Wärmeübergangszahl auf der Rauchgasseite α zur Wärmedurchgangszahl k. Wendet man diese Beziehung auf die Eintrittsseite des Rauchgases in den Rekuperator bei Gegenstrom an, so läßt sich die im günstigsten Fall erreichbare Vorwärmung bestimmen. ϑ ist dann die Eintrittstemperatur des Rauchgases, ϑ' die Austrittstemperatur der vorgewärmten Luft. Die Rauchgastemperatur sei zunächst als durch die Herdtemperatur gegeben zu betrachten. Dann ist die Vorwärmungstemperatur nur noch durch $\frac{\alpha}{k}$ und ϑ_s zu beeinflussen. ϑ_s ist nun als höchste Heizflächentemperatur durch das Material bedingt. Sie wird bei steinernen Rekuperatoren im allgemeinen die Vorwärmungstemperatur nicht begrenzen, da hier 1000° noch zulässig erscheint. Damit wird

$$\vartheta' = \vartheta - \frac{\alpha}{k}(\vartheta - 1000).$$

$\frac{\alpha}{k}$ ist immer größer als 1. Am Rauchgaseintritt liegt dieser Wert bei den üblichen Wärmeübergangszahlen zwischen 3,5 und 5.

Je größer $\frac{\alpha}{k}$ ist, um so eher begrenzt die Feuerbeständigkeit der Heizfläche die Vorwärmungstemperatur. Beim steinernen Rekuperator ist ein kleiner Wert $\frac{\alpha}{k}$ wegen der hohen zulässigen Heizflächentemperatur im allgemeinen nicht von so wesentlicher Bedeutung wie beim eisernen, für dessen Anwendung die angegebene Beziehung die entscheidenden Bedingungen enthält. Für ihn gilt

$$k = \frac{1}{\frac{1}{\alpha} + \frac{1}{\alpha'}}, \quad \text{also} \quad \frac{\alpha}{k} = 1 + \frac{\alpha}{\alpha'},$$

$$\vartheta' = \vartheta_s\left(1 + \frac{\alpha}{\alpha'}\right) - \vartheta\frac{\alpha}{\alpha'}.$$

Hieraus kann man die erreichbaren Vorwärmungstemperaturen bestimmen. Für flußeiserne Erhitzer wird man als höchste zulässige Wandtemperatur im Dauerbetrieb etwa 500° ansehen.

Zahlentafel 82. Höchste Vorwärmungstemperatur bei Flußeisen (zulässige Höchsttemperatur der Heizfläche 500°).

	Eintrittstemperatur des Rauchgases			
	1400°	1200°	1000°	800°
$\frac{\alpha}{\alpha'} = 0{,}1$	410	430	450	470
0,2	320	360	400	440
0,4	140	220	300	380
0,6	—	80	200	320
0,8	—	—	100	260
1,0	—	—	—	200

Die Zahlen zeigen den außerordentlichen Einfluß des Verhältnisses $\frac{\alpha}{\alpha'}$ auf die erreichbare Vorwärmung. Der Wert ist möglichst klein zu halten, die Wärmeübergangszahl auf der Luftseite möglichst hoch gegenüber derjenigen auf der Rauchgasseite. Dies kann durch große Luftgeschwindigkeiten und mit gleichem Erfolg auch durch schlechte Wärmeübergangsbedingungen auf der Rauchgasseite erreicht werden. Diese zweite Maßnahme setzt freilich die Wärmedurchgangszahl und damit die Heizflächenleistung herab. Der Austauscher muß dann entsprechend größer bemessen werden. Die Erhöhung der Baukosten wird aber meist eher zu ertragen sein als häufige Reparaturen durch Ersatz der infolge zu hoher Heizflächentemperatur verzunderten und durchgebrannten Teile des Rekuperators.

Man erkennt aber auch, daß durch Senkung der Rauchgastemperatur eine Erhöhung der Vorwärmung natürlich bei entsprechender Vergrößerung der Heizfläche erreicht werden kann, also etwa dadurch, daß man das Abgas des Herdes vor dem Eintritt in den Rekuperator durch Luftbeimischung kühlt.

Wie stark ferner durch eine schon verhältnismäßig kleine Steigerung der Hitzebeständigkeit des Eisens die Vorwärmung begünstigt wird, zeigt die folgende Zahlentafel, in welcher, wie vorher, die Vorwärmungstemperatur für eine höchst zulässige Heizflächentemperatur von 750° eingetragen ist.

Zahlentafel 83. Höchste Vorwärmungstemperatur in eisernen Rekuperatoren (zulässige Höchsttemperatur der Heizfläche 750°).

	Eintrittstemperatur des Rauchgases			
	1400°	1200°	1000°	800°
$\frac{\alpha}{\alpha'} = 0{,}1$	685	705	725	745
0,2	620	660	700	740
0,4	490	570	650	730
0,6	360	480	600	720
0,8	230	390	550	710
1,0	100	300	500	700

Für die eisernen Vorwärmer lassen sich einfache Bedingungen für die Wahl der Wärmeübergangszahlen ableiten. Es ist

$$\alpha(\vartheta - \vartheta_s) = \alpha'(\vartheta_s - \vartheta').$$

Hieraus ergibt sich

$$\frac{\alpha}{\alpha'} = \frac{\vartheta_s - \vartheta'}{\vartheta - \vartheta_s}.$$

Für den Gegenstromvorwärmer ist das Eintrittsende des Rauchgases der gefährdetste Punkt. Wird hier die zulässige Heizflächentemperatur $[\vartheta_s]$ nicht überschritten, so ist der ganze Rekuperator ungefährdet. Es muß deshalb sein

$$\frac{\alpha}{\alpha'} \leq \frac{[\vartheta_s] - \vartheta'}{\vartheta - [\vartheta_s]}.$$

ϑ' ist in diesem Falle die Vorwärmungstemperatur ϑ_1', ϑ die Eintrittstemperatur des Rauchgases ϑ_1. Dann muß sein

$$\frac{\alpha}{\alpha'} \leq \frac{[\vartheta_s] - \vartheta_1'}{\vartheta_1 - [\vartheta_s]} \quad \text{für Gegenstrom.}$$

Bei Gleichstrom ist die Eintrittsstelle des Rauchgases auch Eintrittsstelle der Luft, deren Anfangstemperatur praktisch $= 0°$ eingesetzt wird. Dann lautet die Bedingung

$$\frac{\alpha}{\alpha'} \leqq \frac{[\vartheta_s]}{\vartheta_1 - [\vartheta_s]} \text{ für Gleichstrom (Eintrittsstelle)}.$$

Bei Gleichstrom tritt noch eine zweite Bedingung für das Austrittsende von Luft und Rauchgas hinzu, da hier infolge der höheren Lufttemperatur eine Überhitzung der Heizfläche eintreten kann, auch wenn die Eintrittsstelle nicht gefährdet ist.

Aus den Gleichungen

$$\alpha(\vartheta_2 - \vartheta_s) = \alpha'(\vartheta_s - \vartheta_1')$$

und

$$\eta G c_p(\vartheta_1 - \vartheta_2) = G' c_p' \vartheta_1'$$

erhält man mit $a = \frac{G' c_p'}{\eta G c_p}$ als Bedingung für das Austrittsende

$$\frac{\alpha}{\alpha'} \leqq \frac{[\vartheta_s] - \vartheta_1'}{\vartheta_1 - a \cdot \vartheta_1' - [\vartheta_s]} \text{ für Gleichstrom (Austrittsstelle).}$$

Will man z. B. die Luft auf 400° vorwärmen und ist $G' = 500$ cbm/St., $G = 1000$ cbm/St., $c_p' = 0{,}32$, $c_p = 0{,}38$, $\vartheta_1 = 1200°$, so muß bei Flußeisen mit $[\vartheta_s] = 500°$ $\frac{\alpha}{\alpha} \leqq \frac{500 - 400}{1200 - 500} = \leqq \frac{1}{7}$ für Gegenstrom sein.

Für Gleichstrom ergibt sich

$$\text{am Eintritt } \frac{\alpha}{\alpha'} = \frac{500}{1200 - 500} = \leqq \frac{5}{7},$$

$$\text{am Austritt mit } a = \frac{500 \cdot 0{,}32}{1000 \cdot 0{,}38} = 0{,}42$$

$$\frac{\alpha}{\alpha'} = \frac{500 - 400}{1200 - 0{,}42 \cdot 400 - 500} = \leqq \frac{1}{5{,}3}.$$

Die Bedingung für Gegenstrom, daß $\alpha' = 7\,\alpha$ sein muß, ist schwer zu erfüllen, da die Gasstrahlung, die α in hohem Maße bestimmt, bei 1200° beträchtlich ist. Man müßte schon α' annähernd $= 100$ kcal/qm, St., °C machen, also sehr hohe Geschwindigkeit der Luft wählen unter Inkaufnahme entsprechend hoher Druckverluste.

Für Gleichstrom ist die Bedingung der Eintrittsstelle günstig ($\alpha' = 1{,}4\,\alpha$) und unschwer zu erfüllen. Jedoch stellt die Austrittsstelle wieder ähnliche Bedingungen wie bei Gegenstrom. Die Gleichung gibt aber auch gleichzeitig das Mittel an, wie diese Bedingung günstiger gestaltet werden kann. Macht man nämlich a größer, so wird der Nenner des Bruches kleiner. Das heißt, man darf nicht das ganze Abgas durch den Rekuperator schicken. Wie groß muß a gemacht werden, wenn für den Austritt ein gleiches Verhältnis von $\alpha : \alpha'$ wie für den Eintritt gelten soll?

$$\frac{[\vartheta_s] - \vartheta_1'}{\vartheta_1 - a\,\vartheta_1' - [\vartheta_s]} = \frac{5}{7},$$

$$\frac{500 - 400}{1200 - a \cdot 400 - 500} = \frac{5}{7},$$

$$a = 1{,}4 = \frac{G' c_p'}{G \cdot c_p},$$

$$G = \frac{500}{1{,}4} \cdot \frac{0{,}32}{0{,}38} = 300 \text{ cbm/St.}$$

Man darf also von den 1000 cbm/St. Abgas nur 300 cbm/St. durch den Rekuperator geben. Die Abgastemperatur wird dann aus $\vartheta_1 - \vartheta_2 = 1{,}4 \cdot 400$

$$\vartheta_2 = 640°.$$

Um bei gegebenen zulässigen Heizflächentemperaturen eine möglichst hohe Vorwärmung zu erreichen, hat man also folgende Wege zur Verfügung:

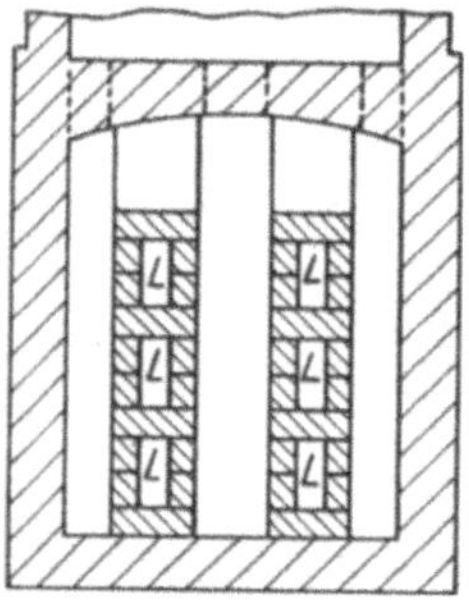

Fig. 118. Rekuperator mit gemauerten Luftkanälen (nach *Osann*, Lehrbuch der Eisenhüttenkunde.

1. Möglichst hohe Wärmeübergangszahlen auf der Luftseite,
2. Verringerung der Wärmeübergangszahl auf der Rauchgasseite,
3. Erniedrigung der Eintrittstemperatur des Rauchgases durch Luftzugabe,
4. Anwendung von Gleichstrom,
5. Verringerung der durch den Rekuperator strömenden Abgasmenge.

Die Wege 2 bis 5 verringern natürlich die Heizflächenleistung und sind deshalb erst dann anzuwenden, wenn der Weg 1 nicht mehr weiter gangbar ist.

Bietet die Heizflächentemperatur bei eisernen Vorwärmern die Hauptschwierigkeit, die der Konstrukteur zu überwinden hat, so tritt diese bei steinernen Rekuperatoren zurück gegenüber den Schwierigkeiten, die der feste und möglichst dichte Zusammenbau bereitet. Die Größe des Einflusses der Undichtheiten auf die Vorwärmungstemperatur und die Bemessung des Rekuperators war in Beispiel XI 2 ausführlich behandelt worden. Da auch die anderen Fragen der wärmetechnisch zweckmäßigen Konstruktion bei Besprechung der Wärmedurchgangszahl besprochen worden sind, mögen nun einige Ausführungsformen zunächst der steinernen Rekuperatoren wiedergegeben werden, wobei natürlich nicht die zahlreichen Sonderformen ausgeführt, sondern nur an einigen Beispielen die verschiedenen Kategorien gezeigt werden können.

Die einfachste Bauart eines Rekuperators zeigt Fig. 118, die dem Lehrbuch für Eisenhüttenkunde von *Osann* entnommen ist. Die Luft zieht durch die aufgemauerten Kanäle, deren Wände von den Rauchgasen beheizt werden.

Die Stärke der Kanalwände, die lose Führung des Rauchgases und die Undichtheit der sehr zahlreichen Mauerfugen werden den Wärmeaustausch niedrig halten. Die Undichtheit der Fugen wird durch Verzahnung der Fugen herabzudrücken versucht.

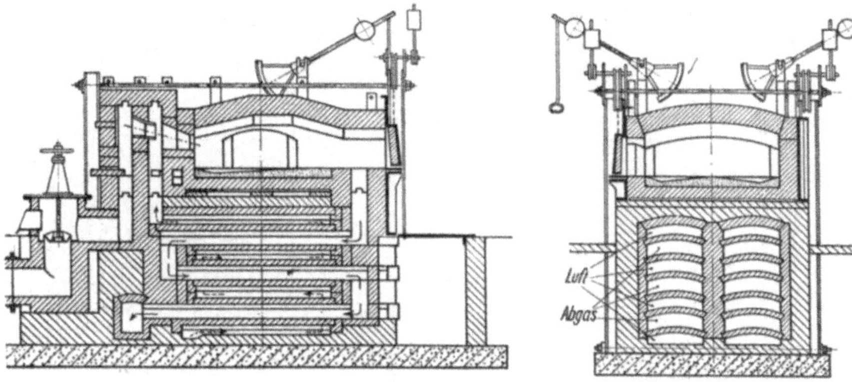

Fig. 119. Rekuperator von Heimsoth & Vollmer.

Eine in der Form der Kanäle sehr einfache Ausführung zeigt Fig. 119. Die Gewölbe zwischen den Kanälen bilden einzelne große Formsteine. Die Schwierigkeit der Konstruktion lag in der Umführung der Luft von einem Kanal zum anderen und dem Abschluß der Enden der Luftkanäle. Die hier leicht eintretende Undichtheit veranlaßte die Firma, die Konstruktion fallen zu lassen.

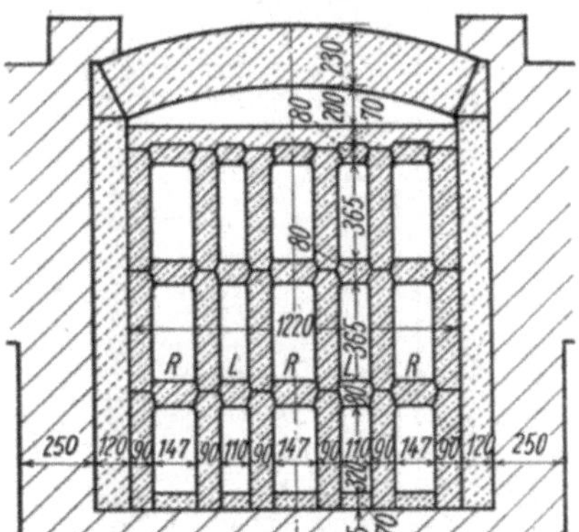

Fig. 120. Rekuperator aus Plattensteinen der Firma Huth & Röttger.

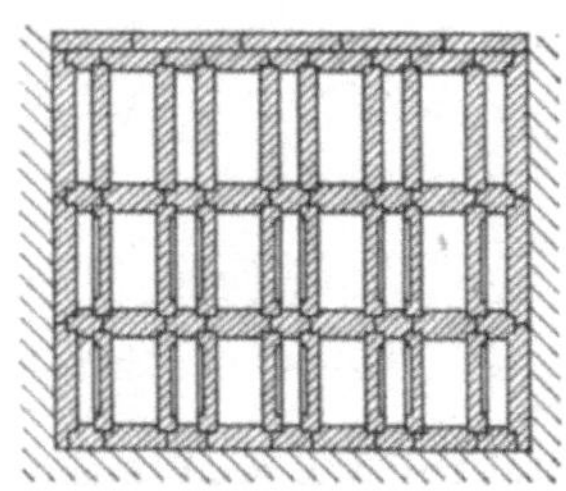

Fig. 121. Rekuperatur aus Plattensteinen der Firma Ruppmann.

Rauchgas und Luft werden im Gegenstrom geführt. Fig. 120 zeigt einen Rekuperator von Huth & Röttger, dessen Kanäle durch einfache Plattensteine als Trennwände zwischen Gas und Luft hergestellt werden. Die Platten sind an den Stößen mit Nut und Feder zur Herabsetzung der Undichtheit aneinandergesetzt. Die Firma verwendet diese Konstruktion, die nicht in gleichem Maße wie ihre anderen unten angegebenen Bauarten Undichtheiten vermeiden kann, hauptsächlich bei kohlegefeuerten Öfen. Hier, wie auch bei der folgenden Bauart, Fig. 121, besteht Gegenstromführung. Die Figur zeigt eine Konstruktion der Firma Ruppmann, die ebenfalls Abgas- und Luftkanäle durch Plattensteine begrenzt. Die Luft- und Abgasumführung

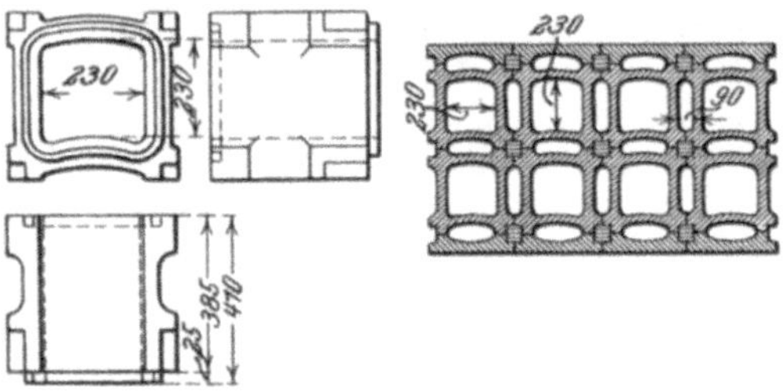

Fig. 122. Rekuperatorstein von Schultz & Co., Aplerbeck.

innerhalb des Rekuperators wird in beiden Fällen in der gleichen Weise, wie es Fig. 75 darstellte, bewirkt.

Der Wunsch, durch möglichst wenig Fugen, die gleichzeitig von Rauchgas und Luft bestrichen werden, die Undichtheitsquellen zu vermindern,

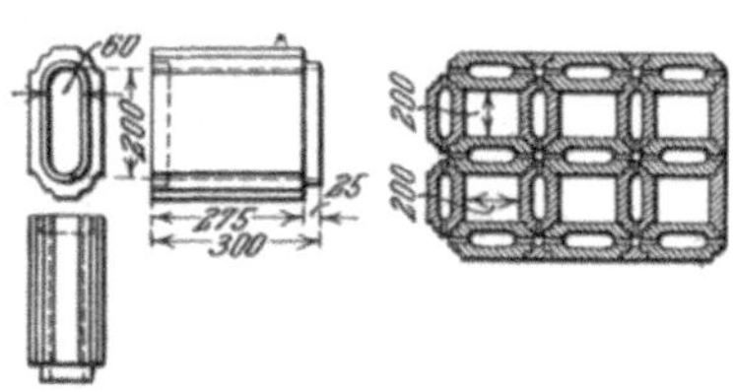

Fig. 123. Rekuperatorstein von Bender & Främbs.

führte zur Verwendung von Kanalsteinen. Fig. 122*) zeigt einen Rekuperator nach Schultz & Co., Aplerbeck, bei dem die Formsteine die Rauchgaszüge darstellen, Fig. 123*) eine Konstruktion von Bender & Främbs, deren Kanalsteine die Luftkanäle abgeben. Auch diese Konstruktionen arbeiten in Gegenstromanordnung.

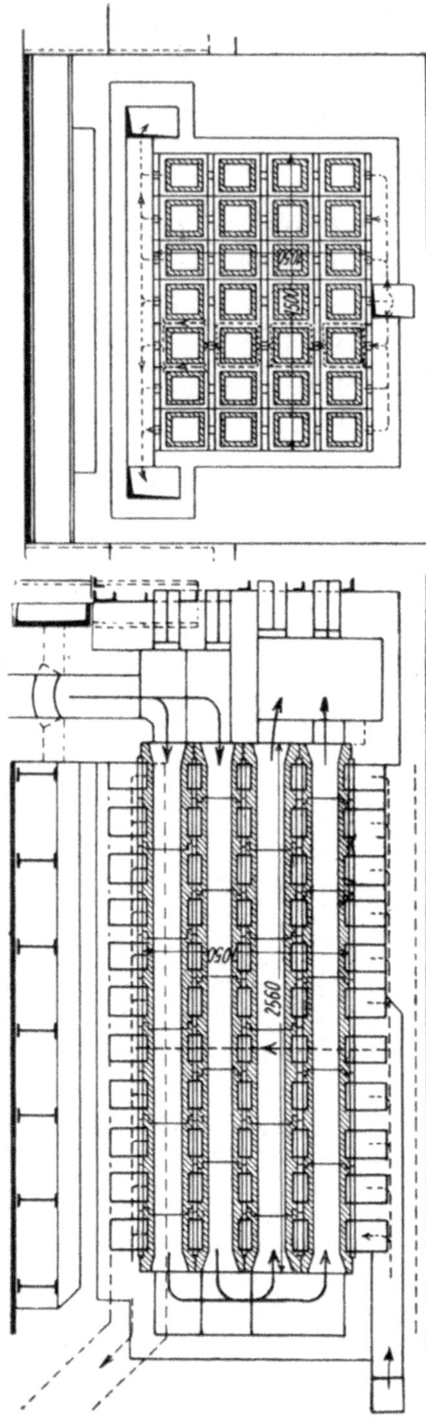

Fig. 124. Rekuperator aus Kanalsteinen mit Gegen-Kreuzstromführung von Heimsoth & Vollmer.

*) Nach Bericht 46 des Walzwerksausschusses des V. d. E.

Häufig wird auch Kreuzstrom und Gegenstrom kombiniert. In denjenigen Fällen, in denen die Eintrittstemperatur des Rauchgases in den Rekuperator gegenüber der erreichbaren Luftvorwärmung hoch ist, wie in Schmiedeöfen, verringert sich praktisch die Vorwärmungstemperatur durch die Abweichung vom Gegenstromprinzip nicht. Dann bietet diese Kombination Vorteile, weil man die Stöße der einzelnen Kanalsteine abdecken kann, die Undichtheiten also mit größerem Erfolg bekämpfen kann. Fig. 124 zeigt einen derartigen Rekuperator von Heimsoth & Vollmer, der aus den Steinen nach Fig. 125

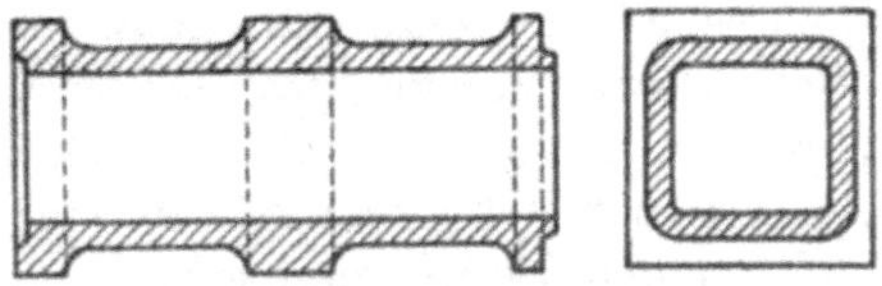

Fig. 125. Rekuperatorkanalstein von Heimsoth & Vollmer.

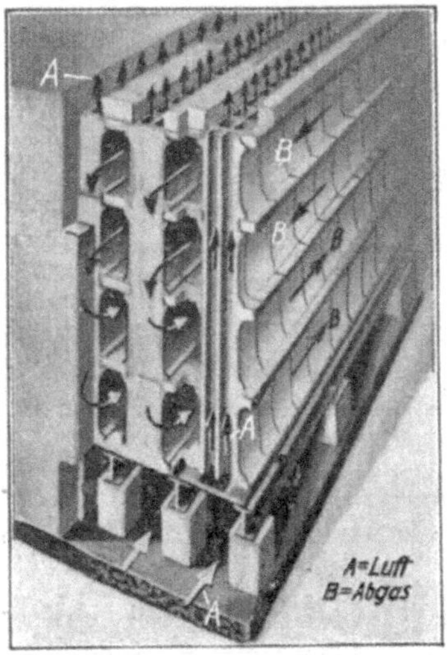

Fig. 126. Rekuperator der Chapman Stein Furnace Co.

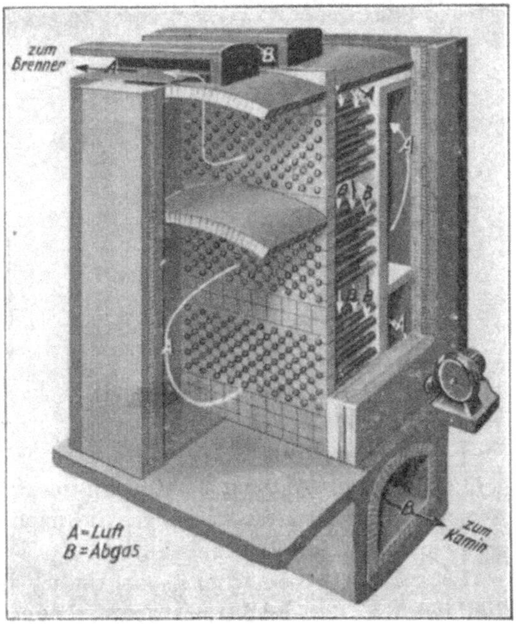

Fig. 127. Rekuperator der Carborundum Co.

zusammengesetzt ist. In ähnlicher Weise wird das gleiche Prinzip durch den Rekuperator Fig. 126 verwirklicht, bei dem die Luftkanäle im Formstein enthalten sind, während das Abgas die durch die Außenfläche der Kanalsteine gebildeten Züge durchströmt. Fig. 127 zeigt einen Rekuperator der Carborundum Co, bei dem die Luft durch aus Silicocarbid bestehende Rohre strömt, während das Abgas um die Rohre herum abzieht. Die von der Firma angegebene Wärmedurchgangszahl von 5 B.T.U./sq ft, St., °F = 25 kcal/qm, St., °C bei 800° Rauchgastemperatur am Eintritt und 370° Lufttemperatur erscheint sehr hoch. Allerdings muß man berücksichtigen, daß die Rohre verhältnismäßig dünn ausgeführt werden können und zudem aus Material hoher Wärmeleitfähigkeit bestehen.

In ähnlicher Weise führt die Firma Höhne & Molz neuerdings Rekuperatoren aus, deren Bauelemente in Fig. 128 gezeigt sind. Der vorn liegende Ring dient zur nochmaligen Abdichtung des Rohres, die durch Ausschmieren der Fugen mit einer Sondermasse noch befördert wird. Das Rohrmaterial hält sehr hohe Temperaturen aus, so daß sich in mancher Hinsicht in diesem Rekuperator Vorzüge des eisernen und steinernen Rekuperators bis zu einem gewissen Grade zu vereinigen scheinen, wenn auch die absolute Dichtigkeit des eisernen Rekuperators wohl nicht erreicht werden kann. Die Firma Pötter führt einen Plattenrekuperator nach Fig. 129 aus, dessen Trennwände zwischen Abgas und Luft aus Silicocarbid bestehen, während die Tragsteine Schamottesteine sind. Über die Eignung des Carborundums sind freilich auch gegenteilige Meinungen zu hören, die sich besonders auf Schlackenempfind-

Fig. 128. Rekuperatorbauelemente des Rekuperators von Höhne & Molz.

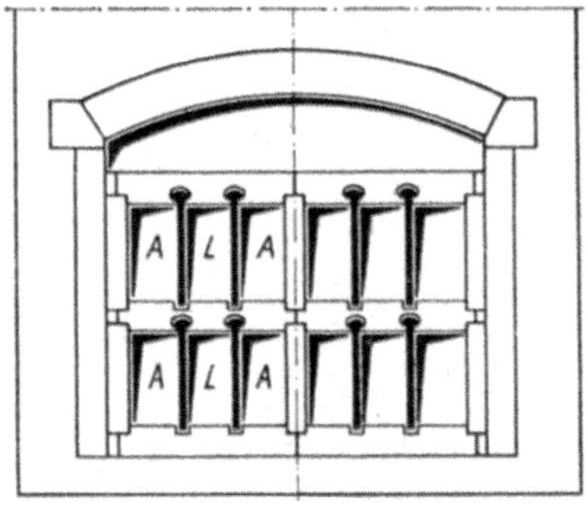

Fig. 129. Rekuperator aus Platten von Karborund der Firma Pötter.

lichkeit und allmähliche Zerstörung des Silicocarbids durch Oxydierung beziehen*). Von Urteilen hierüber, die nach Betriebserfahrungen gebildet sind, ist dem Verfasser nichts bekannt.

Eine weitere Sicherung gegen Undichtheiten verschafft man sich schließlich dadurch, daß man nicht nur die Züge des einen Gases aus Kanalsteinen bildet, sondern auch die Züge des anderen Gases, also durch die Anwendung des Zwei-Kanalstein-Rekuperators. Fig. 130 zeigt einen derartigen Austauscher, Bauart Huth & Röttger. Durch Versetzen der Stoßfugen der Luftkanäle um die halbe Kanalsteinlänge gegen die Abgaskanäle kann eine recht gute Abdichtung erzielt werden. Mit gewissen Abweichungen in der Form der Steine und ihrer Bemessung führt auch die Firma Schäfer, Luxemburg, diese Bauart aus. Ein gewisser Nachteil des Zwei-Kanalsystems scheint die Unterbrechung der Wärmeleitung in der Wand zu sein, d. h. der kleine Spalt zwischen den Kanalsteinen bildet für den Wärmefluß einen Stau. Die Nachrechnung zeigt aber, daß dieser Widerstand nicht allzu bedeutend ist. Bei einer Heizflächenleistung von 3000 kcal/qm, St., also schon recht hoher Leistung, ist die Temperaturdifferenz zwischen den beiden Außenoberflächen der Kanal-

*) S. auch *Bansen*, St. u. E. 1928, S. 1054.

steine 43° C bei einer Temperatur der Oberfläche des Rauchgaskanalsteines von 500° C und 30° C bei 600° C. Hierbei ist die Wärmeleitung der Luft im Spalt nicht berücksichtigt, sondern nur die Strahlungsübertragung. Berücksichtigt man noch die Wärmeleitung eines 1 mm starken Spaltes, so sinkt die Temperaturdifferenz im ersten Fall auf 26° C (statt 43° C), im zweiten Fall auf 19° C (statt 30° C). Die Erschwerung des Wärmedurchganges wird nur bei hohen Wärmeübergangszahlen und niedrigen Temperaturen — da dann die Strahlungsübertragung zwischen den Oberflächen gering ist und die Luft im Spalt als Wärmeleiter benutzt werden muß — zu beachten sein.

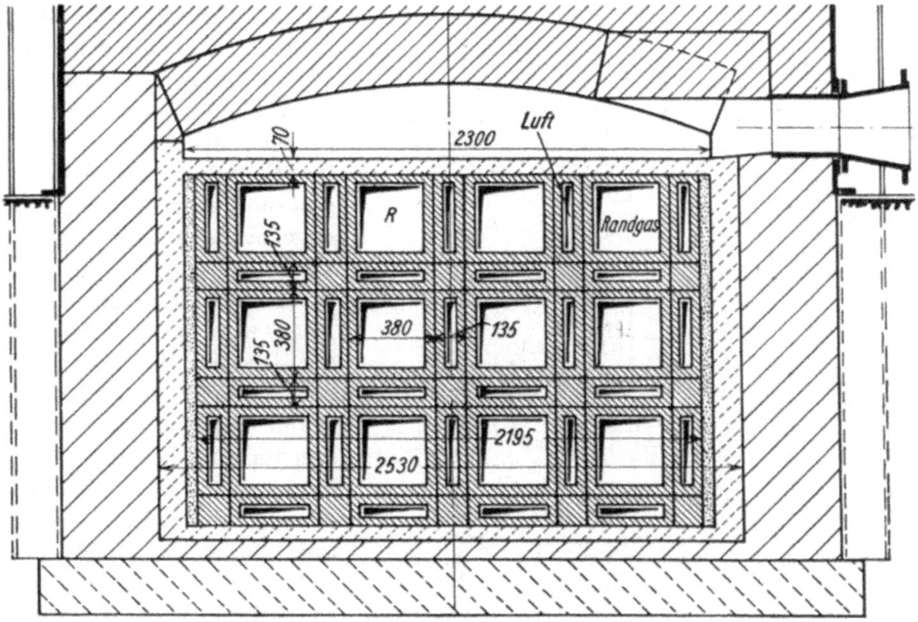

Fig. 130. Rekuperator mit getrennten Kanalsteinen von Huth & Röttger.

Eine weitere Erhöhung der Dichtheit der Konstruktion versucht das D.R.P. 444923 mit einer Umhüllung der Formsteine bei Verwendung von zwei Kanalsteinen durch Blechhülsen zu erreichen. Der weitere Schritt liegt dann folgerichtig in dem Fortfall des Luftkanalsteines, der keine Berechtigung mehr hat, wenn der ummantelte Abgaskanal gasdicht ist. Im Gegenteil wird durch ihn nur die Eisentemperatur unnötig erhöht und frühzeitiger Oxydation ausgesetzt. Die so entwickelte Bauart zeigt ein Rekuperator von Huth & Röttger (Fig. 131). Die Rohre sind mit Schamottesteinauskleidung versehen. Sie haben einen beträchtlichen Durchmesser, so daß Drallsteine zur Erhöhung des Wärmeüberganges vorgesehen worden sind. Die Rohrenden sind durch eine Art Stopfbüchse abgedichtet.

Diese Ausführung leitet nun zu den rein metallischen Rekuperatoren über. Welche Temperaturbeanspruchungen zulässig sind, hängt von der Material-

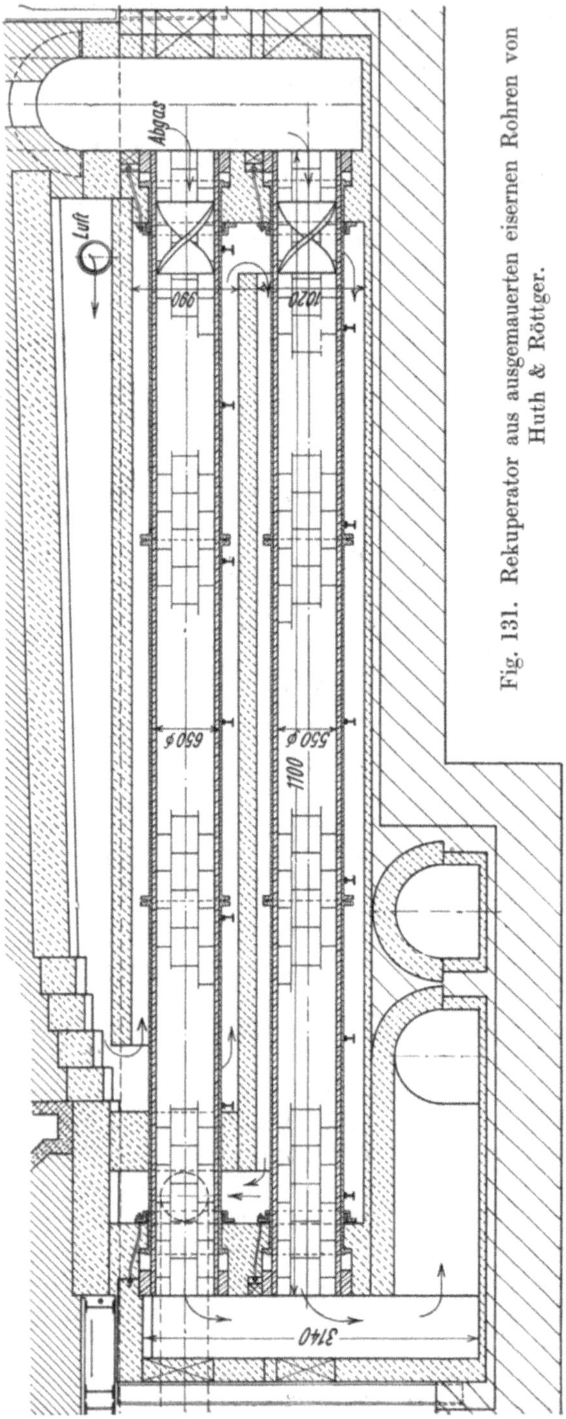

Fig. 131. Rekuperator aus ausgemauerten eisernen Rohren von Huth & Röttger.

art ab. Vorherrschend ist immer noch das Fluß- oder Gußeisen. Als Regel kann man ansetzen, daß die Wandtemperatur an keiner Stelle 500° C übersteigen soll. Wie weit hierbei mit der Vorwärmungstemperatur gegangen werden kann, war schon im Anfang dieses Abschnittes dargelegt worden. Eine Möglichkeit, das Verhältnis der Wärmeübergangszahlen auf der Rauchgas- und Luftseite im oben angegebenen Sinne für Flußeisen günstiger zu gestalten, zeigt die in Fig. 132 angegebene Ausführung von Huth & Röttger. Die Luft fließt durch die Rohre. Das Abgas wird durch Wände von der direkten Berührung mit den Rohren abgehalten. Die Wände haben aber Durchbrechungen, die den Strahlungsaustausch zwischen Rauchgas und Rohr gestatten. Durch die Größe und Anzahl der Durchbrechungen ist natürlich der Wärmeübergang zwischen Rauchgas und Rohrheizfläche variierbar.

Höhere Temperaturen als 500° sind nur bei legierten Sonderstählen zulässig, in denen Nickel und Chrom die Temperaturbeständigkeit erhöhen. Bekannt ist der Kruppsche NCT_3-Stahl, der Temperaturen bis 1100° standhält. Auch andere Stahlwerke stellen hitzebeständiges Material her, z. B. die Vereinigten Stahlwerke A.-G., das Material Sicromal in mehreren

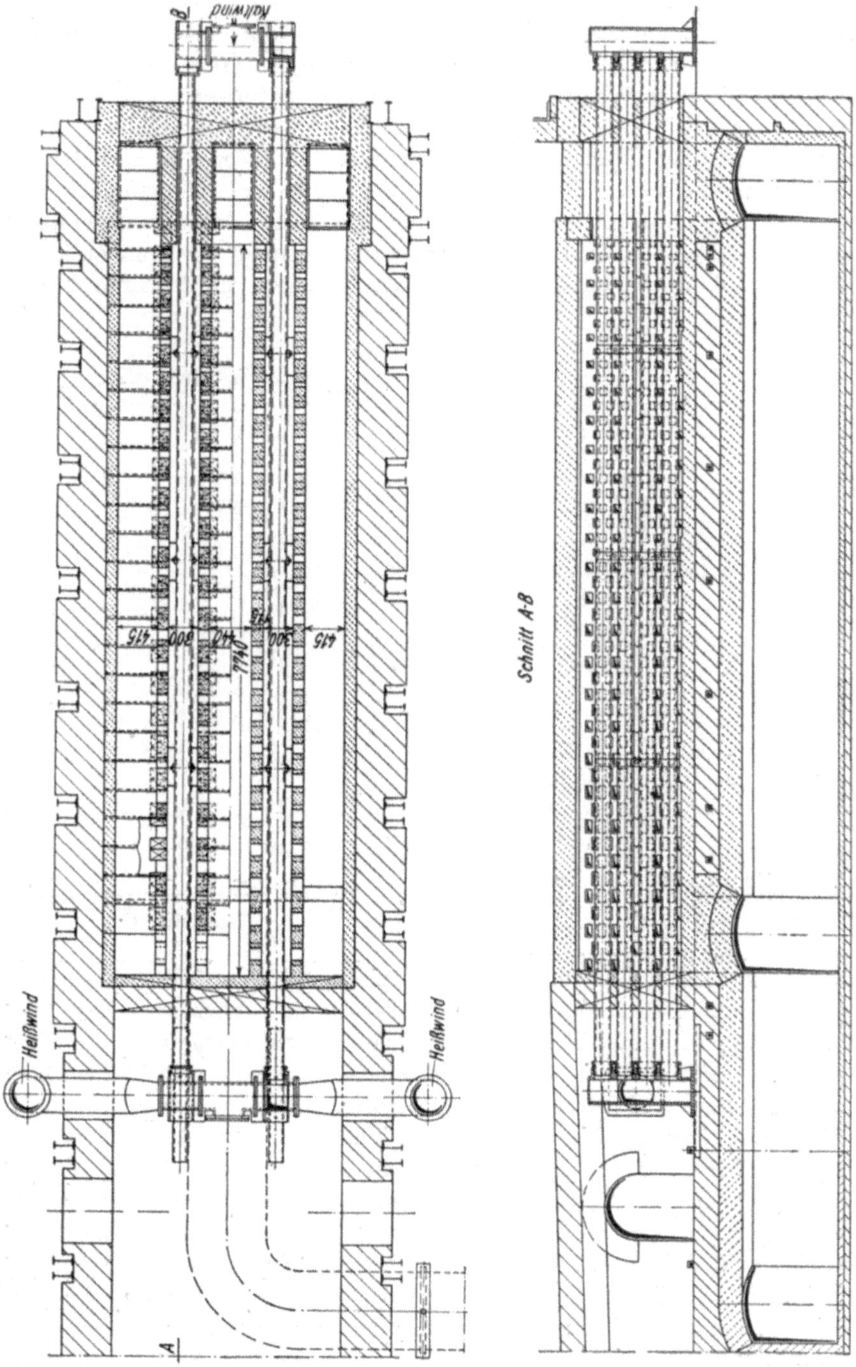

Fig. 132. Eiserner Rekuperator von Huth & Röttger.

Sorten mit verschiedener Temperaturbeständigkeit. Seiner Einführung steht zumeist der sehr hohe Materialpreis im Wege, so daß bisher nur wenige Ausführungen bekannt geworden sind. Ein Sinken des Preises würde natürlich die ganze Rekuperatorfrage entscheidend beeinflussen. Auf eine andere Weise erreicht man die Hitzebeständigkeit durch einen Überzug von Aluminiumoxyd über Flußeisen (Alitieren oder Calorisieren). Das Hauptanwendungsgebiet eiserner Vorwärmer ist bislang der Kleinofenbau geblieben, bei dem man sich dann mit verhältnismäßig niedrigen Vorwärmungstemperaturen begnügt. Das Konstruktionselement ist fast immer das Rohr als Rohrschlange oder als Doppelzylinder, wofür als Beispiele die früheren Fig. 78

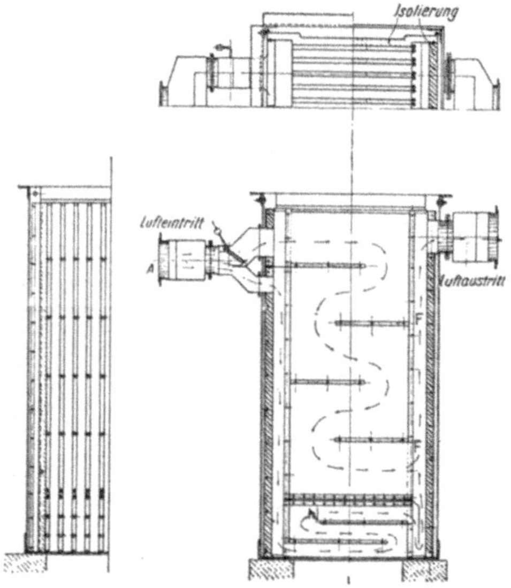

Fig. 133. Plattenrekuperator der Mantle Engg. Co.

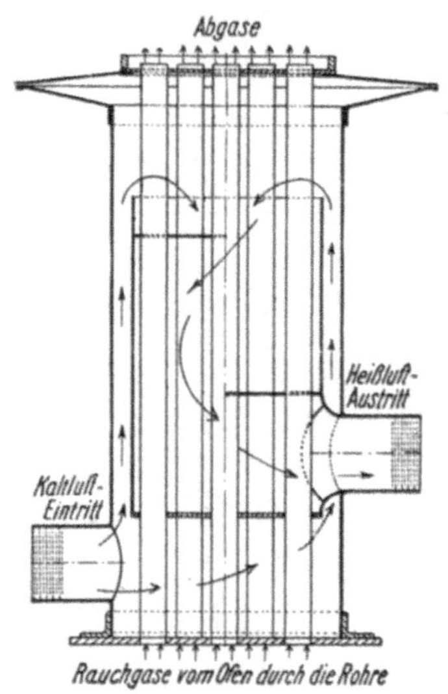

Fig. 134. Röhrenrekuperator der Calorizing Co.

und 79 dienen mögen. Häufig wird der Doppelzylinder auf den Ofen gleichsam als Teil eines Kamines aufgesetzt, wobei durch Schlitze zwischen Ofendecke und Doppelzylinder Falschluft zugelassen wird, um gefährliche Blechtemperaturen zu vermeiden. Schwerer entschließt man sich bei größeren Öfen zum Einbau von eisernen Rekuperatoren. Einen Doppelzylinder der oben erwähnten Form hat z. B. die Firma Blezinger & Kast bei einem gasbeheizten Stoßofen (kaltes Generatorgas) für 10 t Stundenleistung zur Vorwärmung der Verbrennungsluft des Stoßherdes verwendet und hierbei eine Vorwärmung von etwa 180° erzielt. Daß man gerade bei der niedrigen Abgastemperatur der Stoßöfen bei zweckentsprechender Ausbildung des Rekuperators auch mit gewöhnlichem Flußstahl 350° erreichen kann, läßt sich nach den eingangs gegebenen Darlegungen leicht bestimmen. Diese Temperaturen genügen aber z. B. bei einem gichtgasbeheizten Stoßofen auch bei Gas- und Luftvorwärmung nicht, um eine ausreichende Ziehherdtemperatur von 1400 bis 1500° wirtschaftlich zu erreichen. Als Mindestvorwärmung sieht man hierbei etwa 600° Gas- und Luftvorwärmung an, eine Temperatur, die sich mit Rekuperatoren aus Flußeisen nicht erreichen läßt. Sie setzt voraus, daß wenigstens der heiße Teil des Rekuperators aus hitzebeständigem Stahl gefertigt wird. Eine Anzahl Konstruktionen dieser Rekuperatorarten soll nun noch angeführt werden. In Deutschland sind bisher keine Konstruktionen veröffentlicht worden, wohl eine Folge der geringen Anwendung*). Diese wiederum läßt sich leicht aus der Höhe der Kapitalanlage erklären, die, wie schon hervorgehoben, ein Rekuperator aus hitzebeständigem Stahl darstellt, und der dadurch bedingten geringen Erfahrung. Nach amerikanischen Veröffentlichungen muß man dort eine größere Verbreitung annehmen. Aus diesem Grunde mögen noch Konstruktionen amerikanischer Herkunft angegeben werden. Fig. 133 zeigt den Plattenrekuperator der Mantle Engineering Co. Das Rauchgas strömt durch die Zwischenräume zwischen den einzelnen Platten, während die Luft in den Platten fließt. Ein Teil dieser Luft bespült die unteren Abschlußwände der Platten, die dem heißesten Abgas ausgesetzt sind, der größere Teil zieht im Gegenstrom zum Abgas durch die Platte. Die Platten sind geschweißt oder genietet, es ist vermieden worden, die Verbindungsstellen direkt dem Abgas auszusetzen. Die bereits in Fig. 79 dargestellte Ausführung in Rohrschleifen wird ebenfalls von der Duraloy Co gebaut.

Fig. 135. Taschenlufterhitzer der Firma I. A. Topf & Söhne, Erfurt.

Der durch Fig. 134 wiedergegebene Rekuperator ist eine Konstruktion der Calorizing Co. Das Abgas tritt von unten in die Rohre ein, die Luft ebenfalls im unteren Stutzen, durchfließt den Zwischenraum zwischen äußerem und innerem Mantel, kehrt oben um und strömt dann im Zickzack zwischen den Rohren zum Austrittsstutzen. Das Baumaterial ist teils Chromnickel, teils calorisierter Stahl.

Die gezeigten Konstruktionen sind Typen der verschiedenen Konstruktionsmöglichkeiten, die in ihren Einzelheiten natürlich bei jeder Ausführungsart verschiedene Gestaltung erfahren.

Im Dampfkesselbetrieb verursacht die Forderung nach Hitzebeständigkeit des Luftvorwärmers infolge der niedrigen Abhitzetemperaturen geringere Schwierigkeiten. Hier kommt ausschließlich der eiserne Rekuperator zur Anwendung, wobei zudem gewöhnliches Material völlig ausreicht. Die verwendeten Typen sind entweder Rohrvorwärmer oder vorzugsweise Platten-(Taschen-)Rekuperatoren. Infolge des einfacheren Einbaues wird Kreuz-

*) Eine Ausnahme bildet die Beschreibung eines Rekuperators für einen Stoßofen von *Bansen*, Stahleisen 1930, S. 884. Luftvorwärmung 650° C. $k = 25$ kcal/qm, St., °C.

strom oder Kreuz- und Gegenstrom kombiniert bevorzugt. Die Vorwärmungstemperatur liegt im allgemeinen zwischen 150 und 250°, die Rauchgaseintrittstemperatur wird 350 bis 400° nur selten übersteigen. Es liegen also für Flußstahl günstige Bedingungen vor. Auch bei Verwendung von Saugzug vermeidet man niedrigere Abgastemperaturen als 150°, um Anfressungen durch Rauchgaskondensation zu vermeiden. Bei Rohrvorwärmern läßt man die Abgase die Rohre von einem Gaseintrittskasten nach einem Gasaustrittskasten durchziehen, wodurch man eine bessere Reinigungsmöglichkeit der Heizfläche von Flugasche erhält, als wenn die Abgase die Rohre von außen bespülen würden. Die Luft wird zweckmäßig durch Leitbleche zu Umlenkungen gezwungen. Die Taschenluftvorwärmer werden aus einer größeren Anzahl Platten zusammengesetzt. Die Luft durchströmt den Innenraum der Platten. Der Platzbedarf der Heizfläche wird bei Taschenlufterhitzern auf etwa $^2/_3$ desjenigen der Rohrvorwärmer angegeben. Die Breite der Luftschlitze beträgt in der Regel 10 bis 30 mm, die der Rauchgasschlitze mindestens 20 mm*). Fig. 135 zeigt einen Vorwärmer aus zwei parallel geschalteten Elementen. Man erkennt vorn den Lufteintritt und -austritt, hinten den Umlenkungskasten für die Luft. Das Rauchgas tritt von unten ein und wird oben wieder nach unten umgelenkt.

XV. Die konstruktive Ausbildung der Regeneratoren.

Die Konstruktionsziele beim Entwurf des Regeneratorgitters sind: Hohe Heizflächenleistung, genügende Speicherfähigkeit und damit geringer Temperaturabfall des vorgewärmten Gases, gute Raumausnutzung, gute Standfestigkeit, weitgehende Ausnutzung der Rauchgaswärme und schließlich genügende Feuerbeständigkeit. Die Konstruktionselemente, die zur Verfügung stehen, sind Dauer der Periode, Kanalweite, Steinstärke, Abmessungen des Regenerators und das Material des Gitters. Die Wahl der Periodendauer ist von Einfluß auf die Heizflächenleistung, weil die Wärmeaustauschzahl mit Verlängerung der Periodendauer bei üblichen Steinstärken nicht im gleichen Maße zunimmt wie die Periodendauer. Hierzu siehe S. 165 ff. Daß die Heizflächenleistung je Stunde mit vergrößerter Periodendauer um so stärker zurückgeht, je größer die Wärmeübergangszahlen und je dünner die Gitterwände sind, wurde dort ebenfalls hervorgehoben. Fig. 136 erhärtet nochmals diese wichtige Tatsache. In ihr werden die ε-Werte in Abhängigkeit von der Dauer der Umstellzeit (gleich der halben Periodendauer) für die Steinstärken 10, 30 und 60 mm und für die Wärmeübergangsverhältnisse $\alpha = \alpha' = 5, = 10$ und $= 15$ gezeigt. Die Kurven gehen allmählich in waagerechte Gerade über, wie aus den Kurven für $\delta = 10$ zu ersehen ist. Bei längeren Umstellzeiten würden auch die Kurven für $\delta = 30$ und 60 mm den gleichen Verlauf annehmen. Die Heizflächenleistung in der Umstellzeit in kcal/qm, St., die man durch Division der Wärmeaustauschzahlen (kcal/qm,

*) *Foerst*, Lufterhitzer und ihr Anwendungsgebiet. Wärme **53**, S.103.

Periode) durch die Umstellzeit erhält, wird also mit zunehmender Dauer geringer. Im günstigsten Falle, bei großen Steinstärken und kleinen Wärmeübergangszahlen, bleibt sie konstant. Auf keinen Fall aber kann man durch lange Umstellzeiten eine größere Leistung erhalten. Im Gegenteil, der Wärmeaustausch im Regenerator wird fast immer durch kurze Umstellzeiten begünstigt. Die halbstündige oder 20minutliche Umstellung bildet für die Regeneratoren die Regel. Wesentlich größere Umstellzeiten sind nur im Hochofen-Winderhitzerbetrieb üblich, kürzere für einige Sonderausführungen (Blow-Knox- und Ljungström-Vorwärmer). Welche Steinstärke ist nun, lediglich vom wärmetechnischen Gesichtspunkt gesehen, die günstigste?

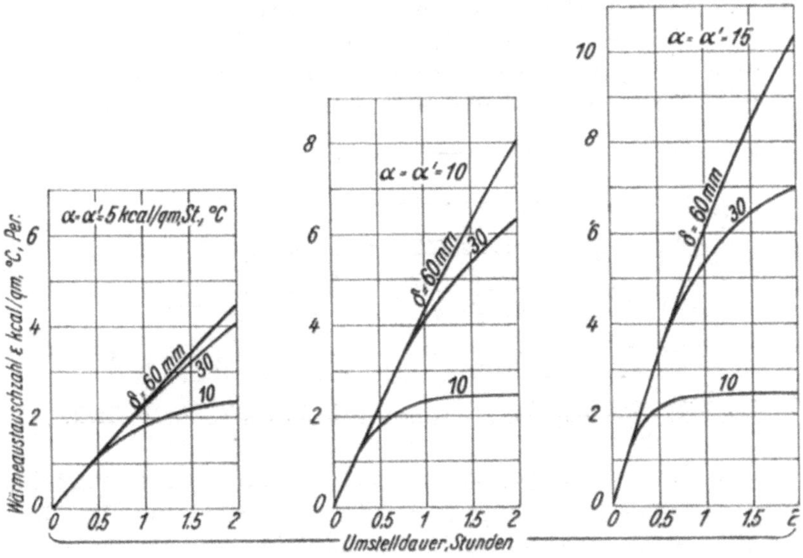

Fig. 136. Abhängigkeit der Wärmeaustauschzahl von der Umstellzeit bei verschiedener Steinstärke.

Die Wahl der Steinstärke hängt, wie die Fig. 136 zeigt, von der Größe der Wärmeübergangszahlen ab. Die Heizflächenleistung vergrößert sich für Umstellzeiten von 0,5 St. bei den allerdings sehr kleinen Wärmeübergangszahlen $\alpha = \alpha' = 5$ von Steinstärken über 10 mm nicht mehr, bei größeren Wärmeübergangszahlen verschiebt sich die Grenze des Einflusses, aber für die praktisch vorkommenden Wärmeübergangsverhältnisse dürfte eine Stärke von 30 mm bereits den Höchstwert der Heizflächenleistung ergeben. Größere Steinstärken steigern nicht mehr die Heizflächenleistung. Diese Begrenzung der Steinstärke vom Standpunkt der Heizflächenleistung besagt aber nicht, daß die Wärme nur 15 mm tief von beiden Seiten in den Stein eindringt, daß die Oberflächenzone von 15 mm Stärke einen Kern einschließt, der nicht mehr am Wärmeaustausch teilnimmt. Man stößt im Schrifttum auf die Angabe, daß bei halbstündiger Umstellzeit die Wärme nur 22 mm unter der Oberfläche eindringt, mit der dann bestimmte Abmessungen von Gittersteinenen begründet werden. Die Fig. 137 gibt über die Eindringtiefe der Wärme Aufschluß. In ihr sind die im Stein herrschenden Temperaturen beim Wechsel von Heiz- und Entheizzeit von je 0,5 St. Dauer und umgekehrt für Steinstärken von 10, 30, 60 und 80 mm eingezeichnet. Es ist erkennbar, daß auch beim 80 mm starken Stein die Mittelebene noch Temperaturschwingungen ausführt, die im Vergleich zur Schwingung der Oberflächentemperatur durchaus nicht gering sind, im vorliegenden Fall, für den eine Rauchgastemperatur von 1200° und eine Windtemperatur von 800° bei $\alpha = 25$ und $\alpha = 10$, also Verhältnisse, wie sie im heißesten Teil eines Winderhitzers vorliegen, vorausgesetzt wurden, 80° in der Mittelebene gegenüber 220° in der Oberfläche. Man kann sich durch die Rechnung vergewissern, daß erst von 120 mm Steinstärke an die Mittelebene nicht mehr mitarbeitet. Die Abbildung versinnbildlicht auch, weshalb in den beiden Feststellungen, gleichbleibende Heizflächenleistung von 30 mm an und Mitarbeiten des Kerns bis 120 mm, kein Wider-

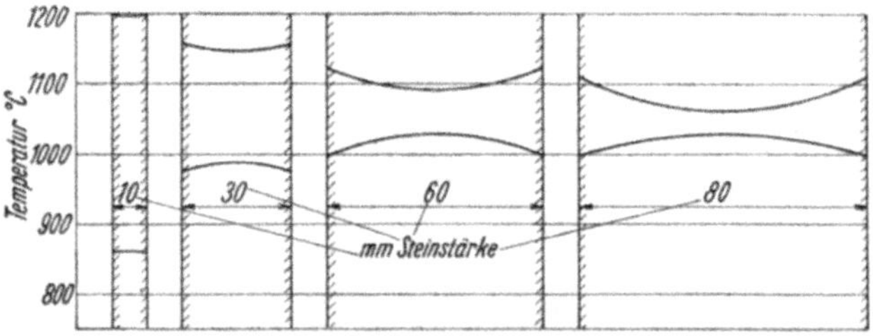

Fig. 137. Eindringtiefe der Wärme bei halbstündiger Umstellzeit.

spruch liegt: die Temperaturschwankungen sowohl an der Oberfläche wie auch insgesamt nehmen mit zunehmender Steinstärke ab. Das bedeutet, daß die Wärmeübergangsbedingungen an die Wand oder von ihr ungünstiger für den gesamten Wärmeaustausch sind als die Wärmeableitung in das Steininnere. Der Wärmetransport im Stein verhindert den Wärmefluß Rauchgas—Wind nicht so sehr wie der Wärmeübergang zwischen den beiden Gasen und der Wand.

Dieses Ergebnis leitet zu dem Temperaturabfall des erwärmten Gases über, der ja in enger Abhängigkeit zu der Temperaturschwankung der Oberfläche steht. Je dicker die Wand ist, um so geringer ist innerhalb der praktischen Grenzen der Steinstärke der Temperaturabfall. Hiervon kann man sich leicht durch den Vergleich der b-Werte der Zahlentafeln 51 bis 55 eingehender überzeugen als durch den in Fig. 137 dargestellten Spezialfall. Man erhält, wenn man die beiden letzten Feststellungen zusammenfaßt, von $\delta = 25$ bis 30 mm an eine gleichbleibende Heizflächenleistung bei abnehmendem Temperaturabfall. Für eine bestimmte Wärmeaustauschleistung bei etwa halbstündiger Umstellzeit eines Regenerators ist also die Heizfläche eindeutig festgelegt, wenn man Steinstärken über 25 mm verwendet; den Temperaturabfall kann man nur noch durch die Steinstärke beeinflussen. Ist man nun ferner an einen bestimmten Temperaturabfall gebunden, so ist man damit auch in der Wahl der Steinstärke festgelegt. Willkürlich festsetzbar ist aber auch der Temperaturabfall nicht. Die Temperaturschwankung errechnet sich aus der Formel $\Delta \vartheta_s = b(\vartheta_m - \vartheta'_m)$. b verringert sich mit zunehmender Steinstärke zunächst sehr schnell, um dann in einen konstanten Wert überzugehen, welcher erreicht wird, wenn die Mittelebene des Steines nicht mehr am Wärmeaustausch teilzunehmen beginnt. Außer durch die Wahl der Steinstärke kann man den Temperaturabfall ferner durch die Wärmeübergangsbedingungen verändern. Niedrige Wärmeübergangszahlen verringern den Abfall. Aber auch der Temperaturunterschied zwischen Rauchgas und Luft bestimmt die Größe des Abfalles. Da die Rauchgastemperatur meist festliegt, kann man die Differenz nur durch die Vorwärmungstemperatur ϑ'_m beeinflussen. Ist aber auch diese von vornherein bestimmt, so kann man eine bestimmte Größe des Abfalles nicht unterschreiten.

Als Beispiel für die Veränderung des Temperaturabfalles der Heizfläche möge folgende Rechnung dienen. In einen Regenerator trete das Abgas mit 1250° ein, die Luft werde auf 900° vorgewärmt. Welche Temperaturschwankung erleidet die Heizfläche im obersten Gitterteil, wenn mit Steinen von 20, 40, 60, 80 mm Kanäle von 60, 100 und 150 □ gebildet werden. Die Rauchgas- und Luftgeschwindigkeit soll in allen Fällen 1 m/sec (0°, 760) sein. Fig. 44 zeigt, daß die Wärmeübergangszahl für 60 □ = 10, für 100 □ = 7, für 150 □ = 5,6 kcal/qm, St., °C ist. Hierzu kommt für das Rauchgas die Wärmeübergangszahl durch Strahlung, die für Generatorgas mit 12 Proz. L.-Ü. 13, 18 und 22 kcal/qm, St., °C ist. Es ist also für den Kanal 60 □ $\alpha = 23$, $\alpha' = 10$; für 100 □ $\alpha = 25$, $\alpha' = 7$; für 150 □ $\alpha = 28$, $\alpha' = 5{,}6$. Für diese Werte werden die ε- und b-Werte aus Zahlentafel 51 entnommen. Der Temperaturabfall ist $\Delta \vartheta_s = b.\ (1250 - 900)°$ C/Umstellzeit; die Heizflächenleistung $q_r = \varepsilon\,(1250 - 900)$ kcal/qm, Periode.

Zahlentafel 84. Heizflächenleistung q_r in kcal/qm, Periode.

Kanalweite	Steinstärke			
	20	40	60	80
$d =$ 60 □	975	1055	1055	1055
100 □	810	850	850	850
150 □	680	685	685	685

Zahlentafel 85. Temperaturabfall in °C/Periode.

Kanalweite	Steinstärke			
	20	40	60	80
$d =$ 60 □	203	130	105	98
100 □	171	108	89	80
150 □	140	91	74	63

In diesen beiden Zusammenstellungen drückt sich der Einfluß der Steinstärke und der Einfluß der Wärmeübergangszahl, die durch den Kanaldurchmesser geändert wird, auf Temperaturabfall und Heizflächenleistung aus.

Das praktisch wirksamste Mittel zur Verringerung des Temperaturabfalles ist die Vergrößerung der Steinstärke.

Welche von den betrachteten Ausgitterungen ist nun bei gleichem Temperaturabfall, z. B. 100° C, die wirtschaftlichste? Sieht man von der Haltbarkeit des Gitters zunächst ab, so ist für den Preis des Gitters sowohl der Raumbedarf wie das Steingewicht des Gitters maßgebend. Der Raumbedarf bedingt den Umfang der Ausschachtung, die Größe des Fundamentes und die Abmessungen der Kammerwände. Für die Baukosten des Ofens wird der Raumbedarf entscheidender sein als das Steingewicht des Gitters, das hingegen von größerem Gewicht für die Instandhaltungskosten des Ofens ist, da es häufiger erneuert werden muß.

Zeichnet man den Temperaturabfall in Abhängigkeit von der Steinstärke δ für die drei verschiedenen Kanalweiten d in ein Diagramm ein, so ist aus ihm zu entnehmen, daß man bei 100° Temperaturabfall der Heizfläche folgende Gitterungen verwenden kann:

1.	$d = 150$ mm,	$\delta = 34$ mm,
2.	$d = 100$ „	$\delta = 47$ „
3.	$d = 60$ „	$\delta = 70$ „

Wie ist nun die Wärmeaustauschleistung des Gitters je cbm Gitter? Die Leistung je qm Heizfläche und Periode ist in der vorstehenden Zahlentafel angegeben. Den Wert je qm Heizfläche braucht man nur mit der Größe der Heizfläche je cbm Gitter (ζ) zu multiplizieren. Es ist für

1.	$\zeta = 17{,}75$ qm/cbm,
2.	$\zeta = 18{,}5$ „
3.	$\zeta = 14{,}2$ „

Man erhält folgende Leistungen je cbm Gitter:

1.	$q_r = 12150$ kcal/cbm,
2.	$q_r = 15750$ „
3.	$q_r = 15000$ „

Will man die Leistung auf das Steingewicht beziehen, so muß man die Raumleistung durch das Gittergewicht je cbm Gitter teilen. Dieses ist

1.	675 kg/cbm,
2.	1020 „
3.	1500 „

Somit wird die Leistung je t Gittergewicht

1.	18000 kcal/t,
2.	15400 „
3.	10000 „

Wie Fig. 138 zeigt, liegt das Maximum der Leistung je cbm Gitter mit 16500 kcal/cbm bei 75 mm Kanalweite und 60 mm Steinstärke. Die Leistung je t Gitterwerk ist in diesem Fall 12500. Man wird, um die Höhe der Instandhaltungskosten zu berücksichtigen, nicht die Ausgitterung wählen, die das Maximum der Raumleistung ergibt, sondern etwa 100 ⌷ Kanäle mit 50 mm Steinstärke bevorzugen.

Ist man aber, wie es zumeist zutrifft, nicht beschränkt auf eine bestimmte Vorwärmungstemperatur, sondern sucht man sie möglichst nahe an die Eintrittstemperatur des Rauchgases in den Regenerator zu steigern, so kann man den Temperaturabfall der Heizfläche weitgehend verringern. Der Regenerator wird dann so groß bemessen, daß die Heizflächenleistung gering ist. Die geringe Wärmeabgabe des Gitters an die Luft entzieht ihm nicht viel Wärme, die Temperaturschwankung bleibt klein. Typisch für diese Regeneratorbemessung sind die Regeneratoren der Koksöfen. Sie arbeiten zumeist nur mit ganz geringen Temperaturschwankungen der Heizfläche im oberen Gitterteil. Z. B. gibt *Litinsky**) Werte von 25 bis 45° bei halbstündiger Umstellzeit an.

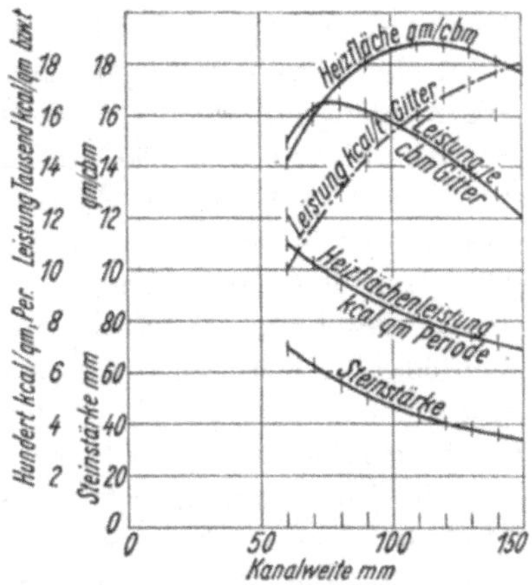

Fig. 138. Bestimmung der günstigsten Gitterung bei einem bestimmten Temperaturabfall und 0,5 St. Umstellzeit.

Beim Entwurf empfiehlt es sich, diese Betrachtungen mit der entsprechenden äquivalenten Steinstärke durchzuführen, deren Berechnung auf S. 167 angegeben war.

Die Verringerung des Temperaturabfalles durch kleine Temperaturdifferenzen zwischen Rauchgas und vorzuwärmendem Gas ist nur in den Fällen zu erreichen, in denen die Luft hoch vorgewärmt werden kann. Das ist bei Glüh- und Schmiedeöfen z. B. möglich. Bei Siemens-Martin-Öfen muß man sich schon unter Umständen mit geringeren Temperaturen begnügen, da sonst das Gitter derart hohe Temperatur annehmen würde, daß es bald zerstört würde. Noch größere Unterschiede zwischen Rauchgas und Luft treten bei den Hochofenwinderhitzern auf. Die übliche Heißwindtemperatur liegt etwa zwischen 650 und 850°. Die Verbrennungstemperatur des Gichtgases ist 1400 bis 1500°, je nach der Einstellung der Verbrennung. Durch die Wärmeaufnahme des Brennschachtes wird wohl die Eintrittstemperatur in das Gitter etwas erniedrigt, dieser Anteil der eingeführten Wärme ist aber bei höherer Belastung des Winderhitzers so gering, daß man mit 1300 bis 1400° Eintrittstemperatur rechnen muß. Dann entsteht also eine Differenz von 1350 — 750 = 600° am Anfang des Gitters. Man erhält hohe Heizflächenleistungen, infolgedessen Temperaturschwankungen, die bei dünnen Gittersteinen leicht eine unzulässige Höhe erreichen. Man kann nun zur Verminderung der Schwankungen folgenden Weg einschlagen: Im Winderhitzer wird nur ein Teil des Windes, dieser aber sehr hoch, erhitzt. Die Temperaturschwankung wird, da ja dann $\vartheta_m - \vartheta'_m$ klein ist, verringert. Die richtige Heißwindtemperatur wird durch

*) *Litinsky*, Wärmewirtschaftsfragen, Spamer 1923, S. 96.

Beimischung des kalten Windes auf gleicher oder wenigstens fast gleicher Höhe durch automatische Temperaturregelung gehalten. Das Wärmefassungsvermögen beider Gase ($G' c'_p$ und $G c_p$) muß hierbei annähernd gleich gehalten werden, so daß sich im Winderhitzer auch die Luft beinahe auf die Rauchgastemperatur erwärmen kann. Beim üblichen Betrieb ist ja das Wärmefassungsvermögen der Luft etwa das 1,7fache, so daß die Lufttemperatur weit hinter der Rauchgastemperatur zurückbleiben muß. Den Vorteil geringer Temperaturschwankung muß man aber durch eine geringe Heizflächenleistung erkaufen. Einen Überblick über die Verhältnisse gebe eine kurze Rechnung. Ein Winderhitzer soll 40000 cbm/St. Wind auf eine mittlere Temperatur von 800° erwärmen. Die Umstellzeiten seien 1 St. Das Gichtgas habe 950 kcal/cbm Heizwert, mithin bei 10 Proz. Luftüberschuß eine Rauchgasmenge von 1,667 cbm/cbm. Die Abgastemperatur sei 200°. Die vom Wind aufgenommene Wärmemenge ist bei 40° Eintrittstemperatur $9{,}96 \cdot 10^6$ kcal/St. Ein Teil des Windes soll nun auf 1150° im Mittel vorgewärmt werden. Man errechnet, daß von den 40000 cbm/St. Wind 26800 cbm/St. auf 1150° vorgewärmt werden müssen, wenn man mit ihm eine mittlere Temperatur der 40000 cbm/St. von 800° erreichen will. Der Gasverbrauch ist 14000 cbm/St., die Rauchgasmenge 23400 cbm/St., also G' fast gleich G. Die Gitterung besteht aus Kanälen von 60 ⊡ mit 20 mm Steinstärke. Hierfür ist im Mittel $\varepsilon = 4{,}03$, wenn man mit der Geschwindigkeit im Bereich konstanter Wärmeübergangszahl bleibt. b ist im Mittel 0,82, im heißeren Oberteil 0,85.

Die Eintrittstemperatur des Rauchgases im Gitter ist bei 60000 kcal Wärmeabgabe im Brennschacht 1400°. Der Wind muß im Gitter auf 1125° erhitzt werden, um 25° erwärmt ihn noch Kuppel und Brennschachtheizfläche.

Die notwendige Heizfläche ist

$$F = \frac{9\,960\,000}{\eta \cdot n \cdot \varepsilon(\vartheta_m - \vartheta'_m)}.$$

Es ist $\eta = 90$ Proz., n für $\Delta\vartheta_0 = 1400 - 1125 = 275°$ und $\Delta\vartheta_F = 200 - 40 = 160°$ gleich 0,98, $\vartheta_m = 800°$, $\vartheta'_m = 582°$.

Hiermit ist $F = 12800$ qm. Die Gitterart ergibt 37,5 qm Heizfläche/cbm. Der Raumbedarf des Gitters ist 342 cbm, das Steingewicht 285 t. Die Temperaturschwankung der Oberfläche ist im Winderhitzer oben $0{,}85\,(1400 - 1125) = 235°$.

Würde man den gesamten Wind auf 785° — unter Berücksichtigung der Wärmeabgabe des Brennschachtes — unter sonst gleichen Bedingungen erhitzen, so wird mit n jetzt gleich 0,86

$$F = \frac{9\,960\,000}{0{,}90 \cdot 0{,}86 \cdot 4{,}03\,(800 - 415)} = 8300 \text{ qm}.$$

Der Heizflächenbedarf vermindert sich auf rund $^2/_3$. Die Temperaturschwankung steigt aber auf $\Delta\vartheta_s = 0{,}85\,(1400 - 785) = 510°$, wird also unerträglich groß. Will man nur $\Delta\vartheta_s = 300°$ zulassen, so muß sein $b = \frac{300}{1400 - 785} = 0{,}49$.

Zahlentafel 52 gibt an, daß man dann eine Steinstärke von 60 mm verwenden muß. Unter Berücksichtigung des Eckenmaterials kann man etwa 50 mm wählen. Dann wird der Raumbedarf für das Gitter von 60 mm Kanalweite 420 cbm, das Gittergewicht 560 t gegenüber 342 cbm und 285 t.

Man sieht, daß der hier angegebene Weg zur Erzielung gleichmäßiger Windtemperatur wirtschaftliche Vorteile bietet, die zwar nicht in der Verringerung der Heizfläche, aber in der Anwendung geringer Steinstärke bestehen. Da gerade bei den in steigendem Maße angewendeten kleinen Kanalweiten der Einfluß der Steinstärke auf Raumbedarf und Gittergewicht sehr groß ist, gibt die Möglichkeit der Verwendung dünner Gittersteine wesentliche Ersparnismöglichkeiten.

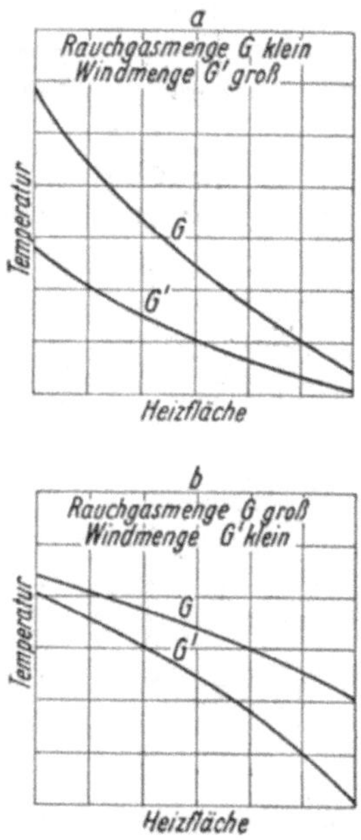

Fig. 139. Abhängigkeit des Gastemperaturverlaufes von der Größe der Gasmengen.

Der übliche Weg, die bessere Raumleistung und das günstigere Gittergewicht kleiner Kanäle und Steinstärken mit dem geringeren Temperaturabfall weiterer Kanäle und stärkerer Steine zu verbinden, ist die Anwendung dickerer Steine im oberen Teil der Regeneratoren und Winderhitzer. Diese Anordnung verringert besonders dann den Temperaturabfall, wenn die Abgasmenge G klein gegenüber der Wind- oder Gasmenge G' ist, weil in diesem Fall die größere Heizflächenleistung im oberen Gitterteil liegt (siehe Fig. 139a), d. h. gerade der letzte Teil der Vorwärmung mit großer Temperaturschwankung des Gitters erkauft wird. Ist dagegen G groß gegenüber G' (Fig. 139b), also z. B. in Regeneratoren, in denen die Verbrennungsluft durch die gesamte Abgasmenge einer Gasfeuerung erhitzt wird, so liegt die größere Temperaturdifferenz und die größte Heizflächenleistung im unteren Gitterteil, der dann auch größere Temperaturschwankungen erleidet. Hier wäre eher die umgekehrte Anordnung angebracht. Bei den Hochofenwinderhitzern liegt immer der Fall a vor, so daß die Anwendung von Zonen mehrerer Gitterarten Erfolg bringt. Wieweit die Zoneneinteilung Vorteile gibt, ist mit Hilfe des im Beispiel XII 4 angegebenen Rechnungsverfahrens nachzuprüfen, indem man für die einzelnen Zonen die entsprechenden Wärmeaustauschzahlen ε und Temperaturabfallzahlen b aus den Zahlentafeln 51 bis 55 entnimmt und in gleicher Weise benutzt, wie es auch mit den zwar für gleichbleibende Ausgitterung bestimmten, aber infolge der veränderlichen Wärmeübergangszahl verschiedenen ε-Werten geschah.

Ein anderer Weg, um geringere Temperaturschwankungen mit großen Heizflächenleistungen zu verbinden, bietet sich in der Verwendung geeigneten Speichermaterials. Von großem Einfluß ist ja das Wärmefassungsvermögen des Gitterwerkes. Auch das Wärmeleitvermögen wird, wie man bereits ohne eingehende Untersuchung voraussagen kann, vor allem bei hohen Wärmeübergangszahlen von Bedeutung sein. Sieht man von den verhältnismäßig geringen Unterschieden, die das übliche feuerfeste Steinmaterial aufweist, ab, so kommt als Gittermaterial nur Eisen in Betracht. Die Materialkonstanten sind $c = 0{,}16$ kcal/kg, °C, $\gamma = 7200$ kg/cbm und $\lambda = 40$ kcal · m/cbm, St., ° C. Das Wärmefassungsvermögen ist $c \cdot \gamma = 1150$ kcal/cbm, ° C. Die Wärmeaustauschzahl ε und Temperaturabfallzahl b errechnet man auf dem angegebenen Wege. Zur Erleichterung der Rechnung diene der Hinweis, daß bis $h \cdot X = 0{,}1$, $nX = \sqrt{hX}$ ist.

Einen kurzen Überblick zum Vergleich mit den Wärmeaustauschzahlen und den Temperaturabfallzahlen für feuerfestes Material mit $\lambda = 1{,}0$, $\gamma = 1900$, $c = 0{,}26$ geben die folgenden Zahlentafeln.

Zahlentafel 86. Wärmeaustauschzahl ε bei 1-stündiger Umstellzeit.

Stärke der Gitterwand	Gußeisen			Schamotte		
	$\alpha = 10$ $\alpha' = 10$	$\alpha = 15$ $\alpha' = 15$	$\alpha = 20$ $\alpha' = 20$	$\alpha = 10$ $\alpha' = 10$	$\alpha = 15$ $\alpha' = 15$	$\alpha = 20$ $\alpha' = 20$
10 mm	4,04	4,97	5,40	2,35	2,45	2,46
20 „	4,73	6,62	8,07	3,64	4,40	4,69

Zahlentafel 87. Temperaturabfallzahl b bei 1-stündiger Umstellzeit.

Stärke der Gitterwand	Gußeisen			Schamotte		
	$\alpha = \alpha' = 10$	$\alpha = \alpha' = 15$	$\alpha = \alpha' = 20$	$\alpha = \alpha' = 10$	$\alpha = \alpha' = 15$	$\alpha = \alpha' = 20$
10 mm	0,70	0,86	0,94	0,95	0,99	1,00
20 „	0,41	0,57	0,70	0,75	0,90	0,95

Der Temperaturabfall wird also auch bei höherer Heizflächenleistung geringer. Die Heizflächenleistungen werden teilweise recht bedeutend gehoben, besonders bei hohen Wärmeübergangszahlen und kleiner Steinstärke. Die Raumleistung (kcal/cbm Gitter) wird mithin wesentlich größer. Unterstützt wird die Steigerung der Raumleistung dadurch, daß bei Verwendung von Gußeisen ohne Bedenken kleine Wandstärken gewählt werden können. Ein Gitter von 40 mm Kanalweite und 10 mm Wandstärke gibt 64 qm Heizfläche/cbm. Die äquivalente Wandstärke ist 11,3 mm. Bei $\alpha = \alpha' = 15$ und 150° Temperaturunterschied überträgt 1 qm Heizfläche $150 \cdot 5{,}2 = 780$ kcal, ein cbm Gitter also $64 \cdot 780 = 50000$ kcal. Unter 20 mm Wandstärke wird ein Schamottegitter kaum ausführbar sein. Man bringt dann 44,5 qm/cbm Heizfläche unter. Die äquivalente Steinstärke ist 25 mm, die Wärmeaustauschzahl des Gitters 4,92 kcal/qm, °C, Per. Der Wärmeaustausch ist 33000 kcal = 66 Proz. Die Temperaturabfallzahl ist in beiden Fällen 0,82. Die Gittergewichte sind für Gußeisen 2600 kg/cbm, für Schamotte 1050 kg/cbm. Auf das Gittergewicht bezogen, verschlechtert sich also die Leistung ganz bedeutend. Bedenkt man nun noch das Preisverhältnis zwischen Gußeisen und ff. Material, so kann man das eiserne Gitter nur als Notmaßnahme betrachten, mit deren Hilfe man kleine Winderhitzeranlagen unter Umständen zur gewünschten Leistung bringen kann, ohne die Cowper vollständig umbauen zu müssen. Aber auch dann wird hierdurch zumeist nicht viel geholfen werden können, da bei zu kleinen Anlagen die Abgastemperaturen hoch sind, die Einbaumöglichkeit des Gußeisens also sehr beschränkt ist.

Ist die Gitterart festgelegt, so ist das zweckmäßige Gittermaterial zu wählen. Abgesehen von den Sonderfällen, in denen eiserne Speicherwände zweckmäßig sind, steht irgendein feuerfestes Steinmaterial in Frage. Die Forderungen, die die wärmetechnische Betrachtung ergab, waren ein möglichst dichtes Material von großem Wärmefassungsvermögen und — innerhalb der naturgegebenen Grenzen — erst in zweiter Linie eine gute Wärmeleitfähigkeit. Hiermit sind die Forderungen jedoch noch nicht begrenzt. Der fortwährende Temperaturwechsel im Speicher verlangt zunächst Unempfindlichkeit des Materials gegen den Wechsel. Die Stärke des Temperaturwechsels ist nun allerdings recht verschieden: Regeneratoren von Koksöfen mit ∾ 50° Unterschied werden geringere Anforderungen stellen als Hochofenwinderhitzer im oberen Gitterteil, in dem regelmäßige Schwankungen von 400 bis 500° auftreten. Die Empfindlichkeit wird häufig durch die Abschreckprobe gemessen, die darin besteht, daß ein Normalstein auf 1350° langsam erhitzt und dann in kaltes fließendes Wasser getaucht wird. Der Gewichtsverlust durch abgesprungene Teile wird als Maß der Empfindlichkeit benutzt. *Steger**) gibt auf Grund derartiger Versuche an:

Empfindlichkeitsgrad	für	Carborund mit Ton gebunden .	2 Proz.
„	„	Schamotte	3 bis 30 „
„	„	Silica	75 „
„	„	Magnesitstein	100 „

Ein ganz zutreffendes Bild für die Eignung als Gittermaterial können diese Werte aber wohl kaum geben. Die Empfindlichkeit hängt eng zusammen mit der Volumenänderung bei Temperaturwechsel. Bei Silicasteinen ist die plötzliche Volumenänderung bei 230° (α-Cristobalit in β-Cristobalit) und bei 575° (α-Quarz in β-Quarz) die Hauptursache der schnellen Zerstörung, die natürlich nicht auftritt, wenn der Silicastein Temperaturschwankungen zwischen 1000° und 1300° im Betriebe zu bestehen hat. Vorherrschend ist als Gitter der Schamottestein, schon allein wegen des Preises, aber auch wegen des Fortfalles der plötzlichen Volumenvergrößerung. Der Schamottestein schwindet vielmehr, falls die Betriebstemperatur diejenige des Brandes übersteigt. Der Empfindlichkeitsgrad der Schamottesteine ist, wie ersichtlich, sehr unterschiedlich. Nach *Steger* ist die Empfindlichkeit um so größer, je kleiner die Porosität, also je dichter der Stein, je feiner die Schamottekörnung und je kieselsäurereicher der Stein ist.

Die Gittersteine müssen ferner den Druck des über ihnen liegenden Gitters bei höherer Temperatur aushalten. Bei der Glattschachtpackung (Fig. 62)

---

*) *Steger*, St. u. E. **1925**, S. 249.

ist der Druck auf den Stein proportional der Höhe des darüberliegenden Gitters, unabhängig von der Steinstärke. Es ist

$$p = \frac{h \cdot \gamma}{10000} \text{ kg/qm}$$

oder mit dem üblichen spezifischen Gewicht $\gamma = 1900$ kg/cbm.

$$p = 0{,}19 \cdot h \text{ (Höhe des Gitters } h \text{ in m) kg/qcm.}$$

Der Druck ist also verhältnismäßig klein. Sein praktisches Höchstmaß bei 30 m hohem Gitterwerk ist erst 5,7 kg/qcm.

Eine andere Abhängigkeit ergibt sich aber für das Rostgitter*). Hierbei ist der Druck

$$p = \frac{\gamma}{10000} h \frac{a + \delta}{\delta} = \frac{\gamma \cdot h}{10000}\left(1 + \frac{a}{\delta}\right) = 0{,}19 \cdot h\left(1 + \frac{a}{\delta}\right) \text{kg/qcm.}$$

Je weiter das Gitter im Verhältnis zur Steinstärke ist, um so größer wird der Druck und kann, da praktisch immer $a > \delta$ ist, das Doppelte bis Vierfache des Druckes bei Glattschachtpackung ausmachen. Das stärkere Anwachsen des Druckes bei Rostgitter wird freilich in seiner Auswirkung dadurch gemildert, daß die Regeneratoren selten eine Gitterhöhe von 6 m überschreiten, so daß auch hier ein Druck von $0{,}19 \cdot 6 \cdot 4 = 4{,}5$ kg/qcm im untersten Gitterteil nicht überschritten wird. Hier aber wird wohl kaum die Temperatur so hoch werden, daß Schwierigkeiten eintreten. Die Gefahr liegt eher im oberen Gitterteil. Die Druckfestigkeit von Silicasteinen wird im allgemeinen den Anforderungen genügen, nämlich dann, wenn der Flußmittelgehalt nicht zu hoch ist. Dagegen können die Regeneratortemperaturen das für Schamotte erträgliche Maß überschreiten. *Hirsch***) gibt folgende Zahlenwerte für die Druckfestigkeit bei hohen Temperaturen an, wobei das Steinmaterial von Winderhitzern, Koksöfen und Regeneratoren stammte.

Zahlentafel 88.
Druckfestigkeit verschiedener Schamottesteinsorten in kg/qcm.

Steinsorte	a	b	c	d	e	f	g
Zimmertemp.	50	212	133	164	160	168	123
800°	74	193	145	176	210	195	220
1000°	97	268	334	524	444	880	430
1200°	250	160	183	125	84	210	170
1400°	53	37	35	20	48	90	53

Den Angaben *Hirschs* folgend, ist hierbei hinzuzufügen, daß die bei diesen Versuchen erhaltenen Zahlenwerte nicht ohne weiteres für statische Berechnungen zu verwenden sind. Die Festigkeitswerte sind in der Tat noch bei 1400° so hoch, daß sie mit dem im Betriebe festzustellenden Verhalten schlecht in Einklang zu bringen sind. Dagegen zeigen die Versuche als besonderes Charakteristikum der Schamottesteine die Erhöhung der Druck-

*) *K. Thomas*, St. u. E. **1929**, S. 875.

) *H. Hirsch*, Arch. f. Wärmew. **1929, S. 413.

festigkeit bei $\sim 1000^\circ$. Hiernach braucht man also für die Standfestigkeit des Gitters nicht besorgt zu sein, auch wenn die Steine im unteren Teil hoch erhitzt werden.

Mit der Erweichung der feuerfesten Steine beschäftigen sich *Berl* und *Löblein**). Ihre Arbeiten verdeutlichen, wie verschieden die Erweichung verläuft. Die kieselsäurereichen Steine (96 Proz. und 93 Proz. SiO_2) behalten bis über 1500° eine hohe Festigkeit und erweichen ganz plötzlich, während die Erweichung der anderen in einem auch für Schamottesteine typischen weiten Temperaturintervall vor sich geht. Es werden folgende Werte der Erweichung für die verschiedenen Steinsorten angegeben**).

Zahlentafel 89. Druckerweichung bei 2 kg/qcm Belastung.

Steinart	Erweichungsbeginn	Haltlose Erweichung
Silica, I. Qual.	1650	1680 bis 1700
Silica, II. Qual.	1600	1640
Schamotte, I. Qual.	1400	1550 bis 1670
Schamotte, II. Qual.	1200 bis 1300	1450 bis 1550

Bei richtiger Auswahl der Steinsorte bereitet somit der Bau der Regeneratoren keine unüberwindliche Schwierigkeit, sofern man die Verschlackung des Steines nicht zu berücksichtigen braucht. Sobald aber diese eintritt, werden die Festigkeitseigenschaften ganz bedeutend verschlechtert. Die Verschlackung der Steine wird dadurch eingeleitet, daß sowohl das Rauchgas wie auch Frischgas und Verbrennungsluft Schlacke oder schlackebildenden Staub mitführen, die sich zunächst auf den Gittersteinen absetzen. Liegt die Temperatur über dem Schmelzpunkt der Schlacke, der in ungünstigen Fällen nur etwa 1100° beträgt, so bleibt die Schlacke flüssig und zieht allmählich in den Stein ein. Sie dringt ein zum Teil durch den Porenraum des Steines, weshalb poröse Steine bei sonst gleichen Verhältnissen schneller zerstört werden, zum Teil durch Auflösung der glasigen Grundmasse, die natürlich leichter angreifbar ist als die in ihr eingebetteten feuerfesten Quarz- oder Schamottekörner. Die Wirkung verschiedener Einflüsse auf den Grad der Verschlackung untersuchte *Hartmann****) bei Silica- und Schamottesteinen. Besonders große Unterschiede im Verschlackungsgrad zeigten Schamottesteine. Dieses auch für den richtigen Aufbau der Regeneratoren so wichtige Fragengebiet ist jedoch noch zu wenig durchforscht, als daß man zahlenmäßige Zusammenhänge angeben kann. Es ist dies um so bedauerlicher, weil fast immer die Verschlackung der Steine die Regeneratoren zerstört, während ein wirkliches Zusammenschmelzen des Gitters allein durch zu hohe Temperaturen nur ganz selten und dann natürlich nur durch Unachtsamkeit in Frage kommt.

*) *Berl* u. *Löblein*, Arch. f. Wärmewirtsch. **1929**, S. 340.

) „Hütte", Taschenbuch für Eisenhüttenleute **1930, S. 368.

***) *Hartmann*, Ein Prüfverfahren zur quantitativen Bestimmung des Angriffes von Schlacke und Flugstaub auf ff. Steine. Werkstoffausschuß V. d. E., Bericht Nr. 81.

Gelangen Staub und Schlacke in die Temperaturgebiete unterhalb des Schlackenschmelzpunktes, so bildet sich ein gesinterter oder staubförmiger Belag der Steinoberfläche, der den Wärmeaustausch durch seine schlechte Wärmeleitfähigkeit beeinträchtigt*).

Die üblichen Gitteranordnungen als Glattschacht- und Rostpackung in versetzter oder freizügiger Anordnung waren bereits angegeben (Fig. 62, 46, 47). Die mit ihnen erzielbare Heizfläche läßt sich aus den Formeln leicht errechnen. Beim Rostgitter wird man mit Rücksicht auf die Standfestigkeit mit der Steinstärke nicht wesentlich unter 65 mm gehen. Ein standsicheres Gitter ergibt die Ausgitterung mit Steinen quadratischen Querschnittes, mit sog. „Knüppeln", bei denen man wohl unbedenklich zu 50 mm Stärke in den schlackensicheren Teilen des Gitters greifen kann. Die Kanalabmessungen des Glattschachtgitters und der Lagenabstand der Rostgitter sind sehr verschieden. Man findet bei Siemens-Martin-Öfen Angaben zwischen 65 und 200 mm. Viel angewendet wird eine Weite bzw. Abstand von etwa 100 mm in den heißen Lagen, manchmal verbunden mit einer Verringerung dieser Abmessung in den kälteren Teilen bei einer Steinstärke von etwa 65 mm. Bei besonders günstigen Umständen, bei staubfreiem Abgas, kann man bis 40 mm Lagenabstand bei Verringerung der Steinstärke erfahrungsgemäß gehen. Auch das Rostgitter gestattet die Unterbringung einer beträchtlichen Heizfläche. Bei einem Gitter mit Knüppeln von 50 ◫ und 50 mm Lagenabstand erhält man 30 qm Heizfläche je cbm Gitterraum. Wählt man eine Gitterart für Glattschachtgitter, die eine gute Standfestigkeit auch bei 30 mm Wandstärke gewährt, so kann man 31 qm, also etwa das gleiche, erzielen. Ist man nicht an 50 mm Kanalweite gebunden, sondern mit Rücksicht auf die Gasgeschwindigkeiten lediglich an ein bestimmtes Verhältnis von freier Durchgangsfläche zu Gesamtfläche, so kann man bei Verwendung dünner Gitterwände natürlich auch engere Kanäle nehmen und erhält dadurch eine Vergrößerung der Heizfläche. Bei der vorliegenden Rostpackung ist der freie Querschnitt 0,25 qm/qm, bei der Glattschachtpackung 0,39 qm/qm. Bei 0,25 qm/cbm und = 30 mm könnte man bei Glattschächten Kanäle von 30 mm Weite anwenden, die eine Heizfläche von 33 qm/cbm ergeben. Der Gewinn an Heizfläche ist aber ersichtlich nicht besonders groß.

Auf ähnlichen Überlegungen beruhen nun die meisten Sonderarten der Gittersteine, indem sie folgende Bedingungen zu erfüllen versuchen: 1. Große Heizfläche je cbm Gitterraum, 2. gute Standfestigkeit des Gitters, 3. genügendes Steingewicht je cbm Gitterraum bzw. je qm Heizfläche, 4. möglichst geringe Druckverluste beim Durchströmen des Gitters, also nicht zu kleiner freier Querschnitt, 5. Querverbindungen zwischen den Kanälen, damit bei Verstopfung eines Kanals an einer Stelle nicht die Heizfläche des ganzen Kanals lahmgelegt wird.

---

*) Weiteres über feuerfeste Baustoffe siehe: *Litinsky*, „Schamotte und Silika", Verlag Otto Spamer, Leipzig 1924, sowie die bis jetzt vorliegenden 7 Jahrgänge der im gleichen Verlag erscheinenden Zeitschrift „Feuerfest-Ofenbau".

Die ersten in größerem Umfang verwirklichten Versuche in dieser Richtung durch Sonderkonstruktionen von Gittersteinen stellen wohl die Schiffer-Strack-Steine dar, die Fig. 140 unter a) in älterer, unter b) in neuerer Form darstellt. Die ältere Form hat eine Heizfläche von 19,2 qm/cbm bei einem Gittergewicht von 1060 kg/cbm und einem Steingewicht von 55,3 kg/qm Heizfläche. Für die neuere Form sind die entsprechenden Werte 35 qm/cbm, 990 kg/cbm und 28 kg/qm. Bei Wärmeaustauschern mit längeren Umstellzeiten wird man bei der neueren Form bereits Bedenken gegen ihre Anwendung im oberen Gitterteil von Winderhitzern erheben können. Die Temperaturschwankung der Oberfläche wird wegen des geringen Steingewichtes groß sein. Deshalb wird bei einer derartigen Ausgitterung von Winderhitzern mit längerer Periodendauer die Zwei- oder Dreizonenanordnung zu fordern sein.

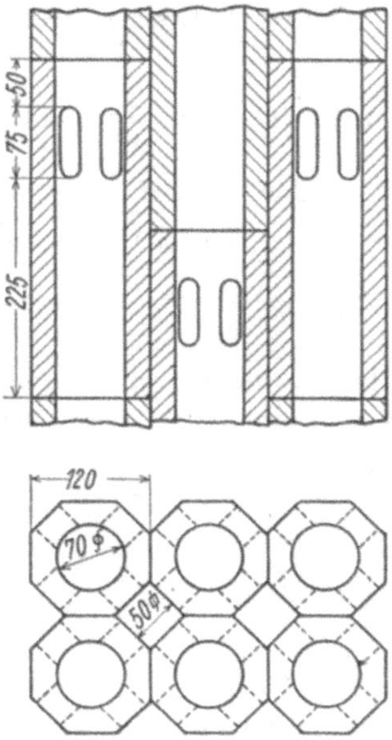

Fig. 140 a. Schiffer-Strack-Stein.

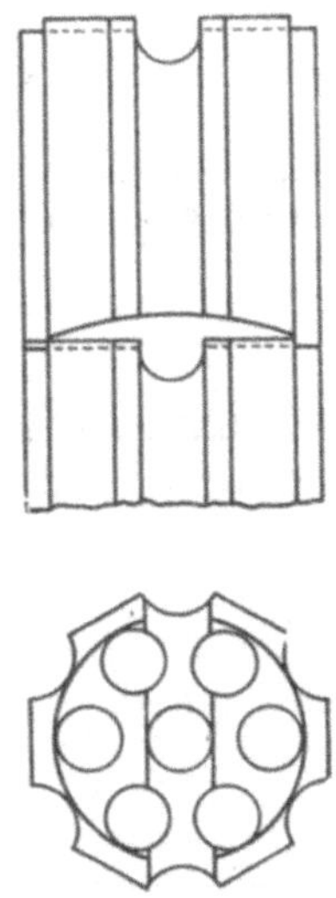
Fig. 140 b. Schiffer-Strack-Stein.

Die Unterbringung der Heizfläche in Kanälen verschiedenen Querschnittes, wie sie bei der älteren Form besteht, gibt Veranlassung, darauf hinzuweisen, daß diese Heizflächen nicht als gleichwertig zu betrachten sind. Der Strömungswiderstand, den das Gas in den Kanälen zu überwinden hat, ist bei gleicher Geschwindigkeit um so größer, je kleiner der Durchmesser ist. Umgekehrt muß bei gleichem Druckunterschied zwischen den Räumen über und unter dem Gitter, wie es praktisch der Fall ist, die Geschwindigkeit in den kleineren Kanälen geringer sein als in den großen, mithin auch die durchfließende Gasmenge. Das Abgas in den kleinen Kanälen kühlt sich rascher ab, die Heizflächenleistung wird geringer.

Das Gesetz, nach dem sich der Strömungswiderstand bei Veränderung des Kanaldurchmessers ändert, hängt von der Strömungsform (s. S. 109) ab.

Bei laminarer Strömung ist der Druckverlust

$$\Delta h_r = 32 \cdot \eta \cdot w \cdot \frac{l}{d^2} \text{ mm W.S.},$$

worin η die Zähigkeit des Gases,
w die wahre Geschwindigkeit,
l die Länge des Kanals in m,
d den Kanaldurchmesser (bzw. den „hydraulischen“ Durchmesser [s. S. 115])

bedeuten.

Hierzu kommt nun noch der Stoßverlust beim Eintritt in das Gitter, der mit $\zeta = 3{,}0$ bis 4,5 errechnet wird (s. S. 291).

$$\varDelta h_{st} = 4{,}5 \cdot \frac{w^2}{2g} \cdot \gamma .$$

Der gesamte Widerstand ist also

$$\varDelta h = 4{,}5 \frac{w^2}{2g} \cdot \gamma + 32 \eta w \frac{l}{d^2} .$$

Gelten für die Kanalabmessung d_1 die mit 1 und für d_2 die mit 2 indizierten Werte, so errechnet sich das Verhältnis der Geschwindigkeiten aus der Gleichung

$$4{,}5 \frac{w_2^2}{2g} \cdot \gamma + 32 \eta \cdot w_2 \cdot \frac{l}{d_2^2} = 4{,}5 \cdot \frac{w_1^2}{2g} \cdot \gamma + 32 \eta w_1 \cdot \frac{l}{d_1^2} .$$

Für eine Rauchgas- (oder auch Luft-)temperatur von 600° ist $\eta =$ rund $4 \cdot 10^{-6}$, $\gamma = 0{,}4$ kg/cbm. Damit wird

$$w_2^2 + 1{,}4 \cdot 10^{-3} \frac{l}{d_2^2} \cdot w_2 = w_1^2 + 1{,}4 \cdot 10^{-3} \cdot \frac{l}{d_1^2} \cdot w_1 .$$

Besteht das Gitter aus Kanälen von $d_1 = 60$ [] und $d_2 = 30$ [], so verhalten sich bei 5 m Regeneratorlänge die Geschwindigkeiten

bei	$w_1 = 1{,}0$ m/sec	(bez. auf 0° 760)	$\frac{w_2}{w_1} = 0{,}53$
„	$w_1 = 0{,}8$	„	$= 0{,}49$
„	$w_1 = 0{,}6$	„	$= 0{,}44$
„	$w_1 = 0{,}4$	„	$= 0{,}39$
„	$w_1 = 0{,}2$	„	$= 0{,}31.$

Das Geschwindigkeitsverhältnis verschlechtert sich mit abnehmender Geschwindigkeit von rund $^1/_2$ auf $^1/_3$. Daß bei größeren Geschwindigkeiten das Verhältnis günstiger ist, liegt daran, daß der Einströmungswiderstand, der im Quadrat der Geschwindigkeit steigt, ausgleichend wirkt. Besitzt das Gitter eine gleiche Anzahl von beiden Kanälen, so ist die gesamte Heizfläche je m Gitterhöhe bei n Kanälen jeder Sorte

$$H = H_1 + H_2 = n \cdot 4 \cdot d_1 + n \cdot 4 \cdot d_2 = 0{,}24 \cdot n + 0{,}12 \cdot n = 0{,}36 \cdot n .$$

Die Heizfläche der engen Kanäle macht also $\frac{H_2}{H} = \frac{0{,}12 \cdot z}{0{,}36 \cdot z} = 33{,}3$ Proz. aus. Die Abgasmenge verteilt sich folgendermaßen:

$$G = G_1 + G_2 = n \cdot f_1 \cdot w_1 + n \cdot f_2 \cdot w_2 = n \cdot 0{,}06^2 \cdot w_1 + n \cdot 0{,}03^2 \cdot w_2 .$$

Bei $w_1 = 1{,}0$ m/sec (0° 760) ist $w_2 = 0{,}53 \cdot w_1$, also $G = n \cdot 0{,}06^2\, w_1 + n \cdot 0{,}03^2 \cdot 0{,}53 \cdot w_1 = 0{,}0036\, w_1 \cdot n + 0{,}00048 \cdot w_1 \cdot n = 0{,}00408\, w_1 \cdot n$ und $\frac{G_2}{G_1} = \frac{0{,}00048\, w_1 \cdot n}{0{,}00408 \cdot w_1 \cdot n} \cdot 100 = 11{,}7$ Proz.

Bei $w_2 = 0{,}4$ m/sec (0° 760) ist $w_2 = 0{,}39 \cdot w_1$ und $\frac{G_2}{G_1} = 8{,}9$ Proz.

Man sieht, wie ungünstig die Beaufschlagung ist. Ein Drittel der Heizfläche wird nur von $^1/_{10}$ der Abgasmenge bestrichen. Vergegenwärtigt man sich diese Verhältnisse an einem Winderhitzer von 10000 qm Heizfläche, der mit 30000 cbm Rauchgas (= 16000 cbm Hochofengas) beheizt wird, so werden die 3300 qm Heizfläche der engen Kanäle von nur 3000 cbm/St. Abgas bestrichen, die 6700 qm der weiten Kanäle dagegen von 27000 cbm/St. Die Belastung ist in einem Fall 0,9 cbm Abgas/qm Heizfläche, in anderen 4,0 cbm Abgas/qm Heizfläche.

Das Verhältnis der Geschwindigkeiten wird um so ungünstiger, je größer der Reibungswiderstand im Verhältnis zum Eintrittswiderstand ist, d. h. je länger die Kanäle sind. Oben wurde mit 5 m Gitterhöhe gerechnet. Bei 20 m Gitterhöhe verschlechtert sich demgegenüber das Geschwindigkeitsverhältnis

$$\begin{array}{llll} \text{bei} & w_1 = 1{,}0\ \text{m/sec}\ (0^\circ\ 760) & \dfrac{w_2}{w_1} & = 0{,}32 \\ ,, & w_1 = 0{,}6 \quad ,, & & = 0{,}30 \\ ,, & w_1 = 0{,}2 \quad ,, & & = 0{,}28 \end{array}$$

Die Rauchgasmenge, mit der die Heizfläche der engen Kanäle beaufschlagt wird, macht nur noch 8 Proz. der Gesamtmenge aus.

Bei turbulenter Strömung, also höheren Geschwindigkeiten (s. hierzu Zahlentafel 39) ergibt sich mit der Brabbéeschen Formel (s. S. 292)

$$\Delta h_1 = 11{,}3 \cdot \gamma^{0{,}852} \cdot \frac{w_1^{1{,}853}}{d^{1{,}281}} \cdot l + 4{,}5 \cdot w_1^2 \cdot \frac{\gamma}{2g}.$$

Für den hier in Frage kommenden Geschwindigkeitsbereich kann man mit genügender Annäherung die Brabbéesche Formel als Gleichung mit 2. Potenz unter Abänderung des Koeffizienten 11,3 in 10,5 schreiben und erhält

$$\left.\begin{array}{l} \Delta h_1 = 10{,}5 \cdot \dfrac{\gamma^{0{,}852}}{d^{1{,}281}} \cdot l \cdot w_1^2 + 4{,}5 \cdot \dfrac{\gamma}{2g} \cdot w_1^2 \\ \Delta h_2 = 10{,}5 \cdot \dfrac{\gamma^{0{,}852}}{d^{1{,}281}} \cdot l \cdot w_2^2 + 4{,}5 \cdot \dfrac{\gamma}{2g} \cdot w_2^2 \end{array}\right\} d_1 \text{ und } d_2 \text{ in mm},$$

$$\left(\frac{w_2}{w_1}\right)^2 = \frac{10{,}5\,\dfrac{\gamma^{0{,}852}}{d_1^{1{,}281}} \cdot l + 4{,}5}{10{,}5\,\dfrac{\gamma^{0{,}852}}{d_2^{1{,}281}} \cdot l + 4{,}5}.$$

Bei turbulenter Strömung ergibt sich also ein für alle Geschwindigkeiten gleiches Geschwindigkeitsverhältnis. Unter den gleichen Verhältnissen wie oben, Gastemperatur 600°, $d_1 = 60$ mm, $d_2 = 30$ mm, ist bei einer Regeneratorhöhe von 5 m das Geschwindigkeitsverhältnis $\dfrac{w_2}{w_1} = 0{,}55$, bei 20 m Höhe nur noch 0,45. Die Verhältnisse bessern sich also bei turbulenter Strömung nur wenig. Selbst bei gleicher Geschwindigkeit würden ja nur 20 Proz. des Rauchgases durch die engen Kanäle strömen. Bei Vergleichen verschiedener Gitterarten ist dieser Punkt eingehend zu erörtern. Diese im Rohrleitungsbau geläufigen Betrachtungen werden zumeist bei der Kritik von Regeneratoren und Winderhitzern übersehen. Freilich gestaltet sich durch diese Verhältnisse der Vergleich verschiedener Gitterungsarten recht schwierig, so daß man nur im Prinzip darauf hinweisen kann und den zahlenmäßigen Vergleich konkreten Fällen überlassen muß. Ohne Zweifel wird es aber nicht angängig sein, ein

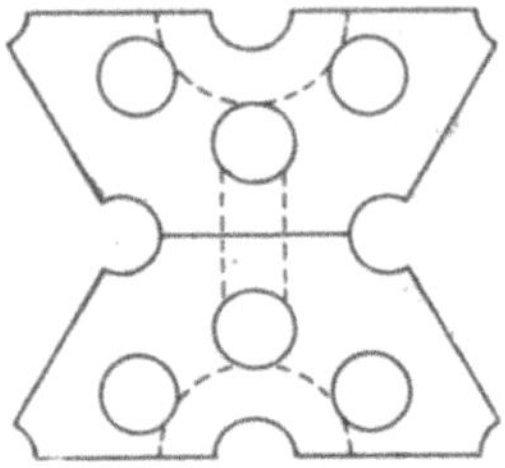

Fig. 141. Gitterstein nach D.R.P. 471719.

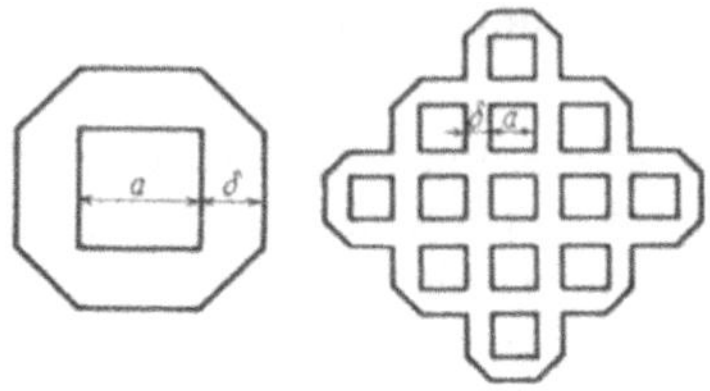

Fig. 142. Gittersteine der Firma Brohlthal,
1. $\alpha = 160$ ⌷, $\delta = 80$ mm 1. $\alpha = 59$ ⌷, $\delta = 29{,}5$ mm
2. $\alpha = 118$ ⌷, $\delta = 59$ „ 2. $\alpha = 40$ ⌷, $\delta = 20$ „
3. $\alpha = 80$ ⌷, $\delta = 40$ „

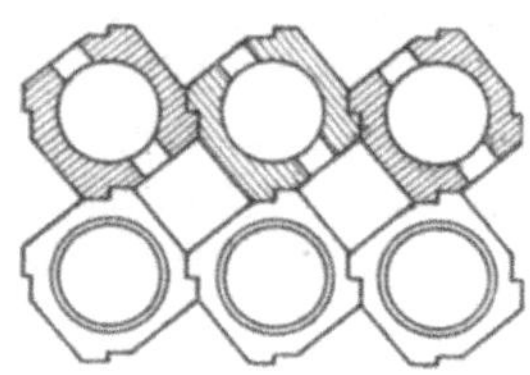

Fig. 143. Gitterstein der Firma Brohlthal.

Gitter, das etwa aus den Steinen Fig. 140a zusammengesetzt ist, als gleichwertig mit einem Gitter, das aus Kanälen gleicher Weite mit der gleichen Heizfläche und dem gleichen Steingewicht je Kubikmeter Gitterraum besteht, anzusehen. Das Gitter mit Stein *b* ist auch bei gleichen geometrischen Bedingungen (Heizfläche und Steingewicht) hochwertiger als dasjenige mit Stein a.

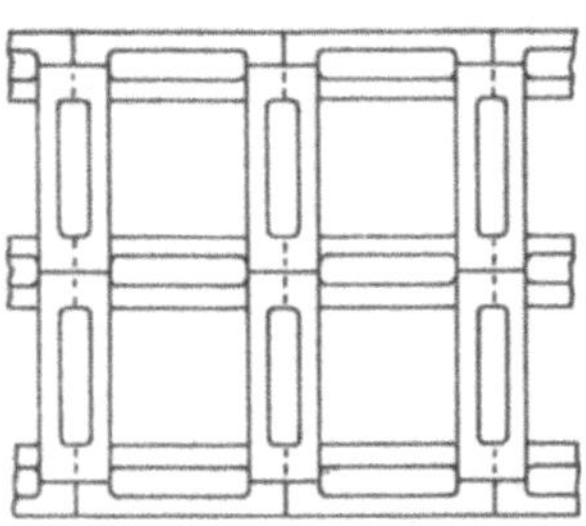

Fig. 144a. Gitterstein der Firma Rhenania.

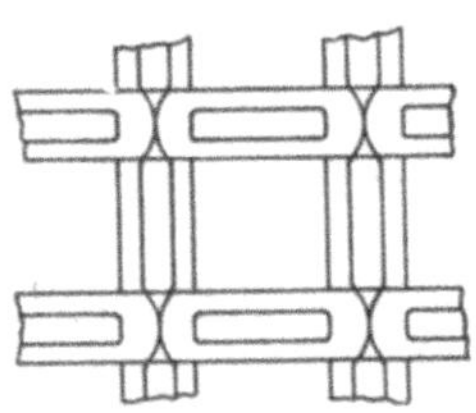

Fig. 144b. Gitterstein der Firma Rhenania.

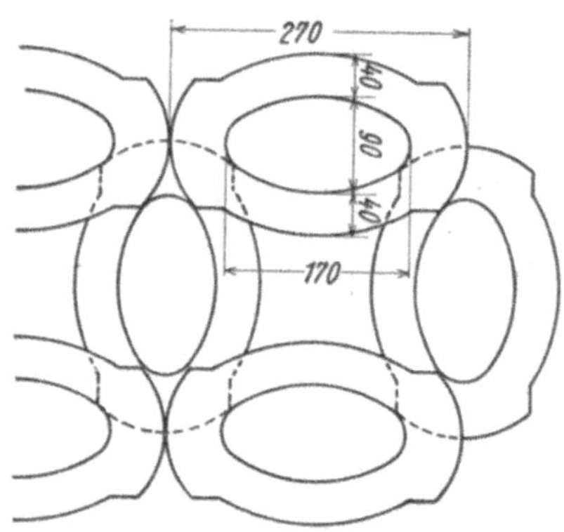

Fig. 144c. Gitterstein der Firma Rhenania.

Eine ähnliche Gittersteinform zeigt Fig. 141 (D.R.P. 471719). Die Kanäle sind zum Ausgleich bei Verstopfungen einzelner Kanäle miteinander verbunden.

Ein in sich völlig gleichmäßiges Gitter gibt auch der Stein Fig. 142 (hergestellt von Brohlthal). Die Zusammenfassung einer größeren Anzahl von Kanälen gibt die Möglichkeit, quadratische Kanäle beliebig kleiner Abmessung mit kleinen Wandstärken zu verwenden.

Fig. 143 zeigt einen von der Firma Brohlthal hergestellten Besatzstein, der sich in der Formgebung von Stein a Fig. 140 durch die Verzahnung an den Außenflächen unterscheidet, die dem Gitter eine größere Standfestigkeit geben soll.

Weiterhin gebräuchliche Formen, die von der Firma Rhenania hergestellt werden, zeigt Fig. 144. In den Formen a, b und c ist die Entwicklung dieser Steinform dargestellt. Das Gitter ist ein Rostgitter, enthält also keine durchgehenden Kanäle. Bei der Rostgitterung und der damit verbundenen Kürze der Kanäle hat das Gas keine Gelegenheit, eine laminare Strömungsform auszubilden. Die Verteilung des Abgases auf die beiden Kanalarten regelt sich demnach mehr nach den für turbulente Strömungen geltenden Beziehungen, wobei freilich bei diesen kurzen Kanälen der Stoßverlust überwiegend ist, so daß mit praktisch gleichen Geschwindigkeiten zu rechnen ist. Vergleicht man die Rostgitterung aus diesen Lochsteinen mit dem sonst üblichen Rostgitter, so hat sie den Vorzug, daß kleinere Steinstärken anwendbar sind, ohne daß die Standfestigkeit beeinträchtigt wird, die durch die breite Auflage des Steines vermehrt wird. Damit schafft man sich die Möglichkeit, bei gleicher Wandstärke eine größere Heizfläche unterzubringen. Wie nun die einzelnen Heizflächenarten zu bewerten sind, ist aus dem oben angeführten Beispiel abzuleiten. Ohne Zweifel wird die innere Heizfläche wieder geringer zu bewerten sein als die stärker beaufschlagte äußere und von der äußeren der am Stoß liegende Teil geringer als der andere, da in diesen Ecken nur schwache Gasströmungen auftreten können. Die Steine nach Art *c* werden in 2 Größen geliefert

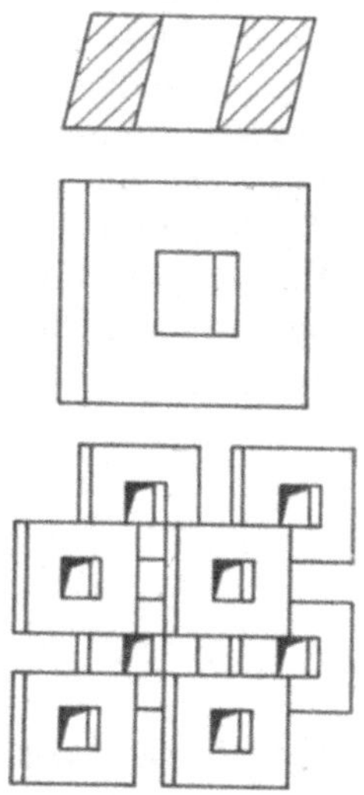

Fig. 145. Gitter aus Lochsteinen.

1. 230 mm lang, $\delta = 35$ mm, Heizfläche 21,6 qm/cbm, Gewicht 645 kg/cbm.
2. 270 mm lang, $\delta = 40$ mm, Heizfläche 18,7 qm/cbm, Gewicht 608 kg/cbm.

Eine im Prinzip ähnliche Lösung der Bedingung guter Standfestigkeit gibt der Stein nach Fig. 145*). Es werden folgende Steinformate als zweckmäßig angegeben:

Loch mm	Steinstärke mm	Steinhöhe mm	Heizfläche qm/cbm	Steingewicht kg/cbm
40	50	75	28,8	1008
45	45	75	28,9	912
65	60	100	21,0	864
70	60	100	20,5	831
80	60	100	19,2	772
90	65	100	17,8	754
100	65	100	16,9	712

Für die schlackenfreien Teile des Gitters wäre eine kleinere Steinstärke noch ohne Schwierigkeit anwendbar.

*) *Kniepert*, St. u. E. **1928**, S. 548.

Fig. 146 zeigt Steine nach Rhenania-Moll, bei denen die Flächen gewellt sind. Es entsteht die Frage, in welchem Maße die Vergrößerung der Heizfläche auf diese Weise die Leistung des Regenerators erhöhen kann. Das Prinzip der Wellenform ist nach Abstraktion aller sonstigen Einzelheiten der Formgebung in Fig. 147 in geometrisch übersichtlicher Form dargestellt. Die Umwandlung des gewöhnlichen glatten Steines in die gezahnte Form vergrößert die Oberfläche des gleichen Steinvolumens. Da für die Wärmeübertragung an den Stein Wärmeübergangszahl und Oberfläche in gleicher Höhe maßgebend sind $[q = \alpha \cdot F(\vartheta - \vartheta_s)]$, kann man sich die Vergrößerung der Heizfläche durch eine Vergrößerung der Wärmeübergangszahl bei glattem Steinformat ersetzt denken und dann die eintretende Änderung in der Wirkung an Hand der Zahlentafeln für ε und b verfolgen. Bei dem Stein Fig. 146 vergrößert sich, gleichgültig, wie groß die Höhe der Zähne ist, die Heizfläche um das $\sqrt{2}$fache. Um den gleichen Betrag muß man also die

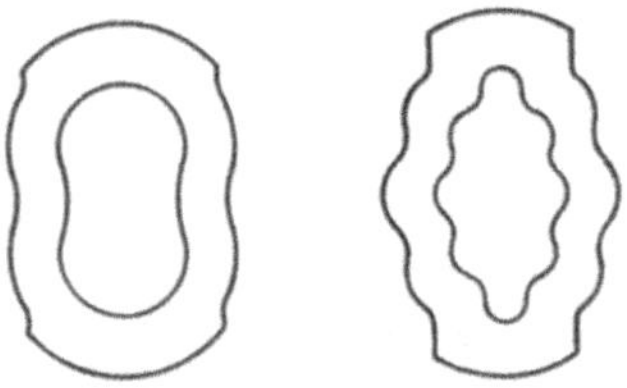

Fig. 146. Gittersteine nach Rhenania-Moll.

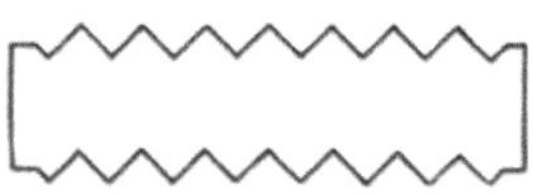

Fig. 147. Gittersteine mit vergrößerter Oberfläche.

Wärmeübergangszahl erhöhen, wenn man mit einem gleich starken Stein, der nur die $(1 : \sqrt{2})$-fache Heizfläche aufweist, das gleiche Ergebnis erzielen will. Hat der Stein eine Stärke von 50 mm, und wird er in einem halbstündig umgestellten Regenerator verwendet, der während der Entheizzeit eine Wärmeübergangszahl $\alpha' = 10$, während der Heizzeit $\alpha = 15$ besitzt, so ist

a) für den glatten Stein $\varepsilon = 2{,}65$ kcal/qm, °C, Per.

b) für den gezahnten Stein $\left(\alpha' = 10\sqrt{2} = 14,\ \alpha = 15\sqrt{2} = 21\right)$ $\varepsilon = 3{,}57$.

Der Ertrag ist also $\frac{3{,}57 - 2{,}65}{2{,}65} \cdot 100 = 35$ Proz. Bei einstündiger Umstellzeit sind die entsprechenden Werte $\varepsilon_{\text{glatt}} = 4{,}96$, $\varepsilon_{\text{gezahnt}} = 6{,}45$. Die Steigerung beträgt 30 Proz. Bei zweistündiger Umstellzeit ergibt sich $\varepsilon_{\text{glatt}} = 8{,}60$, $\varepsilon_{\text{gezahnt}} = 10{,}07$, als Steigerung mithin 17 Proz.

Ist die Steinstärke 30 mm, so erhält man folgende Steigerungen bei den gleichen Wärmeübergangsbedingungen:

bei $z = z' = 0{,}5$	33 Proz.
„ $z = z' = 1{,}0$	21 „
„ $z = z' = 2{,}0$	7 „

Sind die Wärmeübergangszahlen höher, z. B. bei glatten Steinen $\alpha' = 15$, $\alpha = 20$ und entsprechend bei gezahnten Steinen $\alpha' = 21$, $\alpha = 28$, so ist für 50 mm Steinstärke die Mehrleistung bei halbstündiger Umstellzeit 28 Proz., bei einstündiger 22 Proz., bei zweistündiger 10 Proz.

Bei der Untersuchung eines bestimmten Steines berechnet man sich somit die Vergrößerung der Heizfläche gegenüber einem gleich starken glatten Stein, vergrößert im gleichen Verhältnis die Wärmeübergangszahlen und entnimmt aus den Zahlentafeln die zugehörigen ε- und b-Werte zum Vergleich.

Eine Leistungssteigerung ergibt sich also nach dieser Rechnung auf jeden Fall, aber sie ist nicht proportional der Vergrößerung der Heizfläche, sondern je nach den übrigen Wärmeaustauschbedingungen verschieden zu beurteilen. Sie wirkt um so günstiger, je niedriger die Wärmeübergangszahlen sind, je stärker der Stein ist, und je kürzer die Umstellzeiten sind. Um den Nutzen dieser Formgebung einzusehen, muß man sich das weiter oben Gesagte vergegenwärtigen, nämlich, daß häufig nicht die Wärmeleitung im Stein, sondern der Wärmeübergang an den und von dem Stein dem Wärmeaustausch den größeren Widerstand entgegensetzt. Bei dem Vergleich der Heizflächengröße je Kubikmeter Gitterraum bei verschiedenen Gitterungen muß aber der geringere Wert der durch Verzahnung oder Wellung entstehenden Heizflächenvergrößerung in Rechnung gestellt werden.

Semmelstein-Füllkörper 120 × 120 × 20 mm

Semmelstein-Füllkörper 180 × 180 × 35 mm

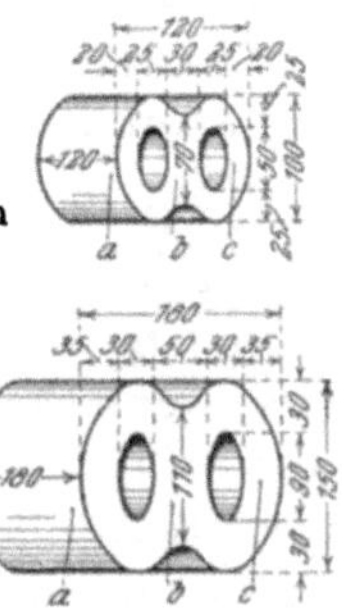

Fig. 148. Formen der Semmelsteine.

Die gleichen Überlegungen gelten natürlich auch für die übrigen Steine, bei deren Formgebung das gleiche Prinzip angewendet wird.

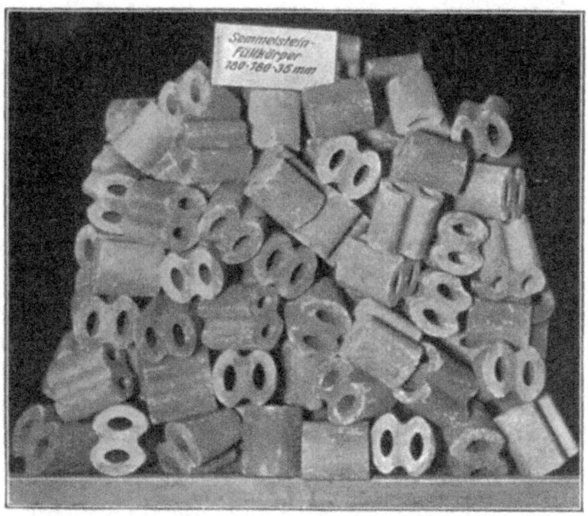

Fig. 149. Schüttung aus Semmelsteinen.

Von den bisher angeführten Gittern völlig abweichend sind diejenigen Füllsteine, die an sich wohl regelmäßige Formen ausweisen, die aber regellos in den Regenerator geschüttet werden. Ein Stein dieser Art, der mehrfach verwendet wurde, ist der Semmelstein der Firma Wunderlich. Seine Form zeigt Fig. 148, das von ihm gebildete Gitter Fig. 149. Er wird in zwei Größen geliefert mit den Abmessungen 120 × 120 mm und 180 × 180 mm. Der erste Stein bildet eine Heizfläche (gesamt) von 36,4 qm/cbm bei 705 kg/cbm Gittergewicht = 19,4 kg/qm, der zweite 29 qm/cbm bei 968 kg/cbm = 33,3 kg/cbm. Die Bewertung der Heizfläche ist schwierig. Analog den oben wiedergegebenen Berechnungen über die Beaufschlagung der inneren Durchgänge muß man in der Bewertung der inneren Heizfläche sehr vorsichtig sein. Nach *Hartmann**) verteilt sich die Heizfläche folgendermaßen:

	Stein 120	Stein 180
Außenfläche, Umfang.	51 Proz.	52 Proz.
„ Stirnfläche	17 „	19 „
Innenfläche	32 „	29 „

Bewertet man einmal Innen- und Stirnfläche nur mit 50 Proz., was in Hinsicht auf die Beaufschlagung mit Gas und Wind nicht zu ungünstig ist, so kommt man zu Werten, die auch mit regelmäßigem Gitter leicht zu erreichen sind, wenn man die Steinstärken von 25 bzw. 30 mm anwendet. Die Hauptstärke dieser Steinart liegt aber gar nicht in der Heizflächengröße je Kubikmeter Gitterraum, sondern in den wahrscheinlich hohen Wärmeübergangszahlen, die durch dauernde Richtungsänderung und den Aufprall der Gasströme auf die Heizfläche bewirkt werden. Ihre Verwendung in Hochofen-Winderhitzern ist mehrfach besprochen worden**). Die Semmelsteine waren auf das alte normale Cowpergitter 2 bis 6 m hoch aufgeschüttet worden. Aus allen Versuchen geht hervor, daß den Rauchgasen ihre Wärme beim Durchgang durch das Semmelsteingitter außerordentlich stark entzogen wird. Dieser Vorteil bedingt aber auch gleichzeitig die Nachteile, die sich bei ihrer Verwendung im oberen Teil des Winderhitzers herausstellen. Die Steine laden und entladen sich schnell, der Temperaturabfall ist groß. Nach *Zillgen* sind Heizflächenleistungen von ∾ 2200 kcal/qm, St. im Mittel für die Schüttung gemessen worden. Das bedeutet bei einer Steinstärke von 30 mm selbst bei vollständigem Temperaturausgleich im Stein eine Temperaturschwankung von 300°/St., die als Mittelwert des Gitters hoch ist. Im obersten Teil normal ausgegitterter Winderhitzer sind solche Heizflächenleistungen wohl nichts Ungewöhnliches, wenn man sie auch zur Verringerung des Temperaturabfalles herabsetzen möchte und normalerweise dies durch Verschlechterung der Wärmeübergangsbedingungen und Einbau starker Gittersteine in diesem Teil anstrebt. Ein weiterer Nachteil ist der Zugverlust. Von *Heskamp****) wird angegeben, daß bei 10000 cbm/St. Frischgas 4 m Füllung von Steinen 120 × 120 m einen Zugverbrauch von 17 mm W.-S., 5 m Semmelstein 180 × 180 mm 6 mm, 7 m 10,0 mm W.-S. verursachten. *Harnickell* gibt für 120 × 120 mm Steine und 4500 cbm/St. Frischgas bei 2 m Schütthöhe 5 mm, bei 5,5 m Höhe 13 mm W.-S. Gleichzeitig wird der Zugverlust für ein Gitter mit 160 ▭ Kanälen mit 1,5 mm W.-S. angegeben. Schwierigkeiten werden sich entschieden bei gesteigerter Leistung ergeben, wenn Brennschacht und Kuppel nicht mehr die Temperaturspitzen des verbrennenden Gases aufzunehmen vermögen. Dies war bei den Versuchen, über die in den Berichten gesprochen ist, sicher nicht der Fall, denn die höchste Temperatur der obersten Schicht war nur 1050°

*) Siehe folgende Fußnote.

**) Hochofenausschuß des V. d. E., Bericht Nr. 66, *Harnickell*; Bericht Nr. 71, *Zillgen*; Bericht Nr. 76, *Hartmann*.

***) *Heskamp*, Bericht Nr. 71, s. vorstehende Fußnote (Diskussionsbeitrag).

bzw. 1100°. Erreicht man jedoch bei hoher Last 1200° bis 1300°, so dürfte die Verschlackungsgefahr gerade infolge des hohen Wärmeüberganges gefahrvoll werden.

Andere Gittersteine dieser Art sind die Schraubensteine, über die *Hartmann* a. a. O. berichtet hat.

Die Anwendung solcher Gitterungen sollte auf die kaltgehenden Teile des Gitters beschränkt werden. Dann würden sie besonders bei beschränkten Raumverhältnissen infolge ihrer guten Wärmeübergangsverhältnisse gute Dienste leisten können. Die Zugverluste werden infolge der niedrigeren Gastemperatur kleiner, die Verschlackungsgefahr fällt fort. Sorge zu tragen ist natürlich für einen genügenden Zug. Da eine Reinigung des Gitters nur durch Ausräumung der Kammer möglich ist, ist die Verwendung auch tunlichst auf Öfen zu beschränken, die wenig Flugstaub geben.

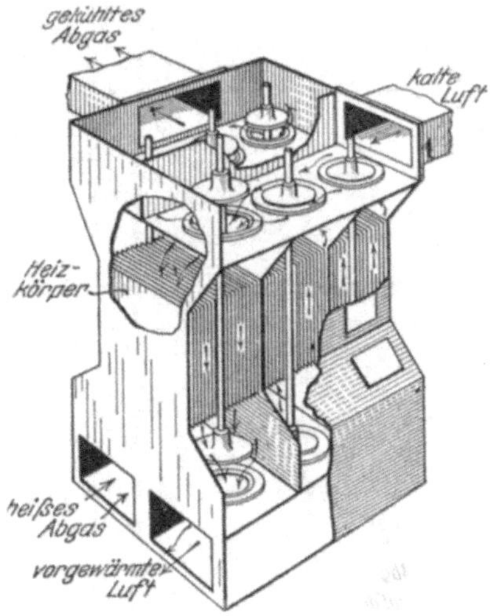

Fig. 150. Umsteuerbarer Metall-Luftvorwärmer, Bauart Blaw-Knox Co.

Wieweit man durch normale Gitterungen die Wirkung dieser Schüttgitter erreichen kann, ist im speziellen Fall ohne Schwierigkeit zu entscheiden. Durch enge Gitterarten kann man aber zweifellos mit gleichem Druckverlust gleiche Wirkungen erzielen.

Wenn auch die Aufzählung der verschiedenen Gittersondersteine nicht vollständig sein kann, so dürften doch hiermit die gebräuchlichsten Formen genannt sein. Vertreter der verschiedenen möglichen Typen sind aufgeführt, und es wird in Sonderfällen möglich sein, ihre Wirksamkeit mit Hilfe der hier wiedergegebenen Betrachtungen zu kritisieren.

Das Gitter wird bei stehenden Kammern, d. h., wenn die Gase senkrecht strömen, auf besonders geformten Gittertragsteinen aufgebaut, die den Gasen einen freien Abzug aus den Gitterkanälen in den unteren Sammelraum gewähren müssen. Bei Winderhitzern wird zumeist ein gußeiserner Tragrost für das Gitter verwendet. Bei liegenden Kammern, also waagerechter Gasströmung, erübrigt sich natürlich eine besondere Tragkonstruktion.

Den Gedanken, durch schnelle Umsteuerung der Kammern die Speichermasse des Gitters möglichst zu beschränken und hierdurch Platz für eine große Heizfläche zu schaffen, verfolgt bis zur äußersten Konsequenz der Blaw-Knox-Erhitzer (Fig. 150, 151 *). Das Gitter bilden dünne Bleche, deren Material je nach den Temperaturzonen in Hinsicht auf die Hitzebeständigkeit abgestuft ist. Es ist in drei Kammern untergebracht. Die Umstellung erfolgt in 1 bis

*) *W. Dyrssen*, Fuels Furnac. **1927**, S. 1631. Siehe auch St. u. E. **1928**, S. 1054.

$1^1/_2$ min, die Periodendauer ist also nur 2 bis 3 min. Die Unterteilung in drei Kammern ist deshalb gewählt, weil das häufige Umschalten der Kammern eine häufige Unterbrechung des Verbrennungsluftstromes verursachen würde und dadurch den Ofengang empfindlich stören würde. Bei 3 Kammern wird diese Störung dadurch vermindert, besonders bei ausreichendem Vordruck der Luft und genügender Saugung, daß eine Kammer dauernd auf Luft und Abgas steht. Die Ventile werden durch eine Nockenwelle betätigt. Für die Ventilbewegung ist eine Drehung der Welle um 60° vorgesehen, so daß durch dieses allmähliche Heben und Senken Stöße vermieden werden. Die Gasströme sind gegenläufig. Der Erhitzer ist natürlich nur für Gleichstrombeheizung anwendbar, hat aber gerade hierfür ersichtlich manche Vorteile. Man kann eine große Heizfläche in einem kleinen Raum unterbringen, hat keine starren Verbindungen zwischen Wärmeaustauschflächen und Gassammelräumen wie beim eisernen Rekuperator notwendig, die Heizfläche läßt sich leicht reinigen.

Fig. 151. Ansicht eines Blaw-Knox-Erhitzers.

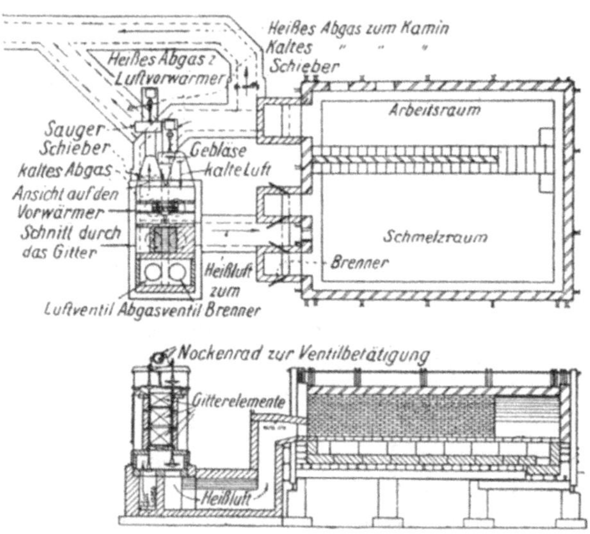

Fig. 152. Spaltung von Glasofen und Erhitzer.

Als Ausführungsbeispiel gibt *Dyrssen*, dem wir bei der Beschreibung dieses Erhitzers folgen, einen Erhitzer für einen Glasofen an (Fig. 152). Die unteren Ventile, Ventilsitze und Ventilstangen bestehen ebenso wie die unteren Heizwände aus 25- bis 30proz., die mittleren Heizwände aus 15proz. Chromstahl, die oberen Heizwände aus gewöhnlichem Flußeisen.

Die Abmessungen des Erhitzers sind:

Gesamte Heizfläche	555 qm
Oberfläche an 25- bis 30proz. Chromstahl	170 „
„ „ 15proz. Chromstahl	180 „
„ „ gewöhnlichem Stahl	205 „
Plattenstärke	1,6 mm
Zahl der Kammern	3
Ventilweite	535 mm ∅
Motor für Ventilsteuerung	$^1/_2$ PS
Umstellperiode	2 min 50 sec
Stärke des Mauerwerkes	230 mm

Die mittleren Betriebsergebnisse von Ofen und Erhitzer sind:

Brennstoff	Naturgas
Brennstoffmenge	340 cbm
Luftmenge	3900 „
Gastemperatur, Eintritt	900°
„ Austritt	330°
Lufttemperatur, Eintritt	80°
„ Brennereintritt	700°
Luftdruck im Vorwärmer	30 mm W.-S.
Zug im Vorwärmer	45 „ „

Die ausgetauschte Wärmemenge ist 790000 kcal/St. Da die mittlere Temperaturdifferenz zwischen Rauchgas und Luft 225° ist, erhält man eine Wärmedurchgangszahl von

$$k = \frac{790000}{225 \cdot 555} = 6{,}3 .$$

Diese Zahl bezieht sich aber auf die gesamte Oberfläche. Beim Vergleich mit Rekuperatoren, bei denen man die Oberfläche des Bleches nur einmal rechnet, ist $k = 12{,}6$ zu setzen.

Der gleiche Grundgedanke, der dem Blaw-Knox-Erhitzer als Konstruktionsrichtlinie gilt, findet seine Verkörperung auch in dem Ljungström-Vorwärmer, dessen Aufbau die Fig. 153 zeigt. Freilich ist die konstruktive Lösung vollkommen anders. Rauchgas und Luft werden nicht umgesteuert, sie behalten die gleiche räumliche Lage. Dagegen wird das Gitter dauernd von dem einen Gasstrom in den anderen gedreht. Es ist aus Blechen von 0,5 bis 0,65 mm Stärke in der aus Fig. 154 ersichtlichen Form zusammengesetzt und in dem Rotor befestigt, der 2 bis 4 Umdrehungen in der Minute ausführt. Die Höhe der Heizflächen ist in der Regel 500 bis 700 mm. Der Vorwärmer wird in verschiedenen Typen mit einer Heizflächengröße von 31 bis 2540 qm hergestellt, wobei 1 qm Blech (also 2 qm Blechoberfläche) gleich 1 qm Heizfläche gerechnet wird.

Aus einigen Versuchsniederschriften ist zu entnehmen, daß die Wärmedurchgangszahl 8 bis 12 kcal/qm, St., °C beträgt. Dieser Wert bezieht sich dann auf 1 qm Blech. Er wurde an älteren Ausführungsformen gefunden,

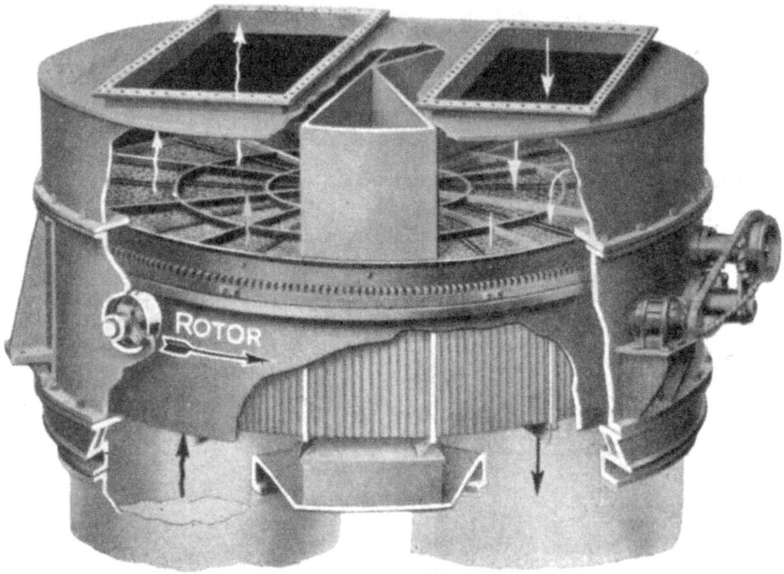

Fig. 153. Ljungström Luftvorwärmer.

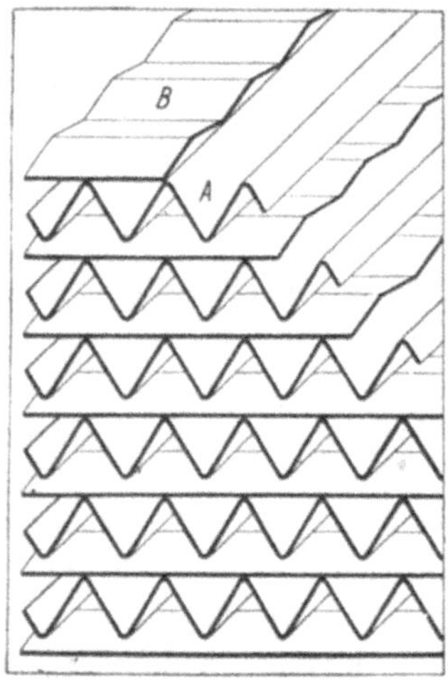

Fig. 154. Anordnung der Bleche des Gitters beim Ljungström-Vorwärmer.

bei denen die Zwischenlagen zwischen den stark gewellten Blechen glatte Bleche waren, also nicht die schwachgewellte Form hatten, die Fig. 154 zeigt. Es ist zu erwarten, daß die neuere Form noch etwas höhere Wärmedurchgangszahlen erzielt. Das Hauptanwendungsgebiet dieser Vorwärmer ist die Luftvorwärmung im Dampfkesselbetrieb. Hierbei werden im allgemeinen Lufttemperaturen von 200 bis 400° bei Abgaseintrittstemperaturen bis ∾ 450° erzielt.

Die Eingliederung der Regeneratoren in das Ofensystem ist in den verschiedenen Bänden der vorliegenden Sammlung für die einzelnen Öfen beschrieben, so daß sich die eingehende Behandlung dieser Frage hier erübrigt. Für die Mehrzahl der Ofentypen liegt die Bauweise auch fest, lediglich bei Walzwerksöfen finden sich Variationen, die aber im Abschnitt V 6 grundsätzlich beschrieben wurden.

Der Regenerator verlangt eine Umsteuerung von Rauchgas und vorzuwärmendem Gas. Die Umsteuerung kann durch räumliche Verschiebung der

Gasströme oder der Heizflächen geschehen. Beim Ljungström-Vorwärmer war der zweite Weg gewählt worden. Es fehlt in der Patentliteratur auch nicht an Vorschlägen, diesen Weg für steinerne Regeneratoren zu benutzen. Entweder werden die Kammern in der üblichen Ausführung auf Rollen gesetzt und sinngemäß verschoben, oder sie werden in einer Trommel als Zylindersegmente vereinigt und bei der Umsteuerung ruckweise gedreht. In der Praxis scheinen, soweit dem Verfasser bekannt ist, diese Ausführungsformen für die Abhitzerückgewinnung nicht Verwendung gefunden zu haben. Sie hätten den Vorteil, daß man mit ihnen eine gleichgerichtete Flamme ohne Umsteuerorgane im heißen Gasstrom erzielen kann. Ihrer Anwendung bei großen Öfen stehen ja auch außerordentliche Schwierigkeiten im Wege, so daß die Umsteuerung der Gasströme fast ausschließlich üblich ist. Diese Art der Umschaltung bewirkt einen Flammenwechsel im Ofen, falls die Umsteuerorgane wie üblich im Abgasstrom hinter den Kammern liegen (s. Fig. 155). Die Umsteuerung geschieht ohne weiteres durch das Gas- und Luftventil hinter den Kammern.

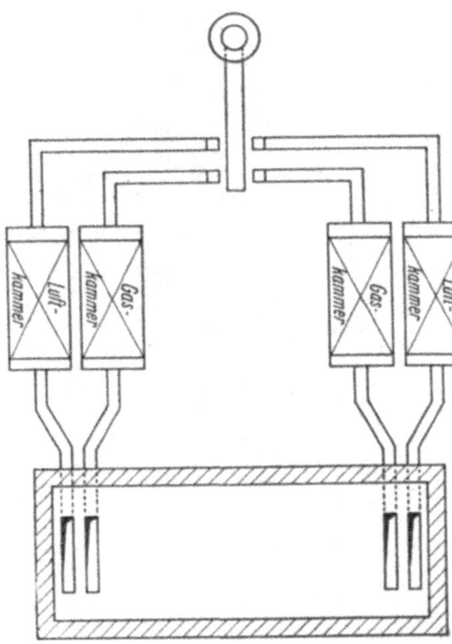

Fig. 155. Regenerativofen mit Wechselflammen.

Soll die Umschaltung der Wärmespeicher ohne Flammenwechsel bewirkt werden, so müssen zu den Umsteuerventilen hinter den Kammern auch noch Umsteuerorgane zwischen Ofen und Kammern hinzutreten, wie das Schema Fig. 156 zeigt. Der Ofen hat nur ein Kammerpaar zur Vorwärmung der Luft. Wird Kammer I beheizt, so muß

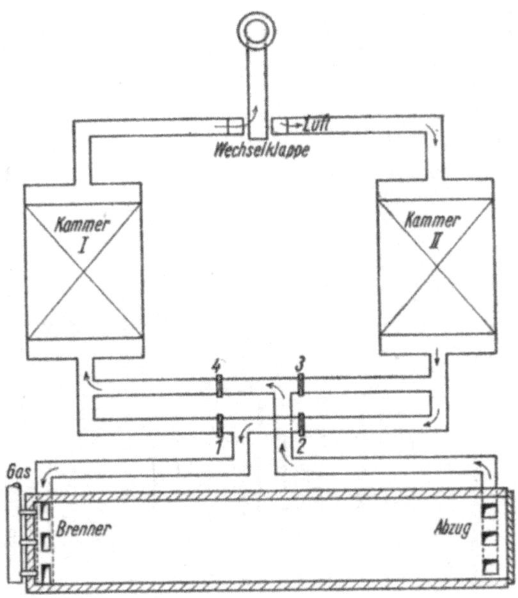

Fig. 156. Regenerativofen mit Gleichstromflammen.

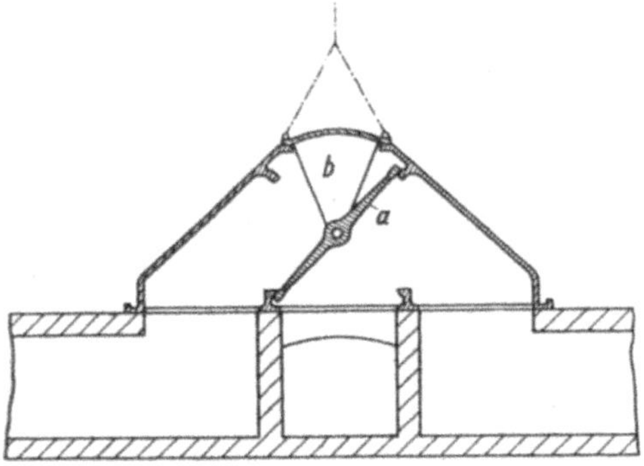

Fig. 157. Siemens-Luftklappe.

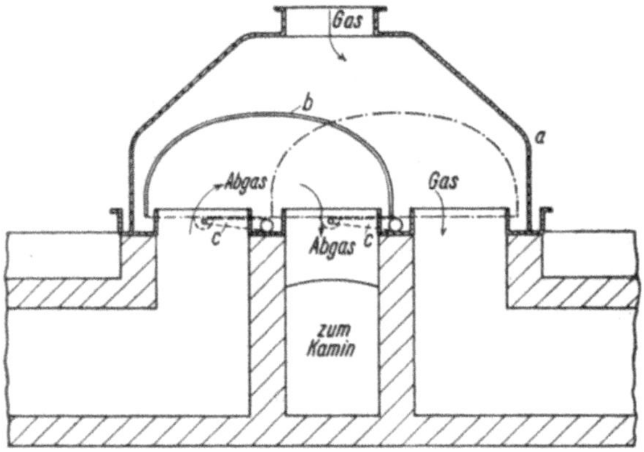

Fig. 158. Forter-Ventil.

Schieber 1 und 3 geschlossen, 2 und 4 geöffnet sein. Außerdem muß das Ventil hinter den Kammern Kammer I mit dem Kamin verbinden. Durch diese Stellung ist der Weg des Abgases durch Kammer I, der Weg der Luft durch Kammer II freigegeben. Bei Beheizung der Kammer II und Entheizung der Kammer I sind die Ventilstellungen umgekehrt. Wie umständlich der Bau eines solchen Ofens wird, kann man hiernach ermessen. Noch unübersichtlicher wird der Ofen, wenn außerdem Gasvorwärmung gefordert wird. Die Gleichstrombeheizung, die durch direkte Beheizung der Kammern erreicht wird, war schon bei den Stoßöfen beschrieben worden. Sie kann natürlich auch bei anderen Öfen eingerichtet werden. Sie beansprucht ebenfalls nur Umsteuerorgane hinter den Kammern. Freilich stellt

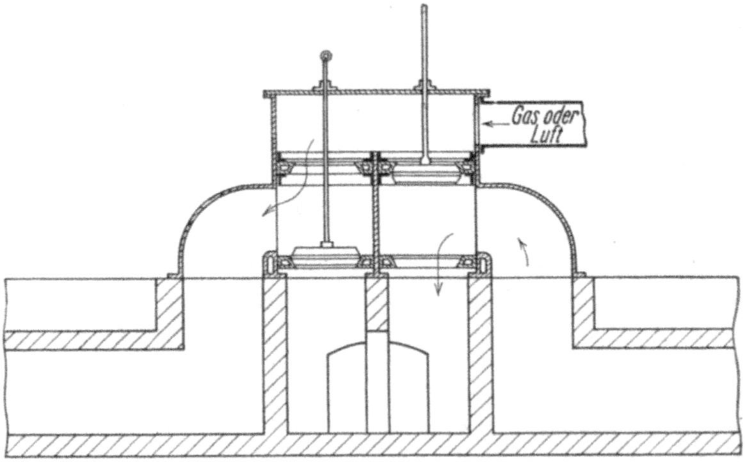

Fig. 159. Umsteuervorrichtung mit Ventiltellern.

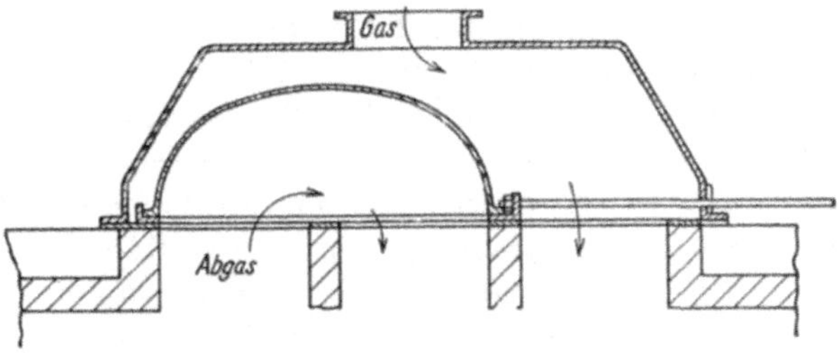

Fig. 160. Umsteuerung mit Muschelschieber.

sie, wie oben näher behandelt wurde, keine reine Abhitzerückgewinnung dar, da die Kammern nicht von den Herdabgasen aufgeheizt werden.

Die Umsteuerorgane sind außerordentlich vielfältig ausgebildet. Zuerst wurde von Fr. Siemens die Wechselklappe verwendet (Fig. 157). Durch Umlegung der Klappe *a* wird umgesteuert. Diese Ausführung dient nur noch für Luftumsteuerung. Die Luft wird durch den Spalt angesaugt, der bei Hebung des Segmentes *b* entsteht. Durch verschiedene Öffnung wird die Luftzufuhr geregelt. Zur Gasumschaltung wird sehr viel das Forter-Ventil gebraucht (Fig. 158). Die äußere Haube *a* steht unbeweglich unter Wasserabschluß gegenüber der Außenluft, die innere Haube *b* ist durch den Arm *c* schwenkbar von der eingezeichneten Lage in die entgegengesetzte und taucht in beiden Stellungen in Wassertassen, die den von der inneren Haube abgeschlossenen inneren Raum gegen den äußeren abdichten. Gas und Abgas nehmen den eingetragenen Weg, der durch die Schwenkung der inneren Haube umgekehrt wird. Die Schwenkbewegung kann von Hand, elektrisch, hydraulisch und durch Preßluft ausgeführt werden.

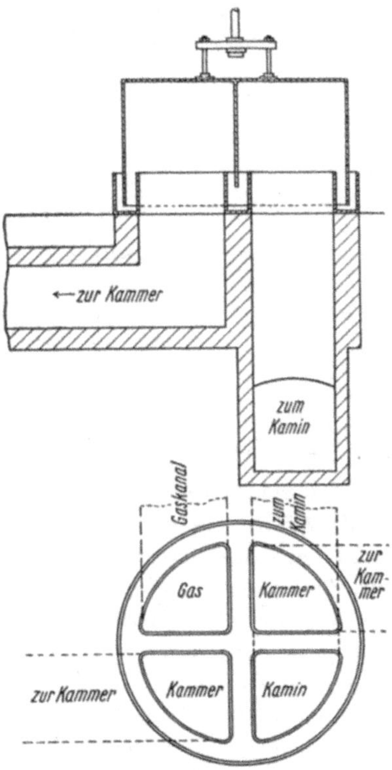

Fig. 161. Umsteuerung mit Glockenventil.

Eine andere Ausführungsform benutzt Ventilteller, die meist wassergekühlt sind. Fig. 159 zeigt diese Anordnung als Luftventil. Für die Zuführung des Gases muß auf das Ventil ein Gassammelraum aufgesetzt werden, dem das Gas zugeführt wird.

Auch der Muschelschieber wird zur Umsteuerung verwendet, wie Fig. 160 zeigt.

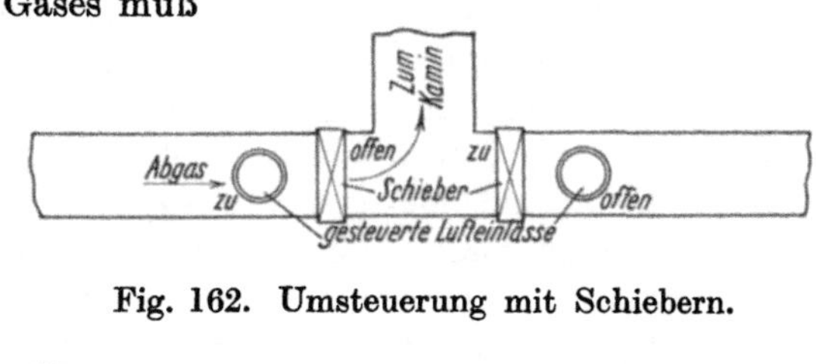

Fig. 162. Umsteuerung mit Schiebern.

Eine oft gebrauchte Umsteuerung ist das Glockenventil. Wird das Frischgas durch einen Kanal zugeführt, so wird das Ventil nach Fig. 161 ausgebildet. In die vier Mündungen, die im Grundriß unter der Glocke angegeben sind, münden die Kanäle von den beiden Kammern, vom Frischgaskanal zum Kamin. Die Glocke taucht am Umfang in eine abdichtende Wassertasse, ebenso die Scheidewand, die die Glocke in zwei Hälften teilt, aber kürzer als der Mantel ist. Bei der Umstellung wird die Glocke so weit angehoben, daß die Scheidewand aus der Wassertasse heraustaucht, während der Mantel noch genügend Tauchung besitzt, und um 90° gedreht. Die Kanäle von den Kammern müssen, wie leicht einzusehen ist, diagonal gegenüberliegen.

Einfache Plattenschieber, die natürlich zweckmäßig wassergekühlt sind, haben sich ebenfalls eingeführt (Fig. 162). Sie haben den Vorteil, daß der oft sehr große Druck- und Zugverlust wegfällt, den die meisten anderen Umsteuerorgane infolge der mehrfachen Umlenkung der Gasströme hervorrufen.

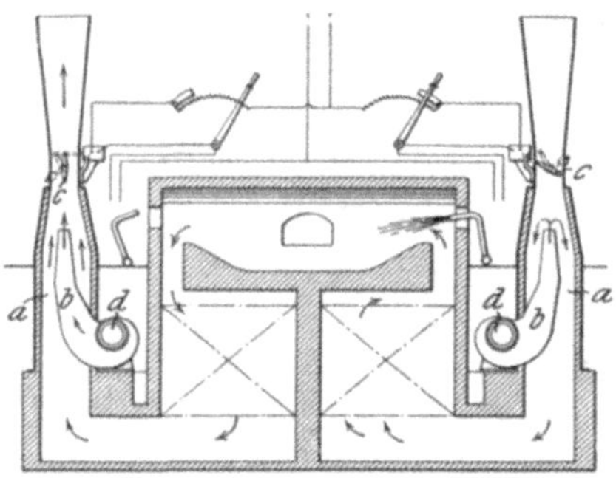

Fig. 163. Luftumsteuerung der Morgan Construction Co.

Schließlich zeigt noch Fig. 163 eine Luftumsteuerung, die mit Saugzug verbunden ist. Während der Aufheizung z. B. der linken Kammer wirkt der Ventilator auf der linken Seite als indirekter Saugzug, während der Entheizung dagegen als Verbrennungsluftlieferer. Umgestellt wird lediglich durch die Verstellung der beiden Klappen.

Die Zuführung der Verbrennungsluft durch einen Ventilator bürgert sich immer mehr ein, da man hierdurch nicht mehr auf den Auftrieb der heißen Luft als bewegende Kraft der Luftzufuhr angewiesen ist, also in der Höhe und Lage des Gitterwerkes freie Wahl hat. Auch Verschlackung des Gitters und Verstaubung wird nicht mehr so gefährlich für den Ofen, da der allmählich größer werdende Widerstand des Gitters leicht durch den Druck des Ventilators überwunden wird. In gleicher Weise kann künstlicher Saugzug den Betrieb erleichtern. Freilich muß man dabei beachten, daß das Mantelmauerwerk niemals völlig dicht ist, wenn man nicht außergewöhnliche Sorgfalt auf die Abdichtung legt. Die durch die Undichtheit des Mauerwerkes einziehende Luft steigt im gleichen Verhältnis mit dem Unterdruck. Die Leistungsfähigkeit des Regenerators kann dadurch sehr beeinträchtigt werden.

Bei den Hochofenwinderhitzern hat die selbsttätige Umsteuerung Verbreitung gefunden. Die Umstellung der großen, schweren Schieber und Klappen, die als Abschluß von Frischgas, Verbrennungsluft, Abgas, Kalt- und Heißluft benötigt werden, erfordert bei Betätigung von Hand verhältnismäßig lange Zeiten, im allgemeinen 5 bis 10 Minuten. Es ist einzusehen, daß bei kurzer Periodendauer diese langen Leerlaufzeiten unerträglich werden. Die von Zimmermann & Jansen (Düren) entwickelte selbsttätige Umstellung, die durch Strom, Preßluft oder Preßwasser betätigt wird, kürzt die Umstelldauer so ab, daß der Winderhitzer auch mit sehr kleiner Periodendauer arbeiten kann.

Namenverzeichnis.

Sachverzeichnis.

GPSR Compliance

The European Union's (EU) General Product Safety Regulation (GPSR) is a set of rules that requires consumer products to be safe and our obligations to ensure this.

If you have any concerns about our products, you can contact us on ProductSafety@springernature.com

In case Publisher is established outside the EU, the EU authorized representative is:

Springer Nature Customer Service Center GmbH
Europaplatz 3
69115 Heidelberg, Germany

Batch number: 10683525

Printed by Printforce, the Netherlands